Inhaltsverzeichnis

1. Einführung in die Astronomie

Astronomie ist die Wissenschaft von den Körpern im Weltall; Astronomie ist also eine Naturwissenschaft. Ihr Forschungsbereich ist in Raum und Zeit unvorstellbar groß. In den folgenden Kapiteln werden wir in Gedanken eine Reise unternehmen, die uns von unserem Lebensraum auf der Erde durch kosmische Weiten bis zu den fernsten beobachtbaren Objekten führen soll.

1.1. Die Himmelsobjekte, ihre Beobachtung und Erforschung

Der Blick in die Tiefe des Weltraums ist ein Blick in die Vergangenheit des Universums, denn je weiter ein beobachtetes Objekt von uns entfernt ist, desto länger war sein Licht bis zu uns unterwegs, desto tiefer in der Vergangenheit liegt also der Zustand, in dem wir es heute beobachten. Das Licht der an der Grenze unseres Beobachtungsraums mit empfindlichen Strahlungsempfängern eben noch wahrnehmbaren Quasare benötigte mehr als 15 Milliarden Jahre bis zu uns. Astronomische Beobachtungen zeigen demnach gleichzeitig einen Querschnitt durch mehr als 15 Milliarden Jahre kosmischer Geschichte. Mit dieser Entwicklungsgeschichte des Universums werden wir uns im Schlußkapitel beschäftigen.

Sonne, Mond und Sterne sind diejenigen kosmischen Körper, die uns seit der Kindheit vertraut sind. Der Mond begleitet die Erde bei ihrer Bewegung um die Sonne und ist der einzige Himmelskörper außerhalb der Erde, der bisher von Menschen betreten worden ist (Abb. 1.1). Die Sonne spendet uns nicht nur die für die Erhaltung des Lebens nötige Energie, sondern sie bildet gleichzeitig das Zentrum eines Systems von Körpern, die sie umkreisen. Die erste Etappe unserer Reise durch den Kosmos wird uns zu den Körpern des Sonnensystems führen, vom Mond über die Planeten bis schließlich in jene eisigen Randgebiete des Sonnensystems, aus denen die Kometen stammen (Abb. 1.2). Dieser Teil der Reise endet im 4. Kapitel mit einem Exkurs über die Sonne.

Der nächste Abschnitt der kosmischen Reise geht im 5. und 6. Kapitel ins Reich der Sterne.

1.1 Mondauto und Astronaut der Expedition Apollo 15 (1971) auf dem Mond vor dem Mount Hadley (Höhe etwa 4500 m über Landeplatzniveau)

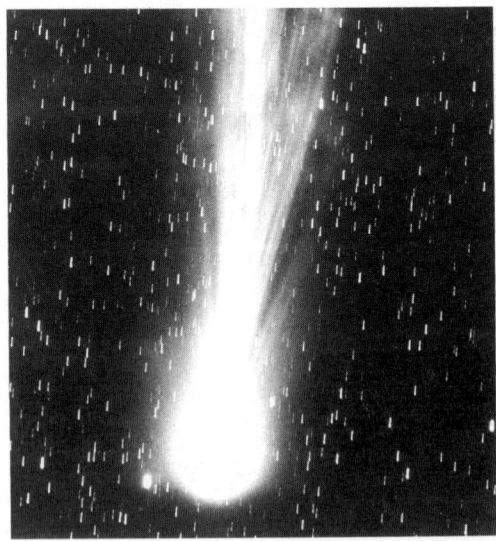

1.2 Komet Halley. Aufnahme vom 9. Januar 1986 auf der Calar-Alto-Sternwarte des Max-Planck-Instituts für Astronomie, Heidelberg

Die Anzahl der Sterne, die wir in einer mondlosen Nacht beobachten können, hängt stark vom Beobachtungspunkt ab: Irdische Lichtquellen führen zusammen mit den Luftverunreinigungen über den Städten zur Aufhellung des Nachthimmels, in der schwächere Sterne unsichtbar werden. Wo die Atmosphäre nicht verschmutzt ist und keine Straßenbeleuchtung stört, kann man nicht nur überwältigend viele Sterne sehen, sondern man beobachtet neben Einzelsternen auch das Band der Milchstraße und einige Sternhaufen. Nebelartige Objekte, die man bereits mit einem lichtstarken Fernglas an verschiedenen Stellen des Himmels beobachten kann, beweisen, daß die Materie im Weltall nicht nur in Gestalt von Sternen auftritt, sondern auch in Form diffuser Wolken von Gas und Staub (Abb. 1.3).

Bei diesem zweiten Teil der Reise durchs Weltall werden wir erkennen, daß Sterne und Materiewolken entwicklungsgeschichtlich eng miteinander verbunden sind. Sterne entstehen durch Zusammenballung riesiger Wolken von Gas und Staub, und da im Alter die Stabilität im Aufbau der Sterne geringer wird, verlieren sie dann bei verschiedenen Prozessen wieder mehr oder weniger große Mengen von Sternmaterie, die in den umgebenden Weltraum entweicht. Dabei kann es vorkommen, daß ein Stern seine Entwicklung in einer kosmischen Katastrophe unvorstellbaren Ausmaßes beendet, die wir als Supernova-Ausbruch beobachten. Nicht selten findet man Überreste solcher Supernovae in Gestalt rasch expandierender Gaswolken oder von Pulsaren, also Sternen, die eine streng periodische Folge von Strahlungsblitzen aussenden.

Die dritte Etappe der Reise in kosmische Fernen führt im 7. Kapitel in das Gebiet der Galaxien, zu Systemen von vielen Milliarden Sternen. Eines der nächsten Sternsysteme dieser Art ist die Andromeda-Galaxie (Abb. 1.4), die bereits mit dem bloßen Auge als nebliger Fleck wahrgenommen werden kann.

Wie ein solches System von innen aussieht, zeigt uns das Erscheinungsbild der Milchstraße, denn die Sterne, die wir mit bloßem Auge am Nachthimmel sehen, bilden ebenfalls ein derartiges Sternsystem, und wir befinden uns etwa in seiner Äquatorebene. Die entferntesten dieser Objekte, die man noch beobachten kann, sind vieltausendmal weiter von uns entfernt als die Andromeda-Galaxie; daß sie trotzdem noch wahrgenommen werden können, ist auf die enorme, den Rahmen normaler Galaxien weit übersteigende Strahlungsleistung dieser Quasare zurückzuführen, deren Ursache man erst in Ansätzen zu verstehen beginnt.

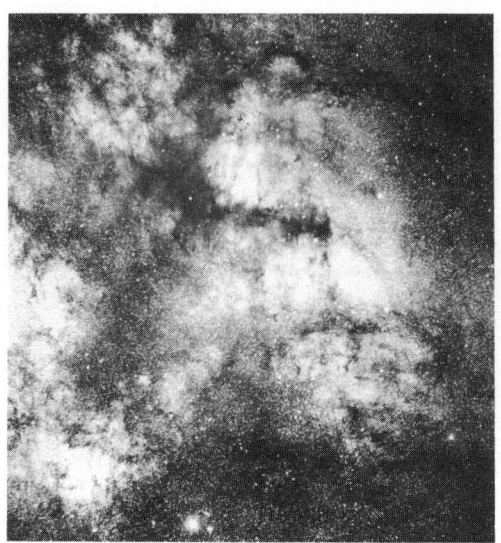

1.3 Milchstraße in den Sternbildern Schütze, Schlangenträger und Skorpion. Vor den dichten Sternwolken der Milchstraße erkennt man dunkle Staubwolken.

1.4 Die Andromeda-Galaxie (M 31 im Nebelkatalog von Messier) mit ihren beiden Begleitern

Angesichts der Größe des Universums, die weit jenseits unseres Anschauungsvermögens liegt, und der extremen physikalischen Zustände kosmischer Materie ist es erstaunlich, wie weit der menschliche Geist in der Erforschung des materiellen Weltalls bereits vorgedrungen ist – besonders wenn man bedenkt, wie klein im Verhältnis dazu der erdnahe Raum ist, auf den die körperliche Existenz des Menschen beschränkt bleibt. – Auf welche Weise gewinnt nun der Astronom Erkenntnisse über die so weit entfernten Objekte seiner Forschung?

Die Astronomie unterscheidet sich grundsätzlich von den anderen Naturwissenschaften dadurch, daß sie – mit wenigen Ausnahmen – keine Möglichkeit hat, mit ihren Forschungsobjekten direkten Kontakt aufzunehmen oder gar mit ihnen zu experimentieren; ihre Entfernungen von uns sind meist viel zu groß. Die wichtigste Informationsquelle, die dem Astronomen zur Verfügung steht, ist die elektromagnetische Strahlung, die er von den Gestirnen empfängt. Bis zum ersten Drittel des 20. Jahrhunderts handelte es sich dabei ausschließlich um sichtbares Licht. Seither wurden immer neue Spektralbereiche für die Astronomie erschlossen, so daß die Astronomen heute Informationen aus dem Kosmos durch die verschiedensten Arten elektromagnetischer Strahlung erhalten, vom

Bezeichnung	Wellenlängen-bereich in m	Frequenzbereich in MHz
Gammastrahlen	$<10^{-11}$	$>3 \cdot 10^{13}$
Röntgenstrahlen	$1 \cdot 10^{-11} - 1 \cdot 10^{-8}$	$3 \cdot 10^{13} - 3 \cdot 10^{10}$
Ultraviolett	$1 \cdot 10^{-8} - 4 \cdot 10^{-7}$	$3 \cdot 10^{10} - 8 \cdot 10^{8}$
Sichtbares Licht	$4 \cdot 10^{-7} - 8 \cdot 10^{-7}$	$8 \cdot 10^{8} - 4 \cdot 10^{8}$
Infrarot	$8 \cdot 10^{-7} - 4 \cdot 10^{-4}$	$4 \cdot 10^{8} - 8 \cdot 10^{5}$
Mikrowellen	$0,0004 - 0,1$	$8 \cdot 10^{5} - 3 \cdot 10^{3}$
Dezimeterwellen	$0,1 - 1$	$3000 - 300$
Meterwellen	$1 - 100$	$300 - 3$

Tab. 1.1 Wellenlängen- und Frequenzbereiche der elektromagnetischen Strahlung, die von astronomischen Geräten aus dem Kosmos empfangen werden kann. Da die Grenzen der betreffenden Spektralbereiche nicht scharf definiert sind, handelt es sich nur um grobe Richtwerte.

Meterwellengebiet bis zur Gammastrahlung (vgl. Tab. 1.1). Die Menge von Informationen, die wir damit aus dem Weltall bekommen, wächst mit der raschen Entwicklung der beobachtungstechnischen Möglichkeiten durch Großteleskope und Raumsonden lawinenartig an, insbesondere seit es gelungen ist, diese Informationen fotografisch oder elektronisch zu speichern.

Bei der Auswertung dieser Informationen setzt der Astronom voraus, daß die auf der Erde entdeckten physikalischen Gesetze auch im

1.5 Das 3,5 m-Teleskop des Max-Planck-Instituts für Astronomie auf dem Calar Alto in Südspanien

1.6 Das 30 m-Teleskop für Millimeterwellen des deutsch-französischen Instituts für Radioastronomie im mm-Bereich auf dem Pico Veleta (Spanien)

Kosmos überall und jederzeit gelten. Unter dieser Voraussetzung entwickelt er für die kosmischen Objekte physikalische Modelle, die er durch gezielte Beobachtungen überprüft. Die Ergebnisse haben dieses Vorgehen stets gerechtfertigt.

Die Modellvorstellungen sollen die Zustände der Materie im Weltall beschreiben und damit die Vorgänge verständlich machen, die sich in dieser Materie abspielen, und die wir – direkt oder indirekt – beobachten. Je besser das Modell die Beobachtungen wiedergibt, desto mehr können wir davon überzeugt sein, daß es ein Bild der Wirklichkeit liefert.

Größe und Abstände kosmischer Objekte

Ein Grundelement des astronomischen Forschens ist die Bestimmung von Entfernungen im Weltraum. Sie zeigen dem Astronomen die räumliche Anordnung der kosmischen Körper und geben ihm die Möglichkeit, aus der auf der Erde empfangenen Strahlung der Sterne oder anderer strahlender Objekte auf die gesamte von ihnen abgegebene Strahlungsleistung zu schließen.

Die Methoden der Bestimmung kosmischer Entfernungen sind vielfältig; sie werden an geeigneten Stellen dieses Buches behandelt (s. S. 131, 137, 159, 243). Einen Überblick über die Ergebnisse liefert die Tab. 1.2. Die dort auf-

geführten Entfernungen und Abmessungen sind so gigantisch, daß sie sich grundsätzlich unserem Anschauungsvermögen entziehen.

Um von den Verhältnissen kosmischer Längen wenigstens einen Begriff zu bekommen, denken wir uns zuerst unsere engere kosmische Umgebung im Maßstab $1:10^{10}$ verkleinert. Dann hätte unser Planetensystem einen Durchmesser von etwas mehr als 1 km, die Modellsonne wäre von der Größe eines Kinderballs (14 cm Durchmesser), in etwa 6 m Entfernung von ihr läge die Bahn des staubkorngroßen Merkur (0,5 mm Durchmesser), mit einem Bahnradius von 15 m umkreise unsere stecknadelkopfgroße Erde (1,3 mm Durchmesser) die Sonne; der größte Planet, Jupiter, hätte die Größe einer Haselnuß (14 mm Durchmesser) und befände sich in rund 78 m Entfernung von der Modellsonne.

Daß sich mit einer solchen Verkleinerung nur im Bereich des Planetensystems einigermaßen anschauliche Verhältnisse ergeben, zeigt die Tatsache, daß der nächste Fixstern in diesem Maßstab rund 4000 km entfernt wäre. Bei dem Versuch, auch im Bereich der Fixsterne ein anschauliches Modell zu gewinnen, müssen wir eine Verkleinerung im Maßstab $1:10^{18}$ vornehmen. Dabei würde allerdings die Sonne so klein wie ein Atom, während das Planetensystem mit 0,01 mm Durchmesser gerade an der Grenze unseres Vorstellungsvermögens läge; unser Milchstraßensystem würde zu einer diskusförmigen Scheibe von etwa 1 km Durchmesser und einer zentralen Dicke von rund 150 m, und in der Umgebung der Modellsonne befänden sich in 1 dm³ im Mittel 4 atomgroße Modellsterne. Das nächste Sternsystem vom Typ des Milchstraßensystems, die Andromedagalaxie, wäre 21 km entfernt, während die entferntesten Objekte, die wir zur Zeit kennen, Entfernungen der Größenordnung 100 000 km von der Modellsonne hätten.

Entfernungen	in km	in AE	in LJ
Erdradius	$6,4 \cdot 10^3$	–	–
Erde–Mond	$3,8 \cdot 10^5$	–	–
Sonnenradius	$7,0 \cdot 10^5$	–	–
Erde–Sonne	$1,5 \cdot 10^8$	1,0	–
Radius des Sonnensystems	$5,9 \cdot 10^9$	39,5	–
Sonne–nächster Fixstern	$4,0 \cdot 10^{13}$	$2,7 \cdot 10^5$	4,3
Sonne–Milchstraßenzentrum	$2,6 \cdot 10^{17}$	–	$2,8 \cdot 10^4$
Milchstraßenradius (Scheibe)	$4,6 \cdot 10^{17}$	–	$4,9 \cdot 10^4$
Milchstraße–Andromeda-galaxie	$2,0 \cdot 10^{19}$	–	$2,2 \cdot 10^6$
Entfernteste Objekte	$\approx 10^{23}$	–	$\approx 10^{10}$

Tab. 1.2 Größenordnungen von Strecken und Entfernungen im Weltall. Bei Entfernungen, die mit den Abmessungen des Planetensystems vergleichbar sind, verwendet man den Erdbahnradius als Maßeinheit (1 Astronomische Einheit = 1 AE); Entfernungen im Bereich des Fixsternhimmels werden auch durch die Laufzeit des Lichts gekennzeichnet (1 Lichtjahr = 1 LJ ist die Strecke, die das Licht in 1 Jahr zurücklegt).

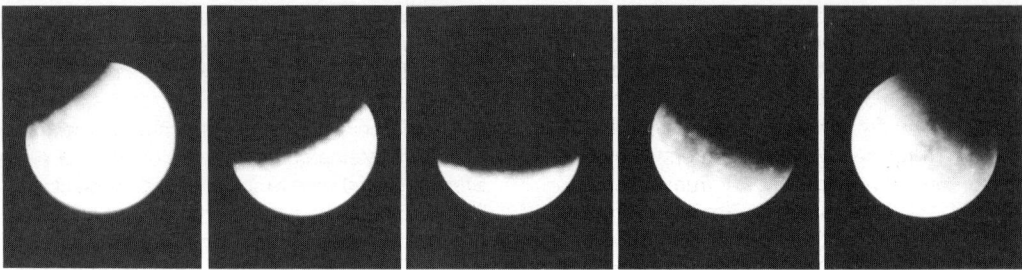

1.7 Fünf Phasen einer partiellen Mondfinsternis. Zwischen der ersten und der letzten Aufnahme sind mehr als 2 Stunden verstrichen, in denen sich die Erde um mehr als 30° gedreht hat. Trotzdem hat der Kernschattenrand stets den gleichen Radius.

1.2. Zur Geschichte der Astronomie

Die Astronomie ist die älteste der Naturwissenschaften. Seit Urzeiten verehrten die Menschen in den Gestirnen göttliche Wesen. Das Bemühen, die Periodizität ihres Erscheinens festzustellen, um entsprechende kultische Handlungen vorbereiten zu können, zeichnet alle Kulturvölker aus; eng damit verbunden ist die Astrologie, also der Versuch, menschliche Schicksale aus den Sternen zu deuten oder vorherzusagen. Die zweite Wurzel der Astronomie ist das Bedürfnis nach einer festen Zeitrechnung und der Erstellung von Kalendern, um landwirtschaftliche Arbeiten zeitgerecht durchführen zu können.

Von den alten Kulturen in Babylon, Ägypten, China und Mittelamerika sind schriftliche Zeugnisse astronomischer Beobachtungen überliefert, die teilweise bis ins dritte vorchristliche Jahrtausend zurückreichen. Aber auch die Steinsetzungen der Jungsteinzeit und Bronzezeit in Europa beweisen, daß ihre Erbauer astronomische Kenntnisse besaßen. Neben Sonne und Mond waren sehr früh auch schon Planeten bekannt; dies zeigt eine babylonische Tafel mit Venusbeobachtungen aus dem zweiten vorchristlichen Jahrtausend.

In der griechischen Antike wurde nicht nur die Entstehung von Sonnen- und Mondfinsternissen richtig erklärt und damit die Erde als kosmischer Körper erkannt, sondern die Philosophenschule der Pythagoräer lehrte sogar schon im 6. vorchristlichen Jahrhundert, daß die Erde eine Kugel sei. Aristoteles führte um 350 v. Chr. als Beweis für die Kugelgestalt der Erde an, daß bei allen Mondfinsternissen der Erdschatten stets kreisförmig begrenzt sei (Abb. 1.7).

Etwa hundert Jahre später bestimmte Eratosthenes von Kyrene den Erdradius aus der verschiedenen Mittagshöhe der Sonne in Alexandria und Syene und der Entfernung der beiden Städte (Abb. 1.8).

Die ersten Theorien über die scheinbaren Bewegungen von Sonne, Mond und Planeten relativ zum Fixsternhimmel stammen von den Griechen; dabei gingen sie von der Voraussetzung

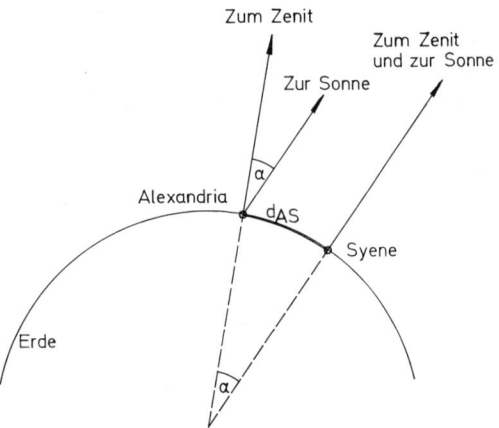

1.8 Zur Bestimmung von Erdumfang und Erdradius durch Eratosthenes. Zur Sommersonnenwende schien die Sonne, ohne einen Schatten zu werfen, in einen Brunnen bei Syene (heute Assuan), stand dort also im Zenit. Gleichzeitig war die mittägliche Zenitdistanz der Sonne in Alexandria $\alpha = 7°$, was ungefähr $1/50$ des Vollkreises entspricht. Da die Entfernung der nahezu in Nord-Süd-Richtung gelegenen Städte zu 5000 Stadien (1 Stadium zu $1/6$ km) bestimmt worden war, ergab sich der Erdumfang zu $50 \cdot 5000$ Stadien oder ungefähr 42 000 km.

aus, daß alle periodischen Bewegungen von Himmelskörpern „vollkommene" Bewegungen, nämlich gleichförmige Kreisbewegungen sein müßten. Die Vorstellungen über den Aufbau des Weltalls und die Bewegungen der kosmischen Körper waren sehr vielfältig. Der erste kosmologische Entwurf mit einer im Zentrum ruhenden Sonne (heliozentrisches System) stammt von Aristarch von Samos (etwa 265 v. Chr.); er ist der wichtigste geistige Vorläufer von Kopernikus. Aristarch versuchte aus dem Winkelabstand von Sonne und Mond in der Halbmondphase das Verhältnis der Entfernungen Erde–Sonne und Erde–Mond zu berechnen (Abb. 1.9). Obwohl er dabei mit 19:1 ein viel zu kleines Entfernungsverhältnis erhielt, gelang es ihm jedoch anschließend, aus den Beobachtungen von Mondfinsternissen für den Halbmesser des Mondes den brauchbaren Näherungswert 0,36 Erdradien (moderner Wert 0,27 Erdradien) zu berechnen, während sich für den Sonnenradius mit 6,75 Erdradien nur etwa der 16. Teil des richtigen Wertes ergab. Trotzdem mußte es ihm unwahrscheinlich vorkommen, daß die – dem Volumen nach – mehr als 300mal größere Sonne um die so viel kleinere Erde kreisen sollte; vermutlich waren es also letztlich physikalische Gründe, die ihn zur Aufstellung seines heliozentrischen Systems veranlaßt haben. Es sollte beinahe 2000 Jahre dauern, bis bei Johannes Kepler wieder physikalische Prinzipien zur Erklärung kosmischer Bewegungsvorgänge benützt

wurden. Auch das von Aristarch vorgeschlagene heliozentrische System selbst blieb im Altertum und Mittelalter ohne Auswirkung. Ein wichtiger Einwand dagegen war das Fehlen scheinbarer Abstandsveränderungen der Fixsterne (die Winkel zwischen den Blickrichtungen zu den Sternen, auf die sich die Erde zu bewegt, müßten zunehmen, in der Gegenrichtung müßten sie abnehmen). Zwar hatte Aristarch ganz richtig vermutet, daß dies eine Folge des relativ zum Durchmesser des Fixsternhimmels sehr kleinen Erdbahndurchmessers sei, aber das System des Aristarch war der Weltanschauung der Antike zu fremd; der Mensch und seine Heimat, die Erde, standen im Mittelpunkt des Denkens.

Der bedeutendste Astronom der griechischen Antike war Hipparch von Nikaia (um 150 v. Chr.). Bei seinen sorgfältigen Messungen der Jahreslänge entdeckte er die verschiedene Dauer der Jahreszeiten und erklärte dies durch die Annahme, die Erde stehe exzentrisch in der Sonnenbahn. Die Beobachtung eines neuen Sterns veranlaßte ihn, einen Sternkatalog herzustellen; er enthielt Ortsangaben und Helligkeiten von über tausend Sternen. Für die Helligkeiten stellte Hipparch eine Skala auf, die den hellsten Sternen die Bezeichnung „1. Größe", den (mit dem bloßen Auge) eben noch sichtbaren Sternen die „6. Größe" zuordnete. Bei der Zusammenstellung der Sternörter fand Hipparch, daß sich gegenüber früheren Angaben die Koordinaten geändert hatten, und er deutete dies richtig als Folge einer Wanderung der Tagundnachtgleichen entlang der Sonnenbahn.

Die ungleichförmige scheinbare Bewegung der Planeten und die Schleifen in ihren Bahnen (s. Abb. 2.19) versuchte er im Anschluß an Apollonius von Perge (um 225 v. Chr.) durch die Annahme zu erklären, jeder Planet laufe gleichförmig auf einem Kreis (Epizykel), dessen Mittelpunkt sich wieder gleichförmig auf einem zweiten Kreis (Deferent) um die Sonne bewege.

In den auf Hipparch folgenden drei Jahrhunderten stagnierte die Entwicklung der griechischen Astronomie. Erst Ptolemäus von Alexandria (um 150 n. Chr.) hat den Entwurf des Hipparchschen Planetensystems vollendet und Tafeln berechnet, nach denen der scheinbare Ort jedes Gestirns vorausberechnet werden konnte. Da diese Tafeln sich im Laufe der Zeit als immer ungenauer erwiesen, waren die folgenden

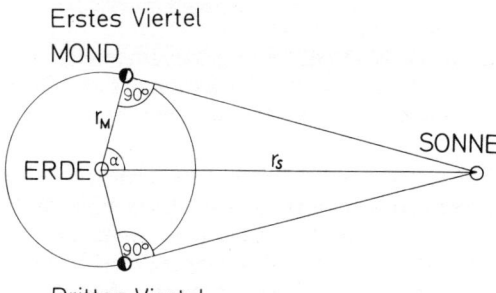

Erstes Viertel

1.9 Zur Bestimmung von $r_m : r_s$ durch Aristarch. Bei Halbmond muß der Winkel Erde-Mond-Sonne genau 90° betragen. Aus der Differenz der Zeiten, die zwischen dem dritten und dem ersten Viertel bzw. zwischen dem ersten und dem dritten Viertel verstrichen, bekam Aristarch den Wert $\alpha = 87°$. Durch mühsame Näherungsrechnungen (trigonometrische Funktionen waren damals noch unbekannt) erhielt er damit $r_m : r_s = 1 : 19$. (Mit dem genauen Wert $\alpha = 89,853°$ erhält man das richtige Verhältnis $r_m : r_s = 1 : 390$.)

Jahrhunderte durch Versuche gekennzeichnet, Ausgangsdaten und Rechenmethoden des Ptolemäischen Systems zu verbessern. Die Führung ging dabei an die Araber über.

Nachdem schon im Spätmittelalter vereinzelt Kritik am überlieferten Weltbild geübt worden war, regten sich zu Beginn der Neuzeit auch naturwissenschaftlich begründete Zweifel an der Richtigkeit des Ptolemäischen Systems. Den entscheidenden Schritt tat Nikolaus Kopernikus (1473–1543). Weil das System des Ptolemäus durch die Verbesserungsversuche seiner Nachfolger immer komplizierter geworden war, kam Kopernikus zu der Überzeugung, daß das geozentrische Weltsystem unmöglich die Wirklichkeit richtig darstellen könne. Deshalb entwickelte er ein heliozentrisches System der Planetenbewegungen. Durch die Verlegung des ruhenden Zentrums von der Erde in die Sonne werden die beobachteten Planetenbahnschleifen als Spiegelungen der Erdbewegung erklärt; die Bewegungsformen werden damit bedeutend einfacher als im alten geozentrischen System.

In der Fachwelt fand das Werk des Kopernikus zuerst wenig Anklang; man konnte sich von der geozentrischen Weltanschauung nicht trennen. Außerdem mußte auch Kopernikus für eine

brauchbare Darstellung der Planetenbewegungen einige Epizykeln verwenden, weil er noch an der Vorstellung der gleichförmigen Bewegung auf Kreisbahnen festhielt.

Erst Johannes Kepler (1571–1630) verhalf der Kopernikanischen Lehre zum Durchbruch. Er übernahm als kaiserlicher Hofastronom von seinem Vorgänger Tycho Brahe umfassendes Beobachtungsmaterial, insbesondere des Planeten Mars. Aufgrund sorgfältiger Fehleranalysen seiner Winkelmeßgeräte hatte Tycho Brahe die Meßgenauigkeit auf den für damalige Verhältnisse außerordentlich kleinen Wert von 25″ verbessert. Innerhalb dieses schmalen Bereiches mußten also die aus einer Planetentheorie errechneten Positionswerte mit den Beobachtungen übereinstimmen. Diese Notwendigkeit zwang Kepler, das aristotelische Dogma der gleichförmigen Kreisbewegungen für die Planeten aufzugeben. Im Jahre 1609 veröffentlichte er in seinem Hauptwerk „Astronomia nova, seu physica coelestis" (Neue Astronomie oder Himmelsphysik) die beiden Gesetze:

1. Die Planeten bewegen sich auf Ellipsen, in deren einem Brennpunkt die Sonne steht (s. dazu Abb. 1.10).
2. Der von der Sonne zum Planeten gezogene Fahrstrahl überstreicht in gleichen Zeiten gleiche Flächen.

Zehn Jahre später lieferte Kepler mit einem weiteren Gesetz eine Beziehung zwischen den verschiedenen Planeten:
3. Die Quadrate der Umlaufsdauern zweier Planeten verhalten sich wie die dritten Potenzen ihrer mittleren Abstände von der Sonne.

Zur gleichen Zeit, als Kepler die Gesetze der Planetenbewegung entdeckte, begann mit der Verwendung des kurz zuvor erfundenen Fernrohrs ein neuer Abschnitt der beobachtenden Astronomie. Das neue Instrument verbesserte die Beobachtungsmöglichkeiten gleich in dreifacher Weise:
Die Positionsbestimmungen von Gestirnen konnten nun wesentlich genauer durchgeführt werden, außerdem war es möglich geworden, die Oberflächen von Sonne, Mond und Planeten zu erforschen, und schließlich konnte man im Fernrohr Objekte sehen, die für das bloße Auge unsichtbar sind. Schon Galilei entdeckte damit die vier größten Monde des Jupiter und deutete

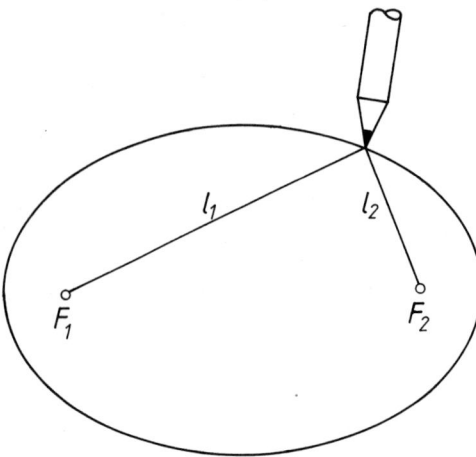

1.10 „Gärtnerkonstruktion" der Ellipse. An zwei Punkten F_1 und F_2 werden die Enden eines Fadens befestigt; dann spannt man den Faden mit der Schreibspitze und umfährt die beiden Punkte F_1 und F_2. Diese Punkte heißen „Brennpunkte", da jeder von F_1 ausgehende und an der Ellipse reflektierte Lichtstrahl durch F_2 geht und umgekehrt. – Steht die Sonne z. B. in F_1, der Planet an der Schreibspitze, so ist l_1 der Fahrstrahl Sonne–Planet.

ihre Umlaufsbewegungen um den Planeten als Modell und Bestätigung des Kopernikanischen Systems, er beobachtete die wechselnde Phasengestalt der Venus und die Sonnenflecken, und er bestimmte die verschiedenen Höhen der Mondberge aus der Länge ihrer Schatten.

Keplers Gedanke, daß die Sonne Anziehungskräfte auf die Planeten ausübe, wurde von Isaac Newton (1643–1727) aufgenommen und durch die Herleitung eines allgemeinen Gravitationsgesetzes 1687 zu Ende geführt. Danach wirkt zwischen zwei (punktförmigen) Massen m_1 und m_2, die den Abstand r haben, eine Anziehungskraft vom Betrag

$$F = G \cdot \frac{m_1 \cdot m_2}{r^2}$$

(G heißt Gravitationskonstante).

Dieses Gesetz bildet die Grundlage der gesamten Himmelsmechanik und stellt das wichtigste Werkzeug zur Bestimmung der Massen von Himmelskörpern dar; deshalb werden wir ihm in den folgenden Kapiteln immer wieder begegnen.

Vom 17. Jahrhundert bis zur Gegenwart haben sich die Entdeckungen in der Astronomie so gehäuft, daß sie hier nicht mehr im einzelnen aufgeführt werden können; wichtige historische Ereignisse werden jedoch in den entsprechenden Abschnitten dieses Buches erwähnt.

In der Neuzeit ist die Geschichte der Astronomie im wesentlichen durch zwei Faktoren bestimmt: durch die immer raschere Entwicklung der Technik und durch die Fortschritte in der Physik.

Technische Verbesserungen und Erfindungen führten auf der einen Seite zum Bau immer lichtstärkerer Fernrohre und der Entwicklung neuer und leistungsfähigerer Zusatzgeräte bis hin zu den Raketen und Raumsonden, mit denen astronomische Instrumente über die Erdatmosphäre hinaus und zu anderen Planeten oder Kometen getragen werden können. Auf der anderen Seite wurde im 19. Jahrhundert durch die Einführung der Fotografie in die Astronomie die Möglichkeit geschaffen, die von schwachen kosmischen Lichtquellen kommende Strahlungsenergie über längere Zeit aufzusammeln und damit unvergleichlich mehr Informationen zu gewinnen als bei visueller Beobachtung; außer-

dem lieferte die Fotoplatte den ersten Speicher für astronomische Informationen, die damit zu beliebigen Zeitpunkten abrufbar wurden.

Im 20. Jahrhundert wurde die Rolle der Fotografie teilweise durch elektronische Geräte übernommen und damit der direkte Anschluß an elektronische Datenverarbeitungsgeräte ermöglicht.

Die Physik lieferte schon im 19. Jahrhundert mit der Entwicklung der Photometrie und Spektroskopie, besonders aber durch die Entdeckung der Strahlungsgesetze und der Spektralanalyse das Fundament der modernen Astrophysik. Im 20. Jahrhundert schließlich gingen die Relativitätstheorie, die Quantentheorie, die Atom- und die Elementarteilchen-Physik eine so enge Verbindung mit der Astrophysik ein, daß man von einer Symbiose sprechen kann, in der sich Astronomie und Physik wechselseitig befruchten und fördern.

2. Bewegungsvorgänge im Planetensystem

Ortsveränderungen von Sonne, Mond und Planeten sind wie die jahreszeitlichen Änderungen in der Sichtbarkeit der Sternbilder leicht wahrnehmbare Anzeichen dafür, daß im Planetensystem periodische Bewegungen ablaufen. Mit der Beobachtung und der physikalischen Deutung dieser Erscheinungen werden wir uns im folgenden beschäftigen. Das zentrale Thema des vorliegenden 2. Kapitels sind die Bewegungen der Erde und der anderen Planeten. Ein weiterer Vorgang, der schon im 1. Kapitel (s. S. 11) erwähnt wurde und zu Beginn des 3. Kapitels ausführlicher behandelt wird, ist der Umlauf des Mondes um die Erde.

Es war – und ist – Aufgabe der astronomischen Forschung, die richtigen Vorstellungen über die Anordnungen und Bewegungen astronomischer Objekte im Raum zu erarbeiten und die Gesetzmäßigkeiten herzuleiten, nach denen die Bewegungen ablaufen. Das 2. Kapitel gibt mit den Keplerschen Gesetzen der Planetenbewegung und dem Gravitationsgesetz besonders wichtige Beispiele dafür.

2.1. Die scheinbare tägliche Bewegung der Gestirne. Astronomische Koordinatensysteme. Fernrohre

2.1.1. Die Beobachtungen und ihre Beschreibung

Die Sonne geht morgens am östlichen Horizont auf, wandert im Laufe des Tages über den Himmel und geht abends am westlichen Horizont unter; dies ist eine allbekannte Erscheinung. In entsprechender Weise wandern Mond und Sterne über den Himmel; nur erfordert bei ihnen die Beobachtung dieser Vorgänge mehr Aufmerksamkeit als bei der Sonne. Doch ist die Ost-West-Wanderung am Himmel während der Nachtstunden, z. B. beim Vollmond oder bei einem hellen Stern mühelos wahrnehmbar.

Zwischen Auf- und Untergang bewegen sich die Gestirne auf Kreisbögen am Himmelsgewölbe. Dies erkennt man am besten auf fotografischen Aufnahmen, die mit feststehender Kamera und längeren Belichtungszeiten gemacht wurden (Abb. 2.1).

Der über dem Horizont liegende Teil eines solchen Bahnkreises heißt **Tagbogen** des Gestirns (und zwar unabhängig davon, ob er während des Tages oder während der Nacht durchlaufen wird); die unter dem Horizont liegende Ergänzung heißt dementsprechend Nachtbogen. Alle diese Kreisbahnen, welche die Gestirne beschreiben, verlaufen parallel zu einem Großkreis an der Himmelskugel, dem **Himmelsäquator.** Der Himmelsäquator ist die Projektion des Erdäquators an die Sphäre. Die zu diesem Großkreis gehörenden Pole sind der Himmels-Nordpol und -Südpol. Auf Abb. 2.1 ist

2.1 Fotografische Aufnahme der Gegend um den Himmelsnordpol; Belichtungszeit 3 Stunden

die Lage des nördlichen Himmelspols leicht zu erkennen. Der helle Bogen dicht beim Pol wurde vom Polarstern erzeugt. Um die Himmelspole kreisen die Sterne mit der Periode von 1 Tag in konstanter Winkelgeschwindigkeit.

In der Mitte des Tagbogens liegt sein höchster Punkt, der obere **Kulminationspunkt** des Gestirns. Verbindet man die Kulminationspunkte aller Gestirne, so erhält man einen Großkreisbogen am Himmelsgewölbe, der vom Südpunkt des Horizonts vertikal aufsteigt und über den höchsten Punkt des Himmelsgewölbes, den **Zenit**, und den Himmelspol zum Nordpunkt des Horizonts verläuft. Dieser Großkreis heißt **Himmelsmeridian**. Seine Ebene, die Meridianebene, schneidet die Erde längs des Längenkreises (Meridians), auf dem sich der Beobachter befindet (Abb. 2.2). Beobachter auf verschiedenen geographischen Längen haben demnach verschiedene Himmelsmeridiane.

Je weiter im Norden (für einen Beobachter auf der Nordhalbkugel der Erde) ein Stern auf- bzw. untergeht, desto größer ist der Winkel, den er auf seinem Tagbogen durchläuft, bis sich schließlich der Tagbogen zu einem Kreis um den Himmelsnordpol schließt (Abb. 2.2, wo – wie auch in den folgenden entsprechenden Abbildungen – die Sphäre von außen dargestellt ist, während sie der Beobachter von innen sieht). Dieser Kreis wird innerhalb eines Tages durchlaufen. Sterne, bei denen dies der Fall ist, befinden sich für den betreffenden Beobachtungsort immer

über dem Horizont; man nennt sie **Zirkumpolarsterne**. Sie kreuzen den Himmelsmeridian außer in der oberen Kulmination am entgegengesetzten Punkt ihres Bahnkreises in der unteren Kulmination, zwischen Pol und Nordpunkt des Horizonts. Die wohl bekanntesten Zirkumpolarsterne unserer Breiten sind die Sterne des Großen Wagens. Die Mittelpunkte der Bahnkreise aller Sterne liegen auf einer Geraden, der **Himmelsachse**.

Die tägliche Bewegung der Sterne verläuft so, als rotiere das ganze Himmelsgewölbe um die Himmelsachse. Diese trifft das Himmelsgewölbe in den Himmelspolen. Die **Himmelspole** liegen im Zenit der zugehörigen geographischen Pole der Erde; dort ist also die Himmelsachse identisch mit der verlängerten Erdachse. Da der Abstand Beobachter–Erdachse vernachlässigbar klein ist gegenüber den Entfernungen der Erde von den Himmelskörpern, kann man für jeden Beobachter auf der Erde annehmen, seine Himmelsachse sei identisch mit der Erdachse.

2.1.2. Erklärung der täglichen Bewegung der Gestirne durch die Rotation der Erde

Die scheinbare Rotation des ganzen Himmelsgewölbes um die Himmelsachse ist eine Spiegelung der Erdrotation, die mit der Periode von 1 Tag fast gleichförmig um eine (nahezu) feste Achse verläuft. Diese Deutung der beobachteten Vorgänge wird schon nahegelegt durch die Tatsache, daß auch alle anderen Körper des Planetensystems rotieren. Mit dem Fernrohr sind an der Sonne und an den Planeten Jupiter und Mars die Rotationsbewegungen leicht zu verfolgen.

Für diese Achsendrehung der Erde gibt es einige physikalische, von astronomischen Beobachtungen unabhängige Beweise: die Abplattung der Erde, die östliche Abweichung eines frei fallenden Körpers von der Lotrechten, die Ablenkung der Winde (auf der Nordhalbkugel nach rechts, auf der Südhalbkugel nach links). Am bekanntesten ist der Pendelversuch von Foucault (Paris 1851). Dieser Versuch macht von der Tatsache Gebrauch, daß bei einem frei in einer Ebene schwingenden Pendel die ursprüngliche Richtung der Schwingungsebene im Raum beibehalten wird, solange keine Kräfte außer der Gewichtskraft vorhanden sind.

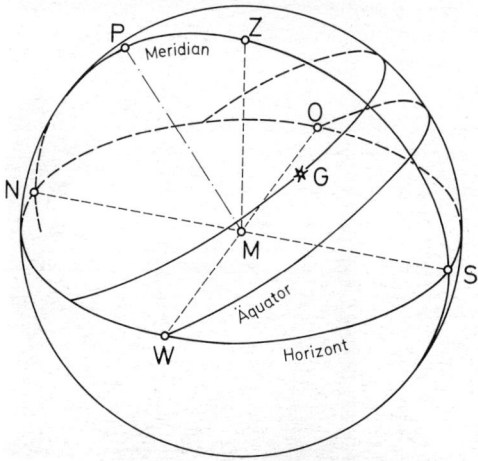

2.2 Horizont, Zenit, Himmelsäquator und Meridian des Beobachtungspunktes M; Tagbogen eines Gestirns G

Das Experiment läßt sich so ausführen, daß man beobachten kann, wie die Erde (der Fußboden des Experimentierraums) sich unter der Ebene des schwingenden Pendels dreht. Der Betrag dieser Drehung relativ zur Erde hängt von der geographischen Breite φ ab; in 1 Stunde erfolgt eine Drehung um den Winkel $15° \cdot \sin\varphi$. Der Effekt beträgt also an den Polen der Erde 360° in 24 Stunden; am Äquator tritt keine Drehung auf. Im Helmholtz-Gymnasium in Heidelberg befindet sich ein Foucault-Pendel von rund 15 m Länge; die Masse der Pendelkugel beträgt 278 kg, die Schwingungsdauer 7,8 s. Der durch die Erdrotation hervorgerufene Effekt kann hierbei schon nach einer Pendelschwingung abgelesen werden.

2.1.3. Das äquatoriale Koordinatensystem

Wenn man die Bewegung von Himmelskörpern beschreiben will, muß man jeweils den Ort angeben können, an dem sie sich zu bestimmten Zeitpunkten befinden. Dies geschieht durch Koordinaten- und Zeitmessungen. Zur Koordinatenbestimmung denkt man sich die Sterne auf die Himmelskugel projiziert. Dabei versteht man unter der Himmelskugel oder „Sphäre" eine Kugelfläche mit unendlich großem Radius; Projektionszentrum und Beobachter befinden sich im Kugelmittelpunkt. Dann kann die Richtung zu den Gestirnen durch die Angabe von zwei Winkeln festgelegt werden.

Jedes zur Bestimmung von Sternörtern an der Sphäre verwendete Koordinatensystem muß jederzeit leicht am Himmel auffindbar sein und außerdem eine sichere Messung der Koordinaten durch Instrumente ermöglichen. Die Natur selbst liefert uns verschiedene Möglichkeiten für Koordinatensysteme, die diesen Forderungen genügen.

Sie sind alle gleichartig aufgebaut; eine Bezugsebene, die das Himmelsgewölbe in einem Großkreis halbiert, bestimmt zwei sich orthogonal schneidende Kreisscharen: eine Schar von Großkreisen, deren Ebenen senkrecht zur Bezugsebene stehen und die sich in zwei einander gegenüberliegenden Punkten der Sphäre schneiden, und eine zweite Schar von Kreisen, deren Ebenen parallel zur Bezugsebene sind.

Besonders wichtig ist **das äquatoriale Koordinatensystem**; in ihm fungiert als Bezugsebene die Ebene des Himmelsäquators. Das Koordina-

tennetz wird gebildet durch die Schar der Großkreise durch die Himmelspole – sie heißen **Stundenkreise** – und die zu ihnen orthogonale Schar der **Parallelkreise**. Der größte Parallelkreis ist identisch mit dem Himmelsäquator.

Die Festlegung des Ortes eines Gestirns in diesem astronomischen Äquatorsystem geschieht – wie bei den Orten auf der Erdoberfläche – durch die Angabe von zwei Winkeln. Diese Koordinaten heißen Rektaszension α und Deklination δ (Abb. 2.3).

Die **Deklination** ist der Winkelabstand des Gestirns vom Himmelsäquator; sie wird – wie die geographische Breite auf der Erde – von 0° am Äquator bis +90° (bzw. –90°) am Himmels-Nordpol (bzw. -Südpol) gezählt.

Die **Rektaszension** ist die auf dem Himmelsäquator vom Frühlingspunkt aus bis zum Stundenkreis des betreffenden Gestirns gezählte Koordinate; sie entspricht der geographischen Länge auf der Erde. Der hier als Nullpunkt der Zählung auf dem Himmelsäquator benutzte Frühlingspunkt ist derjenige Punkt der Sphäre, an dem sich die Sonne im Zeitpunkt des Frühlingsanfangs befindet (Schnittpunkt von Ekliptik und Himmelsäquator); er wird mit dem Symbol ♈ des Tierkreiszeichens „Widder" gekennzeichnet. Die Rektaszension wird in Stunden, Minuten und Sekunden gemessen; der Winkel von 1 Stunde entspricht 15°. Die Zählung erfolgt auf dem Himmelsäquator im Sinne der Erdrotation,

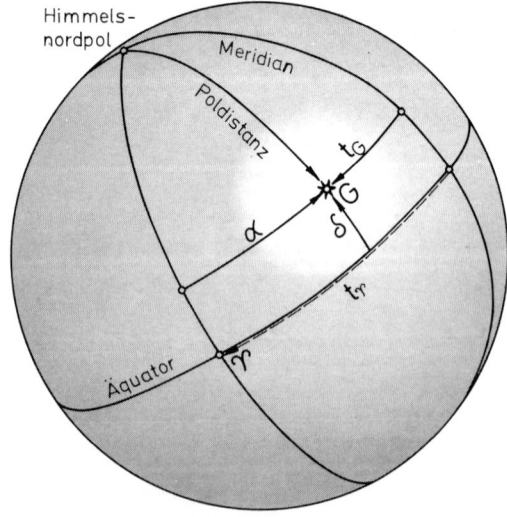

2.3 Das äquatoriale Koordinatensystem

d. h. entgegen der scheinbaren täglichen Bewegung der Gestirne, also von Westen nach Osten, von 0 h bis 24 h.

Rektaszension und Deklination sind die Koordinaten, die in Sternverzeichnissen und Sternkarten verwendet werden. Weil sich die Lage des Frühlingspunktes auf dem Himmelsäquator langsam ändert (s. S. 47), wird dabei immer angegeben, auf welches Jahr die betreffenden Koordinaten bezogen sind. Der Winkel zwischen dem Stundenkreis eines Gestirns und dem Himmelsmeridian, gemessen auf dem Himmelsäquator, heißt **Stundenwinkel** *t* des Gestirns; *t* wird vom Meridian aus in Richtung der scheinbaren täglichen Bewegung der Gestirne, also nach Westen, von 0 h bis 24 h gezählt.

Denkt man sich andererseits die Werte der Rektaszension (die vom Frühlingspunkt aus entgegen der täglichen Bewegung der Gestirne gezählt wird) auf dem Himmelsäquator aufgetragen, so stellt der Himmelsmeridian den Zeiger einer Uhr dar, deren Zifferblatt sich dreht. Die an dieser Uhr abgelesene Zeit wird als **Ortssternzeit** des Beobachters bezeichnet. Die Ortssternzeit ist also gleich der Rektaszension eines gerade kulminierenden, d. h. den Himmelsmeridian passierenden Gestirns und damit auch gleich dem Stundenwinkel des Frühlingspunktes.

Ein wertvolles Hilfsmittel beim ersten Studium der hier eingeführten Grundbegriffe der Koordinatenmessung ist die Arbeit mit der drehbaren Sternkarte (s. S. 18).

Weitere Koordinatensysteme an der Sphäre ergeben sich, wenn statt des Himmelsäquators andere Bezugsebenen gewählt werden. Die Natur bietet dafür die Horizontebene, die Erdbahnebene (Ekliptik) und die Milchstraßenebene an.

2.1.4. Der Anblick des Himmels in verschiedenen geographischen Breiten

Schon die allbekannte Tatsache, daß in den Polarregionen in gewissen Zeiträumen des Jahres die Sonne nicht auf- bzw. untergeht („Polarnacht" bzw. „Polartag"), deutet darauf hin, daß die Länge des Tagbogens eines Gestirns von der geographischen Breite des Beobachtungsortes abhängt.

Ein Beobachter am Nord- oder Südpol der Erde befindet sich an einer Stelle, an der die Erd- bzw. Himmelsachse die Erdoberfläche vertikal durchstößt. Deshalb bewegen sich die Gestirne im Laufe eines Tages auf Kreisbahnen, deren Ebenen waagrecht liegen; der Himmelsäquator liegt in der Horizontebene (Abb. 2.4a und b). Für einen Beobachter am Nordpol der Erde sind also alle Sterne nördlich des Himmelsäquators zirkumpolar; die Sterne des Südhimmels kann er nie sehen. Da die Sonne vom Frühlingsanfang bis zum Herbstanfang nördlich des Himmelsäquators steht, wird es in diesem Halbjahr am Nordpol nie Nacht, in der anderen Jahreshälfte nie Tag; am Südpol ist es umgekehrt.

Am Erdäquator ist die Horizontebene parallel zur Erd- bzw. Himmelsachse. Die Himmelspole liegen daher am Horizont, und die Bahnen der Sterne verlaufen bei der täglichen Bewegung in vertikalen Ebenen (Abb. 2.4c). Deshalb gibt es für einen Beobachter am Äquator keine Zirkumpolarsterne. Da auch die Sonne senkrecht zum Horizont auf- und untergeht, ist die Dämmerung sehr kurz.

Bei den bisher behandelten Extremfällen war die Höhe des Himmelspols über dem Horizont gleich der geographischen Breite φ des Beobachtungsortes.

a)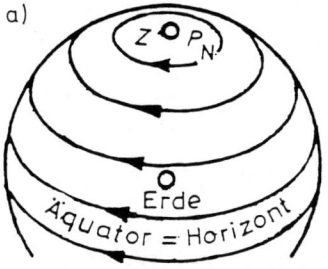

b)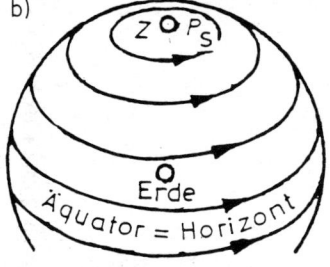

c)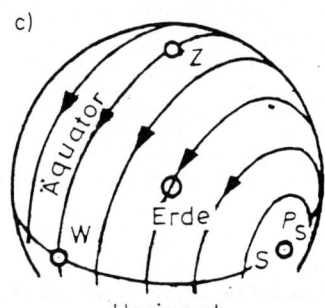

2.4   Die Himmelskugel für einen Beobachter a) am Nordpol, b) am Südpol, c) am Äquator der Erde (Ansicht von außen)

Daß diese Beziehung allgemein gilt, liest man aus der Abb. 2.5 ab. Dort ist

$$\sphericalangle AMB = \varphi$$
$$\sphericalangle PMB = 90° - \varphi$$
$$\sphericalangle P'BZ = 90° - \varphi$$
$$\sphericalangle P'BN = \varphi .$$

$\sphericalangle P'BN = h$ ist aber der Winkelabstand des Himmelsnordpols vom Nordpunkt des Horizonts, die Polhöhe. Deshalb gilt allgemein:

Polhöhe h = geographische Breite φ.

Daraus folgt andererseits, daß ein Stern auf dem Himmelsäquator (Deklination $\delta = 0°$) in der Höhe $90° - \varphi$ über dem Südpunkt des Horizonts kulminiert. Ein Stern mit der Deklination δ erreicht demnach bei der oberen Kulmination die Höhe

$$h_o = \delta + (90° - \varphi) \text{ über dem Südhorizont.}$$

Da der Stern den Polabstand $90° - \delta$ hat, gilt für seine Höhe bei der unteren Kulmination

$$h_u = \delta - (90° - \varphi) \text{ über dem Nordhorizont.}$$

Ein Stern ist für einen Ort der geographischen Breite φ zirkumpolar, wenn $h_u > 0°$, also $\delta > 90° - \varphi$ ist. Er ist nie sichtbar, wenn $h_o < 0°$, also $\delta < \varphi - 90°$ ist (Abb. 2.6).

Für die Bewohner Mitteleuropas sind daher der südliche Himmelspol und große, sehr eindrucksvolle Teile des südlichen Sternhimmels (die helle südliche Milchstraße, die Magellan-Wolken) durch die Erde selbst immer verdeckt.

2.1.5. Gebrauch einer drehbaren Sternkarte

Ein wichtiges Hilfsmittel bei astronomischen Beobachtungen – besonders für den Anfänger – ist eine drehbare Sternkarte, denn mit ihr lassen sich auf einfache Weise eine ganze Reihe von Fragen beantworten, die für die Vorbereitung und Durchführung von Beobachtungen am Himmel von grundlegender Bedeutung sind. Eine drehbare Sternkarte besteht aus einer Grundscheibe und einer Deckscheibe oder Maske, die drehbar auf der Grundscheibe befestigt ist. Die Grundscheibe trägt eine Sternkarte. Sie enthält die hellen Sterne und Sternbilder, die im Laufe eines Jahres auf einer bestimmten geographischen Breite, z. B. $\varphi = +50°$, beobachtet werden können; außerdem ist die Ekliptik eingezeichnet, also die Bahn, auf der sich die Sonne während eines Jahres um die Erde zu bewegen scheint (s. S. 26).

Auch für Orte mit etwas anderen geographischen Breiten läßt sich die Sternkarte ohne große Fehler verwenden. Der Himmelspol (für $\varphi > 0°$ der Nordpol) liegt in der Mitte der Karte im Drehpunkt. Am Rande befindet sich eine Skala für die Rektaszension α, die im Uhrzeigersinn von 0 h bis 24 h läuft, sowie eine Kalendereinteilung im gleichen Umlaufsinn. Als Linien gleicher Deklination sind konzentrische Kreise um den Pol eingezeichnet. Bei manchen Karten ist auch eine drehbare Deklinationsskala angebracht.

Mit Hilfe der Koordinatenlinien oder mit Randskala und drehbarer Skala können die Koordinaten Rektaszension α und Deklination δ von Sternen näherungsweise bestimmt werden.

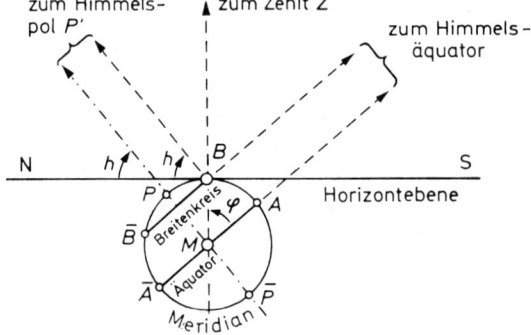

2.5 Für einen Beobachter auf der geographischen Breite φ gilt: Polhöhe h gleich geographische Breite φ.

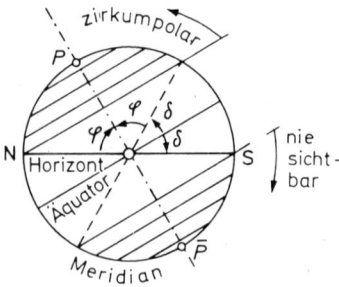

2.6 Zirkumpolarsterne ($\delta > 90° - \varphi$) und Sterne, die nie sichtbar sind ($\delta < \varphi - 90°$).

Andererseits lassen sich so Objekte mit bekannten Koordinaten auf der Karte finden.

Die Deckscheibe trägt einen ovalen Ausschnitt, dessen Rand den Horizont darstellt. Der jeweils beobachtbare Himmelsausschnitt liegt innerhalb dieses Ovals. An der Horizontlinie sind die Himmelsrichtungen markiert. Am Rand der Scheibe, über der Datumsskala der Grundscheibe, verläuft eine Zeitskala (von 0 h bis 24 h entgegen dem Uhrzeigersinn).

Um die Sternkarte für eine Beobachtung vorzubereiten, stellt man die Beobachtungszeit auf der Drehscheibe über das Beobachtungsdatum auf der Grundscheibe. Wenn man nun an Hand der Karte Sterne am Himmel aufsuchen will, müßte man die Karte eigentlich so über den Kopf halten, daß der Zenitpunkt oben ist und die Beschriftungen des Horizonts mit den Himmelsrichtungen übereinstimmen. Dies wäre unbequem. Will man z. B. am Südhimmel beobachten, so hält man die Karte so vor sich hin, daß der Südpunkt des Horizontausschnitts auf den Beobachter zeigt. Nun lassen sich die Südsternbilder der Karte leicht auf den Himmel übertragen.

Genäherte Auf- und Untergangszeiten von Sternen ermittelt man, indem man die Maske so dreht, daß der betreffende Stern auf den Ost- bzw. Westteil des Horizonts zu liegen kommt. Über allen Daten (Grundscheibe) können dann die zugehörigen Auf- und Untergangszeiten (Deckscheibe) abgelesen werden.

Die Stellung der Sonne zwischen den Fixsternen findet man, wenn man das gewünschte Datum zwischen die Kalenderangaben auf der Ekliptik einpaßt. Danach kann man wie oben die Auf- und Untergangszeiten ermitteln.

Entsprechend bestimmt man auch die Zeitpunkte der oberen oder unteren Kulmination für die Sonne oder für einen Fixstern, indem man die Sonne oder den Fixstern auf den südlichen bzw. nördlichen Meridianbogen einstellt.

Alle diese Zeiten sind „mittlere Ortszeiten" (s. S. 29f.). Um mitteleuropäische Zeiten zu erhalten, muß man den Zeitunterschied zwischen der Ortszeit des Beobachters und der Ortszeit des Mittelmeridians seiner Zeitzone berücksichtigen.

Für jeden Längengrad, um den der Beobachtungspunkt westlich des Mittelmeridians liegt, sind zur Ortszeit 4 Minuten zu addieren.

Entnimmt man einem Sternkalender die Rektaszension α und Deklination δ für einen Planeten oder Kometen, so kann man diese auf der Karte eintragen und das Objekt (bei richtig eingestellter Sternkarte) am Himmel aufsuchen. Bei Planeten genügt es, die Rektaszension einzustellen, da sie sich stets in der Nähe der Ekliptik aufhalten.

Die drehbare Sternkarte ist in Verbindung mit dem direkten Himmelsanblick ein hervorragendes Mittel, um die hellsten Fixsterne kennenzulernen und sich ihre Orte innerhalb der Sternbilder einzuprägen (s. Tabelle 7 im Anhang).

2.1.6. Optische und mechanische Konstruktionsmerkmale von Fernrohren

Fernrohre dienen dazu, astronomische Objekte größer, schärfer, heller als mit bloßem Auge zu sehen und ihren Ort genauer festzulegen. Im folgenden werden die Grundlagen ihres Aufbaus und ihrer Wirkungsweise erläutert.

Refraktor und Reflektor

Bei einem Fernrohr wird durch ein Objektiv ein reelles Bild des zu beobachtenden Gegenstandes erzeugt. Als Objektive werden Sammellinsen oder Hohlspiegel verwendet. Linsenfernrohre heißen Refraktoren, Spiegelfernrohre heißen Reflektoren.

Ein Beispiel für einen Refraktor zeigt Abb. 2.7, ein Beispiel für einen Reflektor zeigt Abb. 2.8 auf der folgenden Seite.

Die Objektivlinse eines Refraktors soll parallel einfallende Lichtstrahlen in einem Punkt der Brennebene sammeln. Dies gelingt bei weißem Licht nicht vollständig, da die Brennweite für rotes Licht etwas größer ist als für blaues; die Bilder bekommen dadurch störende Farbränder. Man kann diesen Farbfehler aber weitgehend beseitigen, indem man das Objektiv aus einer Kronglas-Sammellinse und einer Flintglas-Zerstreuungslinse zusammensetzt. Solche Objektive heißen **Achromate**.

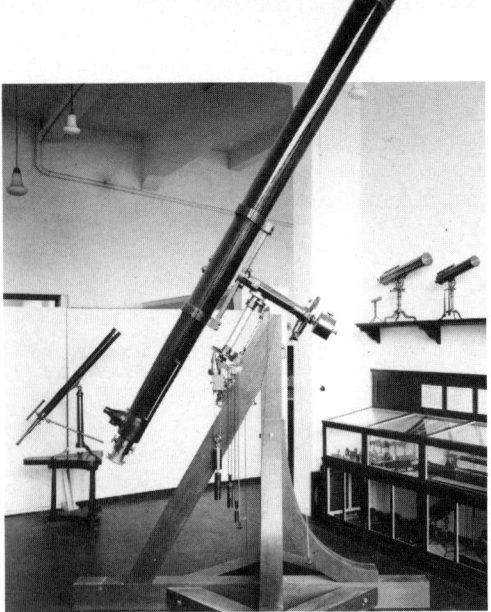

2.7 Refraktor von J. Fraunhofer mit 25 cm Objektivöffnung. Mit diesem Instrument entdeckte J. G. Galle
1846 den Planeten Neptun; es steht heute im Deutschen
Museum in München.

2.8 Reflektor der Firma Carl Zeiss, Oberkochen.
1,2 m-Spiegelteleskop des Max-Planck-Instituts für
Astronomie auf dem Calar Alto (Südspanien)

In der Brennebene des Objektivs entsteht ein
reelles Zwischenbild des Gegenstandes. Dieses
Bild wird durch das Okular, das ebenfalls eine
Sammellinse ist und wie eine Lupe wirkt, betrachtet. Ein solches Fernrohr heißt **Keplersches
oder astronomisches Fernrohr**. Daß es umgekehrte Bilder liefert, spielt bei astronomischen
Beobachtungen keine Rolle; deshalb verzichtet
man, um Intensitätsverluste zu vermeiden, auf
ein zusätzliches Linsensystem zur Aufrichtung
des Bildes.

Die Abb. 2.10a zeigt, daß die Zwischenbilder B_1
und B_2, die von zwei Sternen S_1 und S_2 in der
Brennebene des Objektivs entstehen, um so
weiter voneinander entfernt sind, je größer die
Objektivbrennweite f_{obj} ist. Damit man möglichst
bequem, d. h. mit einem auf Unendlich akkom-
modierten Auge beobachten kann, müssen die
vom Zwischenbild eines Sterns kommenden
Lichtstrahlen das Okular als Parallelstrahlen-
bündel verlassen. Dann müssen die Zwischenbilder B_1 und B_2 in der Brennebene des Okulars
liegen; die Brennebenen von Objektiv und
Okular fallen also zusammen.
Damit das Auge die Entfernung $\overline{B_1 B_2}$ unter
einem möglichst großen Sehwinkel sieht, muß
die Okularbrennweite möglichst klein sein. Fernrohre müssen also zur Erzielung starker Ver-

größerungen langbrennweitige Objektive und
kurzbrennweitige Okulare haben. Unter der
Vergrößerung versteht man das Verhältnis
$V = \tan\beta/\tan\alpha$, wobei α der Sehwinkel ohne, β
derjenige mit Instrument ist. Für kleine Winkel
gilt $V \approx \beta/\alpha$.
Der Abb. 2.10b entnimmt man die Beziehung:

$$\text{Vergrößerung } V = \frac{f_{obj}}{f_{ok}} = \frac{\text{Objektivbrennweite}}{\text{Okularbrennweite}}$$

Beim Spiegelteleskop werden achsenparallele
Lichtstrahlen durch den Objektivspiegel in
einem Punkt, dem Primärfokus, vereinigt. Damit
dies auch für solche Strahlen exakt der Fall ist,
die weiter von der optischen Achse entfernt
einfallen, muß der Spiegel die Form eines Rota-
tionsparaboloids haben (Abb. 2.9). Da die Reflexion unabhängig von der Lichtfarbe ist, tritt hier
kein Farbfehler auf; dies ist einer der Vorteile

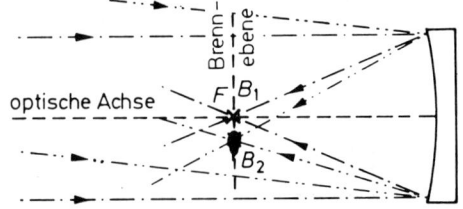

2.9 Sammlung von Parallelstrahlen durch einen
Parabolspiegel. Das Bild B_2 zeigt eine Koma.

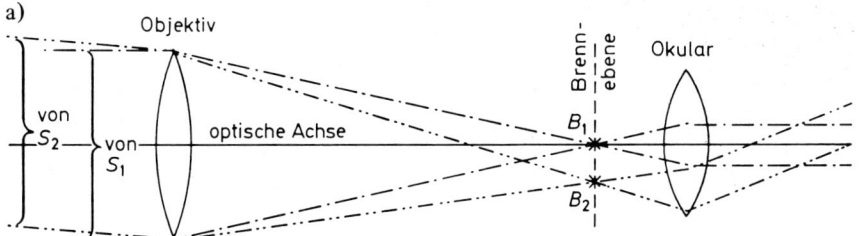

a)

2.10 **a)** Strahlengang im Keplerschen Fernrohr für zwei weit entfernte Sterne S_1 und S_2. B_1 und B_2 sind die reellen Zwischenbilder.

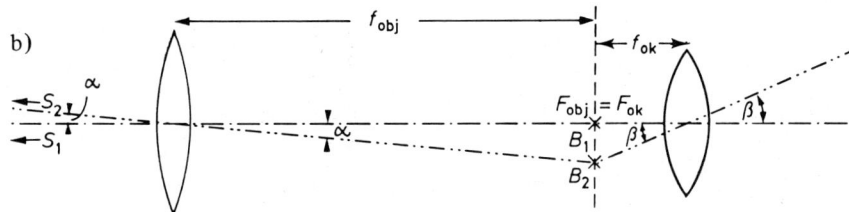

b)

2.10 **b)** Nur die Hauptstrahlen sind gezeichnet. α Sehwinkel ohne, β Sehwinkel mit Instrument.

Vergrößerung $V = \dfrac{f_{obj}}{f_{ok}} = \dfrac{\text{Objektivbrennweite}}{\text{Okularbrennweite}}$

der Spiegelteleskope. Der wichtigste Vorteil besteht jedoch darin, daß man Spiegel mit viel größeren Durchmessern herstellen kann als Linsen. Ein Nachteil des Reflektors ist allerdings, daß Parallelstrahlen, die schief zur optischen Achse einfallen, nicht genau in einem Punkt gesammelt werden. Sterne, die seitlich von der Achse des Teleskops stehen, bekommen dadurch Lichtschwänze (Koma).
Beim Spiegelteleskop liegen Gegenstand und Bild auf der gleichen Seite des Spiegels. Wie beim Keplerschen Fernrohr betrachtet man auch hier das reelle Zwischenbild mit einem Okular wie mit einer Lupe. Dies kann nur bei ganz

großen Spiegelteleskopen direkt am Primärfokus geschehen, indem man dort, auf der optischen Achse, eine Kabine aufhängt, in der ein Beobachter im Fernrohr arbeiten kann. Bei kleineren Fernrohren muß das Zwischenbild B_1B_2 aus dem Hauptstrahlengang herausgenommen werden. Dazu gibt es verschiedene Möglichkeiten:
Beim **Newtonschen Spiegelteleskop** (Abb. 2.11a) werden die Strahlen durch einen ebenen Fangspiegel zur Seite abgelenkt. Man blickt dann am vorderen Ende von der Seite her ins Teleskop.
Beim **Cassegrain-Typ** (Abb. 2.11b) wird der Hauptspiegel durchbohrt und der Strahlengang

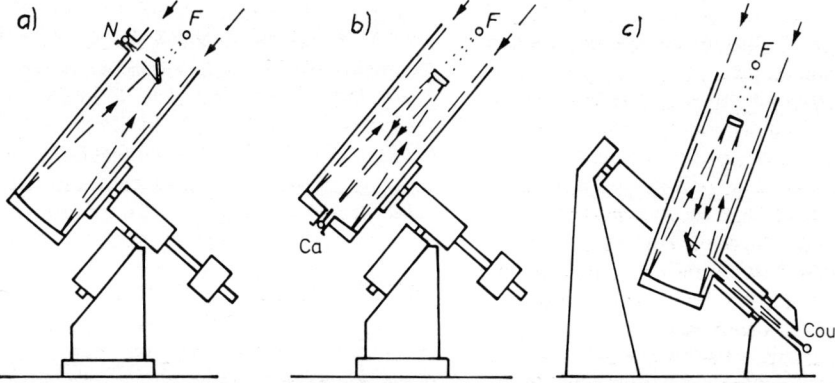

2.11 **a)** Strahlengang in einem Newton-Spiegelteleskop; *F* Primärfokus, *N* Newtonfokus;
b) Cassegrain-Strahlengang; *Ca* Cassegrain-Fokus   **c)** Coudé-Strahlengang; *Cou* Coudé-Fokus

mit Hilfe eines konvexen Hilfsspiegels durch diese Öffnung geleitet. Der Hilfsspiegel ist hyperbolisch geschliffen und befindet sich im Lichtweg vor der Vereinigung der Strahlen im Primärfokus; er verlängert die Objektivbrennweite des Systems.

Eine weitere bedeutende Vergrößerung der Brennweite erreicht man durch die Coudé-Anordnung (vom Französischen: coudé = geknickt; Abb. 2.11c). Bei diesem Fernrohrtyp wird das Licht durch einen Planspiegel, der sich im Schnittpunkt der Fernrohrachsen befindet, durch die Stundenachse nach unten geleitet. Da diese dauernd parallel zur Erdachse bleibt, besitzt das austretende Lichtbündel bei jeder Lage des Fernrohrs die gleiche Richtung. Dadurch wird die Untersuchung des Sternlichtes durch hochauflösende Spektralapparate möglich, die wegen ihrer Größe nicht am Fernrohrtubus angebracht werden können. Zu diesem Zweck leitet man das Licht von der Stundenachse in einen Raum, in dem die Spektrographen aufgestellt sind und deren Temperatur sorgfältig konstant gehalten wird.

Fallen die Brennpunkte von Objektiv und Okular zusammen, so ist auch für Spiegelteleskope die Vergrößerung gleich dem Quotienten von Objektiv- und Okularbrennweite.

Das Winkelauflösungsvermögen

Die wichtigste Eigenschaft, die ein Fernrohr besitzen muß, ist ein gutes Winkelauflösungsvermögen. Dies ist die Fähigkeit des Fernrohrs, zwei Gegenstandspunkte an der Sphäre, also z. B. zwei benachbarte Sterne, noch getrennt abzubilden. Die Begrenzung des Auflösungsvermögens ist in der Beugung des Lichts begründet. Die Beugung ist eine Folge der Welleneigenschaften des Lichts.

Wenn ein Lichtbündel durch eine Öffnung, z. B. die Objektivöffnung hindurchgeht, dringt es hinter dieser etwas in den geometrisch-optischen Schattenraum ein. Infolgedessen ist das Bild eines Lichtpunkts, z. B. eines Fixsterns, kein Punkt, sondern ein kleines helles Scheibchen, das **Beugungsscheibchen**.

Zwei fast in der gleichen Richtung stehende Fixsterne oder zwei nahe beieinanderliegende Einzelheiten auf einer Planetenoberfläche lassen sich erfahrungsgemäß noch getrennt wahrnehmen, wenn der Mittelpunkt des einen Beugungsscheibchens auf den Rand des zweiten (oder noch weiter außerhalb) zu liegen kommt. Die Beugungstheorie liefert für Licht der Wellenlänge λ beim Objektivdurchmesser D für den kleinsten, eben noch auflösbaren Winkelabstand $\varrho = 2{,}52 \cdot 10^5 \cdot (\lambda/D)''$. Bei einer mittleren Wellenlänge des sichtbaren Lichts von $\lambda = 6 \cdot 10^{-7}$ m ergibt sich daraus:

$$\varrho = (150 \ \text{mm}/D)''$$

Das Auflösungsvermögen nimmt also mit wachsendem Objektivdurchmesser zu.

Wegen der Luftunruhe, die das Flimmern (Szintillieren) der Fixsterne hervorruft, kann jedoch mit größeren Fernrohren das theoretische Auflösungsvermögen bei Beobachtungen vom Erdboden aus nicht erreicht werden. Auch bei gutem „Seeing" erhält man von einer außerhalb der Atmosphäre gelegenen punktförmigen Lichtquelle ein Abbild von mindestens $1''$ Durchmesser. Beugungsscheibchen und Luftunruhe setzen deshalb bei visuellen Beobachtungen eine Grenze für die Anwendung starker Vergrößerungen; bei kleineren Instrumenten gilt als „förderliche Vergrößerung" die Maßzahl des in Millimetern gemessenen Objektivdurchmessers.

Die Lichtstärke der Fernrohre

Eine weitere wichtige Aufgabe eines Fernrohrs ist es, möglichst viel Licht zu sammeln, um Objekte geringer Helligkeit der Beobachtung zugänglich zu machen. Die Lichtstärke I eines Fernrohrs ist um so größer, je mehr Licht einer bestimmten Quelle auf einer Sinneszelle unseres Auges vereinigt wird. Nimmt man der Einfachheit halber an, daß der gesamte, von einer punktförmigen Lichtquelle ins Fernrohrobjektiv eintretende Lichtstrom verlustlos auf ein nahezu punktförmiges Bild der Netzhaut konzentriert wird, so ist dessen Helligkeit proportional zur Querschnittsfläche des Objektivs. Für die Lichtstärke des Fernrohrs bei punktförmigen Objekten gilt demnach $I_p \sim D^2$. Bei flächenhaften Lichtquellen ist die Beleuchtungsstärke des Zwischenbildes proportional zum Quadrat des Öffnungsverhältnisses $I_f \sim (D/f_{obj})^2$, da die Fläche des Zwischenbildes proportional zum Quadrat der Objektivbrennweite f_{obj} ist.

Die Beleuchtungsstärke der Netzhaut des Auges durch flächenhafte Lichtquellen ist jedoch bei Verwendung eines Fernrohrs von der Vergrößerung abhängig; bei „Normalvergrößerung" $V_n = D/p$ (p ist der Durchmesser der Augenpupille) wird sie gleich groß wie bei der Beobachtung mit bloßem Auge, während sie bei anderen Vergrößerungen stets kleiner ist.

Fernrohrmontierungen

Die Halterung eines Fernrohrs wird Montierung genannt. Sie soll dem Fernrohr einen sicheren Stand geben und die Möglichkeit schaffen, das Rohr nach jedem Punkt der Himmelskugel auszurichten. Dazu muß das Fernrohr um zwei Achsen drehbar sein, die senkrecht aufeinander stehen. Ist eine der Achsen lotrecht, die zweite waagrecht, so spricht man von einer azimutalen Montierung (Abb. 2.12 a). Bei dieser muß man, um einen Stern während seiner täglichen Bewegung verfolgen zu können, das Fernrohr gleichzeitig um beide Achsen drehen. Abgesehen von primitiven Amateurfernrohren findet man diese Montierung deshalb nur bei großen Instrumenten, deren Nachführung durch EDV-Anlagen gesteuert wird. – Legt man die eine Achse (Stundenachse) parallel zur Erdachse, die zweite (Deklinationsachse) senkrecht dazu und die optische Achse des Fernrohrs senkrecht zur Deklinationsachse, so nennt man dies eine **parallaktische Montierung** (Abb. 2.12 c). Die Neigung der Stundenachse gegenüber der Vertikalen hängt bei dieser Montierung also von der geographischen Breite des Beobachtungsortes ab. Nachdem man einen Stern einmal eingestellt und seine Deklination fixiert hat, genügt die Drehung des Fernrohrs um die Stundenachse, um die scheinbare Bewegung der Sterne infolge der Erdrotation zu kompensieren; bei automatischer Nachführung verwendet man dazu einen Motor.

Aufgaben

1. Verfolgen Sie auf einer drehbaren Sternkarte die scheinbare tägliche Bewegung der Sterne Beteigeuze (α Ori), Deneb (α Cyg), Kapella (α Aur) und Fomalhaut (α PsA)!
Bestimmen Sie für das heutige Datum die Auf- und Untergangszeiten und die Zeitpunkte der Kulmination! Welche von diesen Sternen sind heute in den Abendstunden beobachtbar?
2. Warum und wie hängt die Dämmerungsdauer von der geographischen Breite φ des Beobachtungsorts und von der Deklination $\delta_\odot$ der Sonne ab?
(Anleitung: Unter der Länge der *bürgerlichen Dämmerung* versteht man die Zeitspanne, in der sich die Sonne weniger als 6° unter dem Horizont befindet. Während der *astronomischen Dämmerung* ist ihr Horizontabstand kleiner als 18°.)
Welche Erscheinungen treten in hohen geographischen Breiten auf?
3. Wieviel mal mehr Lichtenergie sammeln die Objektive der in Abb. 1.5 (S. 8) und Abb. 2.7 (S. 20) abgebildeten Fernrohre als das bloße Auge (Pupillendurchmesser 6 mm)?
4. Das Winkelauflösungsvermögen der auf der Erde stationierten Fernrohre ist durch die Luftunruhe auf etwa 1″ begrenzt.
Wie groß sind die Oberflächendetails, die von der Erde aus auf dem Mond bzw. auf dem Mars wahrgenommen werden können?
5. Wie groß muß der Objektivdurchmesser eines Feldstechers mindestens sein, damit man mit ihm (von der Erde aus) den Neptun als Planeten erkennen kann? (Vgl. Tab. 3 und Tab. 4 im Anhang.)

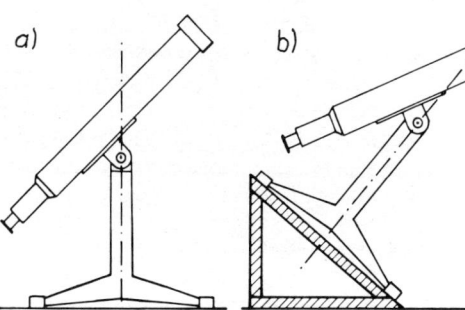
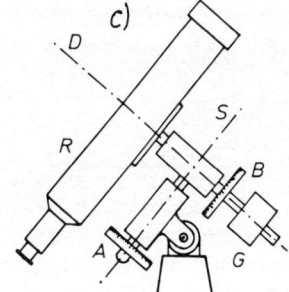

2.12 **a)** Schematische Darstellung einer azimutalen Montierung
b) Umwandlung einer azimutalen in eine parallaktische Montierung
c) Parallaktische Montierung. S Stundenachse, D Deklinationsachse, A Stundenkreis, B Deklinationskreis; R Fernrohr, G Gegengewicht (in der Abbildung ist das Rohr nach dem Himmelspol ausgerichtet).

2.2. Die scheinbare jährliche Bewegung der Gestirne. Die astronomische Zeitrechnung

2.2.1. Sternbilder

Der aufmerksame Beobachter des gestirnten Himmels stellt rasch fest, daß es auffallende Gruppen heller Sterne gibt, die er Nacht für Nacht wiederfinden kann. Solche Anordnungen von Fixsternen wurden schon in der Frühge-schichte der Menschheit als Darstellungen von Menschen, Tieren oder Geräten gedeutet; man nennt sie Sternbilder. Die bekanntesten Sternbil-der sind der Große Bär (Ursa Maior), dessen Hauptsterne auch als Großer Wagen bezeichnet werden, und Orion, der große Jäger der griechi-schen Sage. Bei der Deutung von Sterngruppie-rungen als Sternbilder standen religiöse und mythologische Ideen im Vordergrund; eine figürliche Ähnlichkeit von Sternanordnung und Gegenstand des Sternbilds war weniger wichtig (Abb. 2.13 und 2.14).

Die Sternbildergrenzen sind 1928 so festgelegt worden, daß der ganze Himmel lückenlos überdeckt wird; als Begrenzungslinien werden dabei nur Parallelen zu den Koordinatenlinien (Stunden- und Parallelkreise) verwendet (Abb. 2.15).

In den Sternbildern bezeichnet man die hellsten Sterne mit kleinen griechischen Buchstaben, die dem lateinischen Namen des Sternbildes (im Genitiv) vorangestellt werden. Im allgemeinen heißt der hellste Stern α, die in der Helligkeit folgenden β, γ, ... Besonders helle Sterne haben auch Eigennamen, die meist aus dem Griechischen, Lateinischen oder Arabischen stammen.

Beispiel: Der Hauptstern des Sternbildes Großer Hund heißt Sirius (vom griechischen $\Sigma\varepsilon\dot{\iota}\varrho\iota o\varsigma$, der Versengende); in der Fachsprache wird er als α Canis Maioris bezeichnet, oder in der üblichen Drei-Buchstaben-Abkürzung α CMa. Zum ersten Kennenlernen der auffälligsten Sternbilder ist die drehbare Sternkarte sehr nützlich. Eine Liste der Sternbilder mit ihren lateinischen und deutschen Namen befindet sich im Anhang, Tabelle 6.

2.13 Fotografische Aufnahme des Sternbildes Orion (feststehende Kamera, Belichtungszeit 2 Minuten)

2.14 Figürliche Darstellung des Sternbildes Orion

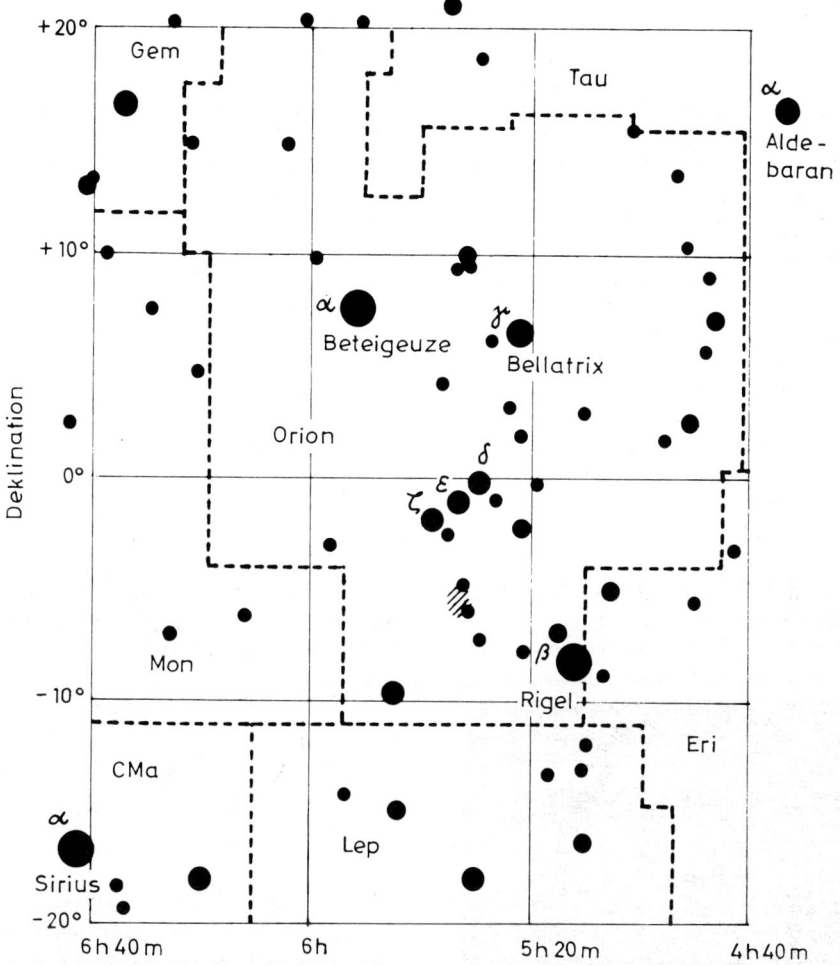

2.15 Ausschnitt aus einer Sternkarte mit dem Sternbild Orion. Die verschiedene Größe der Sternbildchen kennzeichnet ihre scheinbare Helligkeit.

2.2.2. Der wechselnde Anblick des Stern-himmels im Jahreslauf

Wenn man über längere Zeit den abendlichen Sternhimmel beobachtet, so kann man feststellen, daß zu verschiedenen Jahreszeiten der Anblick des Himmels völlig verschieden ist. So kann man z.B. das Sternbild Orion in den Abendstunden nur von Januar bis März beobachten, und auch die immer sichtbaren Zirkumpolarsternbilder stehen in den verschiedenen Monaten an ganz verschiedenen Stellen der Sphäre; der Große Wagen befindet sich z.B.

abends im Mai nahezu im Zenit, im November dagegen tief im Norden. Längere Beobachtungsreihen zeigen, daß sich die Fixsternsphäre – jeweils zur gleichen Tageszeit beobachtet – mit einer Periode von einem Jahr von Osten nach Westen zu drehen scheint. Diesen Vorgang nennt man die **scheinbare jährliche Bewegung der Gestirne**. Dabei handelt es sich um eine Folge des Jahresumlaufs der Erde um die Sonne. Die Erdumlaufbewegung spiegelt sich in einer scheinbaren Bewegung der Sonne vor dem Hintergrund der Fixsterne. Diese Ortsveränderung der Sonne ist zwar nur indirekt, aber doch sehr deutlich beobachtbar. Um Mitternacht sehen wir im Süden in einer bestimmten Höhe Sterne, die der Sonne an der Sphäre genau gegenüberstehen. Am jahreszeitlichen Wechsel dieser Sterne kann man die Wanderung der Sonne durch die Sternbilder ablesen.

Die Abb. 2.16 zeigt ein Beispiel dieser Vorgänge. Wenn wir im Juni um Mitternacht nach Süden blicken, sehen wir das Sternbild Skorpion. Die Sonne befindet sich zum gleichen Zeitpunkt im Norden für uns unsichtbar unter dem Horizont; sie steht Anfang Juni im Sternbild Stier, das dem Skorpion an der Himmelskugel gegenüber liegt. Anfang Juli, also einen Monat später, kulminiert um Mitternacht das Sternbild Schütze. Die Sonne projiziert sich, von der Erde aus gesehen, zu diesem Zeitpunkt in das Sternbild Zwillinge; die Erde hat sich von Anfang Juni bis Anfang Juli um etwa 30° in ihrer Bahn weiterbewegt.

2.2.3. Die Ekliptik

Die Bahn, längs der die Sonne bei ihrer scheinbaren jährlichen Bewegung durch den Fixsternhimmel wandert, heißt Ekliptik. Die Lage der Ekliptik an der Sphäre wird aus Zenitdistanzen der Sonne im Meridian bestimmt. Kennt man die geographische Breite und damit die Polhöhe des Beobachtungsortes, so lassen sich aus den gemessenen Zenitdistanzen und der Schiefe der Ekliptik die Werte der Deklinationen und Rektaszensionen für die Sonne ableiten. Die Schiefe der Ekliptik erhält man dabei aus Messungen der Sonnendeklination zu den Zeitpunkten der Sommer- und Wintersonnenwenden.

Aus diesen Koordinatenmessungen mit dem „Meridiankreis", einem nur in der Meridianebene beweglichen Fernrohr, ergibt sich die Ekliptik als Großkreis an der Himmelskugel, der von der Sonne von Westen nach Osten durchlaufen wird. Diese Bewegungsrichtung an der Sphäre heißt **„rechtläufig"**. Da die Sonne in etwa 365 Tagen 360° zurücklegt, rückt sie pro Tag auf der Ekliptik ungefähr 1° weiter; dies entspricht etwa ihrem doppelten Durchmesser.

Am Frühlingsanfang (um den 21. März) und Herbstanfang (um den 23. September) sind Tag- und Nachtbogen der Sonne gleich lang (**Tagundnachtgleichen**); zu diesen Zeitpunkten befindet sich die Sonne auf dem Himmelsäquator, also auf den Schnittpunkten der Ekliptik mit dem Himmelsäquator. Der Winkel zwischen der Ekliptikebene und der Äquatorebene beträgt 23,5°; dieser Winkel heißt **Schiefe der Ekliptik**. Die Schnittpunkte heißen **Frühlings-** oder **Widderpunkt ♈** und **Herbst-** oder **Waagepunkt ♎** .

Im Frühlingspunkt geht die Sonne von der Südhälfte in die Nordhälfte der Sphäre über und erreicht nach 90° in der Sommersonnenwende (um den 21. Juni) ihren höchsten Punkt über dem Himmelsäquator mit einer Deklination von +23,5°. Am Herbstpunkt durchwandert sie den Äquator von Norden nach Süden und erreicht nach weiteren 90° ihre tiefste Deklination von −23,5° zur Wintersonnenwende (um den 21. Dezember).

In ihrem scheinbaren Lauf um die Erde durchwandert die Sonne während eines Jahres zwölf Sternbilder. Die Gesamtheit dieser längs der Ekliptik angeordneten Sternbilder heißt **Tierkreis**. In der Tab. 2.1 sind die zwölf **Tierkreis-**

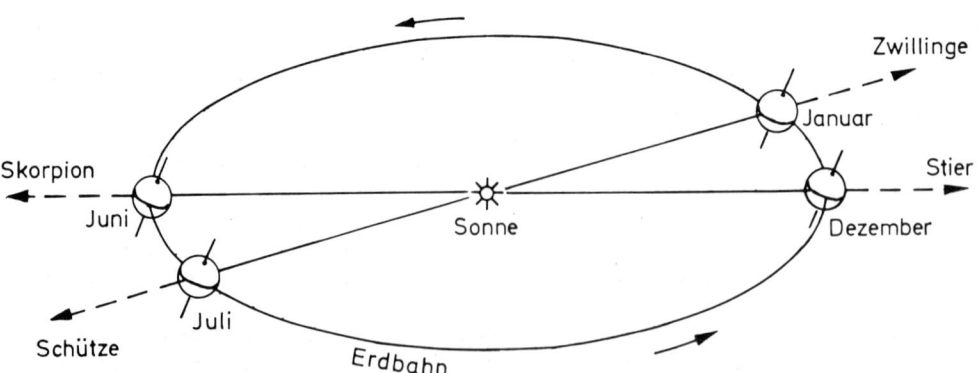

2.16 Die Jahresbewegung der Erde um die Sonne

Tierkreisbild	Lateinischer Name	Abkürzung	Ausdehnung in ekliptikaler Länge
Widder	Aries	Ari	25°
Stier	Taurus	Tau	37°
Zwillinge	Gemini	Gem	28°
Krebs	Cancer	Cnc	20°
Löwe	Leo	Leo	36°
Jungfrau	Virgo	Vir	44°
Waage	Libra	Lib	23°
Skorpion	Scorpius	Sco	25°
Schütze	Sagittarius	Sgr	33°
Steinbock	Capricornus	Cap	28°
Wassermann	Aquarius	Aqr	24°
Fische	Pisces	Psc	37°

Tab. 2.1 Die Sternbilder des Tierkreises

sternbilder in der Reihenfolge von West nach Ost angegeben, wie sie von der Sonne im Laufe eines Jahres durchlaufen werden. Die letzte Spalte zeigt, daß die Ausdehnung der zwölf Sternbilder längs der Ekliptik verschieden groß ist.

Eine Teilung der Ekliptik in zwölf Abschnitte wurde schon im zweiten vorchristlichen Jahrtausend in Babylonien eingeführt. Diese Abschnitte heißen **Tierkreiszeichen**; sie hatten alle die gleiche Ausdehnung von 30° längs der Ekliptik und wurden als ekliptische Koordinaten benutzt. Der erste dieser Abschnitte ist das Zeichen Widder; es beginnt am Frühlingspunkt. Die Lage der Tierkreiszeichen auf der Ekliptik ist also mit der Lage des Frühlingspunktes gekoppelt.

Tierkreiszeichen und Tierkreissternbilder unterscheiden sich demnach nicht nur durch ihre Ausdehnung längs der Ekliptik. Auch ihre Lage an der Sphäre stimmt gegenwärtig nicht mehr überein. Die Festlegung der Tierkreiszeichen fällt in die Mitte des ersten vorchristlichen Jahrtausends, als in der babylonischen Astrologie die Aufstellung von Horoskopen begann. Nun wandert aber der Frühlingspunkt – der Anfangspunkt der Zählung von Rektaszension und ekliptikaler Länge – relativ zu den Fixsternen langsam an der Ekliptik entlang (Präzession des Frühlingspunkts; s. S. 46). Deshalb haben sich in

den vergangenen zweieinhalb Jahrtausenden die Tierkreiszeichen gegenüber den Tierkreissternbildern an der Sphäre um etwa 30° verschoben. So deckt sich heute z. B. das Sternbild Fische weitgehend mit dem Tierkreiszeichen Widder.

In den Abb. 2.25 und 2.26 stellen die beiden äußeren Ringe die Lage von Tierkreisbildern und Tierkreiszeichen längs der Ekliptik dar. Man erkennt, daß die Ekliptik auch durch einen Teil des Sternbildes Schlangenträger (Ophiuchus, Oph) geht. Dieses Sternbild wird nicht zu den Tierkreissternbildern gerechnet, da es erst durch eine spätere Änderung der Sternbildergrenzen Anteil an der Ekliptik bekam.

2.2.4. Die Bewegung der Erde um die Sonne

Ob man die scheinbare jährliche Bewegung der Sterne durch eine Bewegung der Sonne in der Ekliptik um die Erde oder als eine Bewegung der Erde um die Sonne deutet, ist kinematisch gleichbedeutend. Eine Entscheidung zwischen der geozentrischen und der heliozentrischen Beschreibung dieser Erscheinung ist nur möglich, wenn zusätzliche Beobachtungen als Kriterien für die eine oder andere Theorie gedeutet werden können. Zwei derartige Beobachtungen, die nur durch die Bewegung der Erde um die Sonne erklärt werden können, sind die jährliche Aberration (optischer Effekt) und die jährliche Parallaxe (geometrischer Effekt).

Bereits in der Antike wurde darauf hingewiesen, daß eine Bewegung der Erde relativ zum Fixsternhimmel zu einer scheinbaren Ortsveränderung der Gestirne führen müsse (s. S. 11). Nachdem Kopernikus sein heliozentrisches System veröffentlicht hatte, begannen wieder Versuche, diese parallaktische Bewegung der Fixsterne zu finden; auch Johannes Kepler beteiligte sich daran, allerdings ohne Erfolg.

In den Jahren um 1725 entdeckte der englische Astronom James Bradley (1692–1762) bei der Suche nach Fixsternparallaxen einen neuen Effekt: die **jährliche Aberration der Gestirne**. Der Effekt besteht in einer scheinbaren periodischen Veränderung der Fixsternorte am Himmel. Er entsteht durch das Zusammenwirken zweier Bewegungen, des Jahreslaufs der Erde um die Sonne und der Ausbreitung des Lichts. Sie haben zur Folge, daß wir die Sterne nicht in der Richtung sehen, in der sie in Wirklichkeit stehen, sondern um einen kleinen Winkel in derjenigen Richtung verschoben, in die sich die Erde gerade bewegt. Alle Sterne scheinen sich daher im Laufe eines Jahres in einer Ellipse zu bewegen; die große Achse dieser Aberrationsellipse liegt stets parallel zur Ekliptik und hat überall an der Sphäre die gleiche Größe von 41″.

Grenzfälle der Aberrationsellipsen: ein am Pol der Ekliptik stehender Stern beschreibt einen Kreis, Sterne in der Ekliptik selbst führen eine Pendelbewegung auf einer geraden Linie aus (Abb. 2.17). Die große Halbachse der Aberrationsellipse heißt Aberrationskonstante $A = 20,5″$.

Die jährliche Aberration, die kontinuierliche Änderung des scheinbaren Sternorts, zeigt direkt die Richtung der Erdgeschwindigkeit (relativ zu den Sternen) an, die sich mit der Periode 1 Jahr ändert. Schon Bradley selbst hat 1728 den Effekt richtig gedeutet. Der Vorgang läßt sich durch das folgende mechanische Beispiel verdeutlichen: Wenn man im Regen steht und die Tropfen lotrecht niederfallen, so muß man den Regenschirm genau über dem Kopf halten, um nicht naß zu werden. Wenn man aber im Regen geht oder läuft, bewegt man sich mit den Beinen in die fallenden Tropfen hinein; um dies zu vermeiden, muß man den Schirm etwas vorhalten.

Die genaue Theorie der Aberration erfordert die Anwendung der speziellen Relativitätstheorie. Da aber die Geschwindigkeit der Erde auf ihrer Bahn relativ zur Lichtgeschwindigkeit sehr klein ist, kann man den Effekt in sehr guter Näherung durch die Gleichung darstellen:

$$\Delta\alpha = \frac{v}{c} \cdot \sin \alpha$$

Hier ist α der Winkel zwischen der Richtung zu einem Stern und der Bewegungsrichtung des Beobachters, $v = 30$ km/s ist die Geschwindigkeit des Beobachters, also die Geschwindigkeit der Erde auf ihrer Bahn um die Sonne, $c = 300\ 000$ km/s ist die Lichtgeschwindigkeit im Vakuum und $\Delta\alpha$ der Aberrationswinkel. Für $\alpha = 90°$ erhält man daher als Maximalwert des Aberrationswinkels die Aberrationskonstante $A = 0,0001$ rad $= 20,5″$.

Bradley entdeckte den Aberrationseffekt bei der Beobachtung des Sterns γ Draconis (Deklination $\delta = 51,5°$) mit einem „Zenitteleskop", das in Kew (Vorort von London mit der geographischen Breite $\varphi = 51,5°$) aufgestellt war. Das Zenitteleskop ist ein fest aufgestelltes Fernrohr, das vertikal zum Zenitpunkt des Beobachtungspunktes gerichtet ist. In seinem Gesichtsfeld erscheinen diejenigen Sterne, die in unmittelbarer Nähe des Zenits durch den Meridian des Beobachtungsortes gehen. Im Augenblick des Meridiandurchgangs können ihre Winkelabstände vom Zenitpunkt, dessen Richtung durch ein Fadenkreuz im Fernrohr markiert ist, gemessen werden.

Bradley entdeckte die jährliche Aberration, während er (vergeblich) versuchte, die jährliche Parallaxe eines Fixsterns zu beobachten. Der parallaktische Effekt ist jedoch viel kleiner; deshalb konnte er erst etwa 100 Jahre nach der jährlichen Aberration mit verbesserten Beobachtungsmethoden entdeckt werden (s. S. 131 ff.).

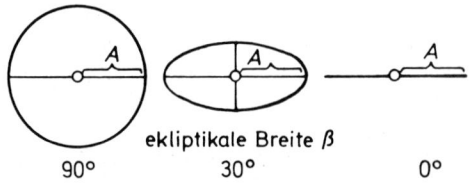

ekliptikale Breite β
90°   30°   0°

2.17 Jährliche Aberrationsellipsen; Aberrationskonstante $A = 20,5″$

2.2.5. Die astronomische Zeitmessung und Zeitrechnung. Die SI-Sekunde

Die Erde als Uhr

Als Grundlage unserer Zeitmessung dient ein periodisch ablaufender Naturvorgang: die tägliche Drehung der Erde um ihre Achse. Zur Zeiteinheit wählt man die Dauer einer solchen Rotation, den Tag; den jeweiligen Zeitpunkt bestimmt man durch die augenblickliche Phase der Rotation. Um diese Uhr ablesen zu können, benötigt man Markierungen sowohl auf der Erde als auch an der Sphäre. Als Marke auf der Erde wurde bereits bei der Definition des äquatorialen Koordinatensystems die Meridianebene des Ortes eingeführt, an dem die Zeitmessung vorgenommen wird (s. S. 17).

Als Markierungen an der Sphäre werden wechselweise zwei Punkte verwendet: der Frühlingspunkt ♈ und der Mittelpunkt der Sonne. Die Zeit zwischen zwei aufeinanderfolgenden Durchgängen des Frühlingspunktes durch den Ortsmeridian ist ein **Sterntag**; die Zeit zwischen zwei Durchgängen der Sonne ist ein **Sonnentag**. Die Zeitmaße „Sternzeit" und „Sonnenzeit" entstehen durch die Einteilung der Zeiteinheiten Sterntag und Sonnentag in Stunden, Minuten und Sekunden.

Beide Zeitmaße werden gebraucht. Die Zeitmessungen am Himmel können mit ausreichender Genauigkeit nur in Sternzeit vorgenommen werden. Dagegen ist für die Verwendung im Leben der Menschen nur die Sonnenzeit brauchbar; sie wird aus der Sternzeit abgeleitet.

Die Sternzeit

Der enge Zusammenhang zwischen Rektaszension und Sternzeit wurde schon auf S. 17 her-

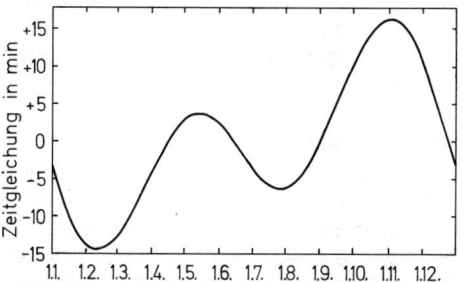

2.18 Zeitgleichung (Wahre Zeit minus Mittlere Zeit)

geleitet. Die Ortssternzeit t ist gleich der Rektaszension α eines gerade kulminierenden Gestirns, da beide Größen – Rektaszension und Sternzeit – vom Frühlingspunkt aus auf dem Himmelsäquator in der gleichen Einheit gemessen werden. Diese Beziehung ist von fundamentaler Bedeutung für die Bestimmung der Sternzeit: durch die bekannte Rektaszension eines durch den Ortsmeridian gehenden Gestirns ist die für diesen Zeitpunkt gültige **Ortssternzeit** direkt gegeben.

Wahre Sonnenzeit

Die Zeitspanne zwischen zwei unteren Meridiandurchgängen der Sonne (Mitternacht) heißt ein **wahrer Sonnentag**. Das auf dieser Definition beruhende Zeitmaß ist die **wahre Sonnenzeit**. Die ersten Zeitmeßgeräte waren die Sonnenuhren; sie zeigten die wahre Sonnenzeit an. Die wahre Sonnenzeit kann jedoch schon lange nicht mehr als Zeitmaß verwendet werden, weil die Länge des wahren Sonnentages veränderlich ist. Diese Veränderlichkeit hat zwei Ursachen: Erstens erfolgt die scheinbare jährliche Bewegung der Sonne nicht auf dem Äquator, sondern auf der Ekliptik, und zweitens ist diese Bewegung wegen der Exzentrizität der Erdbahn nicht gleichförmig.

Mittlere Sonnenzeit. Zeitgleichung

Um zu einer für das tägliche Leben brauchbaren Zeiteinteilung zu kommen, hat man eine fiktive mittlere Sonne eingeführt: In der gleichen Zeit, in der sich die wahre Sonne mit ungleichförmiger Geschwindigkeit einmal durch die Ekliptik bewegt, also in einem Jahr, vollendet die gedachte mittlere Sonne einen Umlauf mit konstanter Geschwindigkeit im Äquator. Demnach wird der Mittelwert aller (nicht gleich langen) wahren Sonnentage eines Jahres ein **mittlerer Sonnentag** genannt. Er dauert von einem unteren Meridiandurchgang der mittleren Sonne bis zum nächsten unteren Meridiandurchgang und wird in 24 Stunden eingeteilt; die in dieser Zeiteinheit gemessene Zeit ist die **mittlere Sonnenzeit**. Im bürgerlichen Leben wird seit etwa 1780 ausschließlich dieses künstliche, aber gleichförmige Sonnenzeitmaß angewandt.
Der Unterschied zwischen den beiden Arten von Sonnenzeit, also die Differenz „Wahre Zeit minus mittlere Zeit" wird **Zeitgleichung** genannt. Sie ist gleich dem Unterschied zwischen den

Rektaszensionen der wahren und der mittleren Sonne. In Abb. 2.18 ist die Zeitgleichung dargestellt. Sie geht viermal im Jahr durch den Wert 0 hindurch; ihr größter Betrag liegt bei ± 15 Minuten. Die Erde bewegt sich in ihrer Bahn am schnellsten im Perihel (in den ersten Januartagen); um diese Zeit ist also die tägliche Änderung der Rektaszension der wahren Sonne am größten.

Die schnelle Abstandsvergrößerung der wahren gegenüber der mittleren Sonne nach Osten hat eine im täglichen Leben deutlich wahrnehmbare Auswirkung: Die nach der Wintersonnenwende einsetzende tägliche Vergrößerung des Tagbogens der Sonne zeigt eine auffallende Unsymmetrie zwischen der Verfrühung der Sonnenaufgänge und der Verspätung der Sonnenuntergänge. Während sich in den Wochen um die Jahreswende die – nach mittlerer Zeit berechneten – Aufgangszeiten nur langsam ändern, merkt man an den Untergangszeiten der Sonne deutlich, daß die Tage länger werden. Die schnelle Entfernung der wahren von der mittleren Sonne nach Osten sorgt also dafür, daß sich Ende Dezember bis Anfang Januar die Vergrößerung der Tageslänge abends weit mehr als morgens bemerkbar macht.

Zonenzeit. Weltzeit

Bei ihrer scheinbaren täglichen Wanderung von Ost nach West um die Erde kreuzt die Sonne alle Meridiane der Erdkugel zu verschiedenen Zeiten. Alle Orte haben jeweils eine an ihren Meridian gebundene Zeit; diese Zeit heißt **Ortszeit**.
Für eine weiträumige gesellschaftliche Zusammenarbeit ist die Verschiedenheit dieser Ortszeit hinderlich. Deshalb wurden die **Zonenzeiten** eingeführt, die jeweils für ein größeres Gebiet gelten. Sie unterscheiden sich um eine ganze Anzahl von Stunden von der auf der Sternwarte von Greenwich geltenden Ortszeit, die den Namen **Weltzeit** trägt (WZ, engl. UT = Universal Time).
In den meisten europäischen Ländern ist die **Mitteleuropäische Zeit (MEZ)** eingeführt, die Ortszeit des Meridians 15° östlicher Länge; es ist MEZ = WZ + 1 h.

Sternzeit und Mittlere Sonnenzeit. Länge des Jahres

Die Sternzeit ist das unmittelbar aus der rotierenden Erde entnommene Zeitmaß. Es wird realisiert, indem die Erduhr ständig von neuem abgelesen wird. Diese Zeitbestimmungen bestehen in der Beobachtung von Meridiandurchgängen von Fixsternen, deren Rektaszension bekannt ist.

Aus der so gewonnenen Sternzeit wird die Mittlere Sonnenzeit durch eine jederzeit zahlenmäßig scharf angebbare Beziehung abgeleitet. Es ist:

$$\text{Mittlere Sonnenzeit} = \text{Sternzeit} - \alpha_m + 12\ h$$

Dabei ist α_m die Rektaszension der Mittleren Sonne; α_m kann aus vorausberechneten Tabellen für jeden Zeitpunkt entnommen werden.

Die Zeit, in der die (wirkliche oder fiktive mittlere) Sonne einen vollen Umlauf vom Frühlingspunkt bis wieder zum Frühlingspunkt ausführt, heißt ein **tropisches Jahr**. Es ist:

$$1\ \text{tropisches Jahr} = 365{,}242\ 199\ \text{mittlere Sonnentage}$$

Der Frühlingspunkt kulminiert im Laufe eines tropischen Jahres einmal mehr als die Sonne. Demnach gilt:

$$1\ \text{tropisches Jahr} = 366{,}242\ 199\ \text{Sterntage}$$

Daraus ergeben sich als Längen des Sterntages und des mittleren Sonnentages:

$$1\ \text{Sterntag} = \frac{365{,}2422}{366{,}2422}\ \text{mittlere Sonnentage}$$

$$= 23\ h\ 56\ min\ 04{,}09\ s\ \text{(mittlere Sonnenzeit)}$$

$$1\ \text{mittlerer Sonnentag} = \frac{366{,}2422}{365{,}2422}\ \text{Sterntage}$$

$$= 24\ h\ 03\ min\ 56{,}56\ s\ \text{(Sternzeit)}$$

Der Sterntag ist also wegen des Fortschreitens der Sonne in der Ekliptik von West nach Ost etwa 4 Minuten kürzer als der mittlere Sonnentag.

Die Atom-Sekunde und die neue Definition der Zeiteinheit

Eine Sekunde der mittleren Sonnenzeit ist der 86 400. Teil des mittleren Sonnentages; die Unterteilung des Tagesintervalls in Stunden, Minuten und Sekunden wird durch sehr genau gehende Uhren vorgenommen. Die so definierte Sekunde war lange Zeit hindurch die gesetzliche Zeiteinheit. Die Länge dieser Sekunde ist aber nicht konstant; die Rotationsgeschwindigkeit der Erde nimmt langsam ab, die Tage und die Sekunden werden länger.

Die hohen Ansprüche an Konstanz und Darstellbarkeit eines Zeit- und Frequenznormals legten es nahe, die Sekunde nicht mehr astronomisch, sondern physikalisch durch Atomschwingungen zu definieren. Im Jahre 1967 wurde festgelegt, daß 1 Atomsekunde gleich der Dauer von 9 192 631 770 Perioden der Strahlung ist, die

dem Übergang zwischen den beiden Hyperfeinniveaus des Grundzustandes von Caesium-133-Atomen entspricht. Der Faktor 9 192 631 770 wurde so bestimmt, daß eine möglichst gute Anpassung der Atomsekunde an den Mittelwert der Weltzeitsekunde der letzten 200 Jahre erreicht wurde.

Die Atomsekunde ist die SI-Einheit der Zeit und das Grundintervall der Internationalen Atomzeit-Skala (TAI); die TAI-Skala hat eine Periode von 86 400 SI-Sekunden = 1 Atomzeit-Tag. Um den Zusammenhang zwischen dieser Atomzeit-Skala mit dem Naturvorgang der – zwar ungleichförmig, aber sehr zuverlässig – rotierenden Erde aufrecht zu erhalten, ist eine weitere Zeitskala UTC (Universal Time Coordinated) geschaffen worden. UTC ist eine Modifikation der Atomzeit-Skala: sie ist in der Länge der Sekunden identisch mit TAI, ist also ebenfalls eine völlig gleichförmige Zeitskala.

In dieser UTC-Skala werden die Markierungen aller Zeitzeichensender ausgestrahlt; sie ist die Grundskala für den Gang unserer Uhren. UTC stellt die optimale Annäherung einer gleichförmigen Zeitskala an die Weltzeitskala dar; die Differenz zwischen UTC und der aus der Erdrotation entnommenen Weltzeit wird stets kleiner oder höchstens gleich 0,90 s gehalten. Dies wird dadurch erreicht, daß in die ausgestrahlte UTC-Skala **Schaltsekunden** eingefügt werden. Ein UTC-Tag kann also – im Gegensatz zu TAI – aus 86 401 SI-Sekunden bestehen. Die Häufigkeit dieser Einschaltungen hängt davon ab, wie stark die Erdrotation durch die Gezeitenreibung gebremst wird. Gegenwärtig wird nach ein bis zwei Jahren einmal eingeschaltet.

Die UTC-Skala wird durch die Schaltsekunden gegenüber der TAI-Skala immer wieder verschoben; der Unterschied beider Zeitskalen beträgt jedoch stets ein ganzzahliges Vielfaches einer SI-Sekunde.

Im Jahre 1983 wurde die SI-Einheit Meter neu definiert mit Hilfe der Vakuum-Lichtgeschwindigkeit $c = 2,997\,924\,58 \cdot 10^8$ m/s. Damit ist die Längenmessung über die Lichtgeschwindigkeit an die Zeitmessung angeschlossen.

Aufgaben

1. Welche Sternbilder des Tierkreises kann man in mittleren nördlichen Breiten zur Wintersonnenwende um Mitternacht Ortszeit beobachten?
2. Markieren Sie zu verschiedenen Zeitpunkten im Laufe eines Tages die Spitze des Schattens, den die Sonne von einem lotrecht stehenden Stab (Gnomon) auf einen waagrecht liegenden Zeichenbogen entwirft (vor und nach der Mittagszeit sollte je etwa zwei Stunden lang alle halbe Stunde eine Markierung vorgenommen werden).
   Zeichnen Sie durch die Markierungspunkte eine glatte Kurve hindurch. Diese Schattenkurve ist (im Rahmen der Zeichengenauigkeit) symmetrisch zum Meridian des Beobachtungsorts.
   Bestimmen Sie aus der Schattenkurve den Zeitpunkt der Kulmination und die zugehörige Höhe der Sonne. Entnehmen Sie aus einem astronomischen Jahrbuch die Deklination der Sonne und die Zeitgleichung für den Beobachtungstag und ermitteln Sie damit die geographische Länge und Breite des Beobachtungsorts.
3. Geben Sie für die Kulmination des Frühlingspunkts zur Frühjahrs-Tagundnachtgleiche in Stuttgart (9,2° östl. Länge) die Ortssternzeit, die wahre und die mittlere Sonnenzeit und die MEZ an.
4. Suchen Sie den Sternhaufen der Plejaden auf der drehbaren Sternkarte (Rektaszension 3 h 44 min, Deklination +24°).
   In welchem Abschnitt des Jahres können die Plejaden in den Abendstunden (nach Ende der astronomischen Dämmerung bis Mitternacht Ortszeit) in Kulmination beobachtet werden?
5. Die Planeten und der Mond bewegen sich stets in der Nähe der Ekliptik.
   Versuchen Sie sich am Abendhimmel an Hand der gerade sichtbaren Planeten und des Mondes im Laufe eines Jahres möglichst oft den Verlauf der Ekliptik und ihre mit den Jahreszeiten wechselnde Lage zum Himmelsäquator einzuprägen.

2.3. Planetenbewegungen

2.3.1. Beobachtungstatsachen

Die große Zahl der Fixsterne bietet sich uns stets in der gleichen gegenseitigen Anordnung dar, obwohl wir zu verschiedenen Jahreszeiten und in den verschiedenen Nachtstunden immer wieder andere Ausschnitte der Himmelskugel zu sehen bekommen. Aber es gibt auch Objekte, die sich relativ zu den Fixsternen bewegen: die Sonne, der Mond, die Großen Planeten mit ihren Satelliten, die Planetoiden, die Kometen und die Meteore. Im folgenden werden zunächst die Bewegungen der Großen Planeten behandelt.

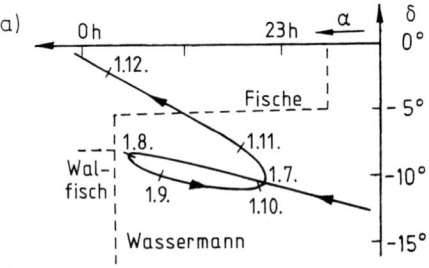

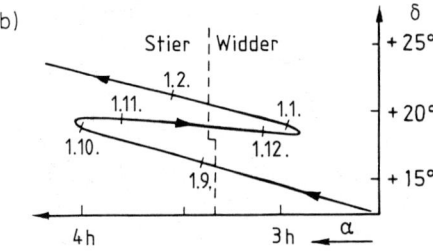

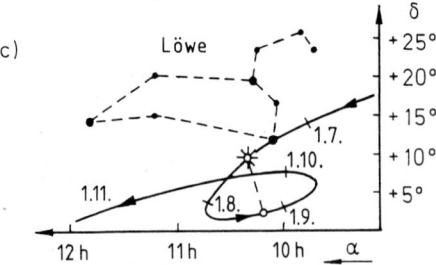

2.19 **a)** **und b)** Oppositionsschleifen des Planeten Mars in den Jahren 1956 (a) bzw. 1958/59 (b).
  c) Venusschleife des Jahres 1975 im Sternbild Löwe; die Stellungen von Sonne und Venus zur Zeit der unteren Konjunktion sind eingezeichnet.

Die Bewegungen der anderen Begleiter der Sonne werden im 3. Kapitel untersucht.

Im Laufe einer Nacht machen die Großen Planeten die scheinbare Bewegung des Fixsternhimmels im wesentlichen mit. Ihre Ortsveränderungen relativ zu den Fixsternen sind sehr klein; um sie zu erkennen, muß man über längere Zeiträume beobachten. Man findet die Großen Planeten – wie Sonne und Mond – stets in einem der zwölf Tierkreissternbilder. Ihre Bewegung in bezug auf den Fixsternhimmel verläuft meist von rechts nach links. Diese Bewegung von West nach Ost heißt **rechtläufig**.

Zu gewissen Zeiten verlangsamt jedoch jeder Planet seine Bewegung, bleibt schließlich stehen und kehrt dann seine Bewegungsrichtung um; er wird **rückläufig**. Der Geschwindigkeitsbetrag nimmt in der Rückläufigkeitsphase zuerst zu und dann wieder ab bis zum Stillstand. Anschließend nimmt der Planet seine rechtläufige Bewegung wieder auf. Bei der rückläufigen Bewegung durchläuft jeder Planet ein schleifen- oder S-förmiges Kurvenstück an der Sphäre.

Beispiele aus der Marsbewegung zeigen die Abb. 2.19a und b. Bei Jupiter und Saturn sind die Schleifen zwar kleiner, aber noch gut beobachtbar. Die Rückläufigkeitsdauer liegt bei Mars zwischen 62 und 81 Tagen, bei Jupiter beträgt sie 120 Tage, bei Saturn 141 Tage.

Bei Merkur und Venus ist die Schleifenbildung weniger auffallend. Die schnellsten Ortsveränderungen innerhalb der rückläufigen Phase fallen gerade in die Zeit, in der diese Planeten einen sehr geringen Winkelabstand von der Sonne haben; sie stehen also mit der Sonne am Taghimmel, und wir können deshalb ihre Bewegungen nicht auf dem Hintergrund des Fixsternhimmels beobachten. Abb. 2.19c zeigt eine Venusschleife.

Die Aufgabe, die komplizierten geozentrischen Bewegungen der Planeten mit einem Projektionsgerät darzustellen, wurde von W. Bauersfeld bei der Konstruktion des ersten, 1923 im Deutschen Museum in München aufgestellten Zeiss-Planetariums gelöst.

Je nach der Lage der Schleifenbewegung relativ zur Sonne lassen sich also zwei Gruppen von Planeten unterscheiden:

a) Merkur und Venus passieren während ihrer Rückläufigkeit die Sonne. Man nennt sie **untere Planeten**.
b) Mars, Jupiter, Saturn, Uranus, Neptun, Pluto (und die Planetoiden) durchlaufen die Rückläufigkeitsschleife an einer Stelle der Ekliptik, die der Sonne diametral gegenüber liegt. Sie heißen **obere Planeten**.

Mit dem bloßen Auge erscheinen uns die Planeten punktförmig wie Fixsterne. Bei der Beobachtung im Fernrohr zeigen sich die Planeten jedoch als mehr oder weniger große Scheibchen, während die Fixsterne stets punktförmig bleiben.

Bei allen Planeten ändert sich der Winkeldurchmesser dieses Scheibchens periodisch und erreicht stets in der Mitte der Rückläufigkeitsphase seinen größten Wert. Daraus folgt, daß sich der Abstand Erde–Planet periodisch ändert und in der Mitte der Rückläufigkeit am kleinsten sein muß. Gleichzeitig beobachtet man periodisch wechselnde Phasen, die bei den unteren Planeten den Mondphasen gleichen (Abb. 2.20).

In der Mitte der Rückläufigkeit, also in nächster Nähe an der Erde, wenden uns Merkur und Venus ihre unbeleuchtete Seite zu. Kurz vorher und nachher zeigen sie eine schmale sichelförmige Gestalt.

Im Gegensatz dazu blicken wir bei den oberen Planeten stets auf die von der Sonne beleuchtete Seite. Nur beim Mars ist eine schwache Phasenbildung in der Weise zu beobachten, daß abwechselnd am östlichen oder westlichen Rand ein schmaler Streifen im Schatten liegt.

Daraus muß man schließen, daß die unteren Planeten während ihrer Rückläufigkeit zwischen Erde und Sonne hindurchlaufen. Tatsächlich kommt es vor, daß sie dabei sogar vor der Sonnenscheibe beobachtet werden können. Dagegen müssen die oberen Planeten sehr weit vom System Erde-Mond entfernt sein; von ihnen kommt Mars der Erde am nächsten.

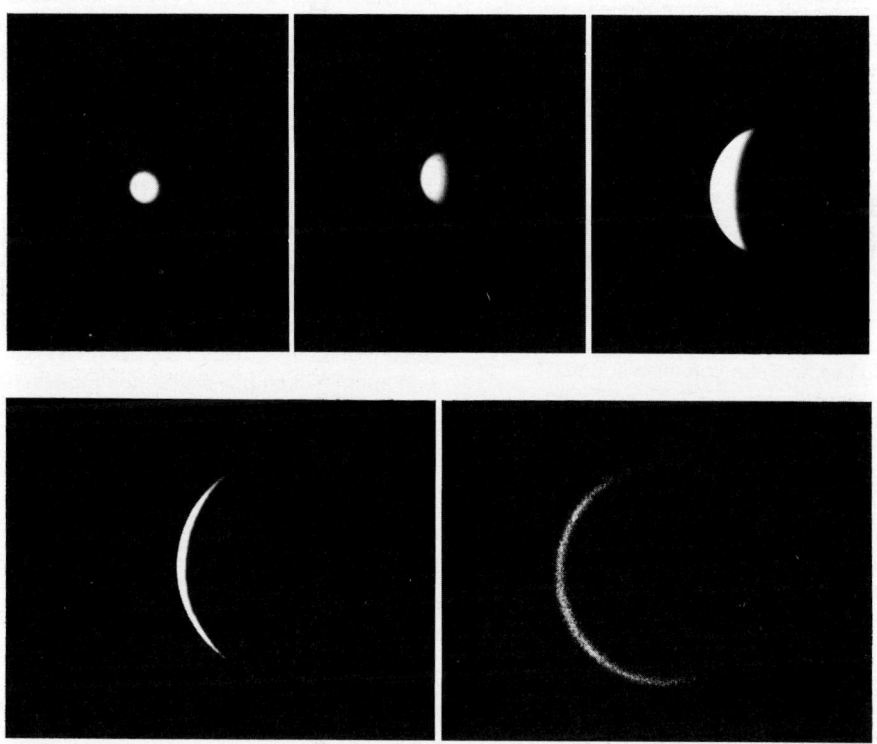

2.20 Der Planet Venus in verschiedenen Entfernungen von der Erde und in verschiedenen Phasen

2.3.2. Heliozentrische Erklärung der Planetenbewegungen

Die Erklärung der Planetenbewegungen war das Hauptproblem der Astronomie von der Antike bis ins 18. Jahrhundert (s. S. 10ff.). Dabei wurden eine ganze Reihe verschiedener Vorstellungen entwickelt, mit denen insbesondere versucht wurde, die Entstehung der Schleifen in den Planetenbahnen zu deuten. Mit zunehmender Genauigkeit der astronomischen Positionsmessungen erwiesen sich alle diese Versuche als unzureichend. Erst im 16. Jahrhundert, als Nikolaus Kopernikus (1473–1543) in seiner Theorie der Planetenbewegungen von einem heliozentrischen System ausging, begann der Durchbruch (s. S. 12) zu unserem heutigen Weltbild. Seiner Theorie lagen zwei Hypothesen zugrunde:

1. Die scheinbare tägliche Bewegung der Gestirne ist eine Folge der Rotation der Erde.
2. Die Sonne steht im Mittelpunkt der (damals bekannten) Welt fest, und die Planeten einschließlich der Erde umkreisen die Sonne.

Daß dieses System eine physikalisch begründete Erklärung für die scheinbare tägliche und die scheinbare jährliche Bewegung der Sonne liefert, wurde bereits in den Abschnitten 2.1.2. und 2.2.4. gezeigt. Es liegt deshalb nahe, auch die scheinbare Bewegung der Planeten damit zu erklären.

Aus den in **2.3.1.** zusammengestellten Beobachtungsergebnissen folgt dann sofort, daß die unteren Planeten Venus und Merkur die Sonne innerhalb der Erdbahn umkreisen, die oberen Planeten außerhalb der Erdbahn. Da die Phasenbildung beim Mars noch am stärksten ausgebildet ist, muß seine Bahn von allen äußeren Planeten der Erdbahn am nächsten liegen.

Der periodische Wechsel im scheinbaren Durchmesser eines Planetenscheibchens gestattet es uns, näherungsweise die Radien der Planetenbahnen als Vielfache des Erdbahnradius zu berechnen. Ist nämlich D der scheinbare Durchmesser des Planetenscheibchens, R der Radius des Planeten und r seine Entfernung von der Erde, so gilt (Abb. 2.21):

$$\sin\left(\frac{D}{2}\right) = \frac{R}{r} \qquad (2\text{-}1)$$

Daraus folgt für die Extremwerte:

$$r_{max} \cdot \sin\left(\frac{D_{min}}{2}\right) = r_{min} \cdot \sin\left(\frac{D_{max}}{2}\right).$$

Da die scheinbaren Durchmesser der Planetenscheibchen sehr klein sind, kann man in guter Näherung $\sin x = x$ schreiben und erhält dann:

$$\frac{r_{min}}{r_{max}} = \frac{D_{min}}{D_{max}} \qquad (2\text{-}2)$$

Bezeichnet man nun den Erdbahnradius mit r_E, den Planetenbahnradius mit r_P, so gilt:

$$r_{min} = r_E - r_P \quad \text{für untere Planeten,}$$
$$r_{min} = r_P - r_E \quad \text{für obere Planeten,}$$
$$r_{max} = r_E + r_P \quad \text{für alle Planeten.}$$

So erhält man z. B. aus Abb. 2.20 für die Venus $D_{min}/D_{max} = 0{,}14$, also

$$\frac{r_E - r_P}{r_E + r_P} = 0{,}14 \text{ und daraus } r_P = 0.75 \cdot r_E.$$

Entsprechend ergibt sich mit $D_{min}/D_{max} = 0{,}67$ für Jupiter $r_P = 5{,}1 \cdot r_E$

Ein perspektivisches Bild des Planetensystems gibt die Abb. 2.22. Man erkennt, daß die vier Planeten Merkur, Venus, Erde und Mars relativ dicht benachbarte Bahnen in der Nähe der Sonne durchlaufen und von den Bahnen der übrigen fünf Planeten Jupiter, Saturn, Uranus, Neptun und Pluto durch einen von den Kleinen Planeten oder Planetoiden bevölkerten Gürtel getrennt sind.

Die vier sonnennahen Planeten werden auch als **innere Planeten** bezeichnet; die Planeten mit großen Bahnradien von Jupiter bis Pluto heißen **äußere Planeten**. Es wird sich im 3. Kapitel zeigen, daß diese beiden Gruppen von Planeten sich auch in ihren physikalischen Eigenschaften wesentlich unterscheiden.

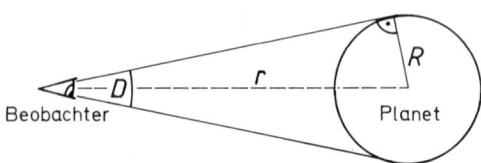

2.21 Zusammenhang zwischen dem scheinbaren Durchmesser D und dem linearen Radius R eines Planeten mit seiner Entfernung r von der Erde.

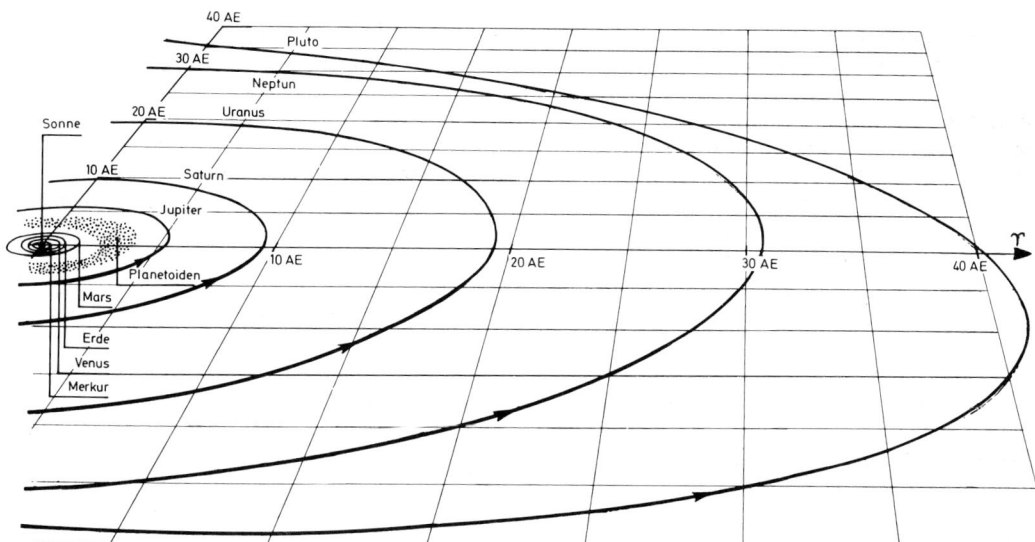

2.22 Die Planetenbahnen. Perspektivische Ansicht, wie sie ein von Norden her schräg in die Ekliptikebene schauender Beobachter haben würde.

Die Abb. 2.23 zeigt besondere Konstellationen von Sonne, Erde und Planet und den zugehörigen Anblick des Planetenscheibchens. Ein oberer Planet kann sich in jedem beliebigen Winkelabstand von der Sonne befinden. In (1) steht er der Sonne gegenüber, er steht in **Opposition**. Hier ist er der Erde am nächsten. Wenn die Sonne im Westen untergeht, geht der Planet im Osten auf. Er ist während der ganzen Nacht zu beobachten und kulminiert um Mitternacht Ortszeit. In der Stellung (2), die als **Konjunktion**

bezeichnet wird, verschwindet der Planet in den Strahlen der Sonne, kann also nicht beobachtet werden.

Ein unterer Planet kann nie in Opposition zur Sonne kommen. Dagegen gibt es für ihn zwei Konjunktionen, in denen er nicht beobachtet werden kann. (1′) ist seine **untere Konjunktion**; hier ist er der Erde am nächsten. (2′) wird als **obere Konjunktion** bezeichnet. In (3′) und (4′) hat der Planet seinen größten Winkelabstand –

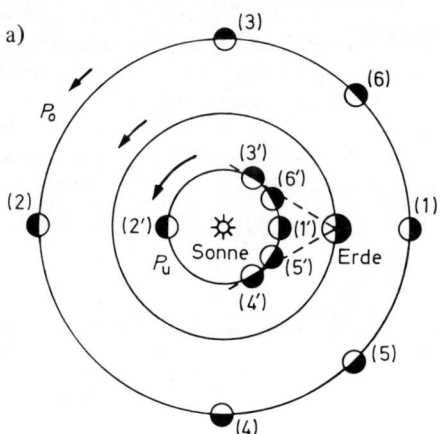

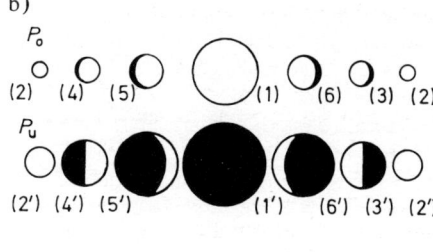

2.23 **a)** Konstellationen eines oberen Planeten P_o und eines unteren Planeten P_u.

b) Anblick der Planetenscheibchen von der Erde aus; P_o: (1) Opposition, (2) Konjunktion; P_u: (1′), (2′) untere bzw. obere Konjunktion, (3′), (4′) größte Elongationen.

seine **größte Elongation** – von der Sonne. Geht der untere Planet bei der scheinbaren täglichen Bewegung der Sonne voraus, so kann er am Morgenhimmel beobachtet werden; dann spricht man von einer westlichen Elongation.

Venus ist in westlicher Elongation Morgenstern. Bei östlicher Elongation ist Venus Abendstern. Gegenüber der auffallenden Venus ist Merkur sehr viel unscheinbarer, und da seine größte Elongation kleiner als 30° ist, fällt es meist schwer, ihn selbst in dieser Phase seiner Bewegung in der Dämmerung am Horizont ausfindig zu machen.

Die Zeit zwischen zwei aufeinanderfolgenden Oppositionen eines oberen Planeten heißt seine **synodische Umlaufsdauer**. Entsprechend ist die synodische Umlaufsdauer eines unteren Planeten die Zeit zwischen zwei oberen Konjunktionen.

2.3.3. Die Keplerschen Gesetze der Planetenbewegungen

Die Keplerschen Gesetze

Im 1. Kapitel wurde bereits dargelegt, daß erst Johannes Kepler mit seinen beiden 1609 veröffentlichten Gesetzen dem heliozentrischen System des Kopernikus diejenige Form gab, die eine mit der Beobachtung exakt übereinstimmende Berechnung von Planetenörtern an der Sphäre ermöglichte. Johannes Kepler veröffentlichte 1627 solche Planetentafeln, die er zu Ehren von Kaiser Rudolf II „Rudolfinische Tafeln" nannte. Die drei Keplerschen Gesetze lauten (s. auch S. 12):

1. Die Planetenbahnen sind Ellipsen, in deren einem Brennpunkt die Sonne steht.
2. Der von der Sonne zum Planeten gezogene Fahrstrahl überstreicht in gleichen Zeiten gleiche Flächen.
3. Die Quadrate der siderischen Umlaufsdauern zweier Planeten verhalten sich wie die dritten Potenzen ihrer mittleren Entfernungen von der Sonne.

Die Geometrie der Planetenbahn-Ellipsen

Ellipsen gehören zu den Kegelschnitten; dies sind Kurven, die man durch den ebenen Schnitt eines Kreiskegels erhält. Zur Demonstration stellt man mit einer Punktlichtquelle in einem zylindrischen Gehäuse einen Lichtkegel her. Bestrahlt man damit eine ebene Wand, so bildet die Begrenzung des Lichtflecks einen Kegelschnitt.

Treffen sämtliche Mantellinien des Lichtkegels auf die Wand, so erhält man eine geschlossene Kurve, eine Ellipse. Ist eine Mantellinie parallel zur Wand, so ergibt sich eine Parabel, und wenn zwei Mantellinien des Lichtkegels, also zwei Randstrahlen, parallel zur Wand sind, entsteht ein Hyperbelast als Grenze des Lichtflecks.

Eine andere Konstruktion einer Ellipse, die sogenannte Gärtnerkonstruktion, zeigt Abb. 1.10 (s. S. 12).

Ellipsen sind zweifach symmetrische ebene Kurven (Abb. 2.24). Die große Symmetrieachse heißt Hauptachse, die kleine heißt Nebenachse. Der Achsenschnittpunkt ist der Mittelpunkt M der Ellipse. Die Enden der Hauptachse sind die Hauptscheitel A_1 und A_2, die Enden der Nebenachse die Nebenscheitel B_1, B_2. $\overline{MA_1} = \overline{MA_2} = a$ ist die große Halbachse, $\overline{MB_1} = \overline{MB_2} = b$ heißt kleine Halbachse.

Nach der Gärtnerkonstruktion ist die Ellipse der geometrische Ort aller Punkte, deren Entfernungssumme von den Brennpunkten konstant und gleich $2a$ ist.

Die Brennpunkte F_1 und F_2 liegen auf der Hauptachse im Abstand a von den Nebenscheiteln; ihren Abstand e_L vom Mittelpunkt M nennt man die lineare Exzentrizität der Ellipse. Demnach

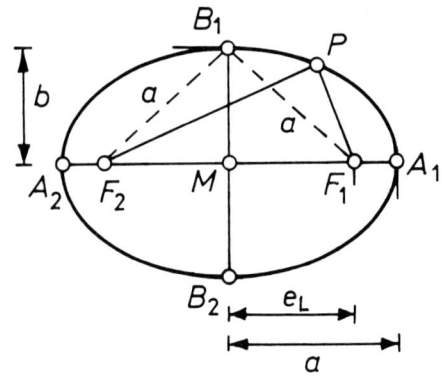

2.24 Ellipse. Große Halbachse $a = \overline{MA_{1,2}} = \overline{B_{1,2}F_{1,2}}$; kleine Halbachse $b = \overline{MB_{1,2}}$; lineare Exzentrizität $e_L = \overline{MF_{1,2}}$; numerische Exzentrizität $e = e_L/a$. Für jeden Ellipsenpunkt P gilt $\overline{F_1P} + \overline{F_2P} = 2a$.

gilt $e_L{}^2 = a^2 - b^2$. Je schlanker eine Ellipse ist, desto größer ist e_L im Verhältnis zu a. Dieses Verhältnis $e_L/a = e$ heißt die numerische Exzentrizität der Ellipse; bei astronomischen Angaben wird nur die numerische Exzentrizität e benötigt (s. Tabelle 3 und 5 im Anhang).

Die große Halbachse der Erdbahn wird als astronomische Längeneinheit 1 AE (s. S. 39) benutzt.

Die Exzentrizität der Erdbahn kann man erhalten, wenn man den Winkeldurchmesser der Sonne während eines Jahres messend verfolgt. Dazu mißt man die Zeit Δt, die das Projektionsbild der Sonne benötigt, um über eine geradlinige Markierung zu wandern, die senkrecht zur

scheinbaren täglichen Bewegungsrichtung ist. Befindet sich die Sonne auf dem Himmelsäquator, so bewegt sie sich mit der Winkelgeschwindigkeit von 15°/h (dies gilt zwar exakt nur für die fiktive mittlere Sonne, aber in guter Näherung auch für die wirkliche Sonne). Da ein Parallelkreis der Deklination δ einen Umfang hat, dessen Verhältnis zum Äquatorumfang $\cos \delta$ ist, hat die Winkelgeschwindigkeit der scheinbaren täglichen Bewegung der Sonne allgemein den Betrag $\omega = (15°/h) \cdot \cos \delta$.

Damit erhält man aus der Durchgangszeit Δt den zurückgelegten Winkel, also den scheinbaren Sonnendurchmesser $D = (15°/h) \cdot \Delta t \cdot \cos \delta$. In den ersten Januartagen, wenn die Erde ihren sonnennächsten Punkt, das **Perihel**, durchläuft,

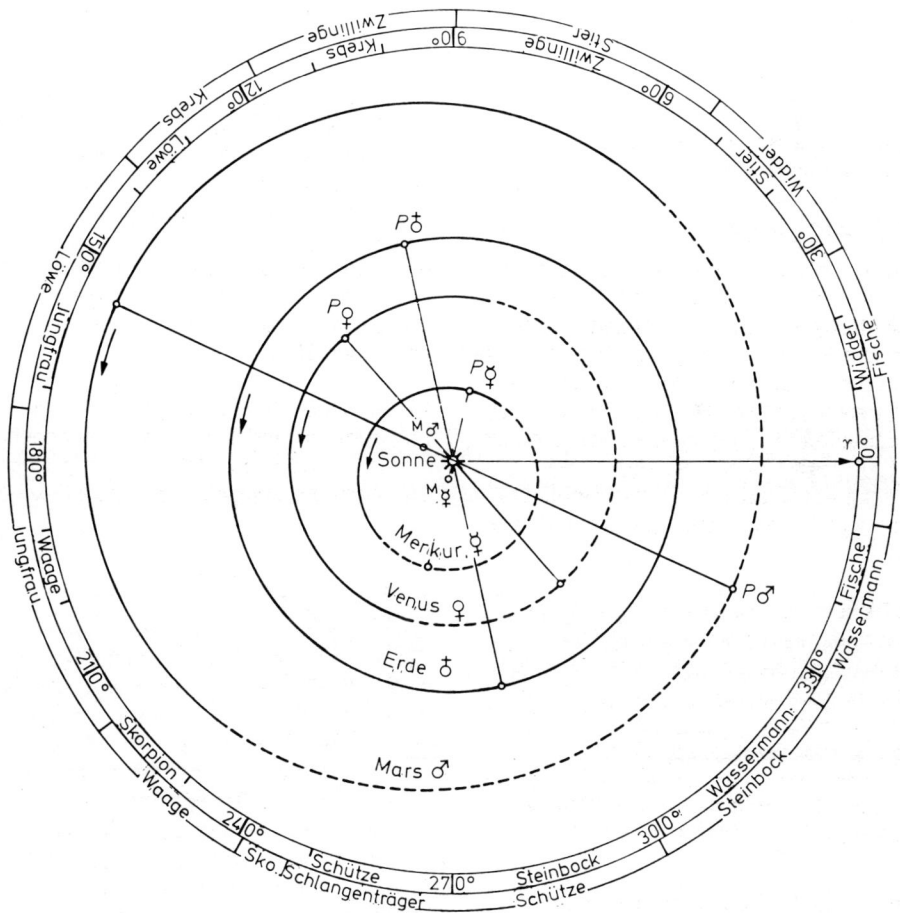

2.25 Karte der Bahnen der inneren Planeten im Maßstab $1 : 5 \cdot 10^{12}$. Für jede Bahn sind die Hauptachse mit dem Perihel P, für Merkur und Mars auch die Bahnmittelpunkte M eingezeichnet. Die südlich der Ekliptik liegenden Teile der Bahnen sind gestrichelt.

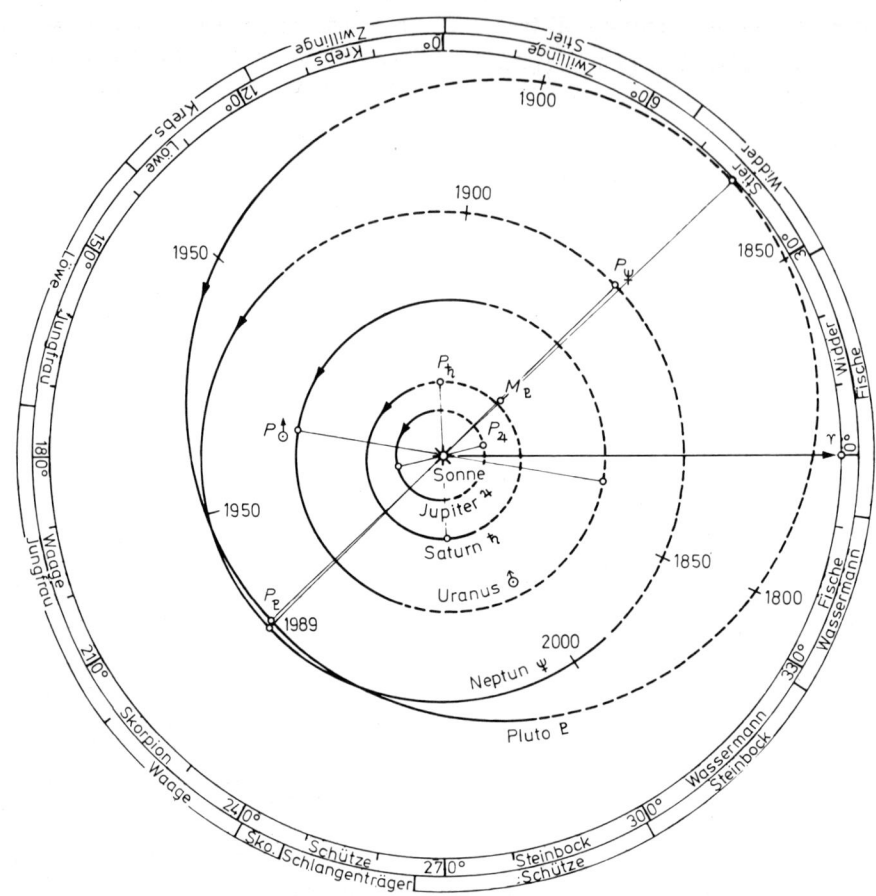

2.26 Karte der Bahnen der äußeren Planeten im Maßstab $1 : 1{,}25 \cdot 10^{14}$ ($^1/_{25}$ des Maßstabes der Abb. 2.25). Für jede Bahn ist die Hauptachse mit Perihel P, für Pluto auch der Bahnmittelpunkt M eingezeichnet. An den Bahnen von Neptun und Pluto sind die Zeitpunkte einiger Positionen angegeben. Die südlich der Ekliptik liegenden Teile der Bahnen sind gestrichelt.

erscheint uns die Sonne mit dem Durchmesser $D_{max} = 1956''$, während Anfang Juli im **Aphel**, der größten Entfernung von der Sonne, der scheinbare Sonnendurchmesser nur $D_{min} = 1891''$ ist. Nun gelten auch hier die Gleichungen (2-1) und (2-2), wobei für die Extremwerte der Abstände Sonne–Erde die Beziehungen gelten:

$$r_{min} = a - e_L = a \cdot (1 - e) \quad \text{im Perihel}$$
$$r_{max} = a + e_L = a \cdot (1 + e) \quad \text{im Aphel}$$

Man erhält also

$$\frac{a \cdot (1 - e)}{a \cdot (1 + e)} = \frac{1891}{1956}$$

und daraus $e = 0{,}017$.

Bahnebenen und Ekliptik

Die Planeten laufen zwar stets in der Nähe der Ekliptik, doch sind alle Planetenbahnen etwas gegen die Erdbahn geneigt. Die größten Neigungswinkel i gegen die Erdbahn haben die Bahnen der Planeten Pluto ($i = 17{,}1°$), Merkur ($i = 7{,}0°$) und Venus ($i = 3{,}4°$); die Neigungswinkel aller übrigen Planetenbahnen sind wesentlich kleiner (vgl. die Tabelle 3 im Anhang). Wegen der geringen Bahnneigungen bekommt man eine gute Annäherung an die wirklichen Verhältnisse, wenn man die Planetenbahnen in die Ekliptikebene einzeichnet. Dies ist in Abb. 2.25 und (mit 25mal kleinerem Maßstab) in Abb. 2.26 geschehen.

Die Geschwindigkeit der Erde in ihrer Bahn

Aus dem Umfang der Erdbahn und der Umlaufsdauer der Erde kann man ihre mittlere Bahngeschwindigkeit $\bar{v}$ berechnen. Wegen der geringen Exzentrizität der Erdbahn (s. o.) kann man sich diese durch einen Kreis mit dem Radius $r = 1$ AE ersetzt denken. Zur Berechnung der Geschwindigkeit in der üblichen Einheit km/s benötigt man den Bahnradius r in km. Die Überlegungen zur Bestimmung von Planetenbahnradien im Abschnitt 2.3.2. (S. 34ff.) zeigen, daß es genügt, irgendeine Länge im Planetensystem in der Einheit km zu messen; dann lassen sich alle übrigen Längen auch in km ausdrücken.

Nun hat man durch Messungen der Laufzeit von Radarsignalen von der Erde zur Venus die Entfernung Erde–Venus sehr genau gemessen und damit für die Astronomische Einheit den Wert erhalten

$$1 \text{ AE} = 1{,}495\,978\,70 \cdot 10^{11} \text{ m.}$$

Fast immer wird mit dem aufgerundeten Wert $1 \text{ AE} = 149{,}6 \cdot 10^6$ km gerechnet.

Die Umlaufsdauer der Erde um die Sonne relativ zum Fixsternhimmel heißt ein **siderisches Jahr**:

$$1 \text{ a}_{\text{sid}} = 365{,}256\,360 \text{ mittlere Sonnentage}$$

Das siderische Jahr ist wegen der bereits erwähnten Präzession des Frühlingspunkts (vgl. S. 27) 20 Minuten länger als das tropische Jahr (s. S. 30). Für die mittlere Bahngeschwindigkeit der Erde erhält man also mit ausreichender Genauigkeit:

$$\bar{v} = \frac{2\pi \cdot 149{,}6 \cdot 10^6 \text{ km}}{365{,}26 \cdot 86\,400 \text{ s}} = 29{,}8 \text{ km/s}$$

Nach dem 2. Keplerschen Gesetz müssen die Flächenstücke SP_1P_2 und SA_1A_2 in Abb. 2.27 flächengleich sein, wenn die Bögen $\widehat{P_1P_2}$ und $\widehat{A_1A_2}$ in gleichen Zeiten Δt durchlaufen werden. Auf dem längeren Perihelbogen $\widehat{P_1P_2}$ muß also die Geschwindigkeit größer sein als auf dem kürzeren Aphelbogen $\widehat{A_1A_2}$.

Um das Verhältnis der Perihelgeschwindigkeit v_P zur Aphelgeschwindigkeit v_A zu berechnen, ersetzt man die Ellipsenbögen durch Kreisbögen mit den Halbmessern $\overline{SP} = a - e_L$ und $\overline{SA} = a + e_L$, was ohne nennenswerten Fehler geschehen kann, wenn die Zeit Δt hinreichend klein ist.

Die Kreisausschnittsflächen verhalten sich zum zugehörigen Vollkreis wie die Kreisbögen zum Kreisumfang, und für die Kreisbögen gilt:
$$\widehat{P_1P_2} = v_P \cdot \Delta t, \quad \widehat{A_1A_2} = v_A \cdot \Delta t.$$
Demnach erhält man:

$$\frac{v_P \cdot \Delta t}{2\pi \cdot (a - e_L)} = \frac{SP_1P_2}{\pi \cdot (a - e_L)^2}$$

$$\frac{v_A \cdot \Delta t}{2\pi \cdot (a + e_L)} = \frac{SA_1A_2}{\pi \cdot (a + e_L)^2}$$

Aus der Gleichheit der beiden Ellipsensektoren folgt:

$$\frac{v_P}{v_A} = \frac{a + e_L}{a - e_L} = \frac{1 + e}{1 - e}$$

Mit der Exzentrizität $e = 0{,}017$ (s. S. 38) ergibt sich für die Extremwerte der Erdgeschwindigkeit das Verhältnis $v_P/v_A = 1{,}035$, und mit $\bar{v} = (v_P + v_A)/2 = 29{,}8$ km/s folgt daraus:

$$v_P = 30{,}3 \text{ km/s und } v_A = 29{,}3 \text{ km/s}$$

Auch die Unterschiede in den Längen der Jahreszeiten (Frühling 92,8 d, Sommer 93,6 d, Herbst 89,8 d, Winter 89,0 d) sind eine Folge der beiden ersten Keplerschen Gesetze. Die Sonne scheint zwischen den **Solstitien** (Sommersonnenwende, Wintersonnenwende) und den **Äquinoktien** (Frühlings- und Herbst-Tagundnachtgleiche) je einen Viertelkreis auf der Ekliptik zu durchlaufen.
Heliozentrisch bedeutet dies, daß der Fahrstrahl Sonne–Erde in jeder Jahreszeit einen Winkel von 90° überstreicht. Die Verbindungslinie der beiden Solstitienpunkte der Erdbahn steht demnach senkrecht auf der Verbindungslinie der beiden Äquinoktienpunkte (Abb. 2.28).

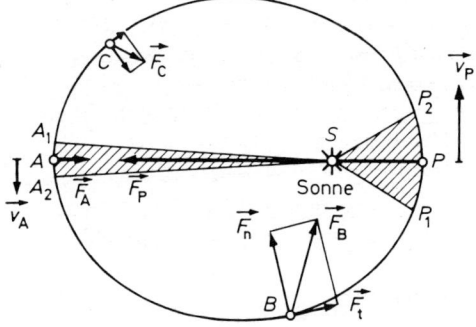

2.27 Perihelgeschwindigkeit und Aphelgeschwindigkeit eines Planeten. Änderung der Gravitationskraft längs der Bahn.

Der Ellipsenbogen, den die Erde zwischen Frühlingsanfang und Herbstanfang zurücklegt, ist länger als der Bogen, den sie im Winterhalbjahr durchläuft; selbst bei konstanter Bahngeschwindigkeit der Erde müßte also das Sommerhalbjahr länger dauern als das Winterhalbjahr. Da die Bahngeschwindigkeit der Erde aber in der Umgebung des Perihels, also am Winteranfang, größer ist als in der Umgebung des Aphels, d. h. am Sommeranfang, wird die ungleiche Länge der beiden Halbjahre noch verstärkt.

Der kürzeste Ellipsenbogen wird zwischen Winteranfang und Frühlingsanfang durchlaufen; da hier gleichzeitig die Bahngeschwindigkeit der Erde am größten ist, ist der Winter die kürzeste Jahreszeit.
Der längste Ellipsenbogen wird im Sommer durchlaufen; da hier außerdem die Erdbahngeschwindigkeit ihr Minimum hat, dauert der Sommer am längsten.

Siderische und synodische Umlaufszeiten

Bei der Berechnung der Bahngeschwindigkeit der Erde (S. 39) wurde von der siderischen Umlaufsdauer Gebrauch gemacht. Darunter versteht man die Zeitspanne, während der ein Beobachter auf der Sonne einen vollen Umlauf des Planeten in bezug auf den Fixsternhimmel wahrnehmen würde. Diese Definition zeigt bereits, daß mit Ausnahme der Erde siderische Umlaufszeiten der Planeten nicht direkt gemessen werden können. Sie lassen sich aber aus den synodischen Umlaufsdauern berechnen, die bereits im Abschnitt 2.3.2. eingeführt wurden.

Die synodische Umlaufsdauer T_{syn} eines Planeten ist seine Umlaufsdauer in bezug auf die Richtung Sonne–Erde, also in bezug auf ein System, das selbst mit der Periode von einem siderischen Jahr relativ zum Fixsternhimmel rotiert. Da alle Planeten im gleichen Umlaufsinn wie die Erde um die Sonne laufen, ist die Winkelgeschwindigkeit ω_{syn} der synodischen Umlaufsbewegung eines Planeten gleich der Differenz der siderischen Winkelgeschwindigkeiten des Planeten ω_{sid} und der Erde ω_E:

$$\omega_{syn} = |\,\omega_{sid} - \omega_E\,|$$

Rechts steht nur der Betrag der Winkelgeschwindigkeitsdifferenz, weil auch nur der Betrag von ω_{syn} interessiert.
Mit der synodischen Umlaufsdauer T_{syn} und der siderischen Umlaufsdauer T des Planeten und der siderischen Umlaufsdauer T_E der Erde erhält man daraus:

$$\frac{2\pi}{T_{syn}} = \left|\frac{2\pi}{T} - \frac{2\pi}{T_E}\right| \text{ oder } \frac{1}{T_{syn}} = \left|\frac{1}{T} - \frac{1}{T_E}\right|$$

Nach dem 3. Keplerschen Gesetz sind die siderischen Umlaufsdauern oberer Planeten größer als die der Erde, da ihre Abstände von der Sonne größer als 1 AE sind; bei den unteren Planeten ist es umgekehrt. Deshalb gilt:

$$\frac{1}{T_{syn}} = \frac{1}{T_U} - \frac{1}{T_E} \quad \text{für untere Planeten,} \qquad (2\text{-}3)$$

$$\frac{1}{T_{syn}} = \frac{1}{T_E} - \frac{1}{T_O} \quad \text{für obere Planeten.} \qquad (2\text{-}4)$$

Mit den Gleichungen (2-3) und (2-4) lassen sich aus den beobachteten synodischen Umlaufsdauern die siderischen Umlaufsdauern der Planeten berechnen.

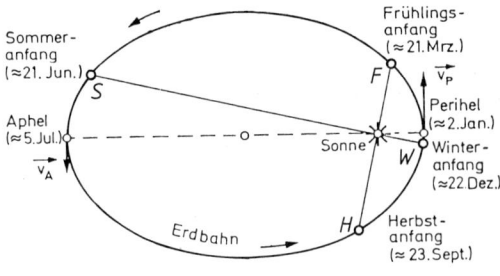

2.28 Die unterschiedliche Länge von Sommer- und Winterhalbjahr. Der Bogen *FSH* ist länger als der Bogen *HWF*; die Geschwindigkeit v_P ist größer als die Geschwindigkeit v_A. (Die Exzentrizität der Erdbahn ist stark übertrieben gezeichnet.)

Beispiele:

Die mittlere synodische Umlaufsdauer des Mars ist 779,95 d (1 d = 1 mittlerer Sonnentag). Mit dem siderischen Jahr $T_E = 365,26$ d (vgl. S. 39) ergibt sich aus Gleichung (2-4) die siderische Umlaufsdauer des Mars zu $T_{Mars} = 686,98$ d.

Für die Venus folgt aus $T_{syn} = 583,92$ d mit Gleichung (2-3) die siderische Umlaufsdauer $T_{Venus} = 224,70$ d.

Die Bestimmung der großen Halbachsen der Planetenbahnen mit dem 3. Keplerschen Gesetz

Das 3. Keplersche Gesetz besagt, daß sich für zwei beliebige Planeten die Quadrate der siderischen Umlaufsdauern T_1 und T_2 verhalten wie die dritten Potenzen der mittleren Entfernungen von der Sonne, d.h. der großen Halbachsen a_1 und a_2 der Bahnellipsen:

$$\frac{T_1{}^2}{T_2{}^2} = \frac{a_1{}^3}{a_2{}^3} \qquad (2\text{-}5)$$

Für mehr als zwei Planeten gilt demnach:

$$\frac{T_1{}^2}{a_1{}^3} = \frac{T_2{}^2}{a_2{}^3} = \frac{T_3{}^2}{a_3{}^3} = \frac{T_4{}^2}{a_4{}^3} = \ldots = C$$

Dies bedeutet allgemein, daß T^2 und a^3 proportional sind, oder:

$$T^2 = C \cdot a^3 \qquad (2\text{-}6)$$

Die Proportionalitätskonstante C ist eine für alle Planeten eines Systems gemeinsame Konstante.

Da durch genügend lange Beobachtungsreihen die synodische und damit auch die siderische Umlaufsdauer der Planeten mit sehr hoher Genauigkeit ermittelt werden können, liefert das 3. Keplersche Gesetz auch für die Bahnhalbachsen der Planeten sehr genaue Werte; es ist deshalb unentbehrlich für die Entfernungsmessungen im Planetensystem, auch nach der Einführung des Radars für die Bestimmung der Entfernungen der erdnahen Planeten.
Werte für a und T sind in der Tabelle 3 im Anhang aufgeführt.
Will man aus der siderischen Umlaufsdauer eines Planeten die große Halbachse seiner Bahn bestimmen, so benützt man die Gleichung (2-5) mit der Erde als Bezugsplanet. Für die Erde gilt:

$$a_E = 1 \text{ AE (Astronomische Einheit)},$$
$$T_E = 1 \text{ a}_S \text{ (siderisches Jahr)}.$$

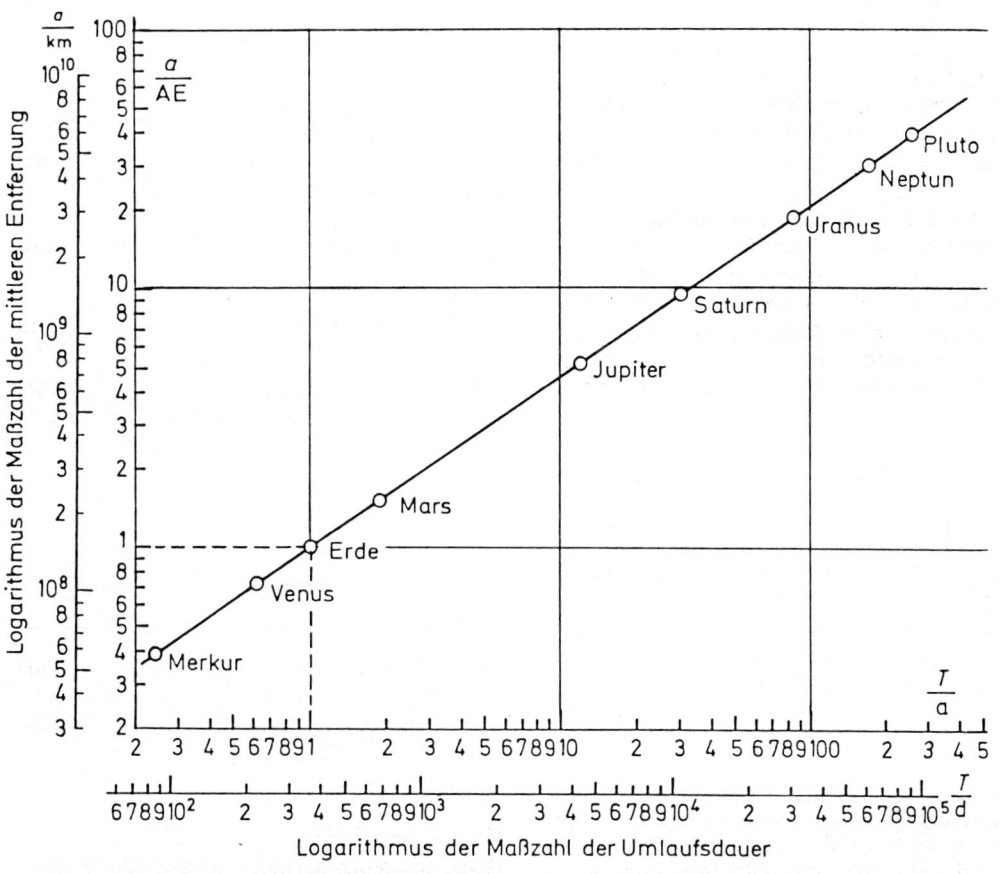

2.29 Nomogramm zum 3. Keplerschen Gesetz in zweifach logarithmischen Koordinaten

Damit erhält man aus der Gleichung (2-5) die Zahlenwertgleichung

$$\left(\frac{T}{a_S}\right)^2 = \left(\frac{a}{AE}\right)^3 \qquad (2\text{-}7)$$

und daraus schließlich:

$$\frac{a}{AE} = \left(\frac{T}{a_S}\right)^{2/3} \qquad (2\text{-}8)$$

Die Konstante C aus der Gleichung (2-6) bekommt damit den Wert:

$$C = 1 \frac{a_S{}^2}{AE^3}$$

Meist verwendet man als Zeiteinheit für die Umlaufsdauer der Planeten nicht das siderische Jahr, sondern den mittleren Sonnentag. Dann muß in (2-7) bzw. (2-8) für 1 a_S = 365,256360 d eingesetzt werden (vgl. S. 39).
Da auf beiden Seiten der Gleichung (2-8) reine Zahlen stehen, kann sie logarithmiert werden:

$$\lg \frac{a}{AE} = \frac{2}{3} \cdot \lg \frac{T}{a_S} \qquad (2\text{-}9)$$

Diese Beziehung ist in der Abb. 2.29 mit zweifach logarithmischen Koordinaten grafisch dargestellt. Man erhält eine Gerade mit der Steigung $^2/_3$. Aus diesem Nomogramm kann man ohne Rechnung die großen Halbachsen der Planetenbahnen entnehmen, die zu gegebenen siderischen Umlaufsdauern gehören.
Da das 3. Keplersche Gesetz für alle Planeten der Sonne gilt, kann man die Abb. 2.29 auch zur Bestimmung der Bahnhalbachsen von Planetoiden verwenden.

2.3.4. Das Newtonsche Gravitationsgesetz und die Keplerschen Gesetze der Planetenbewegungen

Die Bahnformen

Newton war überzeugt, daß die Kraft, die einen Apfel vom Baum fallen läßt, die gleiche sei, die auch den Mond auf seiner Bahn um die Erde oder einen Planeten auf seiner Bahn um die Sonne hält, und daß diese Kraft nicht nur von Himmelskörpern ausgehe, sondern daß sie zwischen allen Körpern wirke.
Für die Kraft zwischen zwei kugelsymmetrisch aufgebauten Körpern formulierte er 1687 das Gravitationsgesetz (s. Physik-Lehrbuch):

$$F = G \frac{m_1 \cdot m_2}{r^2} \qquad (2\text{-}10)$$

Dabei bedeutet
F die Massenanziehungskraft (Gravitationskraft),
m_1, m_2 die Masse der beiden Körper,
r die Entfernung ihrer Massenmittelpunkte,
G die Gravitationskonstante
($G = 6{,}673 \cdot 10^{-11}$ m³ kg⁻¹ s⁻²).

Newton wandte die von ihm entdeckten allgemeinen Gesetze der Mechanik, die zunächst an Vorgängen auf der Erde erprobt worden waren, auf die Bewegungen der Himmelskörper an und schuf so die Himmelsmechanik. Bei gegebenen Anfangsbedingungen (Ort und Geschwindigkeit z. B. eines Planeten) läßt sich die Bahnform und die Bewegungsart des Körpers berechnen. Als Ergebnis dieser Rechnungen konnte Newton die Keplerschen Gesetze deduktiv herleiten und noch verallgemeinern. Sie gelten demnach nicht nur für die Bewegungen der Planeten um die Sonne, sondern allgemein für die Bewegung zweier Massenpunkte, zwischen denen eine Kraft wirkt, die umgekehrt proportional zum Quadrat der Entfernung ist. Newton bewies, daß in einem solchen Fall die Bahnkurven stets Kegelschnitte sind (s. S. 36). Außer den von Kepler gefundenen Ellipsen sind auch Hyperbel- und Parabelbahnen möglich.

Das 2. Keplersche Gesetz, der Flächensatz, ist darüber hinaus für jede beliebige Zentralbewegung gültig (s. Physik-Lehrbuch).

Das 3. Keplersche Gesetz gilt auch für die künstlichen Erdsatelliten. Die geostationären Wettersatelliten umkreisen die Erde in der Äquatorebene mit einer Umlaufsdauer von 24 Stunden; Satelliten der Serie Meteosat z. B. befinden sich immer an einem Punkt über dem Golf von Guinea. Ihr Bahnradius beträgt 42 200 km, die Flughöhe über der Erdoberfläche liegt also bei 35 800 km.

Punktweise Berechnung von Planetenbahnen

Der rechnerische Nachweis, daß die Planetenbahnen Kegelschnitte sind, ist etwas mühsam. Jedoch kann man schon mit einem kleinen Computer solche Bahnen punktweise in guter Näherung berechnen und mit Hilfe eines Druckers grafisch darstellen. Physiklehrbücher für die Oberstufe der höheren Schulen enthalten häufig entsprechende Programme.

Die Grundgedanken für ein diesbezügliches Flußdiagramm sind im folgenden zusammengestellt.

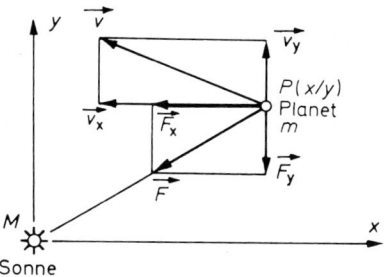

2.30 Zerlegung von Kraft und Geschwindigkeit bei einem iterativen Verfahren zur punktweisen Berechnung von Planetenbahnen.

In einem rechtwinkligen Koordinatensystem, in dessen Ursprung die Sonne (Masse $m_\odot$) steht, sei der Ort des Planeten (Masse m) zu einem Zeitpunkt t durch den Punkt $P(x \mid y)$ gegeben. Seine Geschwindigkeit $\vec{v}$ *sei festgelegt durch die Komponenten* v_x *und* v_y (Abb. 2.30). Seine

Sonnenentfernung sei $r = \sqrt{x^2 + y^2}$. Die Gravitationskraft $F = G \cdot m_\odot \cdot m / r^2$ hat in Richtung der Koordinatenachsen die Komponenten:

$$F_x = -F\frac{x}{r} \quad \text{und} \quad F_y = -F\frac{y}{r}.$$

Der Planet bekommt dadurch eine Beschleunigung mit den Komponenten

(2-11)

$$a_x = \frac{F_x}{m} = -G \cdot \frac{m_\odot \cdot x}{r^3} \quad \text{und} \quad a_y = \frac{F_y}{m} = -G \cdot \frac{m_\odot \cdot y}{r^3}$$

In einer hinreichend kleinen Zeitspanne Δt kann man die Bahn des Planeten näherungsweise als geradlinige, gleichmäßig beschleunigte Bewegung ansehen.
Bei der Rechnung (ein Ergebnis zeigt Abb. 2.31) geht man vom Ort $P_0 (x_0 \mid y_0)$ des Planeten zur Zeit $t_0 = 0$ und der Geschwindigkeit v_0 mit den Komponenten v_{x0} und v_{y0} aus und berechnet den Ort P_1 und die Geschwindigkeit v_1 zur Zeit

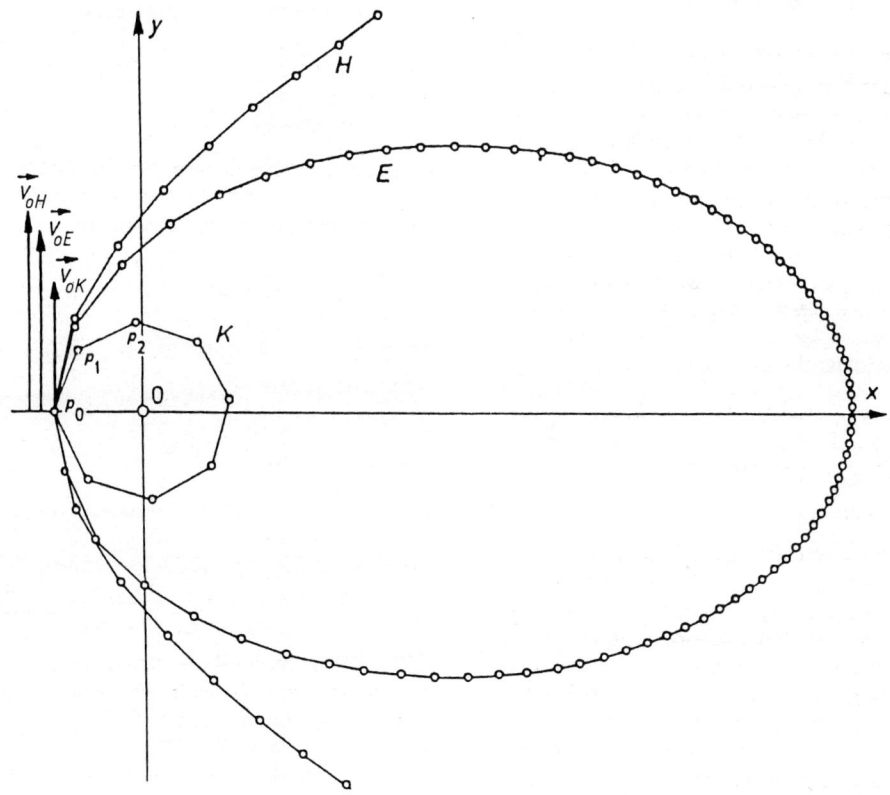

2.31 Punktweise berechnete Planetenbahnen: K Kreis, E Ellipse, H Hyperbel. Die Anfangsgeschwindigkeiten stehen im Verhältnis $v_{0K} : v_{0E} : v_{0H} = 1 : 1{,}375 : 1{,}5$. Für alle Bahnen ist $\Delta t = T_K/80$ (T_K Umlaufsdauer auf der Kreisbahn). Nur jeder zehnte Wert ist eingezeichnet.

$t_1 = t_0 + \Delta t$ mit den folgenden vier Gleichungen (2-12):

$$x_1 = x_0 + v_{x0} \cdot \Delta t; \quad y_1 = y_0 + v_{y0} \cdot \Delta t,$$

$$v_{x1} = v_{x0} - G \cdot m_\odot \cdot \frac{x_0}{r_0^3} \cdot \Delta t; \qquad\qquad (2\text{-}12)$$

$$v_{y1} = v_{y0} - G \cdot m_\odot \cdot \frac{y_0}{r_0^3} \cdot \Delta t$$

Für den Zeitpunkt t_1 werden nun die Beschleunigungskomponenten berechnet und daraus wieder Ort P_2, Geschwindigkeit v_2 und Entfernung r_2 für den Zeitpunkt $t_2 = t_0 + 2\Delta t$ usf. Man führt also ein Iterationsverfahren durch mit den folgenden Gleichungen:

$$r_n = \sqrt{x_n^2 + y_n^2} \qquad\qquad (2\text{-}13)$$

$$x_{n+1} = x_n + v_{x_n} \cdot \Delta t, \quad y_{n+1} = y_n + v_{y_n} \cdot \Delta t \quad (2\text{-}14)$$

$$v_{x_{n+1}} = v_{x_n} - G \cdot m_\odot \cdot \frac{x_n}{r_n^3} \cdot \Delta t;$$

$$\qquad\qquad\qquad\qquad\qquad\qquad (2\text{-}15)$$

$$v_{y_{n+1}} = v_{y_n} - G \cdot m_\odot \cdot \frac{y_n}{r_n^3} \cdot \Delta t$$

Nach diesem Verfahren sind in Abb. 2.31 je eine genäherte Kreis-, Ellipsen- und Hyperbelbahn gezeichnet worden. Die Anfangspunkte und die Zeitabschnitte Δt sind für alle Kurven gleich. Dagegen sind die Anfangsgeschwindigkeiten verschieden.
Für die Kreisbahn ist der Betrag der Anfangsgeschwindigkeit am kleinsten, für die Hyperbelbahn am größten; die Richtungen der Anfangsgeschwindigkeiten sind alle gleich.
An den verschieden großen Entfernungen aufeinanderfolgender Bahnpunkte, die stets in gleichen Zeitabschnitten zurückgelegt werden, erkennt man unmittelbar die zeitliche Änderung der Bahngeschwindigkeiten bei konstanter Flächengeschwindigkeit.

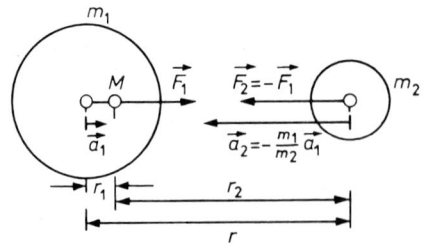

2.32 Die Gravitationskräfte $\vec{F}_1$ und $\vec{F}_2$ zweier Körper mit den Massen m_1 und m_2 und die durch sie erzeugten Beschleunigungen $\vec{a}_1$ und $\vec{a}_2$. Für den Massenmittelpunkt M gilt $m_1 \cdot r_1 = m_2 \cdot r_2$; $r_1 + r_2 = r$.

Wechselnde Bahnkrümmung und Bahngeschwindigkeit

Die auf einen Planeten wirkende Gravitationskraft $\vec{F}$ kann man in eine Normalkomponente $\vec{F}_n$ und in eine Tangentialkomponente $\vec{F}_t$ zerlegen (s. Abb. 2.27, S. 39).

Die Normalkomponente krümmt die Bahn. In den Hauptscheiteln der Bahnellipse ist die Krümmung am stärksten, da dort die Anziehungskraft der Sonne senkrecht zur Bahn wirkt. Vom Aphel A bis zum Perihel P beschleunigt die Tangentialkomponente den Planeten (s. Abb. 2.27 B). Er erreicht seine größte Geschwindigkeit im Perihel. Zwischen Perihel und Aphel wird er durch die Tangentialkomponente gebremst (s. Abb. 2.27 C). Am langsamsten läuft er im Aphel. Deshalb kann dort die kleinere Anziehungskraft die gleiche Bahnkrümmung erzeugen wie die größere Anziehungskraft im Perihel.

Die korrekte Form des 3. Keplerschen Gesetzes

Nach dem Newtonschen Prinzip von actio und reactio haben die Kräfte $\vec{F}_1$ und $\vec{F}_2$, die zwei Körper mit den Massen m_1 und m_2 im Abstand r aufeinander ausüben, gleiche Beträge und entgegengesetzte Richtungen (Abb. 2.32). Nach dem Grundgesetz der Mechanik erzeugen beide Kräfte Beschleunigungen der Körper, an denen sie angreifen. Sollen die beiden Körper ihren Abstand r beibehalten, so darf es sich dabei um keine Bahnbeschleunigungen, sondern nur um Zentripetalbeschleunigungen handeln.

Daraus folgt, daß die Bahngeschwindigkeiten der Körper in jedem Zeitpunkt senkrecht zur Verbindungslinie der beiden Mittelpunkte sein müssen; dies ist nur möglich, wenn beide Körper mit der gleichen Winkelgeschwindigkeit ω Kreise um ein festes Zentrum beschreiben, das zwischen ihnen auf der Verbindungslinie ihrer Mittelpunkte liegt. Sind r_1 und r_2 die Radien dieser Kreise, so müssen die beiden Zentripetalkräfte

$$F_1 = m_1 \omega^2 \cdot r_1 \quad \text{und} \quad F_2 = m_2 \omega^2 \cdot r_2 \quad (2\text{-}16)$$

nach dem Gegenwirkungsprinzip in jedem Augenblick gleiche Beträge haben. Daraus folgt

$$m_1 r_1 = m_2 r_2. \qquad\qquad (2\text{-}17)$$

Der gemeinsame Bahnmittelpunkt ist also der Massenmittelpunkt des Systems.

Aus der Gleichung (2-17) folgt mit $r = r_1 + r_2$

$$r_1 = \frac{m_2}{m_1 + m_2} \cdot r \quad \text{und} \quad r_2 = \frac{m_1}{m_1 + m_2} \cdot r. \quad (2\text{-}18)$$

Da für den betrachteten Spezialfall von Kreisbahnen die Gravitationskraft stets senkrecht auf der Bahntangente steht, wirkt sie als reine Zentripetalkraft. Deshalb erhält man aus den Gleichungen (2-10) und (2-16) mit (2-18):

$$G \cdot \frac{m_1 \cdot m_2}{r^2} = \frac{m_1 \cdot m_2}{m_1 + m_2} \cdot \omega^2 \cdot r$$

Nach dem 2. Keplerschen Gesetz ist aber auf Kreisbahnen die Winkelgeschwindigkeit konstant; deshalb kann man mit $\omega = 2\pi/T$ die Umlaufdauer T einführen und erhält damit schließlich:

$$\frac{T^2}{r^3} = \frac{4\pi^2}{G(m_1 + m_2)} \quad (2\text{-}19)$$

Dies ist die korrekte Form des 3. Keplerschen Gesetzes, hergeleitet für Kreisbahnen.

Bei Ellipsenbahnen hat das Gesetz die gleiche Gestalt, nur tritt an die Stelle von r die große Halbachse a.
Es sei nun $m_1 = m_\odot$ die Sonnenmasse und $m_2 = m_P$ die Masse eines Planeten; dann kann man die Gleichung (2-19) in der Form schreiben:

$$\left(1 + \frac{m_P}{m_\odot}\right) \cdot T^2 = \frac{4\pi^2}{G \cdot m_\odot} \cdot a^3 \quad (2\text{-}20)$$

Vergleicht man die Gleichung (2-20) mit der ursprünglichen Form des 3. Keplerschen Gesetzes nach Gleichung (2-6), so erkennt man zwei Unterschiede:

1. Der Faktor von T^2 ist im Gegensatz zu Gleichung (2-6) in der korrekten Form des 3. Keplerschen Gesetzes nicht 1, sondern größer. Wenn Kepler $(1 + m_P/m_\odot) = 1$ erhielt, so ist dies darauf zurückzuführen, daß die Massen aller Planeten relativ zur Sonnenmasse sehr klein sind. Es wird sich zeigen, daß selbst für Jupiter, den massereichsten Planeten, $m_P/m_\odot = 0{,}001$ ist (s. Tabelle 4 im Anhang), während sich z. B. für die Erde $m_P/m_\odot = 3{,}0 \cdot 10^{-6}$ ergibt.

Die Gleichung (2-6) stellt also für alle Planeten eine sehr gute Näherung dar. Ihre korrekte Form lautet jedoch:

$$\left(1 + \frac{m_P}{m_\odot}\right) \cdot T^2 = C \cdot a^3 \quad (2\text{-}6^*)$$

2. Aus dem Vergleich von (2-6*) und (2-20) folgt sofort:

$$C = 1 \frac{a_S^2}{\text{AE}^3} = \frac{4\pi^2}{G \cdot m_\odot} \quad (2\text{-}21)$$

Aus dieser Gleichung kann grundsätzlich die Masse $m_\odot$ der Sonne in kg berechnet werden, wenn die Gravitationskonstante G im Labor bestimmt wurde und die Umrechnung der astronomischen Zeiteinheit 1 a_S in Sekunden und der astronomischen Längeneinheit 1 AE in Meter bekannt ist. Leider ist aber wegen meßtechnischer Probleme die Gravitationskonstante G diejenige universelle Konstante der Physik mit der geringsten Genauigkeit; ihr relativer Fehler liegt bei 0,002%. Deshalb ist auch die Sonnenmasse nicht sehr genau bekannt.
Es ist 1 $m_\odot = 1{,}989 \cdot 10^{30}$ kg.

Absolute und relative Bahnen

Die Beobachtungen liefern nie die absolute Bahn eines Planeten um den Massenmittelpunkt des Systems Sonne–Planet, sondern die relative Bahn des Planeten um den Mittelpunkt der Sonne. Die Brennpunkte der absoluten Bahnellipsen von Planet und Sonne liegen im Massenmittelpunkt des Systems, die der relativen Planetenbahn im Sonnenzentrum. Deshalb ist die große Halbachse der relativen Bahn das $(1 + m_P/m_\odot)$fache der großen Halbachse der absoluten Bahn, und relative und absolute Bahn sind ähnliche Ellipsen. Da das Verhältnis $m_P/m_\odot$ für alle Planeten sehr klein ist, sind absolute und relative Bahn eines Planeten nahezu gleich groß. Der Massenmittelpunkt des Systems Sonne–Erde liegt 450 km vom Sonnenzentrum entfernt, der des Systems Sonne–Jupiter 740 000 km; der Sonnenradius beträgt etwa 700 000 km.

Die Gleichung für die Bahngeschwindigkeit eines Planeten. Rechtläufigkeit und Rückläufigkeit

Ein Planet (Masse m_P) bewege sich mit der Geschwindigkeit v auf einer Kreisbahn mit dem Radius r um die Sonne (Masse $m_\odot \gg m_P$). Die Gravitationskraft erzeugt die für die Kreisbewegung erforderliche Zentripetalkraft. Es gilt also:

$$\frac{m_P \cdot v^2}{r} = G \cdot \frac{m_\odot \cdot m_P}{r^2}, \text{ oder}$$

$$v^2 = G \cdot m_\odot \cdot \frac{1}{r} \quad \text{bzw.} \quad v = \text{konst.} \cdot \sqrt{\frac{1}{r}} \quad (2\text{-}22)$$

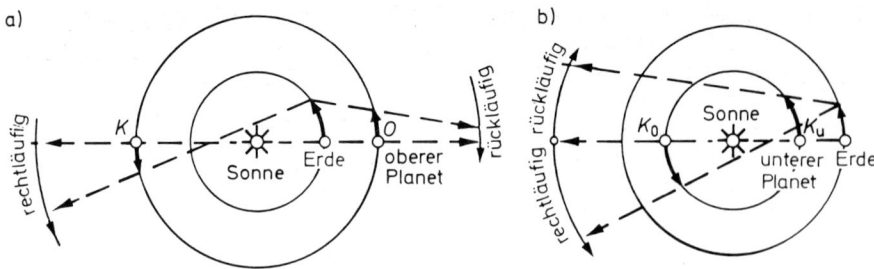

2.33 Rechtläufigkeit und Rückläufigkeit von Planeten
a) Oberer Planet; *O* Opposition, *K* Konjunktion

b) Unterer Planet; K_u untere, K_o obere Konjunktion

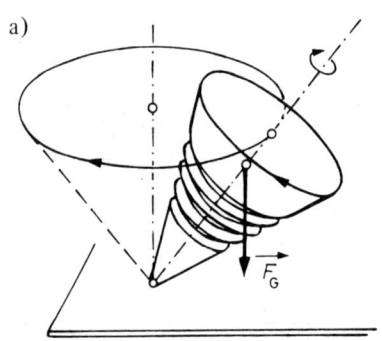

2.34 **a)** Präzession eines Spielkreisels unter dem Einfluß der Gewichtskraft

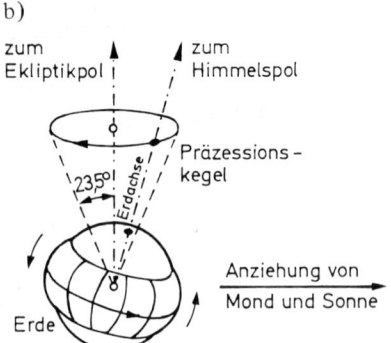

2.34 **b)** Präzession der Erdachse durch die Kippwirkung von Sonne und Mond auf den Äquatorwulst

Diese Gleichung ist eine andere Form des 3. Keplerschen Gesetzes. Sie gilt auch für Ellipsenbahnen, wenn man für *r* die mittlere Entfernung von der Sonne, also die große Bahnhalbachse *a* einsetzt und *v* als Durchschnittsgeschwindigkeit definiert. Zahlenwerte der mittleren Umlaufsgeschwindigkeiten für die neun Planeten und den Erdmond sind in Tabelle 3 im Anhang angegeben.

Mit Gleichung (2-22) kann man die Rückläufigkeit der Planeten in ihrer erdnächsten Stellung erklären. Wegen seiner größeren Bahngeschwindigkeit überholt der sonnennähere Planet den weiter außen laufenden.

In Abb. 2.33 a sind die Erde und ein oberer Planet dargestellt. Der Einfachheit halber beziehen wir uns auf Kreisbahnen. Die Pfeile auf den Bahnkreisen sind die Bögen, die in jeweils gleichen Zeitabschnitten Δt zurückgelegt werden. Man erkennt, daß sich in der Konjunktionsstellung *K* der Sehstrahl von der Erde zum Planeten während der Zeit Δt im Umlaufssinn der beiden Planeten, also rechtläufig bewegt, während er in der Oppositionsstellung *O* rückläufig ist und die Oppositionsschleife erzeugt. Abb. 2.33 b zeigt die Verhältnisse bei einem unteren Planeten; in der oberen Konjunktion K_o ist der Planet rechtläufig, in der unteren Konjunktion K_u rückläufig.

2.3.5. Die Präzession der Erdachse und des Frühlingspunktes

Die Präzession der Rotationsachse der Erde

Die Erdrotation führt dazu, daß die Erde nicht kugelförmig, sondern abgeplattet ist. Grob vereinfacht kann man sich die Erde als Kugel mit einem aufgesetzten Äquatorwulst von maximal 21,5 km Dicke vorstellen. Da die Erdachse nicht senkrecht auf der Erdbahnebene steht, liegt auch der Äquatorwulst nicht in dieser Ebene. Sonne und Mond versuchen deshalb durch ihre Anziehungskräfte den Äquatorwulst in die Ekliptikebene bzw. die dagegen wenig geneigte Ebene der Mondbahn zu kippen. Weil aber die Erde ein großer Kreisel ist, weicht ihre Achse einem solchen Kippmoment seitlich aus, genauso wie die Achse eines schräg stehenden Kinderkreisels dem Kippmoment der Schwerkraft ausweicht. Dabei bewegen sich die Kreiselachsen jeweils auf einem Kegelmantel; beim Kinderkreisel (Abb. 2.34 a) steht die Achse dieses Kegelmantels lotrecht, bei der Erde (Abb. 2.34 b) senkrecht auf der Ekliptikebene. Diese Kegelbewegung der Kreiselachse bezeichnet man als **Präzession**.

Die Präzessionsbewegung der Erdachse zeigt sich an der Sphäre als Wanderung der Himmelspole relativ zu den Fixsternen. Der Himmelsnordpol beschreibt dabei einen Kreis um den Nordpol der Ekliptik mit dem Halbmesser 23,5°; der Umlauf dauert etwa 26 000 Jahre und wird ein **Platonisches Jahr** genannt (Abb. 2.35). Zur Zeit liegt der Polarstern (α UMi) etwa 1° vom Himmelsnordpol entfernt. Bis zum Jahr 2102 verkleinert sich der Abstand auf etwa 0,5°; dann wächst er wieder an. In 12 000 Jahren wird der Stern Wega (α Lyr) „Polarstern" sein.

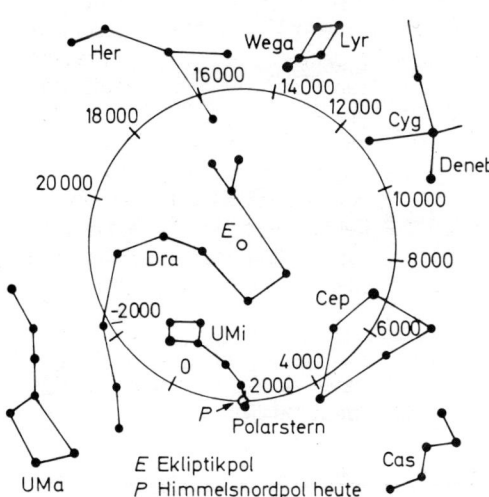

2.35 Die Wanderung des Himmelsnordpols um den Ekliptikpol in einem Platonischen Jahr

Die Präzession des Frühlingspunktes

Zur Verlagerung der Himmelspole an der Sphäre gehört eine entsprechende Bewegung des Himmelsäquators. Er verändert seine Lage relativ zu den Sternen und zum Ekliptik-Großkreis. Der Frühlingspunkt ist der Schnittpunkt von Himmelsäquator und Ekliptik. Die Präzessionsbewegung des Äquators bewirkt eine Wanderung des Frühlingspunktes auf der Ekliptik in westlicher, rückläufiger Richtung: die Präzession des Frühlingspunktes (Abb. 2.36). Dieses schon in der Antike entdeckte Fortschreiten des Frühlingspunktes auf der Ekliptik (s. S. 11) hat der Erscheinung den Namen Präzession gegeben (lat. praecedere = vorangehen). Der Frühlingspunkt bewegt sich dabei in einem Jahr um 50,26".

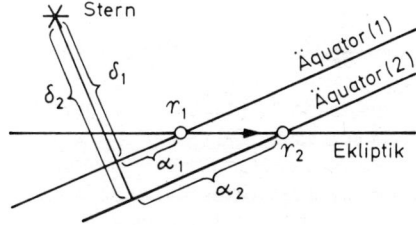

2.36 Änderung von Rektaszension und Deklination infolge der Präzession des Frühlingspunktes

Da der Frühlingspunkt der Nullpunkt der Rektaszension und der Himmelsäquator der Nullkreis der Deklination ist, führt die Präzession des Frühlingspunktes zu einer kontinuierlichen Bewegung des ganzen Koordinatensystems an der Sphäre relativ zu den Sternen. Aus diesem Grund muß man stets angeben, auf welche Lage des Frühlingspunktes sich die Sternkoordinaten beziehen. In Sternkatalogen und Sternkarten findet man daher Angaben wie „Bezogen auf das Äquinoktium 2000".

Bei Bedarf muß man die so angegebenen Koordinaten mit Hilfe von Tabellen auf einen anderen Zeitpunkt umrechnen.

2.3.6. Das Mehrkörperproblem

Die Störungen der Planetenbahnen

Das Newtonsche Gravitationsgesetz bestimmt bei gegebenen Anfangsbedingungen die Bewegungen zweier Körper unter der Einwirkung ihrer gegenseitigen Anziehungskräfte vollständig. Man kann damit Gleichungen herleiten, die Ort und Geschwindigkeit beider Körper in Abhängigkeit von der Zeit zu berechnen gestatten. Das Zweikörperproblem ist also exakt lösbar.

Für drei und mehr Körper können dagegen aus dem Gravitationsgesetz keine Gleichungen hergeleitet werden, die Ort und Geschwindigkeit der Körper als Funktionen der Zeit darstellen; nicht einmal die Bahnformen können durch Gleichungen beschrieben werden. Daß es Johannes Kepler trotz der Vielzahl von Körpern im Sonnensystem gelungen ist, für die Bewegungen der Planeten einfache Gesetze zu finden, ist darauf zurückzuführen, daß bei den Großen Planeten die Gravitationswirkung der Sonne die Wirkungen aller übrigen Mitglieder des Planetensystems weit überwiegt. Die geringen Veränderungen der Keplerbewegung eines Planeten durch die Einwirkung anderer Körper als der Sonne bezeichnet man als **Störungen**; sie können zu Veränderungen der Bahnexzentrizität und der Orientierung der Planetenbahnen im Raum führen und periodisch oder aber langsam und kontinuierlich mit der Zeit fortschreitend verlaufen. Obwohl man die Störungen nicht in geschlossenen Gleichungen beschreiben kann, lassen sie sich durch Iterationsverfahren mit elektronischen Rechenanlagen sehr genau berechnen.

Die Stabilität des Planetensystems

Die großen Halbachsen der Planetenbahnen erfahren durch die gegenseitigen Störungen keine fortschreitenden, sondern nur periodische Veränderungen. Alle Arten von Störungen wirken sich so aus, daß das Planetensystem nur Schwankungen um einen mittleren Zustand ausführt; seine Gesamtstruktur wird dabei nur unwesentlich verändert.
Die drei wichtigsten Ursachen für die Stabilität des Planetensystems sind:

1. Die Umlaufbewegungen aller Planeten um die Sonne finden im gleichen Sinne statt.

2. Die Exzentrizitäten der Bahnellipsen und die Neigungswinkel der Bahnebenen gegenüber der Ekliptik sind klein.
3. Das Verhältnis der Umlaufdauern zweier Planeten um die Sonne läßt sich nicht als Verhältnis zweier kleiner ganzer Zahlen (z. B. 2 : 3) angeben. Wäre dies der Fall, so würden immer an den gleichen Stellen der Bahnen gleichartige Störungen auftreten, deren Summation dann schließlich zu Bahnveränderungen führen müßte.

Im Gegensatz zu den Großen Planeten können bei den Planetoiden und bei den Kometen durch Störungen, besonders durch den massereichen Jupiter, die Bahnen entscheidend verändert werden.

Die Entdeckung der Planeten Uranus, Neptun und Pluto

Der Planet Uranus wurde als der erste nicht mit bloßem Auge sichtbare Planet 1781 von W. Herschel (1738–1822) bei einer Durchmusterung des Himmels entdeckt. In der Folgezeit bemerkte man bei Uranus-Beobachtungen Abweichungen zwischen den berechneten und den beobachteten Standpunkten, die zunächst nicht erklärt werden konnten.

Der Abb. 2.37 kann man entnehmen, daß die Bewegung des Uranus in dem Zeitraum von 1790 bis etwa 1815 durch die Neptun-Anziehung beschleunigt, von da an jedoch – verglichen mit den ungestörten Werten – verzögert erfolgen mußte.

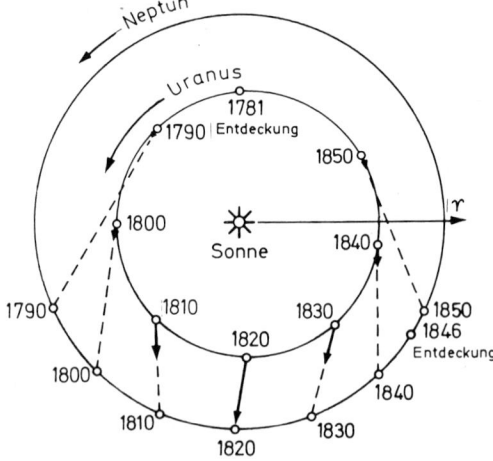

2.37 Störungen der Bewegung des Planeten Uranus durch Neptun

Die Störungen mußten beim Vorübergang des Uranus an Neptun besonders groß ausfallen (vgl. die eingezeichneten Kraftpfeile); dies läßt sich nachträglich leicht übersehen. Es ist jedoch eine bewundernswerte Leistung von J.C. Adams (1819 – 1892) und U.J.J. Leverrier (1811 – 1877), die unabhängig voneinander lediglich aus den Beobachtungsdaten aufgrund mechanischer Gesetze den Ort des unbekannten Planeten vorausberechnet haben. Adams schloß seine Berechnungen 1845 ab, Leverrier 1846. Neptun wurde dann 1846 nach den Angaben von Leverrier durch den Berliner Astronomen J.G. Galle (1812 - 1910) aufgefunden. Abb. 2.7 auf S. 20 zeigt das Entdeckungsfernrohr.

Das für die Entdeckung von Neptun so erfolgreiche Verfahren versuchte man noch einmal am Anfang dieses Jahrhunderts anzuwenden, um einen außerhalb der Neptunbahn vermuteten Planeten aufzufinden. Die Rechnungen von P. Lowell und anderen führten zu keinem direkten Erfolg; es ist jetzt klar, daß die Masse des neunten Planeten Pluto zu gering ist, um stärkere Bahnstörungen von Uranus und Neptun hervorzurufen. Pluto wurde 1930 von C. Tombaugh am Lowell-Observatorium in Flagstaff (Arizona) gefunden, als Resultat einer durch die Bemühungen von Lowell angeregten systematischen Suche mit einer eigens hierfür gebauten Weitwinkelkamera (vgl. S. 81). Die ersten beiden Buchstaben des Planetennamens sind die Initialen des Namens Percival Lowell.

Aufgaben

1. Der scheinbare Durchmesser des Saturn schwankt bei einem synodischen Umlauf im Mittel zwischen den Werten 15,8″ und 19,5″. Welcher Radius ergibt sich daraus für die Saturnbahn (in AE)?

2. Bis zu welchem Winkelabstand kann sich die Venus von der Sonne für einen irdischen Beobachter höchstens entfernen? (Betrachten Sie dazu die Bahnen von Erde und Venus als Kreise mit dem Radienverhältnis 1 : 0,72.) Am 3. April 1988 erreichte die Venus ihre größte östliche Elongation. Bestimmen Sie mit Hilfe einer Sternkarte das Sternbild, in dem sich die Venus zu diesem Zeitpunkt befand.

3. Stellen Sie die synodische Umlaufsdauer T_{syn} von Planeten um die Sonne grafisch dar als Funktion der großen Bahnhalbachse a für $0 < a < 10$ AE.
Bestimmen Sie damit grafisch die große Bahnhalbachse des Planetoiden Eros, bei dem im Mittel zwischen zwei aufeinanderfolgenden Oppositionen 2,315 Jahre verstreichen.

4. Der zeitliche Ablauf der Ellipsenbewegung in Abb. 2.31 wurde nur aus dem Gravitationsgesetz gewonnen. Zur näherungsweisen Feststellung, daß dabei das 2. Keplersche Gesetz gilt, kann man folgendermaßen verfahren: Man vergrößert die Ellipsenbahn der Abb. 2.31 (Maßstab z.B. 1 : 2,5), klebt die vergrößerte Ellipse auf einen (nicht zu dünnen) Karton und schneidet sie aus. Nun schneidet man an verschiedenen Stellen der Kartonellipse Sektoren aus, die zu gleichen Zeitspannen gehören, und wiegt sie mit einer Briefwaage. Da sie nach dem 2. Keplerschen Gesetz gleiche Flächen haben müssen, sollten auch ihre Gewichte gleich sein.

5. Der Komet Giacobini-Zinner hat die Umlaufsdauer $T_{sid} = 6,52$ a. Sein Perihel liegt nahezu auf der Erdbahn.
Welche große Halbachse hat die Kometenbahn?
Welcher Planet hat wohl den Kometen auf seine kurzperiodische Bahn umgelenkt (vgl. Tabelle 3 im Anhang)?

3. Die Großen Planeten und ihre Monde.
Planetoiden, Kometen, interplanetare Materie

*Der Umfang unserer Kenntnisse über die physikalischen Eigenschaften der Körper des Planeten-
systems ist seit der Mitte des 20. Jahrhunderts durch die Entwicklung neuer Beobachtungstechniken
und insbesondere durch den Einsatz von Raumsonden außerordentlich stark angewachsen. Die
wichtigsten dieser Forschungsergebnisse aus unserer näheren kosmischen Umgebung werden wir in
diesem 3. Kapitel kennenlernen. Wir beginnen mit dem Mond, dem Nachbargestirn der Erde, dessen
wechselnde Phasengestalt die Menschen seit Urzeiten beschäftigte und der bisher als einziger
Himmelskörper von Menschen betreten worden ist. Dann werden die Großen Planeten behandelt.
Schon vor dem Raumfahrtzeitalter war bekannt, daß sie ihrem physikalischen Aufbau nach zwei sehr
unterschiedliche Gruppen bilden, die erdähnlichen inneren und die jupiterähnlichen äußeren Planeten.
Wir werden sehen, wie insbesondere die zahlreichen Planetenmissionen mit Raumsonden unser
Wissen über sie außerordentlich bereichert haben. Der Schluß des Kapitels ist den Kleinkörpern im
Planetensystem gewidmet, von denen die Kometen zu allen Zeiten das besondere Interesse der
Menschen hervorgerufen haben; Kometen sind auch bisher – neben den Monden der Planeten – die
einzigen Kleinkörper im Sonnensystem, die von Raumsonden untersucht werden konnten.*

3.1. Der Mond

Alle Planeten außer Merkur und Venus haben
natürliche Satelliten. Der einzige natürliche
Satellit der Erde ist der Mond. Bei den meisten
größeren Monden der Planeten liegt die Bahnebene nahezu in der Äquatorebene des Planeten; dies deutet darauf hin, daß diese Monde
zusammen mit ihren Planeten entstanden sind.
Die anderen Monde, deren Bahnebenen größere
Winkel mit der Äquatorebene ihres Planeten
bilden, sind möglicherweise Körper des Sonnensystems, die von den Planeten bei nahen Vor-
übergängen eingefangen worden sind. Bei
unserem Mond liegt die Bahnebene nicht in der
Äquatorebene der Erde; sie zeichnet sich aber
aus durch die geringe Neigung von nur 5° gegen
die Ebene der Erdbahn, die Ekliptikebene.
Der Mond ist nach der Sonne das hellste Objekt
am Himmel. Seine wechselnde Lichtgestalt ist
eine der auffallendsten Himmelserscheinungen.
Das Licht des Mondes ist reflektiertes Sonnenlicht. Eine besondere Bedeutung des Mondes
für uns liegt darin, daß er neben der Sonne der
einzige Himmelskörper ist, der meßbare physikalische Erscheinungen auf der Erde erzeugt.
Mit dem Fernrohr wurden unzählige Einzelheiten
auf dem Mond erkannt; seine Bahn wurde
genau vermessen. Unbemannte und bemannte
Flüge zum und um den Mond haben unsere
Kenntnisse von ihm wesentlich erweitert. Die
erste Landung von Menschen auf dem Mond

(Apollo 11; am 21. 7. 1969) war nicht nur eine
wissenschaftliche und technische Großtat; ihre
besondere Bedeutung liegt darin, daß mit ihr
zum erstenmal Menschen einen anderen Himmelskörper betraten.

3.1.1. Die Bewegungsvorgänge; Mondbahn und Mondrotation

Der Mond umkreist die Erde im gleichen Umlaufssinn, wie die Planeten um die Sonne kreisen. Relativ zum Fixsternhimmel bewegt er sich
also rechtläufig. Dabei legt er in einer Stunde
ungefähr seinen eigenen Durchmesser zurück.
Die schnelle Wanderung des Mondes durch die
Sternbilder des Tierkreises macht es leicht, die
Umlaufbewegung um die Erde ohne irgendwel-
che optischen Hilfsmittel oder Meßinstrumente
zu beobachten.

Die Mondphasen. Siderischer und synodischer
Monat. Sonnen- und Mondfinsternisse

Die Lichtgestalten des Mondes, seine Phasen,
werden durch Abb. 3.1 a,b erklärt. Zwei bis drei
Tage nach Neumond kann im Westen in der
Abenddämmerung die schmale, nach rechts
gewölbte Sichel des zunehmenden Mondes
beobachtet werden (Nordhalbkugel, Abb. 3.1 b,
B). Hält man an den folgenden Tagen immer zur
gleichen Zeit nach dem Mond Ausschau, so

findet man, daß er an jedem Tag etwa 13° weiter östlich steht als am vorhergehenden und in seiner Phase zugenommen hat. Die Wanderung nach Osten bedingt, daß der Mond täglich etwa 50 Minuten später auf- und untergeht. Ungefähr 7 Tage nach Neumond (A) ist der Terminator (Grenze zwischen dem beleuchteten und dem unbeleuchteten Teil) ein Durchmesser (C); der Mond steht im ersten Viertel seiner Bahn. Nach weiteren 7 Tagen ist Vollmond (E). Dann nimmt der Mond wieder ab, erreicht das letzte Viertel (G) und wird zu einer schmalen, nach links gewölbten Sichel (H), die morgens vor Sonnenaufgang zu sehen ist. (In Abb. 3.1 b sind auch die Phasen der Erde gezeichnet, die ein Astronaut vom Mond aus beobachten würde.)

In der Nähe der Neumondphase kann außer der direkt beleuchteten schmalen Sichel gelegentlich auch der ganze übrige Teil der Mondscheibe gesehen werden; dieses schwache Leuchten wird durch Sonnenlicht verursacht, das den Mond über eine Reflexion an der Erdoberfläche erreicht.

Die Zeit, die der Mond braucht, um einen Umlauf von 360° zu vollenden und damit wieder zum gleichen Fixstern zu gelangen, wird **siderischer Monat** $T_{\text{sid}\,\mathbb{C}}$ genannt. Der siderische Monat hat eine Länge von 27,3 Tagen. Am Ende eines solchen siderischen Monats hat der Mond noch nicht die gleiche Lichtgestalt oder Phase wie zu Anfang.

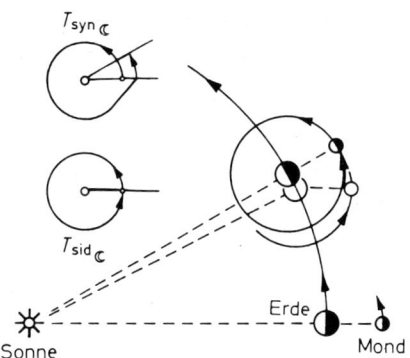

3.2 Siderischer Monat $T_{\text{sid}\,\mathbb{C}}$ und synodischer Monat $T_{\text{syn}\,\mathbb{C}}$

Dies rührt davon her, daß in den vier Wochen des Mondumlaufs die Erde in ihrer Bahn um die Sonne etwa 30° weitergewandert ist. Die Zeitspanne zwischen zwei sich folgenden gleichen Phasen des Mondes heißt **synodischer Monat** $T_{\text{syn}\,\mathbb{C}}$ (Abb. 3.2).
Entsprechend Gleichung (2-3) auf S. 40 gilt

$$\frac{1}{T_{\text{syn}\,\mathbb{C}}} = \frac{1}{T_{\text{sid}\,\mathbb{C}}} - \frac{1}{T_E} = \frac{1}{27,3\ \text{d}} - \frac{1}{365,3\ \text{d}}$$

wobei T_E die Dauer eines siderischen Erdenjahres ist. Daraus folgt $T_{\text{syn}\,\mathbb{C}} = 29,5$ d.

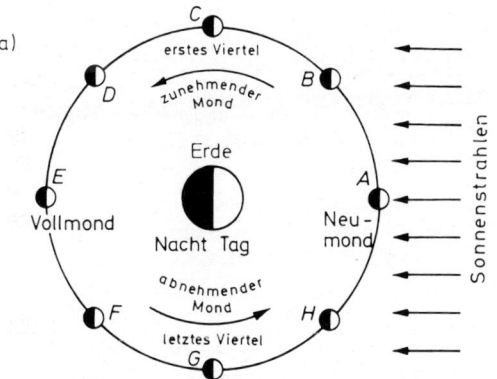

3.1 **a)** Entstehung der Mondphasen;
b) Phasen des Mondes von der Erde aus und Phasen der Erde vom Mond aus.
(Das Größenverhältnis der in a) und b) gezeichneten Bilder für Erde und Mond entspricht der Wirklichkeit; die Entfernung des Mondes von der Erde in a) müßte jedoch zehnmal so groß sein.)

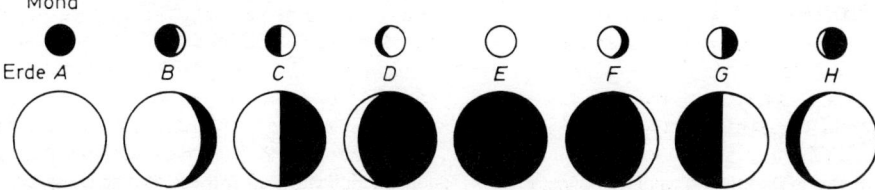

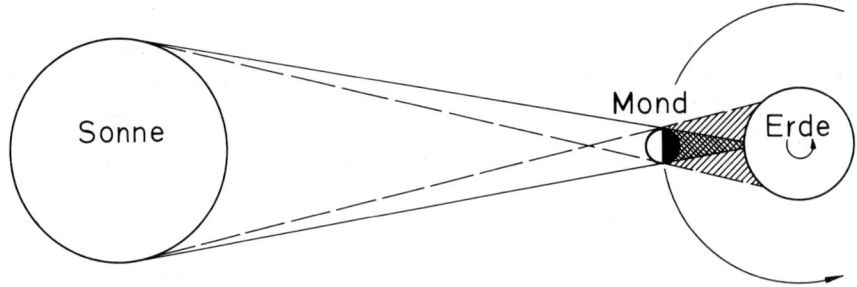

3.3 a) Schematische Darstellung einer totalen Sonnenfinsternis

Die Monate unseres Kalenders haben mit dem Mondumlauf nichts mehr zu tun. Die Zahl der Tage in einem Monat ist – über die Dauer eines synodischen Umlaufs hinaus – willkürlich so ergänzt, daß die Summe der Tage in den 12 Monaten die 365 Tage eines Kalenderjahres ergibt.

Sonnen- und Mondfinsternisse

Sonnenfinsternisse treten auf, wenn bei Neumond der Schatten des Mondes die Erde trifft. Abb. 3.3a zeigt die Geometrie einer Sonnenfinsternis. Der Mond steht zwischen Sonne und Erde. Die äußeren Tangenten an Sonne und Mond markieren einen kegelförmigen Raum hinter dem Mond, von dem das Sonnenlicht ausgeschlossen ist, den **Kernschatten**. Auch die inneren Tangenten begrenzen einen Kegel, den **Halbschatten**bereich. Jeder Punkt der Erdoberfläche zwischen den Grenzen dieses Halbschattenbereichs und des Kernschattens erhält Licht nur von einem Teil der Sonnenscheibe. Welches Schauspiel ein Beobachter bei einer Sonnenfinsternis sieht, hängt also von seinem Beobachtungsort ab. Der irdische Beobachter im Kernschattenbereich sieht eine **totale**, im Halbschattenbereich eine **partielle Finsternis**. Für einen Beobachter außerhalb dieser Schattengebiete findet keine Verfinste-

rung der Sonne statt; der Mond läuft oberhalb oder unterhalb der Sonne vorbei.
Der Schatten des Mondes auf der Erde kann höchstens einen Durchmesser von etwa 260 km haben. Dieser Schattenbereich wandert infolge der Bahnbewegung des Mondes nach Osten über die Erdoberfläche. Die Totalitätszone ist also nur ein schmaler Streifen auf der Oberfläche der Erde. – Die nächste in Deutschland sichtbare totale Sonnenfinsternis ereignet sich am 11. August 1999.

Bei einer Mondfinsternis (Abb. 3.3b) wandert der Mond durch den Erdschatten; Mondfinsternisse treten also bei Vollmond auf. Sie sind von jedem Punkt der Erde, für den der Mond über dem Horizont steht, in der gleichen Weise zu beobachten.

Je nachdem, ob der Mond ganz oder nur teilweise in den Kernschatten der Erde eintaucht, spricht man von einer totalen oder partiellen Mondfinsternis. Während der Dauer der Totalität ist der Mond selten ganz unsichtbar; meist erstrahlt die Scheibe in einem kupferroten Licht, hervorgerufen durch Sonnenlicht, das in der Erdatmosphäre durch bevorzugte Streuung des kurzwelligen Lichts einen Rotüberschuß erhält und in den Kernschattenkegel der Erde hinein und damit zum Mond hin gebrochen wird.

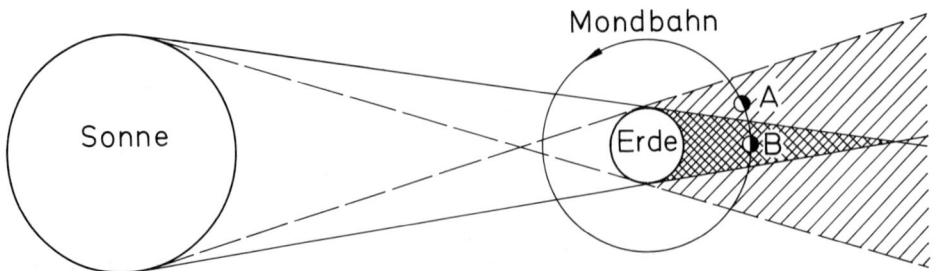

3.3 b) Schematische Darstellung einer Mondfinsternis: (A) Halbschattenfinsternis, (B) totale Mondfinsternis.

Der Halbschatten, den die Erde erzeugt, ist sehr schwach; daher ist eine reine Halbschattenfinsternis des Mondes für den irdischen Beobachter kaum wahrnehmbar. Auch bei einer Halbschattenfinsternis, die einer totalen Verfinsterung vorangeht, ist der Eintritt des Mondes in den Halbschatten nicht beobachtbar; die Stärke des Schattens nimmt aber bis zum Eintritt in den Kernschatten ständig zu.

Es tritt keineswegs bei jedem Neumond eine Sonnenfinsternis und bei jedem Vollmond eine Mondfinsternis auf. Dies ist darin begründet, daß die Mondbahn nicht in der Ekliptik verläuft, sondern dagegen um 5° geneigt ist. Nur wenn sich der Mond bei Neumond bzw. Vollmond nahe den Schnittpunkten seiner Bahn mit der Ekliptik befindet, also Sonne, Mond und Erde nahezu eine gerade Linie bilden, treten Sonnen- bzw. Mondfinsternisse auf. Von diesem Sachverhalt stammt der Name Ekliptik für den Großkreis am Himmel, auf dem (oder in dessen Nähe) die Eklipsen (aus dem Griechischen für die Verfinsterungen von Sonne und Mond) stattfinden.

Mondbahn, Mondentfernung, Bahnstörungen, Mondmasse

Die beiden Körper des Erde-Mond-Systems bewegen sich in Ellipsen um den gemeinsamen Schwerpunkt, der innerhalb des Erdkörpers liegt. Der Abstand zwischen Erdmittelpunkt und Systemschwerpunkt beträgt 4670 km; der Äquatorradius der Erde ist 6378 km. Die **Bahn** des Mondes um die Erde ist keine reine Kepler-Ellipse mit unveränderlichen Bahnelementen; die größten Störungen von periodischem Charakter werden durch die Anziehung der Sonne hervorgerufen. Aber auch die Abweichung der

Erde von der Kugelgestalt und die Anziehungskräfte der anderen Planeten wirken sich auf die Bahnbewegung des Mondes aus. Die Bahnelemente beschreiben die Größe, Form und Raumlage der Mondbahn. Größe und Form der Mondbahn werden durch die Bahnelemente große Halbachse $a_{\mathbb{C}}$ und numerische Exzentrizität e beschrieben. Die große Halbachse, identisch mit der mittleren **Entfernung** des Mondes von der Erde, beträgt $a_{\mathbb{C}} = 384\,400$ km.

Wegen der großen Nähe des Mondes kann man seine momentane Entfernung $d_{\mathbb{C}}$ direkt aus Beobachtungen im irdischen Längenmaß km erhalten. Früher benutzte man dazu die gleiche Methode, die der Geometer beim Vorwärtseinschnitt anwendet: Von zwei möglichst weit voneinander entfernten Orten aus, deren geographische Länge nicht zu sehr verschieden ist, wird gleichzeitig die Zenitdistanz des Mondes gemessen. Mit diesen beiden Winkeln und der Entfernung der Beobachtungsorte als Grundlinie ist ein Dreieck mit dem Mond an der Spitze definiert, dessen beide anderen Seiten – und damit die Entfernung des Mondes – berechnet werden können. Heute erhält man die besten Entfernungsdaten für den Mond mit Hilfe von Lasern. Bei den Apollomissionen zum Mond wurden an verschiedenen Stellen Spiegel aufgestellt, und auch die sowjetischen Mondfahrzeuge tragen Spiegel, an denen von der Erde ausgesandte Laserimpulse zur Erde reflektiert werden. Aus den Laufzeiten des Lichts kann die Mondentfernung bis auf wenige Zentimeter genau bestimmt werden.

Fotografiert man den Vollmond mehrere Monate lang mit der gleichen langbrennweitigen Kamera, so stellt man deutlich eine periodische Schwankung des Winkeldurchmessers von etwa

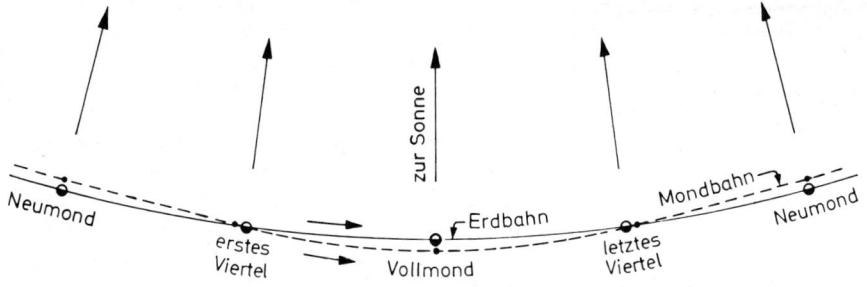

3.4 Die Bahnen von Erde und Mond um die Sonne, schematisch. In dem für die Erdbahn gewählten Maßstab wäre der größte Abstand von Mond- und Erdbahn nur 0,5 mm; der Durchmesser der Erde wäre etwa 0,02 mm, derjenige des Mondes 0,005 mm.

10% fest; sie beruht auf einer periodischen Änderung der Entfernung Erde-Mond. Nach der bereits bei der Erdbahn verwendeten Methode (s. S. 37 f.) kann man damit die numerische Exzentrizität der Mondbahn bestimmen. Genauere Vermessungen der Mondbahn liefern die mittlere Exzentrizität $e = 0,055$. Die Extremwerte der Mondentfernung sind 356 410 km im erdnächsten Punkt (**Perigäum**) und 406 740 km im erdfernsten Punkt (**Apogäum**). Aus großer Entfernung über der Ekliptik würde man die Mondbahn als leicht gewellte, aber zur Sonne hin stets konkave Kurve beobachten (s. Abb. 3.4).

Der Mond erscheint uns als Scheibe mit etwa 0,5° Durchmesser. Dies ist etwa der gleiche Sehwinkel, unter dem wir auch die Sonne sehen. Mit Entfernung und Sehwinkel läßt sich der lineare Mondradius berechnen (vgl. Abb. 2.21, S. 34); man erhält $R_{\mathbb{C}} = 1738$ km.
Der Winkel zwischen der Mondbahnebene und der Ekliptik beträgt 5,1°. Der Mond steht also stets in der Nähe der Ekliptik. Dies führt zu einer leicht beobachtbaren Erscheinung: den großen Unterschieden in den Kulminationshöhen des Vollmonds im Sommer und im Winter. Der Vollmond steht der Sonne an der Sphäre gegenüber; er kulminiert also etwa um Mitternacht. Im Sommer, wo die Sonne ihre größte nördliche Deklination, also ihren höchsten Stand über dem Südpunkt des Horizonts erreicht, besitzt der Vollmond die größte südliche Deklination, also die kleinste Kulminationshöhe. Im Winter sind die Stellungen von Sonne und Mond auf der Ekliptik gerade vertauscht.
Die Höhendifferenz zwischen Sommer- und Winter-Vollmond ist nicht konstant, sondern ändert sich von Jahr zu Jahr. Dies rührt davon her, daß sich die Knotenlinie (Schnittlinie der Mondbahnebene mit der Ekliptikebene) mit einer Umlaufsperiode von 18,6 Jahren in der Ekliptik dreht. Extremwerte der Kulminationshöhen traten 1987 auf, wo der aufsteigende Knoten der Mondbahn durch den Frühlingspunkt wanderte. (s. dazu Aufg. 2, S. 60).
Die Drehung der Knotenlinie verläuft entgegengesetzt zur Bahnbewegung des Mondes, also rückläufig. Sie ist eine der Störungen, welche die Mondbahn durch die Anziehungskraft der Sonne erfährt. Die Mondbahn überstreicht auf diese Weise in 18,6 Jahren einen Streifen von ±5° Breite beiderseits der Ekliptik.
Eine weitere Wirkung der Sonnengravitation ist die Drehung der großen Achse der Mondbahn

(Apsidenlinie); sie rotiert rechtläufig in der Mondbahnebene mit der Periode von 8,85 Jahren. Die Exzentrizität der Mondbahn und die Bahnneigung gegen die Ekliptik erfahren dagegen durch die Anziehung der Sonne nur kleinere periodische Störungen.
Die **Masse** des Mondes kann man auf zwei Wegen bestimmen: aus der Umlaufbewegung des Erdmittelpunkts um den Massenmittelpunkt des Erde-Mond-Systems und aus Störungen, die der Mond auf die Bahnen künstlicher Erdsatelliten und Raumsonden ausübt. Dabei ergibt sich die Mondmasse zu 1,23% (etwa $1/_{81}$) der Erdmasse, also $m_{\mathbb{C}} = 7,35 \cdot 10^{22}$ kg.
Für keinen anderen Mond im Planetensystem ist das Verhältnis der Massen von Mond und zugehörigem Planeten so groß. Das nächstkleinere Verhältnis hat der Neptunmond Triton mit 0,0013 : 1; alle anderen Monde haben sehr viel kleinere Massen relativ zur Planetenmasse. – Eine Zusammenstellung der Monddaten enthält Tab. 3.1, S. 61.

Gezeiten im Erde-Mond-System und ihre Folgen

Sonne und Erde, Erde und Mond üben Gravitationskräfte aufeinander aus. Eine leicht zu beobachtende Wirkung dieser Kräfte sind die Gezeiten, die an den Küsten der Ozeane einen Wechsel von **Ebbe** (ablaufendem Wasser) und **Flut** (auflaufendem Wasser) erzeugen. Die dazwischen liegenden Extremwerte des Wasserstandes nennt man **Niedrigwasser** und **Hochwasser**. Die dem Mond zugewandte Seite der Erde hat eine etwa 3% kleinere Entfernung von ihm als die von ihm abgewandte Seite. Die Anziehungskraft des Mondes auf irgendeinen Körper auf der Erdoberfläche ist also an der dem Mond zugewandten Seite rund 3% größer, an der ihm abgewandten Seite 3% kleiner als die für die Bewegung um den Massenmittelpunkt des Erde-Mond-Systems notwendige Zentripetalkraft. Es bleibt daher eine resultierende Kraft übrig, die an diesen beiden Stellen der Erdoberfläche vertikal nach oben wirkt und dadurch zur Ausbildung von je einem Flutberg führt.
Unter diesen beiden Wasserbergen dreht sich die Erde nun um ihre Achse in einem Tag einmal durch, so daß man an einem bestimmten Punkt der Erdoberfläche in etwa sechsstündigem Wechsel Flut und Ebbe beobachtet. Da zwischen zwei aufeinanderfolgenden Mondkulminationen durchschnittlich 1,035 Tage liegen, ist die mittlere Periode der Gezeiten nicht 12 h, sondern 12 h 25 min.

Denkt man sich die tägliche Rotation der Erde um ihre Achse und den jährlichen Umlauf um die Sonne angehalten, so bleibt nur die Umlaufbewegung der Erde um den Massenmittelpunkt des Systems Erde-Mond übrig. Dabei beschreiben alle Punkte der Erde in einem siderischen Monat kongruente Ellipsenbahnen, die wir näherungsweise als Kreise mit dem Radius r_E ansehen können; den Betrag von r_E erhält man aus dem Massenverhältnis von Erde und Mond und dem mittleren Abstand beider Körper nach Gleichung (2-18).

Da sich alle Punkte der Erde synchron auf kongruenten Kreisen bewegen, erfahren sie in einem bestimmten Zeitpunkt alle die gleiche Zentripetalbeschleunigung $\vec{a}_z$ (Abb. 3.5). Sie wird von der Summe der Gravitationskräfte der Erde und des Mondes geliefert. Ist $\vec{a}$ die Beschleunigung, die ein Probekörper an der Erdoberfläche durch die Gravitation des Mondes erfährt, $\vec{g}$ die durch die Gravitation der Erde erzeugte Fallbeschleunigung, so gilt $\vec{g}+\vec{a} = \vec{a}_z + \vec{g}'$, wobei $\vec{g}'$ die restliche, tatsächliche Fallbeschleunigung an der Erdoberfläche ist.
Die Änderung $\Delta\vec{g} = \vec{g}' - \vec{g}$ der Fallbeschleunigung an der Erdoberfläche durch die monatliche Umlaufbewegung und die Mondgravitation ist demnach $\Delta\vec{g} = \vec{a} - \vec{a}_z$.

Im Erdmittelpunkt ist die Gravitationsbeschleunigung durch den Mond gleich der Zentripetalbeschleunigung. An allen Punkten der Erdoberfläche, mit Ausnahme von P_1 und P_3, den auf der Verbindungslinie der Mittelpunkte von Erde und Mond gelegenen Punkten, hat $\Delta\vec{g}$ eine tangentiale Komponente. Die effektive Fallbeschleunigung $\vec{g}'$ ist also nicht wie die von der Gravitationskraft der Erde erzeugte Beschleunigung $\vec{g}$ radial, d.h. auf der Erdoberfläche lotrecht gerichtet.

Wäre die Erde eine mit Wasser bedeckte Kugel, so würde das Wasser tangential zu den Punkten P_1 und P_3 hin beschleunigt, wo ein Wasserberg entstehen würde. Obwohl die Erde nicht so einfach aufgebaut ist, strömt auch hier das Wasser der Ozeane unter der Einwirkung der Mondgravitation und der monatlichen Umlaufbewegung der Erde an zwei entgegengesetzte Punkte der Erdoberfläche, wo sich zwei Flutberge bilden.
Aus der Abb. 3.5 ist zu entnehmen, daß die radialen Komponenten von $\Delta\vec{g}$ in der Umgebung von P_1 und P_3 radial nach außen, in größerer Entfernung von P_1 und P_3 radial nach innen gerichtet sind.
Die effektive Fallbeschleunigung $\vec{g}'$ hat also in P_1 und P_3 ein Minimum und nimmt mit wachsender Entfernung von diesen beiden Punkten zu. Dies führt zu einer meßbaren Deformation der Erdoberfläche, die ebenfalls mit der Gezeitenperiode von 12 h 25 min über die Erdoberfläche wandert.

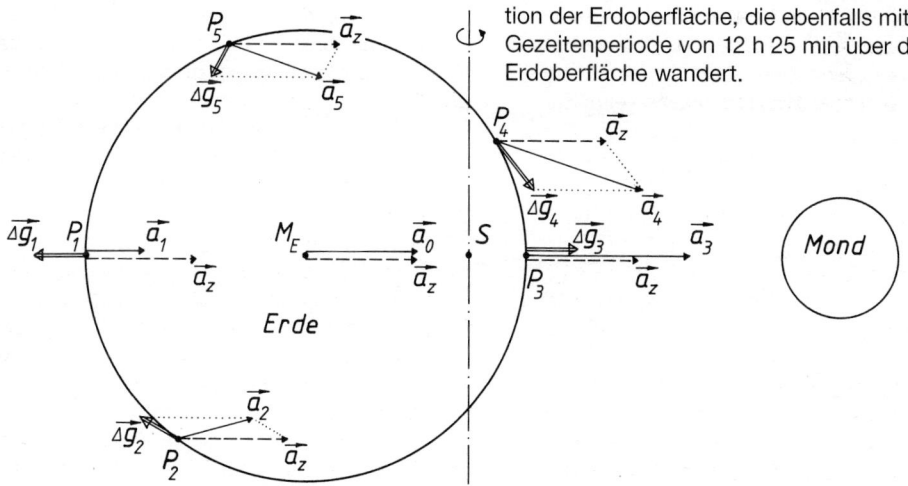

3.5 Zur Entstehung der Gezeiten auf der Erde. $\vec{a}_z$ ist die zur Bewegung der Erde um den gemeinsamen Massenmittelpunkt S des Systems nötige Zentripetalbeschleunigung, die für alle Punkte der Erde den gleichen Betrag hat. $\vec{a}_1$, ..., $\vec{a}_5$ sind die vom Monde erzeugten Gravitationsbeschleunigungen, $\Delta\vec{g}_1$, ..., $\Delta\vec{g}_5$ sind die Änderungen der Fallbeschleunigung durch die Gezeitenwirkung des Mondes.

Auch die Sonne erzeugt eine Gezeitenwirkung auf der Erde, die aber nur etwa 45% von der des Mondes beträgt. Stehen bei Vollmond und Neumond Sonne und Mond mit der Erde ungefähr in einer geraden Linie, so verstärken sich die Gezeitenwirkungen von Sonne und Mond; es kommt zur **Springflut**. Bei den Halbmondphasen schwächen sich die Wirkungen von Sonne und Mond gegenseitig; dies nennt man **Nippflut**.

Die Gezeiten mit ihren periodischen Strömungen des Meerwassers relativ zur rotierenden Erde haben starke Reibungserscheinungen am Meeresgrund und an den Küsten zur Folge. Deshalb nimmt die Erde bei ihrer täglichen Drehung die beiden Flutberge etwas mit und dreht deren Verbindungslinie aus der Richtung zum Mond etwas heraus (Abb. 3.6). Damit kann der Mond auf die Erde ein Drehmoment ausüben, denn seine Anziehungskraft auf den entfernteren Flutberg ist geringer als die auf den ihm gegenüber liegenden.

Dieses Drehmoment bremst über die **Gezeitenreibung** die Erdrotation, wobei gleichzeitig kontinuierlich Rotationsenergie in Wärme verwandelt wird. Die Bremsung der Erdrotation führt zu einer Dehnung der astronomischen Zeitskala; jeder Tag ist etwas länger als der vorhergehende. Nach dem Gegenwirkungsprinzip hat das Drehmoment, das der Mond auf die Flutberge ausübt, als Reaktion ein Drehmoment der Flutberge auf den Mond, das dessen Bahndrehimpuls zu vergrößern sucht. Mit dem 3. Keplerschen Gesetz ergibt sich dadurch eine Zunahme der mittleren Entfernung des Mondes von der Erde. Diese wird zwar gegenwärtig verringert durch langperiodische Störungen der Mondbahn, die von den Planeten ausgehen, beträgt aber immer noch 1,5 m in 100 Jahren.

Als der Mond noch nicht völlig erstarrt war, müssen sich durch die Wechselwirkung mit der Erde auch auf ihm Flutberge magmatischer Materie gebildet haben. Ein unter diesen Flutbergen schneller rotierender Mondkörper muß wegen der Zähigkeit des Materials rasch abgebremst worden sein, bis er mit der gleichen Winkelgeschwindigkeit wie die Flutberge rotierte. Deshalb sind heute Rotations- und Umlaufperiode des Mondes gleich, so daß uns der Mond immer die gleiche Seite zuwendet (**gebundene Rotation**).

3.1.2. Die Erscheinungsformen der Mondoberfläche und ihre Deutung

Beobachtungsergebnisse

Schon mit dem bloßen Auge sieht man auf dem Mond hellere und dunklere Gebiete. Mit einem Fernglas oder einem kleinen Teleskop erkennt man drei Hauptformen der Mondoberfläche (s. Abb. 1 im Anhang):
    (1) Maria oder Ebenen
    (2) Hochländer oder Terrae
    (3) Krater
(1) Maria (Einzahl mare, lat. Meer) oder Ebenen sind die dunklen Gebiete, die wie glatte Flächen aussehen.

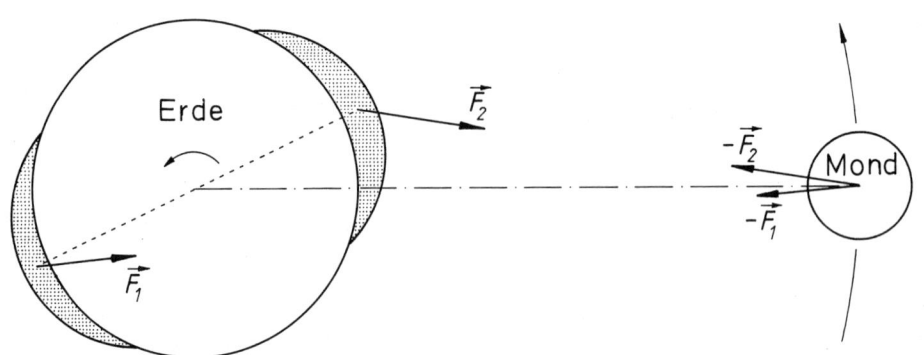

3.6 Zur Wirkung der Gezeitenreibung.
Die Erde nimmt bei ihrer Drehung die Flutberge etwas mit. Dadurch entsteht wegen $F_1 < F_2$ ein Drehmoment des Mondes auf die Erde, das ihre Rotation bremst, und ein Gegendrehmoment auf den Mond, das dessen Bahndrehimpuls vergrößert.

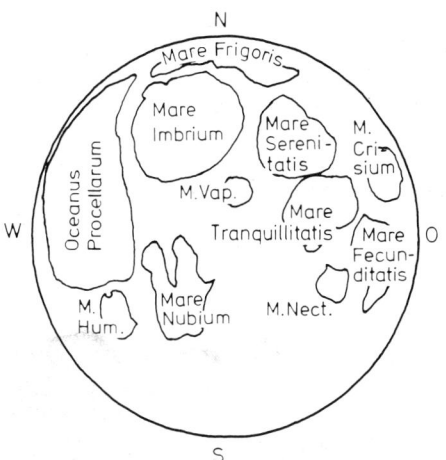

3.7 Die wichtigsten Ebenen (Maria) auf der Vorderseite des Mondes. Die Himmelsrichtungen werden beim Mond aus der Sicht der Astronauten angegeben.

3.8 Das Mare Crisium. Aufnahme der amerikanischen Mondsonde Lunar-Orbiter IV (Bildlänge etwa 600 km)

Sie sind von Gebirgswällen umgeben und häufig kreisrund. Der Name „Mare" wurde von Galilei zu Anfang des 17. Jahrhunderts geprägt. Heute weiß man, daß sie kein Wasser enthalten, ja, daß es auf dem Mond überhaupt kein Wasser gibt. Der Name ist trotzdem geblieben.

Die Fläche der Ebenen macht etwa 40% der Vorderseitenfläche des Mondes aus. Aufnahmen der Mondsonden zeigen auf der Mond-Rückseite nur wenige, kleine Maria. In Abb. 3.7 sind einige wichtige Maria dargestellt. Abb. 3.8 zeigt eine Orbiter-Aufnahme des Mare Crisium. Die größten Mare-Becken würden von Hamburg bis Rom reichen, die kleineren haben Durchmesser von einigen 100 km.

(2) Die Hochländer oder Terrae (terrae, lat. Länder) sind hellgrau aussehende, gebirgige Gebiete, die den Rest der Vorderseite des Mondes be-

3.9 a) Der Vollmond (Aufnahme mit dem großen Refraktor des Lick-Observatoriums in Kalifornien)
   b) Einige Gebirge und Krater auf der Vorderseite des Mondes:

1 Plato	3 Archimedes	5 Kopernikus	7 Fra Mauro	9 Alphonsus	11 Hipparch	13 Lange Wand	15 Clavius
2 Alpental	4 Kepler	6 Grimaldi	8 Ptolemäus	10 Arzachel	12 Albategnius	14 Tycho	

3.10 Teil der Mond-Alpen mit dem von einer Rille durchzogenen Alpental (Aufnahme der Mondsonde Lunar-Orbiter IV aus nur 250 km Höhe)

3.11 Süd-West-Region des Mondes mit dem Mare Nubium und vielen Kratern, u.a. Ptolemäus, Alphonsus, Arzachel, Albategnius, Clavius, Tycho und der Langen Wand (Aufnahme mit 2,5m-Spiegel, Mount Wilson, Kalifornien).

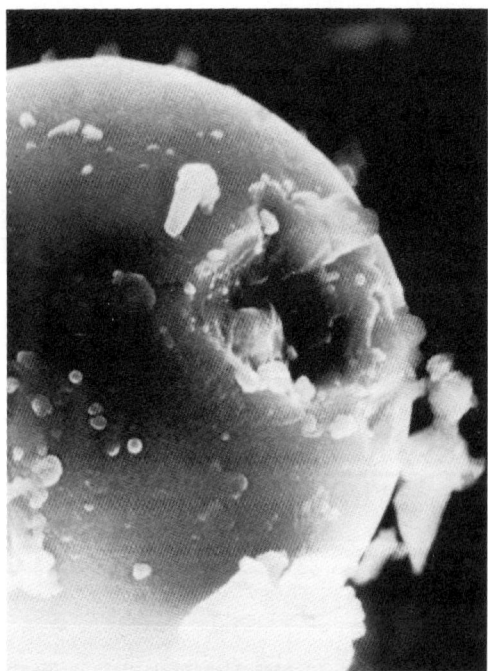

3.12 Glaskügelchen aus dem Mondstaub (Durchmesser 0,017mm) mit einem Mikrometeoritenkrater (elektronenmikroskopische Aufnahme)

decken. Die Gebirgszüge wurden nach irdischen Gebirgen benannt. In Abb. 3.9b sind einige Mondgebirge eingezeichnet; Abb. 3.10 zeigt die Mond-Alpen mit dem Alpental, das von einer Rille durchzogen ist.

(3) Die Krater sind kreisförmige Mulden; sie haben meist einen ziemlich ebenen Boden, der tiefer liegt als die benachbarten Gebiete. Sie sind umgeben von einem gebirgigen Ringwall. Manchmal haben sie in der Mitte einen Kraterberg (vgl. Krater Albategnius, Abb. 3.11, rechts oben).
Krater findet man auf der ganzen Mondoberfläche. Besonders dicht liegen sie in den Hochländern; aber auch in den Ebenen entdeckt man um so mehr Krater, je weiter man die Vergrößerung des Fernrohrs steigert und je günstiger die Lichtverhältnisse sind. Am deutlichsten sieht man die Kraterwälle in der Nähe des Terminators. Die Abb. 3.11 zeigt die Süd-West-Region des Mondes.

Die **Höhen von Mondbergen** und Ringwällen lassen sich aus der Länge ihrer Schatten und dem Einfallswinkel der Sonnenstrahlen berechnen. Es gibt Kraterwälle, die sich 5000 m bis

10 000 m über die Kratersohle erheben. Auch Gebirgshöhen von über 6000 m wurden gemessen.

Die **Häufigkeit der Krater** nimmt mit abnehmendem Durchmesser stark zu; dies zeigen die Aufnahmen der Mondoberfläche durch unbemannte und bemannte Raumsonden. Mikrokrater mit weniger als 0,01 mm Durchmesser fand man in dem Material, das die Apollo-Besatzungen vom Mond mitgebracht haben (Abb. 3.12).

Von einigen Kratern gehen helle **Strahlensysteme** aus, die sich über weite Gebiete der Mondoberfläche erstrecken, und die vor allem bei Vollmond gut zu sehen sind (Krater Tycho, Kopernikus, Kepler u. a.; vgl. Abb. 3.9 a).

Deutung der verschiedenen Oberflächenformen auf dem Mond

Eine Erklärung der verschiedenartigen Formationen auf der Mondoberfläche (s. Abb. 1 im Anhang) muß von ihrer Entstehung her versucht werden. Dabei lassen sich auf Grund neuerer Ergebnisse der Mondforschung die folgenden Hauptereignisse unterscheiden:
1. Krusten- und Gebirgsbildung (vor 4,6 Milliarden Jahren)
2. Zeit der großen und häufigen Meteoriteneinschläge (vor 4 Milliarden Jahren)
3. Ausfüllung der Mare-Becken mit Basaltlava (vor 3,7 bis 3,2 Milliarden Jahren)
4. Spätere Meteoriten-Einschläge; Regolith-Bildung (vor 3 Milliarden Jahren und später)

1. Krusten- und Gebirgsbildung
Das älteste feststellbare Ereignis an der Mondoberfläche ist die Bildung einer festen, gebirgigen Kruste: Materie, die vorher heiß und zähflüssig gewesen sein muß, kühlte sich ab. Dadurch kristallisierten an der Mondoberfläche feste Gesteine aus. Über die Entstehung des Mondes und über die Mondgeschichte vor dieser Verfestigung der Oberfläche gibt es bis jetzt nur Vermutungen. Auch die Herkunft der Wärme für den zähflüssigen Zustand des Materials ist noch unbekannt. Insbesondere weiß man nicht, ob sie aus dem Mondinneren stammt, oder ob sie von außen zugeführt wurde.

Beispiele für die gebirgige Krustenbildung sind die Apenninen und die Alpen am Rande des Mare Imbrium (Abb. 3.7, 3.9, 3.10). Diese Gebiete sind seither weder durch Meteoriteneinschläge noch durch Überflutungen wesentlich verändert worden.

2. Die Zeit der großen und häufigen Meteoriteneinschläge
Die Krater und Ringgebirge jeder Größe, die sich in riesiger Anzahl auf der Mondoberfläche befinden, sind ganz überwiegend durch Meteoriten-Einschläge gebildet worden. Die Meteorite, die mit dem Mond zusammengestoßen sind, waren Körper von ganz verschiedener Größe; ihre Durchmesser waren aber immer sehr viel kleiner als die Durchmesser der Krater, die bei ihrem Einschlag entstanden sind.

Für die Annahme, daß die meisten Mondkrater nicht vulkanischen Ursprungs sein können, spricht nicht nur die von irdischen Vulkanen völlig verschiedene Form; es ist auch gar nicht denkbar, daß der Mond jemals eine so starke vulkanische Aktivität besessen haben könnte, wie sie durch die unzählig vielen Krater angezeigt würde, und gerade die kleinen und kleinsten Krater können unmöglich vulkanisch entstanden sein.

Bei einigen Bergen ist jedoch eine vulkanische Bildung wahrscheinlich, und man hat auch schon seltene Leuchterscheinungen beobachtet, die auf das Ausströmen von Gasen aus dem Mondboden zurückzuführen sein dürften. Vulkanische Tätigkeit auf dem Mond ist also nicht ganz auszuschließen.

Die Zeit, in der die meisten Meteoriten-Einschläge stattgefunden haben, lag in der Frühgeschichte des Mondes (vor etwa $4 \cdot 10^9$ Jahren) und dauerte nur relativ kurz. Woher die Meteorite stammten, ist unbekannt. Die Anzahl und die zeitliche Konzentration der Ereignisse ist auffallend. Es könnte deshalb sein, daß die Meteorite Körper waren, die dem Sonnensystem angehörten. Möglich wäre aber auch, daß das Planetensystem durch eine Wolke interstellarer Materie hindurchgegangen ist. Der Planet Mars und seine beiden Monde zeigen ähnliche Einschlagskrater wie der Erdmond. Auf der Erde sind über hundert Meteoritenkrater nachgewiesen worden (z. B. der Cañon Diablo in Arizona, USA, der Wolf-Creek-Krater in NW-Australien, das Nördlinger Ries und das Steinheimer Bekken in Süddeutschland). Die Tatsache, daß nicht noch viel mehr Einschlagskrater auf der Erde gefunden wurden, ist auf die einebnende Wirkung der Erosion zurückzuführen.

Die ganz großen Einschlag-Ereignisse auf dem Mond haben die Mulden für die kreisrunden Maria erzeugt, z.B. für das Mare Imbrium und das Mare Crisium (Abb. 3.8). Der einschlagende Meteorit erzeugt in der Mondkruste eine Stoßfront (starke Verdichtung und Temperaturerhöhung) und verdampft zum größten Teil. Die Stoßwelle schiebt Mondmaterial zur Seite und schleudert große und kleine Brocken der Kruste in alle Richtungen hinaus. Wegen der kleinen Fallbeschleunigung auf dem Mond, und da kein Luftwiderstand vorhanden ist, fliegen die Brocken über sehr weite Entfernungen.

3. Ausfüllung der Mare-Becken mit Basalt-Lava
Nach der Bildung der Mare-Mulden ist in mehreren Schüben Basalt-Lava aus dem Mondinneren durch Bruchspalten hervorgequollen und hat zunächst die großen, kreisrunden Maria ausgefüllt, dann aber auch andere tiefliegende Gebiete überflutet. Das war der Anlaß zur Bildung der nicht kreisrunden Maria.

4. Spätere Meteoriten-Einschläge. Regolith-Bildung
Die zahlreichen Meteoriten-Einschläge in den Mare-Ebenen stammen aus der Zeit nach den Mare-Überflutungen. Die Größen der dabei entstandenen Krater sind sehr verschieden. Der Krater Kopernikus hat etwa 100 km Durchmesser, der Krater Clavius sogar fast 300 km. Von diesen Größen geht die Skala lückenlos herunter bis zu den Mikrokratern mit nur einigen 10^{-3} mm Durchmesser, die durch die zahlreichen Mikrometeoriten geschlagen wurden. Auch in den alten gebirgigen Hochländern finden sich viele größere und kleinere Krater als Zeichen für die spätere Meteoriten-Aktivität.

Das basaltähnliche Grundmaterial der Ebenen ist bedeckt von einer dünnen Schicht zerkleinerten Materials, das man **Mond-Regolith** nennt. Darin befinden sich Gesteinsbruchstücke verschiedener Größe, glasige Bestandteile und Staub. Es handelt sich um die Erosionsschicht des Mondes, wobei die Erosion im wesentlichen durch den ständigen Meteoriten-Hagel und zum Teil durch den Sonnenwind hervorgerufen wird. Die Trümmerschicht dürfte mehrere Meter mächtig sein. Die wenige Zentimeter dicke

Staubschicht an der Oberfläche wird wohl vor allem durch Mikrometeorite gebildet. Die glasigen Bestandteile sind bei den Umschmelzvorgängen durch die beim Einschlag in Wärme verwandelte Bewegungsenergie der Meteorite entstanden (s. Abb. 3.12).

Bei der Bildung großer Krater haben die herausgeschleuderten Gesteinsbrocken in der Nähe zahlreiche Sekundärkrater gebildet. Die ausgeworfenen kleinen Partikel haben die radialen **Strahlensysteme** erzeugt, die sich um die Krater Kopernikus, Tycho und Kepler beobachten lassen (Abb. 3.9). Daß es sich bei ihnen um junge Krater handelt, erkennt man an der geringen Erosion; im Laufe der Zeit werden die Strahlensysteme durch Meteoriten-Einschläge umgepflügt und verschwinden.

Der Mond hat keine nennenswerte Atmosphäre. Nur eine ganz dünne Gasschicht ist vorhanden. Sie kann optisch nicht festgestellt werden, wurde aber durch Messungen im Radiofrequenzbereich nachgewiesen. Ihr Druck beträgt höchstens ein Milliardstel des Drucks der Erdatmosphäre. Die Gase stammen aus dem Sonnenwind und von radioaktiven Umwandlungen im Mondboden.

Das Fehlen eines dichteren gasförmigen Schutzmantels um den Mond hat zur Folge, daß die Temperaturunterschiede zwischen der Tag- und Nachtseite des Mondes äußerst schroff sind. Die höchsten Temperaturen liegen bei 390 K (rund 120 °C), die tiefsten bei 100 K bis 120 K (rund −170 °C bis −150 °C).

Aufgaben

1. Berechnen Sie unter der Voraussetzung einer kreisförmigen Bahn des Mondes um die Erde eine untere Schranke für die Geschwindigkeit, mit der sich bei einer Sonnenfinsternis der Mondschatten relativ zur Erdoberfläche bewegt.
2. Im Jahre 1987 wanderte der aufsteigende Knoten der Mondbahn durch den Frühlingspunkt.
Welche Extremwerte der Deklination erreichte in diesem Jahr der Sommer- bzw. der Winter-Vollmond, und welchen Kulminationshöhen entspricht dies auf der geographischen Breite 50°?

Tab. 3.1 Der Mond

Mittlere Entfernung = große Achse der Mondbahn = 384 400 km = 60,33 Erdradien
Größte Entfernung = 406 740 km;   kleinste Entfernung = 356 410 km

Scheinbarer Durchmesser bei mittlerer Entfernung von der Erde = 31'5,2";
                                                größter Wert = 33'30";
                                                kleinster Wert = 29'20".

Radius = 1738 km = 0,272 Erdradien

Masse = $7,35 \cdot 10^{22}$ kg = $\dfrac{1}{81,30}$ Erdmasse

Mittlere Dichte = 3,34 g/cm³ = 0,606 Erddichte

Schwerebeschleunigung an der Oberfläche = 1,62 m/s²

Entweichgeschwindigkeit an der Oberfläche = 2,4 km/s

Oberflächentemperatur bei Vollmond = 390 K bis 400 K ($\approx$ 120 °C bis 130 °C)
                       bei Neumond = 100 K bis 120 K ($\approx$ −170 °C bis −150 °C)

Vollmondhelligkeit in mittlerer Entfernung = −12,55 mag

Albedo (Verhältnis von reflektierter zu einfallender Lichtmenge) = 0,067

Mittlere Neigung der Bahn gegen die Ekliptik = 5°8'43",
                            größte Neigung = 5°19',
                            kleinste Neigung = 4°59';
                            Periode = 173 d.

Umlaufsdauer des Mondknotens in der Ekliptik (rückläufig) = 18,6 a

Neigung des Mondäquators gegen die Ekliptik = 1°33',
                          gegen die Bahn = 6°41'

Mittlere Exzentrizität der Bahn = 0,0549

Mittlere Bahngeschwindigkeit = 1,023 km/s

Länge des siderischen Monats = 27,321 66 d = 27 d 07 h 43 min 12 s

Länge des synodischen Monats = 29,530 59 d = 29 d 12 h 44 min 03 s

3.2. Die Planeten

3.2.1. Durchmesser, Masse und andere Eigenschaften der Planeten

a) Auf S. 33 wurde bereits darauf hingewiesen, daß uns die Planeten im Gegensatz zu den Fixsternen bei der Beobachtung mit einem genügend stark vergrößernden Fernrohr als Scheibchen erscheinen. Die Winkeldurchmesser dieser Scheibchen nennt man „scheinbare Durchmesser" der Planeten. Mit Gleichung (2-1), S. 34, lassen sich aus den scheinbaren Durchmessern und den Entfernungen der Planeten von uns die wahren **Durchmesser** berechnen (s. Tabelle 4 im Anhang und Abb. 3.13).

Bei sehr genauen Messungen findet man, daß die Durchmesser in verschiedenen Richtungen nicht gleich groß sind. Dies ist eine Folge der Deformation des Planetenkörpers, die von seiner Rotation herrührt. Bezeichnet man mit a den größten (Äquator-) und mit b den kleinsten (Polar-) Durchmesser, so ist die **Abplattung** definiert durch $\frac{a-b}{a}$ (s. Tabelle 4 im Anhang).

b) Die **Masse** eines Planeten bestimmt man mit dem 3. Keplerschen Gesetz, wenn der Planet einen natürlichen oder künstlichen Satelliten hat, für den man Umlaufsdauer und Bahnradius kennt. Ist dies nicht der Fall, so läßt sich die Masse berechnen aus den Störungen, die der Planet auf die Bewegung eines anderen Himmelskörpers ausübt (s. Tabelle 4 im Anhang).

In Abb. 3.14 ist die Verteilung der Massen im Planetensystem in zweifach logarithmischen Koordinaten dargestellt. Außer den Planeten sind deren massereiche Monde und einige Planetoiden eingezeichnet. Man erkennt sofort, daß die inneren Planeten eine physikalisch zusammengehörende Gruppe darstellen, die sich von den äußeren Planeten deutlich unterscheidet (Pluto nimmt eine Sonderstellung ein; vgl. S. 81).

c) Aus der Masse m und dem Radius R des Planeten erhält man mit dem Gravitationsgesetz die **Fallbeschleunigung** $g = G \cdot m/R^2$ an der Planetenoberfläche. Gegebenenfalls muß noch der Einfluß der Rotation berücksichtigt werden (s. Tabelle 4 im Anhang).

Wird von der Planetenoberfläche ein Körper abgeschossen, so beschreibt er nach dem 1. Keplerschen Gesetz einen Kegelschnitt, in dessen einem Brennpunkt das Planetenzentrum liegt. Bei genügend kleinen Anfangsgeschwindigkeiten ist die Bahn des Körpers eine Ellipse, bei großen Anfangsgeschwindigkeiten eine Hyperbel, auf der sich der Körper unbegrenzt vom Planeten entfernt.

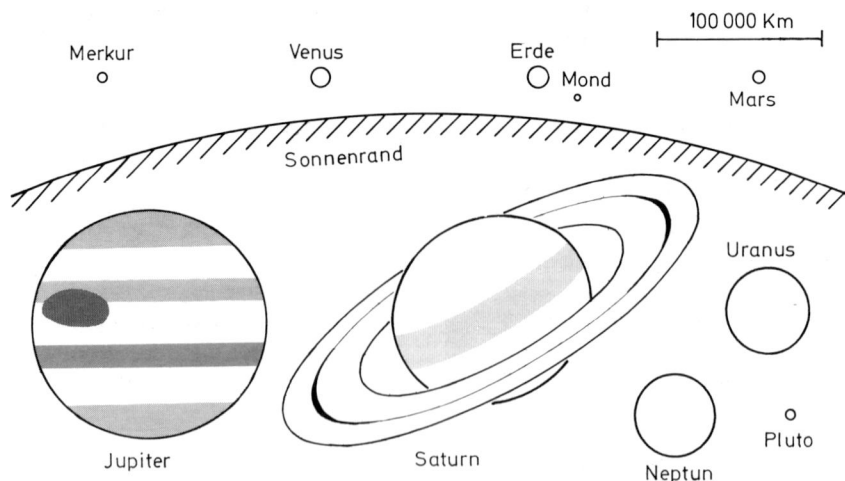

3.13 Die Größe der Planeten.
(Zum Vergleich sind der Mond und ein Teil des Sonnenrandes im gleichen Maßstab eingezeichnet.)

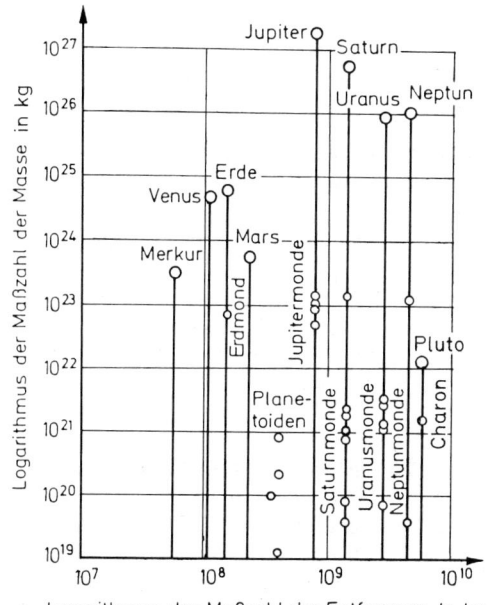

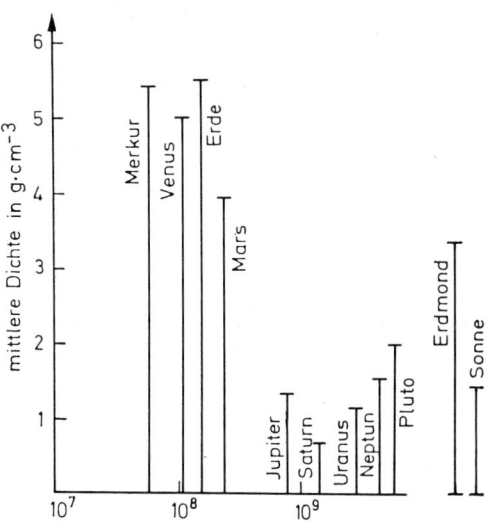

3.14 Die Verteilung der Massen im Sonnensystem.
r ist die mittlere Entfernung von der Sonne,
m die Masse der Himmelskörper.
Beide Achsen sind logarithmisch geteilt.

3.15 Die mittleren Dichten der Großen Planeten;
zum Vergleich sind die mittleren Dichten von Mond und
Sonne eingezeichnet.

Den Grenzfall bildet die Parabelbahn; wählt man die Anfangsgeschwindigkeit so groß, daß der Körper sich auf einer Parabelbahn bewegt, so kehrt er gerade nicht mehr zum Planeten zurück. Diese Mindestgeschwindigkeit, die man einem Körper an der Planetenoberfläche geben muß, damit er nicht mehr zurückkehrt, heißt **Entweichgeschwindigkeit** (s. Tabelle 4 im Anhang).

d) Aus den Planetenradien und der Abplattung kann das **Volumen** des Planeten berechnet werden. Masse und Volumen liefern die **mittlere Dichte** (s. Tabelle 4 im Anhang). Die Abb. 3.15 zeigt wieder die Gruppen der inneren und der äußeren Planeten deutlich getrennt.

e) Die **Rotationsdauer** der Planeten kann man direkt messen, wenn Einzelheiten auf der Oberfläche erkennbar sind. Ist dies nicht möglich (bei Venus z. B. ist die Oberfläche stets durch dichte Wolken verhüllt), so muß man durch optische Messungen oder Radarmessungen mit dem

Dopplereffekt an den Rändern der Planetenscheibe die Rotationsgeschwindigkeit ermitteln. Aus Umfang und Geschwindigkeit erhält man dann die Rotationsdauer (s. Tabelle 4 im Anhang).

Die beiden Gruppen der erdähnlichen inneren und der jupiterähnlichen äußeren Planeten erkennt man insbesondere an den Werten der Dichte. Die vier erdähnlichen Planeten Merkur, Venus, Erde, Mars bestehen fast vollständig aus Silikaten und Eisen. Von diesen inneren Planeten unterscheiden sich in der chemischen Zusammensetzung und im physikalischen Aufbau fundamental die äußeren Planeten. Bei ihnen besteht ein großer Teil der Masse aus Wasserstoff und Helium; nur ein relativ kleiner Kern wird wahrscheinlich aus einem Gemisch von Silikaten und Metallen gebildet.

Im Grenzgebiet zwischen den beiden Gruppen der inneren und äußeren Planeten befinden sich die Kleinen Planeten oder Planetoiden.

3.2.2. Eigenschaften der einzelnen Planeten

1. Merkur

Merkur ist der sonnennächste Planet. Seine Bahn hat verhältnismäßig große Exzentrizität und Neigung gegen die Ekliptik. Unter den Großen Planeten wird er hierin nur durch Pluto übertroffen (s. Tabelle 3 im Anhang).

Wie bei den Bahnen der anderen Planeten dreht sich auch die große Bahnachse des Merkur langsam in der Bahnebene um die Sonne als Drehpunkt. Eine solche Drehung ist in Abb. 3.16 stark übertrieben dargestellt. Dabei wandert der sonnennächste Punkt, das Perihel, in der Richtung des Bahnumlaufs um die Sonne; deshalb heißt dieser Vorgang die **Periheldrehung des Merkur**. Der Hauptanteil dieser Drehung wird durch die Gravitationswirkung der anderen Planeten verursacht; ein analoger Vorgang ist die Drehung der Apsidenlinie des Erdmondes (s. S. 54).
Die Merkurbahn wird insbesondere durch die Nachbarplaneten Venus und Erde gestört. Die

3.16 Die Periheldrehung einer Planetenbahn. Die Exzentrizität der Bahn ist übertrieben groß gezeichnet, ebenso der Betrag der Drehung. Bei Merkur müßten zwischen P_1 und P_2 bzw. A_1 und A_2 mehr als 25 000 Umläufe liegen!

aus den Planetenstörungen berechnete Periheldrehung ergibt sich zu 531″ im Jahrhundert. Aus den beobachteten Örtern des Merkur erhält man dagegen eine Drehung von 574″ im Jahrhundert. Der Unterschied von 43″/Jahrhundert war schon seit der Mitte des 19. Jahrhunderts bekannt, konnte aber nicht erklärt werden. Erst Albert Einstein gelang 1915 die Lösung des Problems durch seine **Allgemeine Relativitätstheorie**.

Merkur ist schwer zu beobachten. Sein Winkelabstand zur Sonne kann höchstens 28° betragen; der Planet ist daher nur während der Morgen- oder Abenddämmerung in Horizontnähe sichtbar. Deshalb waren die Meßdaten früher wenig genau, und über die Oberflächenbeschaffenheit wußte man kaum Zuverlässiges. So konnte erst 1965 aus Radarimpulsen, die vom Merkur reflektiert wurden, über den Dopplereffekt (s. S. 149) die genaue **Rotationsdauer** von 58,646 d bestimmt werden; dies sind gerade $^2/_3$ der Umlaufsdauer von 87,969 d. Vermutlich kommt dieses einfache Zahlenverhältnis durch eine Gezeitenwirkung zustande.

Die **Merkurmasse** konnte 1974 aus der Einwirkung des Planeten auf die Bahn der Venus-Merkur-Sonde Mariner 10 zu 0,0553 Erdmassen bestimmt werden mit einer Unsicherheit von nur 0,005%. Diese Sonde näherte sich dem Planeten auf 704 km und sandte Tausende von Fernsehbildern der Merkuroberfläche zur Erde (s. Abb. 3.17 und 3.18).

Die Auswertung dieser Bilder ergab, daß die **Oberflächenformationen** des Merkur weitgehend denen des Mondes gleichen. Merkur, der in seiner Größe zwischen Mond und Mars steht, hat keine nennenswerte Atmosphäre. Es findet also keine atmosphärische Erosion statt, und die Temperaturunterschiede sind extrem: Während der langen Merkur-„Tage" steigen die Temperaturen auf 570 K bis 700 K (300 °C bis 430 °C), während die „Nacht"-Temperaturen auf 90 K bis 100 K (−180 °C bis −170 °C) absinken.

Die Raumsonde Mariner 10 registrierte beim Vorbeiflug am Merkur ein **Magnetfeld**, das dem Erdmagnetfeld ähnlich zu sein scheint. Wenn es ebenso wie dieses durch selbstinduzierte elektrische Ströme in einem Eisenkern erzeugt wird, muß etwa die Hälfte des Merkurvolumens aus Eisen bestehen, das ähnlich wie bei der Erde von einem Silikatmantel umgeben ist.

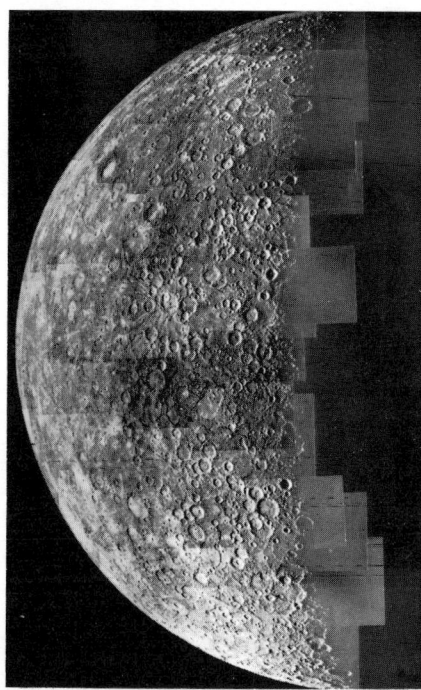

3.17 Merkur; Mosaik aus Aufnahmen der amerikanischen Raumsonde Mariner 10 im März 1974

3.18 Kraterlandschaft auf dem Merkur, aufgenommen von der Raumsonde Mariner 10 im März 1974

2. Venus

Von allen Planeten steht Venus, was die Größe, die Masse und die Entfernung von der Sonne anbelangt, der Erde am nächsten (Daten s. Tabelle 4 im Anhang). Sie ist nach Sonne und Mond stets das hellste Objekt am Himmel, auch wenn sie sich in ihrer größtmöglichen Entfernung von der Erde befindet. Dies rührt einerseits von ihrer Größe und ihrer relativ geringen Entfernung von der Erde her, andererseits von ihrem hohen Reflexionsvermögen (Albedo 0,8; dies ist das Verhältnis von reflektierter zu einfallender Lichtmenge). Die hohe Albedo wird dadurch bedingt, daß Venus eine ausgedehnte Atmosphäre besitzt und von einer dichten, gelblichweißen Wolkendecke verhüllt ist, die uns den Blick auf die Venusoberfläche versperrt (s. Abb. 2 im Anhang).

Erst als es um 1960 gelang, Radarimpulse an der Venusoberfläche zur Reflexion zu bringen, konnten Aussagen über die **Rotationsdauer** des Planeten abgeleitet werden; demnach rotiert Venus mit einer Periode von 243 Tagen rückläufig (retrograd), also entgegen dem Umlaufsinn um die Sonne.

Unser Wissen von Atmosphäre, Wolken und Oberfläche beruht auf spektroskopischen Untersuchungen von der Erde aus und vor allem auf Informationen, die Raumsonden zur Erde gefunkt haben. Mehrere amerikanische und sowjetische Raumsonden führten Forschungsprogramme an der Venus durch. Einige davon tauchten in die Atmosphäre ein; sowjetische Venera-Sonden landeten weich auf der Planetenoberfläche und übermittelten von dort Meßdaten und Fernsehaufnahmen. Seit 1978 umkreist die amerikanische Sonde Pioneer-Venus 1 den Planeten auf wechselnden Bahnen, und 1983 erhielt Venus mit den sowjetischen Sonden Venera 15 und 16 zwei weitere künstliche Satelliten; diese drei Sonden führen neben anderen Experimenten auch Radarabtastungen der Planetenoberfläche zur Erstellung von Reliefkarten durch.

Die **Atmosphäre** der Venus besteht überwiegend aus Kohlenstoffdioxid (93 % bis 97 %). In geringen Mengen sind Stickstoff (2 % bis 5 %), Wasserdampf (unter 0,5 %) und Spuren anderer Stoffe vorhanden. Der Atmosphärendruck an der Oberfläche ist rund 90mal höher als der irdische Luftdruck.

Die Wolken in der Venusatmosphäre zeigen eine Schichtung mit verschiedener Zusammensetzung und Temperatur. In den obersten Schichten herrscht Schwefelsäure vor; sie bildet bei einer mittleren Temperatur von 13°C in rund 60 km Höhe 75 % der Wolkenmasse. In tieferen Schichten steigt die Wolkentemperatur bis über 200°C an, und die Wolkenpartikel sind großenteils aus Schwefel.

An der Oberfläche des Planeten liegt die Temperatur bei 450°C oder noch höher. Diese sehr hohe Oberflächentemperatur kommt folgendermaßen zustande. Die bei der Venus ankommende Sonnenstrahlung hat ihr Intensitätsmaximum im sichtbaren Spektralbereich bei der Wellenlänge 500 nm (s. Anhang „Strahlungsgesetze"). Der größte Teil dieser Strahlung wird von den Wolken reflektiert. Der Rest der einfallenden Sonnenstrahlung wird von den Wolken, den Bestandteilen der Atmosphäre und besonders von der festen Venusoberfläche absorbiert und in Wärme verwandelt. Dadurch heizen sich die Atmosphäre und die Planetenoberfläche auf und emittieren ihrerseits wieder Wärmestrahlung, deren Intensitätsmaximum aber nach dem Wienschen Verschiebungsgesetz bei der Wellenlänge 4 μm liegt, also in einem Spektralbereich, in dem die CO_2-Atmosphäre stark absorbiert. Die Wärmestrahlung kann daher nicht entweichen; es entsteht eine Situation wie in einem Treibhaus (**Treibhaus-Effekt**).

Über die **Oberflächenbeschaffenheit** und den **inneren Aufbau** der Venus weiß man nur wenig. Radarabtastungen durch die Pioneer-Venus-2-Sonde lassen auf eine wenig gegliederte Oberfläche schließen, die zu 70 % den Charakter einer leicht welligen Ebene hat; etwa 10 % sind gebirgig, und der Rest besteht aus tiefen Tälern. Die im Oktober 1975 weich gelandeten Sonden Venera 9 und 10 übermittelten kurz nach der Landung Funkbilder ihrer Umgebung zur Erde. Dabei erwies sich an beiden Stellen die Oberfläche mit kleineren und größeren Felsbrocken übersät. Pioneer-Venus 1 machte Beobachtungen, die auf gewaltige Vulkanausbrüche schließen lassen.

Der innere Aufbau des Planeten dürfte etwa dem der Erde gleichen: Ein Kern aus Metall (hauptsächlich Eisen) wird von einem Mantel aus Mg- und Fe-Silikaten umgeben und von einer wenige Kilometer dicken Kruste aus Verbindungen von Al, Ca, Fe u. a. bedeckt.

Ein **Magnetfeld** konnte bei Venus nicht festgestellt werden; sie besitzt **keine Monde**, ihre Bahn kommt von allen Planetenbahnen dem Kreis am nächsten, sie hat die kleinste Abplattung und das gleichmäßigste Gravitationsfeld. Auf ihrer Oberfläche herrschen Zustände, die vom irdischen Standpunkt aus als äußerst lebensfeindlich bezeichnet werden müssen.

3. Die Erde als Planet

Die Erde ist der am genauesten untersuchte Planet. Die Erkenntnisse über den Aufbau der Erde und ihrer Atmosphäre sind nicht nur für uns als Erdenbewohner wichtig, sondern sie geben uns auch die Möglichkeit, die Erde mit anderen Planeten zu vergleichen, Ähnlichkeiten und Unterschiede herauszufinden, um so die Verhältnisse auf anderen Planeten und auch auf der Erde besser zu verstehen.

Die **Gestalt** der Erde ist nur in grober Näherung kugelförmig; wegen der täglichen Rotation um ihre Achse ist sie an den Polen abgeplattet (s. Tabelle 4 im Anhang). Dies kann durch trigonometrische und Schweremessungen nachgewiesen werden. Auch aus den Abweichungen der Flugbahnen von Erdsatelliten vom vorausberechneten Kurs, den sie fliegen müßten, wenn die Erde ein Massenpunkt wäre, lassen sich exakte Rückschlüsse auf die Form der Erde und auf ihre Massenverteilung ziehen.

Eine Näherungsfigur für die Erdgestalt, bei der örtliche Höhenunterschiede ausgeglichen sind, und deren Oberfläche überall senkrecht zur Lotrichtung ist, bezeichnet man als **Geoid**; die Geoidfläche stimmt ungefähr mit dem mittleren Wasserstand der Ozeane überein.

Über den **Aufbau des Erdinneren** erfahren wir aus dem Verhalten von natürlichen und künstlichen Erdbebenwellen. Beim Übergang von einer Schicht der Erde in eine andere tritt eine Änderung der Ausbreitungsgeschwindigkeit und damit eine Brechung der Erdbebenwellen ein, so wie beim Licht, wenn es von einem Medium in ein anderes übertritt.

Man hat festgestellt, daß die Erde einen schalenförmigen Aufbau besitzt: Der Erdkern wird umgeben vom Erdmantel, dieser wiederum von der Erdkruste mit Hydrosphäre und Atmosphäre (Abb. 3.19 a).

Der **Erdkern** besteht aus Metall, im wesentlichen wohl aus Eisen und Nickel. Der innere Kern verhält sich den Erdbebenwellen gegenüber wie ein fester Körper, der äußere Kern dagegen wie eine Flüssigkeit. Im Erdkern herrschen hohe Temperaturen und Drücke (Abb. 3.19b). Die Dichte liegt hier zwischen 13 und 14 g/cm³, ist also beinahe doppelt so hoch wie für Eisen unter normalen Bedingungen. Die extremen Verhältnisse im Kern bewirken eine starke Zunahme der Dichte und im inneren Kern wieder eine dem festen Aggregatzustand entsprechende Zustandsart. In der Übergangszone zum Mantel entstehen durch Bewegungen starke elektrische Ströme, die für das Magnetfeld der Erde verantwortlich sind.

Der **Erdmantel** enthält etwa $^2/_3$ der gesamten Erdmasse. Er besteht aus heißem, festem Gestein, und zwar sind es vorwiegend Silikate von Magnesium und Eisen.

Die **Erdkruste** unterscheidet sich vom Mantel durch ihre geringere Temperatur und ihre Zusammensetzung. Sie ist am stärksten differenziert. Unter den Ozeanen ist sie weniger dick (5 km bis 10 km) als unter den Festländern (etwa 30 km). Die Kruste besteht hauptsächlich aus Silikaten

von Aluminium, Calcium, Magnesium und Eisen; sie enthält auch Kalium, Natrium und andere Elemente, deren Anteil wegen ihrer ungleichmäßigen Verteilung in der Erdkruste nur schwer zu bestimmen ist.

Die Zeit seit der Bildung einer Erstarrungskruste bezeichnet man als das **Alter der Erde**. Aus den Verhältnissen der Mengen bestimmter radioaktiver Isotope und ihrer Zerfallsprodukte erhält man ein Erdalter von $4{,}5 \cdot 10^9$ Jahren.

Als **Hydrosphäre** bezeichnet man die Schicht von Wasser, welche die Erdoberfläche zu über 70 % mit einer mittleren Wassertiefe von fast 3800 m bedeckt, und das in der Atmosphäre enthaltene Wasser.

Die Erde und die anderen erdähnlichen Planeten hatten kurz nach ihrer Entstehung überhaupt keine **Atmosphäre**, oder sie haben ihre Uratmosphäre rasch verloren. Diese müßte aus leichten Gasen, vor allem aus Wasserstoff und Helium zusammengesetzt gewesen sein. Die Gravitationskraft war zu klein, die Temperatur zu hoch, als daß diese Gase hätten festgehalten werden können; sie entwichen in den Weltraum. Dagegen dürften die großen jupiterähnlichen Planeten noch eine derartige Uratmosphäre besitzen.

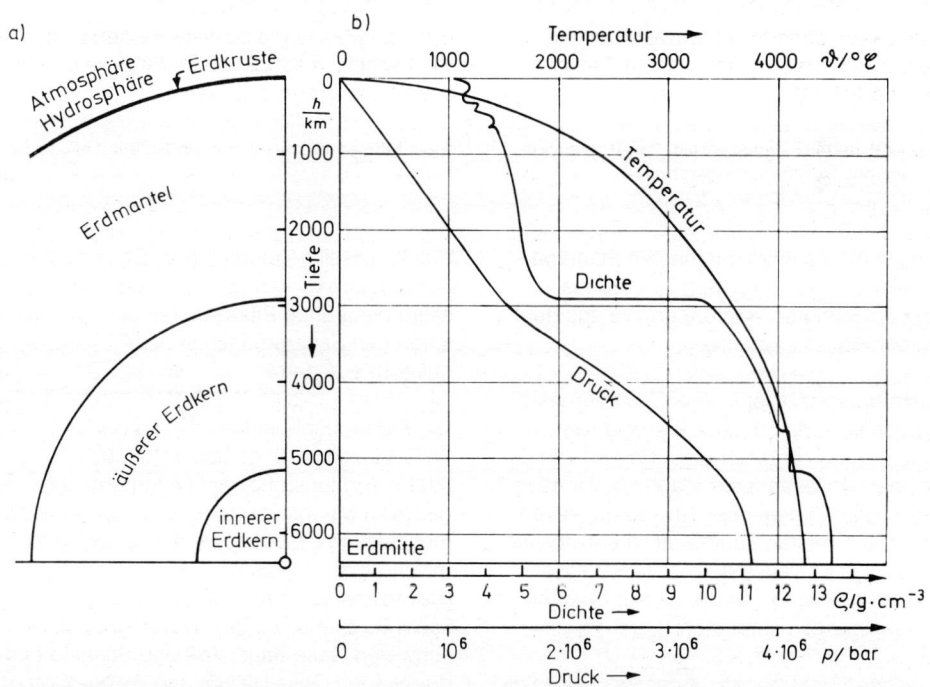

3.19 a) Schalenförmiger Aufbau der Erde **b)** Verlauf von Temperatur, Druck und Dichte im Erdinnern

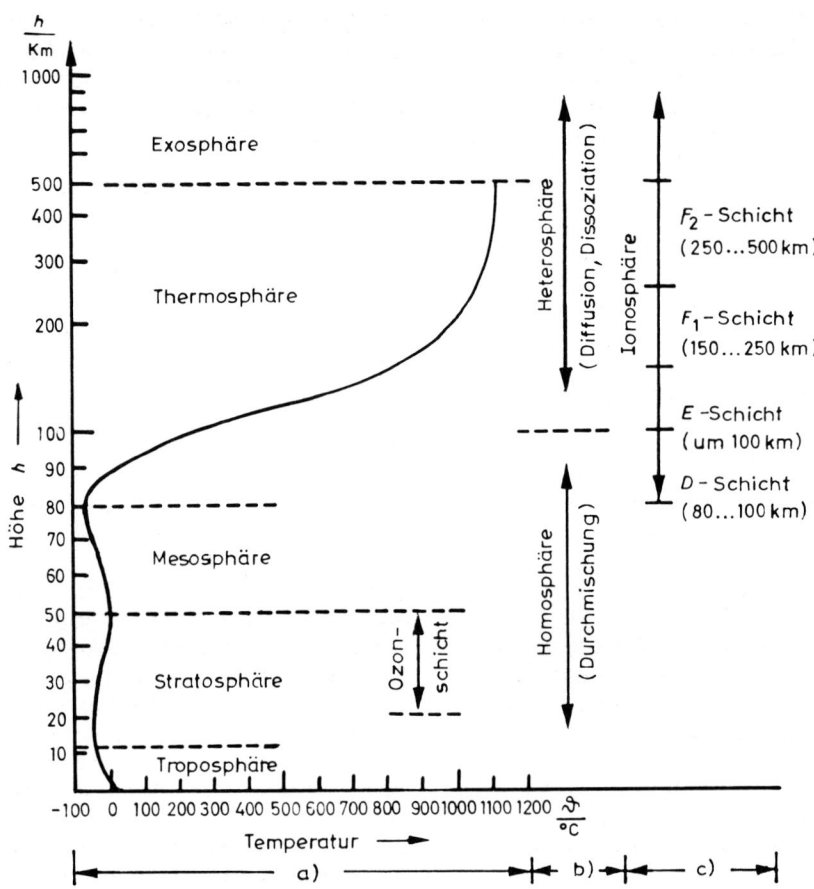

3.20 Aufbau der Erdatmosphäre. **a)** Abhängigkeit der Temperatur von der Höhe **b)** Zusammensetzung der Atmosphäre **c)** Ionisationszustand der Atmosphäre. Der Höhenmaßstab ist zwischen 0 und 100 km linear, zwischen 100 km und 1000 km logarithmisch.

Die jetzige Atmosphäre der inneren Planeten – sofern eine solche vorhanden ist – ist aus Gasen und Dämpfen entstanden, die aus dem Innern der Planeten stammen.

Die **Erdatmosphäre** ist in ihrer Zusammensetzung wesentlich durch das Leben geprägt worden. Dadurch unterscheidet sie sich von den Atmosphären aller anderen Planeten. Vor etwa 2 Milliarden Jahren begannen Mikroorganismen durch Photosynthese Sauerstoff zu entwickeln, indem sie aus Kohlenstoffdioxid und Wasser unter der Einwirkung von Sonnenlicht organische Verbindungen aufbauten.

Als vor etwa 200 Millionen Jahren das Leben die Kontinente zu erobern begann, war dies nur möglich, weil genügend freier Sauerstoff in der Atmosphäre vorhanden war. Seitdem sind es vor allem die grünen Pflanzen, die durch die Assimilation den Sauerstoffgehalt der Atmosphäre aufrecht erhalten.

Die Erdatmosphäre besteht am Boden aus rund 78 % Stickstoff, 21 % Sauerstoff, 0,9 % Argon, 0,03 % Kohlenstoffdioxid (Volumprozente) und geringen Mengen anderer Gase. Diese Zusammensetzung bleibt infolge der dauernden Durchmischung bis in 120 km Höhe ziemlich konstant (**Homosphäre**, Abb. 3.20b). Darüber gibt es kaum Turbulenz, so daß sich die spezifisch schweren Gase Sauerstoff und Stickstoff unten, die leichten Gase Helium und Wasserstoff oben ansammeln (**Heterosphäre**).

Eine andere Einteilung der Atmosphäre gewinnt man aus der Änderung der Temperatur mit der Höhe (Abb. 3.20a). Die unterste Schicht, in der sich die Wettervorgänge abspielen, heißt **Troposphäre** (0 bis 11 km). In ihr nimmt die Temperatur mit der Höhe ab (bis −55 °C).

Die **Stratosphäre** reicht von 11 km bis 50 km Höhe; in ihr steigt die Temperatur nach oben wieder (bis +50 °C). In der Stratosphäre liegt etwa zwischen 20 km und 50 km Höhe die **Ozonschicht**, die für das Leben auf der Erde von allergrößter Bedeutung ist; in ihr wird nämlich die für Lebewesen schädliche kurzwellige Ultraviolettstrahlung der Sonne absorbiert, so daß sie nicht zur Erdoberfläche gelangen kann. In einer anschließenden Übergangsschicht (**Mesosphäre**) sinkt die Temperatur nach oben wieder bis −70 °C, um dann mit der Höhe stark anzusteigen (**Thermosphäre**); in etwa 500 km Höhe beträgt die Temperatur 1100 °C.
Hierbei handelt es sich um eine Temperatur, die aus der mittleren kinetischen Energie der Teilchen nach der Gleichung $W_k = \frac{3}{2} k \cdot T$ berechnet worden ist (W_k ist die kinetische Energie, k die Boltzmannkonstante, T die absolute Temperatur).

Oberhalb von 500 km geht die Atmosphäre langsam in den interplanetaren Raum über; das Übergangsgebiet wird **Exosphäre** genannt.

Durch die in die Erdatmosphäre eindringende energiereiche Ultraviolett- und Röntgenstrahlung wird im Höhenbereich zwischen 80 km und 500 km ein großer Teil der Luftmoleküle ionisiert. Dieses Gebiet heißt **Ionosphäre**. In der Abb. 3.20c ist die geschichtete Struktur der Ionosphäre angedeutet; die Hauptebenen der mit D, E, F_1, F_2 bezeichneten Schichten sind Bereiche größter Ionen- und Elektronendichte. Die Schichtenbildung kommt dadurch zustande, daß für jede Teilchensorte die Dichte nach oben abnimmt, während die Stärke der Sonnenstrahlung nach unten abnimmt; die ionisierende Wirkung hat deshalb in einer bestimmten Höhe ein Maximum. Mehrere Schichten bilden sich, weil die einzelnen Bestandteile der Luft (O, O_2, N_2, NO) entsprechend ihren individuellen Ionisationsenergien durch Strahlung der Sonne aus verschiedenen Spektralbereichen ionisiert werden.

Auf Kurz-, Mittel- und Langwellen, die von Radiostationen an der Erdoberfläche ausgesandt werden, wirken die Ionosphärenschichten wie Spiegel; die Wellen werden ohne hohe Energieverluste reflektiert und können dadurch große Reichweiten erlangen. Deshalb hat die Ionosphäre eine große Bedeutung für den irdischen Funkverkehr.

Unsere Erde besitzt als einziger der inneren Planeten ein stärkeres **Magnetfeld**. Es kann in der Nähe der Erdoberfläche als Dipolfeld beschrieben werden, wie wenn es von einem durch den Erdmittelpunkt gehenden Stabmagneten erzeugt würde. Die Symmetrieachse des Dipolfeldes ist um 11,6° gegenüber der Rotationsachse der Erde geneigt. In größeren Entfernungen erfährt das irdische Magnetfeld durch den Sonnenwind große Veränderungen. Die elektrisch geladenen Teilchen des Sonnenwindes (Protonen und Elektronen) werden durch das Erdmagnetfeld abgelenkt, so daß sie sich nur bis zu einer Entfernung von 15 Erdradien (vom Erdmittelpunkt aus) der Erde nähern können. Beim Umströmen der Erde komprimiert der Sonnenwind das Erdmagnetfeld; dadurch wird das Magnetfeld auf einen abgeschlossenen Raum, die **Magnetosphäre**, beschränkt (Abb. 3.21).

Teilchen des Sonnenwindes, die in die Magnetosphäre eindringen konnten, werden vom Dipolfeld der Erde eingefangen und pendeln auf Spiralbahnen zwischen den Magnetpolen hin und her (Abb. 3.22). Dadurch bilden sich zwei **Strahlungsgürtel**, ein innerer, der hochenergetische Protonen enthält, und ein äußerer aus Elektronen. Diese Strahlungsgürtel wurden 1958 von J. van Allen bei der Auswertung von Beobachtungen des ersten Explorer-Satelliten entdeckt. Wird die Teilchendichte in den Strahlungsgürteln zu hoch, so dringen Elektronen – seltener auch Protonen – aus dem Strahlungsgürtel in die Hochatmosphäre ein und regen dort die Luftmoleküle durch Stöße zum Leuchten an; dies ist die Ursache der **Polarlichter**.

Atmosphäre und Magnetosphäre schützen uns in mehrfacher Hinsicht. Die Magnetosphäre verhindert ein langsames Entweichen der atmosphärischen Gase und ein Eindringen des Sonnenwindes. Die Atmosphäre schützt uns vor schädlichen Ultraviolett- und Röntgenstrahlen der Sonne. Außerdem fängt sie die kleinen Meteorite ab, die auf die Erde fallen; sie verdampfen als Sternschnuppen in der oberen Atmosphäre.

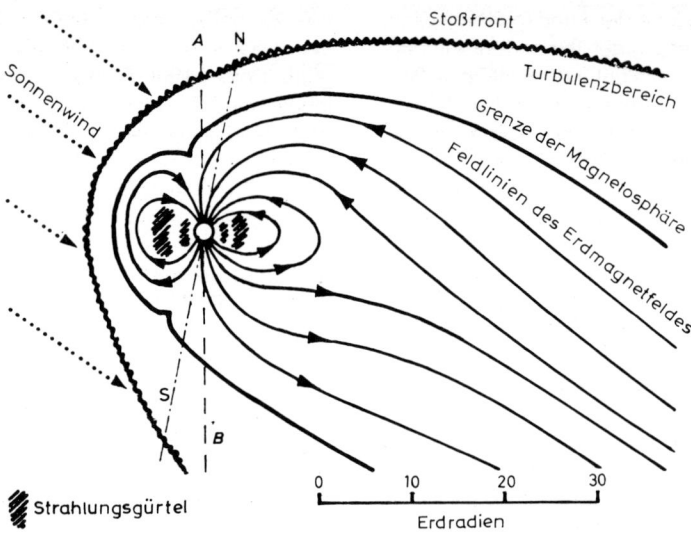

3.21 Die Einwirkung des Sonnenwindes auf die Magnetosphäre der Erde. Die Einfallsrichtung des Sonnenwindes ist die Richtung der Ekliptikebene; die Abbildung zeigt einen Schnitt senkrecht zu dieser Ebene. NS ist die geographische, *AB* die magnetische Achse der Erde.

Für den Astronomen hat die Atmosphäre auch Nachteile. Das Sternlicht muß, bevor es den Beobachter auf der Erde erreicht, erst die Atmosphäre durchqueren. Dabei wird seine Richtung, Zusammensetzung und Intensität verändert.

Alle Lichtstrahlen, mit Ausnahme der vom Zenit kommenden, werden beim Durchgang durch die Atmosphäre zur Erde hin gebrochen (**Refraktion**). Dadurch erscheint ein Stern höher über dem Horizont, als dies seiner tatsächlichen Position an der Sphäre entspricht (Abb. 3.23).

Die Ablenkung des Sternlichtes durch die Refraktion wächst mit der Zenitdistanz und erreicht in Horizontnähe etwa 0,5°. Mit Hilfe von Refraktionstabellen kann man den Einfluß der Strahlenbrechung auf astronomische Messungen rechnerisch beseitigen.

Die durch die Luftunruhe bedingten, thermischen Schwankungen der Brechungseigenschaften lassen sich nicht beseitigen. Sie begrenzen das optische Auflösungsvermögen (**Seeing**, s. S. 22).

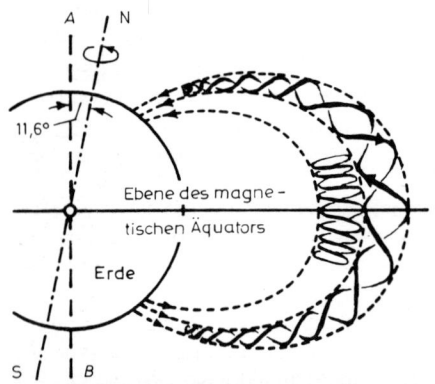

3.22 Bewegung elektrisch geladener Teilchen im erdmagnetischen Feld (Achsenbezeichnungen wie in Abb. 3.21)

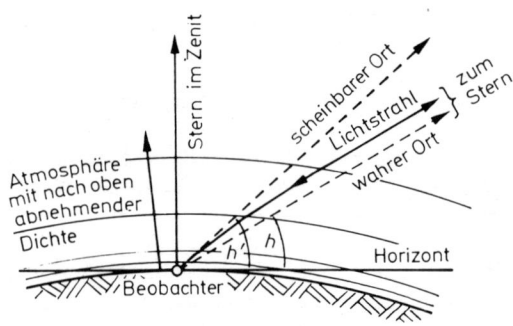

3.23 Atmosphärische Refraktion.
h wahre, *h'* scheinbare Höhe eines Sterns.

Weitere Beeinträchtigungen astronomischer Beobachtungen liegen in der Schwächung der Strahlung eines Himmelskörpers beim Durchgang durch die Erdatmosphäre und in der Aufhellung des Himmelshintergrundes. Die **Lichtschwächung** im sichtbaren Spektralbereich wird hauptsächlich durch die Streuung der Strahlung an Luftmolekülen und atmosphärischen Dunst- und Staubpartikeln von der Größenordnung der Lichtwellenlänge verursacht.

Durch das diffus gestreute Sonnenlicht entsteht die Helligkeit des Taghimmels. Nachts ist nur das vom Vollmond erzeugte Streulicht als Aufhellung des Himmels direkt bemerkbar. Eine die Beobachtung besonders störende Erhellung des Nachthimmels, die stärker ist als das Streulicht der Sterne, kommt durch eine Leuchterscheinung in der Atmosphäre zwischen 70 km und 300 km Höhe zustande. Elektronen und Ionen, die am Tage durch die UV-Strahlung der Sonne getrennt worden waren, rekombinieren im Laufe der Nacht und senden dabei eine Linien- und Bandenstrahlung im sichtbaren Spektralbereich aus; diese Erscheinung heißt **Nachthimmelleuchten** (engl. airglow).

Die **Absorption** der von den Gestirnen kommenden Strahlung durch die Luftmoleküle spielt im Bereich des sichtbaren Lichtes nur eine geringe Rolle. Dagegen wird die gesamte Gamma- und Röntgenstrahlung der Gestirne in der Atmosphäre, hauptsächlich durch das Ozon (O_3), absorbiert. Im Infrarotbereich absorbieren besonders die H_2O- und CO_2-Moleküle.

Die Atmosphäre der Erde hält für astronomische Beobachtungen an der Erdoberfläche nur zwei Fenster offen, das optische Fenster (300 nm bis 2000 nm) und das Radiofenster (einige mm bis 20 m). Radiofrequente Strahlung aus dem Weltraum mit Wellenlängen über 20 m wird durch die Elektronen der Ionoshäre reflektiert, also abgeschirmt (Abb. 3.24).

4. Mars

Der **Durchmesser** des Planeten Mars ist etwa halb so groß wie der Erddurchmesser, seine **Masse** ist etwa $1/9$ der Erdmasse (genaue Daten s. Tabelle 4 im Anhang). Ein Tag auf dem Mars ist fast genau so lang wie auf der Erde. Auch die Neigung der Rotationsachse gegen die Bahnebene stimmt mit derjenigen der Erde ungefähr überein. Deshalb ist zu erwarten, daß auf dem Mars ein Wechsel der Jahreszeiten wie auf der Erde abläuft.

Tatsächlich beobachtet man mit dem Fernrohr auffallende weiße **Polkappen**, die auf der „Sommer"-Seite kleiner als auf der „Winter"-Seite sind. Nach einem halben Marsjahr (ungefähr einem Erdenjahr) sind die Größenverhältnisse vertauscht. Die den Mars-Sommer überdauernde Polkappe besteht aus Wassereis, während die jahreszeitlich wechselnden Kappen aus festem Kohlenstoffdioxid bestehen.

Die ersten detaillierten Informationen über die **Marsoberfläche** lieferte die amerikanische Sonde Mariner 9, die 1971 in eine Mars-Umlaufbahn gebracht wurde. Sie zeigten, daß der Mars eine Zwischenstellung zwischen dem geologisch primitiven Mond und der hochentwickelten Erde einnimmt. Als Mariner 9 seine Beobachtungen beginnen sollte, tobte auf dem Mars 50 Tage lang ein Sandsturm, der den ganzen

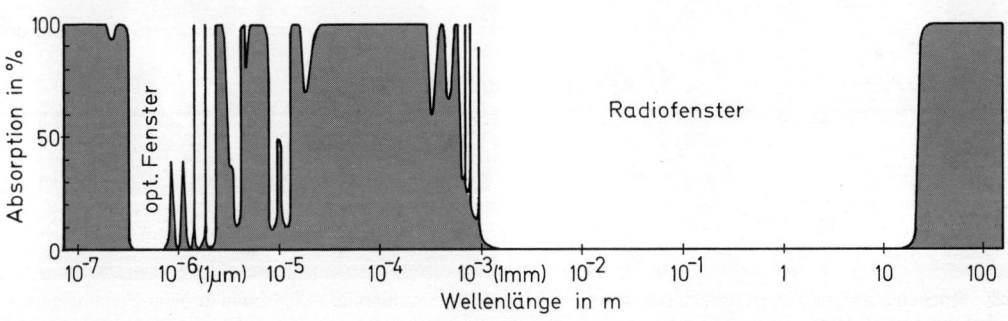

3.24 Absorption elektromagnetischer Strahlung in der Erdatmosphäre in Abhängigkeit von der Wellenlänge

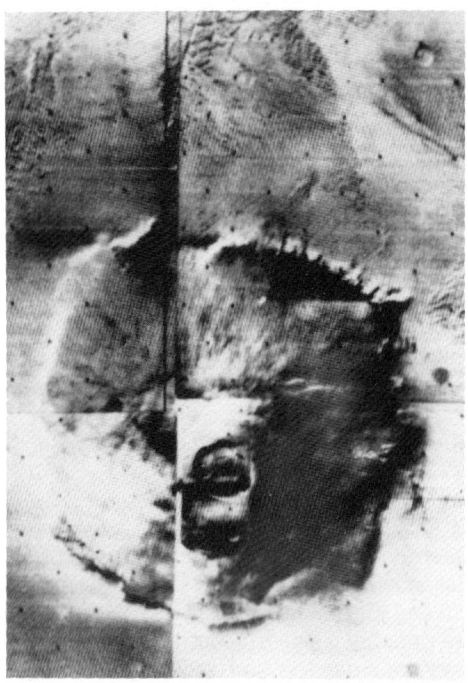

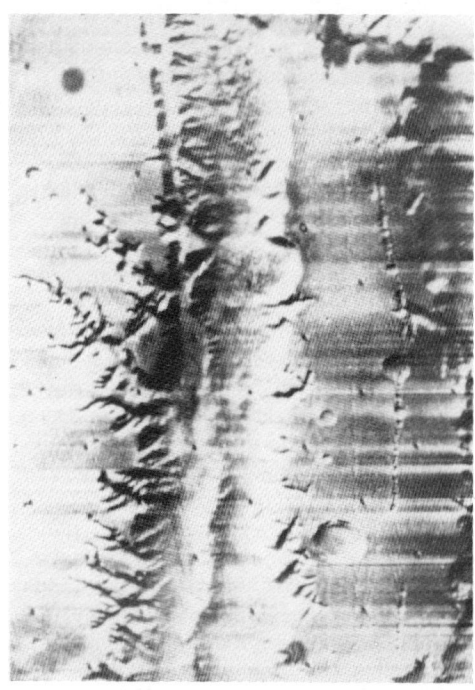

3.25 Der Vulkan Olympus Mons auf dem Mars.
Aufnahme der amerikanischen Marssonde Mariner 9.

3.26 Vallis Marineris, der „Grand Cañon" des Mars
(75 km breit, mehrere km tief, Bildausschnitt etwa 500 km).
Aufnahme der amerikanischen Marssonde Mariner 9.

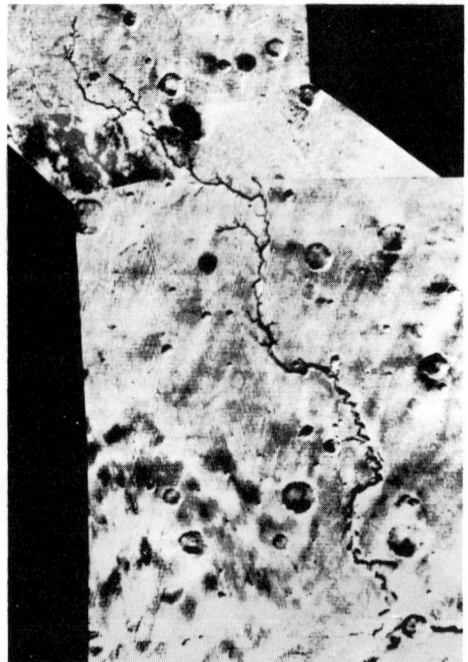

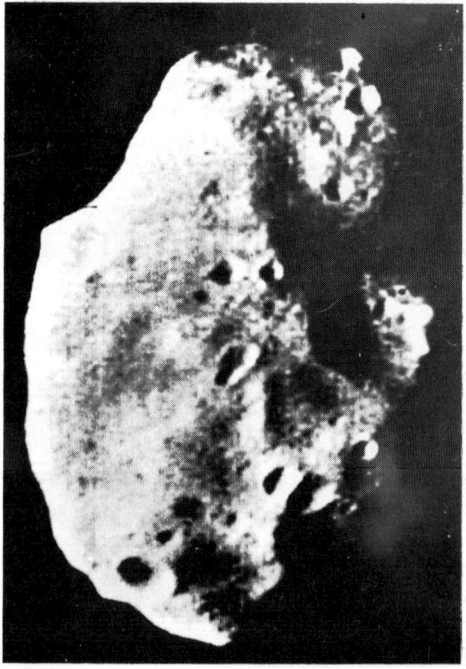

3.27 Trockental auf dem Mars (1000 km lang) im
Gebiet des Mare Erythraeum.
Aufnahme der amerikanischen Marssonde Mariner 9.

3.28 Der Mars-Mond Phobos (größter Durchmesser
27 km).
Aufnahme der amerikanischen Marssonde Mariner 9.

Planeten einhüllte. Als der Sturm sich legte, konnten zuerst vier mächtige Vulkane entdeckt werden, deren größter Olympus Mons (Berg Olymp) genannt wurde. Dieser Vulkan wurde bereits 1879 mit lichtstarken Fernrohren als winziger, leuchtend weißer Fleck beobachtet. Mit 25 km Höhe und 600 km Basisdurchmesser ist Olympus Mons (Abb. 3.25) der größte im Sonnensystem bekannte Vulkan. In seinem Aufbau gleicht er den großen Schildvulkanen auf Hawaii (Mauna Loa, größter irdischer Vulkan, 200 km Durchmesser, 10 km Höhe über dem Meeresboden). Die Marskruste muß sehr dick sein, um derartige Berge tragen zu können.

Außer Vulkanen verschiedenster Größe gibt es auch große, mit vulkanischen Ergüssen bedeckte Ebenen. Etwa 40 % der Marsoberfläche sind mit Einschlagskratern bedeckt, deren Dichte etwa der auf dem Mond entspricht. Infolge der atmosphärischen Erosion sind jedoch die Kraterstrukturen verwaschener als auf dem Mond.

Zwei besonders bemerkenswerte Oberflächenformen auf dem Mars sind die großen Cañons (Abb. 3.26) und die Trockentäler (Abb. 3.27). Die Cañons sind bis zu 6 km tief und 100 km bis 500 km breit; der längste ist 2700 km lang (der Grand Cañon in Arizona, USA, ist nur 1,8 km tief und 350 km lang). Bei ihrer Entstehung dürften Spaltenbildungen in der Kruste, Einbrüche in Hohlräume, die nach dem Abfließen der Lava entstanden sind, und Winderosion zusammengewirkt haben.
Die Trockentäler sehen genau aus wie große Täler auf der Erde. Alle Einzelheiten deuten darauf hin, daß sie durch reißende Wasserströme entstanden sind. Vermutlich wurde das im Marsboden gefrorene Wasser (Permafrost) durch vulkanische Vorgänge geschmolzen und floß dann in riesigen Strömen über den Marsboden. Das war nur eine kurze Episode in der geologischen Geschichte des Mars. Seitdem findet sich Wasser nur in den permanenten Polkappen, als Permafrost und an die Körner des Regolith gebunden.

Die **Marsatmosphäre** enthält heute fast keinen Wasserdampf. Da ihre Dichte und Temperatur aber sehr niedrig sind, ist die Marsatmosphäre nahezu gesättigt mit Wasserdampf, so daß man stets Wolken beobachten kann.
Der Druck der Marsatmosphäre beträgt nur etwa 0,5 % des irdischen Luftdrucks. Die Tempe-

raturen liegen zwischen 150 K (−120 °C) an den Polen und Maximalwerten um 300 K (+30 °C) am Äquator. Die Atmosphäre besteht zu 95 % aus Kohlenstoffdioxid, 3 % molekularem Stickstoff, 1,5 % Argon. Sauerstoff, Wasserstoff, Kohlenstoffmonooxid und Wasserdampf sind in geringen Mengen vorhanden.
Im Juli und September 1976 erreichten die Landestufen der Sonden Viking 1 und 2 die Marsoberfläche. Sie sandten große Mengen von Nahaufnahmen der Marsoberfläche und viele, längere Zeiten überdeckende Daten über den Zustand der Atmosphäre und das Wettergeschehen zur Erde.
Spezielle Experimente sollten der Klärung der Frage dienen, ob Formen von Leben auf dem Mars vorhanden gewesen oder noch vorhanden seien. Die Auswertung dieser Experimente hat gezeigt, daß es auf dem Mars kein Leben gibt.

Mars hat zwei **Monde**, Phobos (Abb. 3.28) und Deimos. Sie sind unregelmäßig geformt. Phobos mißt 27 km x 21,5 km x 19 km, Deimos dagegen nur 15 km x 12 km x 11 km. Beide Monde haben fast kreisförmige Bahnen und besitzen viele Einschlagskrater. Dies deutet darauf hin, daß sie sich mit dem Planeten zusammen gebildet haben und nicht später eingefangen worden sind.

5. Jupiter

Wenn der Planet Jupiter am Nachthimmel steht, fällt er durch sein ruhiges, helles Licht auf; er ist nach Venus der Planet mit der größten mittleren Helligkeit. Schon mit einem kleinen Fernrohr kann man auf der Jupiterscheibe eine Anzahl von parallelen dunklen Streifen erkennen. Leicht zu beobachten sind die vier großen Jupitermonde, die schon 1610 von Galileo Galilei und unabhängig davon von Simon Mayr (Simon Marius) entdeckt wurden, als diese zum erstenmal ein Fernrohr auf den Jupiter richteten.

Jupiter ist der größte Planet im Sonnensystem. Sein **Durchmesser** ist etwa 11mal so groß wie der Erddurchmesser und ungefähr $1/10$ des Sonnendurchmessers. Die **Jupitermasse** ist gleich 318 Erdmassen, aber nur $1/1000$ der Sonnenmasse (s. Tabelle 4 im Anhang). Die mittlere Dichte des Jupiter ist 1,3 g/cm³; deshalb muß der Planet vorwiegend aus leichten Elementen bestehen.

Wegen seiner großen Masse konnte Jupiter auch leichte Gase daran hindern, in den Weltraum zu entweichen, so daß seine Zusammensetzung weitgehend der entspricht, die er bei seiner Entstehung vor etwa 4,6 Milliarden Jahren hatte, und die wir auch in der Sonne vorfinden (vgl. dazu Tabelle 4.3, S. 108).

Jupiter ist von einer ausgedehnten Atmosphäre umgeben. In ihr befinden sich undurchsichtige Wolken, die parallel zum Äquator helle und dunkle Bänder aufweisen und deren Muster und Farbtönungen ständig wechseln.

Einzelne Strukturen lassen sich auch über längere Zeiträume beobachten, so der Große Rote Fleck (s. Abb. 3 im Anhang), der seit über 300 Jahren bekannt ist. Seine Abmessungen entsprechen etwa der Größe der Erde. Mit solchen markanten Erscheinungen kann man die **Rotationsdauer** des Planeten bestimmen; man erhält rund 10 Stunden (die Gebiete in höheren Breiten rotieren etwas langsamer als äquatornahe Bereiche).

Infolge der raschen Rotation und der großen Ausdehnung des Jupiter entstehen am Äquator hohe Zentrifugalbeschleunigungen, die eine schon im Fernrohr deutlich sichtbare **Abplattung** des Planetenkörpers bewirken. Wäre das Innere des Planeten homogen mit Materie erfüllt, so müßte die Abplattung noch größer sein; man muß deshalb annehmen, daß sich im Innern ein Kern schwererer Materie befindet, der wohl das Kondensationszentrum gewesen ist, um das herum sich der Planet gebildet hat.

Bevor man Jupiter mit Raumsonden anfliegen konnte, war wenig über seinen Aufbau bekannt. Spektroskopisch ließen sich in der **Atmosphäre** des Planeten neben Wasserstoff nur Ammoniak und Methan nachweisen. Mit dem Vorbeiflug der amerikanischen Raumsonden Pioneer 10 (1973) und 11 (1974), insbesondere aber durch Voyager 1 und 2 (1979) wurde eine Fülle von Aufnahmen und Meßdaten gewonnen. Demnach besitzt Jupiter eine rund 1000 km dicke Atmosphäre, die zum größten Teil aus Wasserstoff H_2 besteht; Heliumatome sind etwa zehnmal weniger häufig als Wasserstoffmoleküle. Außerdem wurde eine Reihe anderer Gase in sehr geringen Konzentrationen festgestellt (CH_4, NH_3, C_2H_6, H_2O u.a.); Substanzen, die für die Farbtönungen der sichtbaren Wolkenschichten verantwortlich sein könnten, wurden bis jetzt noch nicht mit Sicherheit nachgewiesen.

Von der Jupiteratmosphäre bis zum Zentrum des Planeten steigen Druck und Temperatur stark an. Dementsprechend ändert sich der physikalische Zustand besonders des Wasserstoffs gewaltig.

Beobachtungsdaten, aus denen **der innere Aufbau** des Planeten erschlossen werden kann, sind die Werte von Durchmesser, Masse, Dichte, Rotationsgeschwindigkeit und Abplattung, sowie die aus den Bahnbewegungen von Monden und Sonden abgeleiteten Eigenschaften des Jupiter-Gravitationsfeldes.

Modellrechnungen verfolgen mit diesen Ausgangsdaten den Planetenaufbau von außen nach innen unter der Annahme, daß an jedem Punkt des Planeteninnern Gleichgewicht herrscht zwischen den nach außen gerichteten Druck- und Fliehkräften und der zum Zentrum wirkenden Gravitationskraft. Diesen Zustand nennt man hydrostatisches Gleichgewicht (s. auch S. 94).

Die Modellrechnungen zeigen: Die Atmosphäre hat eine Tiefe von 1000 km; in diesem Bereich beginnt der molekulare Wasserstoff bei einer Temperatur von 2000 K flüssig zu werden. Durch diese Veränderung ist die Grenze zwischen der Atmosphäre und dem Planeteninnern markiert. Dann tritt im Zentrumsabstand von etwa 54 000 km eine weitere Zustandsänderung ein: bei Temperaturen um 10 000 K und Drücken von 3 Mbar (= $3 \cdot 10^{11}$ Pa) sind die Wasserstoffmoleküle so dicht gepackt, daß sie - ähnlich wie die Atome der Metalle - je ein Elektron abgeben und damit in einen Zustand mit metallischer Leitfähigkeit übergehen. Ladungsbewegungen in diesem metallischen Wasserstoff erzeugen das ausgedehnte **Magnetfeld** des Jupiter; es ist entgegengesetzt zum Magnetfeld der Erde gepolt und in der gleichen Entfernung vom Planetenzentrum 20 000mal stärker als dieses.

Die Modellrechnungen, die sich den beobachteten Rahmenbedingungen sehr gut anpassen, lassen einen ziemlich großen Spielraum für das Massenverhältnis H : He zu; der Zahlenwert liegt etwa bei 3 : 1. Dies entspricht auch dem Wert, den man für die Sonne gefunden hat. Für das innerste Zentralgebiet ergeben die Rechnungen einen sehr massiven Kern aus Silikaten und Metallen. Der Radius dieses Kerns beträgt etwa 10 000 km; von der äußeren Kerngrenze bis zum Zentrum steigt die Temperatur von 20 000 K auf 25 000 K, der Druck von 42 Mbar auf 80 Mbar.

Jupiter strahlt etwa doppelt so viel Energie ab, wie er von der Sonne aufnimmt. Er muß also eine **innere Energiequelle** haben. Jupiter besteht zwar aus Sonnenmaterie, aber seine Masse ist zu klein, als daß er wie die Sonne aus Kernfusionsprozessen Energie gewinnen könnte. Auch radioaktive Stoffe kommen als Wärmelieferanten nicht in Frage, weil sie nicht in ausreichendem Maße vorhanden sind. Es bleibt also wahrscheinlich nur die Möglichkeit, daß bei der Bildung des Planeten durch die auf seinen Kern stürzende Materie viel Wärme gespeichert werden konnte, die jetzt durch Konvektionsströme an die Oberfläche transportiert und von dort abgestrahlt werden kann; damit stimmt überein, daß zwischen Tag- und Nachtseite keine wesentlichen Temperaturunterschiede festgestellt werden konnten.

Jupiter besitzt eine **Ionosphäre**. Die durch die kurzwellige UV- und Röntgenstrahlung der Sonne gebildeten Ionen und Elektronen führen dort im starken Magnetfeld des Planeten Spiralbewegungen aus, die zur Aussendung von Radiostrahlung im Meterwellenbereich führen.

Der Sonnenwind erzeugt – ähnlich wie bei der Erde – eine **Magnetosphäre**, die jedoch so umfangreich ist, daß sich die inneren Monde des Jupiter in ihr bewegen; der Magnetosphärenschweif reicht auf der von der Sonne abgewandten Seite des Jupiter vermutlich bis über die Saturnbahn hinaus. Hochenergetische Teilchen des Sonnenwindes, die in die Magnetosphäre eindringen können, bilden dort mehrere Strahlungsgürtel. Die Spiralbewegung dieser Teilchen im Magnetfeld des Jupiter verläuft mit Geschwindigkeiten, die mit der Lichtgeschwindigkeit vergleichbar sind; dabei entsteht eine charakteristische Strahlung im Bereich der Dezimeterwellen (Synchrotronstrahlung).

Bis jetzt sind 16 **Monde** des Jupiter bekannt. Die innersten Monde wurden durch die beiden Voyager-Sonden untersucht; dabei wurden besonders von den vier großen Monden Io, Europa, Ganymed und Kallisto hervorragende Fernsehaufnahmen gewonnen (s. Abb. 4 im Anhang).

Io ist durch eine rötliche, von Schwefel oder Schwefelverbindungen gefärbte, mit vulkanischen Narben übersäte Oberfläche gekennzeichnet. Während des Vorbeiflugs der beiden Raumsonden wurden mehrere Vulkanausbrüche auf Io beobachtet.

Die Ursache des Vulkanismus dürfte in einem „Durchkneten" des Mondes durch die sehr starken Gezeitenkräfte des Jupiter zu suchen sein. Io besitzt eine dünne Atmosphäre aus vulkanischen Gasen und eine eigene Ionosphäre. Bei der Bewegung durch das Magnetfeld des Jupiter erzeugt Io elektrische Ströme mit Stromstärken von einigen Millionen Ampere, von denen die Ausbrüche von Meterwellenstrahlung in der Ionosphäre des Jupiter gesteuert werden.

Europa ist eine nahezu glatte Kugel, die vermutlich von einer Eisdecke überzogen ist. Charakteristisch sind dunkle Linien, die sich überkreuzen; dabei könnte es sich um Eisspalten handeln. Die Dichtebestimmung durch die Voyager-Sonden läßt darauf schließen, daß der Eismantel etwa 100 km dick ist.

Ganymed ist der größte Mond im Sonnensystem. Aus seiner mittleren Dichte von 1,9 g/cm^3 kann man schließen, daß er aus einem großen Gesteinskern mit einem Mantel aus Wasser und Eis bestehen dürfte, in den Gesteinstrümmer eingebettet sind. Auffallende dunkle Gebiete der Oberfläche, die stärker als die helleren Bereiche mit Einschlagskratern besetzt sind, könnten Teile einer ursprünglichen Kruste sein.

Kallisto besitzt mit einer Dichte von 1,9 g/cm^3 wohl einen ähnlichen Aufbau wie Ganymed. Die Oberfläche von Kallisto ist aber im Gegensatz zu der von Ganymed sehr gleichmäßig und dicht mit Einschlagskratern überdeckt. Die größten Krater sind von Systemen heller Ringe umgeben; die Krater selbst sind meist nur schwer zu erkennen, weil sie zu einer Zeit entstanden sind, als die Oberfläche des Mondes noch weich war.

Außer Io besitzt keiner der Jupitermonde eine Atmosphäre. Alle vier großen Monde zeigen eine gebundene Rotation; sie kehren also dem Planeten stets die gleiche Seite zu.

Nachdem bereits Anfang 1979 von Hawaii aus Anzeichen eines sehr lichtschwachen Ringes um Jupiter beobachtet worden waren, wurde dieser **Ring** auch einige Wochen später von Voyager 1 entdeckt und von Voyager 2 bestätigt. Die äußere Ringkante ist 128 300 km von der Planetenoberfläche entfernt. Seine Breite wird auf 6000 km, seine Dicke auf 30 km geschätzt.

6. Saturn

Saturn ist der fernste Planet, der noch mit dem bloßen Auge gesehen werden kann. Sein Licht ist ruhig und gelblich. Bei der Beobachtung mit dem Fernrohr fällt sein Ringsystem ins Auge (s. Abb. 5 im Anhang), das schon von Galilei (1610) beobachtet worden war, aber erst 1655 von Christian Huygens richtig gedeutet worden ist.

Saturn ist der zweitgrößte Planet im Sonnensystem. Sein mittlerer **Durchmesser** ist etwa das 9fache des Erddurchmessers, seine **Masse** entspricht ungefähr 95 Erdmassen (genaue Werte s. Tabelle 4 im Anhang). Saturn hat die geringste mittlere Dichte aller Planeten; sie beträgt nur $0,70 \text{ g/cm}^3$. Daraus folgt, daß Saturn ähnlich wie Jupiter aus leichten Elementen aufgebaut sein muß. Die Resultate sind auch hier stark modellabhängig; der Massenanteil des Heliums scheint relativ zum vorherrschenden Wasserstoff geringer zu sein als bei Jupiter.

Wie Jupiter besitzt auch Saturn eine ausgedehnte **Atmosphäre**. Die Wolken, die den Planeten einhüllen, zeigen keine so ausgeprägten Farbkontraste wie bei Jupiter, denn sie liegen wegen der tieferen Temperatur in tieferen Schichten der Saturnatmosphäre unter höherliegenden Dunstschleiern.

Saturn und seine Monde wurden bis jetzt durch drei amerikanische Raumsonden untersucht: 1979 durch Pioneer 11, 1980 durch Voyager 1 und 1981 durch Voyager 2. Nach der Auswertung dieser Sondenbeobachtungen sind gegenüber früher wesentlich genauere Aussagen über die Zusammensetzung der Atmosphäre und die Struktur des Planeteninneren möglich. Die Atmosphäre besteht in der Nähe der Wolkendecke vorwiegend aus molekularem Wasserstoff (94 %). Die restlichen 6 % sind Helium mit einer Reihe anderer Gase, wie z. B. Methan und Ammoniak, die aber insgesamt nicht einmal 1 % der Atmosphärenmasse ausmachen.

Mit rund 10,5 Stunden liegt die **Rotationsperiode** des Saturn dicht bei der des Jupiter. Die **Abplattung** infolge der raschen Rotation ist bei Saturn noch stärker als bei Jupiter.

Saturn ist nicht nur in der chemischen Zusammensetzung, sondern auch in seinem physikalischen **Aufbau** dem Jupiter ähnlich. Sehr gute Übereinstimmung mit den Beobachtungsgrößen zeigt ein Modell, bei dem nur die relativen

Dicken der Schichten sich von den für Jupiter erhaltenen Werten unterscheiden. In diesem Modell liegt unter der Atmosphäre (Abstand vom Zentrum rund 60 000 km) eine ausgedehnte Schicht von molekularem Wasserstoff, an die sich in 28 000 km Zentrumsabstand die Schicht des metallischen Wasserstoffs anschließt. Der feste Gesteinskern hat einen Radius von 16 000 km, ist also bedeutend größer als der Jupiterkern. Druck und Temperatur steigen von 1 bar und 140 K in der Atmosphäre bis auf 50 Mbar und 20 000 K im Zentrum.

Wie Jupiter hat auch Saturn eine **innere Wärmequelle**, deren Ursache noch unklar ist. Sie beliefert die Atmosphäre des Planeten mit doppelt so viel Wärmeenergie wie die Sonne. Infolgedessen sind die Temperaturen auf der Tag- und Nachtseite des Planeten nahezu gleich.

Saturn besitzt ein eigenes Magnetfeld, das in Wechselwirkung mit dem Sonnenwind eine ausgedehnte **Magnetosphäre** zur Folge hat. Sie ist zwar kleiner als die des Jupiter, aber trotzdem verlaufen die Bahnen aller großen Saturnmonde mindestens teilweise in der Magnetosphäre.

Der Saturn wird von einem **Ringsystem** und – nach außen anschließend – von einer großen Anzahl von Monden umkreist. Das Ringsystem liegt in der Äquatorebene des Planeten, es hat gegen die Bahnebene des Saturn die Neigung 27°. Schon mit kleinen Fernrohren erkennt man deutlich zwei voneinander getrennte Teilringe; die dunkle Trennlinie dazwischen wurde schon 1675 von G. D. Cassini entdeckt. Die äußere Komponente wird als Ring A bezeichnet; genauere Fernrohrbeobachtungen zeigen auch in ihr eine dunkle Teilung. Die äußere Kante dieses A-Rings ist vom Saturn-Zentrum 137 000 km = 2,3 R_{Sat} (Saturnradien) entfernt. Anschließend an den inneren Ring B kann man mit lichtstarken Fernrohren einen zarten dritten Ring C beobachten.

Mit verfeinerten Beobachtungsmethoden wurden Hinweise für weitere Ringkomponenten außerhalb des A-Rings gefunden. Bereits die erste an Saturn vorbeifliegende Raumsonde Pioneer 11 bestätigte dies durch die Entdeckung einer Reihe weiterer Teilringe. Die Voyager-Sonden 1 und 2 lieferten eine Fülle von hervorragenden Fernsehaufnahmen des Ringplaneten. Dabei erwies sich das Ringsystem als umfangreicher, differenzierter und komplexer, als man dies vorher vermutet hatte: Tausende einzelner Teilringe konnten festgestellt werden, die sich durch die Größe und Dichte der Bestandteile unterscheiden und daher verschieden hell sind. Die einzelnen Ringe scheinen nur bei oberflächlicher Betrachtung homogen zu sein; sie zeigen teilweise speichenartige Materiekonzentrationen und Verflechtungen, die bisher noch nicht erklärt werden konnten.

Am äußeren Rand des A-Rings und im weiter außen liegenden F- und G-Ring wurden fünf sehr kleine **Monde** beobachtet; die Abstände dieser fünf Monde vom Saturnzentrum liegen zwischen 2,3 R_{Sat} und 2,5 R_{Sat}. Zwischen dem G-Ring und der äußersten bekannten Komponente, dem E-Ring, liegt die Bahn des innersten der großen, von der Erde aus beobachtbaren Saturnmonde, **Mimas** (3,1 R_{Sat}). Im E-Ring selbst, der sich von 3,5 R_{Sat} bis mindestens 5 R_{Sat} erstreckt, verlaufen die Bahnen der Saturnmonde **Enceladus** und **Tethys** mit den Bahnradien 4,0 R_{Sat} und 4,9 R_{Sat}. Das Ringsystem und das Mondsystem des Saturn gehen also ineinander über (Abb. 3.29).

Saturn besitzt viele Monde. Davon waren bis zum Ende des 19. Jahrhunderts 9, meist große Monde, bekannt. Seit 1966 wurden bisher 16 weitere, in der Mehrzahl wesentlich kleinere Monde aufgefunden, davon 5 durch Beobachtungen von der Erde aus, die übrigen 11 durch Auswertung der Aufnahmen von Voyager 1 (1980) und Voyager 2 (1981).

3.29 Das Ringsystem des Saturn. Kombination zweier kontrastverstärkter Aufnahmen, die von Voyager 1 am 6. 11. 1980 aus etwa 8 Millionen km Entfernung gewonnen wurden. Man erkennt rund 95 Teilringe; auch die Cassinische Teilung ist nicht völlig frei von Materie. Rechts oben am deutlich abgesetzten, sehr schmalen F-Ring der Saturnmond Prometheus mit Durchmessern zwischen 70 km und 140 km.

Die erste Phase der Saturnmond-Entdeckungen beginnt im Jahre 1655 mit **Titan** und endet 1898 mit **Phoebe**. Der größte Mond, Titan, läßt sich schon mit kleinen Fernrohren (Objektivdurchmesser > 60 mm) leicht beobachten; bei günstigen Beobachtungsbedingungen können damit auch **Rhea** und **Japetus** aufgefunden werden.

Nur die großen Monde Titan, Rhea, Japetus, **Dione**, Tethys, Enceladus und Mimas sind kugelförmig. Alle übrigen Monde des Saturn haben eine sehr unregelmäßige Gestalt und Abmessungen zwischen 350 km (**Hyperion**) und 10 km. Die fünf innersten, **Atlas**, **Prometheus**, **Pandora**, **Janus**, **Epimetheus**, laufen in den Außenbereichen des Ringsystems. Janus und Epimetheus besitzen fast identische Bahnen. Zwei weitere kleine Monde, **Telesto** und **Calypso**, laufen in der Bahn des großen Mondes Tethys in jeweils 60° Abstand vor und hinter diesem. Auch in der Bahn von Dione läuft ein kleiner Mond: **Helene**. Diese dynamische Eigentümlichkeit, bei der kleinere Satelliten in der Bahn eines größeren in 60° Abstand von diesem den Zentralkörper umkreisen, war bisher nur bei der „Trojaner"-Gruppe der Kleinen Planeten bekannt, die in der Jupiterbahn laufen (s. S. 82).

Die neun altbekannten Monde bewegen sich in einem sehr großen Bahnenbereich; ihr Abstand vom Saturnzentrum liegt zwischen 3 und 216 Saturnradien. Die Gruppe der fünf inneren Monde wird von Mimas (3,1 R_{Sat}), Enceladus (4,0 R_{Sat}), Tethys (4,9 R_{Sat}), Dione (6,3 R_{Sat}) und Rhea (8,8 R_{Sat}) gebildet. Dann folgen Titan, Hyperion und Japetus mit den durchschnittlichen Abständen 20,4 R_{Sat}, 24,7 R_{Sat} und 59,3 R_{Sat} vom Planetenzentrum und schließlich Phoebe mit 215,6 R_{Sat}.

Die acht Monde von Mimas bis Japetus haben – mit Ausnahme von Hyperion – sehr geringe Bahnexzentrizitäten, und wenn man von der Japetusbahn absieht, liegen ihre Bahnen nahezu in der Äquatorebene des Planeten; außerdem ist ihre Rotationsperiode gleich der Umlaufsperiode (gebundene Rotation wie beim Erdmond). Dies deutet darauf hin, daß sie zusammen mit dem Planeten entstanden sind.

Phoebe umkreist den Saturn rückläufig. Deshalb kann dieser Mond nicht gleichzeitig mit dem Saturn entstanden sein, sondern wurde später eingefangen. Im Gegensatz zu den größeren Monden besitzt Phoebe auch keine gebundene Rotation.

Titan ist nach dem Jupitermond Ganymed der zweitgrößte Mond im Sonnensystem; sein Durchmesser ist rund 1,5mal größer als der des Erdmondes, die Masse entspricht etwa der doppelten Masse des Erdmondes. Seine Dichte von 1,9 g/cm³ deutet auf eine Zusammensetzung aus Eis und Gestein im Verhältnis 1 : 1 hin. Als einziger Mond im Sonnensystem ist Titan mit einer dichten Atmosphäre bedeckt, die zu 99 % aus Stickstoff besteht und in mehrere Schichten gegliedert ist. Über die Oberflächengestaltung von Titan ist nichts bekannt.

Die restlichen sieben Monde haben viele Gemeinsamkeiten; andererseits zeigt aber auch jeder dieser Monde starke Eigentümlichkeiten in der Oberflächengestaltung. Die vier inneren Monde Mimas, Tethys, Dione und Rhea wurden von Voyager 1 aus großer Nähe erforscht; an den restlichen drei Monden Enceladus, Hyperion und Japetus führte die Bahn von Voyager 2 nahe vorbei.

Alle sieben Monde haben Eis-Oberflächen, die mit vielen Einschlagskratern durchsetzt sind. Bei Temperaturen unter 100 K ist Wassereis sehr fest und verhält sich beim Aufschlag eines Meteoriten ähnlich wie Stein. Die Dichten der Monde liegen zwischen 0,7 und 2,2 g/cm³; es ist daher anzunehmen, daß auch das Mondinnere zu einem großen Teil aus Eis besteht.

In den feineren Details der Oberflächen unterscheiden sich jedoch alle diese sieben Monde beträchtlich. Offenbar hat jeder Mond seine eigene Entwicklung durchlaufen, bei der die Oberflächen durch innere Kräfte und die von außen wirkenden Meteoriteneinschläge geprägt wurden.

7. Uranus

Die Helligkeit des Uranus liegt nur knapp unter der Sichtbarkeitsgrenze für das bloße Auge; er kann deshalb schon mit einem Fernglas aufgesucht werden. Im Fernrohr zeigt er sich etwa ab 100facher Vergrößerung als auffallend grün gefärbtes Scheibchen. Der **Durchmesser** des Uranus liegt beim 4fachen des Erddurchmessers, seine **Masse** entspricht 14,5 Erdmassen (genaue Werte s. Tabelle 4 im Anhang).

Aus dem Dopplereffekt (s. S. 149) im Uranus-Spektrum und der Lage der Mondbahnebenen konnte man schließen, daß die **Rotationsachse** des Planeten beinahe in seiner Bahnebene liegt; die Äquatorebene ist gegenüber der Planetenbahnebene – die ihrerseits nahezu mit der Ekliptikebene zusammenfällt – um 98° geneigt. Die Bahnebenen der Uranusmonde und die Ringebene liegen in der Äquatorebene des Planeten. Dies hatte zur Folge, daß der Voyager-2-Sonde bei ihrem fast senkrecht zur Äquatorebene verlaufenden Flug durch das Uranus-System nur eine ganz kurze Zeitspanne für Forschungsaufgaben zur Verfügung stand – ganz anders als bei den Begegnungen mit Jupiter und Saturn.

Während der 84jährigen Umlaufsdauer des Uranus bleibt die Lage der Rotationsachse im Raum fast unverändert (Abb. 3.30). Dies bewirkt für die Jahreszeiten auf Uranus einen Effekt, der im Planetensystem einmalig ist: Nord- und Südpol zeigen im Wechsel von 41 bis 42 Jahren fast direkt in die Richtung von Sonne und Erde. Für die einzelnen Gebiete der Uranus-Oberfläche dauern die hellen „Tag"- und die dunklen „Nacht"-Perioden jeweils viele Jahre. Die **Rotationsdauer** des Uranus konnte erst durch Beob-

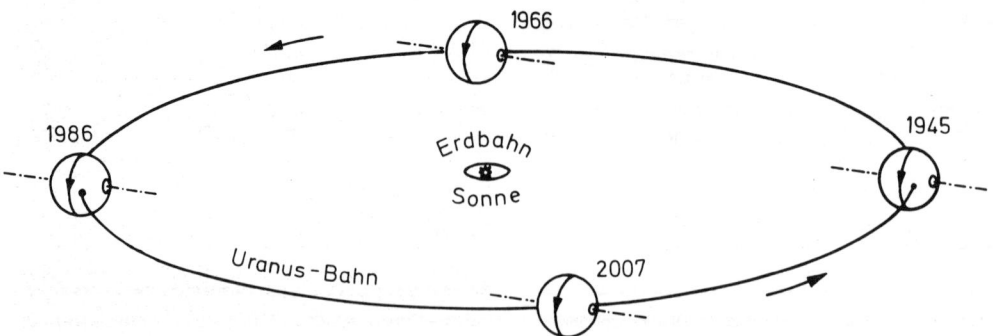

3.30 Bahn, Achsenlage und Rotation des Planeten Uranus

achtungen von Voyager 2 am Magnetfeld und an Wolkenbewegungen ziemlich sicher zu etwa 16,8 Stunden ermittelt werden.

Die **Atmosphäre** des Uranus besteht überwiegend aus molekularem Wasserstoff, dem Helium (zwischen 10 % und 15 % der Masse) und Methan beigemischt sind. Die Methan-Moleküle absorbieren das Sonnenlicht im roten Spektralbereich. Das vom Planeten reflektierte Licht hat deshalb einen Überschuß an kurzwelliger Strahlung; dies ist der Grund für die blaugrüne Färbung, die wir an Uranus beobachten. Die mittlere Temperatur der Atmosphäre liegt bei 60 K. Die Energieabstrahlung der Atmosphäre entspricht der von der Sonne empfangenen Energie; eine innere Wärmequelle scheint also bei Uranus nicht vorhanden zu sein. Aus den Fernsehbildern, die Voyager 2 zur Erde sandte, war zu erkennen, daß die Atmosphäre bis zu großer Tiefe durchsichtig ist.

Die Kenntnisse über Atmosphäre, Abplattung und Gravitationsfeld, sowie die mittlere Dichte von 1,26 g/cm^3 bilden die Grundlage für die Entwicklung von Modellen für den inneren **Aufbau** des Uranus. Danach ist zu vermuten, daß ein aus Metallen und Silikaten bestehender Kern von einem Eismantel aus Wasser, Methan und Ammoniak umgeben ist, der etwa $^2/_3$ der Planetenmasse enthält und in dem das Eis bei nach innen wachsenden Werten von Druck und Temperatur flüssig ist. Darüber liegt die gasförmige Atmosphäre.

Unter „Eis", das besonders bei den Monden der äußeren Planeten als Hauptbestandteil der Oberfläche und des Innern sowie bei den Ringsystemen auftritt, versteht man – angeregt durch die Untersuchungen von Kometen – die aus Wasserstoff und den häufigen Elementen O, C und N gebildeten Moleküle H_2O, CH_4 und NH_3. Bei genügend hohen Drücken und Temperaturen im Innern der Planeten müssen diese Eise in flüssiger und z. T. dissoziierter Form (z. B. $2 H_2O \rightarrow H_3O^+ + HO^-$) vorliegen. Bei der Beschreibung der Körper des äußeren Planetensystems beschränkt sich die Verwendung des Wortes „Eis" nicht auf die Bezeichnung einer Phase; es wird vielmehr hauptsächlich zur Kennzeichnung einer bestimmten chemischen Zusammensetzung verwendet.

Voyager 2 entdeckte ein ausgedehntes **Magnetfeld** des Uranus. Seine Stärke an der Obergrenze der Atmosphäre ist etwa gleich wie bei Saturn und etwas niedriger als beim Erdmagnetfeld an der Erdoberfläche. Merkwürdigerweise ist – im Gegensatz zu allen anderen Planeten – die magnetische Dipolachse stark gegenüber der Rotationsachse geneigt (55°). Die Magnetosphäre des Uranus ist so ausgedehnt, daß die Bahnen der drei Monde Miranda, Ariel und Umbriel ganz in ihr verlaufen.

Als 1977 Uranus einen Fixstern bedeckte, fanden verschiedene Beobachter kurzzeitige Verdunkelungen des Fixsterns, die vor und nach der Bedeckung des Sterns durch den Planeten ganz symmetrisch verliefen. Daraus wurde auf ein System von 9 schmalen Ringen um Uranus geschlossen. In der Folgezeit wurde diese Annahme durch eine Reihe weiterer Beobachtungen von Fixsternbedeckungen bestätigt.

Voyager 2 konnte die **Uranusringe** aufnehmen und zwei weitere Ringe entdecken (Abb. 3.31). Die Ringe haben Radien zwischen 1,5 und 2,0 Planetenradien; ihre Breite liegt zwischen 3 km und 100 km. Die Aufnahmen von Voyager 2 zeigen, daß der Raum zwischen den Ringen nicht ganz materiefrei ist.

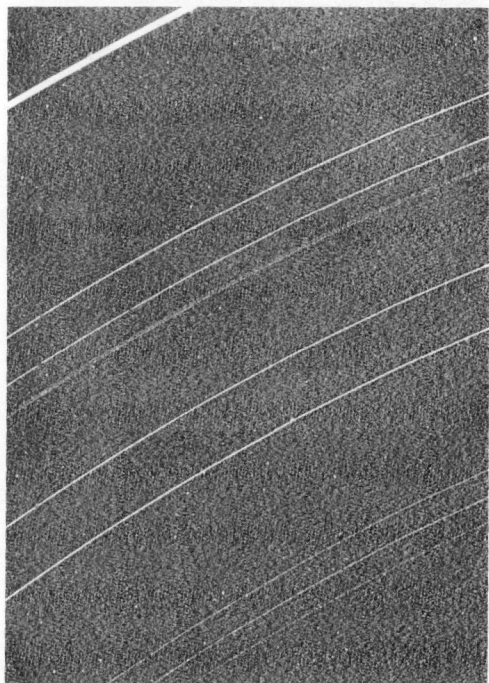

3.31 Ringsystem des Uranus, aufgenommen durch Voyager 2 am 21.01.1986

Die Ringpartikel sind mit Durchmessern über 1 m wesentlich größer als die des Saturn.

Wilhelm Herschel beobachtete 1781 bei der Entdeckung des Uranus schon zwei **Monde** des Planeten, Oberon und Titania. 70 Jahre später fand Lassell zwei weitere Uranus-Monde, die Umbriel und Ariel genannt wurden. Es dauerte nahezu ein Jahrhundert, bis Kuiper 1948 den Mond Miranda entdeckte. Die Abstände dieser fünf Monde vom Uranus-Zentrum betragen bei Miranda 5,1 R_{Ur} (Uranusradien), Ariel 7,6 R_{Ur}, Umbriel 10,5 R_{Ur}, Titania 17,2 R_{Ur}, Oberon 23,1 R_{Ur}.

Die Monde sind wahrscheinlich mit dem Planeten zusammen entstanden, denn ihre Bahnen liegen genau in der Äquatorebene des Uranus und sind nahezu kreisförmig; nur der innerste Mond Miranda weicht davon etwas ab. Die Umlaufsrichtung aller fünf Monde entspricht der Rotationsrichtung des Planeten. Voyager 2 entdeckte 1986 beim Vorbeiflug an Uranus 10 neue, sehr kleine Monde, deren Bahnen zwischen dem Ringsystem und der Miranda-Bahn liegen. Hervorragende Fernsehaufnahmen der fünf großen Monde, über die bisher nur sehr wenig bekannt war, geben Zeugnis von der Vielfalt der Oberflächengestaltung dieser Satelliten (s. Abb. 6 und 7 im Anhang). Vier der Monde, mit Ausnahme von Umbriel, müssen Epochen starker geologischer Aktivität durchgemacht haben.

8. Neptun

Die Planeten Neptun und Uranus sind sich sehr ähnlich; ihre **Durchmesser** haben nahezu gleiche Beträge, während die **Masse** des Neptun mit 17,2 Erdmassen etwa 18 % größer als die des Uranus ist (genaue Werte s. Tabelle 4 im Anhang).
Die **Rotationsperiode** des Neptun beträgt 16,0 Stunden. Dieser Wert wurde, nach einer langen Zeit ganz unsicherer Kenntnisse, im August 1989 durch Voyager 2 bei seinem Vorbeiflug am Neptun aus der Periodizität der Radiostrahlung des Planeten ermittelt. Daß der Planet rechtläufig rotiert, konnte schon einige Jahre früher durch erdgebundene Beobachtungen nachgewiesen werden.

Auf den hervorragenden Fernsehaufnahmen, die Voyager 2 zur Erde sandte, erkennt man viele strukturelle Details der **Atmospäre** des Neptun. Das auffallendste Objekt ist der Große Dunkle Fleck, ein Gebilde, das dem Großen Roten Fleck des Jupiter ähnelt. Aus den Schatten, die hochliegende Cirruswolken auf tiefere Methanwolken warfen, konnte erstmals bei einem Gasplaneten die Höhe der verschiedenen Atmosphärenschichten bestimmt werden.
Als Hauptbestandteil der Atmosphäre wurde molekularer Wasserstoff beobachtet; das Vorhandensein von Helium konnte indirekt nachgewiesen werden.

Die **mittlere Dichte** des Neptun beträgt 1,7 g/cm^3. Sein Aufbau kann durch ein einfaches, dem Uranus-Aufbau ähnliches Drei-Regionen-Modell beschrieben werden. Danach befindet sich im Zentrum ein aus Silikaten und Metallen bestehender Gesteinskern, darüber ein sehr ausgedehnter Mantel aus „Eis", das überwiegend flüssig ist (vgl. S. 79), und schließlich die hauptsächlich aus H_2 und He gebildete Gashülle.

Bei Neptun wurde etwa die gleiche Atmosphärentemperatur gemessen wie bei Uranus, obwohl wegen der größeren Sonnenentfernung des Neptun seine Gleichgewichtstemperatur um 25 % unter der des Uranus liegen sollte. Deshalb muß bei Neptun eine **innere Wärmequelle** angenommen werden, die zusätzlich 60 % der Energie liefert, die der Planet von der Sonne erhält. Ihre Ursache ist noch unklar, sie stammt aber vermutlich – wie bei Jupiter und Saturn – aus dem Gravitationsfeld.

Voyager 2 stellte ein **Magnetfeld** Neptuns fest, das jedoch nur etwas mehr als die Hälfte der Stärke des Uranus-Magnetfelds besitzt. Seine Polachse ist um rund 50° gegen die Rotationsachse des Planeten geneigt.

Bis 1989 waren 2 **Monde** des Neptun bekannt: 1846 entdeckte Lassell den Mond **Triton**, 1949 wurde von Kuiper der Mond **Nereide** entdeckt. Beide Monde führen außergewöhnliche Umlaufbewegungen aus. Tritons Bahn ist um 160° gegenüber der Äquatorebene des Neptun geneigt; der Mond bewegt sich also rückläufig, entgegengesetzt zur Rotationsrichtung des Neptun. Die Triton-Bahn ist kreisförmig; ihr Radius beträgt 14,6 R_{Nept}. Die Bahn des sehr kleinen und lichtschwachen Mondes Nereide hat mit 0,75 die größte Exzentrizität aller Mondbahnen im Sonnensystem. Der Minimalabstand vom Neptun-Zentrum beträgt 58 R_{Nept}, der Maximalabstand 400 R_{Nept}. Nereide könnte ein eingefangener Komet sein.

Den großen Mond Triton passierte Voyager 2 im Abstand von 38 500 km und lieferte dabei hochaufgelöste Nahaufnahmen des Mondes. Sie zeigen eine geologisch junge Oberfläche (wenige Einschlagskrater) mit vielfältigen Strukturen, deren Deutung weitgehend noch aussteht. Die Oberflächentemperatur liegt bei 37 K. Der Radius von Triton ergab sich zu 1380 km. Sechs weitere kleine Monde, die den Planeten in nahezu kreisförmigen Bahnen nahe seiner Äquatorebene umrunden, wurden von Voyager 2 entdeckt.

Außerdem konnte Voyager 2 nachweisen, daß Neptun ein **Ringsystem** besitzt. Es besteht mindestens aus zwei schmalen, scharf begrenzten Ringen mit Radien von 2,1 und 2,5 Neptunradien und einem näher am Planeten liegenden, breiten, diffusen Ring.

9. Pluto

Die Entdeckung des neunten Großen Planeten Pluto war das Ergebnis einer intensiven Suche nach einem bewegten (und sich dadurch von den Fixsternen unterscheidenden) Objekt in einem breiten Streifen beiderseits der Ekliptik. Sie hatte im Februar 1930 Erfolg: ein Stern von enttäuschend geringer Helligkeit (15. Größenklasse, vgl. S. 133) wurde im Tierkreisbild Zwillinge entdeckt (s. auch S. 49).

Mit ihrer großen Neigung gegen die Ekliptik von 17° und der Exzentrizität $e = 0,25$ fällt die **Plutobahn** aus dem von den übrigen Großen Planeten gesteckten Rahmen.

Pluto besitzt eine **Umlaufsdauer** von 248 Jahren. Zwanzig Jahre davon, so von 1979 bis 1999, bewegt sich Pluto innerhalb der Neptunbahn. Der Periheldurchgang fand am 5. Sep-

tember 1989 statt mit dem minimalen Sonnenabstand von 30 AE. Der maximale Abstand von der Sonne beträgt 49 AE.

Eine zuverlässige Bestimmung des Pluto-Durchmessers wurde erst 1986 möglich, als die Erde in der Bahnebene des Plutomondes Charon stand und dabei Verfinsterungen und Bedeckungen photometrisch verfolgt werden konnten. Dabei ergab sich für Pluto der **Durchmesser** von etwa 2200 km; dies ist ungefähr $2/3$ des Durchmessers unseres Erdmondes. Aus den Umlaufdaten des Mondes Charon erhält man für das Gesamtsystem (Pluto + Charon) eine **Masse** von etwa $1,2 \cdot 10^{22}$ kg; dies ist rund $1/6$ der Masse unseres Mondes oder $1/500$ der Erdmasse. Damit ergibt sich für beide Objekte eine **mittlere Dichte** um 2 g/cm³.

Vermutlich besteht Pluto aus Eis mit einem Gesteinskern. Das Spektrum der Pluto-Oberfläche zeigt Methan-Absorptionsbanden; bei Temperaturen zwischen 40 K und 50 K handelt es sich wahrscheinlich um Methan-Eis.

Der **Plutomond Charon** wurde von J. Christy im Jahre 1978 am U.S. Naval Observatory photographisch entdeckt. Die Bahnebene des Mondes steht fast senkrecht auf Plutos Bahnebene. Zu einem Umlauf um Pluto benötigt Charon 6,39 Tage; die aus periodischen Helligkeitsschwankungen hergeleitete Rotationsdauer von Pluto ist genau gleich lang. Dies ist der einzige Fall einer solchen Synchronbewegung im Planetensystem. Die große Halbachse der kreisförmigen Charon-Bahn beträgt ungefähr 19 000 km. Der Monddurchmesser liegt etwa bei 1200 km. Pluto und Charon bilden also ein ziemlich enges Doppelsystem. Sie unterscheiden sich in vielen Eigenschaften von den anderen vier äußeren Planeten.

Aufgaben

1. Der Uranus-Mond Oberon läuft auf einer nahezu kreisförmigen Bahn mit dem Radius 585 960 km und der Umlaufsdauer 13,463 d um den Planeten.
   Welche Umlaufsdauer und welche Bahngeschwindigkeit ergibt sich daraus für die Partikel im Teilring γ des Uranus-Ringsystems, der den Radius 47 620 km besitzt?

   (Die Ringe des Uranus sind meist so schmal, daß man für alle Partikel eines Ringes die gleiche Umlaufsdauer annehmen kann.)
2. Von denjenigen Monden, die wohl mit den Planeten zusammen entstanden sind, sind in der Regel nur die großen kugelförmig, die kleineren dagegen nicht.
   Wie erklären Sie sich dies?

3.3. Planetoiden, Kometen, Meteore und interplanetare Materie

3.3.1. Planetoiden

Mit dem Namen Planetoiden bezeichnet man eine Vielzahl von kleinen Körpern, die sich wie die Großen Planeten im Gravitationsfeld der Sonne bewegen. Häufig werden sie auch als Kleine Planeten bezeichnet; seltener ist der Name Asteroiden. Keiner der Kleinen Planeten kann mit bloßem Auge gesehen werden, doch sind viele schon mit kleinen Fernrohren beobachtbar. Dabei erscheinen sie als punktförmige Objekte, die sich durch ihre von Nacht zu Nacht wahrnehmbaren Ortsveränderungen von den Fixsternen unterscheiden.

Am 1. Januar 1801 entdeckte G. Piazzi in Palermo bei der Bestimmung von Fixsternörtern einen Stern, der in den folgenden Nächten seinen Ort zwischen den Fixsternen veränderte. Schon während der nächsten sieben Wochen konnte Piazzi feststellen, daß sich die Bahn des Objekts zu einer Schleife krümmte. Damit war klar, daß es sich um einen Planeten handeln müsse; Piazzi gab ihm den Namen Ceres. Schlechtes Wetter und die Annäherung des Planeten an die Sonne verhinderten weitere Beobachtungen, so daß der neu entdeckte Planet schon wieder verloren geglaubt wurde. Der Mathematiker C. F. Gauß griff das Problem auf und entwickelte eine Methode, mit der es möglich wurde, aus drei guten geozentrischen Ortsbestimmungen die vollständigen heliozentrischen Bahnelemente zu berechnen. Damit konnte Ceres am Ende des Jahres 1801 wieder aufgefunden werden.

Bereits im März 1802 wurde ein zweiter Planetoid gefunden, der den Namen Pallas erhielt, und 1804 und 1807 wurden die Planetoiden Juno und Vesta entdeckt.
Fast 40 Jahre blieben diese vier die einzigen bekannten Planetoiden. Im Jahre 1845 begann dann eine große Reihe von Planetoidenentdeckungen; man erkannte, daß es Hunderte, ja Tausende von Planetoiden gibt. Auf fotografischen Aufnahmen, bei denen die Kamera der scheinbaren Bewegung des Fixsternhimmels nachgeführt wird, bilden sich die Fixsterne als winzige runde Scheibchen ab, während die Kleinen Planeten schon nach einer Belichtungszeit von wenigen Stunden als kurze, aber deutlich markierte Strichspuren auf der Fotoplatte zu erkennen sind.

Die Zahl der Kleinen Planeten wird mit abnehmender Helligkeit immer größer. Bei über 3000 Objekten sind sichere Bahnelemente bekannt; diese Planetoiden können nach Vorausberechnungen immer wieder aufgefunden werden. Sie haben Nummern und Namen. Für mehrere tausend weitere Kleine Planeten liegen weniger genaue Bahnelemente vor.

Die meisten der gesicherten **Bahnen** liegen zwischen den Bahnen von Mars und Jupiter. Die grossen Bahnhalbachsen dieser überwiegenden Mehrzahl von Planetoiden haben Werte zwischen 2,2 AE und 3,2 AE. Die Bahnexzentrizitäten liegen zwischen 0,0 und 0,3; die Neigung der Bahnebene gegen die Ekliptik ist nur bei wenigen Objekten größer als 20°.
Es gibt aber auch Planetoiden mit außergewöhnlichen Bahnen. So liegt z. B. das Perihel der Bahn von Ikarus innerhalb der Merkurbahn; er kommt im Perihel der Sonne so nahe, daß seine Oberfläche rotglühend wird. Andererseits hat Hidalgo eine elliptische Bahn, die von der Marsbahn bis zur Saturnbahn reicht.

Eine besondere Gruppe von Kleinen Planeten bilden die **Trojaner**; so werden sie genannt, weil sie Namen von homerischen Helden des Trojanischen Krieges tragen. Sie haben alle ziemlich genau die gleiche mittlere Entfernung von der Sonne wie Jupiter und daher die gleiche Umlaufdauer um die Sonne.
Da die Masse eines Planetoiden gegenüber der Jupitermasse vernachlässigbar und diese wieder relativ zur Sonnenmasse sehr klein ist, liegt ein spezielles Dreikörperproblem vor, dessen theoretische Lösung bereits im 19. Jahrhundert bekannt war: im Falle einer Kreisbewegung von Sonne und Jupiter befindet sich der Planetoid relativ zu dem rotierenden System im stabilen Gleichgewicht, wenn er mit Sonne und Jupiter ein gleichseitiges Dreieck bildet. Dieser Fall ist bei den Trojanern realisiert; die Gravitationswirkungen anderer Planeten führen jedoch dazu, daß sich die Trojaner nicht exakt in den beiden Gleichgewichtspunkten befinden, sondern Pendelbewegungen um diese Punkte ausführen.

Größe, Gestalt, Masse und Zusammensetzung der Planetoiden lassen sich nur schwierig bestimmen.

Aus Helligkeitsmessungen und mit Kenntnissen über das Reflexionsvermögen der Oberfläche kann man für viele der größeren Objekte Werte der **Durchmesser** abschätzen. Ceres ist mit 1000 km der größte der Planetoiden. Nur etwa 200 Objekte haben Durchmesser, die größer sind als 100 km; solche mit kleineren Durchmessern, bis herab zur Größenordnung 1 km, überwiegen also bei weitem. Dabei wächst mit abnehmendem Durchmesser die Häufigkeit der Planetoiden gleicher Größe sehr stark an.

Bei vielen Kleinen Planeten werden periodische Helligkeitsänderungen kleiner Amplitude gemessen; dieser Lichtwechsel wird durch die **Rotation** der unregelmäßig geformten Körper verursacht. Typische Rotationsperioden liegen im Bereich zwischen 5 bis 20 Stunden. – Möglicherweise gibt es auch Doppel- und Mehrfach-Planetoiden, die bei ihren engen Bahnbewegungen um den Systemschwerpunkt periodische Helligkeitsänderungen erzeugen.

Wenn zwei Planetoiden sich auf ihren Bahnen sehr nahe kommen, stören sie sich merklich durch ihre Gravitationskräfte; dann läßt sich ihre **Masse** bestimmen. Bisher konnten diese Effekte nur bei den drei größten Planetoiden gemessen werden. Für Ceres fand man so eine Masse von $1/60$ Mondmasse, für Pallas und Vesta je etwa $1/300$ Mondmasse. Die Gesamtmasse aller Planetoiden schätzt man auf nur etwa $1/10$ der Mondmasse. Für die **mittlere Dichte** von Ceres, Pallas und Vesta erhält man Werte zwischen 2,3 und 3,3 g/cm^3.

Früher war man der Ansicht, daß die Kleinen Planeten Trümmer eines größeren Planeten seien, der im Planetoiden-Gürtel zwischen Mars- und Jupiterbahn umlief und durch irgendeine Katastrophe in Stücke zerbrochen sei. Wegen der kleinen Gesamtmasse der Planetoiden ist dies jedoch unwahrscheinlich. Viel wahrscheinlicher ist es, daß es sich um Reste des Urmaterials handelt, aus dem sich das ganze Planetensystem gebildet hat.

3.3.2. Die Kometen

Die Kometen bewegen sich ebenso wie die Planeten um die Sonne als Gravitationszentrum. Sie unterscheiden sich jedoch von den Planeten durch Form und Lage ihrer Bahnen und durch ihre physikalische Struktur.

Die Kometenbahnen

Jährlich werden etwa fünf bis zehn Kometen beobachtet. Die meisten haben eine geringe Helligkeit und können nur in lichtstarken Fernrohren erfaßt werden. Dazwischen tauchen immer wieder einige hellere Objekte auf, deren Bewegungen auch mit kleineren Fernrohren verfolgt werden können. Kometen, die man mit bloßem Auge wahrnehmen kann, sind selten. Von den im Laufe der Zeit erscheinenden Kometen kommt etwa die Hälfte unerwartet; die andere Hälfte besteht aus Objekten, die man auf Grund ihrer relativ kurzen Umlaufsdauern um die Sonne schon kennt und wieder erwartet hatte.

Die Mehrzahl der Kometen läuft auf sehr großräumigen und langgestreckten Ellipsenbahnen um die Sonne. Die Objekte dieser Gruppe bezeichnet man daher als **langperiodische Kometen**. Die Werte der großen Bahnhalbachsen a liegen überwiegend im Bereich zwischen 10 000 AE und 50 000 AE (zum Vergleich: der nächste Fixstern ist 270 000 AE entfernt). Die Umlaufsdauern betragen etwa 10^6 bis 10^7 Jahre. In den Jahrhunderten seit Beginn schriftlich überlieferter astronomischer Beobachtungen bis heute sind etwa 500 langperiodische Kometen so weit ins innere Planetensystem vorgedrungen, daß sie von der Erde aus sichtbar wurden. Dabei sind diejenigen Kometen mitgezählt, für die parabolische Bahnelemente erhalten wurden. Alle Bahnen langperiodischer Kometen, die sich als Ellipsen erweisen, haben numerische Exzentrizitäten e, die ganz knapp unter dem Wert 1 für die Parabel liegen. Es ist durchweg $e = 0,9999...$ Gemessen an der Ausdehnung der Bahnen ist der Bahnbogen, der – kurz vor und nach dem Periheldurchgang – von der Erde aus beobachtet und vermessen werden kann, winzig klein. Bei vielen dieser Kometen kann aus diesem kurzen Bahnstück nicht ersehen werden, ob es sich um eine Ellipse extremer Exzentrizität oder um eine Parabel handelt.

Alle Bahnen, die durch Beobachtungen sehr gut gesichert werden konnten, sind ausnahmslos Ellipsen. Daher ist es sehr wahrscheinlich, daß auch diejenigen Bahnen, bei denen eine Unterscheidung zwischen Ellipse und Parabel auf Grund der Meßdaten unmöglich ist, in Wirklichkeit Ellipsen sind, daß also diese ganze Gruppe den Namen langperiodische Kometen zu recht trägt.

Die Bahnebenen der langperiodischen Kometen haben beliebige Neigungen zur Ekliptik; diese Kometen können – im Gegensatz zu den Planeten – in allen Sternbildern erscheinen. Auch rückläufige Bahnbewegungen sind häufig.

Außer den langperiodischen Kometen sind noch etwa 100 Kometen mit Hyperbelbahnen und 130 kurzperiodische Kometen bekannt.

Bei den Hyperbelbahnen liegen die Exzentrizitäten alle bei 1,0001..., also ganz dicht bei 1. Bei den meisten dieser Bahnen konnte durch Rückwärtsrechnungen festgestellt werden, daß sie aus ursprünglich elliptischen Bahnen durch die Gravitationswirkungen eines Planeten erzeugt wurden. Da schon eine geringfügige Vergrößerung der Bahnexzentrizität eine langperiodische Kometenbahn in eine hyperbolische verwandeln kann, genügt dazu schon eine schwache Beschleunigung des Kometen bei der Begegnung mit einem Planeten.

Bei einem nahen Vorübergang eines Kometen an einem Planeten, besonders an dem massereichen Jupiter oder an Saturn, kann die Ablenkung des Kometen aus seiner ursprünglichen Bahn so groß werden, daß aus einem langperiodischen ein **kurzperiodischer Komet** wird. Bei künstlichen Raumsonden nennt man einen derartigen engen Vorbeiflug, der zu einer Bahnänderung führt, einen „swing by". Es wird angenommen, daß alle kurzperiodischen Kometen durch solche Umwandlungen aus langperiodischen hervorgegangen sind; die langperiodischen Kometen werden also als die ursprünglichen, die kurzperiodischen als Sekundärobjekte betrachtet. Die großen Bahnhalbachsen der kurzperiodischen Kometen liegen in dem Intervall zwischen 2 AE und 30 AE, die Umlaufsdauern entsprechend im Bereich zwischen 3 und 200 Jahren. Die Bahnexzentrizitäten haben Beträge im Bereich 0,2 bis 0,9.

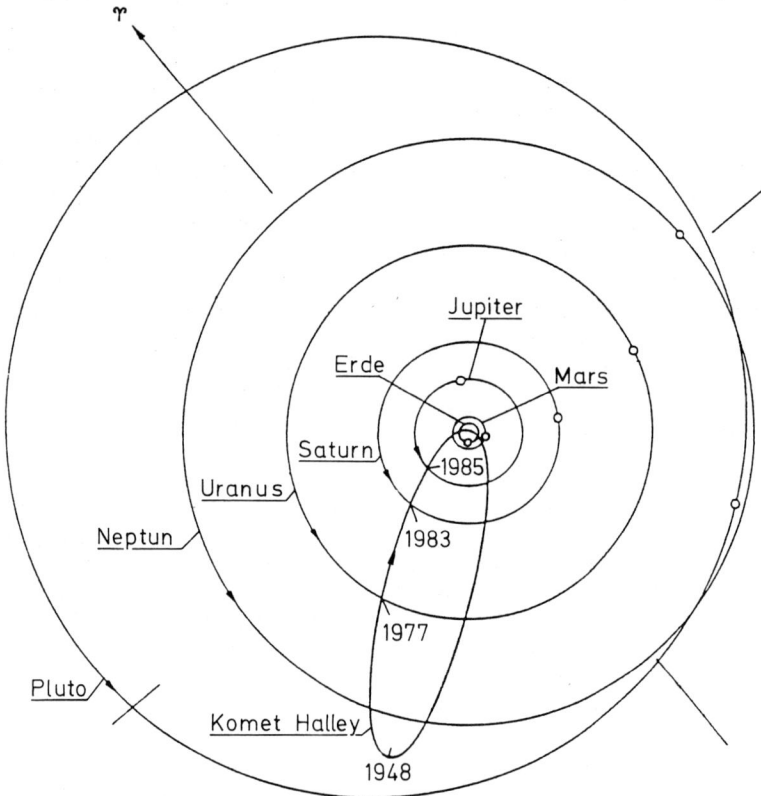

3.32 Bahn des Kometen Halley. (Die Kometenbahn ist um rund 18° gegen die Ekliptik geneigt.) Wie bei allen kurzperiodischen Kometen liegt die Halley-Bahn ganz innerhalb des Planetensystems. Beobachtbar sind diese Kometen jedoch nur in der Nähe des Perihels, in der Regel äußerstenfalls bis zur Jupiter-Entfernung. Die Bahngeschwindigkeit des Kometen Halley beträgt im Perihel 55 km/s, im Aphel 0,9 km/s (2. Keplersches Gesetz).

Das berühmteste Beispiel eines kurzperiodischen Kometen ist der **Komet Halley** mit der Umlaufsdauer von 76 Jahren; seine Bahnellipse hat die große Halbachse $a = 18$ AE und die Exzentrizität $e = 0,967$ (Abb. 3.32). Das Perihel liegt zwischen Merkur- und Venusbahn, das Aphel zwischen Neptun- und Plutobahn. In günstigen Sichtbarkeitsperioden, d. h. wenn in der Nähe des Periheldurchgangs des Kometen die Erde einen möglichst geringen Abstand von ihm hat, erscheint der Komet Halley sehr hell; seit dem Jahre 240 v. Chr. wurde er bei jedem Periheldurchgang beobachtet. Die letzte Beobachtungsperiode 1985/86 gehörte nicht zu den günstigen; sie wurde jedoch zu einer Reihe von Unternehmungen benützt, um mit Raumsonden die physikalische Natur des Kometen zu erforschen.

Die physikalische Natur der Kometen; die Bildung der Koma

Ein Komet besteht im größten Teil seiner Bahn nur aus einem kleinen Festkörper, dem **Kern**. Die meisten Kerne haben Durchmesser im Bereich zwischen 1 km und 20 km. Kometenkerne leuchten nicht selbst, sondern können sich nur durch das von ihnen reflektierte Sonnenlicht bemerkbar machen. Damit dieses Licht wahrgenommen werden kann, müssen die Kometen sich der Sonne auf 5 AE bis 3 AE genähert haben. Aus diesem Grund kann man bei langperiodischen Kometen nur einen relativ sehr kleinen Bogen der Bahn beobachten; dies ist der Grund für die Schwierigkeiten einer genauen Bestimmung ihrer Bahnexzentrizitäten.

Gerade um die Zeit, in der ein Komet – von außen kommend – im reflektierten Sonnenlicht erkennbar wird, beginnen unter dem Einfluß der immer stärker erwärmenden Sonnenstrahlung leicht flüchtige Stoffe an der Oberfläche des Kerns zu sublimieren; dabei werden auch kleine feste Teilchen mitgerissen. Dadurch bildet sich um den Kern eine Gas- und Staubhülle, die **Koma** des Kometen. Kern und Koma werden zusammen als **Kometen-Kopf** bezeichnet (Abb. 3.33). Gleichzeitig mit ihrer Entstehung beginnt die Gashülle im eigenen Licht zu leuchten. Die Größe der Koma und die Intensität ihres Leuchtens nimmt bei Annäherung an die Sonne zu. Die Koma kann auf 10^5 km bis 10^6 km, also bis auf das Hundertfache des Erddurchmessers, anwachsen. Der Kern wird vom Licht der Koma überstrahlt und bleibt daher unsichtbar. Das von der Sonnenstrahlung angeregte Fluoreszenzleuchten der Koma besitzt ein Spektrum, das aus Emissionslinien und -banden zwei- und dreiatomiger Moleküle und Radikale besteht, in denen die Elemente C, N, H und O vorherrschen.

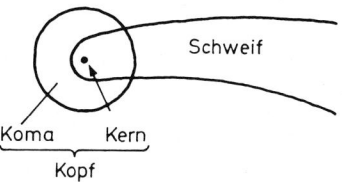

3.33 Schematische Darstellung eines Kometen

Aus der Zusammensetzung der Koma kann auf die Bestandteile des Kerns geschlossen werden. Man nimmt an, daß er aus Meteoritenmaterie besteht, die durch gefrorene Stoffe wie z. B. Wasser, Ammoniak, Methan usw. zusammengehalten wird und wie ein schmutziger Eisklumpen wirkt. Zum erstenmal gelang es der europäischen Raumsonde Giotto, aus Entfernungen von nur wenigen tausend Kilometern Fernsehaufnahmen vom Kern des Kometen Halley zu machen, als sie diesen am 13. 3. 1986 passierte (s. Abb. 8 und 9 im Anhang). Dabei erwies sich der Kern unregelmäßig geformt mit einer Länge von 15 km und etwa 8 km Dicke; seine Oberfläche erschien sehr dunkel. Unter dieser dunklen Oberfläche verdampft auf der von der Sonne bestrahlten Seite gefrorenes Material. Wo der Druck des Dampfes ausreicht, die Oberfläche zu durchbrechen, entstehen Dampfstrahlen, die dann die Koma bilden.

Mit Instrumenten, die oberhalb der Erdatmosphäre beobachten können, ist (seit 1970) bei einigen Kometen eine weit ausgedehnte Hülle, die **Wasserstoff-Korona**, festgestellt worden. Der Durchmesser dieser im Licht einer UV-Spektrallinie leuchtenden Hülle ist von der Größenordnung 10^7 km.

Die Kometenschweife

Für den Laien gehört der Schweif zum Wesen eines Kometen – aber nur wenige Kometen bilden einen solchen. Die Entstehung eines Kometenschweifs beginnt frühestens im Abstand von etwa 2 AE von der Sonne. Dabei bewegen sich Gasmoleküle und Staubteilchen der Koma unter dem Einfluß von Kräften, die von der Sonne ausgehen, in Richtung von der Sonne weg (Abb. 3.34).

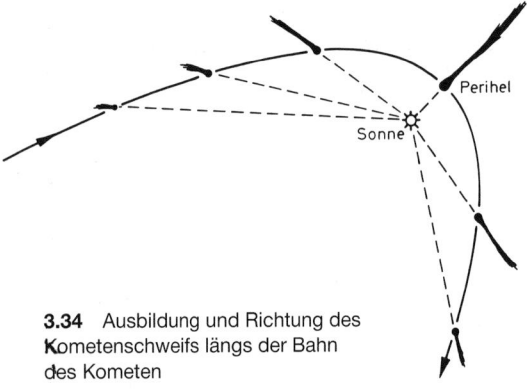

3.34 Ausbildung und Richtung des Kometenschweifs längs der Bahn des Kometen

Die rückstoßenden Kräfte haben zwei Ursachen: den Sonnenwind (s. S. 113) und den Strahlungsdruck. Die spektroskopischen Beobachtungen zeigen, daß die **Gasschweife** von ionisierten Molekülen gebildet werden. Die Ionen entstehen durch die kurzwellige Strahlung der Sonne in der inneren Koma; sie werden durch die geladenen Teilchen des Sonnenwinds in Richtung des Schweifs mitgerissen. Dadurch werden die oft sehr hellen, geraden oder nur schwach gekrümmten Gas- oder Ionenschweife erzeugt. Die meisten der auf Fotografien von Kometen abgebildeten Schweife sind Gasschweife (Abb. 1.2 und 3.35). Oft erscheinen in ihnen oder an ihrem Rand besonders helle, scharf ausgeprägte Schweifstrahlen.

Gasschweife haben eine außerordentlich geringe Dichte. Sie liegen in der Ebene der Kometenbahn und bleiben meist nur sehr wenig hinter der Bewegung des Kometen zurück. Manche von ihnen erreichen Längen von über 1 AE. Die Teilchen der Gasschweife haben große Geschwindigkeiten; sie diffundieren in den interplanetaren Raum. Helligkeit und Länge des Schweifs sind beim Periheldurchgang am größten; mit zunehmender Entfernung von der Sonne bilden sich Schweif und Koma wieder zurück.

Seltener beobachtet man stark gekrümmte Kometenschweife von diffusem Aussehen. Meist leuchten sie nur schwach. Aus ihrem Spektrum folgt, daß sie nur das Sonnenlicht reflektieren, also aus Staub bestehen müssen. Auf die

neutralen Staubteilchen wirkt der Sonnenwind nicht merklich ein; dagegen reicht der Strahlungsdruck des Sonnenlichts aus, sehr kleine Staubteilchen gegen die anziehende Gravitationskraft der Sonne wegzublasen. Wegen der relativ kleinen Geschwindigkeit der Staubteilchen schleppt der **Staubschweif** mehr oder weniger stark hinter dem Kometenkopf nach (Abb. 3.35).

Die Herkunft der Kometen

Wahrscheinlich sind alle Kometen schon von ihrer Entstehung her Mitglieder des Sonnensystems. Nach J. Oort handelt es sich um Materiereste aus der Zeit der Planetenbildung, die weit außerhalb des Planetenbereichs in einer Entfernung bis zu $5 \cdot 10^4$ AE das ganze Sonnensystem als Kugelschale umschließen. Die überwiegende Mehrzahl der auf rund 10^{11} geschätzten Kometenkerne dürfte sich auf Bahnen weit außerhalb des Planetensystems bewegen und deshalb dauernd unsichtbar für uns sein.

Durch geringe Bahnstörungen geraten aber hie und da einzelne Mitglieder dieser Oortschen Wolke auf stark exzentrische Bahnen und

3.35 Der Komet Mrkos (August 1957). Der langgestreckte, strukturierte Schweif ist der Gasschweif, der kurze, breite, nach unten gekrümmte ist der Staubschweif. (Aufnahme mit dem Schmidt-Spiegel auf dem Mount Palomar in Kalifornien)

tauchen dabei ins Innere des Planetensystems, wo sie dann beobachtet werden können.

Die Erkenntnis, daß es sich bei den Kometen um Urmaterie des Sonnensystems handelt, ist von großer Bedeutung für die Versuche, die Entstehung und Entwicklung unseres Planetensystems zu verstehen. Ein weiterer besonderer Anreiz für die Kometenforschung ist die Vielfalt der beobachtbaren physikalischen und chemischen Vorgänge, die sich bei den Wechselwirkungen zwischen der Kometenmaterie einerseits und dem Sonnenlicht und dem Sonnenwind andererseits abspielen.

3.3.3. Meteore, Meteorite, interplanetare Materie

Meteore, Meteorite

Als **Meteor** bezeichnet man eine Leuchterscheinung, die beim Eindringen kosmischer Kleinkörper in die Lufthülle der Erde auftritt. Schwächere Meteore nennt man auch **Sternschnuppen.** Lichtstarke Meteore oder Feuerkugeln sind oft von donnerähnlichen Geräuschen begleitet.

Die Kleinkörper, welche die Leuchterscheinungen verursachen, nennt man **Meteorite.** Die meisten dieser Objekte verdampfen in der Erdatmosphäre; nur wenige erreichen die Erdoberfläche.

Die **Bahnen** von Meteoriten relativ zur Erdoberfläche können bestimmt werden, wenn die Bewegung des Meteors von verschiedenen Stellen der Erdoberfläche aus beobachtet wurde. Dabei zeigt sich zweierlei: Die beobachteten Bahnen liegen in 80 km bis 130 km Höhe, also in der Ionosphäre; außerdem werden die Bahnen der Meteorite nahezu ausschließlich durch das Gravitationsfeld der Sonne bestimmt und durch die Erdanziehung nur wenig beeinflußt. Erst wenn ein Meteorit in der Erdatmosphäre abgebremst worden ist und seine kosmische Geschwindigkeit fast vollständig verloren hat, fällt er unter dem Einfluß der irdischen Schwerkraft zu Boden.

Neben Einzelmeteoren gibt es zu bestimmten Zeiten des Jahres wiederkehrende **Meteorschwärme.** Die scheinbaren Bewegungen der Mitglieder eines Meteorschwarmes scheinen von einem engen Gebiet der Sphäre auszugehen, dem **Radiant** des Schwarmes (Abb. 3.36). Dabei handelt es sich um einen perspektivi-

schen Effekt. Der Meteorschwarm bildet im Raum einen Strom von nahezu parallel laufenden kleinen Körpern. Der Beobachter auf der Erde, der sich in einen solchen Strom hineinbewegt, hat den gleichen Eindruck wie der Autofahrer, der in einen nächtlichen Schneesturm hineinfährt. Aus der Bewegungsrichtung eines Meteorschwarms relativ zur Erde, die durch die Lage des Radianten an der Sphäre gegeben ist, und aus der fotografisch bestimmten Bahngeschwindigkeit der Einzelobjekte läßt sich die räumliche Bahn eines solchen Meteorstroms bestimmen. Dabei hat sich bei den meisten Meteorströmen gezeigt, daß sie identisch sind mit Kometenbahnen. Demnach sind die Teilchen in solchen Strömen wahrscheinlich Restmaterial aus Kern, Koma und Staubschweif des Kometen, das sich – auch wenn sich der Komet schon aufgelöst hat – weiter auf der Kometenbahn um die Sonne bewegt.

Auffallende Meteorschwärme sind die Perseiden (Radiant im Sternbild Perseus), die in den Nächten um den 10. August auftreten und vom Kometen 1862 III stammen, und die Mitte November erscheinenden Leoniden (Radiant im Sternbild Löwe), bei denen es sich um Restmaterial des Kometen 1866 I handelt. Der Komet Halley erzeugt die Meteorschwärme der Mai-Aquariden mit dem Häufigkeitsmaximum am 5. Mai und der Orioniden, die um den 19. Oktober beobachtet werden.

Die Häufigkeit der Meteore nimmt mit abnehmender Helligkeit stark zu. Die Massen der Meteorite, die in der Erdatmosphäre verdampfen, werden aus ihrer Helligkeit auf 0,01 g bis 1 g geschätzt.

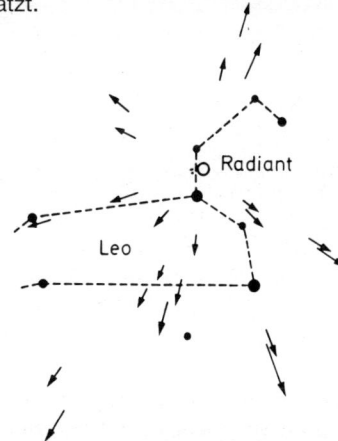

3.36 Die Leoniden, ein Meteorschwarm, der Mitte November auftritt und dessen Radiant im Sternbild Löwe liegt.

3.37 Das Steinheimer Becken, ein Meteoritenkrater im Osten der Schwäbischen Alb, der $14,5 \cdot 10^6$ Jahre alt ist.

Mit Radarstrahlen, die an den Meteorschweifen aus ionisierter Luft reflektiert werden, können Kleinstmeteorite nachgewiesen werden, die optisch nicht mehr wahrnehmbar sind. Durch Nachweisgeräte in Raketen, Satelliten und Raumsonden konnten noch kleinere Objekte mit Durchmessern zwischen 0,1 μm und 10 μm (**Mikrometeorite**) untersucht werden, die in großen Mengen in die Erdatmosphäre eindringen und langsam zu Boden sinken.

Die Leuchterscheinung eines Meteors zeigt nicht das kontinuierliche Spektrum glühender Festkörper, sondern ein Linienspektrum. Es rührt her von Atomen aus der Meteoritenoberfläche, die beim Durchgang durch die Atmosphäre herausgerissen wurden und durch Zusammenstöße mit den Luftmolekülen zum Leuchten angeregt werden.

Meteoritenmaterial kann bis zur Erdoberfläche gelangen und dort gefunden werden. Meist handelt es sich nur um kleinere Stücke mit Durchmessern von wenigen Zentimetern. Der größte bis jetzt aufgefundene Meteorit ist ein Eisenklotz von rund 60 t Masse, der 1920 auf der Hoba-Farm in Südwestafrika entdeckt wurde.

Außer dem Mondgestein, das Astronauten zur Erde gebracht haben, ist meteoritisches Material die einzige außerirdische Materie, die wir im Laboratorium untersuchen können. Die große Mehrzahl der gefundenen Stücke gehört zwei unterschiedlichen Gruppen an, die als **Eisen-** und **Stein-Meteorite** bezeichnet werden. Die Hauptbestandteile der Eisenmeteorite sind Eisen und Nickel; die Steinmeteorite bestehen überwiegend aus Silikaten mit Beimischungen von Eisen und Nickel. Bei solchen Meteoriten, die bei einer Suchaktion nach der beobachteten Leuchterscheinung gefunden wurden, überwiegen die Steinmeteorite weitaus. Da diese jedoch schneller als die Eisenmeteorite verwittern, herrschen im gesamten Fundmaterial die Eisenmeteorite vor.

Über die Zerfallsprodukte radioaktiver Substanzen kann das **Alter** von Meteoriten bestimmt werden. Dabei findet man durchweg Werte um $4,5 \cdot 10^9$ Jahre; bestimmt man mit entsprechenden Methoden das Alter der Erde, so erhält man den gleichen Betrag (vgl. S. 67). Ein weiteres wichtiges Datum in der Vergangenheit der Meteorite ist das **Bestrahlungsalter**. Darunter versteht man die Zeitspanne, während der das Objekt der Kosmischen Strahlung ausgesetzt war. Die Kosmische Strahlung besteht aus sehr energiereichen Protonen und schwereren Atomkernen, die 1 m bis 2 m tief in die Meteoritenmaterie eindringen können und dabei Atomkerne spalten. Aus der Menge der Spaltprodukte ergibt sich, daß Eisenmeteorite vor etwa 500 Millionen Jahren, Steinmeteorite vor rund 20 Millionen Jahren aus größeren Körpern herausgeschlagen wurden.

Die **Herkunft** der Objekte, die wir als Meteore und Meteorite beobachten, ist sehr verschieden. Der interplanetare Raum ist erfüllt mit größeren und kleineren Gesteins- und Staubpartikeln, die vorwiegend aus zwei verschiedenen Quellen stammen. Die eine Gruppe, zu der hauptsächlich die auf der Erde gefundenen Meteorite gehören, sind Trümmer, die bei Zusammenstößen Kleiner Planeten oder sogar größerer planetarer Körper entstanden sind. Die andere Gruppe sind Zerfallsprodukte von Kometen; diese Objekte beobachten wir in den Meteorschauern, wahrscheinlich aber auch in den meisten der einzelnen kleinen, in der Atmosphäre verglühenden Meteore, den Sternschnuppen.

Auf der Erde kennt man über hundert **Meteoritenkrater**. Die Körper, von denen sie erzeugt worden sind, müssen sehr viel größer gewesen sein als der Hoba-Meteorit, der einen Durchmesser von 3 m hat. Diese Kraterbildungen auf der Erde wurden bereits im Zusammenhang mit den Mondkratern erwähnt (S. 59). Einer der bekanntesten ist der Barringer-Krater (Cañon Diablo) in Arizona, USA, mit 1295 m Durchmesser und 175 m Tiefe. Im Osten der Schwäbischen Alb sind das Nördlinger Ries (Kesseldurchmesser etwa 20 km) und das Steinheimer Becken (Durchmesser 3,5 km, Zentralberg; Abb. 3.37) Meteoritenkrater. Der Nördlinger Meteorit dürfte 500 m bis 1200 m Durchmesser und eine Masse der Größenordnung 10^{12} kg gehabt haben.

Interplanetare Materie

Unter dem Namen interplanetare Materie faßt man alles zusammen, was sich an kleinen festen Partikeln und an Gas im Raum zwischen den Planeten befindet.

Das auffälligste Kennzeichen für das Vorhandensein kleiner Teilchen im interplanetaren Raum ist das **Tierkreis- oder Zodiakal-Licht**. Es besteht in einer schwachen Aufhellung des westlichen Abendhimmels nach dem Ende der Dämmerung und des östlichen Morgenhimmels vor Dämmerungsbeginn. Symmetrieachse der Erscheinung ist die Ekliptik. Das Tierkreislicht ist nur unter sehr günstigen Bedingungen mit bloßem Auge zu beobachten. Dazu gehört neben einer mondlosen, klaren Nacht geringer Dunst am Horizont und ein möglichst großer Winkel zwischen der Ekliptik und dem Horizont; daher sind in Mitteleuropa die besten Beobachtungsbedingungen im Frühjahr abends und im Herbst morgens gegeben.

Das Spektrum des Zodiakallichts gleicht dem des Sonnenlichts; daraus ist zu schließen, daß das Zodiakallicht durch Streuung des Sonnenlichts an Staubteilchen entsteht. Es handelt sich um Partikel von der Größenordnung 1 μm mit einer außerordentlich geringen räumlichen Dichte; in der Umgebung der Erde kommen nur wenige Teilchen auf einen Kubikkilometer.

Der in der Ekliptikebene konzentrierte interplanetare Staub erzeugt nicht nur das Zodiakallicht, sondern auch die F-Korona der Sonne (s. S. 111f.), die bei totalen Sonnenfinsternissen beobachtet werden kann.

Die interplanetare Materie besitzt auch eine **Gaskomponente**. Sie besteht hauptsächlich aus dem Sonnenwind, also aus Elektronen und Protonen, die radial von der Sonne abströmen und für die Bildung der Kometenschweife und der Magnetosphären der Planeten verantwortlich sind. Ein geringer Teil der gasförmigen interplanetaren Materie besteht aus Gasmolekülen, die ständig aus den Planeten- und Kometenatmosphären abdiffundieren.

Aufgaben

1. Angenommen, die Entdeckung eines langperiodischen Kometen erfordere eine Periheldistanz von weniger als 3 AE. Welche Bedingung folgt daraus für die Bahnexzentrizität? (Mittlerer Radius der Oortschen Wolke 60 000 AE)
2. Wie ist es zu erklären, daß die Häufigkeit der Sternschnuppen außerhalb der Meteorschwärme im Laufe der Nacht zunimmt und in den Morgenstunden ihr Maximum erreicht?

4. Die Sonne

Die Sonne ist ein besonders wichtiges Forschungsobjekt für die Astronomie, denn sie ist der einzige selbstleuchtende Himmelskörper, der sich so nahe an der Erde befindet, daß Einzelheiten der Vorgänge und Strukturen auf seiner Oberfläche beobachtet werden können. Die Erforschung der Sonne liefert deshalb den Schlüssel zum Verständnis der Fixsterne, deren physikalische Eigenschaften denen der Sonne weithin gleichen, die aber wegen ihrer großen Entfernungen von der Erde auch bei stärksten Fernrohrvergrößerungen nur als strukturlose Lichtpunkte erscheinen. Die Sonne bildet damit den zentralen Pfeiler der Brücke zwischen den Objekten unserer engeren kosmischen Umgebung, dem Planetensystem, und der weit entfernten Welt der Fixsterne.

Wir beschäftigen uns im folgenden zuerst mit der Bestimmung der physikalischen Größen, die den Sonnenkörper als Ganzes kennzeichnen, also Radius, Masse, Strahlungsleistung und Oberflächentemperatur. Aus diesen Daten werden wir Schlüsse über den physikalischen Zustand des Sonneninnern und damit über die Mechanismen der Energieerzeugung und des Energietransportes in der Sonne ziehen. Nachdem wir auf diese Weise eine einfache Modellvorstellung von dem grundsätzlich unbeobachtbaren Inneren der Sonne gewonnen haben, wenden wir uns den äußeren, irgendwie unserer Beobachtung zugänglichen Schichten der Sonne zu. Ihre Rolle bei der Entstehung des Sonnenspektrums steht dabei im Mittelpunkt. So gewinnen wir einerseits ein Bild über die chemische Zusammensetzung der Sonne und lernen andererseits Methoden kennen, die wir im folgenden Kapitel zur Analyse des Sternlichtes benötigen. Den Schluß des vorliegenden Kapitels bilden die Erscheinungen der Sonnenaktivität, also rasch wechselnde Vorgänge, die wir in den äußeren Schichten der Sonne beobachten können und deren bekannteste Erscheinung die Sonnenflecken sind.

4.1. Integrale physikalische Eigenschaften der Sonne

4.1.1. Durchmesser der Sonne

Der Winkeldurchmesser der Sonne beträgt etwa ein halbes Grad. Wie man den Winkeldurchmesser der Sonne messen kann, wurde bereits auf S. 37 beschrieben. Dort wurde darauf hingewiesen, daß der scheinbare Durchmesser der Sonne sich im Laufe eines Jahres periodisch ändert, weil die Erde auf ihrer elliptischen Bahn nicht immer die gleiche Entfernung von der Sonne hat. Bei der Entfernung $r = 1$ AE der Erde von der Sonne erscheint uns der Sonnendurchmesser unter dem Winkel $D = 1919,3''$. Nach Gleichung (2-1) auf S. 34 kann man den wahren Sonnendurchmesser berechnen.

Für den Sonnenradius gilt

$$R_\odot = r \cdot \sin\left(\frac{D}{2}\right). \qquad (4\text{-}1)$$

Mit $r = 1$ AE $= 1,496 \cdot 10^{11}$ m ergibt sich daraus $R_\odot = 6,960 \cdot 10^8$ m. Der Sonnendurchmesser ist also etwa das 109fache des Erddurchmessers.

Abweichungen von der Kugelgestalt konnten bisher bei der Sonne nicht nachgewiesen werden; ihr Durchmesser ist also überall der gleiche.

4.1.2. Masse und mittlere Dichte der Sonne

Nach dem 3. Keplerschen Gesetz, also Gl. (2-20), S. 45, gilt für die große Halbachse a der Ellipsenbahn eines Planeten, der die Masse m_p hat und mit der siderischen Umlaufdauer T um die Sonne läuft:

$$\frac{a^3}{T^2} = \frac{G}{4\pi^2}(m_\odot + m_P) \qquad (4\text{-}2)$$

Setzt man hier die Daten der Erde ein, also

$$a = 1,496 \cdot 10^{11} \text{ m}, \quad T = 3,156 \cdot 10^7 \text{ s},$$

so erhält man $\quad m_\odot + m_P = 1,989 \cdot 10^{30}$ kg.

Da die Masse des Systems Erde-Mond nur etwa $6 \cdot 10^{24}$ kg beträgt (vgl. Anhang Tabelle 4), kann man sie gegenüber der Sonnenmasse vernachlässigen und erhält damit für diese den Wert

$$m_\odot = 1,989 \cdot 10^{30} \text{ kg.}$$

Die mittlere Dichte der Sonne ist $\bar{\varrho}_\odot = m_\odot / V_\odot$ oder wegen der kugelförmigen Gestalt der Sonne:

$$\bar{\varrho}_\odot = \frac{3\,m_\odot}{4\pi R_\odot^{\,3}} = 1409\,\frac{\text{kg}}{\text{m}^3} = 1,409\,\frac{\text{g}}{\text{cm}^3}$$

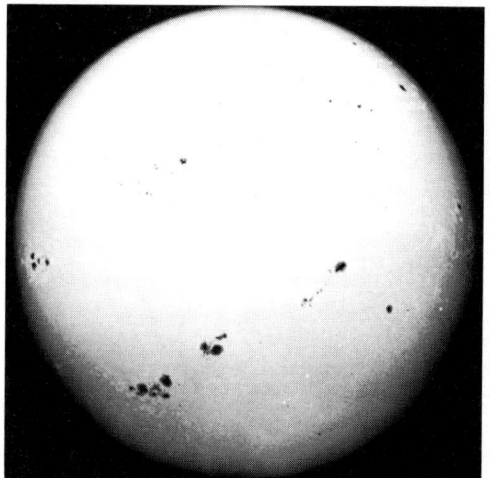
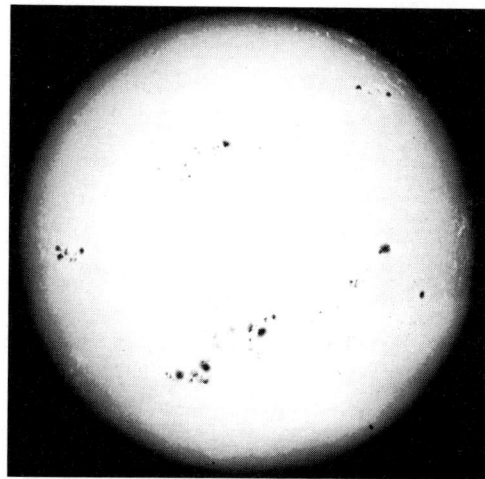

4.1 Sonne mit Fleckengruppen an zwei aufeinanderfolgenden Tagen (links am 8., rechts am 9. 11. 1956). Norden ist oben. Die scheinbare Ortsveränderung der Flecken auf der Sonnenscheibe im Beobachtungszeitraum (von links unten nach rechts oben) ist die Folge der Sonnenrotation.

4.1.3. Rotation der Sonne

Alle Erscheinungen, die man auf der Sonnenoberfläche genügend lange Zeit beobachten kann, wandern von Ost nach West über die Sonnenscheibe hinweg. (Blickt man gegen die im Süden kulminierende Sonne, so ist – wie auf der Erde – Osten links und Westen rechts.) Die Sonne rotiert also um eine Achse, die ungefähr senkrecht zur Blickrichtung steht. Der Rotationssinn der Sonne ist demnach der gleiche wie bei der Erde und den meisten Planeten sowie bei den Umlaufbewegungen der Planeten um die Sonne. Am einfachsten läßt sich die Sonnen-

rotation durch die Beobachtung von Sonnenflecken zeigen (Abb. 4.1). Legt man mehrere Tage lang die Positionen von Sonnenflecken auf der Sonnenscheibe fest, so erhält man nicht nur die Rotationsdauer, sondern auch die Lage der Rotationsachse.

Die **Rotationsachse** der Sonne ist um den Winkel 7°15′ gegenüber dem Lot auf der Ekliptik geneigt, und zwar so, daß wir in den Tagen um den 6. Juni und den 8. Dezember senkrecht auf die Achse blicken (Abb. 4.2).

Die **synodische Rotationsdauer** (relativ zur Erde) ergibt sich aus Fleckenbeobachtungen im

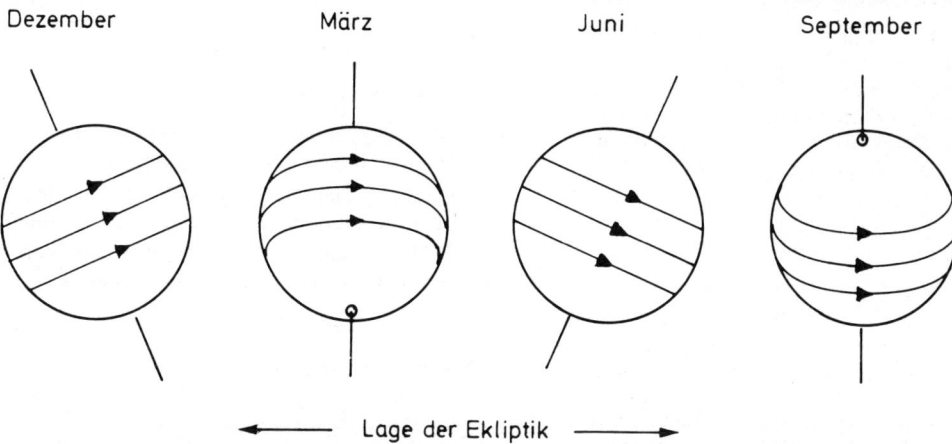

4.2 Scheinbare Bahnen der Sonnenflecken auf der Sonnenscheibe zu verschiedenen Jahreszeiten

Mittel zu $T_{syn} = 27,275$ d. Für die **siderische Rotationsdauer** (relativ zum Fixsternhimmel) gilt entsprechend zu Gleichung (2-3) auf S. 40:

$$\frac{1}{T_{sid}} = \frac{1}{T_{syn}} + \frac{1}{T_E} \qquad (4-3)$$

Hieraus folgt mit $T_E = 1 \, a_{sid} = 365,256$ d:
$T_{sid} = 25,380$ d.

Die Geschwindigkeit eines Punktes am Sonnenäquator liegt bei 2 km/s. Die Rotationsdauer ist am Äquator am kleinsten und nimmt gegen die Pole hin zu; sie beträgt 25 Tage am Äquator, also bei der heliographischen Breite 0°, 27 Tage bei 40° und 33 Tage bei 70°. Diese Abhängigkeit der Rotationsdauer von der heliographischen Breite (**differentielle Rotation**) entsteht wahrscheinlich durch das Zusammenwirken der Rotation mit Materieströmungen im Bereich unter der Sonnenoberfläche (s. S. 101). Die Planeten Jupiter und Saturn zeigen ein ähnliches Verhalten.

4.1.4. Die Strahlungsleistung der Sonne

Von der Sonne strömt kontinuierlich Strahlungsenergie nach allen Richtungen in den Weltraum hinaus. Derjenige Teil, der in der Zeiteinheit in der Entfernung 1 AE, also in der Nähe der Erdbahn, auf eine senkrecht zur Strahlungsrichtung stehende Einheitsfläche trifft, wird als **Solarkonstante** bezeichnet. Die Solarkonstante S ist also die Bestrahlungsstärke, die von der Sonne in der Entfernung 1 AE erzeugt wird.

Zur Messung der Solarkonstanten benutzt man Pyrheliometer. Diese Geräte bestehen im wesentlichen aus einem Metallblock, dessen eine (ebene) Seitenfläche geschwärzt ist. Während diese Fläche senkrecht von der Sonne bestrahlt wird, mißt man die Änderungsgeschwindigkeit $\Delta T/\Delta t$ der Temperatur T des Metallblocks. Ist m die Masse des Metallblocks, c seine spezifische Wärmekapazität und A die bestrahlte Fläche, so gilt für die in der (kleinen) Zeitspanne Δt zugeführte Strahlungsenergie $\Delta Q = c \cdot m \cdot \Delta T$. Andererseits ist nach der Definition von S: $\Delta Q = S \cdot A \cdot \Delta t$. Damit erhält man:

$$S = \frac{c \cdot m}{A} \cdot \frac{\Delta T}{\Delta t}$$

Um die Schwächung der Sonnenstrahlung beim Durchgang durch die Erdatmosphäre vernachlässigbar klein zu halten, werden moderne Messungen der Solarkonstanten mit Hilfe eines Ballons oder einer Rakete in der Stratosphäre durchgeführt, oder man verwendet für das Experiment einen künstlichen Erdsatelliten. Als bester Wert für die Solarkonstante gilt derzeit

$$S = 1,37 \cdot 10^3 \, W/m^2.$$

Könnte man die Strahlungsenergie der Sonne vollkommen in elektrische Energie umwandeln, so würde eine Empfängerfläche von etwa $4 \cdot 10^9 \, m^2$ (dies entspricht etwa der Flächensumme der beiden Baleareninseln Mallorca und Menorca) ausreichen, um den derzeitigen Weltenergiebedarf von rund $7 \cdot 10^9$ kW durch Sonnenenergie zu decken.

Multipliziert man die Solarkonstante mit der Oberfläche einer Kugel vom Radius 1 AE, so erhält man die gesamte Strahlungsleistung der Sonne:

$$L_{\odot} = 4\pi r^2 \cdot S = 3,85 \cdot 10^{26} \, W$$

Die Gesamtstrahlungsleistung eines Fixsterns im allgemeinen und der Sonne im besonderen heißt **„Leuchtkraft"**.

4.1.5. Die Oberflächentemperatur der Sonne

Wie über alle physikalischen Eigenschaften der Gestirne, so erhält man auch über die Temperatur der Sonne Informationen nur durch die Strahlung, die auf der Erde ankommt. Grundsätzlich kann zur Temperaturbestimmung eines Strahlers jede Eigenschaft der Strahlung benutzt werden, die von der Temperatur abhängt, sofern das physikalische Gesetz bekannt ist, das den Zusammenhang dieser Eigenschaft mit der Temperatur des Strahlers beschreibt. Die Aufstellung eines solchen Gesetzes setzt voraus, daß die physikalischen Eigenschaften des Strahlers bekannt sind. Bei der Sonne ist dies nicht der Fall, da ja außer der Temperatur auch alle anderen physikalischen Eigenschaften nur indirekt über die Strahlung ermittelt werden können. Es bleibt also nur die Möglichkeit, ein Modell für den physikalischen Aufbau der Sonnenoberfläche zu entwerfen und dieses so zu variieren, daß seine Strahlungseigenschaften mit denen der Sonne möglichst gut übereinstimmen.

Zweckmäßigerweise beginnt man diese schrittweise Annäherung mit dem physikalisch einfachsten Typ des Temperaturstrahlers, dem schwarzen Strahler (s. S. 264). Die Behandlung der Sonne und der anderen Fixsterne als schwarze Strahler ist eine Idealisierung, die eine gute Annäherung an die Wirklichkeit darstellt. Die beiden einfachsten Gesetze der schwarzen Strahlung sind das Gesetz von Stefan und Boltzmann und das Wiensche Verschiebungsgesetz (s. S. 265). Nach dem Stefan-Boltzmann-Gesetz ist die Leuchtkraft einer schwarzen Kugel mit dem Radius $R_\odot$ der Sonne bei der Temperatur T:

$$L_\odot = 4\pi R_\odot^2 \cdot \sigma T^4 \qquad (4\text{-}4)$$

In diesem Ausdruck ist σT^4 die gesamte Strahlungsleistung, die durch die Flächeneinheit der Sonnenoberfläche aus dem Innern strömt.

Aus der Gleichung (4-4) erhält man mit der Konstanten $\sigma = 5{,}67 \cdot 10^{-8}$ W m^{-2} K^{-4}, wenn man die Gleichung (4-1) berücksichtigt:

$$T = \sqrt[4]{\frac{S}{\sigma \cdot \sin^2(D/2)}} \qquad (4\text{-}5)$$

Hieraus folgt $T \approx 5800$ K.

Diese nach dem Gesetz von Stefan und Boltzmann aus der Leuchtkraft berechnete Temperatur heißt **effektive Temperatur** T_{eff}. Die auf diese Weise definierte physikalische Größe „effektive Temperatur" liefert die Möglichkeit, die Oberflächentemperatur der Sonne – bzw. überhaupt eines Sterns (s. S. 142 f.) – durch eine einzige Angabe zu kennzeichnen.

Nach Gleichung (4-5) ist zur Bestimmung der effektiven Temperatur der Sonne weder die Entfernung der Sonne noch ihr wahrer Durchmesser notwendig; es genügt die Kenntnis des scheinbaren Sonnendurchmessers und der Solarkonstante.

Wenn die Sonne ein schwarzer Strahler wäre, müßten die Werte von T_{eff} und der aus dem Wienschen Verschiebungsgesetz berechneten Temperatur T_W übereinstimmen. Nach dem Wienschen Verschiebungsgesetz gilt für den Zusammenhang der Temperatur eines schwarzen Strahlers mit der Wellenlänge λ_m des Intensitätsmaximums im Spektrum

$$\lambda_m \cdot T = 2{,}9 \cdot 10^{-3} \text{ m} \cdot \text{K} .$$

Nach neueren Messungen liegt das Intensitätsmaximum des kontinuierlichen Sonnenspektrums etwa bei $\lambda_m = 455$ nm. Damit liefert das Wiensche Verschiebungsgesetz die Temperatur $T \approx 6400$ K.

Die Intensitätsverteilung im Sonnenspektrum wird durch die Absorption in den Fraunhoferlinien (Abb. 4.11) für den Beobachter so stark verändert, daß sich das Maximum der ungestörten Intensitätsverteilung im kontinuierlichen Spektrum der Sonne nur schwer feststellen läßt; deshalb ist die Bestimmung des Wertes von T_W ungenau.

Andererseits zeigen diese dunklen Linien im Spektrum aber auch an, daß die Sonne kein schwarzer Strahler ist. Wenn die beiden Werte von T_{eff} und T_W trotzdem so nahe beieinander liegen, so beweist dies, daß die Sonne durchaus in erster Näherung als schwarzer Strahler betrachtet werden darf, und daß es deshalb sinnvoll ist, den Wert von T_{eff} zur Kennzeichnung der Oberflächentemperatur der Sonne zu verwenden.

Aufgaben

1. In den fünf Jahren von 1979 bis 1983 nahm die Solarkonstante um 0,1 % ab; eine Ursache für diese Erscheinung ist bis jetzt nicht bekannt.
   a) Angenommen, der Sonnenradius habe sich in dieser Zeit nicht geändert. Um welchen Betrag hat sich dann die effektive Temperatur der Sonne verringert?
   b) Warum hat die Änderung der Solarkonstante keine meßbare Auswirkung auf die Temperatur der Erde gehabt?
2. Die Sonne hat eine ausgedehnte Gashülle. In welchem Abstand von der Rotationsachse würde die Geschwindigkeit der Elementarteilchen dieser Hülle die Entweichgeschwindigkeit erreichen, wenn die Hülle starr mit der Sonne rotieren würde?
3. Wegen der Exzentrizität der Erdbahn ändert sich die Entfernung Sonne – Erde mit einer jährlichen Periodizität. Um welchen Bruchteil schwankt dadurch die Bestrahlungsstärke der Erde?

4.2. Innerer Aufbau der Sonne. Erzeugung und Transport der Energie im Sonneninnern

Die Physik des Sonneninnern ist ein Spezialfall der Physik des Sternaufbaus. Dies bedeutet nicht, daß die Sonne ein ganz besonderer Stern wäre; das folgende 5. Kapitel wird vielmehr zeigen, daß es sich bei der Sonne um einen völlig „normalen" Stern handelt. Die Sonne zeichnet sich aber dadurch vor den anderen Sternen aus, daß wir von ihr besonders intensive und deshalb informationsreiche Strahlung erhalten. Am Beispiel der Sonne lassen sich daher ausgezeichnet Vorstellungen über den physikalischen Aufbau der Fixsterne entwickeln.

Die Grundlage für die Physik des Sternaufbaus bildet die Kenntnis von Radius, Masse, Leuchtkraft, Oberflächentemperatur und der chemischen Zusammensetzung der äußeren Schichten. Auf der Basis dieser beobachtbaren Eigenschaften müssen Modelle für den Sternaufbau entwickelt werden, aus denen sich der Druck- und Temperaturverlauf im Sterninnern herleiten lassen und mit denen die Erzeugung und der Transport der Energie im Sterninnern verstanden werden können. Im folgenden begnügen wir uns mit Abschätzungen der Mittelwerte von Druck und Temperatur im Sonneninnern.

4.2.1. Temperatur, Druck und Dichte im Sonneninnern

Die Temperatur an der Sonnenoberfläche beträgt rund 6000 K (vgl. S. 93). Bei dieser Temperatur kann Materie nur im gasförmigen Zustand existieren. Wie in stehenden Gewässern oder der Atmosphäre der Erde entsteht in der gasförmigen Sonnenmaterie ein Druck, der durch ihr Eigengewicht erzeugt wird und der mit zunehmender Tiefe anwächst; er heißt **Schweredruck oder hydrostatischer Druck**. Da die Sonne ihre Ausdehnung beibehält, muß sie sich in einem mechanischen Gleichgewicht befinden. Dieser Gleichgewichtszustand wird – übernommen aus der Physik ruhender Flüssigkeiten – als **hydrostatisches Gleichgewicht** bezeichnet; es kommt dadurch zustande, daß in jedem Punkt des Sonneninnern der nach innen gerichteten Schwerkraft eine nach außen gerichtete Kraft vom gleichen Betrag entgegenwirkt. Die Ursache dieser Gegenkraft ist hauptsächlich der nach innen wachsende **Gasdruck**, der von der thermischen Bewegung der Gasteilchen herrührt. Zur

Abschätzung des mittleren Schweredrucks im Sonneninnern denken wir uns den Sonnenball in zwei Hälften zerschnitten (Abb. 4.3). Zwischen ihnen wirkt die Gravitationskraft

$$F = G \cdot \frac{(m_\odot/2)^2}{r^2} \ .$$

Um den Abstand r der Massenmittelpunkte beider Hälften berechnen zu können, müßte die Dichteverteilung in der Sonne bekannt sein. Für eine Abschätzung genügt es aber, $r = R_\odot$ zu setzen.

Damit erhält man für den Druck, den die Gravitationsanziehung an der Schnittfläche erzeugt:

$$\overline{p} = \frac{F}{\pi R_\odot^2} = G \frac{m_\odot^2}{4\pi R_\odot^4} \tag{4-6}$$

$$\overline{p} = 9{,}0 \cdot 10^{13} \text{ Pa} \tag{4-7}$$

Diesen Betrag verwenden wir im folgenden als Mittelwert des Drucks im Sonneninnern.

Wir nehmen nun an, daß die Materie im Sonneninnern als ideales Gas angesehen werden darf (die Berechtigung für diese Annahme wird anschließend nachgewiesen); dann gilt zwischen den Zustandsgrößen Druck $\overline{p}$, Volumen V und Temperatur $\overline{T}$ die Zustandsgleichung

$$\overline{p} \cdot V = N \cdot k \cdot \overline{T}. \tag{4-8}$$

4.3 Zur Abschätzung des mittleren Schweredrucks im Sonneninnern. S_1 und S_2 sind die Massenmittelpunkte der beiden Sonnenhälften, deren Abstand r von der Dichteverteilung in der Sonne abhängt.

k ist die Boltzmannkonstante und N die Zahl der Teilchen in der Sonne. Ist $\overline{m}$ die mittlere Masse eines Teilchens der Sonne, so ist die Teilchenzahl $N = m_\odot / \overline{m}$. Führt man mit $\overline{\varrho}_\odot = m_\odot / V$ die mittlere Dichte der Sonne ein, so ergibt sich aus der Gleichung (4-8):

$$\overline{T} = \frac{\overline{p} \cdot \overline{m}}{k \cdot \overline{\varrho}_\odot}. \qquad (4\text{-}9)$$

Selbst wenn man hier die Masse des leichtesten Atoms, des Wasserstoffatoms, einsetzt, erhält man eine mittlere Temperatur von einigen Millionen Kelvin. Bei so hohen Temperaturen sind aber alle Elemente nahezu vollständig ionisiert.

Um aus einem Atom der Ordnungszahl Z das letzte seiner Z Elektronen herauszuschlagen, ist die Energie $W_{\text{ion}} = Z^2 \cdot 13{,}6$ eV nötig; dies folgt aus der Bohrschen Atomtheorie.
Die mittlere thermische Bewegungsenergie der Teilchen eines Gases mit der Temperatur T ist nach der kinetischen Theorie der Gase:

$$W_{\text{th}} = \frac{3}{2} kT.$$

Wäre der Wasserstoff im Sonneninnern nicht ionisiert, so ergäbe sich hieraus mit Gl. (4-9) und (4-7) für die mittlere thermische Energie eines H-Atoms $W_{\text{th}} = 1{,}0$ keV. Diese Energie kann im Mittel freigesetzt werden, wenn ein H-Atom in der Sonne einen Zusammenstoß erfährt.

Damit der Kollisionspartner durch den Stoß ionisiert werden kann, muß $W_{\text{th}} \geq W_{\text{ion}}$ sein. Daraus folgt, daß im Sonneninnern die Atome mit $Z < 9$ alle Elektronen verloren haben. Die Sonnenmaterie besteht aber zu mehr als 99,8 % aus solchen Atomen (s. Tab. 4.3, S. 108). Der Rest der schwereren Elemente ist ebenfalls entsprechend hoch ionisiert.

Wasserstoff ist das weitaus häufigste Element in der Sonne, und das H-Atom wird bei der Ionisation in ein Elektron und ein Proton zerlegt. Deshalb besteht das Sonneninnere im wesentlichen aus einer Mischung von gleich vielen Protonen und Elektronen; ein solches hochionisiertes Gas bezeichnet man als **Plasma.** Da die Masse der Elektronen gegenüber der Protonenmasse vernachlässigt werden kann, ist die mittlere Teilchenmasse des ionisierten Wasserstoffs nahezu gleich

der halben Protonenmasse $\overline{m} = 0{,}84 \cdot 10^{-27}$ kg. Damit ergibt sich für die mittlere Temperatur im Sonneninnern:

$$\overline{T} = 3{,}9 \cdot 10^6 \text{ K} \qquad (4\text{-}10)$$

Da für alle anderen Elemente $\overline{m}$ größer ist als für Wasserstoff, liegt die mittlere Temperatur im Sonneninnern jedenfalls nicht tiefer als der in Gleichung (4-10) angegebene Wert.
Es gibt andere Wege zur Abschätzung der Mittelwerte von Druck und Temperatur im Sonneninnern; sie führen jedoch stets auf Beträge der gleichen Größenordnung wie mit den Gleichungen (4-7) und (4-10).

Nun ist noch der Beweis dafür nachzutragen, daß die Materie im Sonneninnern als ideales Gas betrachtet werden darf. Bei einem idealen Gas spielen die Wechselwirkungen der einzelnen Teilchen für das physikalische Verhalten des Gases keine Rolle.

Zur Abschätzung der Teilchenzahl in der Sonne nehmen wir näherungsweise an, die Sonne bestehe aus einem reinen Wasserstoff-Plasma, d. h. aus einer Mischung von gleich viel Protonen und Elektronen. Ist m_H die Masse des H-Atoms, so ist die Zahl der Teilchen im Wasserstoff-Plasma der Sonne $N = 2 \cdot m_\odot / m_H = 2{,}4 \cdot 10^{57}$. Bezeichnet man mit $V_\odot = 4\pi R_\odot^3 / 3$ das Sonnenvolumen, so gilt für das Volumen, das einem Teilchen in der Sonne zur Verfügung steht: $V_1 = V_\odot / N = 6 \cdot 10^{-31} \text{ m}^3$. Der mittlere Abstand zweier Teilchen ist also von der Größenordnung $d = \sqrt[3]{V_1} \approx 8 \cdot 10^{-11}$ m.

Da der Durchmesser von Proton und Elektron in der Größenordnung 10^{-15} m liegt, ist ein Zusammenstoß zweier Teilchen so unwahrscheinlich wie bei zwei Fliegen, die einen würfelförmigen Raum von der Kantenlänge 1 km zur Verfügung haben.

Die durchschnittliche potentielle Energie der elektrostatischen Wechselwirkung zweier Teilchen ist bei dem oben berechneten Abstand d nur rund 20 eV, während ihre mittlere thermische Energie bei der in Gleichung (4-10) angegebenen Temperatur $3{,}9 \cdot 10^6$ K nach der kinetischen Theorie der Gase $\frac{3}{2} kT \approx 500$ eV ist. Daher kann auch die elektrische Wechselwirkungsenergie gegenüber der thermischen Bewegungsenergie vernachlässigt werden; das Sonneninnere erfüllt demnach die Bedingungen für ein ideales Gas.

Entfernung vom Sonnenzentrum in Radiusbruchteilen $r/R_\odot$	Temperatur T in K	Druck p in Pa	Dichte ϱ in g/cm^3	Massenbruchteil an Sonnenmasse in $m/m_\odot$
0,0	$15{,}5 \cdot 10^6$	$3 \cdot 10^{16}$	160	0,00
0,1	$13{,}0 \cdot 10^6$	$2 \cdot 10^{16}$	90	0,07
0,2	$9{,}5 \cdot 10^6$	$5 \cdot 10^{15}$	40	0,35
0,3	$6{,}7 \cdot 10^6$	$1 \cdot 10^{15}$	13	0,64
0,4	$4{,}8 \cdot 10^6$	$2 \cdot 10^{14}$	4	0,85
0,5	$3{,}4 \cdot 10^6$	$4 \cdot 10^{13}$	1	0,94
0,6	$2{,}2 \cdot 10^6$	$9 \cdot 10^{12}$	0,4	0,98
0,7	$1{,}2 \cdot 10^6$	$1 \cdot 10^{12}$	0,08	0,99
0,8	$0{,}7 \cdot 10^6$	$2 \cdot 10^{11}$	0,02	1,00
0,9	$0{,}3 \cdot 10^6$	$1 \cdot 10^{10}$	0,002	1,00
1,0	$0{,}6 \cdot 10^4$	$1 \cdot 10^4$	$3 \cdot 10^{-7}$	1,00

Tab. 4.1 Temperatur, Druck, Dichte und Massenverteilung im Sonneninnern nach Modellrechnungen

Verlauf von Dichte, Druck und Temperatur im Sonneninnern

Will man über die Abschätzung der Mittelwerte hinaus feststellen, wie Druck, Temperatur und Dichte im Sonneninnern mit zunehmender Annäherung ans Zentrum anwachsen, so muß ein theoretisches Modell des Aufbaus der Sonne entworfen werden. Seine Grundlage bilden Gleichungen, die das hydrostatische Gleichgewicht, die Energieerzeugung und den Energietransport im Sonneninnern beschreiben.
Das Ergebnis einer solchen Modellrechnung zeigt die Tab. 4.1. Unterschiede in den Modellen sind insbesondere durch die Annahmen über die chemische Zusammensetzung der Materie in den innersten Bereichen der Sonne bestimmt. In jedem Fall ergibt sich aber eine Zentraltemperatur von rund 15 Millionen Kelvin und eine starke Konzentration der Materie im Zentralbereich. Die äußeren Schichten der Sonne mit $r > 0{,}8\,R_\odot$ enthalten demnach nur einen sehr geringen Bruchteil der Sonnenmaterie; dies zeigt sich auch an dem raschen Abfall der Dichte und des Drucks in diesem Bereich. Auch die Temperatur fällt in der Nähe der Sonnenoberfläche nach außen steil ab.

4.2.2. Die Energieerzeugung der Sonne

Seit ihrer Entstehung hat die Sonne unablässig ungeheure Energiemengen in den Weltraum abgestrahlt. Um den dazu nötigen Energieaufwand der Sonne abschätzen zu können, muß

man ihr Alter kennen. Nun läßt sich aus den Mengenverhältnissen radioaktiver Stoffe und ihrer Zerfallsprodukte schließen, daß die Erdrinde etwa 4,5 Milliarden Jahre alt sein muß. Da alle Anzeichen darauf hindeuten, daß Sonne und Planeten aus der gleichen Materiewolke entstanden sind, dürfte die Sonne jedenfalls älter als $4{,}5 \cdot 10^9$ Jahre sein. Mindestens in der letzten Jahrmilliarde wird die Leuchtkraft der Sonne nahezu konstant geblieben sein, denn in rund 10^9 Jahre alten Erdschichten findet man bereits Spuren von Lebewesen, die unter ähnlichen Temperaturbedingungen existiert haben, wie sie heute auf der Erde herrschen.

Die Tatsache, daß die Sonne über so lange Zeit mit nahezu konstanter Leuchtkraft strahlen konnte, läßt sich nur durch eine außerordentlich ergiebige Energiequelle im Sonneninnern erklären. Die in der letzten Jahrmilliarde ausgestrahlte Energie kann man auf

$$L_\odot \cdot t = 3{,}85 \cdot 10^{26}\,\text{W} \cdot 3{,}16 \cdot 10^{16}\,\text{s} = 1{,}2 \cdot 10^{43}\,\text{J}$$

schätzen. Für die gesamte Energie, die von der Sonne seit ihrer Entstehung abgestrahlt wurde, gilt demnach

$$W > 1{,}2 \cdot 10^{43}\,\text{J}.$$

Um zu erfahren, durch welchen Vorgang im Sonneninnern die Energie freigesetzt wird, ist es vorteilhaft, die eben abgeschätzte Gesamtenergie W auf ein einzelnes der bei der Energieerzeugung beteiligten Atome bzw. Ionen umzurechnen. Ist $\overline{m}$ die durchschnittliche Masse eines dieser Teilchen, so kann man für die Anzahl aller Teilchen dieser Art in der Sonne $N = m_\odot /\overline{m}$ setzen. Für die Zahl dieser Teilchen, die tatsächlich schon bei der Energieerzeugung beteiligt waren, gilt dann sicher $N' < N$. Auf eines dieser bei der Energieerzeugung beteiligten Teilchen entfällt also der Anteil $W_1 = W/N'$. Daraus folgt:

$$W_1 > \frac{W}{N}, \text{ d. h. } W_1 > \frac{1{,}2 \cdot 10^{43} \text{ J}}{2 \cdot 10^{30} \text{ kg}} \cdot \overline{m}$$

Führt man hier 1 eV = $1{,}6 \cdot 10^{-19}$ J als Energieeinheit ein und verwendet die atomare Masseneinheit 1 u = $1{,}66 \cdot 10^{-27}$ kg, so ergibt sich:

$$W_1 > 6{,}2 \cdot 10^4 \frac{\text{eV}}{\text{u}} \cdot \overline{m}$$

Nun ist für alle Elemente $\overline{m} > 1$ u; deshalb folgt hieraus jedenfalls:

$$W_1 > 62 \text{ keV} \qquad\qquad (4\text{-}11)$$

Infolge der dreifachen Abschätzung nach unten kann man jedoch erwarten, daß die pro Teilchen in der Sonne umgesetzte Energie W_1 sehr viel höher als 62 keV ist.

Diese Abschätzung ermöglicht nun eine Entscheidung über die Vorgänge im Sonneninnern, die Quelle der Strahlungsenergie sind. Energieumsetzungen der in (4-11) abgeschätzten Größenordnung kommen nur bei Atomkernumwandlungen vor; bei chemischen Prozessen werden pro Teilchen höchstens einige eV freigesetzt, bei Fallbewegungen im Schwerefeld der Sonne liegt die freiwerdende Energie unter 2 keV. Es gibt zwei Arten von Kernumwandlungen, bei denen Energie frei wird: Verschmelzungen leichter Kerne und Spaltung schwerer Kerne (Abb. 4.4). Nach spektralanalytischen Untersuchungen des Sonnenlichtes kommt in der Sonnenoberfläche – die wohl ihre ursprüngliche chemische Zusammensetzung im wesentlichen bewahrt hat – auf etwa 700 H-Atome und 42 He-Atome nur

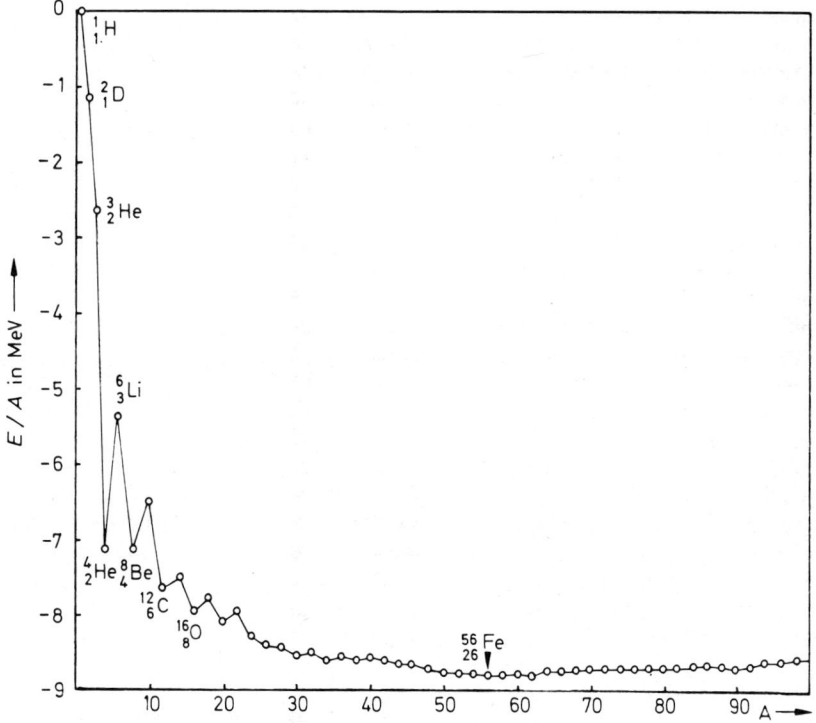

4.4 Durchschnittliche Energie je Teilchen E/A für die leichteren Atomkerne, aufgetragen in Abhängigkeit von der Massenzahl A. Das absolute Minimum dieser Funktion liegt etwa bei der Massenzahl 60. Für $A > 60$ steigt E/A mit wachsender Massenzahl langsam wieder an. Bei Kernreaktionen wird Energie frei, wenn E/A für die Endprodukte niedriger liegt als für den Ausgangszustand. Für leichte Kerne ist dies bei Kernverschmelzungen, für schwere Kerne bei Kernspaltungen möglich.

1 schwereres Atom. Die Häufigkeit der für die Kernspaltung in Frage kommenden Atome ist also so gering, daß Kernspaltungsprozesse für die Erzeugung der Sonnenenergie keine Rolle spielen können.

Für die Energieproduktion der Sonne kommen demnach nur **Kernfusionsprozesse** in Frage. Wegen der (positiven) elektrischen Ladung der Atomkerne ist Energie nötig, um sie gegen die elektrostatische Abstoßungkraft so weit zu nähern, daß die Anziehung der starken Wechselwirkungskräfte zwischen den Nukleonen größer wird als die Coulombsche Abstoßung. Am niedrigsten liegt diese Energieschwelle bei den Wasserstoffatomkernen, also den Protonen, da diese die kleinste elektrische Ladung tragen. Weil Wasserstoff außerdem das weitaus häufigste Element in der Sonne ist, sind dort Fusionen von Protonen am wahrscheinlichsten.

Andererseits muß aber die Fusionswahrscheinlichkeit relativ zur ungeheuer großen Protonenzahl im Sonneninnern sehr gering sein; andernfalls müßte die Sonne wie eine riesige Wasserstoffbombe explodieren. Tatsächlich ist die durchschnittliche thermische Bewegungsenergie der Protonen im Sonneninnern nur etwa 0,1% der Energie, die sie zur Überwindung der gegenseitigen elektrostatischen Abstoßung benötigen.

Um zwei Protonen gegen die Abstoßungskraft ihrer gleichen Ladungen e aus sehr großer Entfernung bis zum Abstand r zu nähern, muß nach dem Coulombschen Gesetz die Energie aufgewendet werden

$$W_C = \left(9 \cdot 10^9 \frac{\text{Vm}}{\text{As}}\right) \cdot \frac{e^2}{r}.$$

Durch Streuung von Elektronen an Protonen kann man den Protonenradius zu $1{,}2 \cdot 10^{-15}$ m bestimmen (s. Physiklehrbuch). Für den Minimalabstand zweier Protonen ergibt sich daher $r = 2{,}4 \cdot 10^{-15}$ m. Setzt man diesen Wert in die obige Gleichung ein, so ergibt sich für die Coulomb-Schwelle die Energie

$$W_C = 9{,}6 \cdot 10^{-14} \text{ J} = 600 \text{ keV}.$$

Sogar bei der im Sonnenzentrum herrschenden Temperatur von rund $1{,}6 \cdot 10^7$ K (s. S. 96) beträgt die durchschnittliche thermische Bewegungsenergie der Protonen nach der kinetischen Theorie der Gase nur

$$W_{\text{th}} = \tfrac{3}{2} kT \approx 2 \text{ keV}.$$

Nun gibt es zwar Protonen, deren thermische Bewegungsenergie 1000mal höher als der Durchschnittswert von 0,5 keV liegt. Eine Abschätzung zeigt jedoch, daß ihre Zahl in der Sonne größenordnungsmäßig nur bei 10^3 Exemplaren liegt; dies ist viel zu wenig für die Energieerzeugung der Sonne. Aus der Quantenmechanik folgt aber, daß auch solche Protonen, deren kinetische Energie zur Überwindung der Abstoßungsbarriere nicht ausreicht, mit einer bestimmten Wahrscheinlichkeit durch den Coulombwall hindurch in den Bereich eindringen können, wo die starke Wechselwirkung dominiert. Die Wahrscheinlichkeit für diese Diffusion ist um so größer, je höher die kinetische Energie der Kollisionspartner ist (**„Tunneleffekt"**, s. Physiklehrbuch).

Die Durchmusterung der Möglichkeiten, mit welchen Atomkernen die in der Sonne überreichlich vorhandenen Protonen reagieren können, ergibt, daß wieder nur Protonen und Kerne der Elemente C, N, O in Betracht gezogen werden müssen. Die Verschmelzung eines H-Kerns mit einem He 4-Kern liefert einen Li 5-Kern, der sofort (Halbwertszeit $\approx 10^{-21}$ s) wieder in einen H- und einen He-Kern zerfällt. Reaktionen der Protonen mit den leichten Kernen Li, Be und B haben diese Elemente bereits im Frühstadium der Sonnenentwicklung weitgehend aufgebraucht; dies beweist der spektroskopisch nachgewiesene Mangel dieser Atome in der Sonnenatmosphäre. Bei Fluor- und noch schwereren Kernen werden Kernfusionen durch die zunehmende Höhe der Coulombbarriere immer unwahrscheinlicher.

Sortiert man auf dieser Grundlage diejenigen Fusionsprozesse aus, die mit genügender Wahrscheinlichkeit in der Sonne vorkommen, so zeigt es sich, daß im Ergebnis stets 4 Protonen zu einem He 4-Kern vereinigt werden. Dabei sind zwei Prozesse von besonderer Bedeutung (e^+ = Positron, ν_e = Elektron-Neutrino, γ = Gamma-Quant):

1. pp-Kette:

$$^1_1\text{H} + \,^1_1\text{H} \rightarrow \,^2_1\text{D} + e^+ + \nu_e + 1{,}19 \text{ MeV}$$

$$^2_1\text{D} + \,^1_1\text{H} \rightarrow \,^3_2\text{He} + \gamma + 5{,}49 \text{ MeV}$$

Der Aufbau des He 4-Kerns kann nun auf verschiedene Weise erfolgen. Am häufigsten dürfte die folgende Reaktion sein:

$$^3_2\text{He} + \,^3_2\text{He} \rightarrow \,^4_2\text{He} + \,^1_1\text{H} + \,^1_1\text{H} + 12{,}85 \text{ MeV}$$

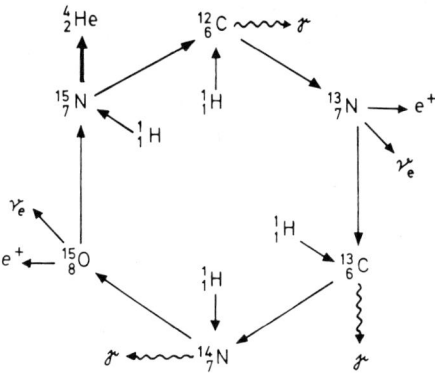

4.5 CNO-Zyklus (Bethe-Weizsäcker-Zyklus). Der Prozeß beginnt mit der Fusion Proton-Kohlenstoffkern (oben) und endigt mit der Emission eines He 4-Kerns.

2. CNO-Zyklus:

Bei dieser von H. A. Bethe und C. F. v. Weizsäcker entdeckten Reaktion findet keine Protonenfusion statt; der Aufbau des He 4-Kerns spielt sich vielmehr auf der Basis von Isotopen-Kernen des Kohlenstoffs, Stickstoffs und Sauerstoffs ab, die sozusagen als Katalysatoren wirken. Eine anschauliche Darstellung der weitaus wahrscheinlichsten Variante zeigt die Abb. 4.5. Die Energieerzeugung dieser Variante beträgt 25,03 MeV.

Die Teilchenbilanz kann demnach für beide Kernfusionsketten in der Form geschrieben werden:

$$4 \cdot {}^1_1\text{H} \rightarrow {}^4_2\text{He} + 2e^+ + 2\nu_e + \Delta W$$

Die Elektronneutrinos verlassen die Sonne nahezu ungestört, denn die Wahrscheinlichkeit, daß sie mit der Sonnenmaterie in Wechselwirkung treten, ist sehr gering („schwache Wechselwirkung"). Nach Abzug der von ihnen mitgenommenen Energie verbleibt je nach Fusionstyp eine positive Energiebilanz von 26,21 MeV bei der pp-Kette und 25,03 MeV beim Haupttyp des CNO-Zyklus, also im Mittel $\Delta W = 25{,}6$ MeV $= 4 \cdot 10^{-12}$ J. Damit die Sonne mit diesen Kernprozessen ihre Strahlungsleistung decken kann, müssen demnach

$$\frac{L_\odot}{\Delta W} = \frac{3{,}85 \cdot 10^{26}\ \text{W}}{4{,}1 \cdot 10^{-12}\ \text{J}} = 9 \cdot 10^{37}\ \text{s}^{-1}$$

solcher Fusionsprozesse in der Zeiteinheit stattfinden.

Die spektralanalytische Untersuchung des Sonnenlichtes ergibt, daß die Sonnenoberfläche zu 76% der Masse aus Wasserstoff besteht. Wenn dies die ursprüngliche Zusammensetzung der Sonnenmaterie war, so enthielt sie

$$\frac{0{,}76 \cdot 2 \cdot 10^{30}\ \text{kg}}{1{,}67 \cdot 10^{-27}\ \text{kg}} = 9 \cdot 10^{56}\ \text{Protonen.}$$

Bis diese durch Kernfusionsprozesse in Heliumkerne umgewandelt sind, verstreicht die Zeit:

$$t_{max} = \frac{\frac{9}{4} \cdot 10^{56}}{9 \cdot 10^{37}\,\text{s}^{-1}} = 2{,}5 \cdot 10^{18}\ \text{s} = 8 \cdot 10^{10}\ \text{Jahre}$$

Die Energieproduktion pro Masseneinheit ist außerordentlich stark temperaturabhängig, denn mit steigender Temperatur wächst die durchschnittliche Teilchengeschwindigkeit und damit die Häufigkeit der Zusammenstöße. Außerdem nimmt aber mit der Temperatur auch die Zahl derjenigen Teilchen zu, deren Energie eine Fusion möglich macht. Die Temperaturabhängigkeit der spezifischen Energieerzeugung (= Energieerzeugung pro Zeit- und Masseneinheit) zeigt die Abb. 4.6.
Die mittlere spezifische Energieerzeugung der Sonne ist

$$\bar{\varepsilon} = \frac{L_\odot}{m_\odot} = 1{,}9 \cdot 10^{-4}\ \text{W} \cdot \text{kg}^{-1}.$$

Das entspricht nach Abb. 4.6 einer Durchschnittstemperatur von $1 \cdot 10^7$ K. Vergleicht man dies mit dem Temperaturverlauf aus Tab. 4.1, so erkennt man, daß die Energieerzeugung bevorzugt im Zentralbereich der Sonne stattfinden muß; bereits bei Zentrumsabständen $r > 0{,}3 R_\odot$ sind die Beiträge der Schichten zur Energielieferung vernachlässigbar klein.
Nach Abb. 4.6 dominiert in der Sonne der pp-Prozeß; nur in unmittelbarer Nähe des Zentrums spielt bei den dort herrschenden höheren Temperaturen auch der CNO-Zyklus schon eine Rolle für die Energieproduktion.

4.2.3. Der Energietransport im Sonneninnern

Die Strahlung der Sonne ist im wesentlichen durch die Oberflächentemperatur von rund 6000 K bestimmt; dies folgt aus der Tatsache, daß die Sonne näherungsweise als schwarzer Strahler dieser Temperatur angesehen werden kann (s. S. 93). Die von der Sonnenoberfläche abgestrahlte Energie stammt also aus dem thermischen Energievorrat der Sonne. Da die

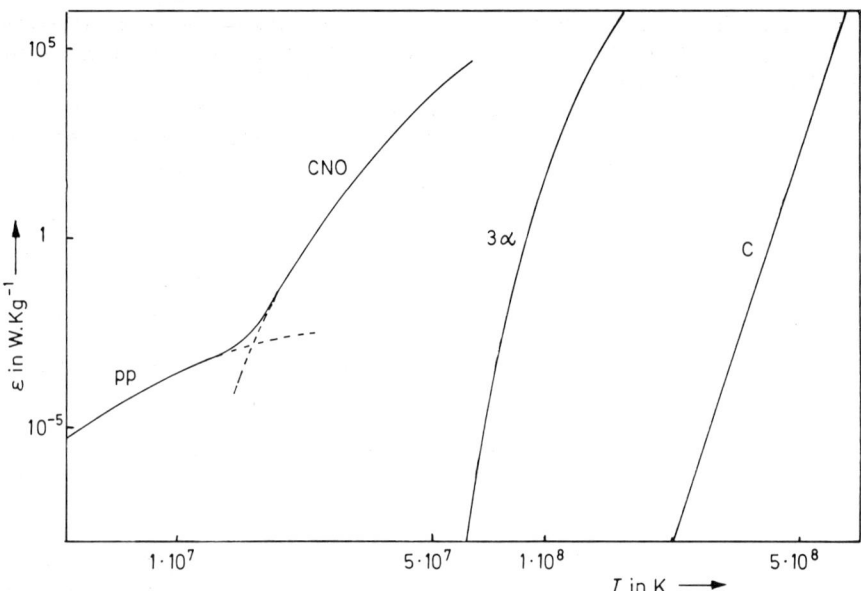

4.6 Spezifische Energieerzeugung ε beim Wasserstoff-, Helium- und Kohlenstoff-Brennen in Abhängigkeit von der Temperatur des betreffenden Plasmas. Als Ausgangsmaterial wurde ein reines Wasserstoff- bzw. Helium-Plasma der Dichte 10^7 kg/m³ angenommen, für das Kohlenstoffbrennen ein reines Kohlenstoffplasma mit der Dichte 10^8 kg/m³.

Wärmeenergie in der Nähe des Sonnenzentrums erzeugt wird, muß sie durch irgendeinen Mechanismus von dort zur Oberfläche transportiert werden, von wo sie abgestrahlt wird.

Auf der Erde kennt man drei Arten des Transportes von Wärmeenergie: Wärmeleitung, Wärmestrahlung, Wärmekonvektion. Es ist deshalb grundsätzlich möglich, daß alle drei Typen auch beim Energietransport in Sternen vorkommen.

Wärmeleitung in Gasen beruht darauf, daß sich energiereiche, also schnelle Teilchen aus einem Raum mit höherer Temperatur, d. h. höherer mittlerer Teilchenenergie, in Bereiche mit tieferer Temperatur, also niedrigerer Durchschnittsenergie hineinbewegen (diffundieren). Dieser Energietransport ist um so effektiver, je schneller die energiereichen Teilchen sind und je größer ihre mittlere freie Weglänge ist, also die Strecke, die ein Teilchen im Mittel zwischen zwei Zusammenstößen zurücklegen kann. Wegen der elektrostatischen Wechselwirkung der Elektronen und Ionen im Sonneninnern ist dort die freie Weglänge der Plasmaelektronen nur von der Größenordnung 10^{-10} m.

Bei der **Wärmestrahlung** wird die Energie durch Energiequanten der elektromagnetischen Strahlung (Photonen) transportiert. Da diese keine elektrische Ladung tragen, werden sie von den Plasmateilchen nicht elektrostatisch beeinflußt und haben deshalb eine viel größere mittlere freie Weglänge; sie ist im Sonneninnern von der Größenordnung 1 cm. Wegen dieser größeren freien Weglänge ist der Energietransport durch Strahlung in der Sonne viel wirkungsvoller als die Wärmeleitung.

An der freien Ausbreitung werden die Photonen durch Wechselwirkungen mit der Materie gehindert: die Photonen können die Ionen schwerer Elemente, die im Sonneninnern noch nicht alle Elektronen verloren haben, weiter ionisieren, und sie können von freien Elektronen absorbiert und gestreut werden. Dadurch wird einerseits die Energie der wenigen hochenergetischen Photonen, die bei den Kernfusionsprozessen entstehen, rasch auf viele „thermische", also in ihrer spektralen Häufigkeit der lokalen Temperatur im Sonneninnern entsprechende Photonen verteilt. Andererseits benötigen diese Absorptions- und Reemissionsvorgänge Zeit, so daß der Energietransport durch Strahlung relativ langsam vor sich geht. Die Zeit, welche die Energie vom Zentrum bis zur Oberfläche der Sonne benötigt, ist von der Größenordnung 10 Millionen Jahre. Dies bedeutet, daß die elektromagnetische Strahlung, die heute von der Sonnenoberfläche abgestrahlt wird (und nach wenigen Minuten auf der Erde ankommt), nur Rückschlüsse über den Zustand des Sonneninnern vor einigen Millionen Jahren zuläßt. Angesichts der sehr langsamen Zustandsänderungen innerhalb der gegenwärtigen, lang anhaltenden stabilen Entwicklungsphase der Sonne ist dies allerdings eine relativ kurze Zeitspanne.

Anders ist die Situation bei der Neutrinostrahlung der Sonne. Wegen der schwachen Wechselwirkung der Neutrinos mit der Materie verlassen diese die Sonne nahezu ungestört und liefern nach wenigen Minuten auf der Erde Informationen über die Energiequelle im Sonnenzentrum, aus der sie stammen. Schwierig ist allerdings der Empfang dieser Informationen, da die Neutrinos auch mit irdischer Materie kaum wechselwirken. Versuche zum Nachweis dieser Neutrinostrahlung sind im Gang, haben aber noch nicht zu klaren Ergebnissen geführt.

Wärmekonvektion beruht auf einem Austausch von Materie zwischen verschieden heißen Bereichen. Diese Art des Energietransports tritt in der Sonne in einer relativ dünnen Schicht von etwa 150 000 km Dicke unter der Oberfläche auf. An der unteren Grenze dieser Zone beträgt die Temperatur etwa $1 \cdot 10^6$ K, also weniger als $1/10$ der Zentraltemperatur (vgl. Tab. 4.1). Bei dieser Temperatur ist der Ionisationsgrad der Materie wesentlich geringer als im Zentralbereich; einige Prozent der Protonen und Elektronen haben sich schon zu neutralen H-Atomen vereinigt. Es kann sogar vorkommen, daß diese H-Atome kurze Zeit ein zweites Elektron einfangen und dadurch H^--Ionen bilden. Bei den schwereren Elementen beginnt in dieser Schicht unter der Sonnenoberfläche die Rekombination der äußeren Elektronen.

An jeder Stelle herrscht hierbei ein dynamisches Gleichgewicht, das den Ionisationsgrad konstant hält. Genauso häufig, wie die Ionen Elektronen einfangen, verlieren sie diese auch wieder, besonders durch Photoionisation; die von unten in diese Zone einsickernden Photonen werden hier also stark absorbiert. Diese Störung des Strahlungsenergietransports führt zu einem steilen Temperaturabfall von 10^6 K auf 10^4 K in den darüber liegenden Schichten ($0.8\,R_\odot < r < 0.98\,R_\odot$; s. Tab. 4.1).

An die Stelle des stark behinderten Strahlungsstroms tritt in diesem Gebiet der Wärmetransport durch Konvektion (**Wasserstoff-Konvektionszone**). Heiße Gaspakete steigen auf und geben ihre Wärme in den höheren Schichten an die Umgebung ab; kühlere und deshalb spezifisch schwerere Gaspakete sinken ab. Notwendig für das Zustandekommen konvektiver Strömungen ist ein so steiler Temperaturabfall, daß aufsteigende Gaselemente (trotz der Abkühlung infolge der Ausdehnung bei nach oben abnehmendem Druck) zunächst wärmer und daher spezifisch leichter bleiben als die Umgebung.

Eine ganz entsprechende Erscheinung beobachtet man zuweilen in den unteren Schichten der Erdatmosphäre. An heißen Sommertagen kann die Aufheizung bestimmter, gut wärmeabsorbierender Bereiche des Erdbodens so stark werden, daß die Wärmestrahlung nicht mehr ausreicht, um in der Nähe des Erdbodens ein thermisches Gleichgewicht herzustellen. Dann steigt die Temperatur bodennaher Luftschichten an, ihre Dichte sinkt gegenüber der Umgebungsdichte ab, die Luftelemente erfahren einen Auftrieb und beginnen aufzusteigen; der Flieger bezeichnet diese Erscheinung als „Thermik".

In der Sonne liegt die Aufstiegsgeschwindigkeit der Gaspakete bei 1 km/s. Genauere Untersuchungen zeigen, daß damit die Wärmekonvektion nahezu den gesamten Energietransport in dieser Wasserstoff-Konvektionszone übernimmt.

Aufgaben

1. Die Zahl der Teilchen in der Sonne liegt bei $2 \cdot 10^{57}$, und die mittlere thermische Energie eines Teilchens ist ungefähr 0,5 keV. Wie lange würde es bei der heutigen Leuchtkraft der Sonne dauern, bis der gesamte thermische Energieinhalt der Sonne abgestrahlt wäre?

2. Angenommen, die Sonne beziehe gegenwärtig ihre Strahlungsenergie nicht aus Kernfusionsprozessen, sondern durch Schrumpfung, wobei die Hälfte der freigesetzten Gravitationsenergie abgestrahlt wird. Wäre die dadurch in den letzten 300 Jahren verursachte Verkleinerung des Sonnenradius nachweisbar?

(Gravitationsenergie der Sonne: $W_{pot} \approx \dfrac{-G \cdot m_\odot{}^2}{R_\odot}$)

4.3. Die ruhige Sonne

Die Sonne ist der einzige Fixstern, auf dessen Oberfläche Einzelheiten beobachtet werden können. Am einfachsten lassen sich Strukturen auf der Sonne zeigen, indem man das Sonnenbild mit Hilfe eines Fernrohrs auf einen senkrecht zur optischen Achse angebrachten weißen Schirm projiziert. Direkte Beobachtungen durchs Fernrohr sind nur mit entsprechenden Vorrichtungen zur Dämpfung des Sonnenlichtes möglich. Blickt man ohne solche Vorrichtungen durch ein Fernrohr auf die Sonne, so wird die Netzhaut des Auges zerstört!

Das Sonnenbild stellt sich bei diesen Beobachtungsmethoden als kreisförmige Scheibe dar, die eine Reihe von Details zeigt:

1. Die Flächenhelligkeit der Sonnenscheibe nimmt von der Mitte zum Rand hin ab (Mitte-Rand-Variation).
2. Der Sonnenrand erscheint absolut scharf.
3. Sonnenbilder von genügend hoher Auflösung zeigen eine körnige Struktur der Sonnenoberfläche.

Außer diesen Erscheinungen, die man zu jeder Zeit beobachten kann, gibt es auf der Sonnenoberfläche auch mehr oder weniger rasch veränderliche Phänomene, von denen die Sonnenflek-

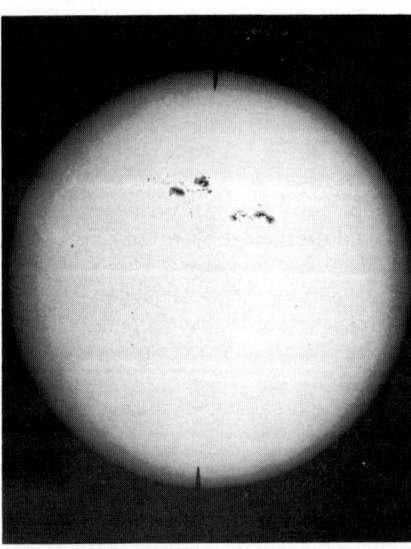

4.7 Sonnenscheibe mit Fleckengruppen und Randverdunkelung. Das Sonnenbild zeigt eine starke Abnahme der Flächenhelligkeit von der Mitte zum Scheibenrand. Der Rand selbst ist scharf definiert.

ken das auffälligste und deshalb bekannteste darstellen; sie zeigen eine beträchtliche Aktivität der Sonnenoberfläche an.

Es ist deshalb zweckmäßig, die Beobachtungen auf der Sonne in zwei Gruppen einzuteilen, je nachdem, ob sie der ruhigen oder der aktiven Sonne zuzuordnen sind. Im vorliegenden Abschnitt wird zuerst die ruhige Sonne, im folgenden Abschnitt 4.4. dann die aktive Sonne behandelt werden.

4.3.1. Die Photosphäre. Randverdunkelung und Granulation

Die Temperatur der Sonnenoberfläche von etwa 6000 K zwingt zu dem Schluß, daß die Sonne ein Gasball sein muß, dessen Dichte nach außen mit abnehmendem Schweredruck immer geringer wird. Das Bild der Sonnenscheibe müßte demnach eine nach außen abnehmende Flächenhelligkeit mit diffuser Grenze zeigen. Tatsächlich beobachtet man auch eine Abnahme der Flächenhelligkeit von der Mitte der Sonnenscheibe zum Rande hin (Abb. 4.7); der Sonnenrand erscheint jedoch auch bei starker Vergrößerung absolut scharf, wie z. B. der Rand einer glühenden Metallkugel. Diese Randschärfe zeigt, daß die sichtbare Strahlung der Sonne – wie das Licht der glühenden Metallkugel, aber bei einer viel höheren Temperatur – aus einer außerordentlich dünnen Oberflächenschicht stammt. Diese Schicht bezeichnet man als **Photosphäre.**

Die Randverdunkelung und der Temperaturverlauf in der Photosphäre

Die Mitte-Rand-Variation der Flächenhelligkeit auf der Sonnenscheibe kann man leicht messen, indem man das Projektionsbild der Sonne über ein geeignetes Photometer wandern läßt. Verwendet man hierbei Farbfilter, so zeigt es sich, daß der Helligkeitsabfall zum Sonnenrand hin im blauen Spektralbereich stärker ausgeprägt ist als im roten, also mit abnehmender Wellenlänge zunimmt (Abb. 4.8); die Sonne erscheint am Rand röter als in der Mitte der Scheibe. Aus dem Verlauf der Randverdunkelung unmittelbar am Sonnenrand folgt, daß der steile Helligkeitsabfall von etwa 40 % der zentralen Flächenhelligkeit auf null in einer Zone er-

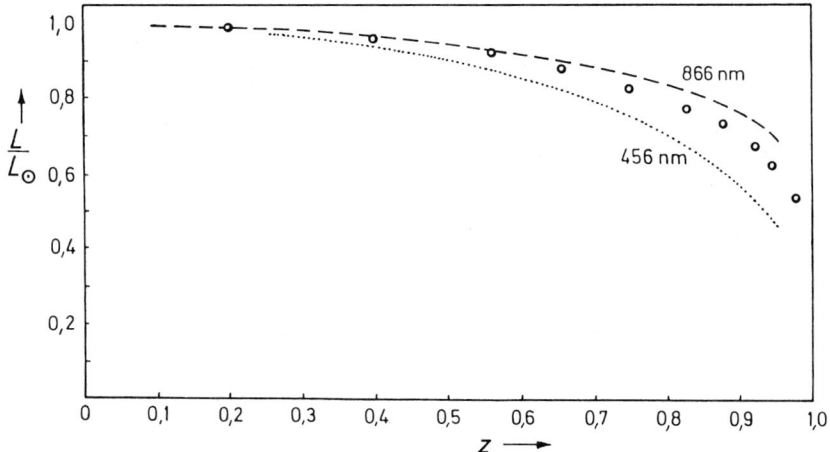

4.8 Flächenhelligkeit der Sonnenscheibe in Bruchteilen des Zentralwerts als Funktion des Abstandes z vom Scheibenmittelpunkt (z in Einheiten des Scheibenradius).
ooooo beobachtete Gesamtstrahlung, ···· bei λ = 456 nm (violett), − − − − bei λ = 866 nm (IR).

folgt, deren Dicke unterhalb der durch die Luftunruhe bedingten Bildunschärfe liegt, d. h., kleiner als 1″ ist. Genauere Untersuchungen des Helligkeitsabfalls in dieser Randzone können bei totalen Sonnenfinsternissen durchgeführt werden; dabei wird unmittelbar vor (oder nach) der vollständigen Bedeckung der Sonnenscheibe durch den Mond die Helligkeitsabnahme (oder -zunahme) der schmaler (oder breiter) werdenden Sonnensichel gemessen. Daraus erhält man für die Dicke der Photosphäre, also derjenigen Schicht, in welcher der erwähnte steile Helligkeitsabfall erfolgt, ungefähr $\frac{1}{4}$″.
Bei einem scheinbaren Sonnenradius von etwa 1000″ (vgl. S. 90) entspricht dies der Schichtdicke $h \approx 200$ km.

Die Wellenlängenabhängigkeit der Randverdunkelung deutet darauf hin, daß es sich dabei um einen Temperatureffekt handelt, denn erfahrungsgemäß ist die Farbe eines glühenden Körpers durch seine Temperatur bestimmt: Bei abnehmender Temperatur geht Weißglut schließlich in Rotglut über (vgl. Anhang Strahlungsgesetze). Mit diesem Hinweis läßt sich die beobachtete Mitte-Rand-Variation in folgender Weise deuten und zur Bestimmung des Temperaturverlaufs in der Photosphäre auswerten.

Die Photosphäre ist verhältnismäßig wenig durchsichtig; dies bedeutet, daß die Photonen auch innerhalb dieser Oberflächenschicht von

rund 200 km Dicke wegen der Absorptions- und Emissions-Prozesse in der Materie nur eine beschränkte freie Weglänge haben.

Die Obergrenze der Photosphäre ist durch diejenige Schicht gekennzeichnet, von der an die Photonen auf ihrem Weg nach außen keine wesentliche Absorption mehr erfahren, uns also ungestört erreichen können. Innerhalb der Photosphäre nimmt die Durchsichtigkeit von außen nach innen rasch ab. Die Untergrenze der Photosphäre wird von einer praktisch undurchsichtigen Schicht gebildet. Die physikalische Begründung für diese Eigenschaft folgt auf S. 109, wo die Entstehung des kontinuierlichen Spektrums der Sonne erklärt wird.

Die Abb. 4.9, in der die Obergrenze der Photosphäre eingezeichnet ist, zeigt die unterschiedliche Einblicktiefe in der Mitte und am Rand der Sonnenscheibe. In Abb. 4.9a bezeichnet der Kreisbogen A–B–C eine Schicht (die wir uns nahe der unteren Photosphärengrenze denken können), aus der Photonen mit der für diese Schicht charakteristischen freien Weglänge l die Grenze der Photosphäre erreichen, also die Sonne verlassen können. Dies gilt jedoch nur für Photonen mit radialer Bewegungsrichtung, also unter den Photonen, die sich zur Erde hin bewegen, nur für die von A stammenden. Die von den Punkten B und C ausgehenden Photonen werden – wegen der beschränkten freien

a)

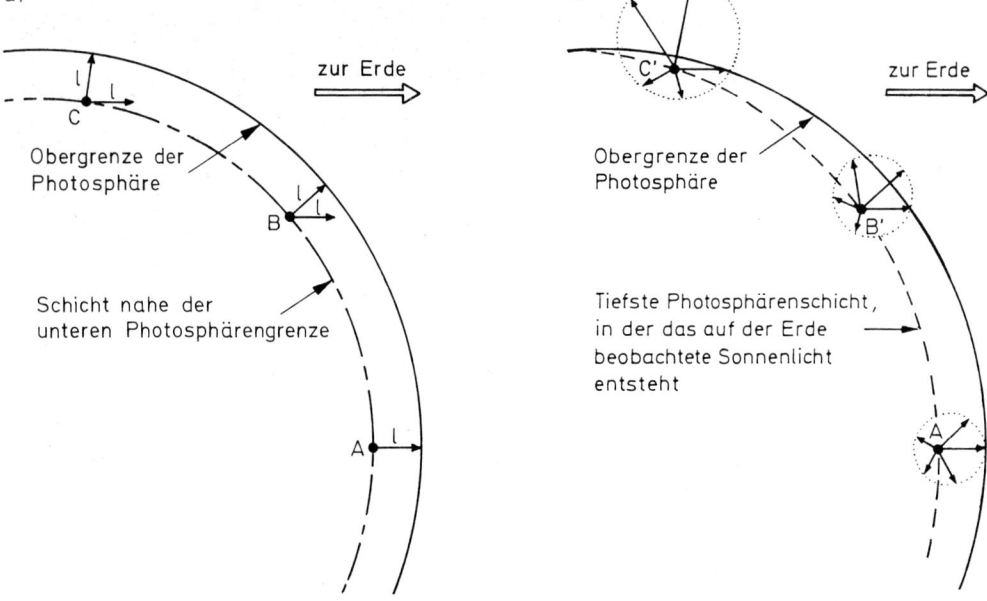

zur Erde ⟹

Obergrenze der
Photosphäre

Schicht nahe der
unteren Photosphärengrenze

b)

zur Erde ⟹

Obergrenze der
Photosphäre

Tiefste Photosphärenschicht,
in der das auf der Erde
beobachtete Sonnenlicht
entsteht

4.9 Zur Erklärung der verschiedenen Einblicktiefe in die Photosphäre (Schematisch. Die Dicke der Photosphäre entspricht in Wirklichkeit jeweils der Dicke der Grenzlinie.) **(a)** Reichweite der aus der gleichen Photosphärentiefe stammenden und auf die Erde zu bewegten Photonen bei gleicher mittlerer freier Weglänge l. **(b)** Einblicktiefe in die Photosphäre. Die Länge der Pfeile kennzeichnet die mittlere freie Weglänge der Photonen; sie nimmt mit zunehmender Tiefe in der Photosphäre ab.

Weglänge l – vor dem Erreichen der oberen Photosphärengrenze noch einmal absorbiert. Wir können daher nur in der Mitte der Sonnenscheibe, beim Punkt A, bis zur Tiefe der Schicht A–B–C blicken.

In Abb. 4.9 b markiert die gestrichelte Linie die tiefste Schicht, in der das auf der Erde beobachtete Sonnenlicht entsteht. Der Abstand dieser Schicht A–B'–C' vom Photosphärenrand ergibt sich aus dem Zusammenwirken des in Abb. 4.9 a dargestellten geometrischen Effekts und der Zunahme der freien Weglängen bei Annäherung an die obere Photosphärengrenze. Für das aus Schichten unter A–B'–C' kommende Licht ist der Weg bis zur Oberfläche so lang, daß es nochmals absorbiert wird.

Die Schichten verschiedener Tiefe, aus denen uns die Photonen erreichen, haben unterschiedliche Temperaturen; sie nehmen von innen nach außen ab. Durch Messungen der Flächenhelligkeit kann man die Temperaturänderung wahr-

nehmen und damit umgekehrt die Randverdunkelung erklären. Je näher der Bereich, aus dem wir sichtbares Licht erhalten, am Zentrum der Sonnenscheibe liegt, desto tiefer in der Photosphäre befindet sich die lichtaussendende Schicht und desto heißer ist sie. Da aber die Flächenhelligkeit mit der Temperatur stark zunimmt – beim schwarzen Strahler nach dem Stefan-Boltzmann-Gesetz proportional zu T^4 – muß die Flächenhelligkeit in der Mitte der Sonnenscheibe höher sein als am Rand.

Kennt man das physikalische Gesetz, nach dem die Photonen von den Atomen und Ionen absorbiert und emittiert werden, so kann man aus dem Verlauf der Mitte-Rand-Variation der Flächenhelligkeit bei verschiedenen Wellenlängen (Abb. 4.8) die Abhängigkeit der Photosphärentemperatur von der Tiefe ermitteln. Man findet für die höchsten Photosphärenschichten etwa 4600 K, für die tiefsten Schichten, aus denen wir noch sichtbares Licht erhalten, etwas über 7000 K.

Granulation

Schon mit kleineren Fernrohren (Objektivdurchmesser 10 cm bis 15 cm) kann man bei klarer,
ruhiger Luft eine fluktuierende körnige Struktur
der Photosphäre erkennen, die man als Granulation bezeichnet (Abb. 4.10). Die mittleren Abstände der Granulationszentren lassen sich auf
etwas mehr als 2″ schätzen. Genauere Untersuchungen der Granulation können nur durch
fotografische Aufnahmen der Sonne mit sehr
kurzen Belichtungszeiten von einem Ort außerhalb der Erdatmosphäre, also von Erdsatelliten
aus (oder wenigstens mit Ballonteleskopen in
der Stratosphäre) vorgenommen werden. Damit
erhält man folgende Beobachtungsergebnisse:

1. Die Granula haben meist die Form eines
   Vielecks. Ihre Durchmesser liegen unter 5″,
   meist zwischen 1″ und 2″. Ihr mittlerer
   Flächeninhalt ist demnach dem der iberi-
   schen Halbinsel vergleichbar.
2. Die Granula sind durch dunkle Streifen von
   weniger als 0,5″ Breite voneinander getrennt.
   Die Flächenhelligkeit dieser Zwischengebiete
   liegt 10 % bis 20 % unter derjenigen der
   Granula; dies bedeutet nach dem Stefan-
   Boltzmann-Gesetz eine um 150 K bis 500 K
   niedrigere Temperatur als in den Granulen.
3. Dopplereffekte (s. S. 149) geben Auskunft
   über Bewegungen in der Beobachtungsrichtung. Sie zeigen in den Spektren der Granulation in der Sonnenscheibenmitte an, daß in
   den Granulen Materie aufsteigt, in den Zwi-
   schengebieten absinkt.
4. Granula haben eine mittlere Lebensdauer von
   der Größenordnung 10 Minuten.
5. Statistische Untersuchungen der Auf- und
   Abwärtsbewegungen an ein und derselben
   Stelle der Photosphäre deuten darauf hin,
   daß es sich dabei um gedämpfte Schwingungen der Photosphärenmaterie mit einer
   Periode von rund 5 Minuten handelt.

Die beobachteten Erscheinungen können etwa
folgendermaßen erklärt werden: Die in der
Wasserstoffkonvektionszone unter der Photosphäre aufsteigenden Gasmassen prallen von
unten gegen die stabil geschichtete Photosphäre und erzeugen in ihr – etwa wie ein Platzregen
auf einem Blechdach – Schwingungen mit der
beobachteten 5 min-Periode, die in Form von
Schallwellen durch die Photosphäre nach oben
laufen – entsprechend den vom Blechdach
erzeugten Schallwellen, die wir als Geräusch

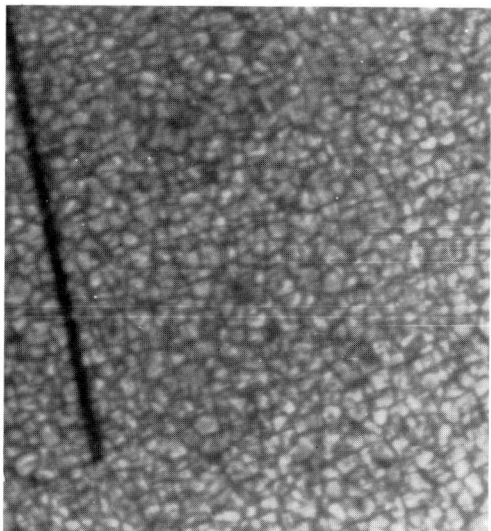

4.10 Granulation in der Sonnenphotosphäre.
(Aufnahme vom Stratosphärenballon aus)

hören. In der Granulation findet also die Umwandlung von thermischer Konvektionsenergie
in Schallwellenenergie statt.

4.3.2. Spektrum und chemische Zusammen-
setzung der Photosphäre

Läßt man Sonnenlicht auf den Spalt eines
Spektroskops fallen, so erhält man ein kontinuierliches Spektralband mit der Farbenfolge violett-
blau-grün-gelb-rot. Senkrecht zur Dispersions-
richtung, also parallel zum Spalt, ist es von einer
großen Zahl dunkler Linien durchsetzt, die sich
schon beim ersten Anblick deutlich durch ihre
Stärke unterscheiden (Abb. 4.11).
Diese Linien wurden am Anfang des 19. Jahrhunderts entdeckt, und da Joseph von Fraunhofer
(1787–1826) im Jahre 1814 als erster ein Verzeich-
nis von 567 solcher Linien zusammengestellt
hat, nennt man sie **Fraunhoferlinien** (Tab. 4.2).

Eine kleine Anzahl der von Fraunhofer verzeich-
neten dunklen Linien im Sonnenspektrum
entsteht nicht in der Sonne, sondern in der Erdatmosphäre; diese Linien erkennt man daran,
daß ihre Stärke sich mit der Höhe der Sonne
über dem Horizont ändert und daß sie keine
Dopplerverschiebung durch die Sonnenrotation
erfahren. Für die folgenden Betrachtungen

sind nur die auf der Sonne selbst erzeugten Linien interessant. Eine moderne Zusammenstellung verzeichnet über 25 000 Fraunhoferlinien mit genauen Angaben über Wellenlängen, Linienstärken und Zuordnung zu Elementen.

Wie das Sonnenspektrum bestehen auch die Spektren aller Fixsterne aus einem hellen Kontinuum und dunklen Linien. Die Fraunhoferlinien sind die wichtigste Informationsquelle für die Erforschung der physikalischen Oberflächeneigenschaften der Sterne.

Die Entstehung der Fraunhoferlinien

Dunkle Spektrallinien in einem hellen Kontinuum kann man auch im Labor erzeugen, wenn man das Licht einer hellen Glühlichtquelle, die ja ein kontinuierliches Spektrum erzeugt, durch ein Gas schickt, dessen Temperatur unter der Lichtquellentemperatur liegt. Die dunklen Linien, die man im Spektroskop beobachten kann, haben bei verschiedenen Gasen unterschiedliche Wellenlängen; ihre Stärke und Anzahl hängt ebenfalls von dem verwendeten Gas ab.

Sendet das Gas selbst auch Licht aus, so beobachtet man nach dem Abschalten der Glühlichtquelle genau dort helle Linien auf dunklem Grund, wo vorher dunkle Linien auf hellem Grund zu sehen waren.

Nun zeigen atomphysikalische Experimente, daß die Hüllenelektronen der Atome nicht beliebige Energien besitzen können. Wie die Lageenergie einer Handvoll Schrotkörner, die man auf eine Treppe streut, nur ganz bestimmte, von der Höhe der Treppenstufen abhängige Beträge annehmen kann, so kann auch die Elektronenhülle eines Atoms sich nur auf ganz bestimmten, von der Art des Atoms abhängigen Energieniveaus befinden.

Der Übergang zu einem höheren Energieniveau erfordert die Aufnahme, der Übergang zu einem niedrigeren Energieniveau die Abgabe eines ganz bestimmten Energiequantums. Geschieht die Energieabgabe durch eine Emission, die Energieaufnahme durch eine Absorption elektromagnetischer Strahlung, so ruft ein solches Energiequant in unserem Auge einen bestimmten Lichteindurck hervor, der einer bestimmten

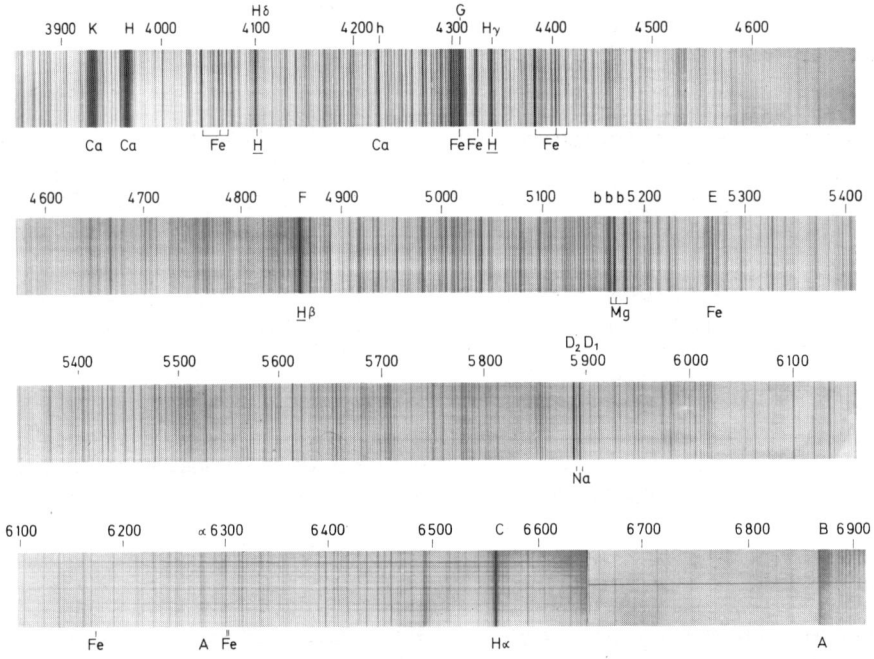

4.11 Fraunhoferspektrum der Sonne im Wellenlängenbereich von 390 nm (äußerstes Violett) bis 690 nm (helles Rot). Die mit Hα, Hβ, Hγ und Hδ bezeichneten Linien gehören zur Balmerserie des Wasserstoffatoms.

Buchstabe (nach Fraunhofer)	Identifizierung	Wellenlänge λ in nm
C	Hα	656,3
D$_1$	Na	589,6
D$_2$	Na	589,0
F	Hβ	486,1
f	Hγ	434,0
G	Überblendung mehrerer Linien von Fe, Ca, Ti$^+$,CH	430,8
g	Ca	422,7
h	Hδ	410,2
H	Ca$^+$	396,8
K	Ca$^+$	393,4

Tab. 4.2 Einige besonders intensive Fraunhoferlinien mit der von Fraunhofer eingeführten Kennzeichnung durch Buchstaben, ihrer Zuordnung zu bestimmten Elementen und ihrer Wellenlänge. Da die Intensität einer Linie kein Kennzeichen für die Häufigkeit des erzeugenden Elements ist, gibt die Tabelle keinen Hinweis über Elementhäufigkeiten in der Photosphäre der Sonne.

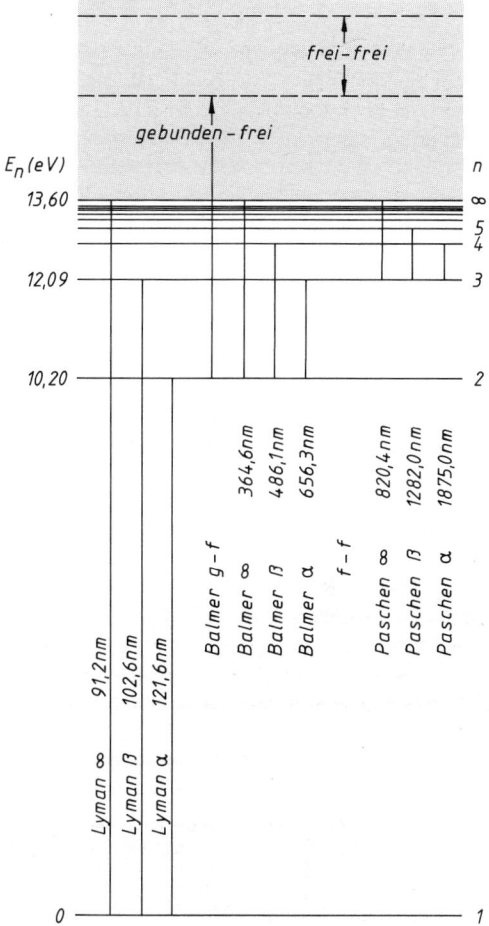

4.12 Niveauschema des Wasserstoffatoms mit einigen Übergängen der Lyman-, Balmer- und Paschen-Serie. Die gestrichelten Linien stellen Energien des freien Elektrons dar, die beliebige Werte annehmen können. Nur bei Übergängen zwischen gebundenen Zuständen des Elektrons (Gebunden-gebunden-Übergänge) tritt ein Linienspektrum auf.

Wellenlänge entspricht. Nach der Lichtquantentheorie von A. Einstein gilt für den Zusammenhang zwischen der Energie W_{ph} des vom Atom ausgesandten oder absorbierten Lichtquants (Photons) und seiner Frequenz f bzw. seiner Wellenlänge λ die Gleichung:

$$W_{ph} = h \cdot f \quad \text{bzw.} \quad W_{ph} = \frac{h \cdot c}{\lambda} \quad (4\text{-}12)$$

Hier bedeutet h das Plancksche Wirkungsquantum und c die Lichtgeschwindigkeit im Vakuum. Da die Wellenlänge des Lichts vom roten zum violetten Ende des sichtbaren Spektralbereichs abnimmt, haben die Photonen des roten Lichts eine kleinere Quantenenergie als die des violetten Lichts.

Als Beispiel für die Zusammenhänge zwischen den Energieniveaus der Atome und den Wellenlängen der Strahlung, die von diesen absorbiert bzw. emittiert werden kann, zeigt Abb. 4.12 das (besonders einfache) Niveauschema des Wasserstoffatoms mit einigen für unsere Überlegungen wichtigen Übergängen. Ist das H-Atom ionisiert, sein Elektron also nicht mehr an den Kern gebunden, so kann es beliebige Energien an-

nehmen. Übergänge zwischen solchen freien Zuständen des Elektrons heißen **Frei-frei-Übergänge**; die zugehörigen Energiedifferenzen sind also nicht gequantelt.
Dies gilt auch für die **Frei-gebunden-Übergänge**, bei denen das freie Elektron vom Proton eingefangen und ein Photon emittiert wird.
Gebunden-frei-Übergänge finden statt, wenn das Atom ein beliebiges Energiequant absorbiert, das größer ist als die zu dem betreffenden Ausgangsniveau gehörige Ionisationsenergie.

Mit diesen Vorstellungen läßt sich die Entstehung eines Emissionslinienspektrums verstehen; zur Erklärung eines Absorptionslinienspektrums, wie es bei der Sonne bzw. den Fixsternen auftritt, ist aber noch eine zusätzliche Überlegung nötig. Wenn das Photosphärengas, entsprechend der Gaswolke G in Abb. 4.13, aus der parallel einfallenden Kontinuumsstrahlung der unteren Photosphäre alle Lichtquanten absorbiert, deren Wellenlängen für die einzelnen Bestandteile des Gases charakteristisch sind, so sinkt trotzdem an den betroffenen Stellen im Spektrum die Intensität nicht auf null ab. Im Strahlungsgleichgewicht muß das Photosphärengas nämlich die gesamte absorbierte Energie wieder abstrahlen.

Diese Emission geschieht allerdings nach allen Seiten, so daß der Beobachter nur einen relativ kleinen Bruchteil davon erhält. Es bleibt daher eine gewisse Restintensität in den Absorptionslinien. Bei sehr starker Absorption – kenntlich an einer starken Fraunhoferlinie – stammt diese Restintensität nur aus den Photosphärenschichten, die dem Beobachter am nächsten sind, während die Restintensität schwächerer Absorptionslinien auch von Photonen aus tieferen Photosphärenschichten geliefert werden kann.

Für die durch eine bestimmte Linie sichtbar werdenden Absorptionen und Emissionen sind Übergänge der Hüllenelektronen zwischen solchen Energieniveaus verantwortlich, in denen die Elektronen jeweils an den Atomkern gebunden sind (**Gebunden-gebunden-Übergänge**); die Wellenlängen der emittierten Photonen entsprechen immer den Wellenlängen der absorbierten Strahlung.

Wenn jedes Atom ein charakteristisches Linienspektrum besitzt, so muß es möglich sein, aus dem Absorptionslinienspektrum der Photosphäre auf die Elemente zu schließen, die in der Photosphäre vorkommen. Tatsächlich gelang es bereits 1859 den beiden Physikern G. R. Kirchhoff (1824–1887) und R. W. Bunsen (1811–1899), eine Reihe von Fraunhoferlinien bestimmten Elementen zuzuordnen (vgl. Tab. 4.2). Diese Entdeckung bildete die Grundlage für die Erforschung der chemischen Zusammensetzung der Himmelskörper.

Für eine quantitative Analyse eines Sternspektrums genügt es jedoch nicht, die beobachteten Fraunhoferlinien zu identifizieren. Der Astronom kann hier mit einem Kriminalisten verglichen werden, der aus den in einem Zimmer gefundenen Fingerabdrücken zwar feststellen kann, welche Personen dort irgendeinen Gegenstand ohne Handschuhe angefaßt haben, aber damit noch nicht alle Personen kennt, die sich in dem Zimmer aufgehalten haben; so liefern auch die Fraunhoferlinien im Sonnenspektrum nur diejenigen Elemente, die unter den in der Sonnenphotosphäre herrschenden Bedingungen in dem untersuchten Spektralbereich Absorptionslinien erzeugen. Und wie aus der Anzahl der Fingerabdrücke einer bestimmten Person nicht auf die Dauer ihres Aufenthalts im Zimmer geschlossen werden kann, so ist die Stärke einer Absorptions-

Ordnungs-zahl	Element	Relative Atomzahl	Relativer Massenanteil
1	H	7 000 000	74,0%
2	He	440 000	24,0%
6	C	2 800	0,5%
7	N	560	0,1%
8	O	5 600	1,2%
10	Ne	700	0,2%
11	Na	14	0,005%
14	Si	280	0,1%
16	S	110	0,05%
26	Fe	280	0,1%

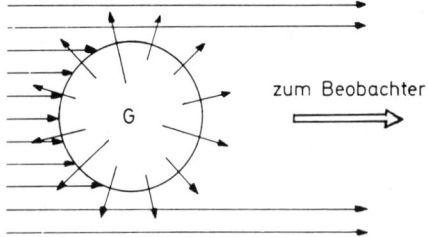

4.13 Zur Entstehung der Fraunhoferlinien. Auf eine Gaswolke G fällt parallele Strahlung ein; die Gaswolke emittiert im Strahlungsgleichgewicht die gesamte absorbierte Strahlungsenergie, jedoch ohne Vorzugsrichtung.

Tab. 4.3 Relative Häufigkeit N der Atome (die Zahl der H-Atome wurde willkürlich auf 7 000 000 festgesetzt) und Massenanteile der häufigsten Elemente in der Sonnenphotosphäre

linie nicht direkt ein Maß für die Häufigkeit eines Elements in der Photosphäre. Eine weitere Komplikation des Problems besteht darin, daß die verschiedenen Fraunhoferlinien in unterschiedlichen Schichten der Photosphäre, also bei verschiedenem Druck und verschiedener Temperatur entstehen, und daß ein Teil der schwereren Elemente in der Photosphäre bereits teilweise ionisiert ist.

Das Ergebnis der quantitativen Analyse des Photosphärenspektrums besteht deshalb nicht nur in einer Auflistung der chemischen Zusammensetzung, sondern stellt ein physikalisches Modell der Photosphäre dar, das darüber hinaus die Temperatur, den Gasdruck und die Elektronendichte in Abhängigkeit von der Höhe beschreibt. Die Häufigkeit der Elemente, die man auf diese Weise erhält, zeigt die Tab. 4.3.

Die Entstehung des kontinuierlichen Spektrums der Photosphäre

Aus Laboruntersuchungen ist bekannt, daß leuchtende Gase ein Linienspektrum emittieren; seine Entstehung wurde oben erläutert. Kontinuierliche Spektren treten in der Regel bei glühenden Festkörpern oder Flüssigkeiten auf. Da es sich aber bei der Photosphäre um eine Gasschicht handeln muß, ist es zuerst völlig unverständlich, weshalb das Photosphärenlicht ein kontinuierliches Spektrum besitzt.

Wenn elektromagnetische Strahlung ein kontinuierliches Spektrum besitzt, so bedeutet dies, daß in ihr alle beliebigen Wellenlängen vorkommen. Nach der Grundgleichung (4-12) der Lichtquantentheorie dürfen also für die Energien $W_{ph} = h \cdot c/\lambda$ der beteiligten Photonen – mindestens im sichtbaren Spektralbereich – keine einschränkenden Bedingungen gelten; sie müssen beliebige Beträge annehmen können. Die Photonenenergie darf also nicht „gequantelt" sein. Nun gibt es in der Photosphäre sehr viele freie Elektronen; sie stammen hauptsächlich aus der Ionisation von Metallatomen. Diese freien Elektronen können grundsätzlich jede beliebige kinetische Energie besitzen; sie können deshalb auch beliebige Energiebeträge abgeben, also nach Gleichung (4-12) Strahlung beliebiger Wellenlänge aussenden.

Der Vorgang, bei dem auf diese Weise in der Photosphäre kontinuierliche Strahlung im sicht-

baren Spektralbereich entsteht, wurde erst 1938 von R. Wildt entdeckt. Es ist die Erzeugung (negativer) H⁻-Ionen, also der Einfang eines freien Elektrons durch ein H-Atom. Neutrale H-Atome sind (wie die freien Elektronen) in der Photosphäre außerordentlich zahlreich. Das eine Elektron des H-Atoms schirmt die positive Kernladung nach außen so unvollständig ab, daß das H-Atom noch ein weiteres Elektron binden kann, wodurch ein H⁻-Ion entsteht:

$$H + e \rightarrow H^- + h \cdot f$$

Die Bindungsenergie dieses zweiten Elektrons ist sehr viel kleiner als die des ersten; sie beträgt nur 0,75 eV. Gerade dieser kleine Wert der Bindungsenergie ist jedoch dafür verantwortlich, daß die beim Einfang von Elektronen durch H-Atome freigesetzte Strahlung so intensiv ist.

Einerseits haben nämlich die freien Elektronen in der Photosphäre noch Bewegungsenergie, im Mittel beträgt sie $W_{kin} = \frac{3}{2} kT = 0,78$ eV bei $T = 6000$ K. Die beim Einfang von freien Elektronen abgestrahlten Photonen haben also mindestens die Energie 0,75 eV, im Durchschnitt jedoch $(0,75 + 0,78)$ eV $= 1,53$ eV. Demnach liegen die Wellenlängen dieser Strahlung nach Gleichung (4-12) im Bereich $\lambda < 1660$ nm ($\approx 1,7$ µm) mit einem Intensitätsmaximum bei rund 800 nm, also am roten Rand des sichtbaren Spektralbereichs.

Andererseits ist die Wahrscheinlichkeit sehr groß, daß ein H⁻-Ion schon nach kurzer Zeit das nur lose gebundene zweite Elektron wieder verliert. Durch die Absorption eines Photons bildet sich wieder ein neutrales H-Atom und ein freies Elektron:

$$H^- + h \cdot f \rightarrow H + e$$

Dadurch bleibt der Vorrat an freien Elektronen und neutralen H-Atomen immer genügend hoch. Dieser außerordentlich häufig vorkommende Absorptionsvorgang ist die Ursache der auf S. 103 erwähnten Undurchsichtigkeit der Photosphäre: Die von unten in die Photosphäre einfallende Strahlung mit Wellenlängen unter 1660 nm, also insbesondere das sichtbare Licht, wird in den unteren Photosphärenschichten weitgehend durch die H⁻-Ionen absorbiert, wobei diese zerlegt werden; beim erneuten Einfang der Elektronen durch H-Atome wird die absorbierte Energie dann wieder als Photosphärenlicht ausgesandt.

4.3.3. Chromosphäre und Korona der Sonne

Daß über der Photosphäre der Sonne noch weitere gasförmige Schichten liegen, zeigt jede totale Sonnenfinsternis eindrucksvoll. Während der partiellen Anfangsphase einer solchen totalen Sonnenfinsternis schiebt sich der Mond vor die Sonnenscheibe und verdeckt diese immer mehr, so daß die Helligkeit am Erdboden laufend abnimmt, bis sie plötzlich mit dem Zeitpunkt der vollständigen Bedeckung der Photosphäre etwa auf den 100 000. Teil abfällt. In diesem Augenblick leuchtet über dem zuletzt bedeckten Photosphärenteil eine dünne, rosafarbene Sichel auf, die sogenannte **Chromosphäre** (= farbige Sphäre), die nach außen an die weiß leuchtende, weit ausgedehnte **Korona** grenzt. Unmittelbar vor dem Ende der totalen Bedeckung der Photosphäre wiederholt sich das Schauspiel in umgekehrter Reihenfolge.

Da die totale Phase einer Sonnenfinsternis stets sehr kurz ist, sind immer wieder Versuche unternommen worden, Instrumente zu konstruieren, die mit Hilfe von Blenden das Photosphärenlicht ausschalten und das in der Erdatmosphäre und besonders im Fernrohr selbst entstehende Streulicht so stark reduzieren, daß man die Chromosphäre und den innersten, hellsten Teil der Korona auch außerhalb der Sonnenfinsternisse beobachten kann. Erst 1930 gelang es dem französischen Astronomen B. Lyot, diese Aufgabe befriedigend zu lösen. Der von ihm entwickelte **Koronograph** wirft das Sonnenbild auf eine Kegelblende, die gerade die Photosphäre abdeckt und ihr Licht nach vorn reflektiert, wo es durch Blenden absorbiert wird.

Die Chromosphäre

Aus der Sichtbarkeitsdauer der Chromosphäre von wenigen Sekunden kann man errechnen, daß sie eine **Höhe** von rund 10 000 km über der Photosphäre haben muß; sie ist also mindestens 50mal so dick wie die Photosphäre. Wenn ihre Flächenhelligkeit trotzdem rund 5 Zehnerpotenzen geringer als die der Photosphäre ist, so muß ihre Dichte weit unter der Photosphärendichte liegen.

Das **Spektrum der Chromosphäre** ist ein reines Linienspektrum. Daraus folgt, daß der in der Photosphäre wirksame Emissions- und Absorptionsmechanismus durch Zerfall und Bildung von H⁻-Ionen in der Chromosphäre keine Rolle spielt.

Die Grenze zwischen Photosphäre und Chromosphäre ist also durch das nahezu völlige Verschwinden der in der Photosphäre vorhandenen H⁻-Ionen definiert. Da die Chromosphäre zu Beginn der Totalität von unten nach oben zunehmend vom Mond bedeckt wird, kann man die Höhe in der Chromosphäre bestimmen, in der die verschiedenen Emissionslinien entstehen; dabei stellt man fest, daß Linien mit hoher Anregungsenergie in größerer Höhe entstehen als solche mit niedrigerer Anregungsenergie. Das Element Helium (griech. helios = Sonne), dessen Linien im Photosphärenlicht fehlen, da dort die Temperatur für die Anregung zu niedrig ist, wurde 1868 im Chromosphärenspektrum entdeckt, ehe es 1895 auf der Erde nachgewiesen werden konnte.

Aus dem Verhalten der Emissionslinien in verschiedenen Höhen muß man schließen, daß in der Chromosphäre die Temperatur nach oben ansteigt. Dieser Temperaturanstieg muß durch einen Stau der von der Sonne nach außen strömenden Energie zustande kommen. Dabei kann es sich nicht um Strahlungsenergie handeln, denn nach dem 2. Hauptsatz der Wärmelehre strömt Wärmeenergie – in diesem Fall in Form von Wärmestrahlung – niemals von einem Körper tieferer zu einem Körper höherer Temperatur. Dagegen kommen für den Energietransport durch die Chromosphäre Schallwellen (also Wellen mit mechanischer Energie) in Frage, die von den aufsteigenden Gaspaketen der Wasserstoffkonvektionszone in der Photosphäre erzeugt werden (s. S. 105). Nach der Zustandsgleichung idealer Gase (4-9) gilt für die Dichte in der Chromosphäre:

$$\varrho = \frac{\overline{m} \cdot p}{k \cdot T} \qquad (4\text{-}13)$$

Nun nimmt in der Chromosphäre – wie in der Erdatmosphäre – der Gasdruck p nach oben ab; da die Temperatur nach oben ansteigt, nimmt der Ionisationsgrad der Materie nach oben zu, so daß die Zahl der freien Elektronen wächst und damit die mittlere Teilchenmasse $\overline{m}$ abnimmt. Diese Effekte liefern aber nach Gleichung (4-13) eine starke Abnahme der Dichte mit zunehmender Höhe in der Chromosphäre.

Damit trotz des Dichteabfalls der Energietransport durch die Druckwellen aufrechterhalten wird, muß die Amplitude der Druckwellen in der Chromosphäre nach oben stark zunehmen. Die dadurch bedingte Kompression der Materie hat aber zur Folge, daß die in den Druckwellen transportierte mechanische Energie in Wärme umgewandelt wird. Dies ist der Grund für die Temperaturzunahme mit wachsender Höhe in der Chromosphäre. Die Zone, in der diese Umwandlung der Wellenenergie in thermische Energie vor sich geht, bezeichnet man als **Übergangsschicht** (zwischen Chromosphäre und Korona); in ihr steigt die Temperatur nach oben auf beinahe 10^6 K an. Ob dieser Vorgang allein auch die Aufheizung der Korona erklären kann, ist jedoch sehr fraglich (vgl. S. 113 und S. 120).

Die Sonnenkorona

Wenn bei einer totalen Sonnenfinsternis die Mondscheibe nicht nur die Photosphäre, sondern auch die Chromosphäre bedeckt hat, zeigt sich das in den Abb. 4.14 und 4.15 wiedergegebene Bild: Die dunkle Mondscheibe ist von einem weiß leuchtenden Strahlenkranz umgeben, der sogenannten Korona (= Kranz, Krone), deren Helligkeit nach außen abnimmt, die aber selbst mit bloßem Auge oft über mehrere Sonnendurchmesser vom Mondrand entfernt noch wahrgenommen werden kann. Die Gestalt des Strahlenkranzes ist von Finsternis zu Finsternis verschieden; sie hängt deutlich mit der Fleckentätigkeit der Sonne zusammen: Besitzt die Sonne viele Flecken, so zeigt die Korona ungefähr radial nach allen Richtungen verlaufende Strahlen, während

bei geringer Fleckentätigkeit der Sonne in der Äquatorzone starke Strahlenbündel und an den Polen kurze Polarstrahlen auftreten.

Das **Spektrum der Sonnenkorona** unterscheidet sich wesentlich von den Spektren der Photosphäre und der Chromosphäre und ist aus mehreren Komponenten zusammengesetzt:

K-Korona (K = kontinuierlich): Kontinuierliches Spektrum mit der gleichen relativen Intensitätsverteilung wie im Photosphärenspektrum, jedoch ohne Absorptionslinien. Die K-Korona dominiert bis zur Höhe 0,3 $R_\odot$ über der Photosphäre.

F-Korona (F = Fraunhofer): Kontinuierliches Spektrum mit Fraunhoferlinien, das eine nahezu unveränderte Kopie des Photosphärenspektrums darstellt. Es herrscht in Höhen von mehr als 1,5 $R_\odot$ über der Photosphäre vor.

L-Korona (L = Linien): In der inneren Korona, bis zur Höhe von 0,5 $R_\odot$ über der Photosphäre, überlagert sich dem kontinuierlichen Spektrum ein Emissionslinienspektrum mit etwa 30 Linien im sichtbaren Spektralbereich und vielen Linien im fernen Ultraviolett- und Röntgenbereich.

Die L-Korona

Die stärkste der Emissionslinien der inneren Korona ist die „grüne Koronalinie" mit der Wellenlänge 530,3 nm. Erst 1940 gelang es, sie als eine Emissionslinie des 13fach ionisierten Eisenatoms Fe^{13+} zu identifizieren. Die zugehörige Ionisations-

4.14 Sonnenkorona bei geringer Fleckentätigkeit (Finsternis vom 30. 7. 1981)

4.15 Sonnenkorona bei starker Fleckentätigkeit (Finsternis vom 7. 3. 1970)

energie $W_{ion} = 355$ eV deutet auf eine sehr hohe Temperatur der Korona. Die große Intensität der grünen Koronalinie macht es sehr wahrscheinlich, daß sich ein großer Bruchteil des Eisens in der Korona im Zustand Fe^{13+} befindet. Würde das Eisen durch die Sonnenstrahlung ionisiert, so müßte die Linie auch im Chromosphären- und im Photosphärenspektrum (hier in Absorption) auftreten. Da dies nicht der Fall ist, kann es sich in der Korona nur um Stoßionisation handeln. Wenn die Wahrscheinlichkeit, Eisenatome durch Zusammenstöße 13fach zu ionisieren, so groß ist, muß die mittlere thermische Energie der Koronateilchen in der Nähe der Ionisationsenergie von 355 eV liegen. Dann läßt sich aber mit der kinetischen Theorie der Gase aus $W_{th} = \frac{3}{2} kT$ die Koronatemperatur abschätzen. Man erhält:

$$T = \frac{2\,W_{th}}{3\,k} = 2{,}7 \cdot 10^6 \text{ K}$$

Die große Geschwindigkeit, mit der sich bei dieser Temperatur die Teilchen in der Korona wirr durcheinanderbewegen, muß durch Dopplereffekte (s. S. 149) zu einer Verbreiterung der von ihnen ausgesandten Spektrallinien führen. Berechnet man nun aus der Breite der Emissionslinien der Korona die Koronatemperatur, so ergibt sich z. B. bei der grünen Koronalinie $2{,}1 \cdot 10^6$ K.

Auch die anderen Emissionslinien der Korona gehören zu hoch ionisierten Atomen, deren Existenz sich nur durch eine Temperatur der Größenordnung 10^6 K erklären läßt. Die L-Korona ist die wichtigste Quelle für unsere Kenntnisse über die kinetische Temperatur der Korona.

Die K-Korona und die F-Korona
Subtrahiert man vom Koronaspektrum die Lichtemission der L-Korona, die etwa 1 % des Koronalichtes liefert, so erhält man die aus K- und F-Korona bestehende „Weiße Korona". Die Tatsache, daß das kontinuierliche Spektrum der weißen Korona die gleiche Energieverteilung aufweist wie das der Photosphäre, deutet darauf hin, daß es sich um gestreutes Photosphärenlicht handelt.
Zur Beantwortung der Frage nach der Natur der streuenden Teilchen kann man Beobachtungen in der Erdatmosphäre heranziehen. Die blaue Farbe des Taghimmels rührt davon her, daß bei der Streuung des Sonnenlichts an den Atmosphärenteilchen das blaue, d. h., das kurzwellige

Licht bevorzugt wird. Je reiner die Atmosphäre ist, je kleiner also die streuenden Teilchen sind (im Idealfall Moleküle), desto stärker wird das kurzwellige Licht bei der Streuung bevorzugt. Dagegen beobachtet man bei der Streuung des Sonnenlichtes an den relativ großen Wassertröpfchen der Wolken keine Bevorzugung einer bestimmten Wellenlänge: das weiße Sonnenlicht wird als weißes Licht gestreut. Da man bei der Streuung des Photosphärenlichts in der Korona ebenfalls keine Bevorzugung eines bestimmten Spektralbereichs beobachtet, scheiden jedenfalls die Atome und Ionen in der Korona als streuende Teilchen aus.

In der inneren Korona, dem Entstehungsgebiet der K-Korona, befindet sich die Materie bei Temperaturen der Größenordnung 10^6 K im Zustand eines Plasmas, das aus Ionen und freien Elektronen besteht. Demnach kommen hier als streuende Teilchen nur Elektronen in Frage. Sie werden durch die elektrischen Wechselfelder in den elektromagnetischen Wellen des Photosphärenlichtes zu erzwungenen Schwingungen angeregt und senden dabei – wie die in einer Sendeantenne schwingenden Leitungselektronen – Strahlung der gleichen Zusammensetzung aus, wie sie das einfallende Licht besitzt.

Mit der Annahme, daß das Licht der K-Korona an freien Elektronen gestreutes Photosphärenlicht ist, läßt sich auch das Fehlen von Fraunhoferlinien im Spektrum der K-Korona erklären. Nach der kinetischen Theorie der Gase gilt für die mittlere thermische Bewegungsenergie der Koronateilchen $\frac{1}{2} mv_{th}^2 = \frac{3}{2} kT$. Da nun die Masse der Elektronen sehr klein ist, muß ihre thermische Geschwindigkeit v_{th} im Mittel sehr groß sein; sie beträgt bei $T = 1 \cdot 10^6$ K rund 7000 km/s, dagegen zum Vergleich für Fe-Ionen in der Photosphäre nur 1,6 km/s. Infolge des Dopplereffekts werden daher die Fraunhoferlinien bei der Streuung an Koronaelektronen mehrere tausendmal verbreitert, so daß sie nicht mehr in Erscheinung treten.

Die F-Korona ist kein Bestandteil der Sonne; sie entsteht durch die Streuung des Photosphärenlichts an Staubteilchen, die sich zwischen Sonne und Erde befinden und die auch im Zodiakallicht (s. S. 89) sichtbar werden. Beim Blick von der Erde zur Sonne projiziert sich dieses stark vorwärts gestreute Licht auf das Bild der äußeren Korona.

Die Radio-Kontinuumstrahlung der Sonne

Außer der Linienemission der L-Korona strahlt die Korona auch elektromagnetische Wellen mit kontinuierlichem Spektrum aus. Wegen des bereits erwähnten hohen Ionisationsgrades enthält die innere Korona viele freie Elektronen, deren thermische Geschwindigkeiten nach den obigen Überlegungen wesentlich höher sind als die der Ionen. Deshalb begegnen die Elektronen häufig anderen geladenen Teilchen, durch deren elektrostatische Kräfte ihr Bewegungszustand verändert wird. Jede Änderung von Richtung oder Betrag der Geschwindigkeit eines geladenen Teilchens führt jedoch zur Aussendung von elektromagnetischer Strahlung; man nennt sie **Bremsstrahlung** (obwohl sie bei jeder Art von Geschwindigkeitsänderung auftritt).

Da die Elektronen die verschiedenartigsten Geschwindigkeitsänderungen erfahren, haben die ausgesandten Photonen die verschiedensten Energien; die Bremsstrahlung muß deshalb nach der Grundgleichung der Lichtquantentheorie (4-12) alle möglichen Wellenlängen enthalten, also ein kontinuierliches Spektrum besitzen. Bei den besonders häufigen kleinen Energieänderungen der Elektronen entsteht langwellige Strahlung im Radiofrequenzbereich. Weil ihre Energie aus der thermischen Bewegungsenergie der Elektronen stammt, gehorcht sie den Gesetzen für thermische Strahler.

Als nach der Entdeckung der solaren Radiostrahlung zum ersten Mal die Radiostrahlung der ruhigen Sonne gemessen werden konnte, ergab sich bei der Frequenz $f = 175$ MHz ($\lambda = 1,7$ m) eine spektrale (auf die Bandbreite $\Delta f = 1$ Hz bezogene) Bestrahlungsstärke der Empfangsantenne vom Betrag $E_f = 6,1 \cdot 10^{-22}$ W $\cdot$ m^{-2} $\cdot$ Hz^{-1}. Unter der Voraussetzung, daß man die Sonne auch im Bereich der Radiostrahlung als schwarzen Strahler behandeln kann, läßt sich aus diesen Daten mit dem Planckschen Strahlungsgesetz (s. S. 265) die sogenannte Strahlungstemperatur der Sonne berechnen; man erhält dabei $T_S = 0,95 \cdot 10^6$ K, also wieder eine Temperatur der gleichen Größenordnung, wie sie auf anderen Wegen für die innere Korona ermittelt worden ist.

Die Radiobeobachtungen bei verschiedenen Wellenlängen dienen hauptsächlich der Erforschung der Elektronendichten und der Temperaturverteilung in den verschiedenen Höhen der Sonnenatmosphäre.

Die Röntgenstrahlung der Korona

Die Tatsache, daß die intensivste Emissionslinie der Korona, die grüne Koronalinie des Fe^{13+}, eine Anregungsenergie von 355 eV erfordert, zwingt zu der Folgerung, daß in der inneren Korona genügend freie Elektronen mit dieser Energie vorhanden sein müssen. Bei unelastischen Stößen dieser Elektronen können demnach Photonen mit Energien dieser Größenordnung emittiert werden. Nach Gleichung (4-12) entspricht diese Photonenenergie einer Wellenlänge der Bremsstrahlung von $3,5 \cdot 10^{-9}$ m; sie ist über hundertmal kleiner als die Wellenlängen des sichtbaren Lichtes, liegt also im Bereich der Röntgenstrahlung.

Beim Einfang freier Elektronen durch hochionisierte Atome (Fe^{16+}!) in der inneren Korona tritt außerdem Linienstrahlung im Röntgengebiet auf. Sie liefert eine weitere Bestätigung für die hohe Temperatur der inneren Korona.

Da diese Emissionslinien und das Kontinuum im extremen UV- und Röntgenbereich nur von sehr heißen Gasen erzeugt werden können, zeigen Sonnenaufnahmen in diesem Spektralbereich die gesamte Korona, also auch in dem vor der Sonnenscheibe liegenden Bereich.

Der Sonnenwind

Die Beobachtungen der L- und K-Korona sowie der Radio- und Röntgenstrahlung ergeben mit Sicherheit, daß die Koronatemperatur von der Größenordnung 10^6 K ist. Die Bemühungen, den Energietransport in die Korona zu verstehen, ergeben noch kein eindeutiges Bild. Der Mechanismus, durch den die Chromosphäre aufgeheizt wird (s. S. 110), kann auch an der Aufheizung der Korona beteiligt sein: Schallwellen, die von der Wasserstoffkonvektionszone unter der Photosphäre ausgelöst und beim Durchgang durch die Chromosphäre und die Übergangsschicht zu Stoßwellen aufgesteilt werden, verwandeln beim Übergang von der Chromosphäre zur Korona ihre Schallwellenenergie in Wärme, die von der Korona wegen ihrer geringen Dichte nicht abgestrahlt werden kann. Die Koronatemperatur steigt deshalb so weit an, bis das Temperaturgefälle in der Übergangsschicht zur Chromosphäre groß genug geworden ist, um die überschüssige Wärmeenergie durch Wärmeleitung zur Chromosphäre zurückzutransportieren, wo sie dann ausgestrahlt wird. – Allerdings reicht dieser

Vorgang zur Erklärung der hohen Koronatemperatur noch nicht aus (s. S. 120).

Obwohl die Temperatur der Korona nach außen stark absinkt, zeigt eine Abschätzung des Druckverlaufs in der Korona, daß auch in den äußersten Bereichen der Korona ihr Gasdruck mehrere Zehnerpotenzen über dem des interplanetaren Mediums liegt. Infolgedessen strömt dauernd Koronamaterie in den interplanetaren Raum ab. Dieser sogenannte **Sonnenwind** besteht im wesentlichen aus Elektronen und Protonen und hat in der Nähe der Erdbahn eine Dichte von 2 bis 10 Teilchen pro cm^3; seine mittlere Geschwindigkeit liegt bei 400 km/s. Teilchendichte und Geschwindigkeit unterliegen aber starken zeitlichen Schwankungen.

Die Vermutung, daß eine solche Strömung der Koronamaterie von der Sonne weg existiere,

drängt sich jedem Beobachter einer totalen Sonnenfinsternis auf (s. Abb. 4.14 und 4.15). Aber erst in den fünfziger Jahren dieses Jahrhunderts befaßte sich die theoretische Astrophysik intensiver mit diesem Problem, nachdem L. Biermann darauf hingewiesen hatte, daß das Erscheinungsbild der Ionenschweife von Kometen (vgl. S. 85 f.) nicht durch den Lichtdruck der Sonne verursacht sein könne, sondern als Wirkung eines Teilchenstroms erklärt werden müsse, der von der Sonne ausgeht. Bereits die ersten Erdsatelliten (Mariner 2, 1962) bestätigten dann die theoretischen Daten über Teilchendichte und Geschwindigkeit.

Das Magnetfeld der Erdumgebung erhält durch den heranströmenden Sonnenwind eine Umhüllung und wird dadurch auf einen abgeschlossenen Raum, die Magnetosphäre, beschränkt.

Aufgaben

1. Die Fraunhoferlinien D_1 und D_2 (s. Tab. 4.2) des neutralen Natriums im Spektrum der Sonnenphotosphäre entstehen durch Übergänge des Leuchtelektrons vom Grundzustand aus.
   Welche Energie besitzen die zugehörigen Endniveaus des Na-Atoms?

2. Von der Mitte der Sonnenscheibe erhalten wir Licht, das aus der ganzen Tiefe der Photosphäre stammt und einer effektiven Temperatur von rund 6000 K entspricht. Am Rand der Sonnenscheibe beträgt die Flächenhelligkeit nur etwa 40% des Werts in der Mitte; das von dort kommende Licht hat seinen Ursprung in den höchsten Photosphärenschichten. Welche effektive Temperatur erhält man damit für die obere Grenze der Photosphäre?

3. Im ultravioletten Chromosphärenspektrum fallen besonders die Emissionslinien des H-Atoms mit den Wellenlängen 121,6 nm und 102,6 nm sowie die des He+-Ions mit 30,4 nm und 25,6 nm auf; sie entstehen alle durch Übergänge des Elektrons in den Grundzustand.

a) Welche Energien besitzen die Ausgangsniveaus der vier erwähnten Linien?
b) Um welche Übergänge bzw. Linien handelt es sich beim H-Atom (vgl. Abb. 4.12)?
c) Das He+-Ion besitzt nur 1 Elektron, ist also „wasserstoffähnlich", d. h., sein Niveauschema gleicht dem des H-Atoms; bei einem wasserstoffähnlichen Ion der Ordnungszahl Z sind jedoch die Energieniveaus Z^2-mal höher als beim H-Atom. Bestätigen Sie dies!

4. a) Welche Beobachtungstatsache beweist unmittelbar, daß die Sonnenkorona im sichtbaren Spektralbereich nicht als schwarzer Strahler behandelt werden darf?
b) Wie kann man auf der Grundlage ihres Spektrums physikalisch begründen, daß die Korona im sichtbaren Spektralbereich nicht wie ein schwarzer Körper strahlt?
c) Welche von der Korona emittierte Strahlungsart gehorcht näherungsweise den gleichen Gesetzen wie ein schwarzer Strahler mit einer Temperatur der Größenordnung 10^6 K, und warum ist sie im Bereich der Radiofrequenzen die vorherrschende Strahlung?

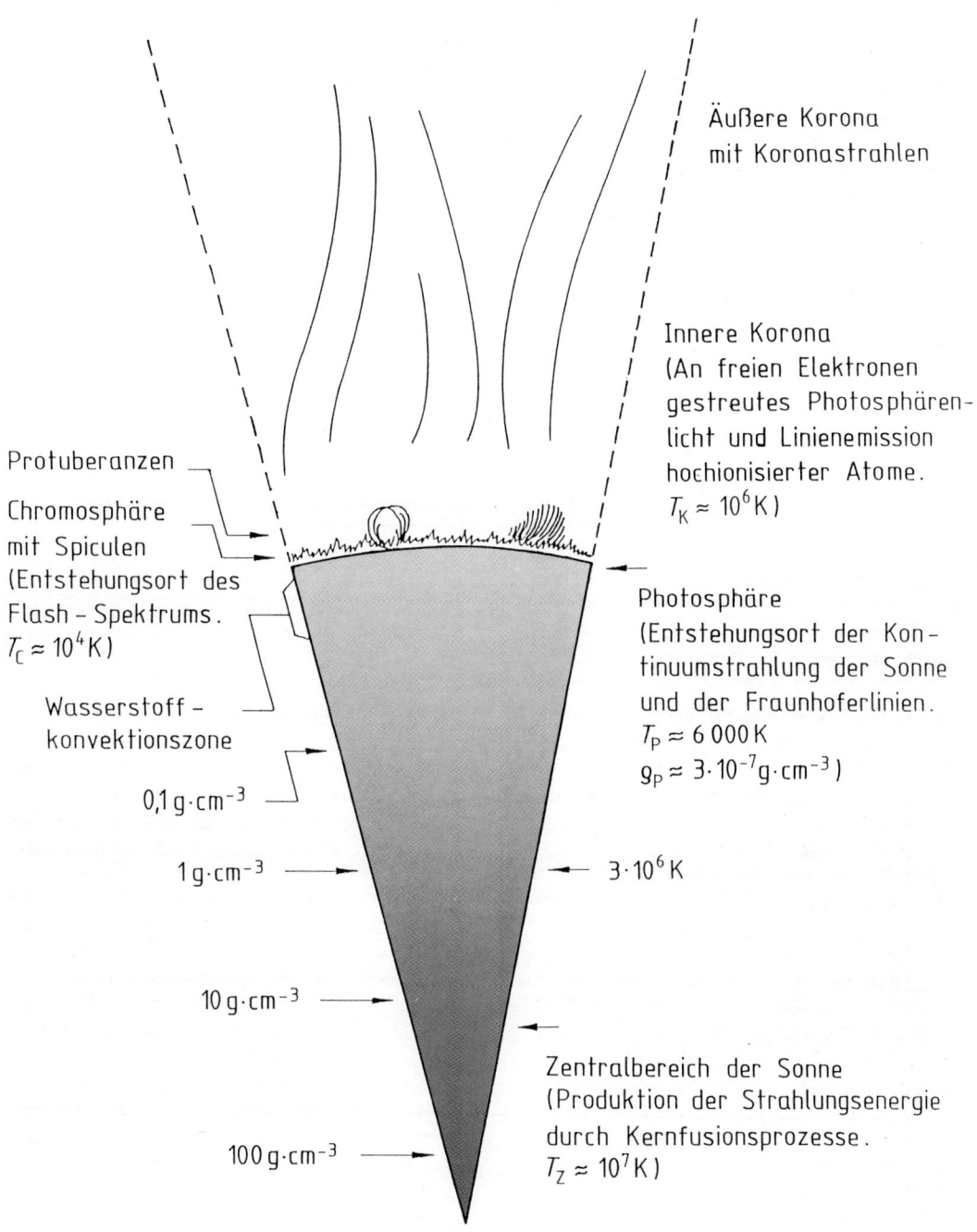

Äußere Korona
mit Koronastrahlen

Innere Korona
(An freien Elektronen
gestreutes Photosphären-
licht und Linienemission
hochionisierter Atome.
$T_K \approx 10^6$ K)

Protuberanzen

Chromosphäre
mit Spiculen
(Entstehungsort des
Flash – Spektrums.
$T_C \approx 10^4$ K)

Photosphäre
(Entstehungsort der Kon-
tinuumstrahlung der Sonne
und der Fraunhoferlinien.
$T_P \approx 6\,000$ K
$\varrho_P \approx 3 \cdot 10^{-7}$ g·cm^{-3})

Wasserstoff –
konvektionszone

0,1 g·cm^{-3}

1 g·cm^{-3} ← 3·10^6 K

10 g·cm^{-3}

Zentralbereich der Sonne
(Produktion der Strahlungsenergie
durch Kernfusionsprozesse.
$T_Z \approx 10^7$ K)

100 g·cm^{-3}

4.16 Die verschiedenen Schichten im Aufbau der Sonne.
(Die Dicke der Photosphäre beträgt im Maßstab der Abbildung nur etwa 0,025 mm.)

4.4. Die aktive Sonne

Vermutlich haben die Menschen schon in frühester Zeit beim Betrachten der auf- oder untergehenden Sonne (nur in diesen Phasen kann man die Sonne gefahrlos mit ungeschütztem Auge beobachten!) zuweilen dunkle Flecken auf der Sonnenscheibe wahrgenommen. Erste schriftliche Zeugnisse davon finden sich in chinesischen Chroniken. Aber auch die Zeitgenossen Karls des Großen berichten von einem Fleck auf der Sonne, der am 17. März 807 zu sehen gewesen sei.

Unmittelbar nach der Erfindung des Fernrohrs um 1610 häuften sich die Berichte über Beobachtungen von Flecken auf der Sonnenscheibe. Dabei fiel es bald auf, daß die Zahl und Größe der Flecken zeitlichen Schwankungen unterworfen sind; damit waren die ersten variablen Erscheinungen auf der Sonnenoberfläche, d. h. die Sonnenaktivität, entdeckt.

4.4.1. Sonnenflecken

Entwirft man mit einem Fernrohr (oder Fernglas) ein Projektionsbild der Sonnenscheibe, so findet man darauf in den meisten Fällen dunkle Flecken. Führt man solche Beobachtungen über längere

Zeit durch, so fällt neben der Bewegung der Flecken durch die Sonnenrotation auf, daß die Flecken eine deutliche Tendenz zur Gruppenbildung haben. Als Maß für die Häufigkeit der Sonnenflecken wurde 1848 von R. Wolf die **Sonnenflecken-Relativzahl** R eingeführt: Sind an einem Tag g Fleckengruppen mit insgesamt f Einzelflecken vorhanden, so ist die Relativzahl für diesen Tag:

$$R = k \cdot (10\,g + f) \tag{4-14}$$

(k ist ein Normierungsfaktor; er wurde für den von Wolf in Zürich benutzten Fraunhofer-Refraktor, der 8 cm Objektivöffnung und 64fache Vergrößerung hat, gleich 1 gesetzt. Für andere Beobachtungsinstrumente muß k durch Vergleich der mit diesem Instrument erhaltenen Werte von $10\,g + f$ mit den täglich veröffentlichten Internationalen Sonnenflecken-Zahlen bestimmt werden.)

Ist also nur ein Einzelfleck vorhanden, so ist die Standard-Relativzahl $R = 11$. Die größten Relativzahlen, die bisher beobachtet wurden, liegen bei $R = 300$.
Die Sonnenflecken-Relativzahl eignet sich sehr gut für statistische Untersuchungen über die

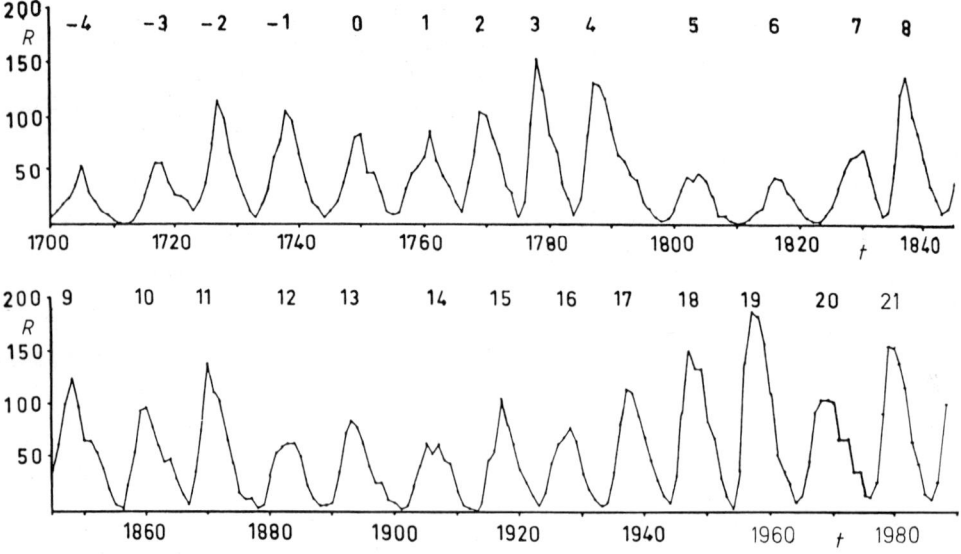

4.17 Jahresmittel der Sonnenflecken-Relativzahlen von 1700 bis 1988. Die Zahlen über den Maxima sind die Nummern der Zyklen.

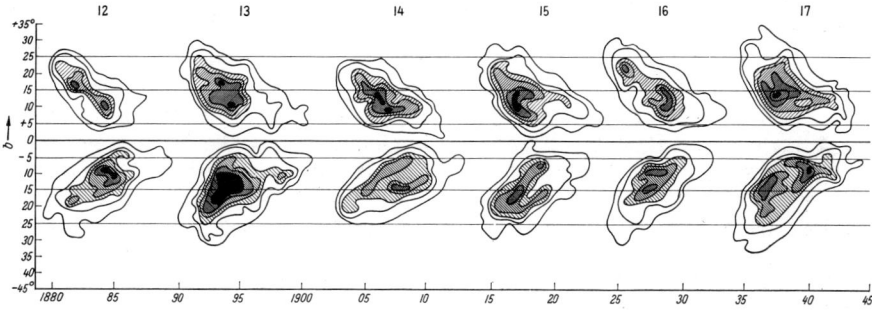

4.18 Häufigkeitsverteilung der Sonnenflecken in verschiedenen heliographischen Breiten in Abhängigkeit von der Zeit („Schmetterlingsdiagramm"). Die Kurven sind Linien gleicher Häufigkeit. Je dunkler die Schraffur, desto größer die Anzahl der beobachteten Flecken. Am oberen Bildrand stehen die Nummern der Zyklen.

Sonnenaktivität, insbesondere über ihre Periodizität und ihre Zusammenhänge mit Vorgängen auf der Erde.

Fleckenzyklen

Da seit Anfang des 17. Jahrhunderts Berichte über Sonnenfleckenbeobachtungen vorliegen, konnten danach die Relativzahlen bis ins 17. Jahrhundert zurückverfolgt werden. Dabei zeigten sich starke Schwankungen der Relativzahlen von Tag zu Tag. Bildet man jedoch Mittelwerte über längere Zeiträume, so erkennt man deutlich eine Zu- und Abnahme mit einer mittleren Periodenlänge von etwa 11 Jahren, wobei aber die Abstände zwischen aufeinanderfolgenden Maxima zwischen 7 und 17 Jahren schwanken (Abb. 4.17). Auch die Höhen der Maxima variieren stark: sie liegen im Intervall $45 < R < 200$.

Daß es sich bei der Fleckentätigkeit der Sonne in Wirklichkeit nicht um einen periodischen Vorgang wie z. B. eine Schwingung handelt, sondern daß zwei voneinander unabhängige Zyklen aufeinander folgen, erkennt man deutlich aus der Verteilung der Flecken auf der Sonne. Die Fleckenproduktion ist nämlich stets auf zwei 10° bis 15° breite Streifen beschränkt, die symmetrisch zum Sonnenäquator liegen. Wenn nach einem Minimum wieder die ersten Flecken sichtbar werden, also zu Beginn eines neuen Zyklus, liegen diese Streifen in den heliographischen Breiten um ±35°. Mit zunehmender Fleckentätigkeit verschieben sich die Entstehungszonen zum Äquator hin, bis am Ende des Zyklus die letzten Flecken in einer durchschnittlichen Breite von ±8° verschwinden (Abb. 4.18).

Dabei kommt es vor, daß die ersten Flecken des neuen Zyklus in hohen Breiten auftreten, bevor die letzten Flecken des vorhergehenden Zyklus in niederen Breiten verschwunden sind. Diese zeitliche Überlappung der Zyklen beweist, daß die Fleckentätigkeit kein echter periodischer Vorgang sein kann.

Entwicklung und Lebensdauer von Sonnenflecken

Die Sonnenflecken sind Erscheinungen der Photosphäre. Die Entstehung eines Sonnenflecks kündigt sich durch einzeln oder in Gruppen auftretende dunkle Poren in der Photosphäre an, von denen die meisten bald wieder verschwinden, während sich einige innerhalb von Stunden zu Flecken vergrößern. Die meisten Fleckengruppen sind bereits am folgenden Tag nicht mehr zu sehen. Nur wenige, größere Gruppen haben eine höhere Lebenserwartung. Diese besitzen am zweiten Tag eine längliche Gestalt (Längsrichtung etwa parallel zu den Breitenkreisen), wobei sich die Einzelflecken an den Enden der Gruppe jeweils um einen besonders starken Fleck scharen. Den in der Rotationsrichtung vorausgehenden dieser Hauptflecken bezeichnet man als p-Fleck (p = preceding), den nachfolgenden als f-Fleck (f = following). Die heliographische Breite des p-Flecks ist stets etwas kleiner als die des f-Flecks. Beide Hauptflecken entwickeln um ihren dunklen Kern, die **Umbra,** einen weniger dunklen Hof, die **Penumbra** (Abb. 4.19). Nach etwa 10 Tagen erreicht die Fleckengruppe ihre größte Ausdehnung: Zwischen den Hauptflecken haben sich zahlreiche kleine Einzelflecken gebildet, die in den folgenden Tagen wieder verschwinden. Dann bildet sich der f-Fleck zurück und verschwindet eben-

4.19 Sonnenfleck. Aufnahme mit einem ballongetragenen Teleskop in der Stratosphäre (Stratoskop I, 4. 9. 1957)

falls, während der p-Fleck eine rundliche Form annimmt und oft noch wochenlang bestehen bleibt, bevor auch er kleiner wird und schließlich verschwindet. Eine Klassifikation der verschiedenen Entwicklungsstufen zeigt Abb. 4.20. Eine große Gruppe durchläuft alle Typen A–B–. . . –J–A, während kleinere Gruppen die Typen um F auslassen, indem sie diese überspringen oder die Stufen umgekehrt wieder zurücklaufen.

Temperaturen und Magnetfelder der Sonnenflecken

Über die Physik der Sonnenflecken ist wegen der enormen Schwierigkeiten bei der Bildauflösung immer noch zu wenig bekannt. Am einfachsten lassen sich die Abmessungen und die effektive Temperatur der Flecken bestimmen. Die Umbra hat im Mittel einen Durchmesser von der Größenordnung 10 000 km; dies entspricht einer Fläche, wie sie der afroasiatische Doppelkontinent besitzt. Es kommen jedoch Flecken

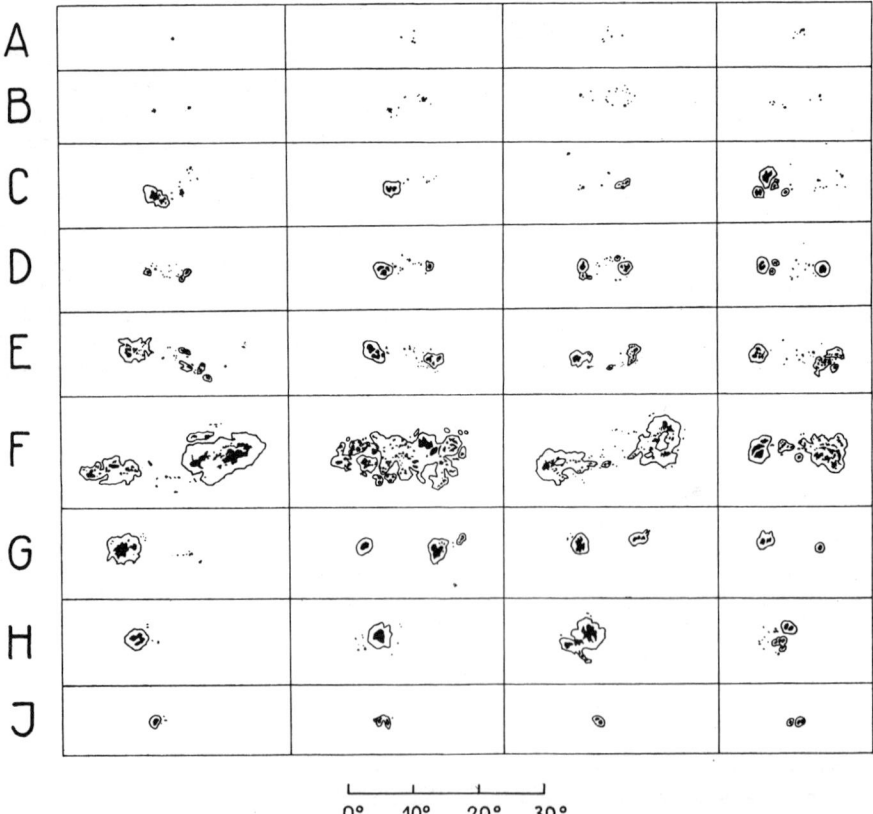

Abb. 4.20 Züricher Klassifikation der Sonnenfleckengruppen, erläutert durch 4 Beispiele jeder Klasse.

mit der hundertfachen Fläche vor. Das Verhältnis der Flächenhelligkeiten von Umbra und ungestörter Photosphäre wurde neuerdings außerhalb der Erdatmosphäre zu 1 : 10 ermittelt; die Flächenhelligkeit der Penumbra ist etwa 8mal so groß wie die der Umbra. Nach dem Stefan-Boltzmann-Gesetz erhält man aus dem Verhältnis 1 : 10 für die Umbra die Temperatur

$$T_{\text{eff}} \text{ (Umbra)} \approx 3400 \text{ K} .$$

Diese niedrige Temperatur wirkt sich auf das Umbra-Spektrum aus: Die Fraunhoferlinien neutraler Atome sind stärker, die der Ionen schwächer als im Photosphärenspektrum. Außerdem enthält das Umbra-Spektrum zahlreiche Absorptionslinien von Molekülen, die in der Photosphäre nicht existieren können.

Den Schlüssel zum Verständnis der Sonnenfleckenphysik lieferte die Entdeckung ihrer Magnetfelder – das Aufschließen des ganzen Problemkreises ist allerdings bis heute nur teilweise gelungen. Die Möglichkeit zur Messung solarer Magnetfelder bietet der **Zeeman-Effekt,** also die Beobachtung, daß Spektrallinien in zwei bzw. drei Komponenten aufgespalten werden, wenn sich die lichtaussendenden Atome in einem parallel bzw. senkrecht zur Blickrichtung liegenden Magnetfeld befinden.

Untersuchungen von Fleckenmagnetfeldern lieferten folgende Ergebnisse:
– Alle Sonnenflecken besitzen Magnetfelder, deren Richtung in der Mitte der Umbra senkrecht auf der Photosphäre steht.
– Etwa 90 % der Fleckengruppen sind bipolar, d. h., der p- und f-Fleck besitzen verschiedene magnetische Polung.

– Während eines Fleckenzyklus bleibt die Polung erhalten; z. B. war in dem Zyklus, der 1964 begann, auf der Nordhalbkugel der Sonne der p-Fleck ein Nordpol, der f-Fleck ein Südpol; auf der Südhalbkugel war es umgekehrt. Beim folgenden Zyklus war dann die Polung vertauscht: auf der Nordhalbkugel war der p-Fleck ein Südpol usw. Demnach dauert ein magnetischer Fleckenzyklus 22 Jahre (Abb. 4.21).
– Beinahe alle übrigen Fleckengruppen sind unipolar; entweder existiert nur ein Hauptfleck, oder dieser besitzt noch einige kleinere Begleiter mit gleicher Polung. Oft ist dann der andere Pol durch ein schwaches Magnetfeld an einer benachbarten Stelle angedeutet, an der sich kein Fleck befindet, aber manchmal später einer auftritt. Dies deutet darauf hin, daß die Ursache der Fleckenbildung in den mit ihnen verbundenen Magnetfeldern zu suchen ist.

Sonnenflecken sind die am leichtesten beobachtbare Teilerscheinung aus dem Gesamtkomplex der Sonnenaktivität; es ist jedoch bisher noch nicht gelungen, eine befriedigende Theorie dieses Phänomens aufzustellen. Man weiß zwar, daß das Auftreten starker lokaler Magnetfelder mit den mannigfachen Erscheinungen der Sonnenaktivität, so auch mit der Fleckentätigkeit der Sonne in ursächlichem Zusammenhang steht. Man kennt auch die Ursache dafür, daß im Sonneninnern und an der Oberfläche überhaupt Magnetfelder auftreten: es ist die große Zahl von freien Elektronen und Ionen im Sonneninnern. Durch die differentielle Rotation der oberflächennahen Schichten entstehen groß-

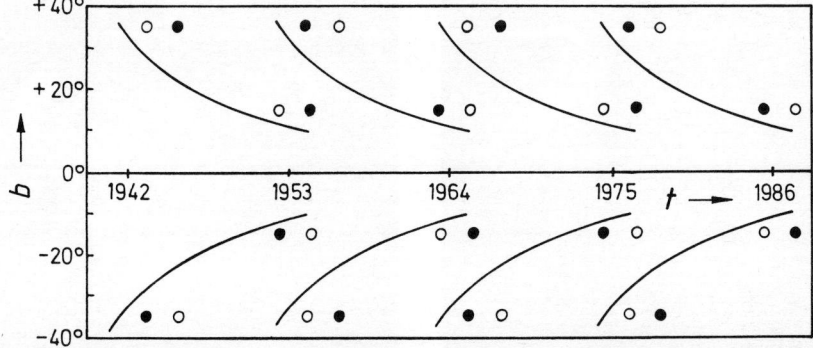

4.21 Polarität der bipolaren magnetischen Regionen auf der Nord- und Südhalbkugel der Sonne während des 18., 19., 20. und 21. Aktivitätszyklus. ● magnetischer Nordpol, ○ magnetischer Südpol

räumige Ströme dieser Ladungsträger, die das solare Magnetfeld erzeugen. Die Wechselwirkung zwischen diesem Magnetfeld und den Ladungsträgerbewegungen führt zu den lokalen Deformationen des solaren Magnetfelds, die wir in den Fleckenfeldern beobachten. Man kennt jedoch den Mechanismus nicht, durch den beim Vorhandensein solcher Magnetfelder die Konvektion in Bereichen unterhalb der Photosphäre unterbunden und dadurch die Temperaturerniedrigung im Fleck hervorgerufen wird.

Fortschritte in den Kenntnissen über die Fleckenfeinstruktur und ihre Entwicklung können durch Beobachtungen von Raumsonden aus erreicht werden, wobei eine Bildauflösung von 0,1″ (entsprechend 70 km auf der Sonnenoberfläche) möglich ist. Dies ist deshalb so wichtig, weil die Erforschung der kurz- und langzeitigen Strukturänderungen der Flecken einer der Schlüssel zum Verstehen der magnetischen Grundvorgänge in und auf der Sonne ist.

Satellitenbeobachtungen der Chromosphäre und Korona im ultravioletten und Röntgenbereich haben gezeigt, daß die starken Magnetfelder der aktiven Photosphärengebiete wahrscheinlich auch am Energietransport in diese hohen Bereiche beteiligt sind. Dabei spielen Deformationen quer zur Feldrichtung eine Rolle, die wellenartig an den magnetischen Feldlinien entlang in die Korona laufen. Da sie primär von

Vorgängen in der Wasserstoffkonvektionszone unter der Photosphäre erzeugt werden, ist jedenfalls sicher, daß die zur Heizung der Korona notwendige Energie letztlich aus der Bewegungsenergie der Konvektionszone stammt (vgl. S. 110).

4.4.2. Sonnenfackeln

Auf guten Projektionsbildern der Sonne erkennt man oft in den dunkleren Randgebieten faserige Aufhellungen, die sogenannten Sonnenfackeln; sie sind auf Filtergrammen der Chromosphäre noch deutlicher zu sehen.
Filtergramme erhält man, indem man die Sonne durch eine Filterkombination fotografiert, die nur für das Licht eines schmalen Spektralbereichs im Kern einer starken Fraunhoferlinie durchlässig ist. Wie im Abschnitt über die Entstehung der Fraunhoferlinien (S. 106 ff.) festgestellt wurde, stammt das Restlicht im Kern von einer starken Absorptionslinie aus den dem Beobachter zugekehrten äußersten Schichten der absorbierenden Gaswolke.

So liefert ein Filtergramm im Kern der Hα-Linie des Wasserstoffs (Abb. 4.22 a) ein Bild der Chromosphäre, denn das rote Leuchten der Chromosphäre am Sonnenrand zeigt an, daß die Hα-Emission im Kern der Hα-Fraunhoferlinie dort entsteht.

a)

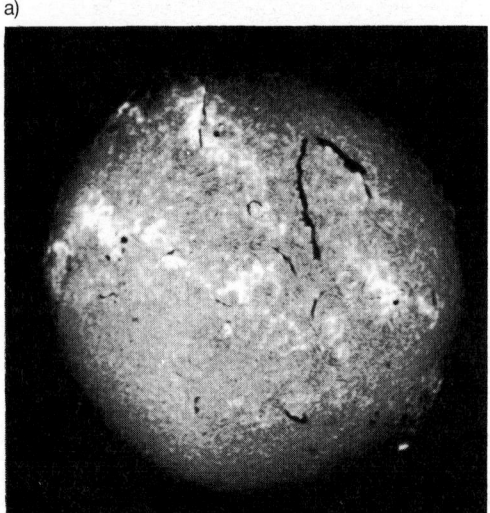

b)

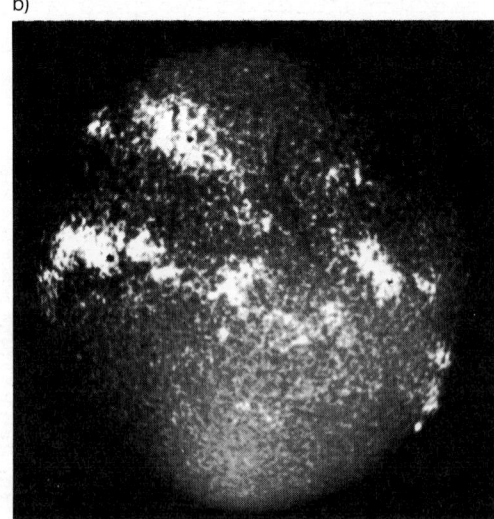

4.22 Filtergramme der Sonne vom 7. 3. 1970. **(a)** im Licht der Hα-Linie des H-Atoms, **(b)** im Licht der K-Linie des Ca⁺-Ions. Die Anordnung der Aktivitätsbereiche in zwei zum Äquator parallelen Gürteln ist deutlich zu sehen.

Noch höhere Schichten der Chromosphäre erreicht man mit einem Filtergramm im Kern der K-Linie des Ca$^+$ (Abb. 4.22 b). Die Filtergramme zeigen, daß die Fackeln um so deutlicher zu sehen sind, je höher der Entstehungsort der benutzten Strahlung liegt; demnach handelt es sich bei den Fackeln um eine chromosphärische Erscheinung. Die beiden Abb. 4.22 a und 4.22 b zeigen deutlich die Anordnung dieser Aktivitätsbereiche in zwei zum Sonnenäquator parallelen Gürteln.

Die Helligkeitskonzentration in den Fackeln deutet darauf hin, daß es sich hier um Wolken verdichteter Materie in der mittleren und unteren Chromosphäre handelt, deren Temperatur über der des ungestörten Chromosphärengases liegt. Meist befinden sich in der Photosphäre unter den Fackelgebieten Sonnenflecken oder Fleckengruppen. Die Fackelgebiete sind jedoch in der Regel wesentlich größer als die zugehörige Fleckengruppe, und ihre Lebensdauer übertrifft die der Flecken beträchtlich. Die Stärke der Magnetfelder ist in den Fackelgebieten größer als in den darunter liegenden Fleckenbereichen.

4.4.3. Protuberanzen

Formen und Beobachtungsmöglichkeiten

Wenn der Mond während einer totalen Sonnenfinsternis sich vor die Sonnenscheibe geschoben hat und die letzten Teile der Chromosphärensichel verschwunden sind, beobachtet man oft auf dem weißlich nebligen Hintergrund der inneren Korona leuchtend rote Gebilde verschie-

4.23 Große stationäre Protuberanz. Die Protuberanz wurde erstmals am 22. 3. 1919 beobachtet. Die Aufnahme stammt von der Sonnenfinsternis vom 29. 5. 1919. Unmittelbar nach dieser Aufnahme wurde die Protuberanz aktiv: Der Hauptteil hob sich von der Sonne ab, während der Rest zur Chromosphäre zurückströmte.

denster Gestalt, die Protuberanzen (engl. prominences). Ihre **Farbe** (vgl. Abb. 10 im Anhang) deutet schon darauf hin, daß ihr Spektrum dem der Chromosphäre ähnelt. Die starken Emissionen im Lichte der Wasserstofflinie Hα und der Linien H und K des einfach ionisierten Kalziums kommen durch Elektroneneinfang zustande und zeigen **Protuberanzen-Temperaturen** um 10 000 K an. Bei höheren Temperaturen wäre die Zahl der H-Atome und Ca⁺-Ionen zu gering, um das Leuchten hervorzurufen.

Im Lichte dieser starken Spektrallinien können die Protuberanzen auch außerhalb der Sonnenfinsternisse jederzeit mit dem Koronographen beobachtet werden.

Außer durch die niedrigere Temperatur unterscheiden sich die hauptsächlich aus Wasserstoff bestehenden Gaswolken der Protuberanzen durch wesentlich höhere Materiedichte von ihrer Umgebung, der oberen Chromosphäre und der unteren Korona. Die Abb. 4.23 und 4.24 zeigen Protuberanzen verschiedener Formen.

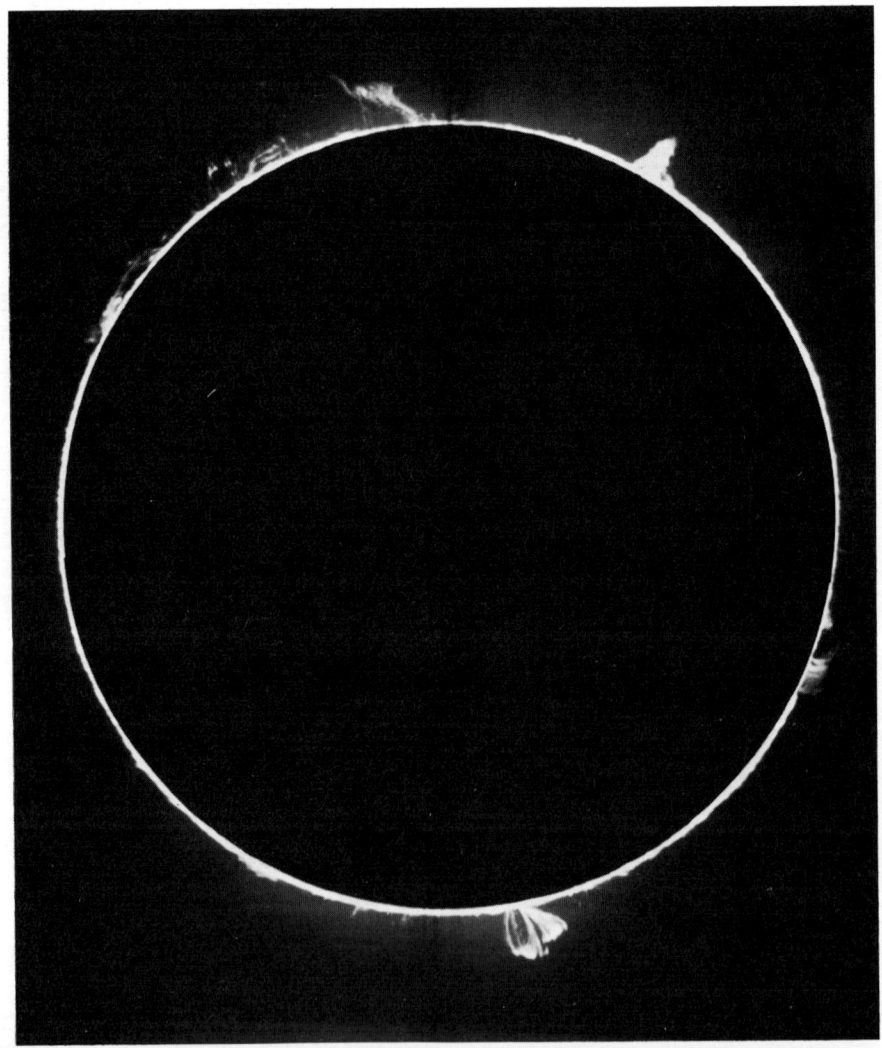

4.24 Verschiedene Protuberanzen-Typen am Sonnenrand im Licht der K-Linie des Ca⁺. Die Photosphäre ist durch eine Kreisblende abgedeckt. Unten eine Fleckenprotuberanz, oben zwei eruptive Protuberanzen.

Das Objekt der Abb. 4.23 ist ein Beispiel für **ruhende oder stationäre Protuberanzen**; diese Gebilde haben meist eine sehr lange Lebensdauer. Abb. 4.24 enthält **eruptive Protuberanzen** und **Fleckenprotuberanzen**; dabei handelt es sich um rasch ablaufende, heftige Materiebewegungen über Flecken oder Eruptionen.

Protuberanzen können nicht nur am Sonnenrand, sondern auch auf der Sonnenscheibe beobachtet werden. Da ihre Temperatur beträchtlich unter der Temperatur der umgebenden Korona von rund 10^6 K liegt, projizieren sie sich auf Filtergrammen als dunkle Fäden oder größere, langgestreckte Gebilde auf den hellen Untergrund. Diese Erscheinungsformen der Protuberanzen bezeichnet man als **Filamente.** Das Hα–Filtergramm in der Abb. 4.22 a zeigt mehrere Filamente.

Es ist sehr eindrucksvoll zu beobachten, wie sich infolge der Sonnenrotation eine langlebige Protuberanz von einem dunklen Filament in eine über den Sonnenrand hinausragende, leuchtende Erscheinung verwandelt. Die mittlere Höhe der Protuberanzen beträgt dabei 40 000 km, und sie sind durchschnittlich 200 000 km lang. Die Dicke der Protuberanzen ist sehr gering; sie liegt im Mittel bei 5000 km. Als Modell einer Protuberanz kann demnach ein knapp 1 mm starker Pappestreifen von etwa 6 mm Höhe und 30 mm Länge dienen, der so auf einen Fußball gestellt wird, daß seine Ebene ungefähr senkrecht zur Tangentialebene steht.

Aktive Gebiete, Fleckenprotuberanzen, Entstehung und Lebensweg einer stationären Protuberanz

Die Protuberanzen sind für den Betrachter die eindrucksvollsten Erscheinungen der Sonnenaktivität. In ihnen werden die Magnetfelder der Sonne sichtbar. Die Entstehung einer Protuberanz ist eng verknüpft mit der Ausbildung der sogenannten Aktiven Gebiete, aus denen auch die Fackeln und Flecken hervorgehen. Dabei spielt sich folgendes ab:

Die Feldlinien der oberflächennahen Magnetfelder verlaufen nahezu parallel zu den Breitenkreisen der Sonne. An Stellen besonders hoher Feldliniendichte können magnetische Feldlinienbündel durch die Photosphäre nach außen gedrückt werden, wo sie sich dann im Bereich abnehmenden Gasdrucks schleifenförmig nach oben ausdehnen. Dabei zeigen sich in den Filtergrammen der Chromosphäre die ersten kleinen Fackeln, die sich dann in den folgenden Tagen ausbreiten und schließlich ein Oval bedecken, dessen Längsrichtung etwa parallel zum Sonnenäquator liegt. Während sich in diesem Fackelfeld die Durchstoßbereiche des Magnetfeldes zu zwei getrennten Magnetpolen entwikkeln, treten in der unmittelbar darunter liegenden Photosphäre dunkle Poren und kleine Flecken auf; sie leiten die Entwicklung einer Fleckengruppe ein. Während dieser Phase treten kurzlebige **Fleckenprotuberanzen** auf, die mit heftigen Materieströmungen in ihrer meist bogenförmigen Struktur den Verlauf des Magnet-

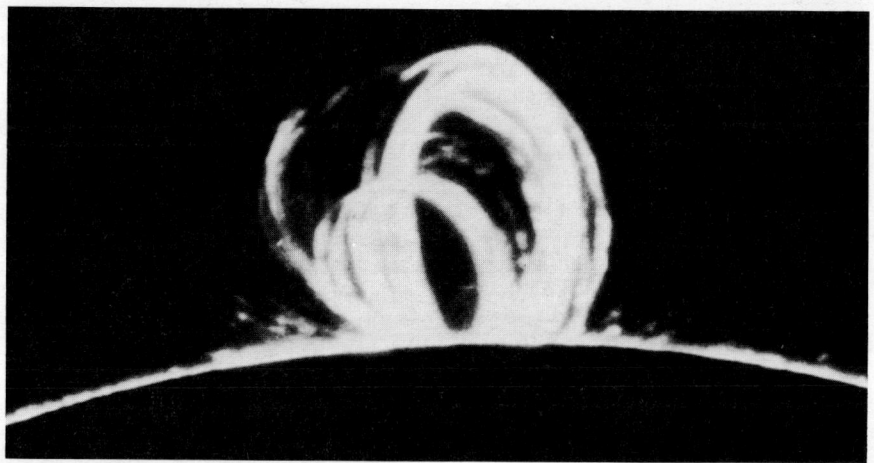

4.25 Fleckenprotuberanz. Die bogenförmige Struktur markiert den Verlauf der magnetischen Feldlinien über dem zugehörigen Fleckengebiet.

feldes im Aktiven Gebiet oberhalb der Photosphäre markieren (Abb. 4.25 und Abb. 4.24 am
unteren Rand). Im Höhepunkt der Entwicklung
des Aktiven Gebiets hat sich über ihm in der
Korona ein ausgedehnter Bereich mit höherer
Dichte ausgebildet („koronale Kondensation").

Nachdem die Fleckengruppe den Höhepunkt
ihrer Entwicklung überschritten hat (s. Abb. 4.20),
konzentriert sich die Helligkeit in der Chromosphäre auf zwei Fackelgebiete in der Umgebung
der beiden Magnetpole des Gebiets, und zwischen ihnen entsteht in der Korona ein großes
horizontales Filament („ruhende oder stationäre
Protuberanz"), das durch mehrere kurze, senkrechte Säulen mit der Chromosphäre verbunden
ist. Es ist meist etwa in N-S-Richtung ausge-
streckt, wird aber durch die differentielle Rotation der Sonne auseinandergezogen und in O-W-
Richtung gedreht, während zuerst die Flecken
und einige Wochen später auch die Fackeln
verschwinden. Die Protuberanz überlebt die
anderen Aktivitätserscheinungen oft um mehrere
Monate, bis sie sich schließlich vom äquator-
nahen Ende her auflöst.

Die stationäre Entwicklung, bei der die Protuberanz trotz lebhafter innerer Strömungen äußerlich ihre Gestalt unverändert beibehält, wird
meist von Instabilitätsphasen unterbrochen, die
einige Minuten bis Stunden andauern und nach
deren Ablauf die Protuberanz wieder stationär
wird. Diese Aktivität kann sehr vielfältige Formen
annehmen. Meist strömt Materie längs der
magnetischen Feldlinien in die Chromosphäre
ab. Selbst wenn dadurch die ganze Protuberanz
aufgelöst wird, baut sie sich in der Regel anschließend wieder in der alten Form auf, indem
Materie aus der umgebenden Korona sich auf
dem alten Gerüst kondensiert, das vermutlich
vom Magnetfeld des zugehörigen Aktiven
Gebiets geliefert wird.

Dieses Abströmen nach unten ist auch bei der
schließlichen Auflösung einer stationären Protuberanz der häufigere Vorgang. Seltener fliegt bei
der Auflösung die Protuberanz in den Weltraum
hinaus. Dabei sind nahezu gleichförmige Bewe-
gungsabschnitte durch ruckartige Beschleunigungen voneinander getrennt, die zu Geschwindigkeiten bis zu 1000 km/s führen können. Wenn
sich dies am Sonnenrand ereignet und daher
gut beobachtbar ist, dann ist eine solche Protu-
beranzen-Auflösung ein für den Beobachter
höchst eindrucksvoller Vorgang.

Physik der Protuberanzen

Der Entstehungsmechanismus der Protuberanzen deutet darauf hin, daß sie aus dem
gleichen Material bestehen wie die Korona.
Nach der Zustandsgleichung idealer Gase
gilt in der Protuberanz $p_P = k \cdot n_P \cdot T_P$ und in
der koronalen Umgebung $p_K = k \cdot n_K \cdot T_K$.
Nun ist sicher der Druck p_P in der Protuberanz gleich dem Koronadruck p_K in der
gleichen Höhe. Daraus folgt:

$$n_P/n_K = T_K/T_P$$

Da nun die Temperatur der Protuberanz
größenordnungsmäßig 100mal niedriger als
in der Korona ist, muß die Teilchendichte in
der Protuberanz 100mal höher als in der
Korona sein. Demnach ist die Gewichtskraft
der Protuberanz wesentlich höher als der
Auftrieb, den sie in der Korona erfährt; sie
müßte also nach unten fallen. Nun entsteht
die Protuberanz an der Grenze der beiden
Polaritätsbereiche eines Aktiven Gebiets,
wo die magnetischen Feldlinien horizontal
verlaufen. Die Protuberanz enthält jedoch
viele geladene Teilchen, deren Bewegung
quer zu den magnetischen Feldlinien durch
elektromagnetische Kräfte spiralig um die
Feldlinien aufgewickelt wird. Dadurch kann
sich das Protuberanzenplasma nicht quer
zum Magnetfeld – also auch nicht vertikal
nach unten –, sondern nur längs der Feldlinien bewegen. Im Bereich waagerechter
Feldlinien bleibt also die Protuberanzenma-
terie in einem schmalen Streifen im Magnetfeld hängen; hier besteht Gleichgewicht
zwischen den elektromagnetischen und den
Gewichtskräften, die auf die Protuberanz
wirken. Da dieser Gleichgewichtszustand
labil ist, fließt dauernd Materie von der
Protuberanz längs der Feldlinien zur Chromosphäre ab, doch wird von der Korona
laufend verdichtete Materie nachgeliefert;
außerdem genügen schon geringe Änderungen des Magnetfelds, um das Protuberanzenplasma abgleiten zu lassen.
Das Aufsteigen der Protuberanzen dürfte
auf plötzliche Magnetfeldänderungen und
dadurch induzierte elektrische Felder
zurückzuführen sein.
Wie alle Erscheinungen der Sonnenaktivität
stellen auch die Protuberanzen ein physikalisch sehr schwieriges und deshalb keineswegs gelöstes Problem dar.

4.4.4. Eruptionen. Terrestrische Wirkungen der Sonnenaktivität

Bei der Überwachung solarer Aktivitätserscheinungen beobachtet man – allerdings sehr selten – im Projektionsbild der Sonne blendend helle Lichtausbrüche an kleinen Stellen innerhalb eines Fleckengebietes, die nur wenige Minuten dauern; man bezeichnet sie als Eruptionen oder treffender, mit dem aus dem Englischen übernommenen Fachausdruck, als **Flares** (flare = plötzliches Aufleuchten). Viel besser sind sie zu beobachten, wenn man das Photosphärenkontinuum mit Hilfe eines Filters ausblendet, das nur die Strahlung einer vom Flare ausgesandten Spektrallinie durchläßt (Abb. 4.26). Damit kann man – besonders im Licht der Hα-Linie des Wasserstoffs – sehr oft Flares beobachten, in

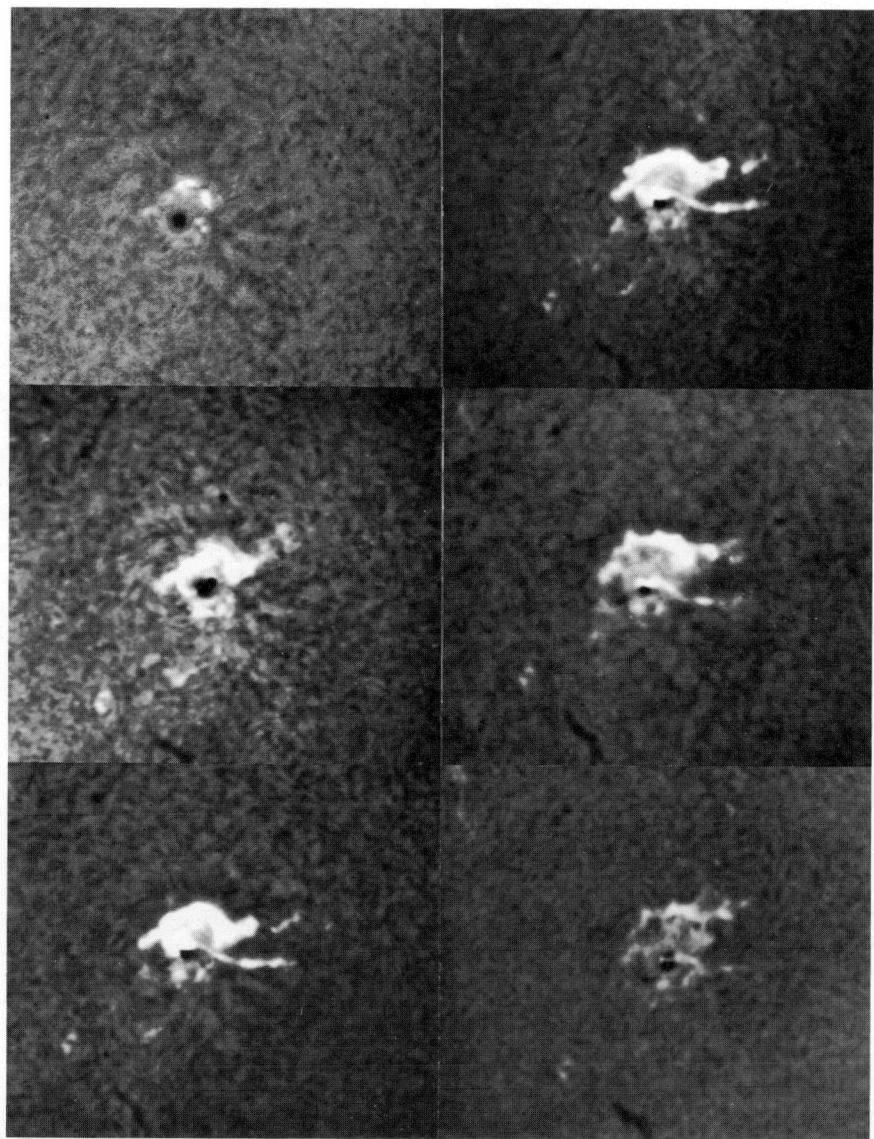

4.26 Entwicklung einer großen Eruption (25. 6. 1960).
Aufnahmezeiten: linke Reihe von oben: 11.37, 11.41, 12.16 Uhr WZ; rechte Reihe von oben: 12.27, 13.07, 13.53 Uhr WZ.

einer großen Fleckengruppe im Mittel täglich einen großen und zehn bis hundert mittlere und kleinere; dabei treten nicht selten an der gleichen Stelle wiederholt Flares auf. Die mittlere tägliche Eruptionszahl in einer Fleckengruppe hängt eng mit der Sonnenfleckenrelativzahl R zusammen.

Elektromagnetische Flarestrahlung

Die Eruptionen sind die markantesten Äußerungen der Sonnenaktivität. Die Helligkeitssteigerungen in den chromosphärischen Emissionslinien, besonders in Hα und den Calciumlinien H und K, und die Temperatursteigerungen in dem aufleuchtenden Gebiet sind extrem hoch. In wenigen Minuten werden Temperaturen der Größenordnung 10^7 K erreicht. Die Entstehungsbereiche sind stets Gebiete aktiver Sonnenflecken mit komplizierter, sich schnell ändernder Magnetfeldstruktur. In diesen Magnetfeldern werden vor dem Flare-Ausbruch sehr große Energiemengen gespeichert, die dann in kurzer Zeit freigesetzt werden; die Gesamtdauer des Eruptionsvorgangs beträgt wenige Minuten bis höchstens eine Stunde.

Das Spektrum größerer Eruptionen enthält außerhalb des sichtbaren Bereichs elektromagnetische Strahlung fast aller Wellenlängen. So wurden von Raketen und Raumsonden aus zahlreiche, sonst für die Korona charakteristische Emissionslinien im extremen UV gefunden, insbesondere aber weiche Röntgenstrahlung, die im Wellenlängenbereich zwischen 0,1 nm und 2 nm etwa 100mal bis 1000mal intensiver ist als die gesamte weiche Röntgenstrahlung der ruhigen Sonne. Beobachtungen am Sonnenrand zeigen, daß ihr Entstehungsort über dem optischen Flare in rund 20 000 km Höhe liegt. Ihr Spektrum setzt sich aus einer kontinuierlichen Komponente und zahlreichen Emissionslinien hochionisierter Metalle (z. B. Fe^{24+}!) zusammen. Bei einem im April 1981 beobachteten sehr großen Flare betrug die ausgestrahlte Energie insgesamt 10^{25} J.

Die Ionosphäre der Erde und ihre Veränderung durch die Flare-Strahlung

Bei manchen Flares werden auch kurze Ausbrüche (**Bursts**) harter Röntgenstrahlung beobachtet; die typische Burstdauer liegt bei 1 min, ihre Quantenenergie ist von der Größenordnung 10^5 eV.

Diese harte Röntgenstrahlung beeinflußt beim Auftreffen auf die Erdatmosphäre die D-Schicht der Ionosphäre (vgl. S. 69). Die D-Schicht ist nur tagsüber vorhanden; ihre Ionisation wird durch die weiche Röntgenstrahlung der Sonne bewirkt. Die freien Elektronen der D-Schicht werden durch die elektrischen Wechselfelder von Radio-Kurzwellen im Bereich zwischen 10 m und 50 m Wellenlänge zu erzwungenen Schwingungen angeregt. Wegen der hohen Luftdichte in der D-Schicht werden diese Elektronenschwingungen durch Zusammenstöße mit den Luftmolekülen gedämpft; infolgedessen werden die Radiowellen beim Durchgang durch die D-Schicht geschwächt.

Solange nur relativ wenige Elektronen in der D-Schicht vorhanden sind, ist die Absorption der Radiowellen in der D-Schicht gering. Steigt aber durch die mit einem Flare verbundene Verstärkung der solaren Röntgenstrahlung der Ionisationsgrad und damit die Elektronendichte der D-Schicht, so absorbiert diese die einfallende Kurzwellenstrahlung, bevor sie an den E- oder F-Schichten reflektiert werden kann; dann bricht der Funkverkehr im Kurzwellenbereich über größere Entfernungen zusammen (Mögel-Dellinger-Effekt).

Flare-Korpuskularstrahlung. Störungen des Erdmagnetfelds. Polarlichter.

Nach großen Eruptionen konnte in der Erdatmosphäre eine **Zunahme der kosmischen Strahlung** im Energiebereich 10^7 eV bis 10^{10} eV beobachtet werden. Sie wird von Teilchenschwärmen verursacht, die zu 86 % aus Protonen, zu 13 % aus Alphateilchen und etwa 1 % aus schwereren Atomkernen bestehen und die bei der Eruption mit hoher Geschwindigkeit ausgestoßen werden. Der Mechanismus, durch den die Teilchen beschleunigt werden, ist noch nicht bekannt. Sie kommen nach einer extrem kurzen Laufzeit von durchschnittlich einer halben bis einer Stunde auf der Erde an. Infolge ihrer hohen Energie können sie bereits in der Sonnenkorona Kernprozesse hervorrufen; die dabei freigesetzte charakteristische Gammastrahlung konnte mit Satellitenexperimenten nachgewiesen werden.

Eine zweite Art des Materieauswurfs bei großen Eruptionen ist die Spritzprotuberanz (**Surge**), bei der Materie in einem etwa geradlinigen Strahl mit Geschwindigkeiten von einigen 100 km/s bis zu 100 000 km hoch geschleudert werden kann (s. Abb. 4.24 am oberen Sonnenrand).

Außer kosmischer Strahlung und Surges tritt bei großen Flares noch eine weitere Art von Teilchenstrahlung auf. Es handelt sich um **Plasmawolken** (Elektronen und Ionen), die etwa 20 bis 40 Stunden nach der Beobachtung des Flares auf der Erde eintreffen, also Geschwindigkeiten von 1000 km/s bis 2000 km/s haben. Durch Koronographenbeobachtungen von Satelliten aus konnte der Aufstieg solcher Wolken in der Korona direkt beobachtet werden. Da diese Wolken geladener Teilchen sich längs der Feldlinien des interplanetaren Magnetfelds der Sonne bewegen, treffen sie nur dann die Erde, wenn die Feldlinien, auf denen sie sich bewegen, die Erdbahn schneiden und wenn Erde und Plasmawolke gleichzeitig den Schnittpunkt erreichen. Die Wahrscheinlichkeit für ein solches doppeltes Zusammentreffen ist gering; deshalb beobachten wir in den meisten Fällen nur das „Mündungsfeuer" dieser Materieauswürfe, also den Flare, ohne daß wir von dem „Geschoß", d. h. der Plasmawolke, getroffen werden.

Die bei der Erde eintreffenden Plasmawolken verstärken zuerst die Wirkung des Sonnenwindes, indem sie die Magnetosphäre der Erde (s. S. 69) komprimieren und dadurch das Erdmagnetfeld verstärken. Nachdem die Teilchen ins Erdmagnetfeld eingedrungen sind, bilden sich Ringströme in der magnetischen Äquatorzone der Erde aus, deren Eigenmagnetfeld das Erdmagnetfeld schwächt; deshalb sinkt nach dem anfänglichen Anstieg die magnetische Feldstärke am Erdboden wieder ab. Diese Erscheinungen bezeichnet man als **„magnetische Stürme"**; sie können einige Stunden anhalten und Feldstärkeschwankungen bis zu einigen Prozent der Normalfeldstärke verursachen. Oft dauert es mehrere Tage, bis die Störung des Erdmagnetfeldes ganz abgeklungen ist.
Durch die raschen Änderungen des Erdmagnetfeldes während eines solchen magnetischen Sturmes treten in Kabeln und Telefonleitungen zum Teil beträchtliche Induktionsspannungen auf; so wurde am 16. April 1938 in Mitteleuropa durch einen magnetischen Sturm eine Spannung von 0,5 V pro km Leitung induziert, am 24. März 1940 in Nordamerika sogar 5 V/km, so daß zwischen den Endpunkten der Leitungen Spannungen von einigen 100 V bis 1000 V entstanden.

Die ins Magnetfeld der Erde einsickernden Plasmapartikel verändern einerseits die Elektronendichte der Ionosphäre, besonders der F_2- Schicht, was einen Mögel-Dellinger-Effekt zur Folge haben kann; andererseits regen die Schwärme energiereicher Teilchen – allerdings auf komplizierten Umwegen – die Moleküle der Hochatmosphäre durch Stöße zum Leuchten an und erzeugen dadurch die **Polarlichter**. Die Häufigkeit der starken Polarlichter ist daher ein Merkmal für die Sonnenaktivität. Schwache Polarlichter können in den Polarregionen der Erde in jeder klaren Nacht beobachtet werden; sie werden durch die Partikelstrahlung des Sonnenwinds verursacht.

Auswirkungen der Sonnenaktivität auf biologische und meteorologische Vorgänge auf der Erde

Die Vermutung liegt nahe, daß Wirkungen der intensiven elektromagnetischen und korpuskularen Strahlung der aktiven Sonne nicht auf die Hochatmosphäre der Erde beschränkt sind, sondern auch die Troposphäre, also die Großwettervorgänge, und – mindestens indirekt – auch die Biosphäre beeinflussen. Tatsächlich liegen verschiedene derartige Beobachtungen vor. So fielen in den letzten hundert Jahren in Mitteleuropa strenge Winter häufig mit Sonnenfleckenmaxima zusammen. In den Tropen mit ihrem sehr regelmäßigen Wetterablauf kann man eine 11jährige Periodizität der Jahresmitteltemperaturen mit Schwankungen von einigen 0,1 K feststellen; im Fleckenminimum erreicht die Jahrestemperatur ihren höchsten, im Maximum den tiefsten Wert. Dem entsprechen periodische Änderungen des Pegelstandes großer Binnengewässer, z. B. des Kaspischen Meeres: Im Sonnenfleckenmaximum hat auch der Wasserstand sein Maximum, und deshalb muß die mittlere Niederschlagsmenge innerhalb des Einzugsgebiets höher liegen als im Fleckenminimum.

Diese Schwankungen der Niederschlagsmengen wirken sich wieder auf die Breite der Jahresringe mancher Bäume aus, die in Fleckenmaxima oft zwei- bis dreimal so breit sind wie im Minimum. So konnten an den Jahresringen jahrtausendealter Bäume (Sequoia gigantea) die Sonnenfleckenzyklen bis zum Jahr 1000 v. Chr. zurückverfolgt werden. Neuere Untersuchungen der Blitzhäufigkeit in England ergaben, daß die Zahl der Blitzschläge pro Jahr zwischen 1930 und 1973 ziemlich genau mit den Jahresmittelwerten der Sonnenfleckenrelativzahlen schwankten, wobei im Sonnenfleckenmaximum die Blitzhäufigkeit etwa doppelt so hoch war wie im Minimum.

Da alle Lebensvorgänge beträchtlichen statistischen Schwankungen unterliegen, können periodische Einwirkungen der Sonnenaktivität auf die Biosphäre nur schwer von dem hohen „Rauschpegel" der statistischen Schwankungen isoliert werden, wenn nicht sehr lange Beobachtungsreihen vorliegen. Es ist deshalb nicht von der Hand zu weisen, daß im Laufe weiterer Untersuchungen noch andere Wirkungen der Sonnenaktivität auf Lebewesen nachgewiesen werden können.

4.4.5. Die Radiostrahlung der aktiven Sonne

Die in den aktiven Gebieten der Sonnenoberfläche ausgeschleuderten Protonen und Elektronen bewirken in Chromosphäre und Korona eine Vielfalt von elektromagnetischer Strahlung im Frequenzbereich der Radiowellen.

Strahlungsausbrüche vom Typ III

Am Beginn der meisten Eruptionen treten Strahlungsstöße im Meterwellengebiet auf, die nur wenige Sekunden dauern und in dieser Zeit ihre Wellenlänge sehr rasch von etwa 60 cm auf einige Meter vergrößern. Sie werden als Strahlungsausbrüche (Bursts) Typ III bezeichnet; die hohe Driftgeschwindigkeit von etwa 20 MHz/s in den Frequenzen ist ihre herausragende Eigenschaft (s. dazu Abb. 4.27).
Die Quelle dieser Radiostrahlung sind Plasmaschwingungen in der Korona; sie entstehen,

wenn schnelle, aus dem Flare-Gebiet stammende Elektronen in die Koronamaterie hineingeschossen werden. Die Eigenfrequenz dieser durch den Elektronenstrom angeregten Schwingungen und der von ihnen ausgesandten Wellen nimmt mit der Elektronendichte des Plasmas ab. Da die Elektronendichte mit zunehmender Höhe in der Korona kleiner wird, nimmt die Wellenlänge der emittierten Radiostrahlung zu, während der anregende Teilchenstrahl nach oben durch die Korona stößt.
Aus der Geschwindigkeit der Wellenlängenänderung kann man die Aufstiegsgeschwindigkeit der anregenden Teilchen ermitteln; sie liegt zwischen 60 000 km/s und 150 000 km/s.

Strahlungsausbrüche vom Typ II

Auf Bursts vom Typ III folgen zeitlich sehr oft weitere Ausbrüche im Meterwellengebiet, die ihre Wellenlänge ebenfalls vergrößern. Die Geschwindigkeit der Frequenzänderung beträgt jedoch nur etwa 1 MHz/s; dem entspricht eine Aufstiegsgeschwindigkeit von der Größenordnung 1000 km/s. Auch diese Radiostrahlungsausbrüche vom Typ II sind meist (wie Typ III) von der ersten Oberschwingung begleitet (Abb. 4.27).

Während die Bursts vom Typ III ihren Ursprung in Strömen hochenergetischer Elektronen haben, werden die Typ-II-Ausbrüche durch Plasmawolken ausgelöst, die durch die Korona fliegen. Die Bestandteile dieser Plasmawolken sind Teilchen, deren visuelle Beobachtbarkeit und deren

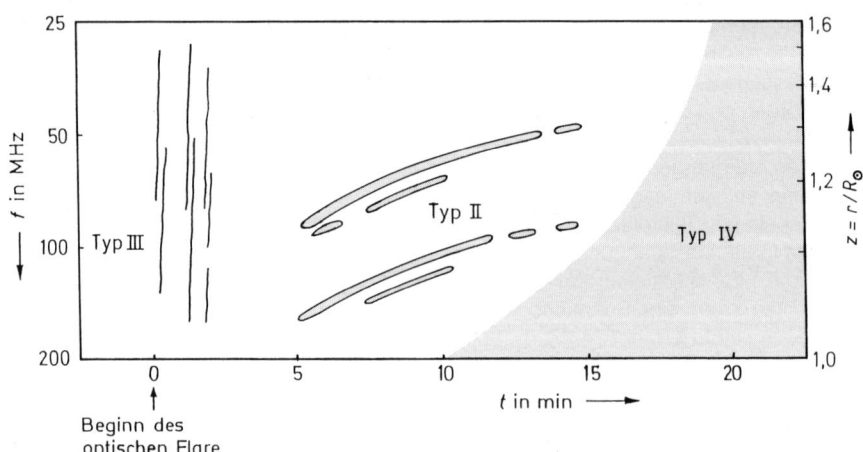

4.27 Zeitabhängigkeit der Frequenzen von Radiostrahlungsausbrüchen auf der Sonne (Schematische Darstellung). Kennzeichnend für die Bursts vom Typ II und III ist das gleichzeitige Auftreten der Grundschwingung und der 1. Oberschwingung.

terrestrische Wirkungen – magnetische Stürme, Polarlichter – schon auf S. 127 f. beschrieben wurden (s. auch die Punkte 1 d und 4 a der Zusammenstellung im Kasten auf dieser Seite).

Typ IV (Synchrotronstrahlung)

Etwa 10 Minuten nach dem Aufleuchten einer großen Eruption kann ein länger anhaltender Strahlungsausbruch beginnen, der als Kontinuumstrahlung von den Mikrowellen an den ganzen Radiofrequenzbereich umfaßt und als Burst vom Typ IV bezeichnet wird. Durch starke elektrische Felder, die infolge von Induktionswirkungen bei raschen Magnetfeldänderungen auftreten, werden die Teilchen des Koronaplasmas bis in die Nähe der Lichtgeschwindigkeit beschleunigt. Die hochenergetischen Elektronen senden bei ihren spiraligen Bewegungen um die magnetischen Feldlinien eine charakteristische Strahlung aus. Da eine solche Strahlung auch in Teilchenbeschleunigungsmaschinen wie dem Synchrotron beobachtet wird, nennt man sie Synchrotronstrahlung. Die viel trägeren Protonen und schwereren Kerne der hochenergetischen Plasmawolken können vom Magnetfeld nicht festgehalten werden und entweichen als kosmische Strahlung; sie erreichen die Erde in Laufzeiten kürzer als 1 Stunde (vgl. den Punkt 4 b im Kasten auf dieser Seite).

Zusammenfassende Übersicht über die Beobachtbarkeit der Eruptionen und ihrer terrestrischen Wirkungen

Die Eruptionen bestehen aus der Emission von elektromagnetischer Strahlung und Korpuskularstrahlung.

1. Die elektromagnetische Strahlung der Flares ist in mehreren Spektralbereichen beobachtbar:
   a) Gammastrahlung: Linienemission
   b) UV- und Röntgenstrahlung: Linienemission und Kontinuumstrahlung
   c) Sichtbare Strahlung: Helligkeitsausbrüche in den Fackel-Wolken, besonders stark in Hα
   d) Radiofrequenzstrahlung: Kontinuumstrahlung; sie entsteht in der Korona als Sekundäreffekt der bei der Eruption ausgesandten Korpuskelstrahlung (s. 4.4.5.)
2. Als terrestrische Wirkungen der UV- und Röntgenstrahlung der Flares werden beobachtet:
   a) Primäreffekt: Verstärkte Ionisierung der untersten Ionosphärenschicht
   b) Sekundäreffekte: Zusammenbrechen des Kurzwellenfunkverkehrs (Mögel-Dellinger-Effekt)
                                  Starke Magnetfeldänderungen, die gleichzeitig mit dem Sichtbarwerden des Flare auftreten (also nicht identisch mit magnetischen Stürmen sind, die als Folge der Flare-Korpuskularstrahlung auftreten).
3. Die Flare-Korpuskularstrahlung kann auf der Sonne als Eruptionsprotuberanz beobachtet werden, auf der Sonnenscheibe dunkel, am Sonnenrand hell. Sie besteht aus Elektronen und Protonen.
4. Als Wirkungen der Flare-Korpuskularstrahlung können im Umkreis der Erde beobachtet werden:
   a) Magnetische Stürme und Polarlichter, ausgelöst durch Protonen und Elektronen mit einer Laufzeit von 1 Tag und länger.
   b) Verstärkung der kosmischen Strahlung, hervorgerufen durch Atomkerne sehr hoher Energie, die von der Sonne abgestrahlt werden und eine Laufzeit unter 1 Stunde haben.

Typ I (Rauschstürme)

Eine weitere Radiostrahlungskomponente der aktiven Sonne sind die sogenannten Rauschstürme (Noise storms). Diese als Typ I bezeichneten, sehr starken Ausstrahlungen im Meterwellenbereich entstehen in der Korona über großen Flecken. Ein einzelner Rauschsturm kann stunden- oder sogar tagelang andauern. Er erreicht seine maximale Stärke, wenn der zugehörige Sonnenfleck etwa in der Mitte der Sonnenscheibe angekommen ist. Demnach wird die Strahlung der Rauschstürme in einem relativ engen Strahlenkegel senkrecht zur Sonnenoberfläche abgestrahlt.

Diese lang anhaltenden Emissionen (Storms I) sind zusätzlich von vielen ganz kurzen Ausbrüchen (Dauer um 1 s) noch höherer Intensität (Bursts I) überlagert.

Auch bei Typ I wird die Radiostrahlung durch starke Plasmaschwingungen angeregt; diese haben ihre Ursache in langlebigen Elektronenströmen, die im Bereich der Fleckenaktivität – wahrscheinlich als Folge von Magnetfeldänderungen – emittiert werden. Ein großer Typ-I-Storm führte zur Entdeckung der Radiostrahlung der aktiven Sonne, als im Februar 1942 der Meterwellenempfang englischer Radarstationen stark gestört wurde.

Aufgaben

1. Obwohl die Umbra eines Sonnenflecks im Mittel pro Flächeneinheit etwa 10% der Lichtintensität der ungestörten Photosphäre ausstrahlt, erscheint sie uns sehr dunkel (vgl. Abb. 4.19).
   a) Vergleichen Sie die Lichtintensität, die wir aus der Umbra eines Sonnenflecks erhalten, mit derjenigen aus einer Fläche mit gleichem Winkeldurchmesser auf dem Vollmond. (Bei gleicher scheinbarer Größe von Sonne und Mond verhalten sich die Helligkeiten von Vollmond und Sonne nahezu wie 1 : 400 000.)
   b) Wie verhalten sich die Lichtintensitäten, die wir vom Vollmond insgesamt und von einer Sonnenfleckumbra erhalten, die den gleichen linearen Durchmesser wie der Mond hat? (Die Sonne ist rund 400mal weiter von uns entfernt als der Mond.)

2. Moderne Satellitenbeobachtungen der Strahlungsausbrüche großer Flares mit Gammaspektrometern ergaben starke Linienemissionen, u. a. mit Quantenenergien von 2,2 MeV.
   a) Zeigen Sie mit Hilfe der Abb. 4.4, daß es sich dabei wahrscheinlich um Gammastrahlung handelt, die bei der Fusion eines Protons und eines Neutrons zu einem Deuteron entsteht.

   b) Das Auftreten von Neutronen in den äußeren Schichten der Sonne ist nur verständlich, wenn bei dem Flare Kernreaktionen abgelaufen sind. Da diese in erster Linie durch Protonenstöße ausgelöst werden, müssen bei großen Flares Protonen so stark beschleunigt werden, daß sie den Coulombwall anderer Kerne überwinden können.
   Welche Mindestenergie müssen die Protonen dazu haben (vgl. S. 98), und wie lange brauchen solche Protonen höchstens, bis sie die Erde erreichen?

3. Aus der kinetischen Energie der von großen Flares ausgestoßenen Plasmawolken erhält man für die bei solchen Flares insgesamt freigesetzte Energie Beträge der Größenordnung 10^{25} J. Bei solchen Flares kann man für das angeregte Gebiet mit einer Fläche von $3 \cdot 10^{15}$ m^2 und einer maximalen Höhe von 30 000 km rechnen.
   a) Schätzen Sie damit die mittlere Energiedichte in dem Aktiven Gebiet vor dem Flare-Ausbruch ab.
   b) Zeigen Sie, daß die thermische Energiedichte der Chromosphäre (Größenordnung der Teilchendichte $N = 10^{17}$ m^{-3}, der mittleren Temperatur 10^4 K) als Quelle der Flare-Energie nicht in Frage kommt.
   c) Woher stammt demnach die bei einem Flare freigesetzte Energie? (Vgl. S. 126)

5. Die Fixsterne

Die überwiegende Mehrzahl der Sterne behält dem Augenschein nach ihren Ort an der Himmelskugel bei, und man kann sie infolge ihrer charakteristischen Anordnung in „Sternbildern" leicht wieder auffinden; sie werden als Fixsterne (feste Sterne) bezeichnet. Im Gegensatz zu den Planeten und Kometen, die sich relativ zu den Fixsternen bewegen, können Fixsterne auf Sternkarten und in Sternkatalogen durch ihre festen Koordinaten an der Sphäre (z. B. Rektaszension und Deklination) gekennzeichnet werden.

Alles, was wir über Fixsterne wissen, beruht auf der Analyse der Strahlung, die wir von ihnen erhalten. Sie zeigt uns die Richtung, in der die Sterne stehen, und gibt Auskunft über ihren physikalischen Zustand. Im Gegensatz zu den Körpern des Sonnensystems können wir jedoch bei den Fixsternen keine Oberflächendetails beobachten; alle Fixsterne erscheinen punktförmig.

Die Gewinnung und Verarbeitung der Informationen aus der Fixsternstrahlung erfolgt in drei Schritten:

- *Sammlung meßbarer Daten über Fixsterne (Entfernung, Helligkeit, Farbe, Spektrum); Klassifikation nach beobachtbaren Eigenschaften: Oberflächentemperatur, Leuchtkraft, Doppelstern- und Veränderlichen-Typ,*
- *Aufstellung von Modellen für den physikalischen Aufbau der Fixsterne, aus denen sich die beobachtbaren Oberflächeneigenschaften und die integralen Daten Masse und Radius, sowie die chemische Zusammensetzung herleiten lassen,*
- *Schlüsse auf die Entwicklung der einzelnen Fixsterne aus der beobachtbaren Vielfalt der physikalischen Zustände.*

Die drei folgenden Abschnitte entsprechen diesen drei Schritten.

5.1. Meßbare Eigenschaften von Fixsternen

Schon bei der Beobachtung mit dem bloßen Auge fällt auf, daß uns die Fixsterne nicht alle gleich hell erscheinen. Die beiden Ursachen der Helligkeitsunterschiede sind die verschiedenen Entfernungen und die verschiedenen Leuchtkräfte der Sterne. Bei der Untersuchung des physikalischen Aufbaus der Sonne hat sich die Leuchtkraft als eine fundamentale Zustandsgröße der Fixsterne erwiesen. Wenigstens für nahe Sterne können Entfernungen direkt gemessen werden; damit ist es dann möglich, auch ihre Leuchtkräfte zu bestimmen.

5.1.1. Trigonometrische Entfernungsbestimmungen

Bedingt durch die ungeheure Weite der zu überbrückenden Räume wird in der Astronomie eine Vielfalt von Methoden zur Bestimmung von Entfernungen angewandt. Die älteste und einfachste Methode beruht auf dem Prinzip, das auch der Geometer anwendet, wenn er den auszumessenden Punkt nicht mit dem Maßband erreichen kann; es ist die Methode des „Vorwärtseinschneidens": Aus der Länge der Grundlinie eines Dreiecks (Basis) und den beiden Grundlinienwinkeln werden die beiden anderen Dreiecksseiten und damit die Entfernung der Spitze von der Basis ermittelt. In der Astronomie wird dieses Verfahren jedoch in einer entscheidend veränderten Form angewandt: das Dreieck ist immer gleichschenklig; es genügt daher, *einen* Winkel zu messen, nämlich den Winkel am Stern – und man kann auch nur diesen einen Winkel messen.

Weil alle Fixsterne im Vergleich zu den Abmessungen des Planetensystems ungeheuer weit von uns entfernt sind, ist dieser Winkel an der Dreiecksspitze sehr klein; um ihn trotzdem noch so genau wie möglich messen zu können, muß als Basis für die trigonometrische Bestimmung von Fixsternentfernungen der größte Abstand gewählt werden, der für zwei Beobachtungspunkte auf der Erde exakt ausgemessen werden kann: der Erdbahndurchmesser. Die Blickrichtungen von den verschiedenen Punkten der Erdbahn zu einem bestimmten Fixstern bilden die Mantellinien eines Kegels, der von der Sphäre in einer Ellipse geschnitten wird (Abb. 5.1). Diese Ellipse scheint der Stern im Laufe eines Jahres zu durchlaufen.

Während die Erde sich von A über B nach C bewegt, wandert die Projektion des Sterns an der Sphäre von A' über B' nach C'. Die scheinbare große Halbachse dieser Ellipse heißt **Parallaxe** π des Sterns; π ist derjenige Winkel, unter dem der Erdbahnradius vom Stern aus erscheint. Die kleine Halbachse der Ellipse hängt von der ekliptikalen Breite β des Sterns ab; sie hat den Betrag $\pi \cdot \sin\beta$.

Eine Messung der Grundlinienwinkel (α_1 und α_2 in Abb. 5.1), wie sie beim Vorwärtseinschneiden in der Geodäsie vorgenommen wird, wäre zur Bestimmung von Fixsternentfernungen viel zu ungenau, denn alle Fixsternparallaxen sind kleiner als 1″. Der Winkel π ist also der einzige Winkel, der in dem gleichschenkligen Dreieck mit brauchbarer Genauigkeit gemessen werden kann. Man beobachtet während eines halben Jahres die scheinbaren Abstände des betreffenden Sterns von einer möglichst großen Zahl schwacher Nachbarsterne (da schwache Sterne im Mittel weiter entfernt sind als helle Sterne, kann man annehmen, daß die jährlichen Parallaxen dieser Anschlußsterne unterhalb der Meßgenauigkeit liegen); diese Meßreihen werden mehrere Jahre hindurch wiederholt.

Mit dieser Methode können Parallaxen bis herunter zu 0,03″ gemessen werden. Obwohl dies etwa der 26fachen Entfernung des nächsten Fixsterns Proxima Centauri entspricht, erfaßt man mit trigonometrischen Entfernungsbestimmungen nur eine relativ kleine Umgebung der Sonne. Zur Abstandsbestimmung der weiter entfernten Sterne werden keine geometrischen, sondern photometrische Methoden verwendet (s. S. 136 f.).

Aus der Parallaxe π eines Sterns erhält man mit dem Erdbahnradius a für die Entfernung r des Sterns von der Sonne:

$$r = \frac{a}{\tan \pi}$$

Da π für alle Fixsterne sehr klein ist, gilt stets in guter Näherung $k \cdot \tan \pi = \pi$, wobei der Proportionalitätsfaktor k von dem verwendeten Winkelmaß abhängt; wird z. B. π im Bogenmaß gemessen, so ist $k = 1$ rad, mißt man dagegen π in Bogensekunden, so erhält man $k = 206\,265''$. Damit ergibt sich dann

$$r = k \cdot \frac{a}{\pi} \,. \qquad\qquad (5\text{-}1)$$

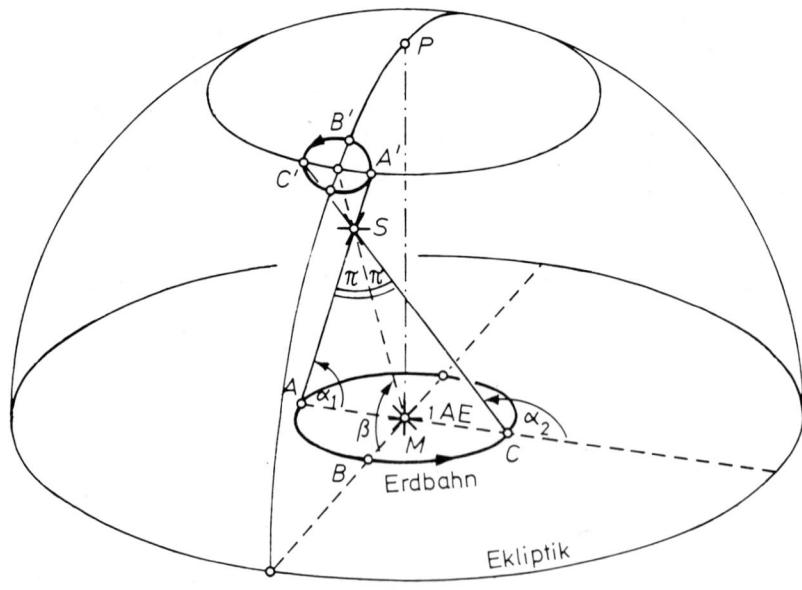

5.1 Zur jährlichen parallaktischen Bewegung eines Fixsterns. Der Stern S erscheint von verschiedenen Punkten der Erdbahn aus in verschiedenen Richtungen. Der größte Winkel, unter dem der Erdbahnradius vom Stern aus erscheint, ist die Parallaxe π des Sterns. (M ist der Ort der Sonne, P der Pol der Ekliptik.)

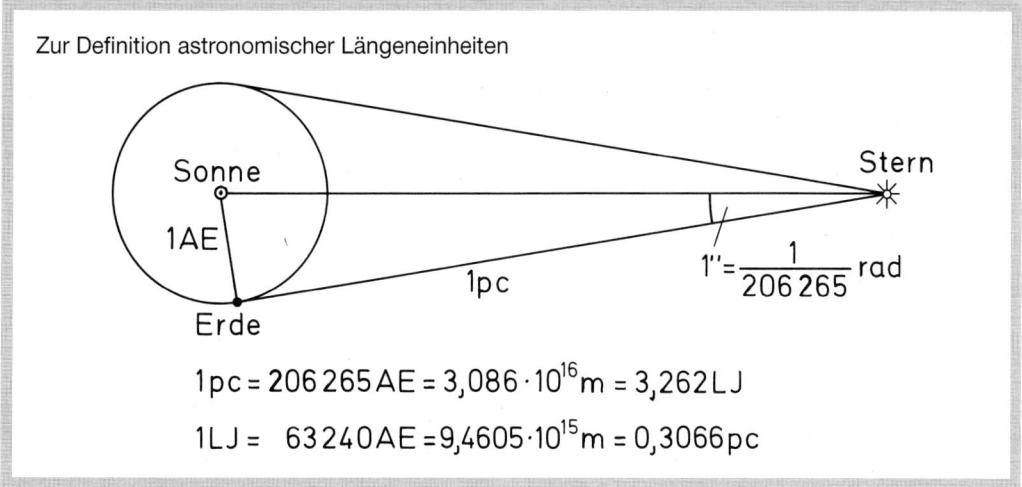

Zur Definition astronomischer Längeneinheiten

Sonne

1 AE

Erde

1 pc

Stern

$$1'' = \frac{1}{206\,265}\,\text{rad}$$

$$1\,\text{pc} = 206\,265\,\text{AE} = 3{,}086 \cdot 10^{16}\,\text{m} = 3{,}262\,\text{LJ}$$

$$1\,\text{LJ} = 63\,240\,\text{AE} = 9{,}4605 \cdot 10^{15}\,\text{m} = 0{,}3066\,\text{pc}$$

Für den nächsten Fixstern (Proxima Centauri) ist $\pi = 0{,}772''$. Mit dem Erdbahnradius $a = 1$ AE (Astronomische Einheit, s. S. 37) ergibt sich somit aus Gleichung (5-1) für Proxima Centauri

$$r = 206\,265'' \cdot \frac{1\,\text{AE}}{0{,}772''} = 2{,}7 \cdot 10^5\,\text{AE}.$$

Die Entfernungen der Fixsterne sind also sehr viel größer als die Abmessungen des Planetensystems. Deshalb ist die Längeneinheit 1 AE, die sich im Planetensystem bewährt hat, im Bereich der Fixsternastronomie unzweckmäßig klein. Als Längeneinheit in diesem Sektor der Astronomie bietet sich eine Entfernung an, die von der Größenordnung der kleinsten Fixsternentfernung ist. Es liegt daher nahe, diejenige Entfernung als Einheit zu wählen, aus welcher der Erdbahnradius unter dem Winkel $1''$ erscheint. Sie heißt **1 Parsec (1 pc)**, weil sie einer Parallaxe von $1''$ entspricht. Mit Gleichung (5-1) erhält man

$$1\,\text{pc} = 206\,265'' \cdot \frac{1\,\text{AE}}{1''} = 206\,265\,\text{AE}$$

und damit $1\,\text{pc} = 3{,}086 \cdot 10^{16}$ m, wenn $1\,\text{AE} = 1{,}496 \cdot 10^{11}$ m gesetzt wird.

Setzt man nun in Gleichung (5-1) die Werte $k = 206\,265''$ und $a = 1\,\text{AE} = 206\,265^{-1}\,\text{pc}$ ein, so erhält man die einfache Beziehung

$$r = \frac{1''}{\pi}\,\text{pc}. \qquad (5\text{-}1a)$$

Die Maßzahlen der Parallaxe π in Bogensekunden und der Entfernung r in Parsec sind demnach reziprok: Zu $\pi = 0{,}1''$ gehört $r = 10$ pc usw.

Häufig wird in der Fixsternastronomie als Längeneinheit das **Lichtjahr (LJ)** verwendet. 1 Lichtjahr ist die Strecke, die das Licht im leeren Raum in 1 Jahr zurücklegt. Es ist daher

$1\,\text{LJ} = 9{,}46 \cdot 10^{15}$ m und $1\,\text{pc} = 3{,}26\,\text{LJ}$.

Da die Fixsternparallaxen so außerordentlich klein sind, konnte die jährliche parallaktische Bewegung der Fixsterne, die bereits in der Antike als Kriterium für die Bewegung der Erde um die Sonne erkannt worden war, bis ins 19. Jahrhundert hinein nicht nachgewiesen werden. Erst 1838 war die Entwicklung der astronomischen Meßtechnik so weit fortgeschritten, daß es gelang, Fixsternparallaxen zu messen. So entdeckten fast gleichzeitig F. W. Bessel beim Stern 61 Cygni die Parallaxe $0{,}34''$, F. G. W. Struve für die Wega (α Lyrae) Werte zwischen $0{,}24''$ und $0{,}14''$, während Th. Henderson und Maclear auf der Kapsternwarte für α Centauri $0{,}91''$ erhielten (moderne Werte: $0{,}294''$ für 61 Cygni; $0{,}133''$ für α Lyrae; $0{,}750''$ für α Centauri).

5.1.2. Scheinbare Helligkeiten

Schon eine flüchtige Beobachtung des Sternhimmels zeigt, daß nicht alle Sterne gleich hell erscheinen. Die ersten Angaben über diese scheinbaren Helligkeiten von Sternen stammen von Hipparch von Nikaia (s. S. 11). Er führte zur Kennzeichnung der Sternhelligkeiten 6 **Größenklassen** ein; den hellsten Sternen ordnete er die „1. Größe" zu, während die schwächsten, mit dem bloßen Auge gerade noch sichtbaren Sterne in die 6. Größenklasse eingestuft wurden. Seither bezeichnet man die Skaleneinheit der Sternhelligkeit als **Größe** (lat. magnitudo, Mz. magnitudines), was jedoch nichts über die geometrischen Abmessungen der Sterne aussagen soll.

Eine wissenschaftlich exakte Definition der Größenklassenskala gelang erst in der Mitte des 19. Jahrhunderts. Im Jahre 1859 entdeckten nämlich Weber und Fechner **das psychophysische Grundgesetz**:
Der Unterschied zweier *Sinnesempfindungen* e_1 und e_2 ist proportional zum Logarithmus des Verhältnisses der physikalischen *Reize* r_1 und r_2, von denen sie hervorgerufen werden:

$$e_1 - e_2 = k \cdot \lg \left(\frac{r_1}{r_2} \right)$$

Beispiele für das psychophysische Grundgesetz aus der Akustik:
a) Intervalle (Tonhöhendifferenzen) werden durch Frequenzverhältnisse gemessen. Bezeichnet man die Einheit der Tonhöhe t als 1 GT (1 Ganztonschritt), so haben zwei Töne mit den Frequenzen f_1 und f_2 die Tonhöhendifferenz

$$t_1 - t_2 = 20 \text{ GT} \cdot \lg (f_1/f_2).$$

Für die Quart ist z. B. $f_1/f_2 = 4/3$, also

$$t_1 - t_2 = 20 \text{ GT} \cdot \lg (4/3) = 2,5 \text{ GT}.$$

b) Ist $p_s = 20 \ \mu\text{Pa}$ der kleinste noch wahrnehmbare Schalldruck, so wird der Schalldruckpegel definiert durch

$$L = 20 \text{ dB} \cdot \lg (p/p_s).$$

Der in Dezibel (dB) gemessene Schalldruckpegel gibt also den Unterschied der Schallempfindungen zum Hörschwellenwert an.

Einen Spezialfall des Weber-Fechnerschen Gesetzes hatte Pogson schon 1857 entdeckt. Er fand, daß zwischen den Beleuchtungsstärken E_1 und E_2, die zwei Sterne auf der Hornhaut des Auges (oder dem Fernrohrobjektiv) hervorrufen, und ihren geschätzten scheinbaren Helligkeiten m_1 und m_2 bei gleichbleibender Größe der Eintrittspupille die Beziehung besteht:

$$m_1 - m_2 = c \cdot \lg \left(\frac{E_1}{E_2} \right)$$

Pogson versuchte die Proportionalitätskonstante c so zu bestimmen, daß die historische Größenklassenskala möglichst gut wiedergegeben wurde. Dabei ergab sich $c = -2,5$ Größenklassen. (Das Minuszeichen ist darin begründet, daß beim Übergang zu schwächeren Sternen die Maßzahl der Größenklasse m zu-, die Beleuchtungsstärke E jedoch abnimmt.) Man kann also die Gleichung

$$m_1 - m_2 = -2,5 \text{ mag} \cdot \lg \left(\frac{E_1}{E_2} \right) \qquad (5\text{-}2)$$

als **Definitionsgleichung für die Größenklasseneinheit 1 mag** auffassen.

Zur Festlegung der Größenklassenskala wird außer der Skalenweite auch ein **Nullpunkt** benötigt. Pogson ging dabei so vor, daß er die scheinbare Helligkeit eines für die nördliche Hemisphäre zirkumpolaren Sterns so festlegte, daß die mit Gleichung (5-2) für andere Sterne berechneten scheinbaren Helligkeiten optimal mit den geschätzten Werten übereinstimmten; er wählte dafür den Polarstern (α Ursae Minoris) und schrieb ihm die scheinbare Helligkeit 2,12 mag zu.

Als sich später zeigte, daß die scheinbare Helligkeit des Polarsterns etwas schwankte, benützte man an seiner Stelle als Eichskala eine Gruppe von Sternen in seiner Umgebung, die sogenannte **internationale Polsequenz**. Heute sind von so vielen Sternen die scheinbaren Helligkeiten auf photoelektrischem Wege mit einer Genauigkeit von $\pm 0,01$ mag gemessen worden, daß kaum mehr auf die Polsequenz zurückgegriffen werden muß.

Durch Vergleich einer weit entfernten, punktförmig erscheinenden Lichtquelle der Lichtstärke 1 cd mit einem Stern bekannter scheinbarer Helligkeit läßt sich ermitteln, daß die Beleuchtungsstärke $E = 1 \cdot 10^{-6}$ lx der scheinbaren Helligkeit $m = 0,82$ mag entspricht. Damit erhält man aus Gleichung (5-2) nach einigen Umrechnungen:

$$m = -2,5 \text{ mag} \cdot \lg \left(\frac{E}{1 \text{ lx}} \right) - 14,18 \text{ mag} \qquad (5\text{-}3)$$

Mit dieser Beziehung läßt sich das System der astronomischen Größenklassen an die Systeme der physikalischen Photometrie anschließen.

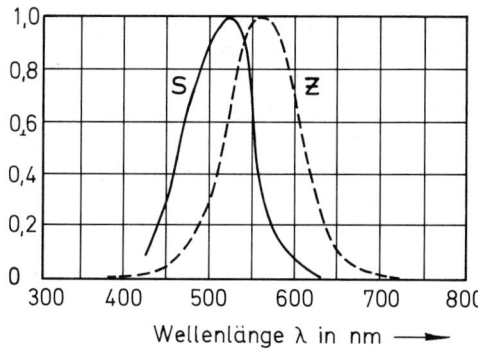

Wellenlänge λ in nm ⟶

5.2 Internationale spektrale Empfindlichkeitskurven des menschlichen Auges.
(s) Stäbchen (Dunkelwerte), (z) Zapfen (Tageswerte)

5.1.3. Wellenlängen- und Farbbereiche der beobachteten Helligkeiten

Der Pogsonschen Definition der scheinbaren Helligkeit liegt – wie der ganzen Photometrie bis zur Mitte des 19. Jahrhunderts – die Beobachtung mit dem Auge zugrunde. Das menschliche Auge besitzt eine stark wellenlängenabhängige Empfindlichkeit; sie ist für die verschiedenen Arten der Sinneszellen in der Netzhaut des Auges verschieden (Abb. 5.2). Da beim Sehen im Dunkeln hauptsächlich die Stäbchen eine Rolle spielen, ist für astronomische Beobachtungen die Empfindlichkeitsfunktion der Stäbchen besonders wichtig.

Andere Photometer haben andere spektrale Empfindlichkeitsfunktionen. Deshalb muß man damit rechnen, daß man mit verschiedenen Methoden für den gleichen Stern unterschiedliche Werte der scheinbaren Helligkeit erhält. Es ist daher notwendig, jeweils anzugeben, auf welche Weise die betreffende Helligkeit eines Sterns ermittelt wurde. Die mit dem bloßen Auge geschätzten scheinbaren Helligkeiten bezeichnet man als **visuelle scheinbare Helligkeiten** m_{vis}. Sie sind heute weitgehend durch photovisuelle Helligkeitsmessungen ersetzt. Dabei werden Photoemulsionen verwendet, deren Empfindlichkeit ungefähr der des menschlichen Auges entspricht. **Photovisuelle scheinbare Helligkeiten** werden mit m_{pv} abgekürzt.

Auch die photographische Schicht besitzt eine stark wellenlängenabhängige Empfindlichkeit; wenn sie nicht vorbehandelt ist, liegt ihr Empfindlichkeitsbereich zwischen 370 nm und 490 nm. Für **photographische scheinbare Helligkeiten** m_{phot} (oder m_{pg}) gilt zwar noch die Gleichung (5-2), doch sind die photographisch gemessenen Beleuchtungsstärken E_1 und E_2 nicht gleich den visuellen Werten; deshalb hat die additive Konstante in Gleichung (5-3) nicht mehr den Betrag −14,18 mag.

In der modernen Sternphotometrie benützt man ein ganzes System von Meßmethoden für scheinbare Helligkeiten, die vom Ultraviolett bis weit ins Infrarot hinein das Spektrum überdecken. Die spektrale Empfindlichkeit ist dabei jeweils genau standardisiert durch die Kombination von bestimmten photoelektrischen oder photographischen Empfängern mit geeigneten Filtern.

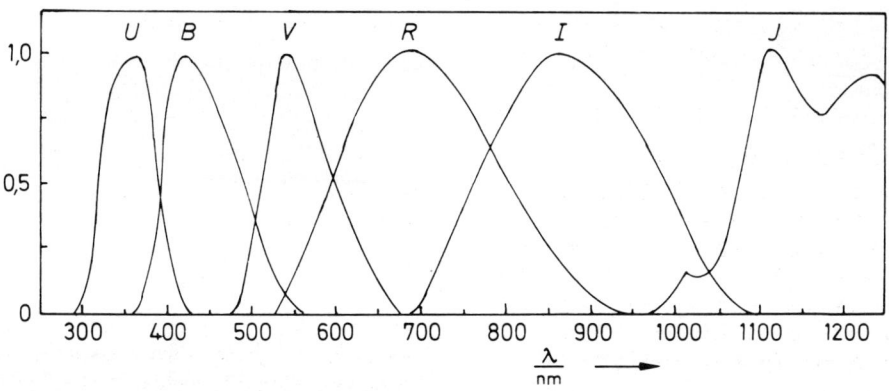

5.3 Spektralempfindlichkeitsfunktionen des Mehrfarbensystems von H. L. Johnson, normiert auf den Maximalwert 1

Die Abb. 5.3 zeigt für ein von H. L. Johnson und R. Mitchell definiertes Mehrfarbensystem den Verlauf der Empfindlichkeitsfunktionen. Die wichtigsten dieser Standardmeßbereiche werden mit U (ultraviolett), B (blau), V (visuell) und R (rot) bezeichnet. Die Empfindlichkeitsschwerpunkte dieses sehr häufig verwendeten Systems liegen bei 365 nm (U), 440 nm (B), 550 nm (V) und 700 nm (R). Näherungsweise ist $m_{phot} \approx m_B$ und $m_{vis} \approx m_V$. Meist kennzeichnet man die scheinbaren Helligkeiten selbst mit U, B, V oder R statt m_U, m_B, m_V oder m_R.

5.1.4. Bolometrische Helligkeiten

Wenn man aus der Intensitätsverteilung im Spektrum eines Sterns auf seine physikalischen Eigenschaften schließen will, muß man die Empfindlichkeitsfunktion der Photometereinrichtung und den Einfluß der Erdatmosphäre auf das Sternlicht eliminieren können. Im Idealfall müßte man dazu das Sternspektrum außerhalb der Atmosphäre mit einem Photometer untersuchen, das auf alle Wellenlängen der einfallenden Strahlung gleich reagiert, also nicht selektiv arbeitet. Dies ist grundsätzlich unmöglich, weil kein Empfänger für alle Wellenlängen gleich empfindlich ist.

Es gibt jedoch Empfänger, die in großen Spektralbereichen nichtselektiv reagieren. Im Bereich des sichtbaren Lichts und der angrenzenden ultravioletten und infraroten Spektralbereiche gehören hierzu die Thermoelemente und Bolometer. Bolometer bestehen aus einem sehr dünnen, geschwärzten Platinstreifen, dessen Temperatur und ohmscher Widerstand zunehmen, wenn Licht auf ihn fällt. Ihre Empfindlichkeit ist in weiten Bereichen wellenlängenunabhängig; angewendet werden sie besonders im Infrarotbereich.

In der astronomischen Photometrie bezeichnet man die über das gesamte Spektrum gemessene

und von den selektiven Einflüssen der Atmosphäre und des Photometers befreite scheinbare Helligkeit eines Sterns als seine **bolometrische Helligkeit** m_{bol}. Sie soll ein Maß sein für die gesamte elektromagnetische Energie, die der Stern in der Zeiteinheit senkrecht auf die Flächeneinheit der Erde strahlt.

Vom Erdboden aus kann diese Energie allerdings nicht exakt gemessen werden. Gute Näherungswerte von m_{bol} erhält man für solche Sterne, deren Oberflächentemperatur der unserer Sonne ähnlich ist. Bei diesen Sternen liegt das Intensitätsmaximum der Strahlung im sichtbaren Spektralbereich. Der größte Teil dieser Strahlung erreicht daher durch das „optische Fenster" der Atmosphäre den Erdboden. Bei den anderen Sterntypen muß man m_{bol} aus Messungen von Raketen oder Satelliten aus ableiten oder aus Modellvorstellungen über den Aufbau der betreffenden Sternatmosphären berechnen. Damit können dann **bolometrische Korrektionen** B.C. angegeben werden, mit denen für Sterne eines bestimmten Spektraltyps aus den visuellen scheinbaren Helligkeiten die bolometrischen Helligkeiten berechnet werden können. Es gilt:

$$B.C. = m_{bol} - m_V \quad \text{oder kürzer} \quad B.C. = m_{bol} - V$$

Die bolometrischen Korrektionen für sonnenähnliche Sterne sind klein (Tab. 5.1). Bei sehr heißen und sehr kühlen Sternen sind die Korrektionen groß; sie betragen mehrere Größenklassen. Diese Werte können aber – weil sie auf Umwegen gewonnen wurden – noch um mehrere Zehntel Größenklassen unsicher sein.

5.1.5. Absolute Helligkeit und Leuchtkraft. Photometrische Entfernungsbestimmungen

Nach dem Grundgesetz der Photometrie erzeugt eine Lichtquelle der Strahlungsleistung L, die nach allen Seiten gleichmäßig strahlt, auf einer senkrecht bestrahlten Fläche im Abstand r die **Bestrahlungsstärke:**

$$E = \frac{L}{4\pi r^2} \tag{5-4}$$

Die Bestrahlungsstärke E der Erde – und nach Gleichung (5-2) auch die scheinbare Helligkeit m des strahlenden Sterns – hängen demnach von der Leuchtkraft und der Entfernung des Sterns ab. Die auf S. 134 für E eingeführte Bezeichnung Beleuchtungsstärke ist eine im Hinblick auf die

Sp	BO	AO	FO	GO	KO	K5	MO	M5
$\dfrac{B.C.}{\text{mag}}$	–3,2	–0,3	–0,1	–0,2	–0,3	–0,7	–1,4	–2,7

Tab. 5.1 Bolometrische Korrektionen B.C. für Hauptreihensterne (Sp ist die Spektralklasse; s. S. 140 f.)

spektrale Empfindlichkeit des menschlichen Auges abgeleitete Spezialisierung des Begriffes Bestrahlungsstärke; die Beleuchtungsstärke wird in Lux, die Bestrahlungsstärke in W/m² angegeben.

Wären alle Sterne gleich weit von uns entfernt, so könnte man aus ihren scheinbaren Helligkeiten direkt ihre Leuchtkräfte bestimmen. (Da man in der Antike alle Fixsterne in der gleichen Entfernung von der Erde annahm, glaubte man aus der scheinbaren Helligkeit auf die Größe der Sterne schließen zu können; daher stammt die Bezeichnung „Größe" für das Maß der scheinbaren Helligkeit.)

Wenn man die Entfernungen der Sterne kennt, kann man diesen Zustand wenigstens theoretisch herstellen, indem man berechnet, wie hell uns die Sterne erscheinen würden, wenn sie alle in der gleichen Normalentfernung stünden. Als Normalentfernung wählt man $r_0 = 10$ pc. Die Helligkeit, mit der uns die Sterne in dieser Entfernung erscheinen würden, nennt man ihre **absolute Helligkeit** M. Setzt man nach Gleichung (5-4)

$$E_1 = \frac{L}{4\pi r^2} , \qquad E_2 = \frac{L}{4\pi(10 \text{ pc})^2} ,$$

so erhält man für die Differenz der scheinbaren und der absoluten Helligkeit eines Sterns aus Gleichung (5-2):

$$m - M = 5 \text{ mag} \cdot \lg\left(\frac{r}{10 \text{ pc}}\right) \qquad (5\text{-}5)$$

Da $m - M$ von der Entfernung r des Sterns abhängt, nennt man diese Differenz den **Entfernungsmodul** des Sterns.

Die Gleichung (5-5) wird in zweifacher Weise angewandt: einerseits zur Bestimmung von absoluten Helligkeiten und Leuchtkräften, andererseits zur Entfernungsbestimmung. Die scheinbare Helligkeit m ist immer durch Beobachtung zu ermitteln. Kennt man dazu noch die Entfernung r des Sterns aus einer trigonometrischen Messung, dann liefert die Gleichung (5-5) die absolute Helligkeit M. Hat man auf diese Weise z. B. die absolute visuelle Helligkeit M_v eines Sterns bestimmt, so erhält man mit der bolometrischen Korrektion die **absolute bolometrische Helligkeit:**

$$M_{bol} = M_v + B.C.$$

Die absolute bolometrische Helligkeit hängt direkt mit der Leuchtkraft zusammen. Für die Differenz der absoluten bolometrischen Helligkeiten zweier Sterne gilt nämlich nach (5-2):

$$M_{bol,1} - M_{bol,2} = -2,5 \text{ mag} \cdot \lg\left(\frac{E_1}{E_2}\right)$$

Da die absoluten Helligkeiten auf die gleiche Entfernung bezogen sind, ist hier nach Gleichung (5-4) $E_1 : E_2 = L_1 : L_2$ und daher

$$M_{bol,1} - M_{bol,2} = -2,5 \text{ mag} \cdot \lg\left(\frac{L_1}{L_2}\right). \qquad (5\text{-}6)$$

Verwendet man speziell die Sonne als Vergleichsstern mit $M_{bol,\odot} = +4{,}79$ mag, $L_\odot = 3{,}85 \cdot 10^{26}$ W, so ergibt sich aus (5-6):

$$M_{bol} = -2,5 \text{ mag} \cdot \left[\lg\left(\frac{L}{L_\odot}\right) - 1{,}92\right] \qquad (5\text{-}7)$$

Aus Gleichung (5-7) erhält man dann die Leuchtkraft L des Sterns als Vielfaches der Sonnenleuchtkraft $L_\odot$.

Ihre eigentliche Bedeutung erhält die Gleichung (5-5) jedoch dadurch, daß sie die Möglichkeit bietet, für Sterne mit bekannter absoluter Helligkeit die Entfernung zu bestimmen. Solche photometrischen Entfernungsbestimmungen setzen voraus, daß die absolute Helligkeit des betreffenden Sterns aus der Stärke der Spektrallinien oder aus Helligkeitsschwankungen bestimmter Sterntypen hergeleitet werden kann.

In vielen Fällen wird das Sternlicht auf dem Weg zu uns beim Durchgang durch interstellare Materiewolken geschwächt; dadurch wird die scheinbare Helligkeit geringer, die Maßzahl von m also größer, als man dies von der absoluten Helligkeit und der Entfernung des Sterns erwarten würde. Deshalb muß in der Regel die Gleichung (5-5) ersetzt werden durch

$$m_v - M_v = 5 \text{ mag} \cdot \lg\left(\frac{r}{10 \text{ pc}}\right) + A_v, \qquad (5\text{-}8)$$

wobei A_v den Helligkeitsverlust in Größenklassen angibt. Da der Intensitätsverlust in verschiedenen Spektralbereichen verschieden stark sein kann, muß auch A mit der Bezeichnung des verwendeten Photometerbereichs gekennzeichnet werden (A_v, A_B, usw.). Zur Bestimmung von A_v aus Farbenexzessen s. S. 140.

5.1.6. Sternfarben. Farbenindizes. Farbenexzeß

Bereits bei der Beobachtung mit dem bloßen Auge stellt man fest, daß sich die Sterne nicht nur durch ihre scheinbare Helligkeit, sondern auch durch ihre Farbe unterscheiden. Allerdings sind die farbempfindlichen Zapfen in der Netzhaut des menschlichen Auges so wenig empfindlich, daß wir mit ihnen nur die hellsten Sterne sehen können. Schwächere Sterne beobachten wir nur mit den Stäbchen der Netzhaut, die zwar empfindlicher als die Zapfen sind, aber keine Farbempfindungen liefern. Um auch schwächere Sterne farbig sehen zu können, muß man also ein Fernrohr oder Fernglas benützen, das mit seiner größeren Eintrittspupille mehr Licht sammeln kann als das bloße Auge. Je lichtstärker das verwendete Instrument ist, desto mehr Sterne können wir farbig sehen.

Zur objektiven Kennzeichnung der Farbe eines Sterns verwendet man die in verschiedenen standardisierten Wellenlängenbereichen gemessenen scheinbaren Helligkeiten, vorzugsweise die in 5.1.3. eingeführten U-, B-, V-, R-Helligkeiten.

Beispiel:
Die beiden Sterne α und β Pegasi bilden die südwestliche bzw. nordwestliche Ecke des charakteristischen Rechtecks im Sternbild Pegasus. Sie erscheinen dem bloßen Auge gleich hell. Im Fernrohr erscheint α weiß, β dagegen rötlich gefärbt. Die scheinbaren Helligkeiten der beiden Sterne in drei Standardmeßbereichen zeigt die folgende Zusammenstellung:

	$\dfrac{B}{\text{mag}}$	$\dfrac{V}{\text{mag}}$	$\dfrac{R}{\text{mag}}$
α Pegasi	2,44	2,47	2,46
β Pegasi	4,09	2,42	0,91

Man erkennt, daß für den weißen Stern α Pegasi die scheinbaren Helligkeiten in allen drei Spektralbereichen etwa gleich sind, während für den rötlichen Stern β Pegasi die scheinbare Helligkeit vom blauen über den visuellen bis zum roten Spektralbereich stark zunimmt. Demnach ist die Differenz der scheinbaren Helligkeiten eines Sterns in verschiedenen Spektralbereichen ein Kennzeichen für seine Farbe.

Aus dieser Erkenntnis führte Karl Schwarzschild den Begriff **Farbenindex** ein für die Differenz der scheinbaren Helligkeit in einem kurzwelligen minus der scheinbaren Helligkeit in einem langwelligen Spektralbereich:

$$FI = m_{\text{kurzw}} - m_{\text{langw}} \qquad (5\text{-}9)$$

Im vorhergehenden Beispiel ist also:

	$\dfrac{FI_{B-V}}{\text{mag}}$	$\dfrac{FI_{V-R}}{\text{mag}}$
α Pegasi	−0,03	+0,01
β Pegasi	+1,67	+1,51

Die Nullpunkte aller Farbenindizes sind so definiert, daß weiß leuchtende Sterne (genauer: der Stern α Lyrae vom Spektraltyp A0 und der Leuchtkraftklasse V; vgl. S. 159) den Farbenindex 0,00 mag haben. Demnach sind die scheinbaren Helligkeiten für einen weiß leuchtenden Stern dieses Typs in jedem Photometerbereich gleich, d.h., für sie ist $U = B = V = \dots$ Ein Rotüberschuß im Sternlicht führt zu einem positiven, ein Blauüberschuß zu einem negativen Farbenindex.

Nun ist es eine bekannte Tatsache, daß die Farbe eines glühenden Körpers mit seiner Oberflächentemperatur zusammenhängt: Mit steigender Temperatur ändert sich die Farbe des Glühlichts von rot über orange, gelb und weiß bis bläulichweiß.

Für schwarze Strahler wird diese Erscheinung vom Wienschen Verschiebungsgesetz beschrieben (vgl. S. 265). Deshalb ist die Sternfarbe und damit der Farbenindex ein Kennzeichen für die *Oberflächentemperatur* eines Sterns: Je höher die Temperatur, desto kleiner der Farbenindex (vgl. Tab. 5.8, S. 161). Der Nullpunktstern α Lyrae (Wega) hat die effektive Temperatur $T_{\text{eff}} \approx 10\,600$ K. Danach gilt:

$$T_{\text{eff}} > 10\,600 \text{ K} \quad \text{entspricht} \quad FI_{B\text{-}V} < 0,$$
$$T_{\text{eff}} < 10\,600 \text{ K} \quad \text{entspricht} \quad FI_{B\text{-}V} > 0.$$

Erfahrungsgemäß hängt jedoch die Farbe des Lichtes, das wir von einem Himmelskörper erhalten, nicht nur von der Lichtquelle selbst ab: Sonne und Mond erscheinen um so röter, je näher sie am Horizont stehen, je stärker also ihr Licht durch die Atmosphäre geschwächt wird.

An den submikroskopischen Teilchen der Atmosphäre wird das kurzwellige Licht stärker gestreut als das langwellige. Das Restlicht, das uns direkt von Sonne und Mond am Horizont erreicht, hat daher einen Rotüberschuß.

Eine ganz entsprechende Erscheinung spielt sich ab, wenn das Sternlicht auf dem Weg zu uns interstellare Materiewolken durchquert: es wird nicht nur geschwächt, sondern auch röter. Der Farbenindex nimmt dabei zu. Die Differenz zwischen dem beobachteten Farbenindex des – möglicherweise – verfärbten Sternlichtes und dem von der Oberflächentemperatur des Sternes bestimmten **Eigenfarbenindex** heißt

Farbenexzeß $E = Fl_{\text{verfärbt}} - Fl_{\text{unverfärbt}}.$ (5-10)

Für den besonders wichtigen Farbenindex $B\text{-}V$ gilt demnach

$$E_{B-V} = (m_B - m_V) - (m_B - m_V)_0.$$ (5-10a)

Dieser Farbenexzeß $E_{B\text{-}V}$ eines Sterns kann ermittelt werden, wenn außer den scheinbaren

Helligkeiten m_B und m_V auch der Spektraltyp (s. S. 140 f.) des Sterns bekannt ist. Dann kann man aus einer Tabelle (wie z. B. Tab. 5.8) den zur Spektralklasse des Sterns gehörenden Eigenfarbenindex $(m_B - m_V)_0$ entnehmen. Das Material dieser Tabelle stammt aus den Beobachtungen naher, unverfärbter Sterne.

$E_{B\text{-}V}$ ist die notwendige Zwischenstation zur Bestimmung der Helligkeitsminderung A_V, die man nach Gleichung (5-8) zur Herleitung der korrekten Sternentfernung aus absoluter und scheinbarer Helligkeit braucht. Berücksichtigt man nämlich, daß nach Gleichung (5-8) die Differenz der scheinbaren Helligkeiten mit und ohne Lichtverlust in interstellaren Wolken mit

$$m_B - m_{B0} = A_B, \quad m_V - m_{V0} = A_V$$

bezeichnet wurde, so ergibt sich aus (5-10a) für den Farbenexzeß:

$$E_{B-V} = A_B - A_V$$ (5-10 b)

Da die Größenverteilung der streuenden Teilchen in weiten Bereichen unserer kosmischen

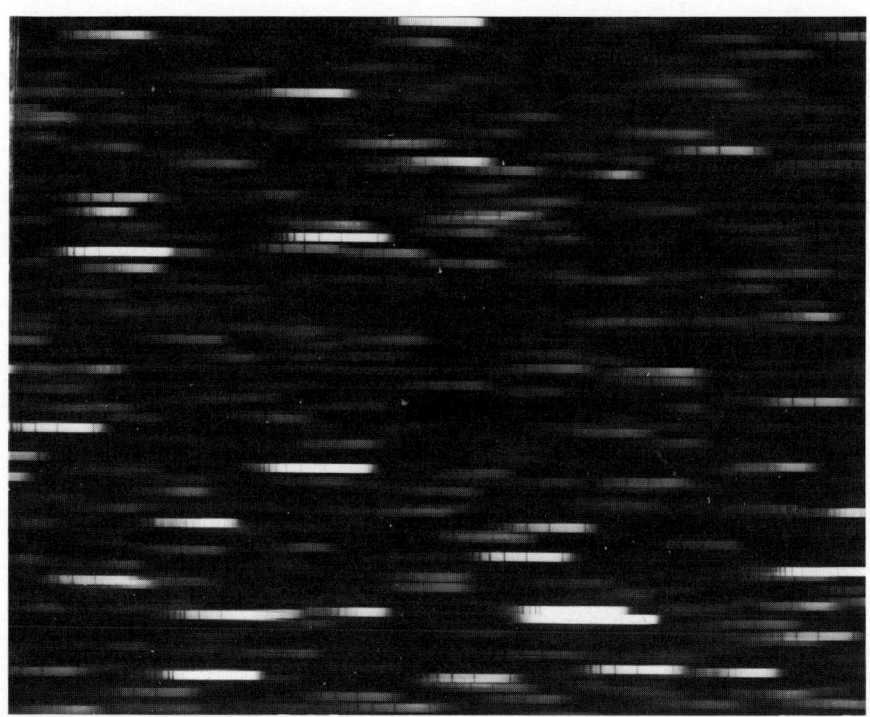

5.4 Objektivprismenaufnahme (Schmidt-Teleskop der Universität von Michigan auf dem Cerro Tololo Interamerican Observatory, Chile)

Umgebung sehr ähnlich ist, beobachtet man – mit Ausnahme sehr dichter Materiewolken – weitgehend das gleiche Verhältnis der Helligkeitsverluste A_B im blauen und A_V im visuellen Spektralbereich; bei der überwiegenden Mehrzahl der verfärbten Sterne ist $A_B : A_V \approx 4 : 3$ und deshalb

$$A_V \approx 3\, E_{B-V}. \qquad (5\text{-}11)$$

So erhält man aus dem leicht bestimmbaren Farbenexzeß E_{B-V} eines Sterns den für die photometrische Entfernungsbestimmung nach Gleichung (5-8) unentbehrlichen Wert der Helligkeitsminderung A_V.

5.1.7. Spektralklassen

Viel mehr Informationen, als das integrale Licht eines Sterns liefern kann, erhält man, wenn es gelingt, das Sternlicht spektral zu zerlegen. Dies ist nicht bei allen beobachtbaren Sternen mög-lich. Zieht man nämlich das nahezu punktförmige Sternbildchen zu einem Spektrum auseinander, so wird die Beleuchtungsstärke der photographischen Schicht um so geringer, je größer die Dispersion des Spektrographen, d. h. je länger das Spektrum ist. Von zu lichtschwachen Sternen können deshalb keine Spektren gewonnen werden.

Zur Herstellung von Sternspektren benutzt man im Prinzip zwei Methoden:

Objektivprismen-Methode

Dabei wird vor das ganze Objektiv des Fernrohrs ein Prisma gesetzt, so daß in der Brennebene des Objektivs anstelle der Sternbildchen strichförmige Spektren entstehen; durch eine Bewegung des Fernrohrs parallel zur brechenden Kante des Prismas verbreitert man auf der in der Brennebene stehenden Photoplatte die strichförmigen Spektren zu Spektralbändern.

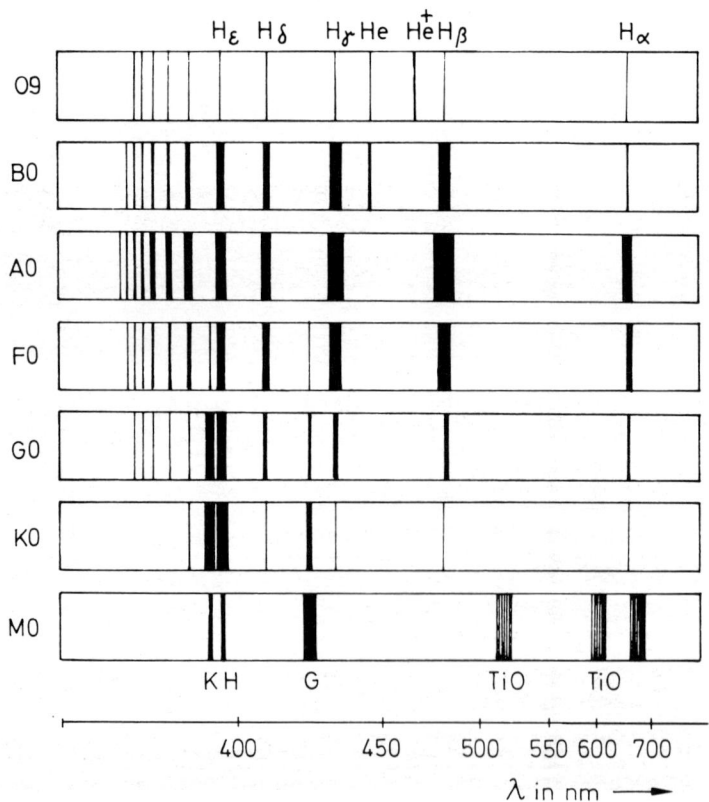

5.5 Schematische Darstellung der Spektralsequenz.
Die stark überzeichnete Breite der Linien ist ein Maß für ihre Stärke.

Der Vorteil dieser Methode besteht darin, daß man gleichzeitig von allen genügend hellen Sternen im Gesichtsfeld des Fernrohrs Spektren erhält. Damit sich diese nicht überlappen, darf allerdings die Dispersion des Prismas nicht zu groß sein (s. Abb. 5.4).

Spektrograph

Hier wird das vom Objektiv erzeugte Sternbildchen auf einen engen Spalt geworfen, der in der Brennebene einer Kollimatorlinse steht. Ein Parallellichtbündel verläßt die Linse und trifft auf ein Prisma oder ein Beugungsgitter. Das hierdurch spektral zerlegte Lichtbündel trifft auf eine Abbildungslinse, in deren Brennebene sich die photographische Platte befindet. Auf diese Weise wird für jede Wellenlänge ein Bild des Eintrittsspalts auf der Photoplatte entworfen. Die so erhaltenen Spektren sind sehr viel detailreicher als die Objektivprismenspektren.

Wie das Spektrum der Sonnenphotosphäre bestehen auch die Fixsternspektren aus einem kontinuierlichen Untergrund mit überlagerten Absorptionslinien oder -banden.

Manche Sternspektren enthalten auch Emissionslinien.
Als E. C. Pickering und Miss A. Cannon am Ende des 19. Jahrhunderts an der Harvard-Sternwarte die Serie von Objektivprismenaufnahmen begannen, die schließlich 1918–1924 mit der Veröffentlichung des Henry-Draper-Katalogs (Beschreibung von 225 300 Sternspektren) gekrönt wurde, stellten sie bald fest, daß die überwiegende Mehrzahl der Sternspektren in eine eindimensionale Folge von Spektraltypen eingeordnet werden kann. Diese wurden mit den Buchstaben des Alphabets bezeichnet, zuerst in der Reihenfolge A, B, C, ..., aus der sich dann schließlich – nach einigen Umstellungen und dem Wegfall wenig charakteristischer Typen – die Folge O, B, A, F, G, K, M entwickelte.

Eine genauere Beschreibung der Spektraltypen machte eine Unterteilung von 0 bis 9 nötig: B0, B1, B2, B3, ..., B9; A0, A1, ..., A9; usw. (bei den O-Sternen beginnt die Klassifizierung bei O5). Die Abb. 5.5 und 5.6 und die Tab. 5.2 geben einen Überblick über die Spektralsequenz. Klassifikationskriterien sind die Linienstärken der Balmerserie des Wasserstoffs (s. S. 107) und

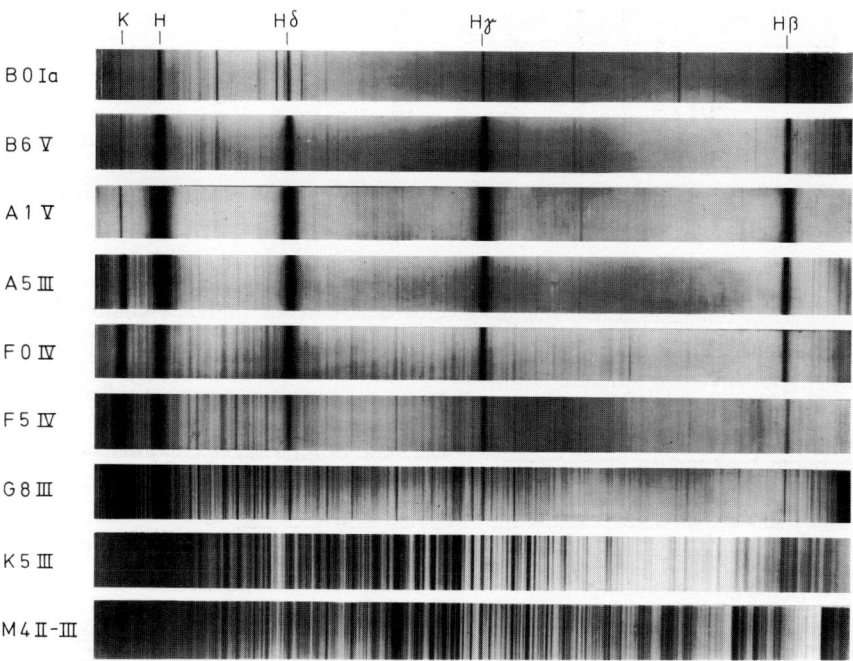

5.6 Spektren von typischen Vertretern der Spektralklassen B, A, F, G, K, M im violetten und blauen Spektralbereich. Die römischen Ziffern geben die Leuchtkraftklassen an (s. S. 160).

Spektraltyp	Standard-Stern	Beschreibung
O5	ζ Pup	Absorptionslinien (gelegentlich auch Emissionslinien) mehrfach ionisierter Atome, besonders des einfach ionisierten Heliums (He^+). Balmerlinien des Wasserstoffs schwach. Gesamtzahl der Fraunhoferlinien relativ gering.
B0	τ Sco	Linien des neutralen Heliums stark, He^+ verschwindend. Balmerserie des Wasserstoffs mäßig stark.
A0	α Lyr (Wega)	Balmerserie des Wasserstoffs in maximaler Stärke. Linien von Fe^+ und Ca^+ treten zunehmend auf; Intensitäten durch die Spektralklasse A hindurch ansteigend.
F0	γ Vir	Balmerserie immer noch dominierend, aber mit abnehmender Intensität. Linien H und K des Ca^+ zunehmend. Linien neutraler Metalle, besonders von Fe. Starke Veränderung des Gesamtanblicks gegenüber den Spektren der Klassen O, B, A durch Zunahme der Linienzahl.
G0	α Aur (Kapella)	Linien des Ca^+ stark. Balmerserie mäßig stark und weiter abnehmend. Viele Linien neutraler Metalle. Auftreten von Linien der Moleküle CN und CH (dem Sonnenspektrum ähnlich).
K0	α Boo (Arktur)	Ca^+ in maximaler Stärke. Starke Linien von neutralen Metallen und Molekülen. Durch die Spektralklasse K hindurch nimmt der Strukturreichtum rasch zu.
M0	β And	Bandenspektrum des TiO vorherrschend. Starke Linien neutraler Metalle, besonders von Ca. Balmerlinien sehr schwach.

Tab. 5.2 Überblick über die wichtigsten Spektraltypen der Harvard-Spektralsequenz

der Linien H und K des ionisierten Calciums Ca^+, außerdem bei den O-Sternen die Linien des ionisierten Heliums He^+ und am Ende der Spektralsequenz die Metallinien und Molekülbanden.

Neben dieser Hauptserie wurden noch 2 Nebenserien definiert, die bei der Spektralklasse K abzweigen. Sternspektren mit überdurchschnittlich starken Molekülbanden von Kohlenstoffverbindungen werden als Spektraltyp C bezeichnet. Sterne, in deren Spektren die Molekülbanden von Zirkoniumoxid und von anderen Metalloxiden auftreten, heißen S-Sterne.

Besondere Eigenschaften des Spektrums einzelner Sterne werden durch kleine Buchstaben gekennzeichnet; z. B. bedeutet der Zusatzbuchstabe e, daß das Spektrum Emissionslinien aufweist.

5.1.8. Oberflächentemperaturen der Sterne

Die Oberflächentemperatur der Sterne spielt für unsere Vorstellungen vom physikalischen Aufbau der Sterne eine fundamentale Rolle. Wie alle unsere Kenntnisse über physikalische Eigenschaften der Sterne beruhen auch die Bestimmungen der Oberflächentemperatur auf Analysen der Strahlung, die wir von den Sternen erhalten. Dabei lassen sich zwei Gruppen von Methoden unterscheiden:
Die erste Gruppe bezieht Informationen über die Sterntemperatur aus dem kontinuierlichen Spektrum des Sternlichts, die zweite Gruppe aus den Absorptionslinien der Sternspektren.

Bestimmungen der Oberflächentemperatur der Sterne aus dem kontinuierlichen Spektrum

Die Strahlung, die für die Intensitätsverteilung im kontinuierlichen Spektrum und damit für die

Farbe der Sterne verantwortlich ist, ist bei allen Fixsternen – wie bei der Sonne – die Temperaturstrahlung eines heißen Gases. Bei allen Temperaturbestimmungen aus dem kontinuierlichen Sternspektrum wird dieses mit dem Spektrum eines schwarzen Strahlers verglichen. Man bestimmt also diejenige Temperatur, die ein schwarzer Strahler haben müßte, um die zur Temperaturbestimmung benützte Eigenschaft des kontinuierlichen Spektrums zu zeigen. Die verschiedenen Methoden unterscheiden sich durch die Eigenschaften des Spektrums, die dabei jeweils verwendet werden. Da Sternoberflächen ebensowenig wie die Sonnenphotosphäre schwarze Strahler sein können (s. S. 93), ist damit zu rechnen, daß die verschiedenen Temperaturbestimmungsmethoden auch verschiedene Ergebnisse liefern. Daraus folgt, daß es nicht „die" Temperatur einer Sternoberfläche gibt, und daß alle Temperaturangaben mit einem Zusatz versehen werden müssen, der die verwendete Methode anzeigt.

a) Effektive Temperatur

Die effektive Temperatur eines Sterns ist diejenige Temperatur, die ein schwarzer Strahler gleicher Oberfläche haben müßte, um die gleiche Gesamtstrahlungsleistung zu emittieren wie der Stern. Die Gesamtstrahlungsleistung eines kugelförmigen schwarzen Strahlers mit dem Radius R ergibt sich nach dem Gesetz von Stefan und Boltzmann (s. S. 265) zu:

$$P_s = 4\pi R^2 \cdot \sigma \cdot T^4$$

Setzt man hier – wie schon bei der Sonne (vgl. S. 93) – statt der Gesamtstrahlungsleistung P_s die Leuchtkraft L des Sterns ein, so erhält man die Definitionsgleichung für die effektive Temperatur

$$T_{eff} = \sqrt[4]{\frac{L}{4\pi R^2 \sigma}} \cdot \qquad (5\text{-}12)$$

Effektive Temperaturen sind wichtige Kennzeichen für den physikalischen Zustand der Sterne, lassen sich aber nur bei ganz wenigen Sternen aus der Leuchtkraft und dem Sternradius bestimmen.

Die Leuchtkraft kann aus der absoluten bolometrischen Helligkeit M_{bol} des Sterns nach Gleichung (5-7) berechnet werden. Auf die Schwierigkeiten der Bestimmung von M_{bol} wurde aber bereits hingewiesen (s. S. 136).
Sternradien können ebenfalls nur bei wenigen Sternen bestimmt werden (s. S. 145). Die wenigen direkt ermittelten Werte effektiver Temperaturen bilden das Skelett einer durchgehenden Skala effektiver Temperaturen für Sterne aller Spektraltypen, in der die indirekt berechneten Werte mit Hilfe der Farbtemperaturen gewonnen wurden.

b) Farbtemperaturen

Unter der Farbtemperatur T_F versteht man die Temperatur eines schwarzen Strahlers, der in dem betrachteten Spektralbereich (im Visuellen also innerhalb einer Farbe) die gleiche Energieverteilung aufweist wie das untersuchte Sternspektrum. Im Gegensatz zur Bestimmung effektiver Temperaturen, wo das Hauptproblem der Verlauf des gesamten, nicht durch Linienabsorption gestörten Kontinuums ist, genügt zur Ermittlung einer Farbtemperatur das Verhältnis E_1/E_2 der Bestrahlungsstärken des Empfängers in zwei beliebig schmalen Bereichen des kontinuierlichen Spektrums, also die Differenz der scheinbaren Helligkeiten bei den entsprechenden Standardmeßbereichen, d. h. der Farbenindex. Farbtemperaturen sind demnach so einfach zu ermitteln wie Farbenindizes. Weil aber Sternoberflächen keine schwarzen Strahler sind, muß man damit rechnen, daß die Farbenindizes verschiedener Spektralbereiche oft beträchtlich differierende Farbtemperaturen liefern.

Die Bedeutung der Farbtemperaturen liegt jedoch nicht in den absoluten Werten von T_F, sondern im Verlauf dieser Werte als Funktion des Spektraltyps. Da scheinbare Helligkeiten und damit auch Farbenindizes auf etwa $\pm 0,01$ mag genau gemessen werden können, lassen sich die Farbtemperaturdifferenzen benachbarter Spektraltypen mit hoher Genauigkeit berechnen; damit ist es dann möglich, die Skala direkt ermittelter effektiver Temperaturen durch indirekt berechnete Werte zu ergänzen.

Bestimmungen der Oberflächentemperatur der Sterne aus dem Absorptionslinienspektrum

Absorptionslinien entstehen, wenn Elektronen, die ein bestimmtes Energieniveau in Atomen oder Ionen besetzen, durch Absorption von Strahlung auf ein höheres Niveau übergehen. Aus diesen, im Abschnitt 4.3.2. (S. 105 ff.) beschriebenen Vorgängen folgt nicht nur, daß Linien bestimmter Wellenlänge charakteristisch für bestimmte Elemente (oder Verbindungen) sind, sondern auch, daß sie nur entstehen können, wenn genügend viele Atome (bzw. Moleküle) des betreffenden Elements sich auf dem unteren, dem Ausgangsenergieniveau der betreffenden Spektrallinie befinden. In den Sternatmosphären sind überwiegend Zusammenstöße für den Anregungs- und Ionisationszustand der Atome verantwortlich; deshalb ist die Besetzung der verschiedenen Energieniveaus einer Atomart von der Temperatur abhängig: Je höher die Temperatur der Sternatmosphäre, desto höher liegen die Energieniveaus, auf denen sich im Mittel die Hüllenelektronen der Atome bzw. Ionen befinden. Damit z. B. die Balmerserie des Wasserstoffs in Absorption auftritt, darf die Besetzung des 1. angeregten Niveaus (s. Abb. 4.12, S. 107) nicht zu gering sein. Ist die Temperatur zu niedrig, so befinden sich die meisten H-Atome im Grundzustand, und es wird nur die Lyman-Serie in Absorption beobachtet; ist die Temperatur zu hoch, so sind die H-Atome größtenteils ionisiert, und da H^+-Ionen keine Elektronenhüllen mehr haben, können sie auch keine Absorptionslinien erzeugen.

Mit steigender Temperatur wird demnach die Intensität der Balmerserie im Absorptionslinienspektrum der Sterne zuerst zunehmen (bis zu

einem Maximum bei etwa 10 000 K) und dann mit weiter steigender Temperatur wieder sinken. In ähnlicher Weise verhalten sich auch andere Atome oder Ionen bei steigender Temperatur (Abb. 5.7).

Die Absorptionslinien des He-Atoms haben ihr Intensitätsmaximum bei Atmosphärentemperaturen etwas unter 20 000 K. Ein Beispiel dafür ist die im gelben Farbbereich gelegene, mit D_3 bezeichnete Heliumlinie bei der Wellenlänge 587,6 nm. Die Anregungsenergie ihres Ausgangsniveaus beträgt 20,87 eV.

Linien des He^+-Ions treten wegen der extrem hohen Ionisationsenergie des He-Atoms von 24,6 eV nur bei Sternen mit sehr hohen Oberflächentemperaturen auf. Sie erreichen ihr Intensitätsmaximum bei etwa 40 000 K. Die im blauen Spektralbereich bei 468,6 nm gelegene He^+-Linie hat die Anregungsenergie 48,16 eV.

Vergleicht man diese Überlegungen mit der Definition der Spektralklassen, so erkennt man, daß die Spektralsequenz eine Temperatursequenz darstellt: Die Anregungstemperatur der absorbierenden Atome und damit der Sternatmosphären nimmt von der Spektralklasse O bis M ab.

Die He^+-Linie bei 468,6 nm ist am stärksten in den O-Sternen. Die He-Linie bei 587,6 nm ist für B-Sterne charakteristisch. Das Intensitätsmaximum der Balmerserie des Wasserstoffs liegt in der Spektralklasse A.

Atom bzw. Ion	Ca	Ca^+	H	He	He^+
Ionisationsenergie in eV	6,11	11,87	13,60	24,59	54,42

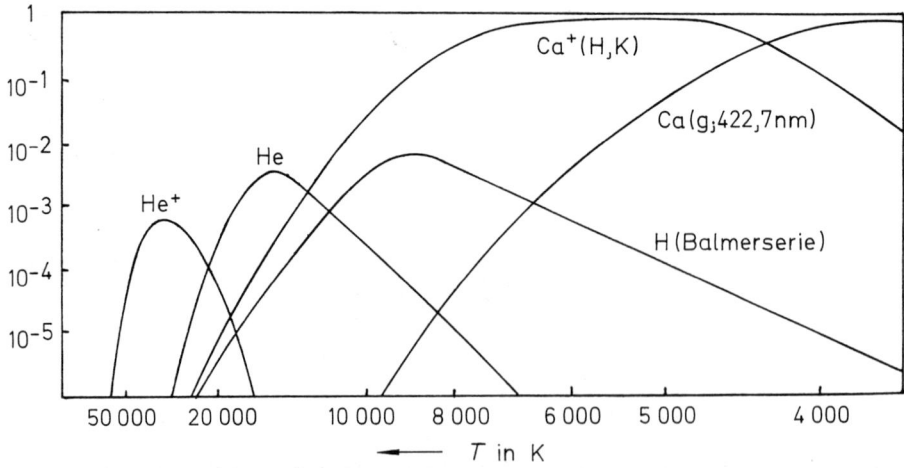

5.7 Relative Besetzungszahlen der Ausgangsniveaus von Fraunhoferlinien verschiedener Atome und Ionen in Abhängigkeit von der Temperatur (bei gleichem Elektronendruck)

Moleküle können nur bei genügend niedrigen Temperaturen existieren; je tiefer die Temperatur der Sternatmosphäre ist, desto geringer ist die Wahrscheinlichkeit, daß sie durch Zusammenstöße zerlegt werden. Deshalb nehmen die Moleküllinien von der Spektralklasse G bis M stark zu. Die Spektralsequenz von O bis M ist demnach das Abbild einer kontinuierlichen Folge von abnehmenden Ionisations- und Anregungstemperaturen.

5.1.9. Die Radien der Sterne

Kennt man die effektive Temperatur und die Leuchtkraft eines Sterns, so kann man nach dem Gesetz von Stefan und Boltzmann seinen Radius berechnen. Schreibt man das Gesetz nämlich für den Stern und die Sonne an und dividiert beide Gleichungen, so erhält man:

$$(5\text{-}13)$$

$$\frac{L}{L_\odot} = \left(\frac{R}{R_\odot}\right)^2 \cdot \left(\frac{T_{\text{eff}}}{T_{\text{eff},\odot}}\right)^4, \text{ also: } \frac{R}{R_\odot} = \sqrt{\frac{L}{L_\odot}} \left(\frac{T_{\text{eff},\odot}}{T_{\text{eff}}}\right)^2$$

Außer dieser photometrischen Methode zur Bestimmung von Sternradien wurden verschiedene optische Methoden entwickelt, die den Winkeldurchmesser einer Lichtquelle aus den Welleneigenschaften des Lichts zu bestimmen gestatten.

Mit dem Michelson-Interferometer (1920) konnten die Winkeldurchmesser von 11 Sternen bestimmt werden, deren scheinbare Durchmesser größer als 0,01" sind. Das Intensitätsinterferometer von Hanbury Brown und Twiss (1954) ist wesentlich leistungsfähiger; sein mittlerer Fehler liegt bei 0,0005".

Mit Hilfe des Speckle-Interferometers (1970) kann die Szintillation der Sterne eliminiert werden, durch die das Auflösungsvermögen der Fernrohre auf 1" bis 2" begrenzt wird. Damit kann wenigstens das theoretische Auflösungsvermögen der größten Spiegelteleskope (0,02" beim 5 m-Spiegel) erreicht werden.

In jedem Fall muß aber bei diesen optischen Durchmesserbestimmungen die Sternentfernung bekannt sein, wenn man den linearen Durchmesser ermitteln will.

Eine weitere Möglichkeit zur Bestimmung von Sterndurchmessern bieten die photometrischen Doppelsterne (s. S. 153).

Auch bei den Sternradien dienen die Ergebnisse der wenigen direkten Messungen – ähnlich wie bei den effektiven Temperaturen – als Eichmaterial für die mit Gleichung (5-13) berechneten Werte. Die Radien der weit überwiegenden Mehrzahl aller Sterne liegen zwischen 0,5 und 50 Sonnenradien. Die Extremwerte liegen bei 0,01 und 500 Sonnenradien. Als Beispiele seien drei sehr helle Sterne angeführt (Sonnenradius $R_\odot = 7 \cdot 10^8$ m):

α Scorpii (Antares) mit 400 $R_\odot$,
α Tauri (Aldebaran) mit 30 $R_\odot$,
α Lyrae (Wega) mit 1,7 $R_\odot$.

5.1.10. Doppelsterne und die Bestimmung von Fixsternmassen

Doppelsterne sind Paare von Fixsternen, die durch ihre gegenseitigen Gravitationswirkungen zusammengehalten werden und infolgedessen periodische Bewegungen um den gemeinsamen Massenmittelpunkt ausführen. (Fixsterne, deren Projektionen auf die Sphäre nur zufällig benachbart sind, ohne daß sie physikalisch zusammenhängen, gehören nicht hierher.)

Doppelsterne sind so häufig, daß man die Bildung von solchen Systemen als einen normalen Vorgang bei der Sternentstehung ansehen muß. Etwa die Hälfte aller bekannten Sterne sind Mitglieder von Doppel- oder Mehrfachsystemen. Die hellen Sterne Sirius, Prokyon, Kastor (6fach) gehören zu den bekanntesten Doppel- und Mehrfachsystemen.

Die Abstände der beiden Komponenten von Doppelsternsystemen können sehr verschieden groß sein. Es werden alle Distanzen von der gegenseitigen Berührung der Oberflächen bis zu Entfernungen von vielen tausend AE beobachtet. Dementsprechend liegen die Umlaufsdauern zwischen Stunden und Millionen Jahren.

Vom Winkelabstand der beiden Komponenten und ihren scheinbaren Helligkeiten hängt es ab, ob und durch welche Beobachtungsart ein Doppelsternsystem wahrgenommen werden kann. Man unterscheidet demnach 4 Typen von Doppelsternen:

Visuelle Doppelsterne

Beide Komponenten können getrennt beobachtet werden.

Astrometrische Doppelsterne

Nur der Hauptstern kann beobachtet werden. Seine periodischen Ortsveränderungen weisen auf die Existenz eines Begleiters hin.

Spektroskopische Doppelsterne

Da der scheinbare Abstand der beiden Komponenten unterhalb des Auflösungsvermögens der
optischen Instrumente liegt, können sie nicht
getrennt beobachtet werden. Im Spektrum des
Systems verschieben sich jedoch die Linien
periodisch (Dopplereffekt infolge der Bewegung
um den Massenmittelpunkt des Systems; vgl.
S. 149). Meist kann nur das Linienspektrum des
Hauptsterns beobachtet werden.

Photometrische Doppelsterne

Auch hier können die beiden Komponenten nicht
getrennt beobachtet werden. Da aber die Beobachtungsrichtung nahezu in die Bahnebene des
Systems fällt, bedecken sich die Sterne gegenseitig bei ihrem Umlauf, was zu einem Absinken der
beobachteten Gesamthelligkeit führt.

Die große Bedeutung der Doppelsterne für die
astronomische Wissenschaft beruht auf der
Möglichkeit, für eine größere Anzahl von ihnen
mit Hilfe des Gravitationsgesetzes Sternmassen
berechnen zu können.

Grundlage der Massenbestimmung ist das
Newtonsche Gravitationsgesetz, das für die
Anziehungskraft zwischen zwei Körpern universelle Gültigkeit besitzt, also auch für die Kräfte
zwischen den Komponenten eines Doppelsternsystems gilt. Da die Keplerschen Gesetze aus
dem Gravitationsgesetz folgen, beschreiben die
beiden Sterne eines Doppelsternsystems Kepler-
ellipsen um den gemeinsamen Massenmittelpunkt. Ist a der mittlere Abstand der beiden
Sterne und T ihre Umlaufsdauer, so gilt auch
hier nach dem 3. Keplerschen Gesetz (2-19) für
die Massensumme

$$m_1 + m_2 = \frac{4\pi^2}{G} \cdot \frac{a^3}{T^2}. \qquad (5\text{-}14)$$

Für die Bewegung der Erde um die Sonne folgt
aus Gleichung (5-14)

$$m_\odot = \frac{4\pi^2}{G} \cdot \frac{(1\ \text{AE})^3}{(1\ a_\text{s})^2}; \qquad (5\text{-}14\,\text{a})$$

hier ist 1 AE der Erdbahnradius und 1 a_s ein
siderisches Jahr. Dividiert man Gleichung (5-14)
durch (5-14 a), so ergibt sich

$$\frac{m_1 + m_2}{m_\odot} = \left(\frac{a}{1\ \text{AE}}\right)^3 \cdot \left(\frac{1\ a_\text{s}}{T}\right)^2. \qquad (5\text{-}15)$$

Hieraus erhält man die Gesamtmasse des
Doppelsternsystems als Vielfaches der Sonnen-
masse, wenn man den mittleren Abstand der
Komponenten und ihre Umlaufsdauer kennt.

Nach Gleichung (2-17) benötigt man zur Berechnung der Einzelmassen noch das Verhältnis der
beiden großen Bahnhalbachsen a_1 und a_2:

$$\frac{m_1}{m_2} = \frac{a_2}{a_1} \qquad (5\text{-}16)$$

Mit (5-15) und (5-16) stehen zwei Gleichungen
für die Berechnung der beiden unbekannten
Einzelmassen m_1 und m_2 zur Verfügung. Die
Messung der Größen T und a bzw. a_1 und a_2
geschieht jedoch bei den verschiedenen Doppel-
sterntypen nach unterschiedlichen Methoden.

a) Visuelle Doppelsterne
In der Regel wählt man den Hauptstern als
Bezugspunkt und mißt den Abstand des Begleiters von ihm und dessen Positionswinkel (Winkel
zwischen der Verbindungslinie Hauptstern–Begleiter und dem Stundenkreis durch den Haupt-

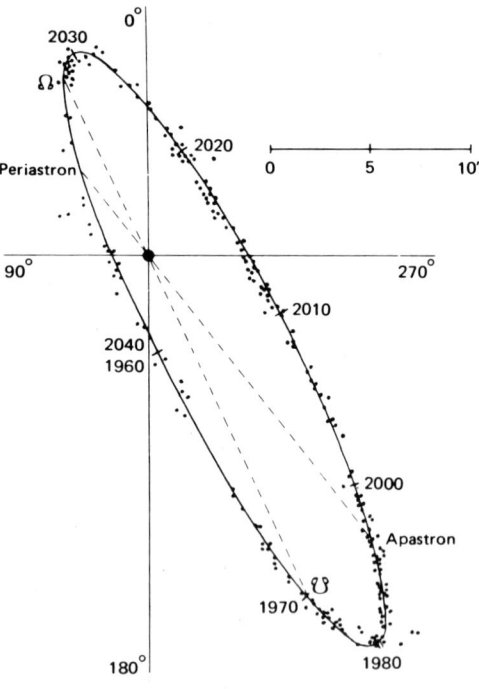

5.8 Scheinbare relative Bahn des Doppelsterns
α Centauri. Die Projektion der wahren Bahn auf die
Tangentialebene an die Sphäre ist wieder eine Ellipse;
die Projektion des Hauptsterns liegt jedoch nicht in
ihrem Brennpunkt.

stern, von N über O gezählt); auf diese Weise erhält man die **relative Bahn** des Begleiters.

Absolute Bahnen beider Sterne kann man nur erhalten, wenn mindestens für eine Komponente die Bewegung in einem unabhängigen Koordinatensystem vermessen werden kann, wie es von einem Kollektiv benachbarter Hintergrundsterne geliefert wird.

Da die Ebene der Doppelsternbahnen mehr oder weniger gegen die Tangentialebene an die Sphäre geneigt ist, gewinnt man so nicht die wahre Bahn, sondern nur ihre senkrechte Projektion auf die Tangentialebene der Sphäre; man bezeichnet sie als **scheinbare Bahn**. Die scheinbare relative Bahn eines Doppelsterns unterscheidet sich meist auf den ersten Blick dadurch von seiner wahren Bahn, daß sich der Hauptstern nicht im Brennpunkt der scheinbaren Bahnellipse befindet. Dagegen bleibt bei der Projektion das Streckenverhältnis erhalten; die Projektion des Hauptsterns teilt also die Projektion der großen Bahnhalbachse im gleichen Verhältnis, wie der Hauptstern die große Halbachse der wahren Bahn teilt.

Hat man genügend viele Punkte der scheinbaren Bahn bestimmt, ist also ein genügend großer Teil der scheinbaren Bahn bekannt, dann kann man die Daten der scheinbaren Bahnellipse berechnen (Abb. 5.8). Der Übergang von der scheinbaren zur wahren Bahn ist dann nur noch eine geometrische Aufgabe.

Alle Entfernungsangaben bei visuellen Doppelsternen erhält man zuerst im Winkelmaß. Ist r die Entfernung des Doppelsterns von uns, so würde uns die große Halbachse a seiner relativen Bahn bei senkrechter Draufsicht unter dem Winkel α erscheinen, wobei $a = r \cdot \tan \alpha$ ist. Andererseits gilt für die Parallaxe π des Doppelsterns (vgl. S. 132) 1 AE $= r \cdot \tan \pi$. Aus beiden Gleichungen erhält man durch Division

$$\frac{a}{1\text{ AE}} = \frac{\tan \alpha}{\tan \pi},$$

und da es sich bei α und π stets um sehr kleine Winkel handelt, kann man in guter Näherung schreiben:

$$a = \frac{\alpha}{\pi}\text{ AE} \tag{5-17}$$

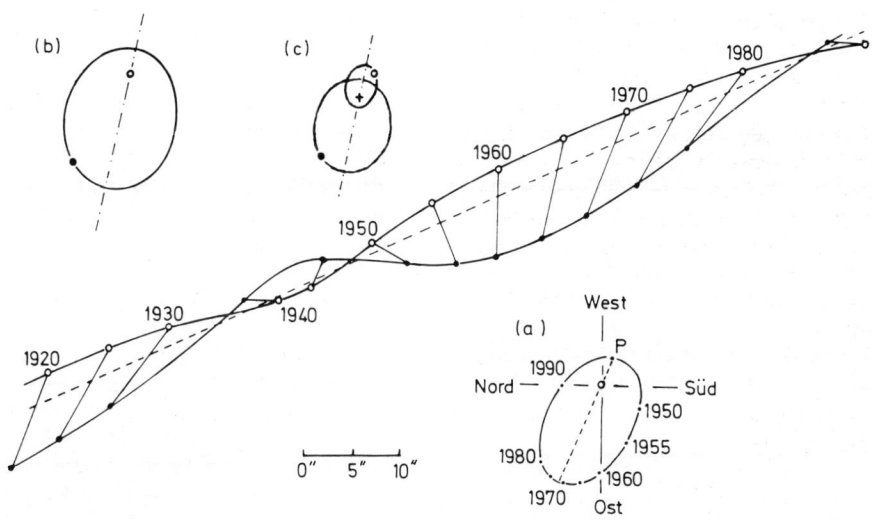

5.9 Eigenbewegungen von Sirius A (○) und Sirius B (●) von 1920 bis 1990 (von links unten nach rechts oben). Daraus abgeleitet: (a) scheinbare relative Bahn, (b) wahre relative Bahn von Sirius B um den Zentralstern Sirius A, (c) wahre absolute Bahnen von Sirius A und Sirius B um den Massenmittelpunkt des Systems.
Aus der wellenförmig verlaufenden Eigenbewegung von Sirius A wurde auf das Vorhandensein eines Begleiters geschlossen, bevor diese lichtschwache Komponente des Doppelsternsystems optisch wahrgenommen werden konnte.

Entfernung: $r = 2{,}7$ pc Umlaufsdauer: $T = 50$ a Große Halbachse der relativen Bahn: $\alpha = 7{,}6''$, $a = 20{,}5$ AE				
Komponente	$\dfrac{m_v}{\text{mag}}$	$\dfrac{M_v}{\text{mag}}$	Große Halbachsen der absoluten Bahnen	Massen
A	−1,5	+ 1,4	6,8 AE	2,3 $m_\odot$
B	+8,6	+11,5	13,7 AE	1,0 $m_\odot$

Tab. 5.3 Daten für das Doppelsternsystem Sirius

Zur Berechnung der wahren Länge der großen Bahnhalbachse und damit auch zur Bestimmung der Massensumme nach Gleichung (5-15) benötigt man also die Parallaxe π des Doppelsterns. Dagegen ist für das Massenverhältnis nur das Verhältnis der scheinbaren Bahnhalbachsen α_1/α_2 nötig.

Die Anzahl der bekannten visuellen Doppelsterne beträgt ungefähr 30 000. Bei etwa 600 Systemen konnten die Daten der Bahnbewegung bestimmt werden. Aber nur für wenige dieser 600 Doppelsterne sind gleichzeitig auch gute trigonometrische Parallaxen bekannt, so daß ihre Massen berechnet werden konnten.

b) Astrometrische Doppelsterne
In der näheren Umgebung der Sonne sind einige Doppelsternsysteme gefunden worden, bei denen ein unsichtbarer Begleiter sich durch seine Gravitationswirkung auf den Hauptstern bemerkbar macht. Der Begleiter (Komponente B) kann nicht beobachtet werden, weil der Stern zu lichtschwach ist, oder weil sein Winkelabstand vom Hauptstern (Komponente A) so klein ist, daß er von diesem überstrahlt wird. Die Bewegung des Hauptsterns kann entdeckt werden bei der trigonometrischen Messung der Parallaxe oder bei der Messung seiner Eigenbewegung.

Die berühmtesten Beispiele astrometrischer Doppelsterne sind Sirius (α Canis maioris) und Prokyon (α Canis minoris). F. W. Bessel bemerkte 1834, daß die Eigenbewegung von Sirius nicht geradlinig, sondern leicht wellenförmig erfolgt. 1840 machte er bei Prokyon eine ähnliche Feststellung. Er zog daraus den richtigen Schluß, daß beide Sterne einen unsichtbaren Begleiter haben müssen.

Bei Sirius konnte 1862, bei Prokyon 1896 die B-Komponente mit lichtstarken Fernrohren gefunden werden. Die Bahnelemente der beiden nun visuellen Doppelsterne und die Massen der Komponenten sind gut bekannt; Sirius B und Prokyon B sind die ersten Weißen Zwergsterne, die entdeckt wurden (s. S. 183 ff.). Daten für das Doppelsternsystem Sirius A/B enthält Tab. 5.3. Abb. 5.9 zeigt die Bahnen des Sirius-Systems.

c) Spektroskopische Doppelsterne
Bei zahlreichen Doppelsternen haben die beiden Komponenten einen so geringen Abstand, daß sie auch von den größten Fernrohren nicht mehr getrennt abgebildet werden können. Viele von diesen engen Paaren geben sich jedoch spektroskopisch zu erkennen. Ist nämlich wenigstens eine der beiden Komponenten genügend hell für eine spektroskopische Untersuchung, und blickt man nicht gerade senkrecht auf die Bahnebene, so können periodische Verschiebungen der Fraunhoferlinien im Spektrum beobachtet werden; dabei handelt es sich um Dopplereffekte, die ihre Ursache in der Bahnbewegung der Komponenten haben (Abb. 5.11).

Gegenwärtig sind etwa 1500 spektroskopische Doppelsterne bekannt; dies ist jedoch sicher nur ein kleiner Teil der in der näheren Sonnenumgebung vorhandenen Paare. Zu den bekanntesten spektroskopischen Doppelsternen gehören Kapella (α Aurigae), Spika (α Virginis), der Polarstern (α Ursae Minoris), Beta Lyrae und Zeta Ursae Maioris (Mizar). Kastor im Sternbild Zwillinge ist ein sechsfaches System; drei Komponenten sind im Fernrohr zu sehen, und jede dieser drei Komponenten ist ein spektroskopischer Doppelstern.

Der Dopplereffekt

Der Dopplereffekt ist eine für alle Wellenarten charakteristische Erscheinung. Sie tritt auf, wenn sich die Wellenquelle und der Beobachter relativ zueinander bewegen.

Am einfachsten ist die Erscheinung beim akustischen Dopplereffekt zu erklären, wo sie – z. B. beim Vorbeifahren eines Autos mit eingeschaltetem Martinshorn – im täglichen Leben häufig wahrgenommen werden kann.

Sendet das Signalhorn eine Schallwelle der Wellenlänge λ aus, die sich relativ zur ruhenden Luft mit der Geschwindigkeit c ausbreitet, so erreichen die zur Welle gehörenden periodischen Luftverdichtungen den relativ zur Luft ruhenden Beobachter in kürzeren Abständen, wenn sich die Schallquelle mit der Geschwindigkeit v auf den Beobachter zu bewegt (Abb. 5.10). Da zwischen der Aussendung aufeinanderfolgender Luftverdichtungen die Zeitspanne λ/c verstreicht, legt die Schallquelle zwischen dem Aussenden dieser Luftverdichtungen den Weg $v \cdot \lambda/c$ zurück.

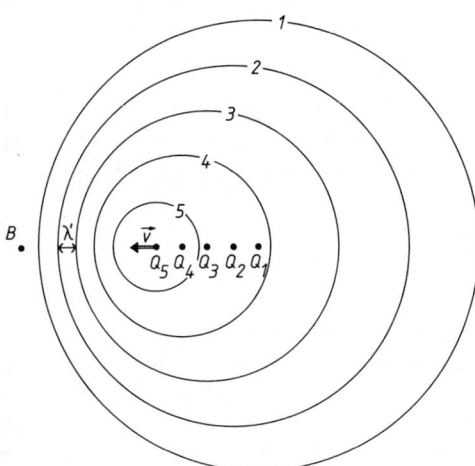

5.10 Zur Erklärung des akustischen Dopplereffekts bei bewegter Schallquelle und ruhendem Beobachter B.
$Q_1, Q_2, ..., Q_5$ sind die Positionen der Schallquelle im Zeitpunkt der Aussendung der Luftverdichtungen 1, 2, ..., 5.

Daher stellt der Beobachter nur noch die Wellenlänge $\lambda' = (1 - v/c) \cdot \lambda$ fest. Die relative Wellenlängenänderung ist demnach:

$$\frac{\lambda' - \lambda}{\lambda} = -\frac{v}{c} \quad \text{oder kürzer} \quad \frac{|\Delta\lambda|}{\lambda} = \frac{v}{c}$$

Nähern sich Quelle und Beobachter, so ist die beobachtete Wellenlänge stets kleiner, entfernen sie sich dagegen voneinander, so ist sie größer als die ausgesandte Wellenlänge.

Die hier abgeleitete Gleichung gilt exakt nur für den akustischen Dopplereffekt bei relativ zur Luft bewegter Quelle und ruhendem Beobachter. Sofern aber $v \ll c$ ist, gilt sie näherungsweise auch für bewegten Beobachter und ruhende Schallquelle, ja sogar für elektromagnetische Wellen, also speziell auch für Licht, wobei dann c die Lichtgeschwindigkeit im Vakuum bedeutet.

Entfernt sich also eine Lichtquelle vom Beobachter, so werden alle Wellenlängen im Spektrum der von ihr ausgesandten Strahlung gegen das rote, langwellige Ende hin, bei der Annäherung an den Beobachter gegen das violette Ende des Spektrums verschoben. Dies gilt insbesondere auch für die Spektrallinien. Aus ihrer Verschiebung $\Delta\lambda$ kann mit der obigen Gleichung die Relativgeschwindigkeit v berechnet werden, sofern $v \ll c$ ist.

Wird jedoch die Relativgeschwindigkeit v mit der Lichtgeschwindigkeit vergleichbar, so ist die aus der Relativitätstheorie hergeleitete Gleichung zu verwenden:

$$\frac{|\Delta\lambda|}{\lambda} = \sqrt{\frac{c + v}{c - v}} - 1$$

Die Grundlage für die Bestimmung der Bahnelemente spektroskopischer Doppelsterne ist die **Geschwindigkeitskurve**. Man erhält sie, wenn man aus den Doppler-Verschiebungen $\Delta\lambda$ der Spektrallinien (vgl. S. 149) die Komponenten der Bahngeschwindigkeiten in der Beobachtungsrichtung

$$v_{A,r} = \frac{c}{\lambda} \cdot \Delta\lambda_A \quad \text{und} \quad v_{B,r} = \frac{c}{\lambda} \cdot \Delta\lambda_B \quad (5\text{-}18)$$

(c ist die Lichtgeschwindigkeit im Vakuum)

berechnet und diese in Abhängigkeit von der Zeit aufträgt.

Für den besonders einfachen Fall kreisförmiger Bahnen, deren Ebene mit der Tangentialebene an die Sphäre den Winkel $i = 90°$ bildet, zeigt Abb. 5.11 das Zustandekommen der Geschwindigkeitskurve. In diesem Beispiel sind die Extremwerte der Geschwindigkeitskurve gleich den Bahngeschwindigkeiten v_A und v_B beider Sterne, die nach dem 2. Keplerschen Gesetz auf Kreisbahnen konstant sind. Die Radien der wahren absoluten Bahnen erhält man in diesem Fall aus

$$a_A = \frac{T}{2\pi} \cdot v_A, \quad a_B = \frac{T}{2\pi} \cdot v_B . \quad (5\text{-}19)$$

Auch bei elliptischen Bahnen lassen sich für $i = 90°$ die großen Halbachsen der wahren absoluten Bahnen bestimmen.

Ist jedoch $i \ne 90°$, so beobachtet man nicht $v_{A,r}$ und $v_{B,r}$, sondern $v_{A,r} \cdot \sin i$ und $v_{B,r} \cdot \sin i$; die Geschwindigkeitskurve bietet keine Möglichkeit, den Bahnneigungswinkel i zu ermitteln, so daß

man aus Gleichung (5-19) statt der Bahnhalbachsen nur die Produkte $a_A \cdot \sin i$ und $a_B \cdot \sin i$ gewinnen kann. Hieraus läßt sich zwar nach (5-16) das Massenverhältnis der beiden Komponenten ermitteln; die Massensumme nach (5-15) ist jedoch mit dem Faktor $\sin^3 i$ versehen und damit unbekannt.

Nur wenn der spektroskopische Doppelstern gleichzeitig ein photometrischer ist, kann man aus der Lichtkurve entweder i direkt berechnen oder wenigstens in guter Näherung $i = 90°$ setzen, denn nur unter dieser Bedingung können sich für uns beide Komponenten gegenseitig bedecken. Ist dies der Fall, und können die Fraunhoferlinien beider Komponenten im Spektrum beobachtet werden, so lassen sich die Massen beider Doppelsternkomponenten bestimmen. Dieses Zusammentreffen ist zwar selten, aber die guten Massenwerte, die man für solche Objekte erhält, haben außerordentlich große Bedeutung für die Astrophysik. Da die Umlaufdauer spektroskopischer Doppelsterne im Mittel sehr viel kleiner als bei visuellen Doppelsternen ist und daher wesentlich genauer gemessen werden kann, und da zur Massenbestimmung spektroskopisch-photometrischer Doppelsterne die Entfernung des Systems nicht benötigt wird, erhält man damit sehr viel genauere Werte als für visuelle Doppelsterne.

Bei den meisten spektroskopischen Doppelsternen ist jedoch der Helligkeitsunterschied zwischen den beiden Sternen so groß, daß im

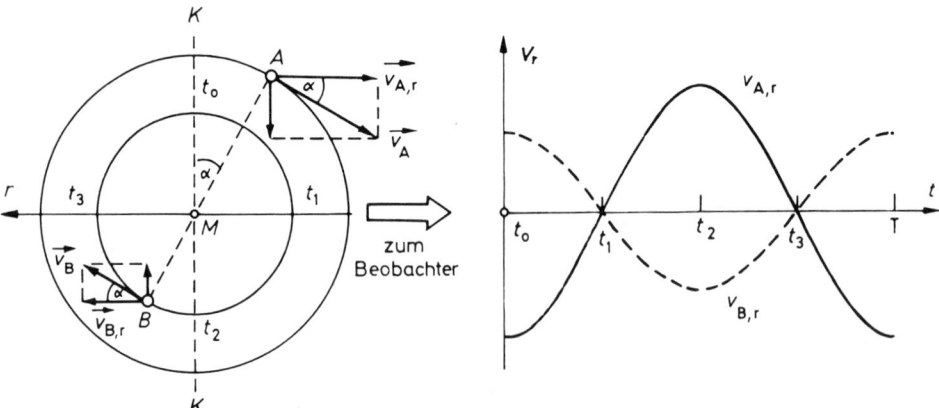

5.11 Entstehung der Geschwindigkeitskurven der Komponenten A und B eines spektroskopischen Doppelsterns, wenn diese um ihren Massenmittelpunkt M auf Kreisbahnen umlaufen, deren Ebene senkrecht zur Tangentialebene an die Sphäre liegt. Der Zeitnullpunkt wurde in den Zeitpunkt des Durchgangs durch die Knotenlinie KK gelegt.

Spektrum nur die Linien der helleren Komponente zu sehen sind. Dann können weder a_B noch $a = a_A + a_B$ bestimmt werden, und die Information über die Sternmassen ist in diesem Fall sehr gering.

d) Photometrische Doppelsterne
Wenn bei einem Doppelsternpaar die Bahnebene senkrecht zur Tangentialebene an die Sphäre liegt ($i = 90°$), dann verdeckt für den Beobachter auf der Erde während bestimmter Phasen des Bahnumlaufs der eine Stern den anderen. Diese gegenseitigen Bedeckungen führen zu Verminderungen der scheinbaren Gesamthelligkeit des Systems. Deshalb nannte man früher solche Systeme auch „Bedeckungsveränderliche". Jetzt hat sich der Name „photometrische Doppelsterne" eingebürgert, um sie von den wirklich veränderlichen Sternen zu unterscheiden, deren Helligkeitsschwankungen durch physikalische Vorgänge in den Sternen selbst hervorgerufen werden (s. S. 173 ff.).

Bisher sind etwa 3000 photometrische Doppelsterne gefunden worden. Viele der helleren Systeme werden auch als spektroskopische Doppelsterne mit Linienverschiebungen einer oder beider Komponenten beobachtet. Die meisten dieser Doppelsterne sind enge Paare, die sich auf kreisähnlichen Ellipsen bewegen. Umlaufsdauern unter zehn Tagen überwiegen stark. Der bekannteste photometrische Doppelstern ist Algol (β Persei; Daten s. Tab. 5.4).

Trägt man die scheinbare Helligkeit eines photometrischen Doppelsterns in Abhängigkeit von der Zeit auf, so erhält man die Lichtkurve des Objekts. Durch Helligkeitsmessungen in kurzen Zeitabständen über viele Umlaufsperioden, die heute ausschließlich mit lichtelektrischen Photometern ausgeführt werden, kann die Lichtkurve mit hoher Genauigkeit festgelegt werden.

Abb. 5.12 zeigt die scheinbare Bahn des Doppelsterns AR Cassiopeiae. Zwischen den Phasen 1 und 3 geht der kleinere Begleiter vor dem Hauptstern vorüber. Da dessen Flächenhelligkeit wesentlich größer als die des Begleiters ist, sinkt die scheinbare Helligkeit des Systems während dieser Bedeckung relativ stark ab. Zwischen den Phasen 5 und 6 geht dagegen der Begleiter hinter dem Hauptstern vorbei. Da der Begleiter nur wenig zur Gesamthelligkeit des Systems beiträgt, führt diese Verfinsterung nur zu einem geringen Helligkeitsabfall. Außerhalb der beiden Verfinsterungen bleibt die Gesamthelligkeit des Systems konstant.

Normalhelligkeit des Systems:	m_v	=	2,2 mag
Umlaufsdauer:	T	=	2,8673 d
Bahnexzentrizität:	e	=	0,033
Bahnneigung:	i	=	81°
Zentrumsabstand der Komponenten:	a	=	$11 \cdot 10^6$ km
Helligkeit im Hauptminimum:	m_v	=	3,4 mag
(Bedeckungen sind partiell)			
Dauer des Hauptminimums:			9,8 h
Entfernung des Systems von der Sonne:	r	=	27 pc

Komponente	Spektrum	Masse $\dfrac{m}{m_\odot}$	Radius $\dfrac{R}{R_\odot}$	mittlere Dichte $\dfrac{\varrho}{\varrho_\odot}$
A Hellerer Stern	B8	5,0	3,0	0,19
B Schwächerer Stern	K0	1,0	3,2	0,03

Tab. 5.4 Daten des photometrischen Doppelsterns Algol (β Persei)

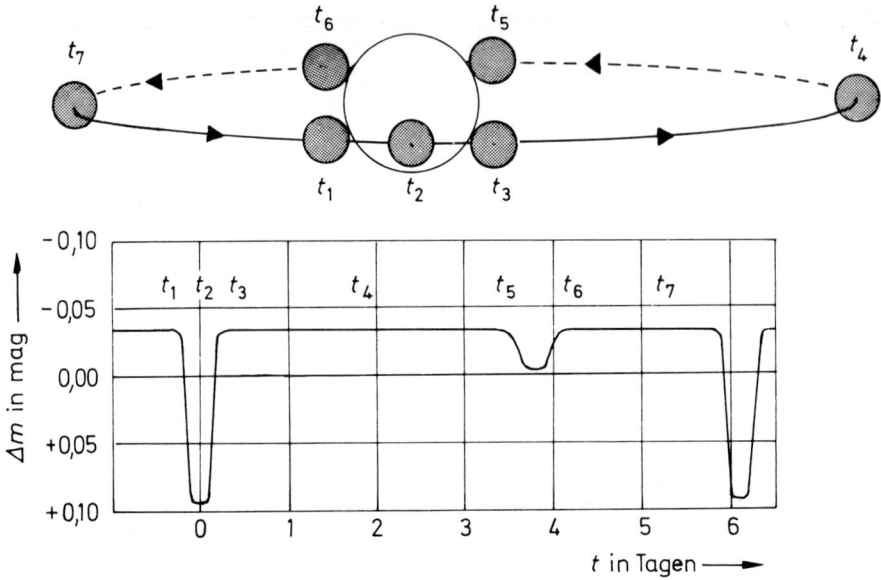

5.12 Relative Bahn und Lichtkurve des photometrischen Doppelsterns AR Cassiopeiae. Der Zentralstern hat den 7,1 fachen Sonnendurchmesser.

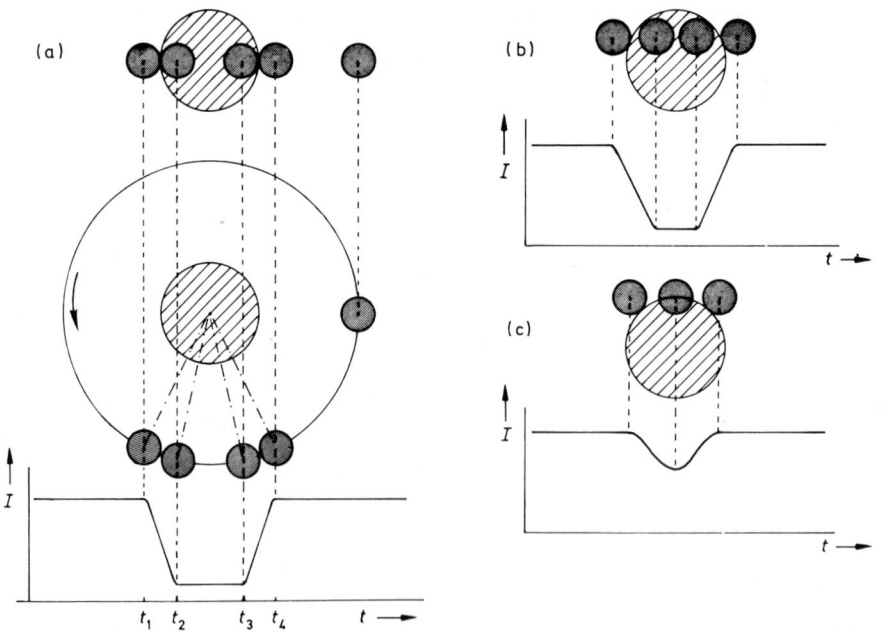

5.13 Zum zeitlichen Verlauf der Lichtintensität I photometrischer Doppelsterne im Bereich der Minima, (a) bei zentraler, (b) bei totaler, aber nicht zentraler, (c) bei partieller Bedeckung.

Die Form der Lichtkurven-Minima hängt in erster Linie von Größe und Helligkeit der beiden Komponenten und von Abweichungen der Bahnneigung von $i = 90°$ ab. Abb. 5.13 zeigt schematisch einige Beispiele.

Bei den meisten photometrischen Doppelsternen sind allerdings die Komponenten so dicht benachbart, daß die Lichtkurve durch zusätzliche physikalische Effekte kompliziert wird. Am stärksten wirken sich die gegenseitige Bestrahlung beider Sterne und die Abweichungen von der Kugelgestalt infolge Gezeitenwirkungen aus. Die Analyse der Lichtkurve wird dann wesentlich erschwert. Oft bleibt nur die Möglichkeit, durch Probieren ein Modell des Systems zu finden, das die Beobachtungen möglichst gut darstellt. Gelingt dies, so können wichtige Einblicke in die bei engen Doppelsternpaaren auftretenden Vorgänge gewonnen werden.

Aus der Lichtkurve photometrischer Doppelsterne können die **Durchmesser** der beiden Komponenten bestimmt werden. Am einfachsten ist dies bei Kreisbahnen und zentraler Bedeckung ($i = 90°$). Dieser Fall ist in Abb. 5.13a dargestellt. Die Bedeckung beginnt im Zeitpunkt t_1 und endigt im Zeitpunkt t_4. Zwischen t_2 und t_3 bleibt die Helligkeit – wenn die Flächenhelligkeit der bedeckten Komponente über die ganze Scheibe konstant ist – unverändert auf dem Minimalwert. Ist der Radius a der relativen Bahn sehr groß relativ zu den Durchmessern D des größeren

und d des kleineren Sterns, so gilt näherungsweise für die Bahngeschwindigkeiten während der Bedeckung:

$$\frac{D+d}{t_4 - t_1} = \frac{2\pi a}{T}; \qquad \frac{D-d}{t_3 - t_2} = \frac{2\pi a}{T} \qquad (5\text{-}20)$$

Aus diesen beiden Gleichungen erhält man jedoch nur die Verhältnisse D/a und d/a der Sterndurchmesser zum Bahnradius. Nur wenn der photometrische Doppelstern auch ein spektroskopischer ist, ergibt sich aus den Geschwindigkeitskurven beider Komponenten $a = a_A + a_B$ im linearen Maß, so daß aus den Gleichungen (5-20) auch die Durchmesser der Sterne in km berechnet werden können.

Aus der Lichtkurve kann man außerdem den Neigungswinkel i der Bahn gegenüber der Sphäre ermitteln. Ist das System gleichzeitig ein spektroskopischer Doppelstern, so kann die Masse der Komponenten und – da auch die Durchmesser bekannt sind – die mittlere Dichte bestimmt werden.

Auch bei nicht zentralen Bedeckungen (Abb. 5.13b) oder nur partiellen Bedeckungen (Abb. 5.13c) können Sterndurchmesser und die Bahnneigung berechnet werden.

Die aus beobachteten Daten abgeleiteten Werte der Sternmassen liegen, mit wenigen Ausnahmen, in dem relativ engen Bereich zwischen 0,1 und 50 Sonnenmassen.

Aufgaben

1. Der Stern γ Virginis hat die visuelle scheinbare Helligkeit $m_V = 2{,}76$ mag. Seine trigonometrische Parallaxe beträgt $0{,}099''$.

   a) Welche Entfernung r hat γ Virginis von uns, und welche absolute Helligkeit besitzt der Stern, wenn man annimmt, daß die Lichtminderung durch interstellare Materie wegen der großen Nähe des Sterns vernachlässigt werden darf?

   b) Bei der Beobachtung mit dem Fernrohr erkennt man, daß γ Virginis ein Doppelstern ist, dessen beide Komponenten dem gleichen Spektraltyp angehören.
   Welche absolute visuelle Helligkeit besitzt jeder der beiden Sterne?

   c) Die große Halbachse der relativen wahren Bahn ist $a = 45$ AE, die Umlaufsdauer $T = 171{,}85$ a.
   Welche Masse hat jede Komponente?

2. Die Komponenten A und B des visuellen Doppelsterns α Geminorum (Kastor) bilden jeweils einen spektroskopischen Doppelstern.
   Aus der Bewegung der Komponenten Kastor A und Kastor B um den gemeinsamen Massenmittelpunkt wurde für die Komponente B die Gesamtmasse $m = 2{,}4 \cdot m_\odot$ bestimmt.
   Aus der Radialgeschwindigkeitskurve erhält man für den Doppelstern Kastor B die Umlaufsdauer $T = 2{,}9283$ d.
   Wie groß ist der mittlere Abstand a der beiden Komponenten von Kastor B?

5.2. Der physikalische Zustand der Fixsterne

Im vorhergehenden Abschnitt wurden Methoden behandelt, mit denen die Leuchtkraft L, die effektive Temperatur T_{eff}, der Radius R und die Masse m aus beobachtbaren Größen bestimmt werden können. Nun soll aufgezeigt werden, welche Verknüpfungen zwischen diesen Daten bestehen, und wie aus ihnen mit Hilfe physikalischer Gesetze Vorstellungen über den Aufbau der Fixsterne entwickelt werden können.

Der physikalische Zustand im Innern eines Fixsterns wird durch die Dichte ϱ, den Druck p, die Temperatur T und die spezifische Energieerzeugung ε (Energieproduktion in der Zeit- und Masseneinheit; s. S. 99) beschrieben.

Im einfachsten Fall eines nicht rotierenden, kugelsymmetrisch aufgebauten Sterns hängen diese Größen nur von einer geometrischen Größe ab, dem Zentrumsabstand r. Für die Sonne sind Werte der Funktionen $p(r)$, $T(r)$, $\varrho(r)$ in Tab. 4.1 (S. 96) aufgelistet, und mit Hilfe der Abb. 4.6 (S. 100) erhält man auch die entsprechenden Werte der Funktion $\varepsilon(r)$.

Bei der Behandlung der Sonne wurde festgestellt, daß sie mindestens seit einer Milliarde Jahre mit nahezu konstanter Leuchtkraft strahlt, ihr physikalischer Zustand sich also seither nicht wesentlich verändert haben kann (s. S. 96). Daher kann man den physikalischen Zustand der Sonne sicher in guter Näherung als mechanischen Gleichgewichtszustand ansehen. Zwar muß die laufende Umwandlung von Wasserstoff in Helium im Sonneninnern zwangsläufig einen Alterungsprozeß zur Folge haben, aber in ihrer gegenwärtigen Entwicklungsphase der Energieproduktion durch Wasserstoffkernfusionsprozesse laufen die Veränderungen im Innern der Sonne so langsam ab, daß man für sehr lange Zeiträume die Funktionen $\varrho(r)$, $T(r)$, $p(r)$ und $\varepsilon(r)$ als zeitunabhängig ansehen kann.

Die überwiegende Mehrzahl der Sterne befindet sich in einem ähnlich stabilen Entwicklungsstadium wie die Sonne; der gleichgewichtsartige Zustand ist bei den Fixsternen sehr weit verbreitet. Wir werden uns daher zunächst nur mit solchen Sternen beschäftigen, die sich im mechanischen Gleichgewicht befinden.

5.2.1. Das Hertzsprung-Russell-Diagramm (HRD)

Nachdem am Ende des 19. und zu Beginn des 20. Jahrhunderts für viele Sterne Spektralklassen und trigonometrische Parallaxen und damit auch absolute Helligkeiten bestimmt worden waren, lag es nahe, die Vielfalt der Kombinationen von Spektraltyp und absoluter Helligkeit statistisch zu untersuchen. Dies führten zuerst E. Hertzsprung 1911 an den Sternen eines Sternhaufens und H. N. Russell 1913 an den Sternen der Sonnenumgebung durch. Sie zeichneten unabhängig voneinander das ihnen zur Verfügung stehende Sternmaterial in ein Koordinatensystem ein, dessen Abszissenachse die Spektralklassen und dessen Ordinatenachse die absoluten Helligkeiten M_V anzeigt.

Das Ergebnis einer solchen Untersuchung zeigt die Abb. 5.14. Die Verteilung der Sternpunkte im Hertzsprung-Russell-Diagramm sieht also ganz anders aus, als man dies bei einer Zufallsverteilung erwarten würde:

1. Die Sternpunkte sind auf bestimmte Bereiche des HRD beschränkt; demnach muß zwischen dem Spektraltyp (bzw. der Oberflächentemperatur T_{eff}) und der absoluten Helligkeit (bzw. der Leuchtkraft L) ein Zusammenhang bestehen. Besonders auffallend ist die stark besetzte Diagonale von links oben (hohe Temperatur, große Leuchtkraft) nach rechts unten (niedrige Temperatur, geringe Leuchtkraft). Diese Diagonale heißt **Hauptreihe** (engl. main sequence) des HRD. Typische Hauptreihensterne sind:

Spika (α Vir, B1), Sirius (α CMa, A1), Regulus (α Leo, B7), Prokyon (α CMi, F5), Wega (α Lyr, A0), Sonne (G2), alle Sterne des Großen Wagens außer α UMa.

2. Rechts oberhalb der Hauptreihe im HRD befindet sich eine Sterngruppe, deren absolute Helligkeit größer als die der Hauptreihensterne gleichen Spektraltyps ist. Diese Sterne heißen **Riesensterne.** Da sie nämlich bei gleichem Spektraltyp auch die gleiche Oberflächentemperatur T_{eff} wie die entsprechenden Hauptreihensterne haben, muß nach Gleichung (5-13) die größere Leuchtkraft $L/L_\odot = (R/R_\odot)^2 \cdot (T_{eff}/T_{eff,\odot})^4$ der Riesensterne dadurch bedingt sein, daß sie größere Radien haben als Hauptreihensterne gleicher Spektralklasse.

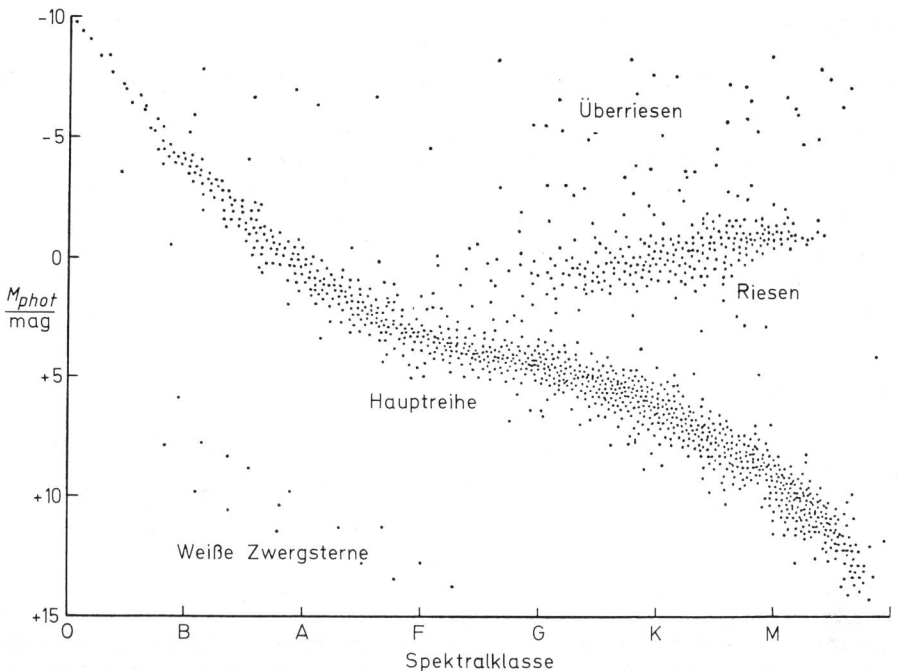

5.14 Hertzsprung-Russell-Diagramm.
Jeder Punkt entspricht einem Stern, dessen Spektraltyp und absolute Helligkeit bekannt sind (nach G.O. Abell, 1969).

Beispiele für Riesensterne sind:
Kapella (α Aur, G6/G2), Arktur (α Boo, K2),
Aldebaran (α Tau, K5), Pollux (β Gem, K0),
der 7. Stern des Großen Wagens (α UMa, K0).

3. Am oberen Rand des HRD liegen noch einige Sternpunkte, die von der Gruppe der Riesen deutlich abgesetzt sind. Da ihr Radius noch größer sein muß als der von Riesensternen gleicher Spektralklasse, nennt man sie **Überriesen.**

Zu den Überriesen gehören:
Polarstern (α UMi, F8), Rigel (β Ori, B8),
Beteigeuze (α Ori, M2), Deneb (α Cyg, A2),
Antares (α Sco, M1), Algenib (α Per, F5).

4. Links unterhalb der Hauptreihe findet man eine Gruppe von Sternen, deren absolute Helligkeit rund 10 mag unter der von Hauptreihensternen gleichen Spektraltyps liegt. Nach den Gleichungen (5-6) und (5-13) muß deshalb ihr Radius rund 100mal kleiner sein als der entsprechender Hauptreihensterne. Da sie vorwiegend den Spektralklassen um A angehören und daher dem Auge weiß erscheinen, heißen sie **Weiße Zwergsterne.**

Die bekanntesten Weißen Zwerge sind die Doppelsternkomponenten Sirius B und Prokyon B (s. dazu S. 148). Aus ihren Bahnen konnten ihre Massen bestimmt werden; man erhielt für beide Sterne etwa 1 $m_\odot$. Demnach muß die mittlere Dichte dieser Sterne bei rund 100mal kleinerem Radius etwa das 10^6fache der mittleren Dichte der Sonne sein, d. h. über 1 t/cm³. Der physikalische Zustand der Weißen Zwerge muß sich also von dem der Hauptreihensterne grundsätzlich unterscheiden.

5.2.2. Der physikalische Aufbau der Hauptreihensterne und die Masse-Leuchtkraft-Relation

Die Hauptreihensterne gruppieren sich im HRD sehr eng um eine Linie, die etwa diagonal von links oben (große Leuchtkraft, hohe Temperatur) nach rechts unten (geringe Leuchtkraft, niedrige Temperatur) verläuft. Wären die Abweichungen der Sternpunkte von dieser Linie nur durch Meßungenauigkeiten bedingt, so könnte man die Hauptreihenlinie als grafische Darstellung einer Funktion $L = f(T_{eff})$ ansehen. Daraus müßte man schließen, daß sich die Leuchtkraft L der Hauptreihensterne als Funktion der effektiven Temperatur T_{eff}, also einer einzigen Zustandsgröße, darstellen läßt. Jedenfalls besteht zwischen Leuchtkraft und Oberflächentemperatur der Hauptreihensterne ein sehr enger Zusammenhang. Berücksichtigt man hier noch die durch Gleichung (5-12) festgelegte Abhängigkeit der Leuchtkraft von effektiver Temperatur und Radius R, so erkennt man, daß bei den Hauptreihensternen durch die Vorgabe einer der drei Zustandsgrößen L, T_{eff} und R die beiden anderen bis auf geringe Abweichungen bestimmt sind.

In dieser erstaunlichen Tatsache werden grundsätzliche Gesetzmäßigkeiten im Aufbau der Hauptreihensterne sichtbar. Den Schlüssel zum Verständnis der Zusammenhänge zwischen innerem Aufbau und Oberflächeneigenschaften liefern die Masse-Leuchtkraft-Beziehung und die Masse-Radius-Beziehung.

Trägt man für alle Hauptreihensterne, deren Massen gut bestimmt werden konnten, den Logarithmus der Leuchtkraft $L/L_\odot$ in Abhängigkeit vom Logarithmus der Masse $m/m_\odot$ in ein Diagramm ein, so ergibt sich eine Punktreihe, die nur geringfügig von einer Geraden abweicht. Diese empirische **Masse-Leuchtkraft-Relation** läßt sich in erster Näherung durch die Funktion darstellen:

$$\frac{L}{L_\odot} = \left(\frac{m}{m_\odot}\right)^3 \qquad (5\text{-}21)$$

Auch zwischen Masse und Radius von Hauptreihensternen besteht ein ähnlich enger Zusammenhang. Wegen der relativ wenigen guten, aus Beobachtungen hergeleiteten Werte von Sternradien ist diese **Masse-Radius-Relation** zahlenmäßig jedoch nicht so scharf zu erfassen wie die Masse-Leuchtkraft-Relation. Es gilt näherungsweise:

$$\frac{R}{R_\odot} = \left(\frac{m}{m_\odot}\right)^{0,6} \qquad (5\text{-}22)$$

Die beiden Relationen beweisen, daß für die überwiegende Mehrzahl der Sterne – nämlich für alle Sterne, die sich im stabilen Gleichgewichtszustand der Hauptreihe des HRD befinden – sowohl die gesamte Strahlungsleistung als auch die Größe des Sterns durch die Sternmasse bestimmt wird.

Nach dem Stefan-Boltzmann-Gesetz (5-12) muß dann aber mit der Leuchtkraft und dem Radius auch die effektive Temperatur der Hauptreihensterne durch die Masse festgelegt sein. Gibt man für einen Hauptreihenstern die Masse vor, so ist damit seine Leuchtkraft und seine effektive Temperatur, also sein Platz im HRD bestimmt. Abb. 5.15 zeigt die Zuordnung der Werte von Masse und Radius zu den Punkten einer schematischen Hauptreihe.

Im Hertzsprung-Russell-Diagramm überwiegt die Zahl der Hauptreihensterne gegenüber der anderer Gruppen (Riesen, Überriesen, Weiße Zwergsterne) sehr stark. Obwohl wir im HRD nur ein Momentbild der Zustände haben, in denen sich das untersuchte Sternkollektiv befindet, können wir aus der dominierenden Zahl der Hauptreihensterne schließen, daß die Hauptreihenphase (abgesehen vom Endzustand) der weitaus längste Abschnitt in der Sternentwicklung sein muß, daß also die einzelnen Individuen auf der Hauptreihe – zu denen auch die Sonne gehört – sich in einem Zustand befinden, der sich durch Stabilität im Aufbau und nahezu zeitunabhängige Energieumwandlungen auszeichnet. Für sie besteht

a) Druckgleichgewicht, d. h. der (komprimierende) Schweredruck ist gleich dem (expansiven) Gasdruck,

b) eine ausgeglichene Energiebilanz, d. h. die pro Zeiteinheit produzierte Energie und die abgegebene Strahlungsleistung sind gleich.

In solchen Gleichgewichtszuständen können Sterne nur existieren, wenn bestimmte Bedingungen zwischen Masse und Energieproduktion sowie zwischen Masse und Sterngröße erfüllt sind. Dies ist die Ursache dafür, daß wir bei allen Hauptreihensternen die strengen Masse-Leuchtkraft- bzw. Masse-Radius-Relationen vorfinden. Die Sternmasse m ist diejenige Zustandsgröße, die sowohl den physikalischen Aufbau als auch die Energieproduktion und die Strahlungsleistung des Sterns in der Hauptreihenphase bestimmt.

Die Erkenntnisse über die Gleichgewichtsbedingungen und ihr Zustandekommen machen es möglich, den Verlauf von Druck $p(r)$, Temperatur $T(r)$, Dichte $\varrho(r)$ und spezifischer Energieerzeugung $\varepsilon(r)$ im Innern der Hauptreihensterne zu berechnen. Die Bedingung (a) muß für jede Kugelschale des Sterns erfüllt sein; sie ergibt

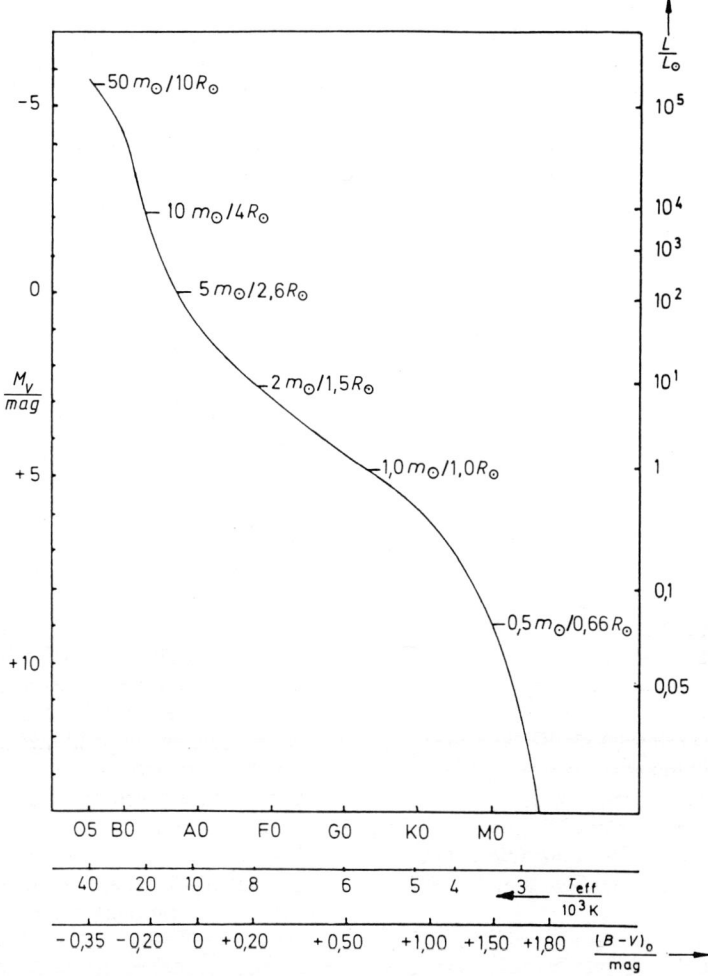

5.15 Die Hauptreihe des Hertzsprung-Russell-Diagramms (schematisch) mit Sternmassen und Sternradien. Als Abszissen stehen Skalen der Spektralklassen, der effektiven Temperaturen oder der Farbenindizes zur Verfügung, als Ordinate links die absoluten visuellen Helligkeiten, rechts die Leuchtkräfte in Einheiten der Sonnenleuchtkraft.

die Massenverteilung und damit den Druck- und Dichteverlauf. Mit der Bedingung (b) läßt sich die Energieproduktionsrate, der Energietransport, die Höhe der Zentraltemperatur und das Temperaturgefälle vom Zentrum zur Oberfläche berechnen.

Zunächst wird in einer Modellvorstellung der Verlauf der Funktionen in Abhängigkeit vom Zentrumsabstand r bestimmt. Dann wird dieses Modell durch Versuchsrechnungen – unter Beachtung der physikalischen Verknüpfungen zwischen den Variablen – so verändert, daß sich zum gegebenen Wert der Sternmasse m die beobachteten Werte von Radius R, Leuchtkraft L und Oberflächentemperatur T_{eff} ergeben.

Wenn dieses Ziel erreicht werden kann, so ist dies eine Bestätigung dafür, daß nicht nur die angenommenen Grundgleichungen für den Sternaufbau erfüllt, sondern auch unsere spezifischen Annahmen über die Energieproduktion und über die chemische Zusammensetzung der Sternmaterie richtig sind.

Wir können nun überblicken, welche gemeinsamen Eigenschaften die Hauptreihensterne haben und wodurch sich die längs der Hauptreihe des HRD angeordneten einzelnen Individuen unterscheiden. Gemeinsam ist allen Hauptreihensternen der lang anhaltende stabile Gleichgewichtszustand, die Energieproduktion durch

Wasserstoffkernfusionsprozesse und der Energietransport durch Strahlung (abgesehen von einzelnen Konvektionszonen). Diese Eigenschaften wurden bereits im 4. Kapitel bei der Sonne behandelt. Die dortigen Ergebnisse können auf andere Hauptreihensterne übertragen werden. Notwendige Bedingung für die Übereinstimmung in der Energieproduktion aller Hauptreihensterne ist die weitgehende Ähnlichkeit in der chemischen Zusammensetzung der Sternmaterie (vgl. Tab. 4.3, S. 108). Sie ist durch die Art der Sternbildung aus der interstellaren Materie gegeben.

Der primäre Unterschied besteht in den verschiedenen Massen der Hauptreihensterne; sie liegen – bedingt durch die individuellen Sternentstehungsprozesse – im Bereich von etwa 0,1 bis 50 Sonnenmassen. Die Massenunterschiede haben Unterschiede in den Radien, den Leuchtkräften und Oberflächentemperaturen, sowie in den Verweilzeiten der Sterne auf der Hauptreihe (vgl. S. 159) zur Folge.

5.2.3. Die Hauptreihe des HRD als Phase der Sternentwicklung

Im vorhergehenden Abschnitt wurde die Erkenntnis gewonnen, daß alle Hauptreihensterne sich in den Grundzügen des physikalischen Aufbaus gleichen und nahezu die gleiche chemische Zusammensetzung haben müssen. Die Häufigkeit der Elemente, die in Tab. 4.3 für den Hauptreihenstern Sonne aufgelistet ist, entspricht weitgehend derjenigen in der interstellaren Materie, aus der die Sterne entstanden sind, obwohl bei der Energieerzeugung durch Kernfusionsprozesse in den Hauptreihensternen laufend Wasserstoff in Helium umgewandelt, die chemische Zusammensetzung der Sternmaterie also verändert wird.

Dies zwingt zu dem Schluß, daß der Hauptreihenzustand eine Anfangsphase der Sternentwicklung darstellt. Sie beginnt, nachdem bei der Kontraktion einer interstellaren Materiewolke die Zentraltemperatur so hoch gestiegen ist, daß als erster Kernfusionsprozeß das „Wasserstoffbrennen" einsetzt (vgl. Abb. 4.6, S. 100).

Da sich die anderen Sterngruppen im HRD durch ihre chemische Zusammensetzung oder ihren physikalischen Aufbau von den Hauptrei-

hensternen unterscheiden, liegt die (inzwischen bestätigte) Annahme nahe, daß sie sich in anderen Phasen der Sternentwicklung befinden.

Das HRD gibt also nicht nur Auskunft darüber, welche Sternzustände in der Natur verwirklicht sind, sondern es ermöglicht auch einen Einblick in die Entwicklung der Fixsterne. Wie die Entwicklungswege im HRD verlaufen, konnte erst gefunden werden, als die Energiequellen der Sterne und ihre Ergiebigkeit bekannt waren und große Rechenanlagen die Lösung der Grundgleichungen des Sternaufbaus möglich machten. Dabei zeigte es sich, daß die verschiedene Besetzungsdichte der einzelnen Gruppen im HRD durch die Dauer des Aufenthalts in den entsprechenden Phasen der Sternentwicklung bedingt ist.

Wegen der hohen Energieausbeute des Wasserstoffbrennens verbleiben die Sterne am längsten von allen Entwicklungsphasen auf der Hauptreihe. Deswegen ist sie im HRD am dichtesten besetzt. Und da die Besetzungsdichte der Hauptreihe mit abnehmender Sternmasse zunimmt, muß die Verweildauer auf der Hauptreihe mit abnehmender Sternmasse wachsen. Die folgende Überlegung zeigt dies.

Wie bei der Sonne wird auch bei anderen Hauptreihensternen – abgesehen von den jeweiligen Wasserstoffkonvektionszonen – nicht die ganze Sternmaterie durchmischt. Die Anreicherung von Helium durch das Wasserstoffbrennen ist also auf den Zentralbereich des Sterns beschränkt. Erst wenn dort die Veränderung so stark geworden ist, daß sie Auswirkungen auf die Strahlung der Sternoberfläche hat, geht der gleichgewichtsartige Zustand zu Ende. Dies ist etwa dann der Fall, wenn der Stern rund 10 % seines Wasserstoffgehalts in Helium verwandelt hat.

Da die Leuchtkraft L während der Hauptreihenphase konstant bleibt, verbraucht der Stern während der Verweilzeit T_{HR} auf der Hauptreihe die Energie $W = L \cdot T_{HR}$.
Nun werden bei Wasserstoffkernfusionsprozessen durchschnittlich $6{,}13 \cdot 10^{14}$ J aus 1 kg Wasserstoff gewonnen. Bestand der Stern ursprünglich zu 70 % seiner Masse aus Wasserstoff (vgl. Tab. 4.3), so verwandelt er auf der Hauptreihe 7 % seiner Masse m, also die Masse $0{,}07 \cdot m$ in Helium und gewinnt daraus die Energie:
$$W = 6{,}13 \cdot 10^{14} \ (\text{J/kg}) \cdot 0{,}07 \cdot m.$$

Spektraltyp	O5	B0	A0	F0	G0	K0	M0
$\dfrac{m}{m_\odot}$	50	18	3,2	1,8	1,1	0,8	0,5
$\dfrac{T_{HR}}{\text{Jahre}}$	$3 \cdot 10^6$	$2 \cdot 10^7$	$7 \cdot 10^8$	$2 \cdot 10^9$	$6 \cdot 10^9$	$1 \cdot 10^{10}$	$3 \cdot 10^{10}$

Tab. 5.5 Massen m und Verweilzeiten T_{HR} auf der Hauptreihe für Sterne mit der gleichen chemischen Zusammensetzung wie die Sonne.

Für die Verweilzeit auf der Hauptreihe gilt also:

$$T_{HR} = (0{,}43 \cdot 10^{14} \frac{J}{kg}) \cdot \frac{m}{L} \qquad (5\text{-}23)$$

Berücksichtigt man noch die Masse-Leuchtkraft-Beziehung (5-21), so erhält man mit den Werten $L_\odot = 3{,}8 \cdot 10^{26}$ W, $m_\odot = 2 \cdot 10^{30}$ kg aus (5-23):

$$T_{HR} = (7{,}2 \cdot 10^9 \text{ a}) \cdot \left(\frac{m}{m_\odot}\right)^{-2} \qquad (5\text{-}24)$$

Tab. 5.5 gibt die Verweilzeiten auf der Hauptreihe für Sterne mit Massen zwischen 50 $m_\odot$ und 0,5 $m_\odot$ an, berechnet nach Gleichung (5-24). Man erkennt, daß die Hauptreihenphase für O5-Sterne rund 10 000mal kürzer ist als für M0-Sterne. Ein B0-Stern mit der Masse $m = 18\ m_\odot$ hat die Verweildauer $T_{HR} = 22$ Millionen Jahre. Befindet er sich also gegenwärtig auf der Hauptreihe, so kann er nicht älter als 22 Millionen Jahre sein.

Dagegen dauert für einen M0-Stern mit der Masse $m = 0{,}5\ m_\odot$ die Hauptreihenphase $T_{HR} = 29$ Milliarden Jahre.
Bei einem geschätzten Weltalter von 10 bis 20 Milliarden Jahren müssen demnach alle Sterne, die seit der Entstehung der Welt die Spektralklasse M und mehr oder weniger große Teile der Spektralklasse K bevölkert haben, sich heute noch immer dort befinden. Dies ist der Grund für die hohe Sterndichte auf diesem Teil der Hauptreihe.

Die große Streuung des Alters der Hauptreihensterne führt zu dem Schluß, daß der Prozeß der Sternentstehung in der Gegenwart noch andauert.

5.2.4. Spektroskopische Parallaxen und Leuchtkraftklassen

Das Hertzsprung-Russell-Diagramm zeigt, daß es Sterne gibt, die zwar gleiche Oberflächentemperaturen haben und deshalb dem gleichen Spektraltyp zugeordnet werden, deren Leuchtkräfte und Durchmesser aber ganz verschieden sind.
Ein G0-Stern der Hauptreihe hat z. B. die absolute Helligkeit $M_V = +4{,}4$ mag und etwa den gleichen Durchmesser wie die Sonne, während ein Riesenstern vom gleichen Spektraltyp $M_V = +1{,}0$ mag und etwa 6fachen Sonnendurchmesser hat und ein G0-Überriese im Extremfall $M_V = -8{,}0$ mag und mehr als 100fachen Sonnendurchmesser haben kann.

Der Spektraltyp ist durch die Intensitäten der Absorptionslinien im Spektrum bestimmt; sie hängen von den Oberflächentemperaturen ab. Die verschiedenen Durchmesser von Sternen mit gleicher Oberflächentemperatur führen ebenfalls zu charakteristischen Unterschieden in den Spektren.

Riesen und Überriesen sind spätere Entwicklungsphasen von Hauptreihensternen. Ihre Massen liegen nur wenig über denen von Hauptreihensternen gleichen Spektraltyps. Deshalb muß die Fallbeschleunigung $g = G \cdot m/R^2$ an der Oberfläche von Riesen und Überriesen wesentlich geringer als bei Hauptreihensternen sein. Für einen G0-Stern der Hauptreihe hat die Fallbeschleunigung g etwa den gleichen Wert wie für die Sonne, d. h. $g_\odot = 274$ m/s^2, für einen Riesenstern der gleichen Spektralklasse ist jedoch $g = 0{,}06 \cdot g_\odot$, für einen Überriesen sogar nur $g = 0{,}001 \cdot g_\odot$.

Mit abnehmender Fallbeschleunigung sinkt aber auch der Gasdruck in der Sternatmosphäre. Diese Abnahme des Drucks und damit der

Leuchtkraftklasse	Gruppe im HRD
Ia, Iab,Ib	Überriesen
II	helle Riesen
III	(normale) Riesen
IV	Unterriesen
V	Hauptreihensterne
VI	Unterzwerge

Tab. 5.6 Leuchtkraftklassen des MK-Systems und zugehörige Sterngruppen im HRD

Dichte in den Atmosphären von Sternen gleichen Spektraltyps mit zunehmender Leuchtkraft wirkt sich nun in zweifacher Weise auf das Absorptionslinienspektrum aus. Einerseits sinkt mit abnehmender Dichte die Häufigkeit der Zusammenstöße. Mit zunehmender Leuchtkraft der Sterne gleichen Spektraltyps nimmt deshalb die Breite der Spektrallinien ab. So sind etwa die Balmerlinien des Wasserstoffs bei den G0-Riesen schmäler als bei den G0-Hauptreihensternen, und bei den Überriesen gleichen Spektraltyps haben sie die geringste Breite. Andererseits sinkt mit abnehmender Atmosphärendichte auch die Wahrscheinlichkeit, daß Ionen durch Elektroneneinfang zu neutralen Atomen rekombinieren; damit steigt also der Ionisationsgrad in den Sternatmosphären. Mit zunehmender Leuchtkraft nimmt daher die Stärke der Absorptionslinien von Ionen relativ zu denen der neutra-

len Atome zu. Mit diesen Kriterien ist es möglich, Sterne gleichen Spektraltyps den verschiedenen Leuchtkraftgruppen im HRD zuzuordnen. Die so erhaltenen Werte von M_V nennt man **spektroskopische absolute Helligkeiten**.

Auf der Grundlage dieser empirischen Leuchtkraftkriterien entwickelten W. W. Morgan und P. C. Keenan am Yerkes-Observatorium das **MK- oder Yerkes-System** zur Einordnung der Sterne in **Leuchtkraftklassen**, die den Gruppierungen im HRD entsprechen. Durch die Angabe der Leuchtkraftklasse zum Spektraltyp hat man eine zweidimensionale Klassifikation gewonnen, in die sich rund 99 % der Sterne einordnen lassen. Die Kennzeichnung im MK-System wird so vorgenommen, daß dem Spektraltyp die Leuchtkraftklasse (Tab. 5.6) angehängt wird; so schreibt man z. B. für die Sonne G2 V oder für Beteigeuze M2 Iab (vgl. Tab. 7 im Anhang).

Sobald für einen Stern aus dem Spektrum nicht nur der Spektraltyp, sondern auch die Leuchtkraftklasse bestimmt werden kann, läßt sich seine absolute Helligkeit M_V einer Tabelle entnehmen (Tab. 5.7). Dabei ergeben sich für die Hauptreihensterne gute M_V-Werte, die sich zur Entfernungsbestimmung nach Gleichung (5-5) eignen. So gewinnt man **spektroskopische Parallaxen**. Dagegen sind die spektroskopischen Parallaxen für Sterne anderer Leuchtkraftklassen mit erheblichen Unsicherheiten belastet.

Sp \ LC	V	IV	III	II	Ib	Iab	Ia	Ia-0
O5	−5,7	−6,0	−6,3	−	−	−	−6,8	−
B0	−4,0	−4,7	−5,1	−5,7	−6,1	−6,4	−6,9	−8,2
B5	−1,2	−1,7	−2,2	−4,0	−5,4	−6,2	−7,0	−8,4
A0	+0,65	+0,3	0,0	−3,0	−5,2	−6,3	−7,1	−8,5
A5	+1,95	+1,3	+0,7	−2,8	−5,1	−6,6	−7,4	−8,8
F0	+2,7	+2,2	+1,5	−2,5	−5,1	−6,6	−8,0	−9,0
F5	+3,5	+2,5	+1,6	−2,3	−5,1	−6,6	−8,0	−9,0
G0	+4,4	+3,0	+1,0	−2,3	−5,0	−6,4	−8,0	−8,9
G5	+5,1	+3,1	+0,9	−2,3	−4,6	−6,2	−7,9	−8,6
K0	+5,9	+3,1	+0,7	−2,3	−4,3	−6,0	−7,7	−8,5
K5	+7,35	−	−0,2	−2,3	−4,4	−5,8	−7,5	−
M0	+8,8	−	−0,4	−2,5	−4,5	−5,6	−7,0	−8,0
M5	+12,3	−	−0,3	−	−4,8	−5,6	−6,8	−

Tab. 5.7 Absolute Helligkeiten M_V/mag für die Leuchtkraftklassen (LC) und Spektralklassen (Sp) des MK-Systems

5.2.5. Das Farben-Helligkeits-Diagramm (FHD). Entfernung und Alter Offener Sternhaufen

Bei der überwiegenden Mehrzahl aller beobachtbaren Sterne ist die scheinbare Helligkeit so gering, daß keine Spektren gewonnen werden können. Für diese Sterne sind also die bisher geschilderten Methoden der Klassifizierung nicht anwendbar. Deshalb können sie nicht ins HRD eingeordnet werden. Diese Schwierigkeit läßt sich jedoch auf dem Umweg über die Sternfarbe umgehen. Da nämlich die Farbenindizes (s. S. 138) wie die Spektralsequenz eine Temperaturskala darstellen, kann man die Spektralklassen durch Farbenindizes ersetzen (Tab. 5.8; s. a. Abszissenbeschriftung der Abb. 5.15).

Farbenindizes können – meist durch lichtelektrische Messungen – auch für sehr schwache Sterne mit hoher Genauigkeit und relativ geringem Zeitaufwand gewonnen werden. Dabei ist zweierlei zu beachten:

– Sterne gleicher Spektral-, aber verschiedener Leuchtkraftklasse, unterscheiden sich – außer in ihrem Absorptionslinienspektrum – auch im Intensitätsverlauf ihrer Kontinua.
Dies zeigt sich in den Differenzen zwischen den $(B-V)_0$- und den $(U-B)_0$-Werten zweier Sterne, die nahezu gleiche effektive Temperaturen, aber verschiedene Leuchtkräfte haben, z. B. G0 V und G0 III (s. a. das Eichmaterial in Tab. 5.8).

Spektraltyp, Leuchtkraftklasse	$(B-V)_0$ mag	$(U-B)_0$ mag	T_{eff} K
Hauptreihe, V			
O5	−0,35	−1,15	44 500
B0	−0,31	−1,06	30 000
B5	−0,16	−0,55	15 400
A0	0,00	−0,02	9 520
A5	+0,13	+0,10	8 200
F0	+0,27	+0,07	7 200
F5	+0,42	+0,03	6 440
G0	+0,58	+0,05	6 030
G5	+0,70	+0,19	5 770
K0	+0,89	+0,47	5 250
K5	+1,18	+1,10	4 350
M0	+1,45	+1,28	3 850
M5	+1,63	+1,2	3 240
M8	+1,8		2 640
Riesen, III			
G0	+0,65	+0,3	5 850
G5	+0,85	+0,53	5 150
K0	+1,07	+0,90	4 750
K5	+1,41	+1,5	3 950
M0	+1,60	+1,8	3 800
M5	+1,85	+2,3	3 330
Überriesen, I			
B0	−0,25	−1,2	26 000
A0	0,00	−0,3	9 730
F0	+0,25	+0,25	7 700
G0	+0,70	+0,60	5 550
G5	+1,06	+0,87	4 850
K0	+1,39	+1,34	4 420
K5	+1,70	+1,7	3 850
M0	+1,94	+1,7	3 650
M5	+2,14		2 800

Tab. 5.8 Eigenfarbenindizes $(B-V)_0$ und $(U-B)_0$ und effektive Temperaturen T_{eff} für die verschiedenen Typen der MK-Klassifikation

– Wenn das Sternlicht auf dem Weg zu uns Staubwolken im interstellaren Raum durchsetzt, wird es an den Staubteilchen gestreut und absorbiert, was zu einer Verfärbung des Sternlichts führt. Es tritt ein Farbenexzeß auf (s. S. 139).
Zur Aufstellung einer Eichskala dürfen daher nur solche Sterne verwendet werden, deren Licht keine solche Verfärbung erfahren hat, die also ihre Eigenfarbe zeigen. Die zugehörigen Farbenindizes werden mit $(B-V)_0$ usw. bezeichnet. Eine solche Eichskala enthält die Tab. 5.8.

Diagramme, bei denen als Abszisse der Farbenindex $(B-V)_0$, als Ordinate die visuelle Helligkeit aufgetragen ist, heißen **Farben-Helligkeits-Diagramme (FHD)**. Sie haben den gleichen Inhalt wie HR-Diagramme. Ihr Hauptanwendungsgebiet sind die Sternhaufen. Für diese Objekte sind Altersbestimmungen möglich, und deshalb spielen sie für die Erforschung der Sternentwicklung eine große Rolle.

Die meisten Sternhaufen sind so weit von uns entfernt, daß von ihren Sternen keine Spektren, sondern nur Farbenindizes gewonnen werden können. Andererseits kann man annehmen, daß alle Sterne eines Sternhaufens nahezu gleiche Entfernung von uns haben. Dies bedeutet, daß man im FHD als Ordinate zunächst die scheinbare statt der absoluten Helligkeit verwenden

kann, denn absolute und scheinbare Helligkeit aller Sterne eines Haufens unterscheiden sich nur um den Entfernungsmodul (s. S. 137).

Es gibt zwei Arten von Sternhaufen, die sich stark voneinander unterscheiden: die Offenen und die kugelförmigen Sternhaufen. Offene Sternhaufen sind überwiegend junge Gebilde. Wegen ihrer starken Konzentration zur Milchstraßenebene werden sie vielfach auch als galaktische Sternhaufen bezeichnet. Die kugelförmigen Sternhaufen gehören dagegen zu den ältesten Objekten des Milchstraßensystems (s. S. 211 ff.).

Offene Sternhaufen bestehen meist aus einigen hundert Sternen, die durch gegenseitige Gravitationskräfte miteinander wechselwirken (Abb. 12, 18, 19 und 20 im Anhang). Tab. 5.9 enthält Daten von einigen Offenen Sternhaufen, die schon mit bloßem Auge wahrgenommen werden können und besonders gut erforscht sind.
Die Farben-Helligkeits-Diagramme der Hyaden (Abb. 5.16) und Plejaden (Abb. 5.17) zeigen eine scharfe untere Grenze der Hauptreihe. Mit abnehmendem Wasserstoffgehalt wandern die Hauptreihensterne etwas nach rechts oben; der untere Rand der Hauptreihe wird also von Sternen markiert, die sich erst im Anfangsstadium der Wasserstoff-Umwandlung befinden. Dieser untere Rand der Hauptreihe ist bei

Bezeichnung und Ort (Sternbild) des Sternhaufens	Stern- anzahl	Durchmesser		$\dfrac{(m-M)_0}{\text{mag}}$	Entfernung in pc	Alter in Jahren
		scheinbar in Grad	linear in pc			
Hyaden Stier	350	7°	4,7	3,3	46	$4 \cdot 10^8$
Plejaden Stier	250	2°	4,4	5,8	130	$5 \cdot 10^7$
Praesepe M 44 Krebs	200	1,5°	4,2	6,2	174	$4 \cdot 10^8$
M 67 Krebs	500	0,25°	3,6	9,8	830	$5 \cdot 10^9$
Doppelhaufen h $\}$ Persei χ $\}$	350 300	0,5° 0,5°	19 21	13,5 13,6	2250 2400	$\}\ 2 \cdot 10^6$

Tab. 5.9 Daten einiger heller Offener Sternhaufen (Näheres im Text)

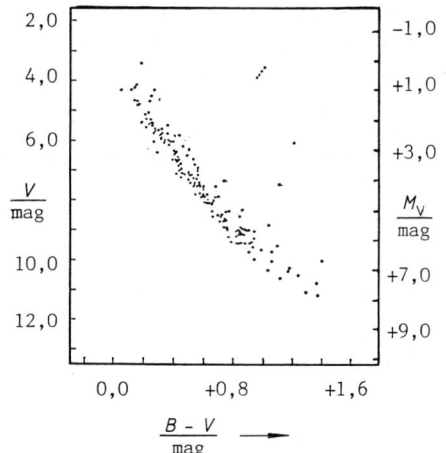

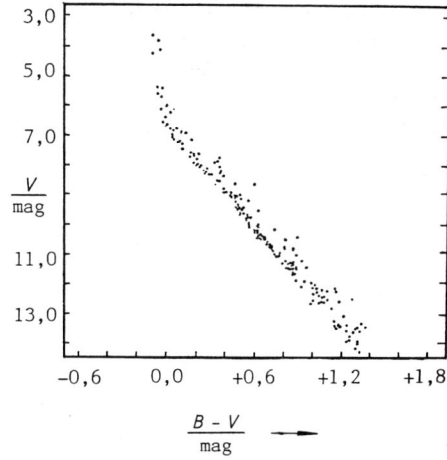

5.16 Farben-Helligkeits-Diagramm der Hyaden. Links die scheinbare, rechts die absolute visuelle Helligkeit.

5.17 Farben-Helligkeits-Diagramm des Offenen Sternhaufens M 45 (Plejaden).

Sternhaufen viel besser definiert als z. B. im HRD nach Abb. 5.14, weil die Mitglieder eines Sternhaufens wegen ihrer gemeinsamen Entstehung gleiche chemische Zusammensetzung haben, und weil bei Sternhaufen die Streuung der individuellen M_V-Werte wegfällt, denn für alle Mitglieder des Sternhaufens hat $m_V - M_V$ den gleichen Betrag. Bei den Hyaden kann man M_V aus dem Entfernungsmodul (5-5) berechnen (Abb. 5.16, rechte Ordinatenskala), denn die Entfernung dieses Sternhaufens konnte mit Hilfe der Sternstromparallaxe (s. S. 218 ff.) bestimmt werden.

Die Entfernungen aller anderen Offenen Sternhaufen werden dadurch ermittelt, daß jeweils die Hauptreihe des betreffenden FHD (Ordinate m) mit derjenigen des Hyaden-Diagramms (Ordinate M) zur Deckung gebracht wird. Damit erhält man den Entfernungsmodul $m - M$. Bei fast allen Offenen Haufen wird jedoch das Sternlicht beim Durchgang durch die in der galaktischen Ebene besonders stark konzentrierte interstellare Materie geschwächt. Da das Sternlicht dabei auch verfärbt wird (s. S. 139), kann man die Lichtschwächung bestimmen, indem man Farbenindizes der Haufensterne in zwei Spektralbereichen bestimmt (z. B. $U - B$ und $B - V$).

Die richtige Bestimmung der Entfernungen sehr vieler (mehrerer Hundert) Offener Haufen ist ein unentbehrliches Hilfsmittel bei der Erforschung der Struktur des Milchstraßensystems.

Die Tatsache, daß die Sterne eines Haufens sich einerseits durch gemeinsame Eigenschaften (gleiches Alter, gleiche chemische Zusammensetzung) auszeichnen, andererseits aber individuelle Unterschiede (verschiedene Massen) aufweisen, bietet eine hervorragende Möglichkeit, das Alter von Sternhaufen zu bestimmen und gleichzeitig nachzuprüfen, ob die Vorstellungen von den Vorgängen im Innern der Fixsterne richtig sind.

Die Verweilzeit eines Sterns auf der Hauptreihe ist durch seine Masse bestimmt (s. S. 159 und Tab. 5.5). Die Sterne eines Haufens haben sehr verschiedene Massen. Vom Alter eines Haufens hängt es ab, für welche Sterne die Verweilzeit auf der Hauptreihe schon abgelaufen ist. Bei Sternen mit großen Massen (im FHD links oben) geht nach dem Verlassen der Hauptreihe die Weiterentwicklung zunächst sehr rasch vonstatten. Deshalb ist es sehr unwahrscheinlich, Sterne in dieser Entwicklungsphase zu beobachten. Wir finden diese Sterne erst in einem späteren Stabilitätszustand als Überriesen oder Riesen (rechts oben im FHD) wieder.
Bei Sternen mit kleinen Massen verläuft die Entwicklung langsamer. Hier bilden die weiterentwickelten Sterne eine kontinuierliche Folge, die sich in einem Knick von der Hauptreihe absondert (s. Abb. 5.18). Das obere Ende der Hauptreihe und die Lage des Knicks sind Merkmale, an denen das Alter des Sternhaufens abgelesen werden kann.

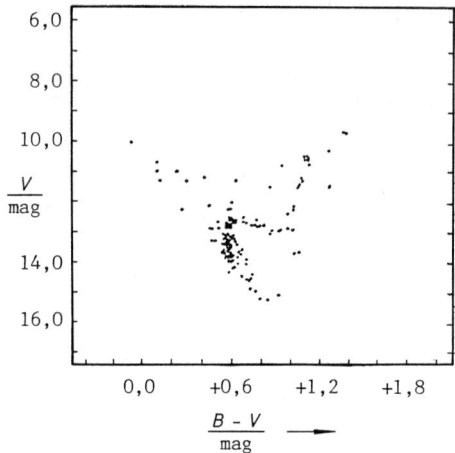

5.18 Farben-Helligkeits-Diagramm des Offenen Sternhaufens M 67.

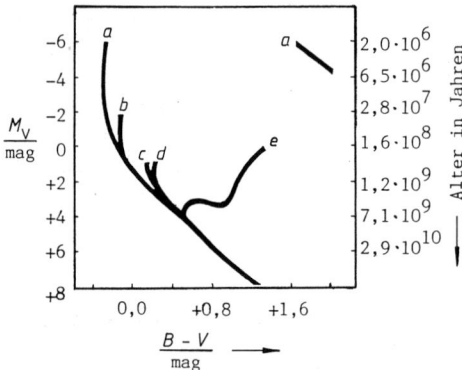

5.19 Schematische Farben-Helligkeits-Diagramme der Offenen Sternhaufen h + χ Persei (a), Plejaden (b), Hyaden (c), Praesepe (d), M 67(e).
Aus der Lage des oberen Endpunkts der Hauptreihe und – bei M 67 – aus der Höhe des Knicks läßt sich das Alter des Sternhaufens bestimmen.

Nach der Theorie der Sternentwicklung beginnen die Sterne sich von der Hauptreihe zu entfernen, wenn sie etwa 10% ihrer Masse in Helium verwandelt haben. Diese Zeiten können mit der Masse-Leuchtkraft-Beziehung berechnet werden. Werte für einige Offene Sternhaufen enthält die Tab. 5.9.
Die Abb. 5.19 zeigt schematische Farben-Helligkeits-Diagramme für einige Sternhaufen. Die Unterschiede zwischen den einzelnen Haufen sind in erster Linie Altersunterschiede. Die rechte Ordinate enthält eine Skala, an der mit der Höhe des oberen Endes der Hauptreihe bzw. des Knicks das Alter der betreffenden Sternhaufen abgelesen werden kann. Die Ergebnisse streuen in dem weiten Zeitraum zwischen 10^6 und 10^{10} Jahren.
Mit diesem Verfahren erhalten wir also Kenntnis vom tatsächlichen, gegenwärtigen Alter kosmischer Körper.

Aufgaben

1. Für den vorderen Deichselstern des Großen Wagens (Eta Ursae Maioris) wurden der MK-Typ B3 V, die scheinbare Helligkeit $m_V = 1{,}86$ mag und der Farbenindex $B - V = -0{,}18$ mag bestimmt.
   a) Bestätigen Sie mit Hilfe der Tab. 5.8, daß das Licht von Eta Ursae Maioris nicht wesentlich durch interstellare Materie geschwächt wird.
   b) Bestimmen Sie mit der Tab. 5.7 die absolute Helligkeit M_V und damit die spektroskopische Parallaxe des Sterns.
2. Zeta Persei gehört zum MK-Typ B1 Ib. Der Stern hat die scheinbaren Helligkeiten $U = 2{,}17$ mag, $B = 2{,}96$ mag, $V = 2{,}86$ mag.
   a) Berechnen Sie mit Hilfe der Tab. 5.8 die Farbenexzesse E_{U-B} und E_{B-V} und bestätigen Sie damit die interstellare Schwächung des Sternlichts.
   b) Welche Entfernung hat der Stern von uns?
3. Für den Doppelstern Jota Cancri wurden die folgenden Daten ermittelt:
   Stern A: $m_V = 4{,}20$ mag; MK-Typ G6 III,
   Stern B: $m_V = 6{,}61$ mag; MK-Typ A5 V.
   Projizieren sich die beiden Sterne nur zufällig nebeneinander an die Sphäre oder gehören sie physikalisch zusammen?
4. Beim FHD des Sternhaufens M 16 (Abb. 19 im Anhang) wird das obere Ende der Hauptreihe durch einen Stern mit der scheinbaren Helligkeit $m_V = 8{,}24$ mag und dem Farbenindex $B - V = +0{,}48$ mag gebildet. Aus den Farbenindizes $U - B$ und $B - V$ der Haufensterne wurde für den Haufen der Farbenexzeß $E_{B-V} = +0{,}83$ mag bestimmt.
   a) Was für einen Spektraltyp und welche absolute Helligkeit M_V hat der hellste Stern von M 16?
   b) Welche Entfernung und welches Alter hat M 16?

5.3. Die Entwicklung der Fixsterne

Fixsterne sind physikalische Systeme, die unablässig riesige Energiemengen in den Weltraum strahlen. Da nach dem Energieerhaltungssatz im Stern keine Energie erzeugt werden kann, muß er mit einem ungeheuren Energievorrat geboren worden sein, der sich durch die Abgabe von Strahlungsenergie laufend verringert. Dadurch verändert sich aber zwangsläufig der physikalische Zustand des Sterns: er altert. Der Lebensweg eines Fixsterns wird bestimmt durch die verschiedenen Energieumwandlungsprozesse, die er im Laufe seiner Entwicklung zur Deckung seiner Strahlungsenergieverluste erschließen kann.

Die beiden wichtigsten Energiequellen der Sternstrahlung sind die Gravitationsenergie und die Atomkernenergie (vgl. S. 96 ff.). Zur Freisetzung von Gravitationsenergie muß der Stern seinen Radius verkleinern; während dieser Kontraktionsphasen ändert sich sein physikalischer Zustand grundlegend. Solange der Stern seine Strahlungsenergie durch Kernfusionsprozesse gewinnt, befindet er sich dagegen in gleichgewichtsartigen Zuständen, deren wichtigster – das Hauptreihenstadium mit der Verschmelzung von Wasserstoff- zu Helium-Kernen – im vorhergehenden Abschnitt 5.2. ausführlich behandelt wurde. Wenn weder Kontraktion noch Kernfusionen imstande sind, den Strahlungsenergieverlust eines Sterns zu decken, so muß er seine innere Energie verringern, indem er sich abkühlt.

Die Kenntnisse über die verschiedenen Möglichkeiten der Energieumwandlung im Stern und über den Sternaufbau in den Gleichgewichtszuständen ermöglichen es, die Veränderungen im physikalischen Zustand der Fixsterne und damit ihren ganzen Lebensweg zu erforschen. Dies geschieht durch Berechnung von Sternmodellen. Dabei werden für einen bestimmten Sterntyp, der durch Anfangswerte von Masse und chemischer Zusammensetzung gekennzeichnet ist, eine Reihe von zeitlich aufeinander folgenden Modellen hergeleitet. Wegweiser und Kontrolle für den Gang dieser Rechnungen sind die im Hertzsprung-Russell-Diagramm niedergelegten Beobachtungsdaten. Drei Kriterien sind dabei für die Brauchbarkeit der Modellserien wichtig: Jedes Modell für den Sternaufbau darf nur zu solchen Wertepaaren für Temperatur und Leuchtkraft führen, die in der Natur beobachtet werden. Zum andern müssen die aus den Modellfolgen errechneten Zustandsänderungen im HR-Diagramm stetige Entwicklungswege ergeben. Schließlich muß die errechnete Dauer der einzelnen Gleichgewichtszustände der Häufigkeit entsprechen, mit der jede dieser Entwicklungsphasen im HR-Diagramm erscheint.

Der Lebensweg eines Fixsterns ist durch drei Phasen von sehr verschiedener Länge gekennzeichnet:
– *Vor-Hauptreihen-Entwicklung*
  Relativ kurze Phase, in der Strahlungsenergie ausschließlich aus dem Vorrat an Gravitationsenergie, also durch Kontraktion gewonnen wird.
– *Hauptreihenphase*
  Lang andauernder, gleichgewichtsartiger Zustand, in dem die Strahlungsenergie durch Kernumwandlung von Wasserstoff in Helium gedeckt wird.
– *Nach-Hauptreihen-Entwicklung*
  Relativ kurze Abschnitte von Kontraktionsphasen und Erschließung neuer Kernfusionsprozesse zur Deckung der abgestrahlten Energie wechseln sich ab.

5.3.1. Sternentstehung und Entwicklung bis zur Hauptreihe

Beobachtungsergebnisse

Die Entstehung der Sterne und die Frühphasen ihrer Entwicklung können optisch nicht beobachtet werden, da die Temperatur der betreffenden Objekte noch sehr niedrig ist. Trotzdem kennt man seit langem die Orte der Sternentstehung. Sterne der Spektralklassen O und B0 bis B2 sind nämlich noch so jung (s. Tab. 5.5), daß sie sich noch nicht weit von ihrem Entstehungsort entfernt haben können. Sie befinden sich überwiegend in größeren und kleineren Sternhaufen (Assoziationen), die ihrerseits von großen, oft sehr dichten Wolken interstellarer Materie umgeben sind (Abb. 12, 13, 14, 18, 19, 20 im Anhang).

Das bekannteste Beispiel sind die Trapezsterne im Großen Orionnebel (Abb. 16 im Anhang). In solchen dichten Materiewolken nimmt man die Gebiete der Sternentstehung an.

Seit der Entwicklung hochauflösender Empfangsanlagen für kosmische Radiostrahlung und mit modernen Infrarotteleskopen ist innerhalb dichter Materiewolken in der Tat eine größere Anzahl von Objekten gefunden worden, die man als Vor- oder Frühstadien von Fixsternen ansieht. Die am besten erforschten Objekte sind die Infrarotquellen im Orionnebel und eine Strahlungsquelle mit der Bezeichnung W3 im Sternbild Cassiopeia.

Diese Infrarot- und Radiobeobachtungen früher Sternentwicklungsphasen bilden einen Grundstein für die Modellrechnungen, die für Sternentstehungsprozesse mit verschiedenen Massen durchgeführt wurden.
Eine ähnliche Bedeutung haben optische Beobachtungen von Sternen, die sich noch in der Kontraktionsphase vor dem Einsetzen der Kernfusionsprozesse befinden und primär an sehr unregelmäßigem Lichtwechsel erkannt werden. Anhand solcher Modellrechnungen wurden die folgenden Vorstellungen über die Entwicklung der Sterne in der Vor-Hauptreihenphase entwickelt.

Theoretische Überlegungen zur Sternentstehung

Sollen aus einer kosmischen Materiewolke Sterne entstehen, so muß diese irgendwie komprimiert werden. Geschieht dies durch die eigene Schwerkraft, so muß der mittlere Schweredruck in der Wolke größer als der Gasdruck sein. Dieser Zustand wird als **Gravitationsinstabilität** bezeichnet. Bei gegebener Temperatur und Dichte der Wolke ist es dazu erforderlich, daß ihre Masse einen bestimmten Mindestbetrag übersteigt. Bei einer Temperatur von 10 K und einer Dichte von der Größenordnung 10 H_2-Moleküle/cm^3, wie sie aus der Radiostrahlung von Molekülen in solchen Materiewolken häufig bestimmt werden konnten, liegt diese Massenschranke bei einigen 100 $m_\odot$.

Wenn der Prozeß der Sternentstehung aus interstellarer Materie bis zur Gegenwart andauert, so müssen ursprünglich stabile Materiewolken gravitationsinstabil werden. Die Ursache dafür dürfte in der Regel eine zufällige oder durch äußere Einwirkungen (z. B. großräumige Strömungen im interstellaren Gas) verursachte Erhöhung der lokalen Dichte in der Wolke sein. Die Kontraktion einer solchen Materiewolke ist ein physikalisch außerordentlich komplexer

Für den Mittelwert des Schweredrucks p_s in einer kugelsymmetrischen Gaswolke mit Masse m und Radius R wurde auf S. 94 der Betrag abgeschätzt:

$$p_s = \frac{G}{4\pi} \cdot \frac{m^2}{R^4} \qquad (5\text{-}25)$$

Aus der Zustandsgleichung idealer Gase (4-8) von S. 94 erhält man mit der mittleren Teilchenmasse m_1, also der Teilchenzahl $N = m/m_1$ und dem Volumen $V = 4\pi R^3/3$ der Materiewolke für den mittleren Gasdruck:

$$p_g = \frac{3k}{4\pi m_1} \cdot \frac{m \cdot T}{R^3} \qquad (5\text{-}26)$$

Gravitationsinstabilität bedeutet $p_s > p_g$, also:

$$\frac{G}{4\pi} \cdot \frac{m^2}{R^4} > \frac{3k}{4\pi m_1} \cdot \frac{m \cdot T}{R^3}$$

Mit der mittleren Dichte $\varrho = 3m/4\pi R^3$ kann man hieraus den Wolkenradius R eliminieren und erhält dann nach einigen Umrechnungen für die Masse der Wolke die Bedingung:

$$m > 2{,}54 \cdot \left(\frac{k}{G\,m_1}\right)^{3/2} \cdot \sqrt{\frac{T^3}{\varrho}} \quad (5\text{-}27)$$

Eine einfach zu handhabende Form dieser Gleichung erhält man, wenn man berücksichtigt, daß die überwiegende Zahl der Teilchen interstellarer Wolken Moleküle oder Atome des Wasserstoffs sind, deren Massendichte bei der Größenordnung 10^{-20} kg · m^{-3} liegt, während die Temperatur der Wolken von der Größenordnung 10 K ist:

$$m > 10^3 m_\odot \cdot \left(\frac{T}{10\text{ K}}\right)^{3/2} \cdot \left(\frac{10^{-20}\text{ kg/m}^3}{\varrho}\right)^{1/2} (5\text{-}28)$$

Überschreitet also die Dichte einer interstellaren Wolke die durch Gleichung (5-28) gegebene Schranke

$$\varrho_{min} = \left(\frac{T}{10\text{ K}}\right)^3 \cdot \left(\frac{m}{m_\odot}\right)^{-2} \cdot 10^{-14} \frac{\text{kg}}{\text{m}^3}, \quad (5\text{-}29)$$

so beginnt sie, sich unter dem Einfluß der eigenen Gravitation zusammenzuziehen, man spricht vom **Gravitationskollaps.**

Vorgang, denn die kollabierende Wolke besitzt nicht überall die gleiche Dichte. Sie besteht aus sehr verschiedenartigen Teilchen (Moleküle,

Atome, Ionen, Elektronen, Staubpartikel), die thermische Geschwindigkeiten haben, aber auch an den überall im Kosmos vorhandenen Materieströmungen teilnehmen und in interstellare Magnetfelder eingebettet sind. Außerdem sind die Wechselwirkungen von Gas- und Staubpartikeln der Wolke mit der Strahlung grundsätzlich verschieden.

Seitdem es genügend leistungsfähige und schnelle Rechenanlagen gibt, kann man diese Gegebenheiten wenigstens näherungsweise in Modellrechnungen der Sternentstehung einbeziehen. Aber auch jetzt noch muß man mit den Modellen hinter der Vielfalt der Wirklichkeit zurückbleiben. Entwicklungswege im HRD für solche Sternmodelle verschiedener Massen zeigt die Abb. 5.20.
In den hier zunächst skizzierten Ergebnissen von Modellrechnungen wird von der vereinfachenden Annahme kugelsymmetrischer Wolken ausgegangen. Besonders beachtet werden hier die thermischen Vorgänge beim Kollaps. Dabei ergeben sich drei Phasen der Sternbildung:

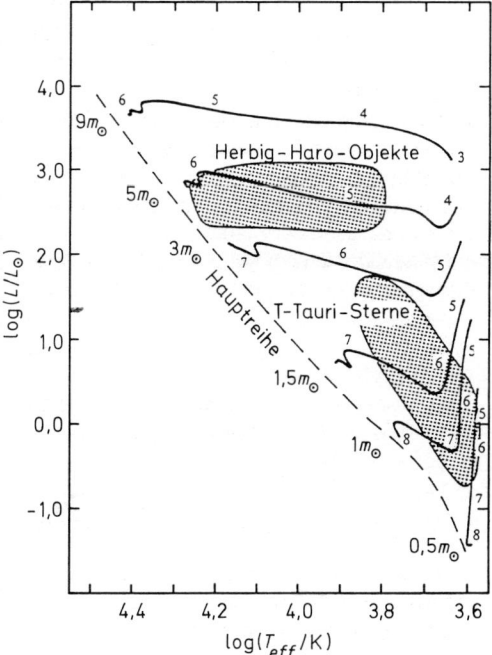

5.20 Entwicklungswege im HRD für die Vor-Hauptreihenphase von Modellsternen verschiedener Masse. Die Zahlen längs der Entwicklungswege sind die Logarithmen der Entwicklungsdauer in Jahren.

1. Phase: Fragmentierung, Bildung eines Kerns.

Beim Kollaps der Materiewolke finden wegen der thermischen Eigenbewegung der Teilchen dauernd Zusammenstöße statt, die mit wachsender Dichte immer häufiger werden. Dabei wird in zunehmendem Maße Fallbewegungsenergie, die von den Teilchen im Gravitationsfeld aufgenommen wurde, in kinetische Energie der ungeordneten thermischen Bewegung, also in Wärme umgewandelt. Solange die Dichte der Wolke gering bleibt, wird die so entstandene Wärmeenergie vollständig abgestrahlt. Die Temperatur der kollabierenden Wolke ändert sich also zunächst nicht.
An Stellen zufällig höherer Dichte zieht sich die Wolke wegen der stärkeren Gravitationskraft rascher zusammen. Mit steigender Dichte sinkt die für die Gravitationsinstabilität notwendige Mindestmasse (vgl. Gleichung (5-28)). Deshalb können die dichteren Teile der Wolke zu neuen Kontraktionszentren werden. Die Wolke zerfällt also in einzelne Fragmente, die ihrerseits wieder durch Inhomogenitäten aufgespalten werden können. Dieses Bild entspricht der Beobachtung, daß junge Sterne bevorzugt in Gruppen (Assoziationen) in Erscheinung treten.

Dieser Aufspaltungsprozeß der Materiewolke in immer kleinere, in sich zusammenfallende Teile kann sich aber nicht unbegrenzt fortsetzen. Dafür sorgt der Staub, der zu rund 1 % der Masse in der Wolkenmaterie vorhanden ist. Im Gegensatz zur Linienabsorption der Moleküle und Atome des interstellaren Gases absorbieren Staubteilchen kontinuierlich im ganzen elektromagnetischen Spektrum. Mit wachsender Dichte im Zentralbereich eines Wolkenfragments absorbiert der Staub immer stärker die Wärmestrahlung und behindert dadurch zunehmend die Abstrahlung der durch Teilchenzusammenstöße entstandenen Wärmeenergie. Infolgedessen steigt die Temperatur im Zentralbereich an. Damit wächst aber auch der Gasdruck im Kontraktionszentrum (vgl. Gleichung (5-26)), bis er schließlich dem Schweredruck das Gleichgewicht hält und damit vorerst eine weitere Kontraktion des Kerns verhindert.
Die Masse dieses „hydrostatischen" Kernbereichs beträgt nur wenige Promille der Gesamtmasse des betreffenden Wolkenfragments, sein Durchmesser einige AE.
Die Zeitspanne vom Beginn der Kontraktion bis zur Bildung des hydrostatischen Kerns liegt bei einigen 10^5 Jahren.

Da laufend Materie auf den Kern herunterregnet, wächst seine Masse dauernd an. Gleichzeitig bildet sich durch den Aufprall der Materie an der Oberfläche des Kerns eine Schicht hoher Temperatur, die den Kern aufheizt und außerdem Wärme abstrahlt.

2. Phase: Der Protostern

Wenn die Temperatur des Kerns auf etwa 2000 K gestiegen ist, beginnt der Wasserstoff, der bisher weitgehend in Form von H_2-Molekülen vorhanden war, in Atome zu dissoziieren. Sobald im Zentrum einige 10^4 K erreicht sind, setzt dort die Ionisation der H-Atome ein. Der Energiebedarf dieser beiden Prozesse muß jeweils durch einen neuen Kollaps des Zentralbereichs aus dem Gravitationsfeld des Kerns gedeckt werden. Wenn schließlich der ganze Wasserstoff im Zentralbereich ionisiert ist, stellt sich dort wieder ein hydrostatisches Gleichgewicht ein. Im ersten Kern hat sich also ein zweiter gebildet, der einen sehr viel kleineren Durchmesser und eine entsprechend höhere Dichte als der erste hat und im wesentlichen aus einem Wasserstoffplasma besteht. Der erste Kern löst sich im weiteren auf, indem seine Materie auf die Oberfläche des zweiten Kerns herabregnet und diese dabei auf eine Temperatur von einigen tausend Kelvin aufheizt.

Auch der zweite Kern enthält nur einen kleinen Bruchteil der Gesamtmasse des kollabierenden Wolkenteils. Ein solches Objekt, das aus einem hydrostatischen Kern mit einer Oberflächentemperatur von einigen 10^3 K und einer ausgedehnten Gas- und Staubhülle besteht, aus der Materie auf den Kern herunterregnet, wird als **Protostern** bezeichnet.

3. Phase: Der Weg zur Hauptreihe

Hier muß zwischen massearmen und massereichen Sternen unterschieden werden.
a) Bei Protosternen, deren Masse von der Größenordnung der Sonnenmasse oder kleiner ist, ist die Zentraltemperatur von rund 10^5 K zu niedrig, als daß Kernfusionsprozesse einen wesentlichen Beitrag zur Energieerzeugung liefern könnten. Der Protostern muß daher die ganze Strahlungsenergie aus seinem Gravitationsfeld decken. Die einstürzende Hülle ist dazu zwar imstande. Da aber die Masse des Kerns laufend zunimmt, wird sein hydrostatisches

Gleichgewicht dauernd gestört, was zur Kontraktion des Kerns in der Nähe des hydrostatischen Gleichgewichts führt.

In der Nähe des hydrostatischen Gleichgewichts gilt nach (5-25) und (5-26) mit der Teilchenzahl $N = m/m_1$:

$$G \frac{m^2}{R} \approx 3N \cdot k \cdot T$$

Links steht bis auf das Vorzeichen und einen von der Dichteverteilung abhängigen Zahlenfaktor der Größenordnung 1 die Gravitationsenergie W_{gr} des Protosterns, rechts das Doppelte der mittleren thermischen Energie W_{th} seiner Teilchen:

$$- W_{gr} \approx 2 \, W_{th}$$

Dies bedeutet, daß nur etwa die Hälfte der bei der Kontraktion freigesetzten Gravitationsenergie ΔW_{gr} zur Erhöhung ΔW_{th} der thermischen Energie, also zur Temperaturerhöhung des Protosterns dient:

$$\Delta W_{th} \approx -\frac{1}{2} \Delta W_{gr} \qquad (5\text{-}30)$$

Der Rest der Gravitationsenergie muß abgestrahlt werden.
Obwohl dabei die Leuchtkraft eines Protosterns von Sonnenmasse auf mehrere Tausend Sonnenleuchtkräfte ansteigen kann, wird der hell leuchtende Kern des Protosterns höchstens für kurze Zeit sichtbar, denn der Staub in der ihn umgebenden Materiewolke wird mit zunehmender Kontraktion immer dichter und absorbiert schließlich das gesamte vom Kern kommende Licht. Dabei heizt er sich auf, bis er die ganze absorbierte Strahlungsleistung wieder nach außen abstrahlt. Da die Hülle einen sehr viel größeren Radius hat als der Kern, ist ihre Temperatur im Strahlungsgleichgewicht nach dem Stefan-Boltzmann-Gesetz (s. S. 265) wesentlich niedriger als die der Kernoberfläche. Sie liegt bei einigen 100 K. Nach dem Wienschen Verschiebungsgesetz (s. S. 265) liegt das Intensitätsmaximum im Spektrum eines schwarzen Strahlers dieser Temperatur im Mikrometerbereich. Deshalb wird der Protostern zuerst im Infraroten beobachtbar.

Während dieser letzten Entwicklungsphase vor dem Erreichen der Hauptreihe regnet die restliche Hüllenmaterie auf die Oberfläche des Kerns herab. Dadurch wird die Hülle immer durchsichtiger und gibt zunehmend den Blick frei auf den entstehenden Stern, der damit auch optisch wahrnehmbar wird. Die wolkenartige Struktur der Resthülle bringt es mit sich, daß dieser Vorgang mit unregelmäßigen Helligkeitsschwankungen des Sterns verbunden ist, wie sie tatsächlich bei den veränderlichen Sternen vom Typ T Tauri beobachtet werden.

Gleichzeitig steigt infolge der langsamen, quasihydrostatischen Kontraktion des Kerns seine Zentraltemperatur weiter an, da nach Gleichung (5-30) stets etwa die Hälfte der freigesetzten Gravitationsenergie zur Temperatursteigerung verwendet wird. Damit nimmt die Häufigkeit der Kernfusionen des p-p-Prozesses zu (s. Abb. 4.6, S. 100), bis diese schließlich den gesamten Strahlungsenergieverlust decken können, den der Stern entsprechend seiner Masse auf der Hauptreihe erfährt. Dann hört die Kontraktion auf, und der Stern ist auf der Hauptreihe angekommen.

b) Bei massereicheren Protosternen mag zu Beginn der quasihydrostatischen Phase bereits eine Materiemenge von einer Sonnenmasse oder mehr im Kern vereinigt sein, während sich noch ein Vielfaches davon in der ihn umgebenden Hülle befindet. Die hohe Massenkonzentration im Kern hat auch eine entsprechend große Menge Gravitationsenergie freigesetzt. Deshalb ist die Kerntemperatur schon so hoch, daß einerseits im Zentralbereich die Kernfusionsprozesse des Wasserstoffbrennens einen wesentlichen Teil der Energieproduktion übernommen haben und andererseits die Kernoberfläche wegen ihrer hohen Temperatur eine Strahlung aussendet, deren Intensitätsmaximum nach dem Wienschen Verschiebungsgesetz im UV liegt. Diese Strahlung enthält daher einen hohen Anteil von energiereichen Photonen, die bei der Absorption durch Staubteilchen imstande sind, deren Fallbewegung zu blockieren („unelastische" Stöße). Da Gas und Staub durch Zusammenstöße der Teilchen miteinander gekoppelt sind, wird das ganze zum Kern stürzende Material der Hülle in einer relativ scharf definierten Entfernung vom Kern gestoppt. Dort bildet sich eine Schale verdichteter Materie, ein „Kokon". Innerhalb des Kokons ist die Energiedichte der Strahlung so hoch, daß einsickernde Staubteilchen sofort verdampft werden. Die von der Kernoberfläche kommende Strahlung erreicht also den Kokon nahezu ungeschwächt.

Sie wird vom Staub im Kokon absorbiert und heizt diesen so weit auf, bis er die gesamte absorbierte Strahlungsleistung wieder nach außen abstrahlt. Nach dem Strahlungsgesetz von Stefan und Boltzmann und dem Wienschen Verschiebungsgesetz liegt das Intensitätsmaximum der Strahlung des Kokons im infraroten Spektralbereich.

Steigt die Oberflächentemperatur des Protosternkerns über 25 000 K, so enthält seine Strahlung einen hohen Anteil an Photonen, deren Energie höher ist als die Ionisationsenergie des Wasserstoffs von 13,6 eV. Diese Ultraviolett-Photonen sind imstande, das Wasserstoffgas in einer bestimmten Umgebung des Kerns vollkommen zu ionisieren. Je höher die Temperatur der Kernoberfläche und je geringer die Dichte des Wasserstoffs ist, desto größer ist der Durchmesser der dadurch gebildeten H^+-Bereiche (häufig wird dafür die aus der Spektroskopie stammende Bezeichnung **HII-Region** verwendet; s. auch S. 198 ff.).

Die 13,6 eV übersteigende Restenergie der ionisierenden Photonen wird als Bewegungsenergie auf die freigesetzten Protonen und Elektronen übertragen, was zu einer Temperatursteigerung in den HII-Regionen auf rund 10^4 K führt. Dies und die Verdoppelung der Teilchendichte bei der Ionisation führt zu einer beträchtlichen Steigerung des Gasdrucks relativ zum umgebenden interstellaren Medium.
Von jungen, heißen Sternen geht demnach eine Druckwelle aus; sie kann kühle Materiewolken in der Umgebung so weit komprimieren, daß sie gravitationsinstabil werden (vgl. S. 166), kollabieren und dadurch neue Sterne bilden können. Auf diese Weise kann die Entstehung heißer Sterne zu einer Kettenreaktion in den umliegenden interstellaren Wolken führen, durch die immer wieder neue Sternbildungen bewirkt werden.

Es gibt eine ganze Reihe von HII-Regionen, bei denen solche Wirkungen beobachtet werden können. Am bekanntesten ist der große Orionnebel (Abb. 14 im Anhang), eine HII-Region, die von den Trapezsternen erzeugt wird, und hinter der in einer dichten Materiewolke Infrarotobjekte beobachtet werden. Sehr wahrscheinlich handelt es sich dabei um Protosterne in verschiedenen Entwicklungsphasen, die ihre Entstehung einer von der HII-Region des Orionnebels ausgehenden Druckwelle verdanken.

Obwohl mit den kugelsymmetrischen Modellen für entstehende Sterne sehr viele Vorgänge bei der Sternentstehung gedeutet werden können, haben sie zwei schwerwiegende Mängel: sie berücksichtigen weder die stets vorhandenen Materieströmungen in den interstellaren Wolken, die zur Rotation der Protosterne mit den entsprechenden Trägheitseffekten führen müssen, noch die in Wirklichkeit sicher völlig unsymmetrische Massenverteilung in den Wolkenfragmenten, aus denen sich die Sterne bilden.

Rechnungen mit entsprechend verfeinerten Modellen liefern als wichtigstes Ergebnis eine große Wahrscheinlichkeit für die Entstehung von Doppelsternsystemen. Dies entspricht der Beobachtung, daß ein hoher Prozentsatz der Sterne Mitglieder von Doppel- oder Mehrfachsystemen sind.

Damit die Rotationsgeschwindigkeit des Protosterns beim Kollaps nicht immer größer wird und so die Kontraktion durch die Fliehkraft schon vor dem Erreichen der Hauptreihe gestoppt wird, muß der Kern einen Großteil seines Drehimpulses an die Gas- und Staubhülle abgeben können. Diese umgibt ihn dann in seiner Äquatorebene als rotierende Scheibe und könnte sich zu einem Planetensystem entwickeln. Infrarotobjekte und Sterne mit solchen Massenansammlungen in der Äquatorebene wurden verschiedentlich beobachtet. Es ist aber noch nicht gelungen, die beobachteten Infrarotobjekte eindeutig bestimmten Phasen der Sternentstehung zuzuordnen.

5.3.2. Nach-Hauptreihen-Entwicklung. Der Weg zu den Riesen- und Überriesen-Sternen.

Der Aufenthalt der Sterne auf der Hauptreihe und die Vorgänge im Innern während dieses langen Stabilitätszustandes wurden im Abschnitt 5.2.3 behandelt. Am Ende dieser Phase enthält der Helium-Kern, der sich während des zentralen Wasserstoffbrennens gebildet hat, fast keinen Wasserstoff mehr. Die Fusionen der Wasserstoffkerne finden jetzt in einer dünnen, sich an den He-Kern anschmiegenden Kugelschale statt. Mit der Erschöpfung des Wasserstoffvorrats in dem mit Helium angereicherten Zentralbereich sinkt dort der Gasdruck. Deshalb wird dieser Bereich zunehmend komprimiert. Die Verkleinerung des Heliumkerns und die Verlagerung des Wasserstoffbrennens in eine

Schale rufen im ganzen Stern große Veränderungen hervor, die sich äußerlich durch starke, teilweise auch schnelle Veränderungen der Oberflächentemperatur T_{eff} und der Leuchtkraft L bemerkbar machen. Ihnen entsprechen Wanderungen der Sternpunkte im HRD: die Nach-Hauptreihen-Entwicklung beginnt.

Die Wege der Sternpunkte beginnen dabei – entsprechend den verschiedenen Sternmassen – an ganz verschiedenen Stellen der Hauptreihe, führen aber zunächst alle in den rechts oben gelegenen Bereich des HRD mit kleinen Werten von T_{eff}, aber großen Leuchtkräften L. Sterne mit niedrigen Oberflächentemperaturen, aber hohen Leuchtkräften müssen nach der Definitionsgleichung (5-12) für die effektive Temperatur große oder sogar sehr große Oberflächen bzw. Radien haben. Aus Hauptreihensternen sind Riesen wie Kapella, Arktur, Aldebaran oder Überriesen wie Antares und Beteigeuze der Leuchtkraftklassen III bis I geworden.

Im Riesenstadium kann die Umwandlung von Helium in schwerere Kerne beginnen, zunächst in Kohlenstoff und Sauerstoff. Die zur Zündung dieses Prozesses nötige Steigerung der Zentraltemperatur kommt durch die Schrumpfung des mit Helium angereicherten Zentralbereichs zustande.

Die Kontraktion des Heliums im Kern

Das zunächst isotherm aufgebaute Helium-Zentralgebiet beginnt zu schrumpfen, wenn fast aller Wasserstoff in diesem Kernbereich erschöpft ist, also keine Kernfusionsprozesse mehr stattfinden, die mit ihrer Energieproduktion die für das hydrostatische Gleichgewicht nötige hohe Temperatur gewährleisteten. In diesem Entwicklungspunkt hat die Helium-Zentralmasse etwa 10 % der Gesamtmasse des Sterns erreicht (entsprechend den Punkten B und C in Abb. 5.21). Diese Kernkontraktion, die zuerst nur langsam in Gang kommt, dann aber immer schneller und wirksamer wird, ist der Anstoß zu einer mächtigen Expansion der äußeren, hauptsächlich Wasserstoff enthaltenden Teile des Sterns: der Riesenstern entsteht. Mit der Kontraktion des He-Kerns tritt zum Wasserstoff-Schalen-Brennen eine zusätzliche Energiequelle in Tätigkeit. Die Temperatur steigt zuerst in diesem Zentralbereich, indem entsprechend Gleichung (5-30) Gravitationsenergie in thermische Energie umgewandelt wird. Dies hat aber sofort eine

Temperatursteigerung in der den Helium-Kern umschließenden Wasserstoff-Brennschale zur Folge. Dadurch steigt die Energieproduktion in dieser Schale stark an (vgl. Abb. 4.6, S. 100).

Die Auswirkung auf die Wasserstoff-Hülle des Sterns und auf die Oberflächenparameter

Bei den Sternen, deren Massenwerte der Sonnenmasse ähnlich sind (dies ist die weitaus größte Anzahl aller Hauptreihensterne), wird der verstärkte, aus dem Innern kommende Energiestrom zunächst innerhalb der Wasserstoffhülle absorbiert, ehe die Energie durch Strahlung oder Konvektion an die Oberfläche gelangt: die Temperatur in der Hülle steigt, die äußeren Teile des Sterns expandieren.

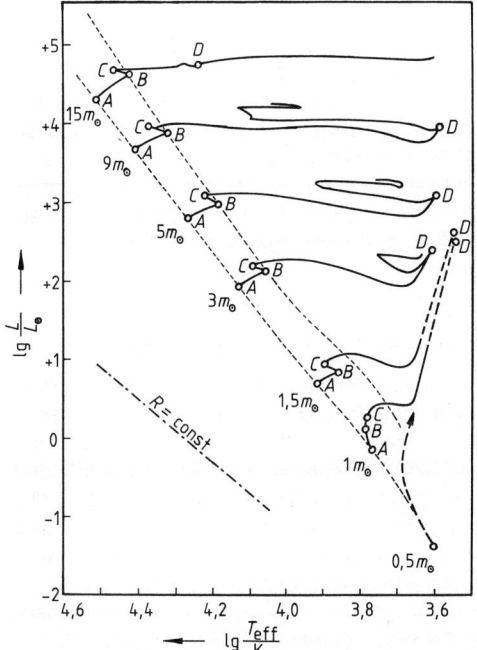

5.21 Entwicklungswege von Sternen im Hertzsprung-Russell-Diagramm. Die Buchstaben entsprechen gleichartigen physikalischen Zuständen:
A: Ankunft auf der Hauptreihe;
B: Beginn der Kontraktion des mit Helium angereicherten Zentralbereichs bei den Sternen mit 1,5 $m_\odot$ und darüber;
C: Ende des Wasserstoffbrennens im Zentralbereich;
D: Beginn des Heliumbrennens im Zentralbereich.
Die gestrichelten Linien begrenzen die Hauptreihe. Die Linien konstanter Sternradien bilden eine Schar von Parallelen, von denen links unten eine eingezeichnet ist.

Die Oberflächentemperatur sinkt aber zunächst infolge dieser Ausdehnung der Hülle (der horizontale Weg rechts von Punkt C in Abb. 5.21).

Schließlich erreicht jedoch der größte Teil der erzeugten Energie die Sternoberfläche und wird abgestrahlt. Nur ein kleinerer Teil der Energie wird weiterhin zur Ausdehnung des Sterns verwendet. Die Abstrahlung der zusätzlich erzeugten Energie führt zu einer Leuchtkraftsteigerung. Die Oberflächentemperatur bleibt dagegen wegen der starken Expansion nahezu konstant (Wegstück aufwärts zum Punkt D in Abb. 5.21).

Das Riesen-Stadium.
Umwandlung von He in C und O

Gleichzeitig mit der Hüllenexpansion steigt beim Schrumpfungsprozeß des Helium-Kerns die Zentraltemperatur immer weiter, bis bei über 10^8 K die Umwandlung von He in C und O beginnt. Der inzwischen entstandene Riesenstern erlebt eine Phase, die durch den Wechsel von Stabilität und Instabilität gekennzeichnet ist, wobei Schwankungen der Werte von L und T_{eff} auftreten. Sie zeigt sich im HRD durch Pendelbewegungen der Sternpunkte (nach Punkt D in Abb. 5.21). Alle Sterne mit Massen über 0,5 $m_\odot$ können den Zustand des He-Brennens erreichen.

Sterne, deren Massen über etwa 3 $m_\odot$ liegen, erreichen infolge der Kontraktion des Helium-Kerns ebenfalls das Stadium der Roten Riesen (oder sogar Überriesen) und beginnen dort mit dem He-Brennen. Diese Sterne besitzen jedoch schon im Hauptreihenstadium eine andere Struktur und eine andere Art des Energietransports als die masseärmeren Sterne. Sie durchlaufen den Entwicklungsweg ins Riesengebiet mit großer Geschwindigkeit und erleben bei der gewaltigen Ausdehnung nur eine starke Verminderung der Oberflächentemperatur, jedoch keine wesentliche Leuchtkraftsteigerung (nahezu horizontale Entwicklungswege in Abb. 5.21).

Die Hertzsprung-Lücke

Da die massereicheren Sterne die Entwicklung zum Roten Riesenstern sehr rasch durchlaufen, ist es sehr unwahrscheinlich, Sterne in dieser Phase zu beobachten. Dies ist der Grund für die „Hertzsprung-Lücke" zwischen der oberen Hauptreihe und den Riesen bzw. Überriesen im

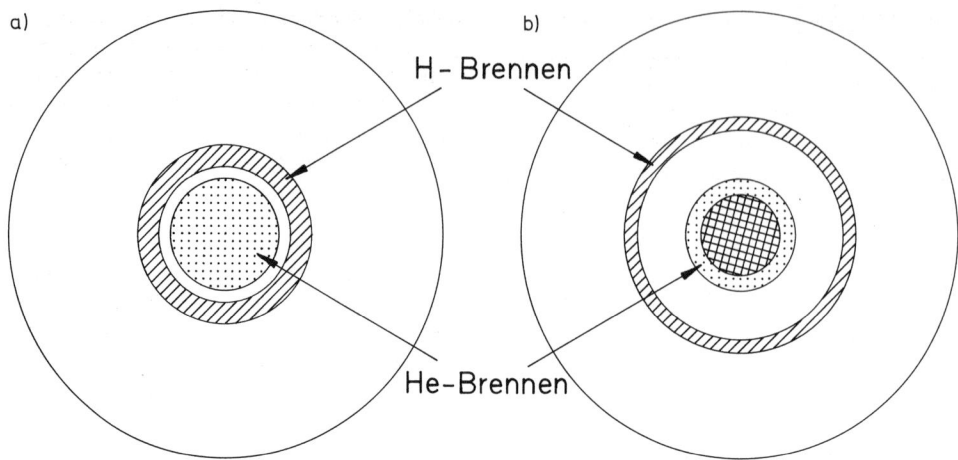

a)

b)

H - Brennen

He-Brennen

5.22 Schematischer Aufbau eines Riesensterns (a) am Anfang, (b) am Ende des He-Brennens im Kern. Der Sternradius ist in Wirklichkeit einige 1000mal größer als der Radius des Zentralbereichs, in dem die Kernfusionsprozesse ablaufen, läge also bei der obigen Darstellung in der Größenordnung 10 m.

HRD. Die sich langsamer verändernden Sterne geringerer Masse sind dagegen auch auf ihren Entwicklungswegen zwischen der Hauptreihe und dem Riesenstadium beobachtbar.

Diese unterschiedliche Beobachtbarkeit von Sternen verschiedener Masse auf ihren Wegen ins Riesengebiet ist am besten auf dem schematischen Farben-Helligkeits-Diagramm der Sternhaufen Abb. 5.19 zu erkennen.

Das Helium-Brennen und die Weiterentwicklung

Da die Kerne der Heliumatome eine doppelt so große Kernladung besitzen wie Wasserstoffkerne, erfordert die Überwindung der Coulombschwelle bei der Verschmelzung zweier He-Kerne eine wesentlich höhere Energie als beim Wasserstoffbrennen. Die Zentraltemperatur im Stern muß deshalb rund 10mal höher sein als auf der Hauptreihe. Die Verschmelzung zweier ^{4}He-Kerne führt zu einem ^{8}Be-Kern, der jedoch spontan mit einer Halbwertszeit von ungefähr 10^{-16} s wieder in zwei ^{4}He-Kerne zerfällt. Nur wenn einer der sehr seltenen ^{8}Be-Kerne während seiner kurzen Lebensdauer von einem ^{4}He-Kern getroffen wird, verschmilzt er mit einer gewissen Wahrscheinlichkeit mit diesem zu einem ^{12}C-Kern.
Im Endergebnis sind also drei Heliumkerne (Alphateilchen) zu einem Kohlenstoffkern ver-

schmolzen. Deshalb wird dieser Kernfusionsprozeß auch 3α-Prozeß genannt. Obwohl bei jedem dieser relativ seltenen Fusionsprozesse nur 7,3 MeV freigesetzt werden (gegenüber rund 26 MeV beim Wasserstoffbrennen), kann der 3α-Prozeß bei genügend hoher Massendichte den Energiebedarf eines Sterns decken. Dies wird noch dadurch begünstigt, daß ein Teil der entstandenen ^{12}C-Kerne mit einem weiteren Alphateilchen zu einem ^{16}O-Kern verschmilzt, wobei wieder 7,2 MeV abgegeben werden.

Nachdem im Zentralbereich das Helium in Kohlenstoff verwandelt worden ist, wandert noch eine heliumbrennende Schale hinter der wasserstoffbrennenden Schale nach außen. Dieses ganze Zentralgebiet ist umgeben von einer riesigen Wasserstoffhülle (Abb. 5.22). Für Sterne mit Massen unter 1,4 $m_\odot$ ist damit die Reihe der Kernfusionsprozesse zu Ende, da ihre Masse nicht ausreicht, um durch Kontraktion des Kerns die Temperatur bis zum Zünden des Kohlenstoffbrennens (vgl. Abb. 4.6, S. 100) zu steigern. Sie wandern im HRD ins Gebiet der Weißen Zwerge (s. S. 183ff.).

Nur massereiche Sterne mit ausreichendem Vorrat an Gravitationsenergie können bis zur Bildung von Ne-, Mg-, Si- und schließlich Fe-Kernen vordringen. Für diese Fusionsprozesse sind Zentraltemperaturen über 10^9 K erforderlich.

Die Massenverluste

Während des Riesen- und Überriesenstadiums und auf dem Wege durch die Spätphasen zu den Endzuständen können die Sterne durch ständiges Abströmen und durch plötzliche Expansionen größere Teile ihrer Masse verlieren. Ein Stern mit der ursprünglichen Masse 1,5 $m_\odot$ kann dadurch auf 0,8 $m_\odot$, ein Stern von 3,0 $m_\odot$ auf 1,2 $m_\odot$ reduziert werden. Beobachtet werden Hüllenabschleuderungen bei der Bildung von Planetarischen Nebeln (s. S. 177) und bei Nova-Ausbrüchen (s. S. 177), sowie stetige Massenverluste durch Materie, die aus den enorm ausgedehnten Sternatmosphären der Riesen und Überriesen mit Geschwindigkeiten von wenigen km/s abströmt, da sie durch die Gravitationskraft nicht mehr genügend festgehalten werden kann. Bei diesem letzteren Vorgang, dem „Sternenwind", werden sehr große Materiemengen (größenordnungsmäßig $10^{-6}\,m_\odot$ pro Jahr) in den Weltraum befördert.

5.3.3. Spätphasen der Sternentwicklung

Die Spätphasen der Entwicklung werden von den Sternen sehr rasch durchlaufen. Unsere Kenntnisse über die in schneller Folge eintretenden Veränderungen sind noch sehr lückenhaft. Bei einem Teil der Sterne treten auffällige Helligkeitsänderungen auf: periodische Schwankungen bei den Pulsationsveränderlichen, Helligkeitssteigerungen und -ausbrüche bei den Novae und Supernovae.

Diese Erscheinungen gehören zusammen mit den Planetarischen Nebeln zu den wenigen Anhaltspunkten, die von seiten der Beobachtung als Grundlage für das Verständnis der Spätphasenentwicklung geliefert werden. Die Theorie kann – über die Berechnungen aufeinanderfolgender Sternmodelle – in diesen Bereich der Sternentwicklung nur unter großen Schwierigkeiten eindringen. Die raschen und vielfältigen Veränderungen in den Sternen machen es notwendig, in dieser Entwicklungsphase für jeden Sterntyp gegebener Masse und chemischer Zusammensetzung eine große Anzahl von Modellen zu berechnen, die in sehr kurzen Zeitschritten die Entwicklung zu verfolgen suchen.

Im Endzustand der Entwicklung befinden sich diejenigen Sterne, in denen keine Kernfusionen mehr stattfinden. Hier können Beobachtung und Theorie wieder viel genauere Aussagen machen, als dies über die späten Entwicklungsphasen möglich ist.

Pulsationsveränderliche

Es ist zu erwarten, daß ein so kompliziertes physikalisches System wie ein Fixstern die raschen und einschneidenden Änderungen seiner Energieabstrahlung und Energieerzeugungsprozesse nicht ohne Gleichgewichtsstörungen überstehen kann. Tatsächlich beobachtet man bei vielen Sternen Änderungen ihrer Helligkeit, die – dies zeigen Dopplereffekte ihrer Spektrallinien (vgl. S. 149) – von radialen Bewegungen ihrer Atmosphären begleitet sind. Wenn sich hierbei ein Stern periodisch zusammenzieht und wieder ausdehnt, so bezeichnet man ihn als Pulsationsveränderlichen. Von dieser Gruppe veränderlicher Sterne sollen hier drei Typen behandelt werden, die für die Sternentwicklung besonders wichtig sind: die RR-Lyrae-Sterne, die Delta-Cephei-Sterne und die Mira-Sterne.

a) Beobachtungsergebnisse von RR-Lyrae- und Delta-Cephei-Sternen
Die Sterne beider Gruppen zeichnen sich durch sehr regelmäßig verlaufende Helligkeitsänderungen aus. Die Namen der beiden Gruppen stammen von dem zuerst entdeckten Vertreter des Typs.

Stern	scheinbare Helligkeit in mag		Periode des Lichtwechsels	mittlere absolute Helligkeit $\bar{M}_V$ in mag
	Max.	Min.		
RR Lyrae	7,1	8,0	13,6 h	+0,6
δ Cephei	3,6	4,3	5,4 d	−3,5

Tab. 5.10 Wichtige Daten der Pulsationsveränderlichen RR Lyrae und δ Cephei

δ Cephei ist ein mit dem bloßen Auge sichtbarer Stern. Man findet ihn, wenn man die Strecke von β nach α Cygni an der Sphäre um sich selbst verlängert. RR Lyrae steht auf der Verbindungslinie zwischen δ Cygni und α Lyrae (Wega). Der Stern kann mit dem bloßen Auge nicht beobachtet werden. Die wichtigsten Daten der beiden Sterne enthält die Tab. 5.10.

Bei allen RR-Lyrae-Sternen sind die Perioden kürzer als 1 Tag. Die Amplituden der Helligkeitsschwankungen sind bei den meisten dieser Sterne sehr klein. Dagegen liegen die Perioden der Delta-Cephei-Sterne überwiegend zwischen 3 und 50 Tagen, ihre Amplituden zwischen 0,1 mag und 2 mag. Die Delta-Cephei-Sterne haben sehr große absolute Helligkeiten; M_V liegt zwischen −1,5 mag und −5 mag. Im Milchstraßensystem sind etwa 5000 RR-Lyrae-Sterne und 700 Delta-Cephei-Sterne bekannt. Der Polarstern ist ein Delta-Cephei-Veränderlicher.

Beide Gruppen von Pulsationsveränderlichen gehören zu den wichtigsten Entfernungsmarken, da man ihre absoluten Helligkeiten kennt und daraus nach Gleichung (5-5) ihre Entfernungen berechnen kann. Bei allen RR-Lyrae-Sternen ist die mittlere absolute Helligkeit $\overline{M}_V = \frac{1}{2}(M_{V,\,max} + M_{V,\,min})$ fast gleich; als bester Wert gilt $\overline{M}_V = +0,6$ mag mit einer Streuung von ±0,2 mag.

RR-Lyrae-Sterne kommen häufig in kugelförmigen Sternhaufen vor und besetzen dort eine ganz bestimmte Stelle im Farben-Helligkeits-Diagramm (s. S. 211 f., besonders Abb. 7.8). Die mittlere absolute Helligkeit $\overline{M}_V$ dieser RR-Lyrae-Sterne läßt sich ermitteln, wenn die Entfernung des betreffenden Kugelhaufens bestimmt werden kann. Dies geschieht grundsätzlich auf die gleiche Weise wie die Entfernungsbestimmung der Offenen Sternhaufen (s. S. 163). Das Verfahren ist allerdings schwierig durchzuführen: Wegen der großen Entfernungen der Kugelhaufen erscheinen die Hauptreihensterne so lichtschwach, daß ihre scheinbare Helligkeit nur bei wenigen Kugelhaufen ermittelt werden kann. Die Schwierigkeit wird dadurch noch vergrößert, daß wegen des hohen Alters der Kugelhaufen nur der unterste Teil der Hauptreihe, wo die Leuchtkräfte am geringsten sind, von Sternen besetzt ist.

Bei den Delta-Cephei-Sternen sind die absolute Helligkeit $\overline{M}_V$ und die Periode P des Lichtwechsels verknüpft durch die Gleichung:

$$\overline{M}_V = -1,67 \text{ mag} - (2,54 \text{ mag}) \cdot \lg \frac{P}{d} \qquad (5\text{-}31)$$

Mit Hilfe dieser **Perioden-Helligkeits-Beziehung** kann man aus der beobachteten Periode eines Delta-Cephei-Sterns seine absolute Helligkeit und damit nach Gleichung (5-5) seine Entfernung bestimmen. Sie wurde hergeleitet aus Beobachtungen von Delta-Cephei-Sternen der Kleinen Magellan-Wolke (s. S. 242). Diese Sterne haben von uns nahezu die gleiche Entfernung, die damals allerdings nicht bekannt war. Erst nachdem in einigen Offenen Sternhaufen bekannter Entfernung auch Delta-Cephei-Sterne gefunden worden waren, konnte die Perioden-Helligkeits-Beziehung geeicht werden.

Die periodischen Helligkeitsänderungen der RR-Lyrae-Sterne und der Delta-Cephei-Sterne kommen durch periodisch abwechselnde Ausdehnung und Kontraktion der Oberflächenschichten zustande. Dabei ändern sich die Sternradien um etwa 10 % ihres Mittelwerts. Dies äußert sich in periodischen Verschiebungen der Spektrallinien infolge des Dopplereffekts, die synchron zu den Helligkeitsänderungen verlaufen (Abb. 5.23). Gleichzeitig ändert sich

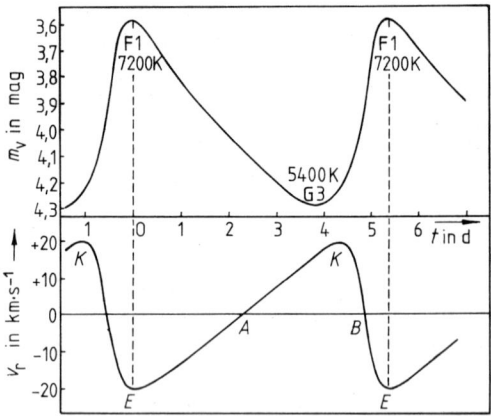

5.23 Lichtkurve (oben) und Radialgeschwindigkeitskurve – bezogen auf den Sternmittelpunkt – (unten) für Delta Cephei. Positive Radialgeschwindigkeit bedeutet, daß sich die Sternoberfläche vom Beobachter weg bewegt. Bei K ist also die Kontraktionsgeschwindigkeit, bei E die Expansionsgeschwindigkeit am größten. Bei A und B ist die Radialgeschwindigkeit null. Der Radius hat bei A seinen größten, bei B seinen kleinsten Wert erreicht.

auch die Oberflächentemperatur und damit der Spektraltyp. Diese periodischen Temperaturänderungen sind die unmittelbare Ursache für die beobachteten Helligkeitsänderungen, nicht die periodischen Größenänderungen der strahlenden Oberfläche; Abb. 5.23 zeigt dies deutlich.

b) Zum Mechanismus des Pulsationsvorgangs

Auch in den Spätphasen ihrer Entwicklung befinden sich die Sterne nahezu im hydrostatischen Gleichgewicht. Störungen eines stabilen Gleichgewichtszustandes führen jedoch bei allen physikalischen Systemen zu gedämpften Schwingungen um die Gleichgewichtslage (wenn die Energieverluste durch Reibung nicht zu groß sind). Deshalb ist zu erwarten, daß in den Spätphasen der Sternentwicklung mit ihren raschen Zustandsänderungen solche Schwingungen auftreten. Bei den Pulsationsveränderlichen bleibt jedoch die Schwingungsamplitude konstant; es ist also keine Dämpfung zu beobachten. Dies ist nur möglich, wenn die durch innere Reibung verursachten Verluste an Schwingungsenergie kontinuierlich aus einem Energiereservoir wieder ersetzt werden.

Schwingungen dieser Art, bei denen der Schwinger selbst die Energiezufuhr durch einen Rückkopplungsmechanismus steuert, heißen selbsterregte Schwingungen. Beispiele für mechanische Systeme, die solche selbsterregte Schwingungen ausführen, sind etwa die Uhren, die Streichinstrumente ebenso wie die im Wind singenden Telefondrähte, oder die Pfeifen. Bei jedem dieser Beispiele steht dem Schwinger ein Energiereservoir zur Verfügung, aus dem er im Rhythmus seiner Eigenfrequenz gerade so viel Energie entnimmt, daß die Reibungsenergieverluste gedeckt werden.

Bei den Pulsationsveränderlichen besteht das Energiereservoir aus dem Strahlungsstrom, der vom Sternzentrum nach außen fließt. Die periodische Steuerung der Energiezufuhr wird durch die Druckabhängigkeit des Absorptionsvermögens in den äußeren Schichten geliefert. Steigt nämlich der Druck in der Sternatmosphäre infolge der Kontraktion, so wächst die Temperatur und damit die Zahl der Zusammenstöße von Teilchen in der Zeiteinheit und die mittlere Energie der Teilchen.

Bei einem teilweise ionisierten Gas nimmt deshalb mit der Temperatur auch der Ionisationsgrad der betreffenden Gasschicht zu. Dabei wird ein Teil der freigesetzten Gravitationsenergie zur Ionisation des Gases verwendet und nicht zur Temperatursteigerung. Die betrachtete Gasschicht bleibt deshalb bei der Kompression kühler als die oben und unten angrenzenden Schichten, in denen der Ionisationsgrad bei 0 % bzw. bei 100 % liegt. Das Absorptionsvermögen der teilweise ionisierten Schicht ist dann größer als das der benachbarten Schichten. Sie entnimmt daher aus dem sie durchsetzenden Strahlungsstrom eine beträchtliche Energie – wie ein Schwamm, der sich in einem Wasserstrahl mit Wasser vollsaugt.

Durch diese Energieabsorption sinkt aber während der Kontraktion auch die Temperatur und damit der Gasdruck der weiter außen liegenden Schichten, was die Kontraktion noch verstärkt.

Dehnt sich der Stern wieder aus, so sinkt mit dem Druck auch die Temperatur, was in der teilweise ionisierten Schicht den Ionisationsgrad senkt. Dadurch wird Ionisationsenergie frei, die nun durch Temperatur- und Drucksteigerung die Ausdehnung verstärkt. Die teilweise ionisierte Schicht wirkt also wie ein Ventil, das die von innen kommende Strahlungsenergie so steuert, daß jeweils die gerade ablaufende Schwingungsphase verstärkt wird.

Zur Erzeugung dieses Effekts kommen nur solche Schichten in Frage, in denen Wasserstoff oder Helium teilweise ionisiert sind, denn nur bei diesen beiden Elementen ist die Atom- bzw. Ionendichte genügend groß. Die Ionisationsschicht des Wasserstoffs liegt in einer Tiefe, in der die Temperatur etwa 10 000 K beträgt, die des Heliums bei 12 000 K (einfache Ionisation, $He \longleftrightarrow He^+$) und bei 40 000 K (doppelte Ionisation, $He^+ \longleftrightarrow He^{2+}$). Da die Ionisationsenergie des Wasserstoffs 13,6 eV, die des Heliums 24,6 eV ($He \rightarrow He^+$) bzw. 54,4 eV ($He^+ \rightarrow He^{2+}$) beträgt, ist diejenige Schicht der beste Energiespeicher, in welcher der Übergang vom einfach zum doppelt ionisierten Helium stattfindet. Damit die betreffende Schicht die nötige Energie speichern kann, muß sie genügend nahe an der Oberfläche liegen, wo die Schwingungsamplitude groß ist.

Andererseits muß aber auch die Masse, also die Dichte und die Dicke der Schicht hinreichend groß sein; daher muß sie genügend tief liegen.

Aus diesen sich widersprechenden Forderungen folgt, daß selbsterregte Schwingungen nur unter besonderen physikalischen Bedingungen in solchen Sternen auftreten können, bei denen die betreffenden Ionisationszonen gerade in der richtigen Tiefe liegen, genügend ausgedehnt sind und keinen konvektiven Energietransport aufweisen, wie er z. B. in der Wasserstoffkonvektionszone der Sonne auftritt (vgl. S. 101). Sterne, die diese Bedingungen erfüllen, müssen ganz bestimmte Gebiete im HRD besetzen. Befinden sie sich dort, so ist die Wahrscheinlichkeit für das Auftreten von Pulsationen sehr groß, denn bereits kleine Unstetigkeiten des Strahlungsflusses, wie sie in der Nach-Hauptreihen-Entwicklung zwangsläufig vorkommen, werden durch den erwähnten Rückkopplungseffekt so weit aufgeschaukelt, bis der Energieverlust durch Dämpfung gleich der Energiezufuhr aus dem Strahlungsstrom ist.

Die Abb. 5.24 zeigt die Instabilitätsstreifen für die RR-Lyrae-Sterne und die Delta-Cephei-Sterne im Hertzsprung-Russell-Diagramm. Die Delta-Cephei-Sterne sind junge, massereiche Überriesen mit relativ niedrigem Wasserstoff- und hohem Metallgehalt. Sie können auf ihrer Wanderung von der Hauptreihe ins Gebiet der roten Überriesen den Instabilitätsstreifen mehrfach durchqueren. Die RR-Lyrae-Sterne sind sehr alte Riesensterne mit Massen um 0,6 $m_\odot$, die sich nach dem Stadium als Rote Riesen auf dem Horizontalast der Farben-Helligkeits-Diagramme von Kugelhaufen bewegen (s. S. 212).

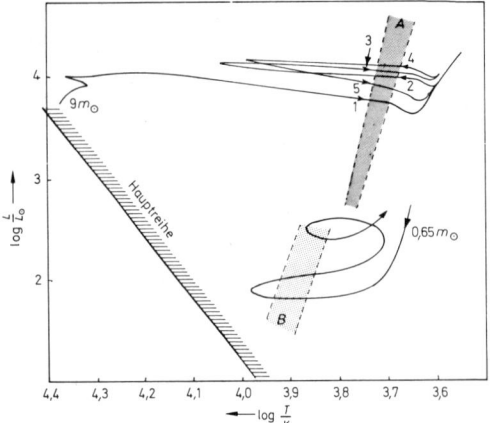

5.24 Instabilitätsbereiche der Delta-Cephei-Sterne (A) und der RR-Lyrae-Sterne (B) im Hertzsprung-Russell-Diagramm und Entwicklungswege je eines Prototyps dieser Veränderlichen nach Modellrechnungen.

c) Langperiodische oder Mira-Veränderliche
Der Prototyp dieser Gruppe ist Omikron Ceti, dessen Veränderlichkeit bereits 1596 entdeckt wurde und der daraufhin den Namen Mira (der wunderbare Stern) erhielt. Mira-Sterne bilden die zahlreichste Gruppe veränderlicher Sterne. Ihr Platz im HRD weist sie als Riesen der Spektralklasse M oder K aus (etwa 90 % davon sind Me-Sterne, d. h. sie sind Sterne der Spektralklasse M mit Emissionslinien im Spektrum). Die visuellen Helligkeitsamplituden liegen zwischen 3 mag und 5 mag und nehmen mit der Periodenlänge zu; die bolometrischen Helligkeitsschwankungen sind wesentlich geringer.

Die Formen der Lichtkurven sind sehr variabel und von Stern zu Stern verschieden. Die Perioden liegen zwischen 80 d und 1000 d. Die Atmosphärentemperatur schwankt bei diesen Sternen gerade in einem Intervall, in dem die Bildung bzw. Dissoziation von Molekülen vor sich geht: Sinkt die Temperatur, so bilden sich Moleküle, die mit ihrer Bandenabsorption die visuelle Helligkeit stark herabsetzen, obwohl die Temperatur nur um rund 500 K schwankt. Steigt die Temperatur, so dissoziieren die Moleküle in Atome, d. h. ihre Bandenabsorption verschwindet wieder.

Während eines Drittels der Periode treten die erwähnten Emissionslinien auf, größtenteils jene der Balmerserie des Wasserstoffs; sie sind unmittelbar nach dem Helligkeitsmaximum am stärksten.

Die Gruppe der Mira-Sterne scheint uneinheitlich zu sein. Sie besteht vermutlich aus verschieden alten Exemplaren, die aber alle eine ausgedehnte Wasserstoff-Konvektionszone unter ihrer Oberfläche haben. Da ihre Massen bei 1 $m_\odot$, ihre Radien bei einigen 100 $R_\odot$ liegen, befinden sie sich nahe der Stabilitätsgrenze für Sterne, so daß schon geringfügige Änderungen im konvektiven Energietransport beträchtliche Schwankungen im physikalischen Aufbau der äußeren Schichten hervorrufen können. Diese Vorstellung wird unterstützt durch die Beobachtungstatsache, daß der Prozentsatz der Mira-Veränderlichen unter den M-Sternen von M1 bis M8 zunimmt und hier nahezu 100 % erreicht. Dementsprechend wurden bei Mira-Sternen die gleichen Massenverlustraten wie bei anderen Roten Riesen gefunden und Staubhüllen nachgewiesen, die einen Teil der sichtbaren Strahlung absorbieren und im Infrarot wieder ausstrahlen.

Novae

Die Novae sind nicht „neue Sterne", wie es der Name sagt, sondern Sterne, die durch einen Lichtausbruch innerhalb von Stunden oder Tagen ihre Helligkeit um etwa 10 bis 14 Größenklassen steigern. Im Maximum werden absolute Helligkeiten zwischen −6 mag und −10 mag erreicht. Nach dem Maximum nimmt die Helligkeit schnell ab. Sie sinkt im Laufe von Wochen oder Monaten etwa wieder auf den Wert, den sie vor dem Helligkeitsausbruch hatte. Nur bei nahen Objekten tritt das seltene Ereignis ein, daß eine Nova mit bloßem Auge beobachtet werden kann. Die bisher hellste Nova des 20. Jahrhunderts war die Nova Aquilae 1918 mit der scheinbaren Maximalhelligkeit von −1 mag (Abb. 5.25).

Gleichzeitig mit den Helligkeitsänderungen beobachtet man Veränderungen im Spektrum. Sie sind sehr auffällig und ermöglichen eine sichere Beschreibung der Vorgänge. Eine Deutung wurde möglich, als man entdeckte, daß alle Novae enge Doppelsterne sind.
Beide Komponenten eines solchen Systems sind zwar zur gleichen Zeit entstanden; wenn sie aber sehr verschiedene Massen haben, verläuft ihre Entwicklung mit ganz verschiedenen Geschwindigkeiten. Ein Nova-Ausbruch kann eintreten, wenn der ursprünglich massereichere Stern sich nach dem Verlassen der Hauptreihe unter Massenverlust schon bis zum Endstadium des Weißen Zwerges entwickelt hat, während die masseärmere Komponente sich in der Ausdehnungsphase befindet, die zum Zustand des Roten Riesensterns führt. Wenn

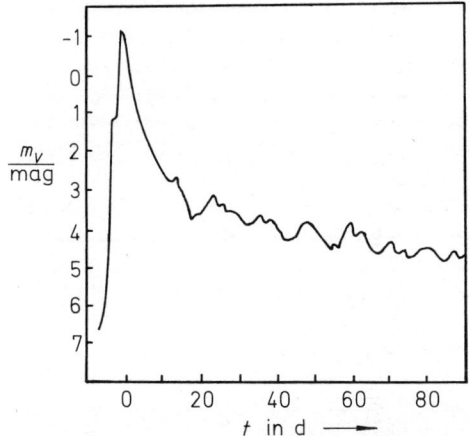

5.25 Lichtkurve der Nova Aquilae, 1918

eine größere Menge der sich ausdehnenden Materie unter den Gravitationseinfluß des Weißen Zwerges gerät und auf seine Oberfläche stürzt, so wird dort oft so viel Energie frei, daß die damit verbundene Temperaturerhöhung an seiner Oberfläche zum Zünden von Wasserstoff-Kernfusionsprozessen ausreicht. Da die Wasserstoff brennende Schicht nicht wie bei den Hauptreihensternen unter dem Schweredruck darüber liegender Schichten steht, kann sich kein hydrostatisches Gleichgewicht entwickeln, und die ganze Schicht der aufgesammelten Materie explodiert. Das Doppelsternsystem bleibt von dem Oberflächenphänomen des Weißen Zwerges unbeeinflußt, so daß sich der Nova-Ausbruch auch wiederholen kann (rekurrierende Novae).

Die Planetarischen Nebel und ihre Zentralsterne

Planetarische Nebel sind leuchtende Gashüllen, die von einem Roten Riesenstern abgeschleudert worden sind. Die bekanntesten Objekte sind der Ringnebel im Sternbild Leier und ein ähnliches Gebilde im Sternbild Wassermann (Abb. 5.26). Der Stern verliert durch diesen Vorgang etwa 20 % seiner Masse. Die Nebelhülle dehnt sich mit mäßiger Geschwindigkeit aus (20 km/s bis 30 km/s). Nach einer Expansionsdauer von höchstens 100 000 Jahren ist die Dichte des Nebels so gering geworden, daß man ihn nicht mehr sehen kann. Planetarische Nebel sind also relativ kurzlebige Erscheinungen.

Das Leuchten der Nebel wird durch die UV-Strahlung des Zentralsterns verursacht; der Anregungsmechanismus ist der gleiche wie bei den Emissionsnebeln (s. S. 199). Die Zentralsterne zeichnen sich durch sehr hohe Oberflächentemperaturen zwischen 20 000 K und 200 000 K und niedrige Leuchtkräfte aus. Die Sterne müssen also sehr kleine Objekte sein; sie dürften sich in einer Entwicklungsphase kurz vor dem Erreichen des Stadiums eines Weißen Zwerges befinden.

Modellrechnungen zeigen, daß sich nach dem Abstoßen der Nebelhülle im Zentralstern ein ausgebrannter Kern aus Kohlenstoff und Sauerstoff gebildet hat. Er ist von einer dünneren Schicht aus Helium und Wasserstoff umgeben, in der sich eine Helium- und eine Wasserstoff-Kernfusionsschale befinden. Während diese Schalen ausbrennen, kollabieren sie bei konstanter Leuchtkraft, also mit steigender effektiver

5.26 Ringnebel NGC 7293 im Sternbild Wassermann

noch sehr unzureichend. In außergalaktischen Sternsystemen, also in großen Entfernungen, konnten dank intensiver Überwachung bisher mehrere hundert Supernova-Ausbrüche beobachtet werden; pro Jahr werden durchschnittlich mehr als zehn entdeckt. Nur in rund 100 Fällen konnten Lichtkurven aufgenommen und bei einigen davon Spektren gewonnen werden.

In unserem eigenen Sternsystem sind wir bezüglich der Beobachtung von Supernovaausbrüchen auf einige Berichte aus dem Mittelalter und dem Beginn der Neuzeit angewiesen; die bisher letzte Supernova im Milchstraßensystem selbst wurde 1604, also noch vor der Erfindung des Fernrohrs, beobachtet.
In der Großen Magellan-Wolke (s. S. 242), also in der unmittelbaren kosmischen Nachbarschaft des Milchstraßensystems, leuchtete jedoch am 27. Februar 1987 eine Supernova auf, die wegen ihrer relativ geringen Entfernung sehr gut untersucht werden konnte und deshalb die Erforschung der Supernova-Phänomene sehr gefördert hat.

Nachfolgeobjekte der historischen und sehr vieler prähistorischer Supernovae in unserer Galaxis können auch heute noch festgestellt werden: Die bei den Ereignissen ausgeschleuderte Materie ist als expandierende **Nebelhülle** optisch und besonders gut durch ihre Radiostrahlung beobachtbar; in zwei Fällen konnten Reststerne aufgefunden und als **Pulsare** (s. S. 185 ff.) identifiziert werden.

a) Die historischen Supernovae
Aus dem Mittelalter sind – im wesentlichen durch chinesische und japanische Aufzeichnungen – sichere Berichte über fünf Supernova-Ereignisse erhalten, und zwar aus den Jahren 185, 393, 1006, 1054 und 1181. Unter ihnen ist die Supernova von 1054 am meisten bekannt geworden. In diesem Jahr leuchtete im Sternbild Stier ein neuer Stern auf, dessen scheinbare Helligkeit bis etwa −5 mag gestiegen sein muß. Er war 23 Tage lang auch am Taghimmel sichtbar und konnte insgesamt 2 Jahre lang beobachtet werden. An der betreffenden Stelle, etwa 1° nordwestlich von Zeta Tauri, befindet sich heute ein Nebel von ovaler Gestalt, der wegen seiner Ähnlichkeit mit einer Krabbe als **Crab-Nebel** bezeichnet wird (s. Abb. 11 im Anhang).
Der Crab-Nebel wurde von Ch. Messier im Jahre 1764 als erstes Objekt in seinen Nebel-

Temperatur des Sterns. Dabei wandern die Sternpunkte im HRD waagerecht vom Gebiet der Riesen quer über die Hauptreihe in einen Bereich, wo der Sternradius nur noch $0,01 R_\odot$ bis $0,1 R_\odot$ beträgt (s. Abb. 5.31, S. 184).
Nach dem Erlöschen aller Kernfusionsprozesse biegt dann der Entwicklungsweg im HRD nach unten ab, wo die Sterne schließlich den Zustand des Weißen Zwerges erreichen, in dem sie sich bei nahezu konstantem Radius abkühlen (s. S. 185).

Die Massenabschleuderung selbst konnte noch nicht beobachtet und untersucht werden. Man weiß aber, daß der Abschleuderungsvorgang – anders als bei Novaausbrüchen – vorwiegend bei Einzel-, aber auch bei Doppelsternen auftritt und wahrscheinlich ein länger anhaltender, stetiger Prozeß ist.

Supernovae

Supernovae erscheinen viel seltener und zeigen einen unvergleichlich größeren Strahlungsausbruch als Novae. Die absolute Maximalhelligkeit einer Supernova vom Typ I (s. u.) ist im Mittel −19 mag gegenüber etwa −10 mag bei einer Nova. Die maximale Leuchtkraft einer Supernova liegt demnach mehr als 1000mal höher als bei einer Nova im Maximum. Die Beobachtungsgrundlagen dieser Ereignisse sind gegenwärtig

katalog aufgenommen; er trägt die Bezeichnung M 1. Der Nebel kann mit seiner scheinbaren Helligkeit von etwa 9 mag auch in kleineren Fernrohren oder im Fernglas beobachtet werden.

1572 trat eine Supernova im Sternbild Cassiopeia auf, die von Tycho Brahe systematisch beobachtet wurde. Ihre scheinbare Helligkeit war im Maximum −4 mag, und sie konnte bis zum Frühjahr 1574 mit bloßem Auge wahrgenommen werden. Ihr Überrest ist wie der Crab-Nebel sowohl optisch als auch durch seine Radio- und Röntgenstrahlung beobachtbar. Schon bald danach konnte Johannes Kepler im Jahre 1604 eine weitere Supernova beobachten. Sie stand im Sternbild Schlangenträger (Ophiuchus) und hatte die scheinbare Maximalhelligkeit von −2,5 mag. Der Supernovarest konnte optisch und radioastronomisch identifiziert werden.
Die hellste aller historischen Supernovae war ein Objekt, das im Jahre 1006 im Sternbild Wolf (Lupus) aufleuchtete. Nach den ostasiatischen und arabischen Quellen und der Beschreibung eines Mönchs aus dem schweizerischen Kloster St. Gallen dürfte die Maximalhelligkeit bei −8 mag bis −10 mag gelegen haben.

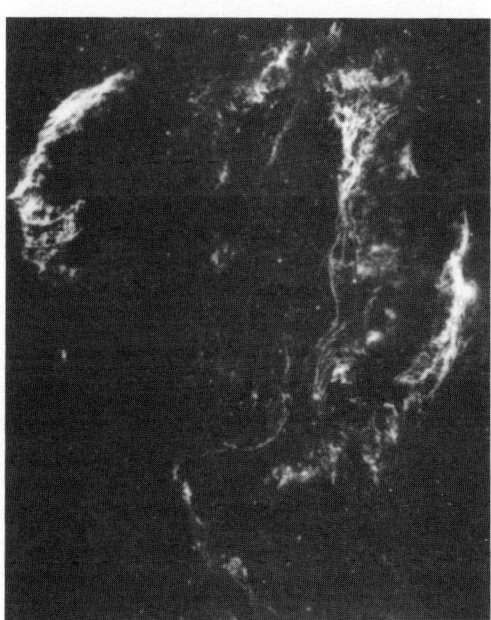

5.27 Nebelring im Sternbild Schwan. Überrest eines prähistorischen Supernova-Ereignisses. Die hellsten Teile sind der Cirrus-Nebel (NGC 6992, links oben) und der Sturmvogel-Nebel (NGC 6960, rechts).

Der große, nahezu kreisförmige Nebelring im Sternbild Schwan, dessen hellste Teile als Cirrus-Nebel (NGC 6992) und Sturmvogelnebel (NGC 6960) bezeichnet werden, ist der Rest einer prähistorischen Supernova-Explosion (Abb. 5.27).

b) Die beobachtbaren Erscheinungen
Der direkte Augenschein, die Helligkeitsmessungen und die Auswertung der Spektren deuten darauf hin, daß bei einem Supernova-Ausbruch riesige Mengen von Sternmaterie in den Weltraum geschleudert werden. Das Kontinuum in den Spektren zeigt, daß die leuchtende Hülle einer Supernova thermische Strahlung emittiert; die Temperaturen liegen anfangs bei 10 000 K oder höher und fallen innerhalb einiger Wochen auf etwa 6000 K ab. Aus der starken Verbreiterung der Spektrallinien ergeben sich anfängliche Expansionsgeschwindigkeiten von etwa 10 000 km/s.
Die in der Strahlung und in den fortgeschleuderten Materiewolken zutage tretende Energie hat die Größenordnung von 10^{44} J. Dieser Betrag muß aus im Stern gelegenen Energiequellen freigesetzt worden sein.

Die historischen und prähistorischen Supernovae zeigen, daß von dem explodierenden Stern entweder gar nichts oder nur ein winziges Objekt übrig bleibt. Dagegen sind die Hüllen – anders als die Novahüllen, die sich schon nach kürzerer Zeit verflüchtigen – auch nach langen Zeiträumen, in denen sie allmählich riesige Ausdehnungen erreicht haben, beobachtbar.

Die Spektren, die absoluten Maximalhelligkeiten und die Lichtkurven der Supernova-Ereignisse (Abb. 5.28) weisen Unterschiede auf, die es nahelegen, die einzelnen Ereignisse zwei Hauptgruppen zuzuordnen, den Typen I und II. Die Existenz dieser beiden Typen in den beobachtbaren Erscheinungen ist ein Hinweis darauf, daß es in der späten Sternentwicklung zwei verschiedene Arten von Vorgängen gibt, die Supernovaausbrüche auslösen.

Die **Supernovae vom Typ I** erreichen nach einem raschen Helligkeitsanstieg ein Maximum mit der absoluten Helligkeit $M_V = -19$ mag; dann nimmt die Helligkeit relativ schnell ab bis ungefähr −16 mag innerhalb von etwa 30 Tagen. Darauf folgt eine langsame Abnahme der Helligkeit, die jahrelang andauern kann.

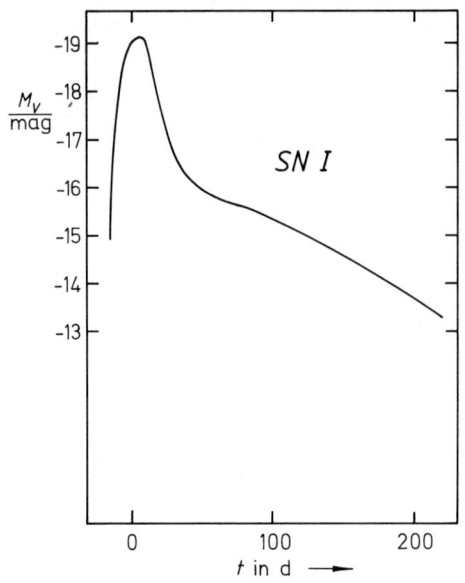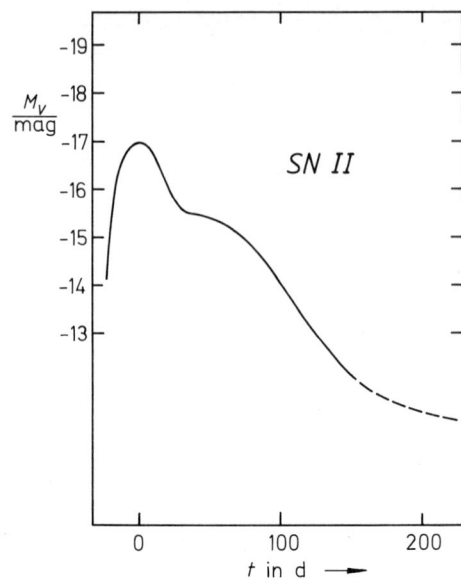

5.28 Schematische Blau-Lichtkurven der Supernovae vom Typ I und II

Die Lichtkurven aller beobachteten Supernovae vom Typ I sind untereinander sehr ähnlich. Die Linienspektren dieses Typs zeigen sehr stark verbreiterte Emissions- und Absorptionslinien und sind daher schwer zu interpretieren. Sicher ist, daß keine Wasserstofflinien auftreten.

Supernovae vom Typ I wurden in allen Typen von Sternsystemen beobachtet, auch in sehr alten, in denen keine massereichen Sterne mehr vorkommen, da diese wegen ihrer schnellen Entwicklung schon ihre Endzustände erreicht haben. Deshalb nimmt man an, daß Supernovae vom Typ I aus Sternen mit kleinen Massen hervorgehen, die wahrscheinlich bereits im Stadium der Weißen Zwerge sind. Bei diesem Typ I ist jedoch bisher noch in keinem Fall der Stern beobachtet worden, der nachher den Ausbruch erfahren hat.

Supernovae vom Typ II werden überwiegend in Spiralarmen von Galaxien gefunden. Deshalb dürfte es sich um massereiche, sich schnell entwickelnde Sterne handeln. Sie bilden eine wesentlich weniger homogene Gruppe als die SN I. Ihre Helligkeitsmaxima streuen um $M_V = -17$ mag. Nach dem Maximum fällt die Helligkeit rund 20 Tage lang steil ab, bleibt dann etwa 50 bis 100 Tage nahezu konstant, um dann wieder in einen steilen Abstieg überzugehen.

Die Spektren der SN II sind, besonders am Anfang, durch die Balmerlinien des Wasserstoffs gekennzeichnet. Hα ist als Emissionslinie sehr stark.

c) Die ursächlichen Vorgänge
Die Kenntnisse über die Spätzustände der Sternentwicklung und die großen Fortschritte in der Kernphysik haben mit Hilfe vieler Modellrechnungen erkennen lassen, daß es zwei – physikalisch sehr verschiedene – Mechanismen gibt, durch die eine solche (im Ausbruch von Materie und Strahlung beobachtete) Zerstörung eines Sterns ausgelöst werden kann:
– die Freisetzung von *Kernenergie* durch plötzliches Fusionsbrennen eines beträchtlichen Teils der Sternmasse,
– die Freisetzung von *Gravitationsenergie* durch den Kollaps des Zentralbereichs eines Sterns.
Der Kernenergieprozeß wird mit den Typ-I-Beobachtungen in Zusammenhang gebracht; mit dem Gravitationskollaps werden die Ereignisse von Typ II erklärt.

Die unkontrollierten Kernfusionen
Bei den Sternen, die Supernova-Ausbrüche vom Typ I erfahren, handelt es sich wahrscheinlich um Weiße Zwerge, die Komponenten eines engen Doppelsternsystems sind. Dies sind Sterne, die schon die Gleichgewichts-Endphase

ihrer Entwicklung erreicht haben (s. S. 184). Wie die späteren Spektren zeigen, müssen es Sterne ohne begrenzende Wasserstoff- und Helium-Schichten sein, bei denen also auch die letzten Reste von H- und He-Kernen während der Spätphase der Sternentwicklung schon umgewandelt wurden. Wegen der niedrigen Zentraltemperatur hat jedoch der Kohlenstoff während der vorangegangenen Entwicklung nicht fusionieren können. Bei einem solchen Stern kann der (nur die Oberfläche erfassende) Nova-Explosionsvorgang nicht stattfinden. Materie, die durch die starke Gravitationswirkung des Weißen Zwerges aus dem Schwerebereich des Begleiters abgezogen wird, lagert sich auf der Oberfläche des freiliegenden Kohlenstoff-Sauerstoff-Kerns an. Dabei löst das Überschreiten der Massengrenze von 1,4 $m_\odot$ ein ganz schnelles Zusammenstürzen des Sterns aus; die Temperatur steigt dabei plötzlich bis zum Zünden der Kohlenstofffusionen. Da im Weißen Zwerg nicht der Gasdruck, sondern der Druck des entarteten Elektronengases (s. S. 185) dem Schweredruck das Gleichgewicht hält, gibt es nach dem Zünden des Kohlenstoffbrennens keine Möglichkeit mehr, in eine Gleichgewichtsphase einzupendeln. Die Welle der Kernfusionen läuft in Sekundenschnelle bis zur Bildung von Kernen der Eisengruppe ab, und die dabei freiwerdende Energie zerreißt den ganzen Stern; die gesamte Materie wird mit Geschwindigkeiten von 10 000 km/s und höher nach allen Richtungen in den Raum hinausgeschleudert.

Der Gravitationskollaps
Modelle für die Supernova-Explosionen vom Typ II gehen von einem massereichen Stern aus, in dessen Zentralbereich alle Kernfusionen bis zur Bildung des Eisens abgelaufen sind. Vor dem Ausbruch möge der Stern eine Masse von 15 bis 20 Sonnenmassen gehabt haben. Zwei Ereignisse, die unmittelbar aufeinander folgen, führen zur Explosion. In dem Stern sind bei von 10^7 K bis 10^9 K steigenden Zentraltemperaturen alle möglichen Kernfusionsprozesse nacheinander in Gang gekommen: außen befindet sich eine ausgedehnte Wasserstoffhülle, dann folgen nach innen Schichten von He, C, O, Si und ein Fe-Kern.

Diese Schalenstruktur ist durch zwei Effekte zustande gekommen:
1. durch die Reihenfolge der Fusionsprozesse und
2. durch das Diffundieren der jeweils schwereren Kerne in Richtung zum Sternzentrum.

Die Umwandlung von Si in Kerne der Fe-Gruppe geht schon unter sehr komplizierten physikalischen Bedingungen vor sich; die Temperatur im Zentralbereich liegt bei $3 \cdot 10^9$ K, die Dichte ist von der Größenordnung 10^{11} kg/m^3. Nach der Bildung der verschiedenen Isotope der Eisengruppe kann im Sternzentrum durch Fusionen keine weitere Energie mehr freigesetzt werden. Trotzdem kann der Zentralbereich dem Gravitationsdruck seiner eigenen Masse zunächst, d. h. bis zu einer Grenze von etwas mehr als 1 $m_\odot$, noch das Gleichgewicht halten, und zwar – wie bei einem Weißen Zwerg – durch den Entartungsdruck seiner Elektronen.

Sobald wegen des noch anhaltenden Si-Brennens diese Massengrenze des Fe-Kerns überschritten wird, ist das Ende der Sternentwicklung erreicht. Der Fe-Kern kontrahiert innerhalb von Sekunden von etwa der Größe der Erde auf einen Radius unter 100 km. Die Temperatur steigt von 10^9 K auf 10^{10} K, die freigesetzte Gravitationsenergie ist von der Größenordnung 10^{44} J. Dieser Vorgang kann sich auch bei Sternen mittlerer Masse ereignen, die sich nicht bis zur Bildung eines Fe-Kerns entwickeln können.

Dem ersten Ereignis folgt sofort das zweite. Wenn die Materie des zusammenstürzenden Fe-Kerns die Dichte von Atomkernen (rund $3 \cdot 10^{17}$ kg/m^3) erreicht hat, wird sie inkompressibel, und der Kollaps kommt zum Stillstand. Auf die feste Oberfläche des nun winzig kleinen Fe-Kerns stürzt mit entsprechender Zeitverzögerung die unter geringerer Gravitationswirkung stehende Materie der weiter außen gelegenen, ihrer Unterlage plötzlich beraubten Schalen und wird bei dem Aufprall zurückgeschleudert.

Der Aufprall und die Zusammenstöße der in der Umgebung der Grenzfläche immer dichter werdenden Materie haben thermodynamische, kernphysikalische und kinematische Folgen. Die freigesetzte Gravitationsenergie verwandelt sich zum Teil in Wärme. Dadurch wird die in Bewegung geratene Hülle mächtig aufgeheizt, so daß dort sogar noch Kernfusionen stattfinden, die bis zur Bildung schwerer Elemente und zur Emission von Gammastrahlung führen.

Der für die bevorstehende Explosion der Supernova wesentliche Vorgang ist aber die Bildung einer Stoßwelle in der auf- und abströmenden

Materie in der näheren Umgebung der harten Oberfläche des entstehenden Neutronensterns. (Eine Stoßwelle ist eine Druckwelle mit sehr großer Amplitude, in deren Wellenfront der Druck sehr steil ansteigt und die sich mit einer Geschwindigkeit fortpflanzt, die über der Schallgeschwindigkeit in dem betreffenden Medium liegt; sie entsteht hier dadurch, daß Gasmassen mit sehr verschiedenen Werten von Dichte, Druck und Temperatur aufeinanderprallen.) Diese Stoßwelle wird zum Hauptträger der Massenausschleuderung.

Außer in dieser Druckwelle wird Energie auch durch Wärmestrahlung befördert, durch die bei der Bildung schwerer Atomkerne entstehende Gammastrahlung und durch Neutrinos, die während der Kontraktion des Fe-Kerns gebildet werden (vgl. S. 186). Ein großer Teil der expandierenden Materie besteht aus der Wasserstoffhülle; von ihr stammen die Balmerlinien in den Spektren. – Der Ursprung des sehr energiereichen Supernova-Vorgangs vom Typ II liegt letzten Endes in der beim Kollabieren des Fe-Kerns freigesetzten Gravitationsenergie.

Die Supernova 1987 A gehört dem Typ II an. Sie erreichte Ende Mai 1987 die scheinbare Maximalhelligkeit $m_V = +2,8$ mag, war also mit dem bloßen Auge zu sehen. Die Entfernung der Großen Magellan-Wolke, in der sich die Supernova befindet, beträgt 48 000 pc. Die absolute Maximalhelligkeit betrug −15,5 mag. Zum ersten Mal konnte hier der Supernova-Stern im Zustand vor dem Ausbruch identifiziert werden: Es war ein blauer Überriese mit einer Masse, die zwischen 15 und 20 Sonnenmassen gelegen hat, einem Radius von etwa 40 $R_\odot$ und einer Oberflächentemperatur von etwa 16 000 K. Die Beobachtungen erstrecken sich über alle Wellenlängenbereiche, von der Gammastrahlung bis zu den Meterwellen. Auch die Elementarteilchenphysik war beteiligt: Kurz vor dem Helligkeitsausbruch wurden auf der Nordhalbkugel der Erde einige Neutrinos registriert (sie hatten also die Erde durchlaufen).

Der Verlauf der Lichtkurve konnte natürlich viel exakter bestimmt werden als bei den Supernova-Erscheinungen in den bedeutend weiter entfernten außergalaktischen Systemen. Nach dem ersten Aufleuchten bei $m_V \approx 4,4$ mag nahm die Helligkeit ein wenig ab (wahrscheinlich wegen der zunächst sehr schnellen Expansion der

Hülle) und stieg dann langsam im Lauf von etwa 80 Tagen auf die Maximalhelligkeit an. Auf das Maximum folgte ein langsamer Abfall, dessen Verlauf sich exakt mit der Ergiebigkeit der Gammaquanten erklären läßt, die beim radioaktiven Zerfall der bei der Explosion neu gebildeten schweren Kerne von ^{56}Ni und ^{56}Co freigesetzt wurden. Diese Erklärung für das Verhalten der visuellen Helligkeit wurde durch spektrale Beobachtungen bestätigt: im Infrarot konnten Emissionslinien vieler schwerer Elemente identifiziert werden, darunter Argon, Cobalt und Nickel. Alle diese Vorgänge, die wir heute beobachten, haben sich vor rund 160 000 Jahren ereignet.

d) Die galaktischen Supernova-Überreste
Alle galaktischen Supernova-Überreste zeichnen sich durch eine mehr oder weniger starke Radiostrahlung aus, deren spektrale Energieverteilung einem charakteristischen Gesetz gehorcht. Stellt man dieses als Funktion der Frequenz in doppeltlogarithmischer Form grafisch dar, so ergeben sich gerade Linien; ihre Steigung ist negativ, und ihr Betrag wird als Spektralindex α bezeichnet. Für die bekannten Supernova-Reste liegt α zwischen 0,2 und 0,8. Abb. 5.29 zeigt einige Beispiele von Spektren dieser Radiostrahlung von Supernovaresten.

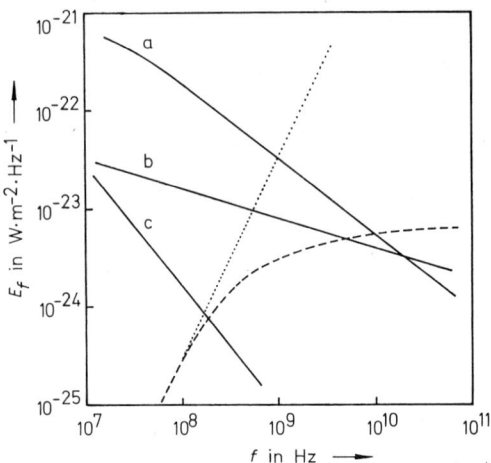

5.29 Spektren typischer kosmischer Radiostrahler (Abhängigkeit der spektralen Bestrahlungsstärke E_f des Empfängers von der Frequenz f).
——————— Synchrotronstrahler: (a) Cas A,
(b) Crab-Nebel,
(c) Crab-Pulsar
– – – – – Thermischer Strahler: Orion-Nebel
· · · · · · · Schwarzer Strahler
(Antennentemperatur 0,46 K)

Daß diese Strahlung keinen thermischen Ursprung haben kann, beweist der Vergleich mit den ganz anderen Energieverteilungen in den Spektren thermischer Strahler.

Die elektromagnetische Strahlung, die von sehr schnellen Elektronen bei ihrer Spiralbewegung in Magnetfeldern ausgesandt wird, hat jedoch gerade ein Energieverteilungsgesetz, wie es bei Supernova-Überresten beobachtet wird. Weil eine solche Strahlung zuerst in den Elektronenbeschleunigern vom Typ Synchrotron beobachtet wurde, wird sie **Synchrotronstrahlung** genannt. Synchrotronstrahlung kommt im Kosmos häufig vor, z. B. im Jupiter-Magnetfeld (s. S. 75), bei der aktiven Sonne (s. S. 129), bei Radiogalaxien (s. S. 246) oder bei Quasaren (s. S. 250). Der Spektralindex α hängt von der Energieverteilung der strahlenden Elektronen ab; je kleiner α ist, desto höher ist der Bruchteil der Elektronen mit Geschwindigkeiten dicht unter der Lichtgeschwindigkeit.

Die stärkste Radiostrahlungsquelle des ganzen Himmels befindet sich im Sternbild Kassiopeia; sie trägt die Bezeichnung **Cas A**. Abb. 5.30 zeigt ihr Radio-Isophotenbild. Cas A ist mit Sicherheit ein Supernova-Überrest. Die optisch wahrnehmbaren Hüllenreste haben Geschwindigkeiten, die auf einen Expansionsbeginn um das Jahr 1670

5.30 Radiokarte für den Supernovarest Cas A bei der Wellenlänge 21,3 cm.
Die Linien gleicher Strahlungstemperaturen folgen in Abständen von 6000 K aufeinander. Die stärksten optisch wahrnehmbaren Nebel sind ebenfalls eingetragen.

hindeuten. Ein Supernova-Ausbruch ist damals nicht beobachtet worden, da an der betreffenden Stelle dichte Wolken interstellaren Staubes das Licht der dahinter stehenden Sterne besonders stark schwächen.

Beim **Crab-Nebel** ist die optische Strahlung besonders gut untersucht worden. Das Spektrum besteht aus einem Kontinuum, dem Emissionslinien (besonders der Balmerserie des Wasserstoffs) überlagert sind. Die Quelle der Emissionslinien sind die Nebelfasern, die auf Abb. 11 im Anhang deutlich sichtbar sind. Die Kontinuumsstrahlung stammt aus dem strukturlosen Zentralgebiet des Nebels; es handelt sich um Synchrotronstrahlung, deren Spektralindex $\alpha = 1{,}15$ allerdings weit höher liegt als im Radiobereich. Die Synchrotronstrahlung des Crab-Nebels reicht aber von den Radiowellen über den sichtbaren Spektralbereich hinaus noch weit ins Gebiet der Röntgen- und Gammastrahlen. Röntgen-Synchrotronstrahlung wurde auch an anderen Supernova-Überresten beobachtet, z. B. an den Objekten der Jahre 1006 und 1572 und an Cas A.

Die Gasnebel, die als Überreste von Supernova-Explosionen in der Galaxis beobachtet werden, zeigen charakteristische Expansionsbewegungen. Beim Crab-Nebel, dessen scheinbare Durchmesser 4′und 6′ betragen, vergrößert sich die große Halbachse jährlich um 0,22″, während sich aus dem Dopplereffekt eine Ausdehnungsgeschwindigkeit von 1460 km/s ergibt. Für eine Gruppe der bei Cas A beobachteten Nebelfetzen sind die entsprechenden Werte 0,42″ im Jahr (bei einem Durchmesser der Quelle von etwa 4′) und 7440 km/s. Der Nebelring im Sternbild Schwan hat einen Durchmesser von 2,6°, und sein Radius wächst um 0,03″ im Jahr mit der Geschwindigkeit von etwa 45 km/s.

5.3.4. Endzustände der Sternentwicklung. Weiße Zwerge. Beobachtung und Theorie

Beobachtungsdaten

Die Weißen Zwerge sind eine Gruppe von Sternen, die sich durch zwei auffällige Oberflächeneigenschaften auszeichnen: sehr geringe Leuchtkräfte und zum Teil hohe effektive Temperaturen. Sie bilden im HRD eine gut definierte Menge von

Sternpunkten, die sich im Bereich niedriger absoluter Helligkeiten (+8 mag bis +16 mag) zwischen den Oberflächentemperaturen 60 000 K und 4000 K bandförmig erstreckt (s. S. 155 und Abb. 5.14).

Die Temperaturen werden aus dem Spektrum bestimmt (s. S. 142 ff.). Absolute Helligkeiten erhält man aus Gleichung (5-8), S. 137. Zuverlässige M_V-Werte ergeben sich nur für die näheren Sterne, deren trigonometrische Parallaxen gemessen werden konnten. Aus den Werten der effektiven Temperaturen und der Leuchtkräfte können mit Gleichung (5-13), S. 145, die Sternradien berechnet werden; der mittlere Radius eines Weißen Zwerges liegt bei $R \approx 0,013\ R_\odot \approx$ 1,4 R_{Erde}.

Massenwerte konnten zunächst nur für Weiße Zwerge in Doppelsternsystemen ermittelt werden. Später wurde die Berechnung aus einer theoretisch hergeleiteten Masse-Radius-Beziehung möglich. Für alle Weißen Zwerge mit bekannten Massen ergibt sich als Mittelwert 0,6 $m_\odot$. Aus den mittleren Werten von Masse und Radius folgt als Durchschnittswert für die Dichte $4 \cdot 10^5$ g/cm^3, also rund das 300 000fache der mittleren Dichte der Sonne; die Zentraldichte liegt bei 10^7 g/cm^3. Ein Weißer Zwerg ist also ein Stern, der etwa die Masse der Sonne, jedoch nur ungefähr die Größe der Erde hat.

Wegen ihrer Lichtschwäche können die Weißen Zwerge nur identifiziert werden, wenn ihre Entfernung 100 pc nicht wesentlich übersteigt. Sichere Erkennungsmerkmale bei nahen Exemplaren sind die aus Parallaxenmessungen und scheinbaren Helligkeiten gewonnenen absoluten Helligkeiten, sowie Massenbestimmungen in Doppelsternsystemen. Weiter entfernte Weiße Zwerge erkennt man an der starken Druckverbreiterung der Spektrallinien, eine Folge des sehr starken Schwerefeldes an der Sternoberfläche ($g \approx 10^6$ m/s^2). Die räumliche Dichte der Weißen Zwerge in der Umgebung unserer Sonne ist sehr hoch; sie liegt bei 10 % der Gesamtzahl aller Sterne in diesem Raum. Der Sirius-Begleiter, α CMa B, war der erste Stern, der als Weißer Zwerg identifiziert wurde (s. Tab. 5.3, S. 148). Die Daten dieses Sterns sind relativ gut bekannt:

Entfernung	r	= 2,7 pc
Scheinbare Helligkeit	m_V	= 8,6 mag
Absolute Helligkeit	M_V	= +11,5 mag
Effektive Temperatur	T_{eff}	= 27 000 K

Masse	m	= 1,0 $m_\odot$ = $2 \cdot 10^{30}$ kg
Radius	R	= 0,01 $R_\odot$ = $7 \cdot 10^6$ m
Mittlere Dichte	$\overline{\varrho}$	= $1,4 \cdot 10^9$ kg $\cdot$ m^{-3}
		= $1 \cdot 10^6\ \overline{\varrho}_\odot$

Die Weißen Zwerge als Endzustände

Der Zustand des Weißen Zwerges ist der am häufigsten auftretende Endzustand der Sternentwicklung. Das Zentralgebiet eines Roten Riesensterns, in dem die Fusionen von He- oder noch schwereren Kernen ablaufen, ist der vorgebildete, aber noch nicht kollabierte Weiße Zwerg. Es ist durch Beobachtungen erwiesen, daß die mächtige Wasserstoffhülle, die in diesem Riesen- oder Überriesen-Stadium den Vorläufer des Weißen Zwerges umgibt, entweder in plötzlichen Schüben oder kontinuierlich – angetrieben durch den Strahlungsdruck des Sterns – abgestoßen werden kann. Dieser Vorgang läuft parallel zur Erschöpfung der Energieumsetzungen durch Kernfusionen ab; der Massenverlust ist dabei sehr groß. Der von der Wasserstoffhülle entkleidete Weiße Zwergstern ist danach im HRD links unter der Hauptreihe angekommen. Als Zwischenstadium können Planetarische Nebel mit ihren Zentralsternen beobachtet werden; die Zentralsterne sind aus den hochtemperierten Kernen der Riesensterne hervorgegangen, bestehend aus einer He-Schale, die den aus C und O zusammengesetzten Zentralbereich umgibt (Abb. 5.31).

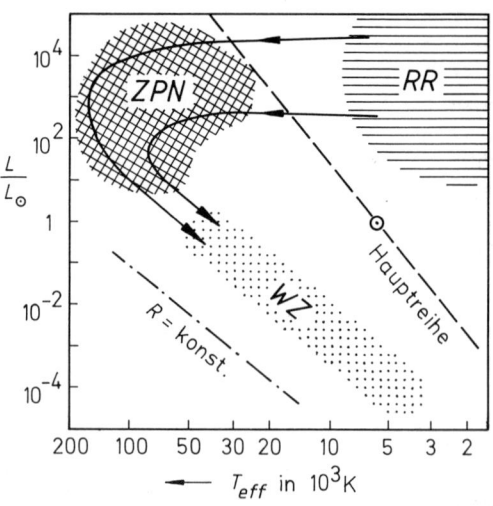

5.31 Schematische Sternentwicklungswege im HRD vom Stadium des Roten Riesen (*RR*) über Zentralsterne Planetarischer Nebel (*ZPN*) bis zum Weißen Zwerg (*WZ*)

Die Weißen Zwerge haben zunächst noch sehr hohe Oberflächentemperaturen. Die Temperatur im Sterninnern sinkt jedoch mit dem Erlöschen der Kernumwandlungen. Nach der Zustandsgleichung idealer Gase (4-8), S. 94, verringert sich damit auch der Gasdruck. Das hydrostatische Gleichgewicht wird gestört, und der Stern erfährt einen Gravitationskollaps. Die erste sichtbare Folge ist die starke Verkleinerung der Sternoberfläche und die dadurch verringerte Leuchtkraft. Die Sterne sind im HRD weit unterhalb der Hauptreihe angesiedelt.

Die große Zahl der Weißen Zwerge zeigt, daß es sich bei dieser Phase der Sternentwicklung nochmals um einen lang andauernden stabilen Zustand handeln muß, der wahrscheinlich bis zum völligen Erkalten und Erlöschen des Sterns anhält. Wenn sich aber die Weißen Zwerge trotz laufender Energieabstrahlung in einem hydrostatischen Gleichgewicht befinden, obwohl sie weder durch Kernfusionen noch durch Kontraktion weiter Energie produzieren können, muß der vorhergegangene Gravitationskollaps zu einer fundamentalen Veränderung der Materie im Sterninnern geführt haben, die eine weitere Kontraktion verhindert. Da der Gasdruck viel zu niedrig ist, als daß er dem enormen Schweredruck im Innern des Weißen Zwerges das Gleichgewicht halten könnte, läßt sich dieses Phänomen mit den Gesetzen der klassischen Thermodynamik nicht erklären.

Von den Elektronenhüllen der Atome ist jedoch eine ganz ähnliche Erscheinung bekannt: sie stürzen weder auf den Atomkern, obwohl dessen positive Ladung starke Anziehungskräfte auf sie ausübt, noch lassen sie sich durch äußere Kräfte wesentlich komprimieren. Die Ursache dieses Verhaltens läßt sich nur quantentheoretisch verstehen: je kleiner der Raum ist, der einem Elektron zur Verfügung steht, desto größer ist im Mittel seine kinetische Energie. Bei hoher Elektronendichte – in der hochkomprimierten, ionisierten Materie im Innern eines Weißen Zwergs noch mehr als in einer Atomhülle – steht einem einzelnen Elektron nur wenig Raum zur Verfügung. Deshalb ist – unabhängig von der Temperatur – die mittlere kinetische Energie und damit die Geschwindigkeit der Elektronen sehr hoch. Ein stark verdichtetes Elektronengas übt daher einen hohen Druck aus. Weil ein solches komprimiertes Elektronengas sich nicht nach den Gesetzen der Thermodynamik verhält, heißt

es **entartetes Elektronengas**. Im Verlauf der letzten Kontraktion bei der Bildung eines Weißen Zwerges steigt die Elektronendichte und damit der Druck des Elektronengases im Sterninnern so weit an, bis er dem Schweredruck das Gleichgewicht hält.

Die einzige Energiequelle, die den Weißen Zwergen verblieben ist, ist ihr Wärmeinhalt, d. h. die thermische Bewegungsenergie der – noch nicht entarteten – Atomkerne. Wegen der sehr kleinen Oberflächen strahlen Weiße Zwerge, die bei ihrer Entstehung zunächst sehr hohe Oberflächentemperaturen hatten, diese Wärmeenergie nur sehr langsam ab. Bis aus einem weißen ein roter Zwergstern geworden ist, vergehen einige Milliarden Jahre. Während dieser Phase ist das Sternvolumen durch das Gleichgewicht zwischen dem Schweredruck und dem Entartungsdruck der Elektronen bestimmt, die beide unabhängig von der Temperatur sind; deshalb ändert sich der Sternradius nicht mehr. Die Sterne bewegen sich im HRD auf den Linien konstanter Radien nach rechts unten. Damit erreichen sie schließlich das echte Endstadium einer Sternentwicklung, denn nach unserem Wissen wird diese geringe Rest-Sternmaterie nicht mehr an das interstellare Medium zurückgegeben.

5.3.5. Neutronensterne, Pulsare, Schwarze Löcher

Der Aufbau der Neutronensterne

Je größer die Sternmasse ist, desto höher werden die Geschwindigkeiten der zusammengepreßten Plasma-Elektronen. Bei Annäherung an die Sternmasse $m \approx 1,4\ m_\odot$ erreichen sie nahezu Lichtgeschwindigkeit; um ihr Verhalten zu beschreiben, benötigt man also die spezielle Relativitätstheorie: die „nichtrelativistische" geht in „relativistische" Entartung über. Dadurch ändert sich aber auch die Zustandsgleichung, was für den Stern schwerwiegende Folgen hat: Beim relativistisch entarteten Elektronengas steigt der Druck mit zunehmender Dichte nicht so rasch an wie bei nichtrelativistischer Entartung. Deshalb kann der Druck des Elektronengases dem Schweredruck nicht mehr das Gleichgewicht halten; der Stern kollabiert also weiter.

Durch die Kontraktion des Sterns nimmt der einem Elektron zur Verfügung stehende Raum ab. Dadurch steigt die mittlere kinetische Energie der freien Elektronen weiter an. Wenn sie 0,78 MeV überschreitet, können bei Zusammenstößen von Elektronen mit Atomkernen die Elektronen in die Atomkerne eindringen und dort mit den Protonen reagieren nach der Gleichung:

$$p + e^- + 0{,}78 \text{ MeV} \rightarrow n + \nu$$

Die Protonen werden also in Neutronen umgewandelt. Die im Sternzentrum vorhandenen schweren Elemente gehen dadurch in solche niedrigerer Ordnungszahl über, für die jedoch die Zahl der Neutronen in den Kernen viel zu hoch ist; sie geben deshalb spontan Neutronen ab. An die Stelle des von den Kernen absorbierten Elektronengases tritt damit ein Gas freier Neutronen. Auch dieses Neutronengas entartet bei genügender Teilchendichte. Wenn die Sternmasse nicht zu weit über der Grenzmasse von 1,4 $m_\odot$ liegt, die Kompression des Zentralbereichs also nicht zu stark ist, kann das – in diesem Fall nichtrelativistisch entartete – Neutronengas den Kollaps des Sterns aufhalten und nochmals einen stabilen Gleichgewichtszustand zwischen Schweredruck und Entartungsdruck herstellen. Dies ist jedoch erst dann der Fall, wenn die Dichte des Neutronengases an die Größenordnung der Dichte in Atomkernen heranreicht.

Daß solche **Neutronensterne** existieren könnten und welche physikalischen Eigenschaften sie haben müßten, wurde zunächst theoretisch aus der Zustandsgleichung für das entartete Neutronengas geschlossen. Seit 1967 weiß man, daß es derartige Objekte wirklich gibt: sie können als **Pulsare** beobachtet werden.

Die Massen der Neutronensterne liegen im Bereich zwischen 1,4 $m_\odot$ und etwa 3 $m_\odot$. Oberhalb dieser Grenze wird der Schweredruck so groß, daß ihm der Entartungsdruck des Neutronengases nicht mehr das Gleichgewicht halten kann. Die mittleren Massendichten, bei denen das nichtrelativistisch entartete Neutronengas den für einen Gleichgewichtszustand nötigen Druck erzeugen kann, liegen größenordnungsmäßig zwischen 10^{15} und 10^{19} kg/m³, also im Bereich der Dichten von Atomkernen (rund 10^{17} kg/m³). Die Radien, die sich aus diesen Werten von Massen und Dichten ergeben, sind extrem klein; sie reichen von etwa 100 km bis unter 10 km.

Der Hauptbestandteil dieser Sterne ist das nicht relativistisch entartete Neutronengas, dessen physikalischer Zustand besser als „Supraflüssig-

keit" bezeichnet wird. Modellrechnungen lassen vermuten, daß die Sternoberfläche von einer nur wenige Meter dicken Gasschicht gebildet wird, unter der sich – als Grenze zum Neutronengas im Innern – eine feste Kruste von etwa 1 km Dicke befindet.

Pulsare. Beobachtungen und Theorie

Pulsare sind Sterne, die mit einer außerordentlich exakten Periodizität im Radiofrequenzbereich sehr kurze Strahlungsblitze aussenden. Diese Pulse haben – wie ein Knall in der Akustik – ein kontinuierliches Spektrum. Die Pulse werden vorzugsweise im Bereich zwischen 100 MHz und 1000 MHz (m- und cm-Wellen) beobachtet; außerhalb dieses Frequenzbereichs sind die Radioemissionen schwach und werden von der galaktischen Hintergrundstrahlung überlagert. Der erste Pulsar wurde von J. Bell-Burnell und A. Hewish Ende 1967 am Radioobservatorium Cambridge, England, entdeckt.

Die Periodenlängen liegen bei den bis 1988 entdeckten Pulsaren im Intervall zwischen 1,558 ms und 4,308 s. Bei kurzzeitigen Beobachtungen (bis zu einigen Monaten) erweisen sich die Periodenlängen – auch bei sehr hoher Meßgenauigkeit – als konstant (Abb. 5.32); bei Langzeitbeobachtungen (innerhalb von Jahren) zeigt sich jedoch bei allen Pulsaren eine sehr langsame und konstante Zunahme der Periodenlänge. Dabei ist die Änderungsgeschwindigkeit $\Delta P/\Delta t$ der Perioden von der Größenordnung 10^{-15}.

Als Ursache der Strahlungspulse sind wegen der exakten Periodizität nur drei Mechanismen denkbar: Pulsation, Rotation oder Umlaufsbewegung eines Sterns. Deutet man die Zunahme

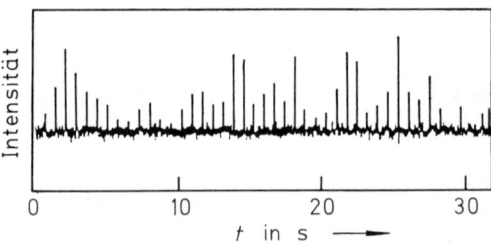

5.32 Aufzeichnung der von einem Pulsar ausgesandten Radiosignale bei der Frequenz 400 MHz. Die Pulsperiode ist konstant; die Intensität der einzelnen Pulse kann stark variieren.

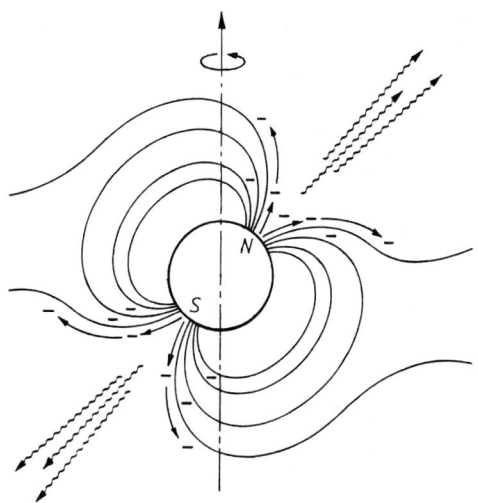

5.33 Schematischer Querschnitt durch das Modell eines Neutronensterns mit einem Magnetfeld, dessen Dipolachse gegen die Rotationsachse geneigt ist.

der Periodenlänge als Folge eines Energieverlustes, so kommt nur die Rotation als Ursache in Frage, denn bei Pulsationen müßte mit abnehmender Energie zuerst die Amplitude abnehmen, und bei Umlaufbewegungen nimmt bei Energieverlust die Umlaufperiode ab. Damit aber ein rotierender Stern die beobachteten Strahlungsblitze aussendet, muß man annehmen, daß er ein Magnetfeld besitzt, dessen Dipolachse gegen die Rotationsachse geneigt ist. Dann werden die Plasmaelektronen aus seiner Atmosphäre durch die Fliehkraft nach außen beschleunigt, können aber den Stern nur längs seiner Magnetfeldlinien in Richtung der Dipolachse verlassen. Dabei entsteht in einem Kegel um die Dipolachse Synchrotronstrahlung, die – wie das Licht eines Leuchtturms – bei jeder Umdrehung des Sterns die Erde einmal trifft (Abb. 5.33).

Die Pulsperiode ist also gleich der Rotationsdauer P des Sterns. Bei $P = 4{,}3$ s ist die Zahl der Umdrehungen pro Zeiteinheit $1/P = 0{,}23$ s^{-1}; der Pulsar mit $P = 1{,}558$ ms macht in der Sekunde 642 Umdrehungen. Mit der gleichen Frequenz rotiert das starke magnetische Dipolfeld. Die hohen Energien der in diesem Feld beschleunigten Elektronen und der von den Elektronen ausgesandten Synchrotronstrahlung stammen also letztlich aus der Rotationsenergie. Die durch die Abbremsung freigesetzte Rotations-

energie deckt den Leistungsbedarf der Synchrotronstrahlung von der Größenordnung 10^{31} W. Damit ein Stern bei den angegebenen hohen Rotationsgeschwindigkeiten nicht durch die Fliehkraft zerrissen wird, muß die Fallbeschleunigung am Äquator größer sein als die Zentrifugalbeschleunigung. Diese Bedingung liefert eine untere Schranke für die mittlere Dichte des Pulsars. Für den Crab-Pulsar (s. u.; Periode $P = 0{,}033$ s) folgt daraus

$$\overline{\varrho} > 1{,}3 \cdot 10^{14} \frac{\text{kg}}{\text{m}^3} \ ,$$

während sich für den Pulsar mit der kürzesten bekannten Periode die untere Schranke ergibt

$$\overline{\varrho} > 5{,}8 \cdot 10^{16} \frac{\text{kg}}{\text{m}^3} \ .$$

Der Radius eines Pulsars von so hoher Dichte muß sehr klein sein. Mit einer mittleren Dichte der Größenordnung 10^{16} kg/m^3 und einer typischen Neutronensternmasse von $m = 2m_\odot = 4 \cdot 10^{30}$ kg erhält man $R = 21$ km. Nur ganz kleine Objekte mit sehr hohen Dichten werden bei den großen Rotationsgeschwindigkeiten nicht zerrissen.

Der Pulsar als ein Endzustand der Sternentwicklung

Die bei Pulsaren beobachteten Größenordnungen von Radien und mittleren Dichten stimmen mit denen der theoretisch postulierten Neutronensterne überein; deshalb liegt es nahe, die Pulsare mit den Neutronensternen zu identifizieren. Volle Klarheit über diese Identität lieferte die Entdeckung des Pulsars im Crab-Nebel. Dieser Pulsar ist der Reststern des Supernova-Ausbruchs vom Jahre 1054, bei dem der Crab-Nebel entstanden ist. Mit dieser Entdeckung konnte die Existenz der Neutronensterne nachgewiesen und die Herkunft der Pulsare verstanden werden. Pulsare sind Neutronensterne, die durch einen Kollaps aus Überriesen- oder Riesensternen entstehen, wenn bei diesen Sternen die Kernenergiequellen erschöpft sind.

Alle Sterne haben im Hauptreihen- und Riesenzustand eine – überwiegend geringe – Rotationsgeschwindigkeit und ein schwaches Magnetfeld an der Oberfläche. Bei dem Kollaps, der zur Bildung des Neutronensterns führt, wird der Sternradius größenordnungsmäßig um den Faktor 10^5 verkleinert. Wegen der Erhaltung des Drehimpulses, der proportional zu $m \cdot R^2/P$ ist, wird dabei die Rotationsperiode P rund 10^{10}mal kleiner, die Winkelgeschwindigkeit der Rotation also 10^{10}mal größer. Die Feldliniendichte und damit die Feldstärke des an die Materie gekoppelten Oberflächenmagnetfelds ist umgekehrt proportional zur Sternoberfläche, also proportional zu $1/R^2$; deshalb nimmt die Oberflächenmagnetfeldstärke ebenfalls auf das 10^{10}fache zu, also z. B. von 10^{-2} T auf 10^8 T. Dieser Wert wurde bei dem Röntgen-Pulsar Hercules X von dem Röntgen-Satelliten Uhuru gemessen. So werden die an den Pulsaren beobachteten extremen Eigenschaften ohne weiteres verständlich.

Crab-Pulsar ($P = 0{,}033$ s, $r \approx 2000$ pc) und Vela-Pulsar ($P = 0{,}089$ s, $r \approx 500$ pc) gehören zu den wenigen Pulsaren, die auch außerhalb der Radiofrequenzen gepulste Strahlung emittieren. Beide Objekte sind Reststerne eines Supernova-Ausbruchs (der Vela-Pulsar stammt von einem prähistorischen Ereignis im Sternbild Vela am Südhimmel). Beide Pulsare sind als lichtschwache Sterne optisch beobachtbar; sie sind bisher die einzigen Pulsare, die als übriggebliebene Zentralsterne einer solchen Explosion gefunden werden konnten. Die Befunde dieser beiden Supernova-Reste haben deshalb wesentlich zur Feststellung der Vorgänge beigetragen, die als Mechanismus des Supernova-Phänomens vom Typ II beschrieben wurden (S. 180 ff.).

Schwarze Löcher. Theorie und Beobachtungsmöglichkeiten

Sterne, die nach einem Supernova-Ausbruch noch eine Restmasse von mehr als etwa $3m_\odot$ besitzen, können durch den Entartungsdruck des Neutronengases nicht mehr stabilisiert werden; sie kollabieren unbegrenzt. Dabei wird schließlich die Dichte so groß, daß die Entweichgeschwindigkeit $v_E = \sqrt{2Gm/R}$ für Teilchen an der Sternoberfläche größer als die Lichtgeschwindigkeit c wird. Dies ist der Fall, wenn der Radius R des Sterns kleiner wird als

$$R_s = \frac{2G \cdot m}{c^2} \, . \qquad (5\text{-}32)$$

R_s heißt **Schwarzschildradius**; er hängt nur von der Sternmasse m ab. Setzt man die Werte der universellen Konstanten c und G ein, so erhält man in guter Näherung:

$$R_s = 3{,}0 \text{ km} \cdot \frac{m}{m_\odot} \qquad (5\text{-}33)$$

Der Schwarzschildradius markiert eine kritische Entfernung vom Sternzentrum: beim Unterschreiten von R_s kann von der Sternoberfläche nicht nur keine Materie, sondern auch keine elektromagnetische Strahlung mehr entweichen.

Nach der Lichtquantentheorie gilt für die Photonenenergie $W_{ph} = h \cdot f$; dies entspricht nach der speziellen Relativitätstheorie der Photonenmasse $m_{ph} = W_{ph}/c^2$. Um ein Photon der Masse m_{ph} von der Oberfläche eines Sterns der Masse m mit dem Radius R (sehr weit) zu entfernen, muß gegen die Gravitationskraft Arbeit verrichtet werden; dadurch verkleinert sich nach der Newtonschen Gravitationstheorie die Photonenenergie um den Betrag:

$$\Delta W_{ph} = G \cdot \frac{m \cdot m_{ph}}{R}$$

Dies entspricht der Frequenzverminderung:

$$\Delta f = G \cdot \frac{m}{R \cdot c^2} \cdot f$$

Der ruhende Beobachter mißt also die Frequenz:

$$f_{beob} = \left(1 - \frac{G}{c^2} \cdot \frac{m}{R}\right) \cdot f \qquad (5\text{-}34)$$

Aus dieser – mit der Newtonschen Gravitationstheorie gewonnenen – Gleichung kann man schon entnehmen, daß mit abnehmendem Sternradius die Frequenz des Sternlichts für einen ruhenden Beobachter gegen null geht; dies bedeutet, daß das Sternlicht immer röter erscheint und schließlich unsichtbar wird.
Betrachtet man ein Licht aussendendes Atom an der Oberfläche des kollabierenden Sterns als Uhr mit der Schwingungsfrequenz f, also der Schwingungsperiode $T = 1/f$, so stellt ein entfernter, ruhender Beobachter fest, daß die Schwingungsperiode immer größer wird.

Für eine exakte Beschreibung dieser Vorgänge muß man anstelle der Newtonschen Gravitationstheorie die allgemeine Relativitätstheorie verwenden. Damit erhält man für die aus großer Ferne beobachtete Schwingungsperiode einer Uhr, die an der Oberfläche des kollabierenden

Sterns mit der Periode T schwingt (R ist der Sternradius):

$$T_{beob} = \frac{T}{\sqrt{1 - \frac{2G}{c^2} \cdot \frac{m}{R}}}$$

Mit Annäherung an den Schwarzschildradius beobachtet man also ein unbegrenztes Anwachsen der Schwingungsperiode der mitfallenden Uhr. Daraus folgt, daß der ruhende Beobachter das Erreichen des Schwarzschildradius nicht feststellen kann. Je näher der Sternradius dem Schwarzschildradius kommt, desto langsamer scheint für den Beobachter die Kontraktion zu werden.

Für einen Beobachter auf der Sternoberfläche findet dagegen der Kollaps in sehr kurzer Zeit statt. Die Größenordnung der Zeit, die ein Neutronenstern zum Kollabieren bis zum Schwarzschildradius benötigt, liegt zwischen 0,03 ms und 6,0 ms.

Nachdem der Radius des kollabierenden Sterns den Schwarzschildradius unterschritten hat, können wir vom Stern selbst außer seinen Gravitationswirkungen keinerlei Informationen mehr erhalten: er hat sich in ein **Schwarzes Loch** verwandelt. Da wir von solchen Objekten keine Strahlung mehr erhalten und die extremen physikalischen Vorgänge bei ihrer Entstehung noch keineswegs aufgeklärt sind, ist ihr Nachweis sehr schwierig.

Zwei Arten von Gravitationswirkungen Schwarzer Löcher bieten sich als Nachweismöglichkeiten an: die Bahnbewegung des Begleiters eines Schwarzen Loches in einem Doppelsternsystem und die Röntgenstrahlung von Materie, die in ein Schwarzes Loch stürzt. Beide Effekte deuten bei einigen Röntgendoppelsternen darauf hin, daß die eine Komponente ein Schwarzes Loch ist. Die Röntgenstrahlung entsteht bei diesen Objekten, wenn Materie von der sichtbaren Komponente auf die Oberfläche des unsichtbaren Begleiters oder auf eine Materiescheibe (Akkretionsscheibe) stürzt, die der Begleiter um sich angesammelt hat und aus der auf Spiralbahnen laufend Materie auf ihn herabregnet. Bei genügend großer Masse des unsichtbaren Begleiters erreicht die stürzende Materie – auch schon außerhalb des Schwarzschildradius – Geschwindigkeiten, die der Lichtgeschwindigkeit nahe kommen. Die Materie wird dabei durch innere Reibung auf Temperaturen der Größen-ordnung 10^8 K erhitzt und emittiert in diesem Zustand thermische Röntgenstrahlung. Bei den meisten der bekannten Röntgendoppelsterne ist die unsichtbare Komponente ein Neutronenstern; in einigen Fällen – wo die mit Bahndaten hergeleitete Massenschätzung einen sehr hohen Wert ergibt – kann es sich jedoch auch um ein Schwarzes Loch handeln.

Am besten untersucht ist die Röntgenquelle Cygnus X-1, eine optisch nicht wahrnehmbare Komponente eines Doppelsternsystems, dessen zweite Komponente ein B0-Überriese ist. Der B0-Stern zeigt einen Lichtwechsel, der vermutlich auf die von der Gezeitenwirkung des Begleiters erzeugte elliptische Gestalt des Sterns zurückzuführen ist, und die periodischen Linienverschiebungen in seinem Spektrum zeigen seine Bahnbewegung. Daraus ergibt sich eine Umlaufsperiode von 5,60 Tagen. Die gleiche Periode zeigt auch die Röntgenstrahlung des unsichtbaren Begleiters, der demnach bei jedem Umlauf einmal vom Hauptstern bedeckt wird. Mit der Radialgeschwindigkeitsamplitude des B0-Sterns von 75 km/s läßt sich die Masse des unsichtbaren Begleiters abschätzen. Sie beträgt wahrscheinlich 10 $m_\odot$, mindestens aber 7 $m_\odot$. Wenn also das System tatsächlich nur aus zwei Komponenten besteht, und wenn die obere Grenzmasse für Neutronensterne zwischen $2 m_\odot$ und $3 m_\odot$ liegt, dann müßte es sich bei Cygnus X-1 um ein Schwarzes Loch handeln.

Aufgaben

1. Warum gilt die Masse-Leuchtkraft-Beziehung nicht für Weiße Zwerge?
2. Bei der Deutung des Pulsar-Phänomens (S. 187) wurde behauptet, die Umlaufperiode von Doppelsternen nehme ab, wenn sie Energie verlieren. Beweisen Sie dies.
3. Stellen Sie eine Liste für die Endzustände der Sternentwicklung in Abhängigkeit von der Sternmasse auf.
4. 24 Jahre nach Aufleuchten der Nova Cygni 1920 beobachtete Baade um den Reststern eine neblige Hülle mit 8,6″ Durchmesser. Das Emissionslinienspektrum dieser Hülle zeigte Dopplereffekte, aus denen auf eine Expansionsgeschwindigkeit von 650 km/s geschlossen werden konnte. Welche Entfernung ergibt sich damit für den Stern, wenn man zwischen 1920 und 1944 mit einer konstanten Expansionsgeschwindigkeit rechnen darf?

5.4. Möglichkeiten für außerirdisches Leben

Überlegungen zu der Frage nach außerirdischem Leben sind nur möglich auf der Grundlage unserer Erfahrungen mit dem Leben auf der Erde, denn andere Lebensformen sind uns nicht bekannt, und wir können uns auch keine grundsätzlich andersartigen Strukturen lebender Organismen denken. Wenn wir also fragen, unter welchen Bedingungen anderswo im Kosmos Leben möglich ist, so handelt es sich dabei stets um diejenigen Bedingungen, die auch für das Leben auf der Erde erfüllt sein müssen. Beobachtungen auf der Erde zeigen, daß niedere Lebewesen, z. B. bestimmte Arten von Bakterien, unter sehr extremen physikalischen und chemischen Bedingungen existieren können; wir müssen daher damit rechnen, daß die Voraussetzungen für primitive Lebensvorgänge im Kosmos auch außerhalb der Erde gegeben sind.

Von besonderer weltanschaulicher Bedeutung ist jedoch die Frage nach der Existenz höherer Lebensformen, wie sie auf der Erde durch die Säugetiere repräsentiert werden. Denn sie könnten denkende Wesen wie den Menschen hervorbringen und eine Kultur entwickeln, mit der wir möglicherweise Verbindung aufnehmen könnten. Deshalb beschäftigen wir uns bevorzugt mit den Bedingungen für die Existenz höheren Lebens.

5.4.1. Astronomische Voraussetzungen

Die Ökosphäre

Im Kosmos findet man überall die gleichen 103 Elemente wie in unserem Sonnensystem mit der gleichen Häufigkeitsverteilung. Neben etwa 40 000 anorganischen sind rund 1 000 000 organische Verbindungen dieser Elemente bekannt. Da die Lebensvorgänge sehr kompliziert sind, dominieren in ihnen chemische Prozesse mit organischen, also Kohlenstoff-Verbindungen.

Organische Verbindungen sind nur in einem beschränkten Temperaturintervall und unter bestimmten Bedingungen (u. a. in wässeriger Lösung) stabil. Auf der Erde leben z. B. nahezu 100 % aller Lebewesen in Bereichen mit mittleren Temperaturen zwischen 0 °C und 30 °C. Diese Zone liegt auf der Erde ungefähr zwischen den Polarkreisen.

Als **Ökosphäre** bezeichnen wir nun denjenigen Bereich im Planetensystem, in dem auf einem hypothetischen Planeten etwa die gleichen Umweltbedingungen herrschen würden, wie wir sie auf der Erde zwischen den beiden Polarkreisen beobachten. Die lebensfeindlichen Zustände auf den Oberflächen von Venus (s. S. 66) und Mars (s. S. 73) – insbesondere das Fehlen flüssigen Wassers – beweisen, daß die Ökosphäre unseres Planetensystems jedenfalls nicht näher an die Sonne heranreicht als die Venusbahn und daß ihre äußere Grenze nicht jenseits der Marsbahn liegt:

$$0,7 \text{ AE} < r < 1,5 \text{ AE} \qquad (5\text{-}35)$$

Diese Abschätzung ist noch sehr grob. Eine genauere Untersuchung muß insbesondere den Wasserdampfgehalt der Atmosphäre berücksichtigen. Nach dem Wienschen Verschiebungsgesetz kann man den Spektralbereich angeben, in dem die Erde die von der Sonne empfangene Energie in den Weltraum zurückstrahlt. Im Temperaturintervall von 0 °C bis 30 °C liegt das Rückstrahlungsmaximum im Wellenlängenbereich zwischen 9,6 µm und 10,6 µm. Gerade in diesem Spektralbereich absorbiert der Wasserdampf breite Spektralbänder (die absorbierten Photonen regen Schwingungen und Rotationen der H_2O-Moleküle an).
Inwieweit die Erdatmosphäre Energie abstrahlen kann, hängt also wesentlich von ihrem Wasserdampfgehalt ab; dies ist von der Wetterkunde her bekannt: bei bewölktem Himmel oder in Nebelgebieten sinkt durch die Abstrahlung bei Nacht die Temperatur nicht so stark ab wie unter klarem Himmel.
Nun kann aber die Atmosphäre nicht beliebig viel Wasserdampf aufnehmen; erreicht der Wasserdampfdruck den Sättigungswert, so kondensiert der Dampf in Form von Nebel oder Wolken. Der Sättigungsdampfdruck nimmt mit wachsender Temperatur sehr stark zu, so daß die Luft mit steigender Temperatur immer mehr Wasserdampf pro Volumeneinheit speichern kann. Eine Steigerung der mittleren Temperatur der Erdoberfläche um 1 K führt bereits zu einer Vergrößerung der Sättigungsdampfdichte der H_2O-Moleküle in der Atmosphäre um rund 6 %. Dadurch absorbiert die Atmosphäre rund 6 % mehr aus der vom Erdboden kommenden Strahlungsenergie, was zu einer weiteren Temperatursteigerung führt.

Wie empfindlich die Erde auf Temperaturschwankungen ihrer Oberfläche reagiert, und welche Folgen diese für den Wasserkreislauf haben, zeigen die Eiszeiten: Eine geringe Erniedrigung der mittleren Temperatur führte zur Kondensation von Wasser in der Atmosphäre, das in Form von Niederschlägen auf die Erdoberfläche kam. Der geringere Wasserdampfgehalt der Atmosphäre begünstigte die Wärmeabstrahlung des Erdbodens, was zu einer weiteren Temperaturerniedrigung führte. Gleichzeitig erforderte die Verdunstung größerer Niederschlagsmengen mehr Energie; dadurch wurde die Abkühlung noch verstärkt. Durch die Temperaturerniedrigung der Erdoberfläche wurde der Bereich der von Eis oder ewigem Schnee bedeckten Teile immer größer, und da Eis und Schnee die Sonnenstrahlung wesentlich weniger absorbieren als der Erdboden, sank die Temperatur noch weiter.

Ein neues Strahlungsgleichgewicht stellt sich spätestens dann ein, wenn alles Wasser gefroren ist (Permafrost); dieser Zustand herrscht auf dem Planeten Mars.

Steigt die Temperatur, so tritt der umgekehrte Effekt ein: die zunehmende Wasserdampfdichte in der Atmosphäre behindert die Energieabstrahlung des Erdbodens immer stärker und führt dadurch zu einer weiteren Temperatursteigerung (Treibhauseffekt). Dies wird noch durch die Verdampfung des im Wasser gelösten CO_2, das ebenfalls starke Absorptionsbanden im infraroten Spektralbereich hat, verstärkt. Schließlich stellt sich ein neues Strahlungsgleichgewicht ein, wenn das Intensitätsmaximum der Rückstrahlung des Erdbodens infolge der Temperatursteigerung so weit nach kürzeren Wellenlängen verschoben ist, daß die Absorption der H_2O- und CO_2-Moleküle geringer wird; ein ähnlicher Zustand wird auf dem Planeten Venus beobachtet.

Man kann abschätzen, daß bereits eine Änderung der Entfernung Sonne–Erde von wenigen Prozent zur irreversiblen Vereisung oder zum irreversiblen Treibhauseffekt führen würde. Deshalb muß man für die Ökosphäre in unserem Planetensystem das Intervall ansetzen:

$$0,98 \text{ AE} < r < 1,04 \text{ AE} \qquad (5\text{-}36)$$

Masse und Radius eines belebten Planeten

Höheres Leben kann sich nach unseren biologischen Kenntnissen nur in einer Sauerstoff-Atmosphäre entwickeln. Wie eine solche Sauerstoff-Atmosphäre entstehen könnte – auf der Erde wurde sie von den Lebewesen selbst erzeugt –, soll hier außer Betracht bleiben; interessant sind in diesem Zusammenhang nur die Bedingungen dafür, daß sie erhalten bleibt.

Wenn ein Planet eine mit Sauerstoff angereicherte Atmosphäre besitzt, muß das Schwerefeld an seiner Oberfläche so stark sein, daß die Entweichgeschwindigkeit für Sauerstoffmoleküle genügend weit über der thermischen Geschwindigkeit dieser Moleküle liegt. Da aber Wasserstoff und Helium die weitaus häufigsten Gase im Kosmos sind, muß das Schwerefeld an der Planetenoberfläche gleichzeitig so schwach sein, daß diese beiden Elemente in den Weltraum entweichen können.

Für die mittlere thermische Geschwindigkeit von Gasteilchen der Masse m_1 bei der Temperatur T gilt: $v_{th} = \sqrt{3kT/m_1}$. Bei einer mittleren Temperatur der Ökosphäre von 15 °C ergibt sich demnach

für O_2: $v_{th,1} \approx 0,7$ km/s,

für He: $v_{th,2} \approx 1,3$ km/s,

für H_2: $v_{th,3} \approx 1,9$ km/s.

Damit ein Planet in seiner Atmosphäre ein bestimmtes Gas festhalten kann, muß die Entweichgeschwindigkeit an der Oberfläche des Planeten $v_{ent} = \sqrt{2Gm/R}$ ein genügend großes Vielfaches x der mittleren thermischen Geschwindigkeit der betreffenden Gasmoleküle sein, im Grenzfall also z. B. $v_{ent} = x \cdot v_{th}$.

Als Stabilitätsbedingung für eine Sauerstoffatmosphäre, die weder Wasserstoff noch Helium in merklichen Mengen enthält, kann man demnach bei 15 °C schreiben:

$$x \cdot 0,7 \text{ km/s} < v_{ent} < x \cdot 1,3 \text{ km/s}$$

Dividiert man durch die Entweichgeschwindigkeit der Erde $\sqrt{2Gm_{Erde}/R_{Erde}} = 11,2$ km/s, so ergibt sich:

$$0,06 \cdot x < \sqrt{\frac{m/m_{Erde}}{R/R_{Erde}}} < 0,12 \cdot x$$

Berücksichtigt man, daß die Erde selbst diese Bedingungen erfüllt, so folgt daraus, daß x von der Größenordnung 10 sein muß. Für eine Abschätzung kann man also ansetzen:

$$0,6 < \sqrt{\frac{m/m_{Erde}}{R/R_{Erde}}} < 1,2$$

Damit erhält man eine Bedingung für Masse und Radius eines Planeten in der Ökosphäre der Sonne, der eine von Sauerstoff dominierte Atmosphäre besitzt.

Eine zweite Bedingung folgt aus der Forderung, daß er eine feste Oberfläche besitzt, also chemisch ähnlich zusammengesetzt sein muß wie die inneren Planeten. Dann wäre seine mittlere Dichte etwa gleich derjenigen der Erde zu setzen (vgl. Tab. 4 im Anhang). Damit ergeben sich für Masse und Radius eines solchen Planeten die Schätzwerte:

$$0,6 < R/R_{Erde} < 1,2; \quad 0,3 < m/m_{Erde} < 2,0$$

Beide Werte müßten demnach von der gleichen Größenordnung sein wie die entsprechenden Werte der Erde.

Spektraltypen der Zentralsterne

Da die Entwicklung höheren Lebens auf der Erde rund $4 \cdot 10^9$ Jahre benötigte, kann man annehmen, daß Leben wie auf der Erde nur in Planetensystemen solcher Fixsterne entstehen kann, deren Hauptreihenphase mindestens $4 \cdot 10^9$ Jahre dauert. Nach Gleichung (5-24), S. 159, folgt daraus für die Masse des Zentralsterns $m_* < 1,3 m_\odot$. Damit kommen nach Tab. 5.5, S. 159, nur Sterne der Spektralklassen F7 und kühler als Zentralsterne von Planeten in Frage, auf denen sich höheres Leben entwickeln könnte.

Für die Entstehung und Entwicklung höherer Lebensformen muß ein Wechsel von Tag und Nacht zu einem Biorhythmus führen können. Dann darf der betreffende Planet dem Zentralstern nicht stets die gleiche Seite zuwenden, d. h., er darf keine gebundene Rotation (Korotation) zeigen. Gebundene Rotation stellt sich aber als Folge der Gezeitenreibung desto rascher ein, je größer die Masse des Zentralsterns ist und je näher am Zentralstern der Planet umläuft. Zur Entwicklung höheren Lebens muß also der in der Ökosphäre umlaufende Planet so weit vom Zentralstern entfernt sein, daß sich während der geschätzten Entwicklungszeit höheren Lebens keine Korotation einstellt. Damit erhält man eine Beziehung zwischen dem Radius der Ökosphäre und der für die Gezeitenreibung verantwortlichen Masse des Zentralsterns.

Andererseits bestimmt die Leuchtkraft des Zentralsterns den Radius der Ökosphäre; je größer die Leuchtkraft des Zentralsterns, desto weiter muß die Ökosphäre von ihm entfernt sein, damit in ihr die für das Leben optimale Durchschnittstemperatur herrscht. Dies liefert eine Beziehung zwischen dem Radius der Ökosphäre und der Leuchtkraft des Zentralsterns.

Aus diesen beiden Bedingungen für den Radius der Ökosphäre ergibt sich eine Beziehung zwischen Masse und Leuchtkraft des Zentralsterns. Eine zweite Gleichung zwischen diesen beiden Größen liefert die Masse-Leuchtkraft-Beziehung nach Gleichung (5-21), S. 156, da es sich dabei um einen Hauptreihenstern handelt. Aus diesen beiden Gleichungen folgt für die Leuchtkraft des Zentralsterns:

$$L > 0,2 \, L_\odot$$

Solche Leuchtkräfte haben die Hauptreihensterne, die heißer sind als die Spektralklasse K5.

Zusammenfassend ergibt sich damit für die Zentralsterne von Planetensystemen, in denen die Möglichkeit für die Entwicklung höheren Lebens besteht, eine Beschränkung auf Hauptreihensterne der Spektraltypen F7 bis K5, also im wesentlichen auf die Spektralklasse G.

Je heißer der Zentralstern ist, desto größer ist der Abstand der Ökosphäre von ihm. Wenn die Durchschnittstemperatur auf einem (genügend schnell rotierenden) Planeten in der Ökosphäre – wie auf der Erdoberfläche – bei 288 K liegen soll, dann folgt nach dem Stefan-Boltzmann-Gesetz für den Bereich der Ökosphäre eines Sterns mit der Leuchtkraft L:

$$0,98 \text{ AE} \cdot \sqrt[4]{\frac{L}{L_\odot}} < r < 1,04 \text{ AE} \cdot \sqrt[4]{\frac{L}{L_\odot}}$$

Die Häufigkeit von Planeten, die für die Entwicklung höheren Lebens geeignet sind

Nach den bisherigen Überlegungen sind die notwendigen astronomischen Bedingungen für die Möglichkeit zur Entwicklung höheren Lebens auf einem Planeten dann gegeben, wenn die folgenden fünf Voraussetzungen erfüllt sind:
1. Ein Hauptreihenstern der Spektralklasse um G mit
2. mindestens einem Planeten, der
3. in der Ökosphäre des Zentralsterns umläuft,
4. eine Masse von der Größenordnung der Erdmasse besitzt und
5. eine Dichte von etwa 5 g/cm³ hat.

Die Wahrscheinlichkeit, daß außer der Erde noch weitere solche Planeten im Kosmos existieren, ließe sich berechnen, wenn die Wahrscheinlichkeiten für das Auftreten dieser fünf Bedingungen bekannt wären. Man kann jedoch nur die Häufigkeit von G-Sternen abschätzen; in unserem eigenen Sternsystem sind es einige Milliarden. Für die übrigen vier Bedingungen kennt man keine Wahrscheinlichkeiten, da man – außer unserem eigenen – bis jetzt kein einziges Planetensystem beobachten konnte und die sehr komplexen Vorgänge bei der Bildung eines solchen Systems noch nicht genügend gut bekannt sind. Die in der einschlägigen Literatur veröffentlichten Wahrscheinlichkeitswerte unterscheiden sich deshalb – je nach der Einstellung des Verfassers – um mehrere Zehnerpotenzen. Man kann jedoch vermuten, daß es bei der großen Menge von G-Sternen in unserer Galaxis eine gewisse Zahl von Planeten geben wird, die den genannten Bedingungen genügen; vorsichtige Schätzungen liegen bei der Größenordnung 100 000.

5.4.2. Biologisch-chemische Voraussetzungen

Biochemie des Lebens auf der Erde

Ein Lebewesen besitzt im Gegensatz zu toten Körpern die Fähigkeit zur Vermehrung, also die Fähigkeit, sich selbst zu reproduzieren. Dazu gehört ein Datenspeicher, der die Informationen über den eigenen Bauplan enthält. Zur Informationsgewinnung und zur Selbstreproduktion ist Energie nötig. Es hat sich gezeigt, daß die Träger der Information in den Lebewesen die Nukleinsäuren sind, während für die Energieumsetzungen (also das Funktionieren der Organismen) die Proteine (Eiweißstoffe) verantwortlich sind.

Proteine bestehen aus bis zu 1000 Aminosäuren in charakteristischer Bauweise (Peptid-Kette). Aminosäuren sind komplexe organische Verbindungen, die sich durch die Aminogruppe NH_2 auszeichnen. Man kennt eine sehr große Zahl von Aminosäuren, aber in den Organismen auf der Erde kommen nur genau 20 bestimmte Aminosäuren vor.

Die Nukleinsäuren bestehen aus sogenannten Nukleotiden, die jeweils aus einem Zucker (2-Desoxiribose), einem Phosphorsäurerest und einer der vier Stickstoffbasen Adenin, Guanin, Thymin und Cytosin zusammengesetzt sind.

Es ist Aufgabe der Biologie, den Mechanismus der Fortpflanzung zu beschreiben; hier geht es nur um die Entstehung dieser für die Entwicklung des Lebens wichtigen Moleküle.

Die Herkunft der lebenswichtigen Moleküle

Die Radio- und Infrarot-Astronomie konnte in interstellaren Materiewolken wie dem Großen Orionnebel eine große Anzahl von organischen Molekülen nachweisen. Voraussetzung für die Existenz solcher, teilweise hochkomplizierter Moleküle ist die Abschirmung der dissoziierenden UV-Strahlung heißer Sterne; die betreffende Materiewolke muß also eine genügend hohe Staubdichte haben.

Die Untersuchung einer bestimmten Sorte von Meteoriten (kohlige Chondrite) lieferte eine ungeheure Mannigfaltigkeit von organischen Molekülen. Insbesondere wurden die meisten Basen der Nukleinsäuren und alle 20 biologisch nachgewiesenen Aminosäuren gefunden, darüberhinaus aber noch weitere, nur vom Laborversuch her bekannte Aminosäuren.

Daraus muß man schließen, daß in dichter interstellarer Materie, wie sie sich in der Umgebung entstehender Sterne befindet (s. S. 197 f.), komplizierte organische Moleküle aufgebaut werden können.

Nun zeigen die Meteoritenkrater auf Planeten und Monden unseres Sonnensystems, daß die Planeten unmittelbar nach ihrer Entstehung einem starken Bombardement durch Meteorite ausgesetzt waren. Dadurch dürften die in ihnen vorhandenen Moleküle in großer Zahl auf den Planeten abgesetzt worden sein. Auf der Erde bestand die Möglichkeit einer Anreicherung dieser Moleküle in den Ozeanen; die Menge der organischen Moleküle machten die Weltmeere zu einer „Ursuppe".

Die Entstehung primitiver Lebewesen

Die Moleküle in dieser Ursuppe bildeten ein riesiges Reservoir von komplexen und deshalb störanfälligen Systemen, die verschiedenartigen Fremdeinwirkungen ausgesetzt waren (Meteoriteneinschläge; kurzwellige Strahlung der Sonne, da die abschirmende Ozonschicht noch fehlte; kosmische Strahlung). Dadurch wurden bei einem gewissen Bruchteil der betroffenen Moleküle Strukturveränderungen hervorgerufen, die überwiegend zu ihrer Zerstörung führten.

In relativ wenigen Fällen wurden jedoch kompliziertere Strukturen gebildet, schließlich auch solche mit der Fähigkeit zur Selbstreproduktion. Obwohl die Wahrscheinlichkeit dafür sehr gering ist, dürfte bei dem enormen Umfang des in der Ursuppe zur Verfügung stehenden Materials die Zahl der so gebildeten Urlebewesen beträchtlich gewesen sein. Das Leben auf der Erde muß sich nämlich relativ rasch entwickelt haben, denn an Fossilien konnte nachgewiesen werden, daß bereits etwa 800 Millionen Jahre nach der Bildung der Erde Pflanzen gelernt hatten, mit Hilfe der Sonnenlichtenergie Kohlenwasserstoffe als Nährstoffe aufzubauen (Photosynthese). Wenn aber die Photosynthese von den Lebewesen zur Nahrungsgewinnung herangezogen werden mußte, bedeutet dies, daß der – bequemer auszubeutende – Nahrungsmittelvorrat in der Ursuppe für die Menge der vorhandenen Lebewesen bereits nicht mehr ausgereicht hat.

Die hier beschriebenen Prozesse sind nicht auf den Planeten Erde spezialisiert; sie können sich auf jedem Planeten, der die astronomischen Voraussetzungen für die Entstehung des Lebens erfüllt, in ähnlicher Weise abspielen. Die Wahrscheinlichkeit, daß sich auf einem dafür geeigneten Planeten Leben entwickelt, scheint sehr groß zu sein.

5.4.3. Die Möglichkeit zu Kontakten mit außerirdischen Kulturen

Die bisherigen Überlegungen lassen zwar vermuten, daß es auch außerhalb der Erde im Kosmos Leben geben könnte. Ob es jedoch neben der irdischen noch andere hochentwickelte Zivilisationen gibt, hängt neben der Dauer der Evolution intelligenter Lebewesen insbesondere von der Lebensdauer einer Hochzivilisation ab, der nach unseren Erfahrungen auf der Erde eine große Neigung zur Selbstzerstörung innewohnt. Da die bisherige Lebensdauer der menschlichen Kultur sehr kurz relativ zur einige Jahrmilliarden dauernden Evolution des Menschen ist und wir uns erst am Beginn der Phase technischer Hochentwicklung befinden, können wir nicht einmal Aussagen über die Lebensdauer unserer eigenen Hochzivilisation machen, geschweige allgemeine Überlegungen zur Lebensdauer von technisch hochentwickelten Zivilisationen anstellen. Deshalb gibt es keine vernünftigen Grundlagen für Vermutungen, ob oder wie oft außerhalb der Erde Hochzivilisationen existieren könnten, mit denen eine Kontaktaufnahme möglich ist.

Die Frage nach der Existenz anderer Hochzivilisationen kann also nur beantwortet werden, indem man nach ihnen sucht. Solche Programme werden seit 1960 durchgeführt; sie werden zusammenfassend mit dem Kurznamen SETI (Search for extraterrestrial intelligence) bezeichnet. Allen gemeinsam ist der Versuch, mit großen Radioteleskopen bei den uns nächsten G-Sternen Radiosignale intelligenter Lebewesen nachzuweisen.

Das erste SETI-Programm war das Projekt Ozma, bei dem der Astronom Frank Drake den 42-m-Spiegel des damals neu erbauten Radioteleskops des National Radio Astronomy Observatory von Green Bank, USA, auf den G8-Stern Tau Ceti (Entfernung 11,8 LJ) richtete, um nach Radiosignalen aus seiner Umgebung zu suchen. Obwohl man die Suche schließlich auch auf den K2-Stern Epsilon Eridani (Entfernung 10,8 LJ) erweiterte, konnte während der dreimonatigen Beobachtungsphase kein Signal empfangen werden, das als Nachweis für eine extraterrestrische Intelligenz gelten könnte. – Auch die in den folgenden Jahren auf verschiedene Arten durchgeführten SETI-Programme waren erfolglos.

Seit 1983 läuft eine von der NASA finanzierte Serie von SETI-Programmen, bei denen ein speziell für diesen Zweck gebauter Spektralanalysator eingesetzt wird. Er zerlegt die vom Radioteleskop empfangene Strahlung in 74 000 Frequenzkanäle mit der jeweiligen Bandbreite von 1 Hz, 32 Hz oder 1024 Hz, in denen gleichzeitig nach verdächtigen Signalen gesucht werden kann. Man hofft, den Spektralanalysator auf $8 \cdot 10^6$ Kanäle erweitern zu können. In der einen Hälfte des Programms wird der gesamte Himmel im Mikrowellenbereich zwischen 1 und 10 GHz mit einer Bandbreite von 32 Hz abgetastet. In der anderen Hälfte sollen 773 sonnenähnliche Sterne mit Entfernungen bis zu 82 LJ im Bereich von 1 GHz bis 3 GHz mit einer Bandbreite von 1 Hz untersucht werden. Auch hier sind bisher keine positiven Ergebnisse gemeldet worden. Die Entdeckung von Signalen extraterrestrischer Intelligenzen wäre zwar sensationell. Im Hinblick auf die rasante Entwicklung irdischer Technologie ist jedoch eine Kommunikation mit ihren Absendern nur bei genügend kurzen Signallaufzeiten von wenigen Jahrzehnten sinnvoll.

6. Die interstellare Materie

Der Raum zwischen den Sternen ist nirgends leer, sondern enthält überall diffuse Materie. Dieses Kapitel beschäftigt sich mit dem physikalischen Zustand dieser Materie.

6.1. Erscheinungsformen

Wer im Laufe des Jahres bei guter Sicht aufmerksam den Sternhimmel beobachtet, kann schon mit bloßem Auge wahrnehmen, daß die Materie im Kosmos nicht nur in Form von Sternen, Sternhaufen und Sternsystemen auftritt. So fällt am winterlichen Abendhimmel im Sternbild Orion unterhalb der drei Gürtelsterne ein helles, nebliges Objekt auf, der Große Orionnebel (s. S. 204 und Abb. 14 im Anhang). Die Zerlegung seines Lichts liefert ein Linienspektrum; demnach handelt es sich beim Orionnebel um eine Gaswolke, die durch die eingelagerten heißen Sterne zu eigenem Leuchten angeregt wird. Solche Gaswolken nennt man **Emissionsnebel.**

Betrachtet man an einem Sommerabend das helle Band der Milchstraßensterne, so kann man darin Bereiche erkennen, die beinahe keine Sterne enthalten, besonders auffallend im Sternbild Schwan, wo die Milchstraße durch einen dunklen Keil in zwei Teile gespalten wird; diese Teilung setzt sich als dunkler Streifen weiter nach Süden fort (Abb. 6.1). In diesem Bereich schwächen **dunkle Staubwolken** das Licht der dahinter stehenden Sterne so stark, daß diese mit bloßem Auge nicht mehr zu sehen sind.

Eine weitere Erscheinungsform diffuser Materie zwischen den Sternen kann man feststellen, wenn man mit einem lichtstarken Fernglas die Plejaden betrachtet: die hellsten Sterne dieses Offenen Sternhaufens sind von zarten Nebelschleiern umgeben (s. Abb. 12 im Anhang). Hier ist das Spektrum des Nebellichts nahezu identisch mit dem der Sterne; wir beobachten also Sternlicht, das an Staub reflektiert wurde. Solche Staubwolken heißen **Reflexionsnebel.**

Diese Beobachtungen zeigen drei charakteristische Erscheinungsformen der außerhalb von Sternen vorkommenden kosmischen Materie. Die interstellare Materie ist jedoch viel weiter verbreitet, als man mit dem bloßen Auge erkennen kann. Sie besteht überwiegend aus Gas, und zwar in der Hauptsache aus Wasserstoff. Das Gas ist mit kleinen, festen Teilchen durch-

mischt. Dieser interstellare Staub macht etwa 1 % der Masse des interstellaren Mediums aus. Der Anteil der interstellaren Materie an der Masse unseres Milchstraßensystems liegt höchstens bei 10 %.

Die Dichte des interstellaren Gases ist sehr gering. Sie liegt in unserem Milchstraßensystem im Mittel größenordnungsmäßig bei 10^{-24} g/cm^3; dies entspricht etwa einem Atom im Kubikzentimeter. (Die Erdatmosphäre enthält am Erdboden rund $3 \cdot 10^{19}$ Moleküle im Kubikzentimeter. Im Labor können Dichten bis herunter zur Größenordnung von 10^3 Molekülen im Kubikzentimeter hergestellt werden.) Die Häufigkeit der Elemente im interstellaren Raum ist der in Sternatmosphären festgestellten Häufigkeit sehr ähnlich. Der Staub hat eine mittlere Dichte der Größenordnung 10^{-26} g/cm^3. Die Häufigkeit interstellarer Staubkörner nimmt mit zunehmender Größe stark ab. Optisch machen sich jedoch diejenigen Teilchen am stärksten bemerkbar, deren Durchmesser in der Größenordnung der Lichtwellenlängen, also zwischen 0,1 µm und 1 µm liegen.

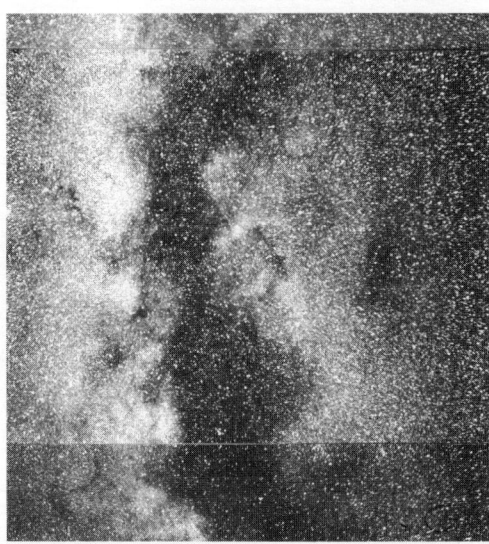

6.1 Teilung der Milchstraße durch Dunkelwolken in den Sternbildern Adler, Schlangenträger, Schild

6.2. Das interstellare Gas

6.2.1. Die interstellaren Absorptionslinien

Vom weitaus größten Teil der interstellaren Materie sehen wir nichts. Deshalb wurde ihre allgemeine Verbreitung erst zu Beginn des 20. Jahrhunderts nachgewiesen. Der grundlegende Hinweis bestand in der Entdeckung, daß im Spektrum des spektroskopischen Doppelsterns δ Orionis, des westlichsten der drei Gürtelsterne im Sternbild Orion, die K-Linie des Ca^+ die vom Bahnumlauf herrührende periodische Dopplerverschiebung der übrigen Absorptionslinien nicht mitmacht (Hartmann 1904). Die K-Linie kann demnach nicht in der Atmosphäre des Sterns δ Orionis entstehen, sondern muß ihren Ursprung in einer absorbierenden Materiewolke haben, die das Sternlicht auf dem Weg zu uns durchquert.

Infolge dieser Beobachtung wurden in vielen Sternspektren solche „ruhenden" Absorptionslinien entdeckt. Die günstigsten Studienobjekte sind Spektren sehr heißer Sterne der Spektralklasse O bis B3 und von spektroskopischen Doppelsternen. Der Linienreichtum kühlerer Sterne macht das Auffinden der interstellaren Linien nahezu unmöglich.

Daß die „ruhenden" Linien tatsächlich im Raum zwischen den Sternen entstehen, wird durch die Feststellung erhärtet, daß diese Linien um so kräftiger sind, je weiter der betreffende Stern von uns entfernt, je länger also der Lichtweg durch die absorbierende Materie ist.

Da es sich um eine Linienabsorption handelt, muß das absorbierende interstellare Medium ein Gas sein. Die interstellaren Linien unterscheiden sich von denen stellaren Ursprungs durch ihre außerordentliche Schärfe; diese beweist, daß das interstellare Gas stark verdünnt und sehr kalt sein muß. Damit stimmt auch die Beobachtung überein, daß alle identifizierten interstellaren Linien Übergängen entsprechen, die vom Grundzustand der betreffenden Atome bzw. Ionen ausgehen; nur bei sehr tiefen Temperaturen befindet sich die überwiegende Mehrzahl der Atome und Ionen im Grundzustand.

Weil dies auch für die H-Atome gilt, können im sichtbaren Spektralbereich keine Absorptionslinien der Balmerserie beobachtet werden, obwohl der Wasserstoff das häufigste Element

im Kosmos ist. Die Balmerserie in Absorption entsteht jedoch bei Übergängen des H-Atoms vom ersten angeregten Energieniveau aus, das rund 10 eV über dem Grundzustand liegt und deshalb im kalten interstellaren Gas nahezu unbesetzt ist. Erst durch Beobachtungen von künstlichen Erdsatelliten aus konnte neuerdings – neben vielen anderen interstellaren Absorptionslinien im UV – die vom Grundzustand des H-Atoms ausgehende Lyman-Alpha-Linie bei der Wellenlänge 121,6 nm nachgewiesen werden (vgl. Abb. 4.12, S. 107); ihre dominierende Stärke beweist die überwiegende Häufigkeit des Wasserstoffs im interstellaren Raum.

Die meisten interstellaren Absorptionslinien weisen Dopplerverschiebungen auf (vgl. S. 149). Demnach bewegen sich die interstellaren Gaswolken in der Regel als Ganzes durch den Raum. Im Spektrum mancher Sterne sind die interstellaren Linien in mehrere Komponenten aufgespalten. Dies beweist, daß sich zwischen uns und den betreffenden Sternen mehrere Gaswolken mit verschiedenen Radialgeschwindigkeiten befinden.

6.2.2. Die radiofrequente Kontinuum- und Linienstrahlung des interstellaren Gases

Die Kontinuumstrahlung

Im Winter 1931/32 wurde von dem amerikanischen Radioingenieur K. Jansky zum erstenmal aus dem Weltraum stammende Radiostrahlung empfangen. Mit dieser Entdeckung beginnt die Geschichte der Radioastronomie. Jansky beobachtete eine aus der Richtung der Milchstraße kommende Strahlung im Meterwellenbereich mit kontinuierlichem Spektrum; sie stellte sich später als Komplex mehrerer Erscheinungen heraus, die sich in den Strahlungsquellen und Erzeugungsmechanismen unterscheiden. Das interstellare Gas ist daran mit zwei Komponenten beteiligt. Die eine Komponente ist thermische Strahlung, die aus heißen, hochionisierten Gaswolken (HII-Regionen, s. S. 198 ff.) stammt; sie entsteht, wenn freie Elektronen beim Vorübergang an geladenen Teilchen durch elektrostatische Kräfte Geschwindigkeitsänderungen erfahren, und wird deshalb als **Bremsstrahlung** bezeichnet (vgl. S. 113).

Die andere Komponente der Kontinuumstrahlung des interstellaren Gases ist nichtthermische Strahlung. Sie wird von hochenergetischen Elektronen bei ihrer Spiralbewegung in Magnetfeldern erzeugt und heißt **Synchrotronstrahlung**, da sie auch in Elektronenbeschleunigern vom Typ Synchrotron beobachtet wird (vgl. S. 183). Beide Komponenten können durch die Intensitätsverteilung in ihren Spektren unterschieden werden (vgl. Abb. 5.29).

Die 21cm-Linie des atomaren Wasserstoffs

Nach den Gesetzen der Quantentheorie gibt es für das Elektron im H-Atom nur zwei Möglichkeiten der Spinrichtung: parallel oder antiparallel zum Spin des Protons. Die parallele Spinstellung hat eine um nur $5,88 \cdot 10^{-6}$ eV höhere Energie als die antiparallele. Die Wahrscheinlichkeit, daß bei Zusammenstößen von H-Atomen der energetisch höhere Zustand paralleler Spins angeregt wird, ist daher selbst im kalten interstellaren Medium sehr groß. Der Übergang zum niedrigeren Zustand antiparalleler Spins erfolgt spontan, jedoch mit einer so geringen Übergangswahrscheinlichkeit, daß die mittlere Verweildauer im angeregten Zustand rund 10^7 Jahre beträgt. Nur im interstellaren Gas mit seiner außerordentlich geringen Dichte ist die mittlere Zeitspanne zwischen zwei Zusammenstößen eines H-Atoms so groß, daß solche spontanen Übergänge in den antiparallelen Grundzustand genügend häufig sind, um beobachtet werden zu können. Die dabei freigesetzte Photonenenergie von $5,88 \cdot 10^{-6}$ eV entspricht Strahlung der Wellenlänge 21,1 cm. Nachdem sie bereits 1944 aus der Theorie vorausgesagt worden war, wurde diese Strahlung des interstellaren Wasserstoffs 1951 entdeckt.

Das interstellare Gas besteht zur knappen Hälfte aus atomarem Wasserstoff; einen etwa ebenso großen Anteil bildet der molekulare Wasserstoff. Die atomare, neutrale Komponente kann in der 21cm-Linie direkt wahrgenommen werden. Die Beobachtungen in diesem langwelligen Spektralbereich werden durch interstellaren Staub nicht behindert, da Radiowellen – im Gegensatz zu sichtbarem Licht – von den Staubkörnern nicht merklich absorbiert oder gestreut werden.

Eines der ersten Resultate der 21cm-Beobachtungen war die Feststellung, daß der interstellare Wasserstoff in einer sehr dünnen Schicht in der Milchstraßenebene konzentriert ist. Die Dichte des neutralen Wasserstoffs liegt im Mittel bei 1 Atom/cm^3, kann aber in dichten Wolken den 10- bis 50fachen Wert erreichen. Mit dem Planckschen Strahlungsgesetz (s. S. 265) läßt sich bei bekannter Entfernung der Wasserstoffwolke aus der beobachteten Intensität der Strahlung die Strahlungstemperatur des Wasserstoffgases berechnen. Man erhält Werte zwischen 10 K und 150 K.

Aus Wellenlängenverschiebungen der 21cm-Linie, die als Dopplereffekt zu deuten sind, können großräumige Bewegungen des interstellaren Gases abgeleitet werden. Damit erhält man Einblick in den Bewegungszustand und in den räumlichen Aufbau des Milchstraßensystems (s. S. 207 ff.).

Die interstellaren Moleküle

Durch radioastronomische Beobachtungen im Bereich der Millimeter- und Zentimeterwellen konnten weitere Emissionslinien von H und He aufgefunden werden. Vor allem wurden dabei aber zahlreiche Molekülarten im interstellaren Raum entdeckt. Moleküle können innere Energie nicht nur in der Elektronenhülle speichern, sondern auch durch Schwingungen der Atome gegeneinander und durch Rotation des ganzen Moleküls. Wie die Elektronenenergie kann auch die Schwingungs- und die Rotationsenergie nur ganz bestimmte, für jede Molekülart charakteristische Beträge annehmen. Übergänge zwischen diesen Energieniveaus sind mit der Emission bzw. Absorption bestimmter Energiequanten verknüpft, etwa in Form von Photonen. Bei den Rotationsübergängen können – auch in der Nähe des Grundzustandes, wo sich wegen der tiefen Temperaturen die allermeisten interstellaren Moleküle befinden – sehr kleine Energiedifferenzen auftreten, was zur Emission oder Absorption langwelliger Strahlung (fernes Infrarot bis zum Dezimeterwellengebiet) führt.

Bei den entdeckten interstellaren Molekülen handelt es sich überwiegend um Verbindungen der Elemente Wasserstoff, Kohlenstoff, Stickstoff und Sauerstoff. Das Wasserstoffmolekül H$_2$ ist im interstellaren Raum sicher in großen Mengen vorhanden. Vermutlich liegt der Wasserstoff in den dichteren interstellaren Wolken ausschließlich in molekularer Form vor. Der Nachweis ist jedoch dadurch erschwert, daß das H$_2$-Molekül keine Linienstrahlung im Radiofrequenzbereich aussendet.

Wegen der tiefen Temperaturen in interstellaren Molekülwolken befinden sich nahezu alle Moleküle im Grundzustand. Nur ein kleiner Bruchteil der Moleküle ist durch Zusammenstöße angeregt. Selbst das niedrigste Energieniveau des H_2-Moleküls, von dem spontane Übergänge in den Grundzustand hohe Wahrscheinlichkeit besitzen, hat mit 44 meV eine Energie, die viel höher als die mittlere thermische Bewegungsenergie der Teilchen in Molekülwolken ist. Es wird also durch Zusammenstöße nur sehr selten angeregt. Lediglich in relativ heißen H_2-Wolken werden so hohe Energieniveaus angeregt, daß man Linienstrahlung des molekularen Wasserstoffs im Infrarot beobachten kann.

Im kalten interstellaren Medium sind die H_2-Moleküle direkt durch ihre Absorption im ultravioletten Spektralbereich nachgewiesen worden. Da sie sich meist im Grundzustand befinden, können sie aus der Sternstrahlung nur solche Photonen absorbieren, die sie aus dem Grundzustand in höhere Energieniveaus überführen. Nun ist jeder angeregte Elektronenzustand mit einem System dicht benachbarter Schwingungs- und Rotations-Energieniveaus gekoppelt. Deshalb liegen die Energien der absorbierten Photonen eng beieinander. Sie entsprechen einem System dicht gepackter Absorptionslinien im Sternspektrum, einem **Bandenspektrum.**

Die Absorptionslinien, die zu Übergängen vom Grundzustand des H_2-Moleküls aus gehören, bilden das Lyman-Bandenspektrum; es erstreckt sich von 111,6 nm zu kürzeren Wellenlängen hin, liegt also im UV. Tatsächlich hat man durch spektrographische Untersuchungen des Lichts heißer Sterne von Satelliten aus die Lyman-Absorptionsbanden des interstellaren molekularen Wasserstoffs im UV-Kontinuum des Sternspektrums gefunden.

Indirekt läßt sich die Verteilung der interstellaren H_2-Moleküle aus Beobachtungen der Radiostrahlung des CO-Moleküls ermitteln. Überall, wo die Teilchendichte des interstellaren Gases so hoch ist, daß der Wasserstoff in molekularer Form auftritt, ist auch das CO-Molekül verbreitet, denn Kohlenstoff und Sauerstoff sind nach Wasserstoff und Helium die häufigsten Elemente im Kosmos. Das niedrigste Rotationsenergieniveau des CO-Moleküls liegt nur 0,48 meV über dem Grundzustand und wird deshalb auch in sehr kalten Gaswolken durch Zusammenstöße häufig angeregt. Es geht dann spontan wieder in den Grundzustand über, wobei Photonen

einer Strahlung von 2,6 mm Wellenlänge ausgesandt werden.

Da die Stoßpartner der CO-Moleküle meist H_2-Moleküle sind, liefert die 2,6 mm-Strahlung des CO-Moleküls auch die Verteilung des molekularen Wasserstoffs. Außerdem kann aus der Dopplerverbreiterung der 2,6 mm-Linie die kinetische Temperatur und aus der Linienstärke die Dichte der H_2-Wolken berechnet werden. Dopplerverschiebungen der Linie gestatten außerdem Schlüsse auf den Bewegungszustand der interstellaren Gaswolken.

Die interstellaren Moleküle treten – anders als der atomare Wasserstoff – in auffälligen Gebilden auf; es handelt sich überwiegend um große Wolken von sehr hoher Dichte. Diese **Molekülwolken** haben Durchmesser bis zu 100 pc, Massen von der Größenordnung 10^4 bis über 10^5 Sonnenmassen und Dichten von 100 bis 1000 Molekülen/cm^3. Mit diesen Eigenschaften gehören sie zu den größten, durch die eigene Gravitation zusammengehaltenen Objekten im Milchstraßensystem. Ihre Temperaturen sind sehr niedrig; sie liegen zwischen 10 K und 50 K. In diesen dichten Molekülwolken spielt sich die Sternentstehung ab. Das am besten erforschte Objekt ist der Bereich um den Großen Orionnebel.

Die Masse der Gesamtheit aller Molekülwolken im Milchstraßensystem ist mit der Masse des atomaren Wasserstoffs vergleichbar; die H_2-Wolken nehmen aber – infolge ihrer sehr viel höheren Teilchendichte – nur einen kleinen Bruchteil des Raumes ein, der nach Beobachtungen der 21 cm-Linie von atomarem Wasserstoff erfüllt ist.

6.2.3. Das leuchtende interstellare Gas, Emissionsnebel und HII-Regionen

Erscheinung und Energiequelle

Ein großer Teil des interstellaren Gases ist dunkel und hat Temperaturen um 100 K. In der Nachbarschaft von Sternen mit hohen Oberflächentemperaturen wird das Gas jedoch zum Leuchten angeregt und damit beobachtbar; der Große Orionnebel ist das hellste dieser Objekte. Die leuchtenden Gaswolken bestehen größtenteils aus ionisiertem Wasserstoff (H^+). Sie werden **HII-Regionen** genannt (diese Bezeichnung stammt aus der Spektroskopie, wo Spektren neutraler Atome mit I, einfach ionisierter Atome mit II usw. gekennzeichnet werden). Die größeren, auffälligen Gebilde werden auch als **Emissionsnebel** bezeichnet.

Zusammensetzung und Leuchtmechanismus der HII-Regionen lassen sich aus den Ergebnissen spektroskopischer Untersuchungen des Nebelleuchtens erklären.
Sterne, die durch ihre Strahlung in ihrer Umgebung HII-Regionen erzeugen, müssen Oberflächentemperaturen von mindestens 25 000 K haben. Bei diesen Sternen der Spektralklassen O bis B1 ist die UV-Strahlung intensiv genug, um den Wasserstoff in der nahen Umgebung vollständig zu ionisieren. Dabei steigt die Temperatur dieser Plasmawolke auf rund 10 000 K, und das ionisierte Gas beginnt im Lichte einzelner Spektrallinien zu leuchten.

Die Photoionisation

Fast alle Wasserstoff-Atome des interstellaren Gases befinden sich im Grundzustand. Die Ionisationsenergie beträgt 13,6 eV. Zur Ionisation durch Strahlung (Photoionisation) muß deshalb das H-Atom Photonen mit einer Energie von mindestens 13,6 eV absorbieren. Sie gehören zum UV-Spektralbereich mit Wellenlängen unter 91,2 nm. Aus Abb. 4.12 (S. 107) ist zu ersehen, daß dies die Wellenlänge der Lyman-Seriengrenze ist. Den Spektralbereich mit $\lambda \leq 91,2$ nm bezeichnet man als Lyman-Kontinuum und die zugehörigen Photonen als Lyman-Kontinuum-Photonen oder abgekürzt als Lc-Photonen. Die bei der Photoionisation freigesetzten Elektronen heißen Photoelektronen.
Abb. 6.2 a zeigt die Photoionisation eines im Grundzustand befindlichen H-Atoms. Die Pfeilrichtung deutet den Energiezuwachs des frei werdenden Elektrons an.

Die durch die Photoionisation getrennten Protonen und Elektronen haben infolge ihrer elektrostatischen Anziehungskräfte die Tendenz, sich wieder zu neutralen H-Atomen zu vereinigen (Rekombination). Deshalb muß sich in der Umgebung jedes Sterns ein statistisches Gleichgewicht einstellen, bei dem in der Zeiteinheit gleich viel H-Atome durch Lc-Photonen ionisiert werden, wie Proton-Elektron-Paare rekombinieren. Da die Zahl der in der Zeiteinheit emittierten Lc-Photonen durch die Oberflächentemperatur des Sterns bestimmt ist, kann jeder Stern nur ein relativ scharf begrenztes Volumen der ihn

umgebenden Wasserstoffwolke ionisieren. Je höher die Oberflächentemperatur des Sterns ist, desto weiter reicht seine ionisierende Wirkung. Mit abnehmender Gasdichte nimmt die Rekombinationswahrscheinlichkeit ab; deshalb ist der Radius der HII-Region um so größer, je geringer die Dichte des Wasserstoffgases ist.

Die meisten HII-Regionen und Emissionsnebel sind sehr unregelmäßig begrenzt und zeigen eine ungleichmäßige Helligkeitsverteilung. Dieses komplexe Erscheinungsbild entsteht durch die Wirkung mehrerer anregender Sterne und durch das Hervortreten dunkler Staubwolken, die sich in den Gaswolken befinden (s. Abb. 13, 14, 18, 19, 20, 21 im Anhang).

Rekombination, Nebelleuchten

Geht bei einer Rekombination von Proton und Elektron das dadurch gebildete H-Atom sofort und stufenlos in den Grundzustand über (Abb. 6.2 b), so wird dabei wieder ein Lc-Photon emittiert, das dann ein anderes H-Atom ionisieren kann (Abb. 6.2 a). Die meisten Rekombinationen enden jedoch zunächst auf einem ange-

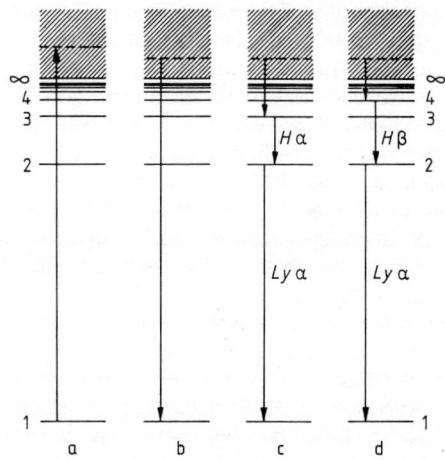

6.2 Photoionisation eines Wasserstoffatoms aus dem Grundzustand **(a)**
und drei Beispiele möglicher Rekombinationen:
(b) Übergang direkt in den Grundzustand; Emission eines Lc-Photons, das sofort wieder absorbiert wird.
(c) und **(d)** Stufenübergänge vom 3. und 4. Niveau, bei denen ein $H\alpha$- bzw. ein $H\beta$-Quant emittiert wird.
Die Lage der Horizontalstriche im Kontinuum soll anzeigen, daß die Photoelektronen bei der Rekombination fast immer etwas weniger Energie besitzen, als sie bei der Ionisation erhalten haben.

regten Zustand des H-Atoms. Anschließend finden kaskadenartige Übergänge in niedrigere Niveaus statt. Beim ersten dieser Schritte hat die Anfangsenergie des Elektrons irgendeinen Wert von mehr als 13,6 eV über dem Grundzustand. Infolgedessen besitzt die hierbei entstehende Strahlung ein kontinuierliches Spektrum. Erfolgt der Übergang z. B. auf das Paschen-Niveau (Hauptquantenzahl $n = 3$; Abb. 6.2 c und Abb. 4.12), so liegen die Wellenlängen dieses Kontinuums unterhalb der Paschen-Seriengrenze (Paschen-Kontinuum, $\lambda < 820,4$ nm), also im nahen Infrarot und im sichtbaren Spektralbereich.

Die an den ersten Schritt, den Übergang des Elektrons vom freien in den gebundenen Zustand, anschließenden Übergänge finden zwischen diskreten Energieniveaus des H-Atoms statt. Sie liefern daher Linien des Wasserstoff-Spektrums (Abb. 6.2 c und 6.2 d).

Im sichtbaren Spektralbereich erscheinen die Balmerlinien in Emission. Die stärkste Linie ist die im roten Spektralbereich liegende Hα-Linie. Sie liefert im ionisierten Nebel den Hauptanteil des sichtbaren Lichtes. Deshalb leuchten Emissionsnebel bevorzugt in rotem Licht. Da die Flächenhelligkeit der Emissionsnebel zu gering ist, kann diese Farbe allerdings bei visueller Beobachtung von den farbempfindlichen Zapfen in der Netzhaut des menschlichen Auges nicht wahrgenommen werden (s. S. 138); sie zeigt sich jedoch deutlich auf Farbfotos (vgl. Abb. 13, 14, 18, 19, 20, 21 im Anhang).

Außer den Balmerlinien sind vom Erdboden aus in den Emissionsnebeln auch zahlreiche Rekombinationslinien des Wasserstoffs im Bereich der Radiowellen beobachtbar. Diese Linien haben geringe Intensitäten. Sie entstehen bei Übergängen zwischen sehr hoch angeregten, dicht benachbarten Niveaus. So liefert z. B. der Übergang vom Niveau $n = 120$ zum Niveau $n = 119$ Strahlung der Wellenlänge 7,8 cm. Da diese Emissionslinien im Radiofrequenzbereich nicht durch interstellaren Staub beeinträchtigt werden, sind sie für die Bestimmung von Temperaturen, Dichten und Strömungen in weit entfernten HII-Regionen von großer Bedeutung.

Durch die in den Sternentstehungsgebieten vorhandenen jungen, heißen O-Sterne sind die Wolken des molekularen Wasserstoffs H$_2$ mit dem atomaren (neutralen und ionisierten) Was-serstoff H räumlich und physikalisch verbunden. In den dichtesten Teilen der Molekülwolken ($T \approx 10$ K) entstehen die Sterne. Befinden sich darunter Objekte mit Oberflächentemperaturen von 25 000 K oder darüber, so kommt es im umgebenden Medium des atomaren Wasserstoffs zur Bildung von Emissionsnebeln und HII-Regionen ($T \approx 10\,000$ K).

Heizung und Kühlung des Gases. Metastabile Niveaus

Fast alle ionisierenden Lc-Photonen haben Energien, die etwas größer sind als die Ionisationsenergie des Wasserstoffs von 13,6 eV. Die überschüssige Energie tritt als kinetische Energie der freigesetzten Elektronen auf; sie wird durch elastische Zusammenstöße teilweise auf andere Teilchen übertragen und führt dadurch zur Steigerung der Temperatur des Gases. Bei der Rekombination wird zwar wieder kinetische Energie der Elektronen in Strahlungsenergie übergeführt; da jedoch bevorzugt langsame Elektronen eingefangen werden, wird auf diese Weise in der Zeiteinheit weniger Energie abgeführt als durch die Lc-Photonen des Sterns dem Gas zugeführt wird. Die Temperatur der HII-Regionen müßte demnach laufend zunehmen, wenn nicht weitere Kühlungsmechanismen wirksam wären.

Die durchschnittliche kinetische Energie der freien Elektronen in den HII-Regionen liegt bei einigen eV. Dies reicht aus, um durch unelastische Stöße die Ionen bestimmter Elemente anzuregen. In Frage kommen dafür besonders die Ionen O$^+$, O^{2+}, N$^+$ und Ne^{2+}; diese Ionen haben metastabile Niveaus, die nur 2 eV bis 3 eV über dem Grundzustand liegen. Übergänge von metastabilen Niveaus in tiefere Energieniveaus sind zwar möglich, aber so wenig wahrscheinlich, daß die entsprechenden Spektrallinien im Labor nur unter äußerst günstigen Bedingungen beobachtet werden können. Man nennt sie deshalb „verbotene Linien".

In den interstellaren Wolken ist jedoch die Gasdichte so gering, daß die mittlere Zeitspanne zwischen zwei Zusammenstößen der angeregten Ionen größer ist als die mittlere Lebensdauer der metastabilen Zustände. Daher zeigen alle Spektren von Emissionsnebeln und HII-Regionen sowie die Spektren von Novae und Planetarischen Nebeln die durch Elektronen-

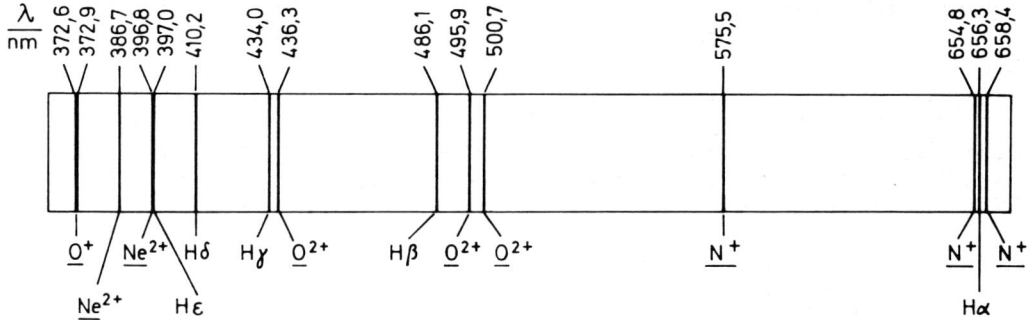

6.3 Charakteristische Linien im Spektrum einer HII-Region. Helle Linien auf schwachem Kontinuum; verbotene Linien sind unterstrichen.

stöße angeregten verbotenen Linien in hoher Intensität (Abb. 6.3 und Tab. 6.1).

Die von der Stoßanregung verursachte Strahlung verläßt den Nebel, ohne absorbiert zu werden. Die unelastischen Stöße der Photoelektronen entziehen also den Teilchen der Wolke thermische Bewegungsenergie; dies ist der stärkste, der Nebelaufheizung entgegenwirkende Prozeß.

Ein weiterer Teil der kinetischen Energie freier Elektronen in HII-Regionen wird verbraucht, wenn diese beim Vorübergang an geladenen Teilchen Bremsstrahlung emittieren (s. S. 113).

Das kontinuierliche Spektrum dieser Strahlung kann im Bereich der Zentimeter- und Dezimeterwellen beobachtet werden.

Da die Stoßanregung metastabiler Niveaus und damit der Kühleffekt durch verbotene Linienstrahlung mit steigender Elektronenenergie, also wachsender Gastemperatur zunimmt, stellt sich in einer HII-Region stets ein Gleichgewicht zwischen der durch Lc-Photonen zugeführten und durch verbotene Linienstrahlung (und andere Strahlungsarten) abgeführten Energie ein. Die zugehörige Temperatur des Gases liegt zwischen 7000 K und 15 000 K.

Ion	λ in nm	Anregungsenergie	Farbbereich
O^+	372,6 372,9	3,3 eV	UV
O^{2+}	495,9 500,7	2,5 eV	grün, stärkste Linien
N^+	654,8 658,4	1,9 eV	rot
Ne^{2+}	386,7 396,8	3,2 eV	UV

Tab. 6.1 Verbotene Linien in HII-Regionen

6.3. Der interstellare Staub

6.3.1. Dunkelwolken, Schwächung und Verfärbung des Sternlichtes

Zu Beginn dieses Kapitels wurde festgestellt, daß die – schon mit bloßem Auge wahrnehmbaren – Dunkelwolken im Milchstraßenbereich durch Staubansammlungen entstehen, die das Licht der dahinter stehenden Milchstraßensterne so stark schwächen, daß sie nicht mehr gesehen werden können. Tatsächlich ist nur die Absorption und Streuung durch Staubteilchen imstande, eine mit dem Auge erkennbare, also mindestens den sichtbaren Spektralbereich umfassende kontinuierliche Schwächung des Sternlichts hervorzurufen; interstellares Gas absorbiert nur in diskreten Spektrallinien, was mit dem bloßen Auge nicht festgestellt werden kann. Wenn das Sternlicht auf dem Weg zum Beobachter durch Wolken von interstellarem Staub läuft, wird es in dreierlei Weise verändert: es wird geschwächt, verfärbt und polarisiert. Verfärbung und Polarisation sind direkt beobachtbar; die Schwächung des Sternlichts muß berechnet werden, am besten aus der Verfärbung.

Die Schwächung des Sternlichts beim Durchgang durch eine interstellare Staubwolke ist um so stärker, je kürzer die Wellenlänge ist. Deshalb wird das blaue Licht stärker geschwächt als das rote. Das Sternlicht bekommt also einen mehr oder weniger starken „Rotstich". Der Betrag der Verfärbung wird durch den Farbenexzeß E gemessen, d.h. durch die Abweichung des beobachteten, mit der Auswirkung der Verfärbung behafteten Farbenindex, z.B. $m_B - m_V$, vom Eigenfarbenindex $(m_B - m_V)_0$, der vom Verfärbungseffekt befreit ist:

$$E_{B-V} = (m_B - m_V) - (m_B - m_V)_0$$

Der Eigenfarbenindex des betreffenden Sterns ist durch seinen Spektraltyp bestimmt (s. S. 138 und Gleichung (5-10a)).

Die Lichtschwächung, die sowohl zur Kennzeichnung einer Staubwolke als auch zur korrekten Angabe der Helligkeit und Entfernung von Sternen benötigt wird, bezeichnet man mit A_λ. Ihre Abhängigkeit von der Wellenlänge des Lichts kann durch Beobachtungen in möglichst vielen Spektralbereichen, insbesondere auch im UV- und im Infrarot-Bereich, ermittelt werden. In weiten Gebieten der Milchstraße erhält man damit speziell für den Zusammenhang zwischen dem Farbenexzeß E_{B-V} und der Lichtschwächung A_V im visuellen Bereich die schon in Gleichung (5-11) angegebene Beziehung $A_V \approx 3 \cdot E_{B-V}$. So läßt sich aus dem einfach zu bestimmenden Farbenindex die interstellare Lichtschwächung berechnen, die für die photometrische Entfernungsbestimmung von Sternen nach Gleichung (5-8) von fundamentaler Bedeutung ist.

Beispiel:

Zeta Persei ist der südlichste der hellen Sterne des Sternbildes Perseus; er steht etwa $8°$ nördlich des Plejaden-Sternhaufens. Das Sternbild Perseus ist reich an kleinen Dunkelwolken; Zeta Persei steht in einer solchen Wolke. Aus dem Linienspektrum des Sterns erhält man den Spektraltyp B1 und die Leuchtkraftklasse Ib.

Die Tab. 5.8 gibt für diesen MK-Typ den Eigenfarbenindex $(B - V)_0 = -0{,}23$ mag; dies bedeutet, daß das Sternlicht einen deutlichen Blauüberschuß haben müßte. Tatsächlich beobachtet man jedoch bei Zeta Persei eindeutig einen Rotstich. Für den Farbenindex des Sterns mißt man entsprechend $B - V = +0{,}12$ mag. Demnach ist der Farbenexzeß

$$E_{B-V} = (B - V) - (B - V)_0 = +0{,}35 \text{ mag.}$$

Unter der Annahme, daß das Licht von Zeta Persei eine Staubwolke mit durchschnittlich großen Partikeln passiert hat, erhält man mit Gleichung (5-11) für die Lichtschwächung $A_V = 3 \cdot 0{,}35$ mag $\approx 1{,}1$ mag. Die scheinbare Helligkeit des Sterns ist $m_V = 2{,}85$ mag, und aus Tab. 5.7 erhält man die absolute Helligkeit $M_V = -6{,}0$ mag für diesen MK-Typ. Setzt man diese Werte in Gleichung (5-8) ein, so ergibt sich für die Entfernung des Sterns $r \approx 350$ pc. Ohne Berücksichtigung der interstellaren Schwächung des Sternlichtes würde man 590 pc erhalten.

6.3.2. Die Reflexionsnebel

Die Staubteilchen des interstellaren Mediums werden von Sternen, die sich innerhalb der Wolken befinden, beleuchtet. Nur wenn die absolute Helligkeit der betreffenden Sterne sehr groß ist, ist die beleuchtete Staubregion so hell und umfangreich, daß die Erscheinung als Reflexionsnebel wahrgenommen werden kann. Das Spektrum eines solchen Nebels ist dem Spektrum des beleuchtenden Sterns sehr ähnlich. Es unterscheidet sich also wesentlich von dem durch helle Linien gekennzeichneten Spektrum eines Emissionsnebels oder einer HII-Region.

Das beobachtete Nebellicht ist gestreutes Sternlicht. Da die Streuung des Lichts an kleinen Teilchen mit abnehmender Wellenlänge zunimmt, müssen im Licht von Reflexionsnebeln die kurzen Wellenlängen bevorzugt auftreten. Die Reflexionsnebel sind daher in ihrer Farbe etwas blauer als der Stern, von dem das Nebellicht stammt. Dies ist auf Farbaufnahmen von Reflexionsnebeln deutlich zu sehen (vgl. die Reflexionsnebel um die Plejaden, Abb. 12 im Anhang; die Aufnahme des Trifidnebels, Abb. 13 im Anhang, zeigt neben roten Emissionsnebeln auch blaue Reflexionsnebel).

	Gas	Staub
ultraviolett	Interstellare Atome; Absorptionslinien, am stärksten Lyman Alpha (auch Lyman-Absorptions-Banden von H_2-Molekülen)	------------------------
optisch, leuchtend	HII-Regionen, Emissionsnebel; nichtthermisches Leuchten als Folge der Photoionisation	Reflexionsnebel; von den Staubteilchen reflektiertes Licht benachbarter heller Sterne
optisch, nichtleuchtend	Interstellare Atome und Moleküle, am stärksten Ca^+ und Na; Absorptionslinien in Sternspektren	Dunkelwolken auf dem hellen Hintergrund der Milchstraße; Auslöschung, Schwächung, Verfärbung, Polarisation des Lichtes von hinter den Wolken stehenden Sternen
infrarot	H_2-Linien in heißen Molekülwolken	Thermische Strahlung bei Aufheizung durch Sterne hoher Temperatur
Radiobereich	H, 21 cm-Linie H, He Rekombinationslinien, Moleküllinien (CO gibt Auskunft über die Verteilung von H_2); Kontinuum (Bremsstrahlung und Synchrotronstrahlung)	Kontinuum-Strahlung von aufgeheiztem Staub im Bereich der mm-Wellen

Tab. 6.2 Die beobachtbaren Erscheinungsformen der interstellaren Materie

6.4. Der Orionnebel M 42 und die Orion-Molekülwolke

6.4.1. Der Nebel und die Trapezsterne

Der Große Orionnebel ist der hellste Emissionsnebel am nördlichen Sternhimmel; man findet
ihn etwa 4° südlich von ε Orionis, dem mittleren
der drei Gürtelsterne des Orion. Schon in einem
lichtstarken Fernglas erkennt man Strukturen
des Nebels. Der Nebel ist 500 pc von uns
entfernt; sein Durchmesser liegt bei 6 pc.
Abb. 6.4a und Abb. 14 im Anhang zeigen den
Nebel; die Skizze der Abb. 6.4b beschreibt die
Abb. 6.4a.

Die rote Farbe des Nebels, die man schon auf
Farbaufnahmen mit einer Kleinbildkamera und

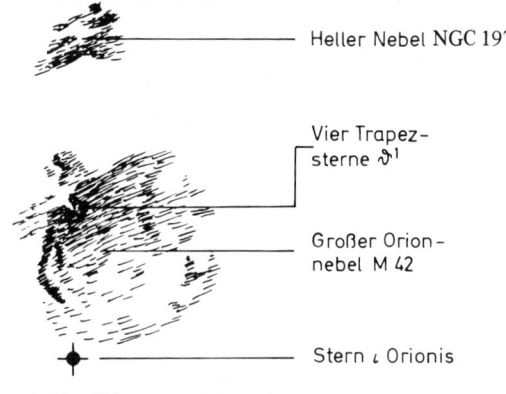

Heller Nebel NGC 1977

Vier Trapez-
sterne ϑ^1

Großer Orion-
nebel M 42

Stern ι Orionis

6.4b Skizze zum Orionnebel

6.4a Der Orionnebel. Norden ist oben, Osten links.

Teleobjektiv beobachtet, deutet darauf hin, daß es sich beim Orionnebel um eine ausgedehnte HII-Region handelt. Dies wird vom Nebelspektrum bestätigt.

Die Energiequelle für die Ionisation und das Leuchten des Nebels ist die Strahlung von vier sehr heißen, an der Sphäre dicht beieinander stehenden Sternen. Da sie mit bloßem Auge nicht getrennt werden können, heißen sie ϑ^1-Orionis; die vier Komponenten A, B, C, D bilden ungefähr ein Trapez, weshalb man sie auch als Trapezsterne bezeichnet (s. Abb. 16 im Anhang). Die Trapezsterne gehören zu einem großen Offenen Sternhaufen; mehrere kleine Sternhaufen und Sternassoziationen befinden sich in der nahen Umgebung. Die Spektraltypen der Trapezsterne zeigen, daß die Komponente C in erster Linie für die Erzeugung der HII-Region in Frage kommt; der Spektraltyp dieses Sterns ist O6. Die Typen der drei anderen Sterne sind B1, B1, B3.

Die kontinuierliche Radiostrahlung des Orionnebels (s. Abb. 15 im Anhang) zeigt ebenso wie die Intensitätsverhältnisse der verbotenen Linien des O^{2+}, daß die Temperatur des Nebels über 10 000 K liegen muß.

Da die verbotenen Linien im Spektrum von Emissionsnebeln durch Elektronenstoß angeregt werden, kann aus den Intensitäten bestimmter verbotener Linien die Elektronendichte des Nebels berechnet werden. So erhält man aus dem Stärkeverhältnis der beiden O^+-Linien mit den Wellenlängen 372,6 nm und 372,9 nm für die Elektronendichte des Orionnebels Werte zwischen 10^4 cm^{-3} im Zentrum und 10^2 cm^{-3} am Rand; weil die freien Elektronen überwiegend von ionisierten H-Atomen stammen, geben diese Beträge auch die Protonendichten an.

6.4.2. Die Molekülwolke und ihre Objekte

Die Radiobeobachtungen der Moleküllinien

Im Sternbild Orion befinden sich zwei riesige Molekülwolken-Komplexe. Sie sind beobachtbar durch die 2,6 mm-Strahlung ihrer CO-Moleküle. Diese radiofrequente Strahlung zeigt gleichzeitig die Anwesenheit von molekularem Wasserstoff H_2 an (vgl. S. 198). Die Strahlung der südlichen Wolke hat ihre stärkste Intensität im Bereich des Orionnebels. Das Intensitätsmaximum fällt aber nicht mit dem Zentrum der HII-Region zusammen; es liegt vielmehr etwas nordwestlich der

Trapezsterne. Tatsächlich kann die 2,6 mm-Strahlung gar nicht aus der rund 10 000 K heißen HII-Region stammen, denn bei dieser Temperatur können keine Moleküle mehr existieren. Die Molekülwolke, in der die CO-Strahlung entsteht, muß demnach hinter der HII-Region und den sie anregenden Sternen liegen; sie wird als „Orion Molecular Cloud 1" (abgekürzt OMC 1) bezeichnet.

Wo die 2,6 mm-Strahlung den dichtesten Teil der Molekülwolke anzeigt, also im Kern der OMC 1, konnte eine Reihe von Molekülarten nachgewiesen werden, die teilweise einen relativ komplizierten Aufbau besitzen (z. B. Ethanol CH_3CH_2OH). Sie verraten ihre Anwesenheit durch Linienemission, meist im Millimeterwellengebiet, die Übergängen zwischen niedrigen Rotationsenergieniveaus entspricht (vgl. S. 197).

Die Existenz solcher Moleküle setzt voraus, daß der Kern der OMC 1 gegen die dissoziierende Wirkung der UV-Strahlung heißer Sterne – also z. B. der Trapezsterne – durch kontinuierlich absorbierende Materie abgeschirmt ist. Tatsächlich enthalten die Molekülwolken beträchtliche Mengen von interstellarem Staub.

Die Infrarotbeobachtungen der Staubkomponente

Sichere Erkenntnisse über Existenz und physikalische Funktion der Staubkomponente im Bereich der OMC 1 sind durch die Beobachtungen der kontinuierlichen Infrarotstrahlung erworben worden. Das Maximum auch dieser Strahlung liegt an einem Punkt der Sphäre in der nordwestlichen Nachbarschaft der Trapezsterne (s. Abb. 17 im Anhang). Der Spektralverlauf der Infrarotstrahlung zeigt an, daß es sich um thermische Strahlung kleiner fester Körper handelt; die Intensitätsverteilung im Spektrum ist dem eines schwarzen Strahlers der Temperatur 90 K sehr ähnlich. Die gesamte Infrarot-Leuchtkraft des Zentralgebiets der OMC 1 läßt sich damit auf etwa 10^5 $L_\odot$ schätzen.

Diese hohe Leuchtkraft ist nur dadurch zu erklären, daß die Staubteilchen durch die Strahlung massereicher, junger oder erst entstehender Sterne aufgeheizt werden. Die optische und ultraviolette Strahlung, die diese Objekte bereits aussenden, wird von der Staubhülle absorbiert; dadurch heizt sich diese so weit auf, bis sie im Strahlungsgleichgewicht die gesamte absorbierte Strahlungsleistung wieder abstrahlt, allerdings wegen ihrer relativ niedrigen Temperatur bevorzugt im Infraroten.

Daß diese Vorstellung von der Herkunft der Infrarotstrahlung richtig ist, wurde durch die Entdeckung mehrerer punktförmiger Infrarotquellen erwiesen. Die Objekte befinden sich an der Sphäre nahe beim Molekülwolkenzentrum von OMC 1.

Die erste dieser Punktquellen wurde 1965 von E. Becklin und G. Neugebauer gefunden. Die Infrarotleuchtkraft dieses BN-Objekts beträgt $2 \cdot 10^3 \, L_\odot$, die Staubtemperatur erreicht an dieser Stelle 600 K. Diese Werte von Leuchtkraft und Temperatur lassen auf einen durch den Staub verdeckten, massereichen Protostern schließen, der – auf dem Wege zur Hauptreihe – gerade dabei ist, seinen Gas- und Staub-Kokon durch den Strahlungsdruck wegzublasen (vgl. S. 168 f.). Eine zweite Quelle befindet sich in einem ähnlichen Zustand wie das BN-Objekt, während die weiteren IR-Punktquellen kontrahierende Materiewolken in einem früheren Entwicklungszustand zu sein scheinen.

Die Entstehung dieser Infrarotquellen hat man sich etwa folgendermaßen zu denken: Bei der Erzeugung der HII-Region des Orionnebels durch die Trapezsterne, besonders ϑ^1 Orionis C, stieg die Temperatur des umgebenden Gases auf ein Vielfaches, und infolge der Ionisation nahm die Teilchendichte zu. Beides führte zu einer enormen Erhöhung des Gasdrucks in der HII-Region relativ zur umgebenden Molekülwolke. Die HII-Region dehnte sich also in die dahinter liegende Molekülwolke hinein aus und komprimierte diese im Grenzbereich so weit, daß an einzelnen Stellen ein Gravitationskollaps einsetzte, der zur Neubildung von Sternen führte (vgl. S. 166 ff.).

Der Komplex von Orion-Nebel und -Molekülwolke ist für uns das nächstgelegene und daher am besten erforschbare Sternentstehungsgebiet. Außer dem Orionnebel gehören die in der folgenden Tabelle aufgeführten Objekte zu den hellsten und größten Emissionsnebeln am nördlichen Sternhimmel.

Nummer im Messier-Katalog	Name	Sternbild	Nummer der Abbildung im Anhang
M 42	Orion-Nebel	Orion	14
----	Rosette-Nebel	Monoceros	20
M 16	Irregulärer Nebel	Serpens	19
M 17	Omega-Nebel	Sagittarius	---
M 20	Trifid-Nebel	Sagittarius	13
M 8	Lagunen-Nebel	Sagittarius	---

Tab. 6.3 Die hellsten und größten Emissionsnebel am nördlichen Sternhimmel

Aufgaben

1. a) Für das spektrale Emissionsvermögen K_λ (s. S. 265) eines kugelförmigen Temperaturstrahlers mit dem Radius R, der sich in der Entfernung r vom Beobachter befindet und der beim Beobachter die spektrale Bestrahlungsstärke E_λ erzeugt, gilt die Beziehung $K_\lambda = (r/R)^2 \cdot E_\lambda$. Leiten Sie diese Gleichung her.
b) Die Meterwellenstrahlung des Großen Orionnebels erzeugt auf der Erde die Bestrahlungsstärke $E_\lambda \approx (7 \cdot 10^{-16} \, \text{W} \cdot \text{m}) \cdot \lambda^{-4}$. Der scheinbare Durchmesser des hellen Zentralbereichs liegt bei 0,2°. Welche Strahlungstemperatur ergibt sich damit aus dem Rayleigh-Jeans-Gesetz (s. S. 265)?

2. a) Das BN-Objekt in der Molekülwolke OMC 1 besitzt im Infraroten ein kontinuierliches Spektrum, dessen Intensitätsverteilung der eines schwarzen Strahlers ähnelt; das Intensitätsmaximum liegt bei $\lambda \approx 5 \, \mu\text{m}$. Welche Strahlungstemperatur ergibt sich hieraus mit dem Wienschen Verschiebungsgesetz?
b) Der Durchmesser dieser Infrarotquelle beträgt bei der Wellenlänge $5 \, \mu\text{m}$ ungefähr $8000 \, R_\odot$. Welche Leuchtkraft (in Vielfachen der Sonnenleuchtkraft $L_\odot$) liefert das Stefan-Boltzmann-Gesetz, wenn man die in (a) errechnete Strahlungstemperatur als effektive Temperatur der IR-Quelle einsetzt?

7. Galaxien

In dem von uns überschaubaren Weltall beobachten wir Materie fast nur innerhalb von Sternsystemen. Ein Sternsystem ist ein räumlich abgegrenztes Gebilde, das mit Sternen, Sternhaufen und interstellarer Materie erfüllt ist. Nach einem Überblick über die Typen von Sternsystemen werden wir uns in diesem 7. Kapitel zuerst mit dem Sternsystem beschäftigen, dem wir mit unserer Sonne selbst angehören; es heißt Milchstraßensystem oder galaktisches System (griech. gala = Milch). Sein Aufbau und sein Bewegungszustand stehen im Mittelpunkt dieses Kapitels. Daran schließt sich die Behandlung der anderen, außergalaktischen Sternsysteme an. Die Beobachtungen, die wir an unserem Milchstraßensystem von innen und an außergalaktischen Sternsystemen von außen machen, ergänzen sich; dabei wird deutlich, daß das Milchstraßensystem eine der – in riesiger Anzahl vorhandenen – typischen Einheiten darstellt, in denen die Materie des Weltalls geordnet ist.

7.1. Die Erscheinungsformen von Sternsystemen

Wir unterscheiden drei Haupttypen von Sternsystemen, die sich durch ihre Form und durch die Anordnung der Sterne schon äußerlich voneinander unterscheiden:
– Spiralsysteme,
– elliptische Systeme und
– unregelmäßige Systeme.

Beispiele für diese drei Typen sind in den Abbildungen 7.1 bis 7.4 dargestellt.
Das in Abb. 7.2 wiedergegebene Sternsystem NGC 891 gehört ebenfalls in die Gruppe der **Spiralsysteme**, obwohl wegen der Blickrichtung auf die Kante nichts von der Spiralstruktur wahrgenommen werden kann.

7.1 Das Spiralsystem M 51

7.2 Das Sternsystem NGC 891, ein von der Kante gesehenes Spiralsystem

 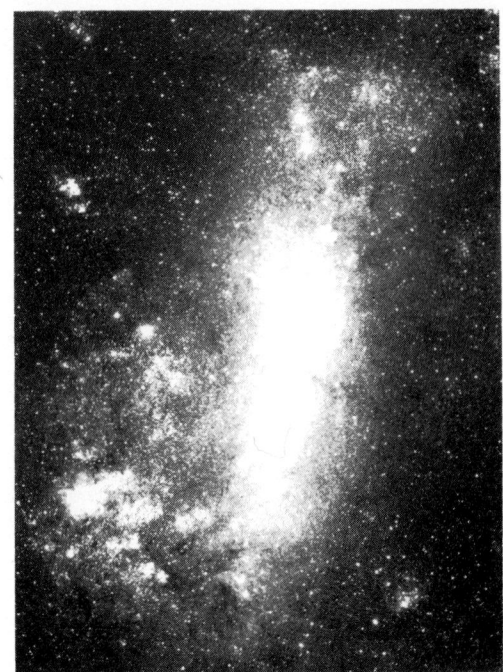

7.3 Das elliptische Sternsystem NGC 205, eines der beiden Begleitersysteme des Andromeda-Nebels

7.4 Die große Magellan-Wolke, ein unregelmäßiges Sternsystem

Aus einem Anschauungsmaterial von sehr vielen Exemplaren kennen wir das Aussehen dieses Systemtyps in allen durch die verschiedenen Blickwinkel bedingten Veränderungen, vom Blick auf die Fläche (Abb. 7.1), bis zum Blick auf die Kante (Abb. 7.2).

Das bekannteste Beispiel eines Spiralsystems, das wir in starker perspektivischer Verkürzung sehen, ist der Andromeda-Nebel M31 (s. Abb. 1.4).

Die **elliptischen Systeme** haben eine Sternverteilung, die vom Zentrum aus in alle Richtungen des ellipsoidisch umgrenzten Raumes mit großer Regelmäßigkeit stetig abnimmt. Diese Regelmäßigkeit in der Sternverteilung, die wir als Beobachter von außen an elliptischen Systemen feststellen (Abb. 7.3), wird sich auch einem Beobachter darbieten, den wir uns als Bewohner eines Planeten innerhalb eines solchen Systems vorstellen können. Die Sterndichte, die er an der Sphäre wahrnimmt, wird sich nirgends sprunghaft ändern, sondern stetig ab- bzw. zunehmen.

Die Bezeichnung **„unregelmäßige Systeme"** (Abb. 7.4) bezieht sich nicht nur auf die äußere Gestalt, sondern ebenso auf die Verteilung der Sterne im System. Diese Ungleichförmigkeit ist so groß, daß auch von einem Beobachter im Innern eines solchen Systems keine Regelmäßigkeit in der Sternverteilung festgestellt werden kann.

Alle **Spiralsysteme** (Abb. 7.1 und 7.2) haben in ihren groben Umrissen eine rotationssymmetrische, mehr oder weniger stark abgeplattete Gestalt. Sie gleichen einem Diskus. Die Raumdichte der Sterne ist am größten in einer flachen, das ganze System durchziehenden Scheibe. Sie nimmt in den Richtungen senkrecht zu dieser Scheibe sehr schnell ab. Ein Beobachter, der sich innerhalb der zentralen Sternschicht eines Spiralsystems befindet, wird als Projektion der räumlichen Sternverteilung ein Band hoher Sterndichte ungefähr längs eines Großkreises an der Sphäre wahrnehmen.

Aufgrund dieser Überlegungen kann aus der Verteilung der Sterne an der Sphäre auf den Typ des Sternsystems geschlossen werden, in dem sich die Sonne befindet. Dies ist die Aufgabe des folgenden Abschnitts.

7.2. Das galaktische Sternsystem

7.2.1. Die Erscheinung der Milchstraße

Die Milchstraße ist ein schwach leuchtendes Band, das längs eines Großkreises die ganze Himmelskugel überzieht (Abb. 7.5). Von Mitteleuropa aus sind im Verlauf eines Jahres etwa drei Viertel dieses Großkreises beobachtbar. Schon im Fernglas lösen sich große Bereiche des flächenhaften Leuchtens in einzelne Lichtpunkte auf. Dies hat schon Galilei beobachtet. Die Erscheinung kommt also durch das gemeinsame Leuchten einer sehr großen Anzahl von Fixsternen zustande. Fast alle diese Sterne haben so geringe scheinbare Helligkeiten, daß sie als Einzelobjekte für das bloße Auge nicht sichtbar wären.

Die Milchstraße ist auf allen Sternkarten eingezeichnet; damit man die Erscheinung mit bloßem Auge wahrnehmen kann, muß der Himmelshintergrund dunkel sein, darf also nicht durch den Mond oder irdische Lichter aufgehellt werden. Die günstigste Zeit für Beobachtungen der Milchstraßenerscheinung sind die Monate August und September, in denen in den Abendstunden ein besonders heller Teil der Milchstraße am Südhimmel steht; er durchzieht, vom Horizont aufsteigend, die Sternbilder Schütze, Adler, Schwan. Der weitere Verlauf der Milchstraße führt durch die Sternbilder Kassiopeia,

Perseus, Fuhrmann, Einhorn, Großer Hund. Der Helligkeitsunterschied zwischen der Sommermilchstraße (Sternbilder Schütze bis Schwan) und dem im Winter sichtbaren Teil (Sternbilder Fuhrmann bis Großer Hund) ist sehr groß. Helligkeit und Struktur des Milchstraßenbandes zeigen starke Ungleichförmigkeiten. Auffallend helle Sternwolken wechseln ab mit dunklen Bereichen, in denen fast keine Sterne zu stehen scheinen.

Beispiele, die mit bloßem Auge beobachtet werden können, sind die helle Scutum-Wolke zwischen den Sternbildern Adler und Schütze und die beginnende Zweiteilung der Milchstraße im Sternbild Schwan (vgl. Abb. 6.1). Die scheinbar sternleeren Bereiche zeigen das Vorhandensein von interstellarer Materie an (s. S. 202).

In der Erforschung und Beschreibung des galaktischen Sternsystems wird ein spezielles Koordinatensystem verwendet: die sphärischen Koordinaten **galaktische Länge** l **und galaktische Breite** b. Die Lage des Koordinatensystems ist definiert durch den galaktischen Äquator, d. h. den Großkreis durch die Mitte des Milchstraßenbandes. Seine genaue Festlegung wäre durch das ungleichförmige und verschie-

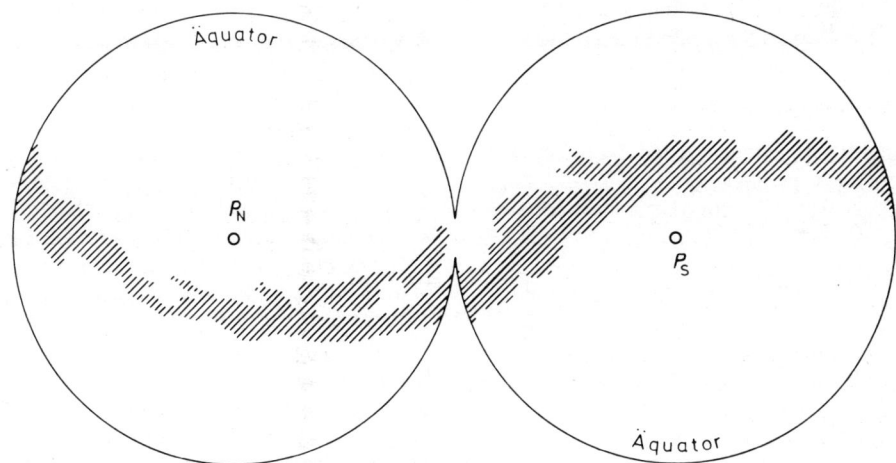

7.5 Verlauf der Milchstraße auf der nördlichen (links) und südlichen Himmelshalbkugel. Begrenzende Kreise: Himmelsäquator

Sternbild	l		Sternbild	l
Schütze	0°		Perseus	150°
Adler	50°		Fuhrmann	180°
Schwan	80°		Einhorn	210°
Kassiopeia	120°			

Tab. 7.1 Orientierungswerte der galaktischen Längen einiger Sternbilder der nördlichen Milchstraße

den breite Band der Milchstraßensterne kaum möglich. Die starke Konzentration der interstellaren Materie auf die Symmetrieebene des Systems gestattet jedoch eine exakte Definition des galaktischen Äquators. Der Nullpunkt der Längenzählung liegt in Richtung zum galaktischen Zentrum im Sternbild Schütze. Die Längen werden ostwärts von 0° bis 360° gezählt (s. Tab. 7.1). Der galaktische Nordpol liegt im Sternbild Coma Berenices, der Südpol im Sternbild Sculptor. Die galaktische Breite wird vom Äquator zum Nordpol positiv, zum Südpol negativ gezählt.

7.2.2. Die Sterne der Milchstraße im Raum

Aus der Erscheinung der Milchstraße, die wir am Himmel beobachten, können Schlüsse auf die räumliche Verteilung der Sterne gezogen werden: Die Sterne der Milchstraße bilden in dem uns umgebenden Weltraum eine nahezu ebene Schicht. Die Ausdehnung dieser Schicht in Richtung des galaktischen Äquators ist zunächst unbekannt. Die Tatsache, daß die Milchstraße am Himmel einen Großkreis bildet, läßt darauf schließen, daß sich Sonne und Erde innerhalb der durch die große Sterndichte ausgezeichneten Schicht befinden.

In Abb. 7.6 sind die Sichtbedingungen von einem innerhalb der Schicht gelegenen Beobachtungspunkt S längs verschiedener Sehstrahlen schematisch dargestellt. In Richtung derjenigen Sehstrahlen, die bis zu großen Entfernungen innerhalb der Schicht verlaufen (wie 1, 1a, 2), projizieren sich außerordentlich viele Fixsterne als Lichtpunkte auf eine kleine Fläche des Himmelshintergrundes. Auf Sehstrahlen, die nur ein kurzes Stück durch die Schicht verlaufen (3, 3a, 4), findet man je Flächeneinheit der Sphäre nur eine vergleichsweise kleine Sternzahl.

Schon beim ersten Anblick zeigen sich im Milchstraßenband beträchtliche Unterschiede der

Breite und der scheinbaren Sterndichte, und bei genauerer Beobachtung ergeben sich bis in die kleinsten Details sehr abwechslungsreiche Strukturen. Daraus muß man schließen, daß der räumliche Aufbau dieser Schicht sehr viel komplexer ist, als es in der schematischen Darstellung der Abb. 7.6 zum Ausdruck kommt.

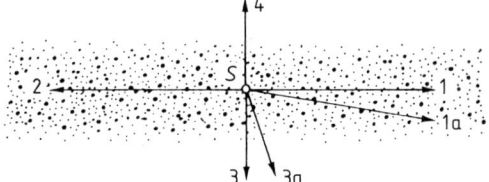

7.6 Schematischer Querschnitt durch die Sternschicht der Milchstraße. Sichtbedingungen für einen Beobachter S längs verschiedener Sehstrahlen.

Richtige Vorstellungen vom Zustandekommen der Milchstraßen-Erscheinung und von der Existenz eines flachen Sternsystems von endlicher Ausdehnung wurden bereits in der Mitte des 18. Jahrhunderts, u. a. von Immanuel Kant (1755) entwickelt. Wilhelm Herschel (1738–1822) zählte in vielen ausgewählten Himmelsrichtungen die mit seinem selbstkonstruierten, lichtstarken Spiegelteleskop sichtbaren Sterne und entwickelte aus seinen Abzählungen die Modellvorstellung eines stark abgeplatteten Sternsystems, dessen Zentralebene durch die Milchstraße markiert ist.

Allerdings führten die Beobachtungen von Herschel und zahlreiche spätere Milchstraßen-Untersuchungen, die sich bis zum Beginn des 20. Jahrhunderts erstreckten, zu der falschen Annahme, die Sonne befinde sich in der Nähe des Zentrums unseres Sternsystems. Erst mit Shapleys Entdeckung des Systems der Kugelsternhaufen im Jahre 1917 erfolgte der Durchbruch zu der Erkenntnis, daß die Sonne weit vom Mittelpunkt des galaktischen Systems entfernt sein muß (s. S. 214).

Die falsche Vorstellung von der zentralen Lage der Sonne kennzeichnet die Grenzen der optischen Astronomie bei der Erforschung unseres Sternsystems: Weil die Sonne sich inmitten der galaktischen Ebene befindet, können wir diese Zentralschicht nur in unserer Umgebung überblicken. Die allermeisten Sterne, die wir in der Milchstraße sehen, sind Vordergrundobjekte. Die große Flächendichte der Sterne, besonders aber die lichtschwächende Wirkung des interstellaren Staubes machen es uns unmöglich, in weiter entfernte Bereiche des Systems zu blicken. Erst die Radio- und Infrarot-Astronomie haben hier – wenigstens in bezug auf bestimmte Gruppen von Objekten – neue Möglichkeiten erschlossen.

Wenn auch die Verteilung der Milchstraßensterne an der Sphäre aus den erwähnten Gründen keinen Schluß auf die räumlichen Abmessungen des galaktischen Systems erlaubt, so kann man hieraus doch Hinweise auf die Form unseres Sternsystems entnehmen. Setzt man nämlich voraus, daß auch das Milchstraßensystem in eine der drei Galaxiengruppen (elliptische, unregelmäßige, Spiral-Systeme) einzuordnen ist, so folgt nach den auf S. 208 angestellten Überlegungen, daß wir uns in einer Spiralgalaxie befinden, denn nur für einen Beobachter im Innern eines Spiralsystems projiziert sich dieses als relativ scharf begrenztes Band hoher Sterndichte an das Himmelsgewölbe, wie wir es in der Milchstraße wahrnehmen.

7.2.3. Die Kugelsternhaufen

<u>Typische Eigenschaften von Kugelhaufen</u>

Kugelförmige Sternhaufen (kurz: Kugelhaufen) sind nahezu kugelsymmetrisch aufgebaut. Sie bestehen aus 10^4 bis 10^6 Sternen auf relativ engem Raum (Abb. 7.7). Ihre Durchmesser liegen meist unter 50 pc, und die Konzentration der Sterne zum Zentrum hin ist sehr stark (Tab. 7.2).
In Mitteleuropa kann mit bloßem Auge nur der Kugelhaufen M 13 gesehen werden. Bei sehr guten Sichtbedingungen findet man ihn 2,5° südlich des Sterns Eta Herculis. Einige weitere

7.7 Der kugelförmige Sternhaufen M 13

Haufen können bei der Beobachtung im Fernglas oder Fernrohr als runde, neblige Objekte erkannt werden (s. Tab. 7.3).

Zur Bestimmung der Sternzahl in Kugelsternhaufen werden in den Außenbezirken des betreffenden Haufens Sternzählungen durchgeführt. Anschließend wird durch Vergleiche der Flächenhelligkeiten nach innen extrapoliert. Im Zentralbereich von Kugelhaufen ergeben sich damit Sterndichten von 100 bis 1000 Sternen pro pc^3. Trotzdem sind auch dort die mittleren Sternabstände noch sehr groß im Vergleich zu den Sternradien.

Die große Gesamtmasse deutet nach Gleichung (5-29) darauf hin, daß Kugelhaufen aus Materie sehr geringer Dichte entstanden sind, und tatsächlich beobachtet man sie noch in großen Entfernungen von der galaktischen Ebene, also in Gebieten, in denen die interstellare Materie nur sehr geringe Dichten hat (s. S. 213).

Zahl der bekannten Kugelhaufen	150
Gesamtzahl der Kugelhaufen im galaktischen System	etwa 200
Zahl der Haufen mit gut bekannten Entfernungen	etwa 110
Durchmesser (Größenordnung)	zwischen 10 pc und 100 pc
Anzahl der Sterne in einem Haufen	10^4 bis 10^6
Absolute visuelle Helligkeit eines Kugelhaufens	zwischen −5 mag und −10 mag
Masse eines Kugelhaufens	zwischen $10^4 m_\odot$ und $10^5 m_\odot$

Tab. 7.2 Die Kugelsternhaufen des galaktischen Systems mit ihren typischen Merkmalen.

Nummer NGC	Bezeichnung und Sternbild	Galaktische Koordinaten		Scheinbare visuelle Helligkeit in mag	Entfernung in kpc	Bemerkungen
		l	b			
104	47 Tucanae	306°	−45°	4,0	4,7	am Südhimmel
5139	ω Centauri	309°	+15°	3,6	5,2	am Südhimmel
5272	M3 Canes venatici	42°	+79°	6,4	9,2	gut beobachtbar
5904	M5 Serpens	4°	+47°	5,9	7,0	– – –
6121	M4 Scorpius	351°	+16°	6,0	2,2	nahe bei Antares
6205	M13 Hercules	59°	+41°	5,9	7,0	gut beobachtbar
6341	M92 Hercules	68°	+35°	6,4	6,2	– – –
6656	M22 Sagittarius	10°	−8°	5,1	3,2	am Rande der großen Sagittarius-Sternwolke
7078	M15 Pegasus	65°	−27°	6,4	8,0	– – –

Tab. 7.3 Einige helle Kugelsternhaufen. Ordnung nach der Nummer im „New General Catalogue of Nebulae and Clusters of Stars" (NGC).

Die **Farben-Helligkeits-Diagramme** der Kugelhaufen sind untereinander sehr ähnlich (Abb. 7.8 und 7.9). Sie unterscheiden sich aber stark von den Diagrammen der Offenen Haufen (vgl. S. 161 ff.). Auffallend ist, daß blaue O- und B-Sterne fast völlig fehlen. Das Licht der Kugelhaufen stammt von roten Riesen- und Unterriesensternen sowie von Hauptreihensternen, die der Sonne ähnlich sind. Die Hauptreihe bricht bei Massewerten knapp über $1 m_\odot$ ab. Fast alle massereicheren Sterne, die früher die Hauptreihe oberhalb des markanten Abbiegepunktes bevölkerten, haben sich bereits seit langer Zeit aus dem stabilen Zustand des H-Brennens weiterentwickelt. Viele dieser Sterne haben schon die Zustände der Unterriesen und Riesen durchlaufen, haben Masse verloren und sind jetzt im FHD auf dem **Horizontalast** zu finden. Dies ist der mit Sternen dicht besetzte Streifen, der sich in den Abb. 7.8 und 7.9 im Bereich $0{,}0\ \text{mag} \le (B-V)_0 \le +0{,}6\ \text{mag}$ zwischen den scheinbaren Helligkeiten 15 mag und 16 mag erstreckt. In den Diagrammen der Sterne unserer Umgebung und der Offenen Haufen gibt es keinen Horizontalast. Er tritt nur bei sehr alten Objekten wie den Kugelhaufen auf, in denen die Entwicklung der Sterne schon sehr weit fortgeschritten ist. Vergleiche der beobachteten Eigen-

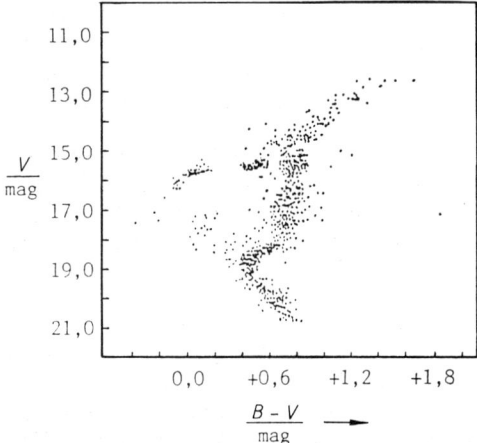

7.8 Farben-Helligkeits-Diagramm des kugelförmigen Sternhaufens NGC 5272 (M 3)

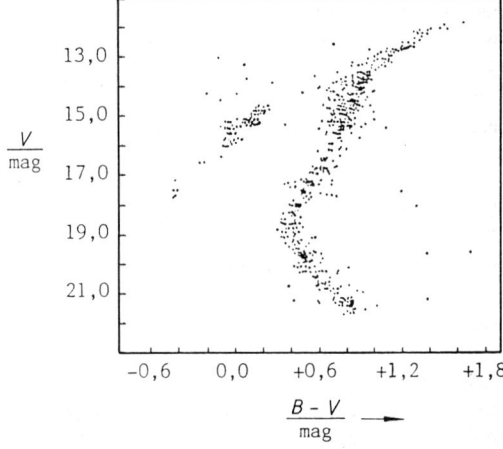

7.9 Farben-Helligkeits-Diagramm des kugelförmigen Sternhaufens NGC 6205 (M 13)

schaften von Horizontalast-Sternen mit den Ergebnissen von Modellrechnungen zeigen: der Horizontalast wird von massearm gewordenen Sternen (mit etwa 0,6 $m_\odot$) gebildet. Sie befinden sich im weit fortgeschrittenen Stadium der Umwandlung von Helium in schwerere Elemente.

Die Lage des Abknickpunktes in den FH-Diagrammen ermöglicht eine direkte Bestimmung des hohen Alters der einzelnen Kugelhaufen. Dabei stützt man sich auf Modellrechnungen. In ihnen werden die Entwicklungswege und -geschwindigkeiten der Kugelhaufensterne, von denen ihre FH-Diagramme geprägt werden, möglichst genau nachvollzogen. Das Resultat ist ein Wert für das Alter des He-brennenden Kugelhaufens. Die Sterne am Abbiegepunkt der Hauptreihe befinden sich in einer charakteristischen Phase am Ende des zentralen Wasserstoffbrennens, in der durch Änderungen von Leuchtkraft und Oberflächentemperatur die Abwanderung von der Hauptreihe beginnt.

Die meisten Alterswerte liegen zwischen $1{,}3 \cdot 10^{10}$ und $1{,}8 \cdot 10^{10}$ Jahren (vgl. dazu die wesentlich niedrigeren Werte für Offene Haufen in Tab. 5.9). Die Elemente schwerer als Helium sind in den Sternen sehr vieler Kugelhaufen 10- bis 100mal weniger häufig als in der Sonne. Dieser Umstand (der mit möglichst genauen Werten bei den Modellrechnungen berücksichtigt werden muß) ist schon an sich ein deutlicher Hinweis auf das sehr hohe Alter. Solche „metallarmen" Kugelhaufen sind in einer Zeit entstanden, als die Materie unseres in Bildung begriffenen Milchstraßensystems noch bedeutend weniger schwere Elemente (Kernladungszahlen $Z \geq 3$) enthielt als in späteren Epochen, in denen schon in Generationen von Sternen Kernfusionsprozesse stattgefunden hatten.

Der in den abgebildeten FH-Diagrammen von Sternpunkten freie Mittelteil des Horizontalastes bei $+0{,}2$ mag $\leq (B{-}V)_0 \leq +0{,}4$ mag ist in Wirklichkeit nur frei von Sternen konstanter Helligkeit. An dieser Stelle stehen die Pulsationsveränderlichen vom Typ RR Lyrae (s. S. 173 ff.), die in vielen Kugelhaufen sehr häufig sind. Alle RR-Lyrae-Sterne in Kugelhaufen haben nahezu die gleiche mittlere absolute Helligkeit $M_V = +0{,}6$ mag. Sie sind deshalb das bevorzugte Mittel zur Entfernungsbestimmung von Kugelhaufen.

Zunächst wurde bei den näheren Kugelhaufen, bei denen die helleren der roten Hauptreihensterne noch beobachtbar sind, die Wirkung der interstellaren Lichtabsorption in ähnlicher Weise wie bei den Offenen Haufen eliminiert (s. S. 163). Dann wurden diese Teile der Hauptreihe zur Deckung gebracht mit der Hauptreihe von metallarmen Sternen mit bekannten absoluten Helligkeiten. Diese Anpassung ergab den Wert der absoluten Helligkeit der RR-Lyrae-Sterne im Horizontalast.

Damit ist der Weg frei zur Entfernungsbestimmung aller weiter entfernten Kugelhaufen. Zunächst wird mit Hilfe der Eigenfarbenindizes der RR-Lyrae-Sterne der Farbenexzeß des betreffenden Kugelhaufens bestimmt. Daraufhin kann aus der scheinbaren Helligkeit der Horizontalast-Lücke und der absoluten Helligkeit der RR-Lyrae-Sterne die Entfernung des Kugelhaufens ermittelt werden.

Das System der Kugelhaufen

Als der amerikanische Astronom H. Shapley 1917 zum ersten Male in großem Umfang Entfernungsbestimmungen an Kugelsternhaufen mit der Methode der RR-Lyrae-Sterne durchführte, stellte er fest, daß die damals bekannten Kugelhaufen einen Raum erfüllen, der durch ein schwach abgeplattetes Rotationsellipsoid begrenzt wird. Die Milchstraßenebene, diese flache Schicht sehr hoher Sterndichte, liegt in der Äquatorebene des Kugelhaufensystems (s. Abb. 7.10). Die Richtung vom Ort S der Sonne zum Zentrum Z des Kugelhaufen-Systems weist in eine Gegend des Sternhimmels, in der die Milchstraße besonders breit und hell, in Teilbereichen aber auch besonders stark von Dunkelmaterie erfüllt erscheint: in das Sternbild Schütze.

Aus diesen Befunden zog Shapley den Schluß, daß das als Diskus gekennzeichnete Milchstraßensystem ähnliche Dimensionen hat wie das Kugelhaufensystem, und daß die Zentren beider Systeme identisch sind.

Diese zunächst als Arbeitshypothese verwendete Vermutung hat sich bestätigt. Das überschaubare System der Kugelhaufen gibt uns die Möglichkeit, die Größe des nicht überschaubaren galaktischen Systems kennenzulernen. Die Sonne liegt innerhalb des Sternsystems weit entfernt von seinem Mittelpunkt. Die Bestim-

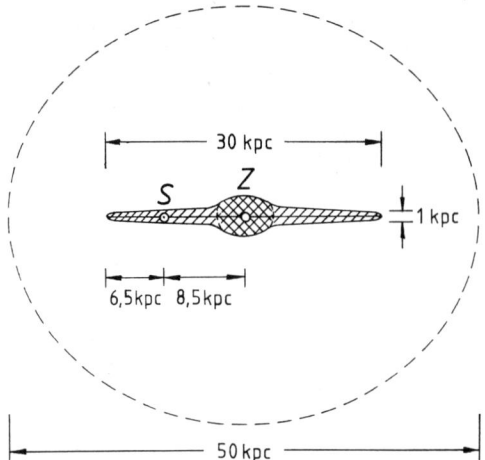

7.10 Schematischer Querschnitt durch das galaktische System mit Angabe einzelner Dimensionen. ▨▨▨ galaktische Scheibe, ▧▧▧ Zentralbereich, ---- Begrenzung des inneren galaktischen Systems

mung der Lage des Kugelhaufensystems relativ zur Sonne ist eine der wenigen Methoden, mit denen man den Abstand der Sonne vom galaktischen Zentrum berechnen kann. Dieser Abstand $\overline{SZ} = R_0$ beträgt

$$R_0 = (8{,}5 \pm 1{,}0) \text{ kpc.}$$

Der Fehler von 1,0 kpc ist geschätzt. Er ist in erster Linie durch die statistische Methode bestimmt, enthält aber auch die Unsicherheiten in den Entfernungen der Kugelsternhaufen, die davon herrühren, daß für viele Haufen in und nahe der galaktischen Ebene der Betrag der interstellaren Absorption nicht genau genug bekannt ist.

7.2.4. Die Dimensionen und Bestandteile des inneren galaktischen Systems

Der Bereich des Milchstraßensystems, der den Hauptanteil der Sterne und Kugelhaufen enthält, wird als **inneres galaktisches System** bezeich-

net. Die Dimensionen und die Form dieses Teils unseres Sternsystems sind durch die Auswertung von Beobachtungen an Sternen, Gas und Staub sehr gut bekannt geworden (Abb. 7.10). Das diskusförmige System mit einer mittleren Dicke von weniger als 1000 pc hat einen Durchmesser von etwa 30 kpc. Diese **Scheibe** wird von einem fast kugelförmigen **Zentralgebiet** überlagert, in dem die räumliche Dichte der Sterne am größten ist.

Jenseits der Sonnenentfernung (8,5 kpc vom Zentrum) nimmt die Sterndichte stark ab. In mehr als etwa 15 kpc Zentrumsabstand beobachtet man keine Sterne mehr. Die Diskusscheibe der Sterne wird von dem konzentrisch gelegenen **Halo** der Kugelsternhaufen, die in einem gegen die galaktische Scheibe schwach abgeplatteten Rotationsellipsoid angeordnet sind, umhüllt und durchdrungen. Dieser Halo enthält auch zahlreiche einzeln stehende RR-Lyrae-Sterne und hat einen (nicht scharf definierten) Durchmesser von der Größenordnung 50 kpc. Die Tab. 7.4 gibt die Dimensionen der einzelnen Teile des inneren galaktischen Systems. Ein Gesamtbild des Systems und seiner Massenverteilung kann sich erst aus der Untersuchung seiner Rotationsbewegung ergeben (s. S. 222 ff.).

7.2.5. Sternpopulationen und Entwicklungsvorgänge im Milchstraßensystem

Die großräumige Sternverteilung

Die Größe des Bereiches, in dem wir die Sternverteilung im Milchstraßensystem untersuchen können, ist abhängig von der absoluten Helligkeit der Sterne und von der galaktischen Breite, in der sie stehen. Absolut helle Einzelsterne, Offene Sternhaufen und besonders Kugelhaufen sind noch in Entfernungen beobachtbar, die weit über die Umgebung der Sonne hinausgehen. Wenn außer den scheinbaren Helligkeiten dieser Objekte auch ihre absoluten Helligkeiten und die Lichtschwächung durch die interstellare Materie

Abstand der Sonne vom galaktischen Zentrum	8,5 kpc
Durchmesser der galaktischen Scheibe	30 kpc
Mittlere Dicke der galaktischen Scheibe	1 kpc
Durchmesser des galaktischen Halo (System der Kugelhaufen)	50 kpc

Tab. 7.4 Die Dimensionen des inneren Milchstraßensystems

bekannt sind, so kann aus Gleichung (5-8) auch ihre Entfernung bestimmt werden. Methoden zur Bestimmung von absoluten Helligkeiten verschiedener Objekte wurden auf den S. 159f., 163, 173f., 213 beschrieben. Den interstellaren Lichtverlust erhält man aus der Verfärbung des Sternlichtes, also aus dem Farbenexzeß nach Gleichung (5-11).

Als Ergebnis dieser weitreichenden Sternlokalisationen findet man, daß die Verteilung der Sterne relativ zur Milchstraßenebene im ganzen Milchstraßensystem – soweit es optisch überschaubar ist – nahezu die gleiche ist.

Aus den Kenntnissen über die Sterndichte in Sonnenumgebung und die Sternverteilung in weiter entfernten Gebieten kann bei bekanntem Volumen des Sternsystems die Gesamtzahl der Sterne im Milchstraßensystem abgeschätzt werden. Dabei erhält man die Größenordnung von $2 \cdot 10^{11}$ Sternen.

Chemische Zusammensetzung der Sterne. Metallhäufigkeit

Die Spektralanalyse der Sternspektren hat ergeben, daß bei der großen Mehrzahl aller Sterne die Häufigkeiten der Elemente in den Sternatmosphären sehr ähnlich sind. Wasserstoff ist das weitaus häufigste Element im Kosmos. An zweiter Stelle kommt Helium. Die Häufigkeit von Helium läßt sich nur bei Sternen mit hohen Oberflächentemperaturen bestimmen. Dabei ergaben sich für alle untersuchten Objekte auffallend gleiche Häufigkeitsverhältnisse von Wasserstoff und Helium; die **Atomzahlen** verhalten sich durchweg wie 10 : 1.

Gegenüber H und He sind die Häufigkeiten aller schwereren Elemente sehr gering. In der Atmosphäre der Sonne liefern die Elemente mit Ordnungszahlen $Z \geq 3$, die man in der Astronomie oft pauschal als „Metalle" bezeichnet, nur etwa 0,14 % der Gesamtzahl aller Atome (s. S. 108). Für die **Massenverhältnisse** der Elemente in den Sternen des galaktischen Systems gilt etwa

H : He : Rest = 65 : 33 : 2.

Die Spektralanalyse von Sternatmosphären zeigt, daß diese schwereren Elemente untereinander in allen Objekten fast die gleichen relativen Häufigkeiten haben. Dagegen schwankt das Verhältnis ε der Häufigkeit aller „Metall"-

Atome zur Häufigkeit der Wasserstoffatome in weiten Grenzen. Am auffälligsten ist die Metallarmut bei den Kugelhaufen und Einzelsternen im galaktischen Halo. Bei diesen Objekten, die sich auch durch ein besonders hohes Alter auszeichnen, liegt die relative Metallhäufigkeit ε nur bei $1/500$ bis $1/3$ des für die Sonnenatmosphäre gefundenen Wertes $\varepsilon_\odot$.

Die Populationen

Aus den Informationen über die Sterne des Milchstraßensystems können Vorstellungen über die Entwicklungsgeschichte des Systems hergeleitet werden. Dazu bedient man sich des Begriffs der **Stern-Populationen**. Unter einer Population versteht man eine sehr große Gruppe von Sternen, die während einer bestimmten Epoche entstanden sind und ähnliche chemische Zusammensetzung, sowie eine typische Raumanordnung und typische Geschwindigkeitsverteilungen haben. Die Gesamtheit der Sterne des galaktischen Systems läßt sich durch drei Populationen beschreiben:
– Population II oder Halo-Population,
– Alte Population I oder Scheiben-Population,
– Junge Population I oder Spiralarm-Population.

Die **Population II** besteht aus sehr alten, metallarmen Sternen. Diese Objekte haben sich zu einer Zeit gebildet, als unser Sternsystem die Ausdehnung und Gestalt des jetzigen Kugelhaufensystems hatte. Die Einzelsterne der Population II können an beliebigen Stellen im Halo entstanden sein. Sie bewegen sich um das Massenzentrum auf Bahnen, die gegen die galaktische Scheibe stark geneigt sind und große Exzentrizitäten haben. Daher findet man diese alten Sterne nicht nur im Halo, sondern auch in der Scheibe.
In der weiteren Sonnenumgebung finden sich viele Sterne der Population II. Sie sind am leichtesten an ihren großen Geschwindigkeiten relativ zur Sonne zu erkennen und werden deshalb als **Schnelläufer** bezeichnet. – Außer den normalen Schnelläufern zeichnen sich auch langperiodische RR-Lyrae-Sterne und Mira-Sterne mit relativ kurzen Perioden durch hohe Geschwindigkeiten relativ zur Sonne aus.

Alle diese Sterne haben – wie die Kugelhaufen – ein Alter von der Größenordnung 10^{10} Jahre. Damit sind die Mitglieder der Population II die ältesten beobachtbaren Objekte des galaktischen Systems. Alle Sterne, die jetzt noch von dieser Population vorhanden sind, haben geringe Massen. Die massereichen Sterne dieser Generation haben ihre Entwicklung schon durchlaufen; dabei haben sie einen beträchtlichen Teil der in ihnen durch Kernumwandlungen gebildeten schwereren Elemente an das interstellare Medium abgegeben.

Die **Alte Population I** umfaßt etwa 90 % aller Sterne des Milchstraßensystems. Diese Sterne erfüllen den Raum, der in Abb. 7.10 skizziert ist. Die Zugehörigkeit der Novae und der Planetarischen Nebel zur Alten Population I zeigt, daß auch in ihr die massereicheren Sterne den durch Kernumwandlungen bestimmten Teil ihrer Entwicklung bereits hinter sich haben. Die Population besteht überwiegend aus langlebigen Sternen mit sonnenähnlichen oder geringeren Massen.

Als **Junge Population I** bezeichnet man diejenigen Objekte, deren räumliche Anordnung identisch mit der Verteilung der interstellaren Materie ist. Ihr Alter beträgt durchweg höchstens 10^8 Jahre. Neben den jungen Offenen Sternhaufen sind dies Einzelsterne der Spektralklassen O und B sowie Objekte, die noch gar nicht auf der Hauptreihe angekommen sind (z. B. T Tauri-Sterne). Die vier hellen Trapezsterne im Orionnebel (s. S. 204 ff.) gehören zu dieser Population. Trotz ihrer fortgeschrittenen Entwicklungsphase gehören auch die Delta-Cephei-Sterne zu dieser Population. Sie sind aus sehr massereichen O- und B-Überriesen entstanden und haben deshalb ihren Lebensweg so rasch durchlaufen, daß sie schon nach weniger als 10^8 Jahren das Pulsationsstadium erreicht haben. (Zum Zusammenhang zwischen der Sternbildung aus interstellarer Materie und den Spiralarmen des galaktischen Systems s. S. 230 ff.).

Die Entwicklung des galaktischen Systems

Die Populationen markieren entsprechend ihrem Alter die verschiedenen Phasen der Entwicklung unseres Sternsystems. Sein Anfangszustand muß eine sehr ausgedehnte Gaswolke geringer Dichte gewesen sein. Diese Urwolke wird sich zunächst aus einem größeren Materieverband gelöst haben und damit ein mechanisch abgeschlossenes System geworden sein. Eine schnelle Kontraktion dieser **Protogalaxis** unter dem Einfluß der eigenen Schwerkraft wurde zuerst durch die turbulenten Bewegungen im Wolkeninnern behindert. Durch innere Reibung und Zusammenstöße wurde jedoch die kinetische Energie der Wolkenteile zunehmend in Wärme verwandelt. Da hierbei die Summe der Drehimpulse erhalten bleiben mußte, begann die Wolke als Ganzes zu rotieren. Wegen der geringen Dichte der Wolke konnte die entstandene Wärme abgestrahlt werden, so daß die Kontraktion immer schneller wurde. In der Äquatorzone der nun immer rascher rotierenden Wolke verhinderten die Fliehkräfte die Kontraktion. Infolgedessen kollabierte die Wolke im wesentlichen parallel zur Rotationsachse, und so entstand ein flaches Rotationsellipsoid.

Während der Kontraktionsphase wurden dauernd Sterne gebildet. Die ältesten noch nachweisbaren Objekte sind die Kugelhaufen und die Einzelsterne der Halo-Population II. Da massereiche Sterne ihre Entwicklung sehr rasch durchlaufen, konnten sie schon sehr früh schwerere Elemente, die sie in ihrem Innern durch Kernfusionen aufgebaut hatten, an das interstellare Medium abgeben, wo sie dann bei der Bildung späterer Sterngenerationen verwendet wurden. So nahm der Anteil schwererer Elemente im interstellaren Medium und deshalb auch in den später daraus entstandenen Sternen laufend zu.

Je weiter die Abplattung des Systems fortschritt, desto kleiner waren bei den neugebildeten Sternen die Geschwindigkeitskomponenten senkrecht zur galaktischen Ebene, die ihnen bei der Geburt aus der interstellaren Materie mitgegeben wurden. Mit abnehmendem Sternalter liegen die Bahnen immer mehr in der galaktischen Ebene und sind immer kreisähnlicher. Nachdem das System schließlich in einen stationären Zustand übergegangen war, bildeten sich die Sterne der Scheibenpopulation, und die interstellare Materie sammelte sich in der galaktischen Ebene an. Dort lieferten weitere Sterngeburten die Sterne der Jungen Population I.

Im 5. Kapitel wurde gezeigt, wie aus den gegenwärtig beobachteten und im HR-Diagramm dokumentierten Zuständen der Sterne die Entwicklungsgeschichte der Fixsterne hergeleitet werden kann. Die Kenntnisse über die Populationen haben eine dem HR-Diagramm ähnliche Funktion: sie ermöglichen es den Astronomen, die Entwicklung des Milchstraßensystems nachzuvollziehen.

7.3. Der Bewegungszustand des galaktischen Systems

Die abgeplattete, diskusförmige Gestalt der Spiralgalaxien deutet darauf hin, daß diese Systeme rotieren, daß sich also Sterne und interstellare Materie auf kreisähnlichen und nahezu in der gleichen Ebene liegenden Bahnen um das Massenzentrum bewegen. In den Spektren außergalaktischer Sternsysteme, die in Form und Massenverteilung dem Milchstraßensystem ähnlich sind, werden tatsächlich Dopplereffekte (s. S. 149) beobachtet, die eine solche Bewegung anzeigen, z. B. in der 21 cm-Linie des neutralen Wasserstoffs. Die Spiralgalaxien rotieren allerdings nicht wie ein starrer Körper mit überall gleicher Winkelgeschwindigkeit, vielmehr ändert sich die Winkelgeschwindigkeit jeweils mit dem Abstand vom Massenzentrum. Ein solcher Bewegungszustand wird als **differentielle Rotation** bezeichnet.

Auch für unser Sternsystem ist eine derartige Rotation gefunden worden. Da unser Beobachtungsort sich innerhalb des Systems befindet und an dessen Rotation teilnimmt, ist es jedoch für uns schwierig, in den beobachteten Bewegungen von Sternen und interstellarem Gas den großräumigen Vorgang der galaktischen Rotation zu erkennen und quantitativ richtig zu deuten.

Der Stern scheint sich um den Winkel $\Delta\sigma$ zu verschieben. Die zugehörige Winkelgeschwindigkeit heißt

Eigenbewegung des Sterns $\mu = \dfrac{\Delta\sigma}{\Delta t}$. (7-2)

Da die Ortsveränderung der Sterne an der Sphäre in Bogensekunden gemessen wird und meßbare Ortsveränderungen von Fixsternen frühestens nach Zeiträumen von Jahren festgestellt werden können, wird die Eigenbewegung μ in der Regel in der Einheit ″/a (Bogensekunden pro Jahr) angegeben.

Abb. 7.11b zeigt, daß zur Berechnung der **Raumgeschwindigkeit** $\vec{v}$ außer der Radialgeschwindigkeit $\vec{v}_r$ auch die **Tangentialgeschwindigkeit** $\vec{v}_t$ bekannt sein muß.
Wenn die Entfernung $\overline{AS} = r$ des Sterns von der Sonne bekannt ist, so kann der Betrag der Tangentialgeschwindigkeit v_t aus der Eigenbewegung μ berechnet werden. Aus Abb. 7.11a folgt nämlich, wenn $\Delta\sigma$ im Bogenmaß ausgedrückt wird:

$$\Delta y = r \cdot \Delta\sigma$$

Wegen $v_t = \Delta y/\Delta t$ und $\mu = \Delta\sigma/\Delta t$ ist daher:

$$v_t = r \cdot \mu \qquad\qquad (7\text{-}3)$$

7.3.1. Die Bewegungen der Sterne und ihre beobachtbaren Komponenten

Die Sternbewegungen werden zwar von der Erdoberfläche aus gemessen; um die tägliche und jährliche Bewegung der Erde zu eliminieren, werden sie jedoch durch entsprechende Korrekturen auf die Sonne als Bezugspunkt übertragen. Wie man aus Abb. 7.11a erkennt, macht sich für einen Beobachter, der am Ort der Sonne gedacht wird, die Bewegung eines Sterns in zweifacher Weise bemerkbar. Bewegt sich der Stern in der Zeitspanne Δt von A nach C, so ändert er seine Entfernung von der Sonne um die Strecke $\overline{AB} = \Delta x$. Dies entspricht der

Radialgeschwindigkeit $v_r = \dfrac{\Delta x}{\Delta t}$, (7-1)

die der Beobachter aus der Dopplerverschiebung von Fraunhoferlinien im Sternspektrum bestimmen kann. Gleichzeitig stellt er eine Ortsveränderung des Sterns an der Sphäre fest.

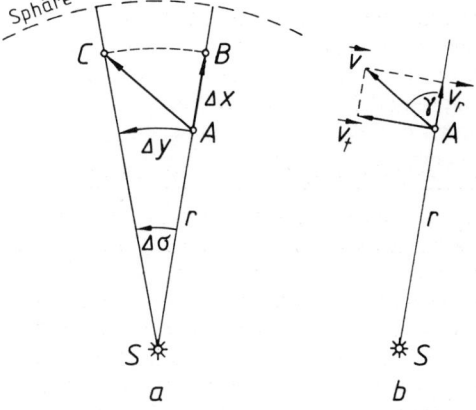

7.11 Die Sternbewegung und ihre beobachtbaren Komponenten

Bei der Anwendung der Gleichung (7-3) ist zu berücksichtigen, daß in der Regel v_t in der Einheit km/s, r in pc und μ in ″/a angegeben werden. Dann benötigt man einen Umrechnungsfaktor f. Statt Gleichung (7-3) hat man also $v_t = f \cdot r \cdot \mu$ zu verwenden.

Mit 1 pc $= 3{,}09 \cdot 10^{13}$ km, $1'' = \dfrac{\pi}{180 \cdot 3600}$ rad,

und 1 a $= 3{,}16 \cdot 10^7$ s ergibt sich daraus:

$$v_t = 4{,}74 \, \frac{\text{km}}{\text{s}} \cdot \left(\frac{r}{1 \text{ pc}}\right) \cdot \left(\frac{\mu}{1''/\text{a}}\right) \qquad (7\text{-}3\text{a})$$

Bezeichnet man den Winkel zwischen der Blickrichtung von S nach A und der Raumgeschwindigkeit mit γ (Abb. 7.11b), so gilt für die Beträge:

$$v_t = v \cdot \sin\gamma \quad \text{und} \quad v_r = v \cdot \cos\gamma$$
$$v^2 = v_r^2 + v_t^2 \qquad (7\text{-}4)$$

Eigenbewegungen

Die Eigenbewegung eines Fixsterns bestimmt man aus der Ortsveränderung an der Sphäre. Auf Photoplatten, deren Aufnahmezeitpunkte mehrere Jahre auseinanderliegen, werden die Koordinaten des betreffenden Sterns ermittelt und aus ihrer Differenz der zurückgelegte Winkel berechnet. Bei einer bestimmten Tangentialgeschwindigkeit sind diese Winkel um so kleiner, je weiter der betreffende Stern von uns entfernt ist. So mißt man bei Prokyon (α CMi), der 3,5 pc von der Sonne entfernt ist, eine jährliche Ortsveränderung von 1,24″ an der Sphäre, während bei dem 20,8 pc entfernten Aldebaran (α Tauri) nur 0,21″ gemessen werden, obwohl beide Sterne nahezu die gleiche Tangentialgeschwindigkeit von rund 20 km/s besitzen.

Die größte Eigenbewegung wird bei Barnards Stern ($m_V = 9{,}5$ mag, $r = 1{,}8$ pc) beobachtet; sie beträgt 10,34″/a. Auf der Nordhälfte des Himmels sind mit bloßem Auge nur zwei Sterne mit hohen Eigenbewegungen sichtbar, die Doppelsterne 61 Cygni ($m_V = 5{,}2$ mag, $\mu = 5{,}22''/$a, $r = 3{,}4$ pc) und o^2 Eridani ($m_V = 4{,}5$ mag, $\mu = 4{,}08''/$a, $r = 4{,}9$ pc).

Radialschwindigkeiten

Die Radialgeschwindigkeit eines Sternes wird durch den Dopplereffekt gemessen, also durch die Verschiebung von Linien im Sternspektrum.

Da die Radialgeschwindigkeit v_r für alle Sterne sehr klein gegenüber der Vakuumlichtgeschwindigkeit c ist, gilt für die Verschiebung $\Delta\lambda$ einer Linie mit der ursprünglichen Wellenlänge λ_0 in guter Näherung (vgl. S. 149):

$$\frac{\Delta\lambda}{\lambda_0} = \frac{v_r}{c} \qquad (7\text{-}5)$$

Entfernt sich der Stern von uns, so tritt eine Verschiebung nach größeren Wellenlängen, also zum roten Ende des Spektrums hin auf. Da in diesem Fall $\Delta\lambda > 0$ ist, muß auch v_r positiv definiert werden, während bei einer Annäherung des Sterns an die Erde, also einer Blauverschiebung der Spektrallinien, $v_r < 0$ ist.
Um die Linienverschiebung mit dem Mikroskop messen zu können, werden unmittelbar vor und nach der Aufnahme des Sternspektrums mit dem gleichen Spektrographen auf die gleiche Photoplatte ober- und unterhalb des Sternspektrums Vergleichsspektren einer Laborlichtquelle aufgenommen. Zur Erhöhung der Meßgenauigkeit bestimmt man in jedem einzelnen Spektrum die Verschiebungen von möglichst vielen Linien. Die auf diese Weise ermittelten radialen Sterngeschwindigkeiten müssen dann noch auf die Sonne als Bezugspunkt umgerechnet werden, indem Rotation und Umlaufbewegung der Erde eliminiert werden.

Die Beträge der an den Sternen der Sonnenumgebung gemessenen Radialgeschwindigkeiten liegen im Durchschnitt bei 30 km/s. Werte größer als 100 km/s sind selten. Die Meßgenauigkeit guter Radialgeschwindigkeitsbestimmungen beträgt rund ±1 km/s.

7.3.2. Die Sternstromparallaxe der Hyaden

Die Hyaden sind ein Offener Sternhaufen mit etwa 350 Mitgliedern im Sternbild Stier, in der weiteren Umgebung von Aldebaran (α Tauri), der jedoch selbst nicht zum Sternhaufen gehört, da er nur rund halb so weit von uns entfernt ist. Die Konzentration der Hyaden an der Sphäre ist nicht sehr ausgeprägt. Weder beim Anblick mit dem bloßen Auge noch bei der Betrachtung der mit einer lichtstarken Kamera erhaltenen Aufnahme der Abb. 7.12a gewinnt man den Eindruck eines typischen Sternhaufens, wie man ihn z. B. bei den benachbarten Plejaden hat. Der Grund dafür liegt in der geringen Entfernung der Hyaden; es ist der uns am nächsten stehende

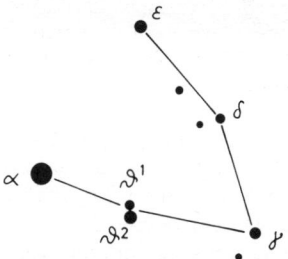

7.12 a) Sternbild Stier mit Aldebaran (α Tauri) links unten und den Plejaden rechts oben. Der Sternhaufen der Hyaden erstreckt sich über die ganze Fläche des Bildes. Wegen der großen Nähe des Haufens ist die Konzentration an der Sphäre sehr gering.

Offene Sternhaufen. Für die Hyaden mit dem mittleren Abstand 46 pc können jedoch bereits keine zuverlässigen trigonometrischen Parallaxen mehr gewonnen werden.

Nun bildet aber der Hyaden-Haufen eine Gruppe von Sternen, die sich mit der gleichen Geschwindigkeit auf parallelen Bahnen durch den Raum bewegen. Für solche Sterngruppen kann durch Kombination der Eigenbewegungen und der Radialgeschwindigkeiten die Entfernung ermittelt werden.

Dieses Verfahren wird als **Sternstrom-Parallaxe** bezeichnet. Diese Methode ist sehr wichtig; sie bildet die Basis der ganzen galaktischen und außergalaktischen Entfernungsskala.

7.12 b) Gruppe der hellen Hyaden-Sterne bei α Tauri. Aldebaran selbst ist kein Stern des Haufens.

Wie zwei parallele Geraden, z. B. zwei Eisenbahnschienen, in der Perspektive auf den Fluchtpunkt zuzulaufen scheinen, so bewegen sich für den irdischen Beobachter auch die Hyadensterne an der Sphäre scheinbar auf

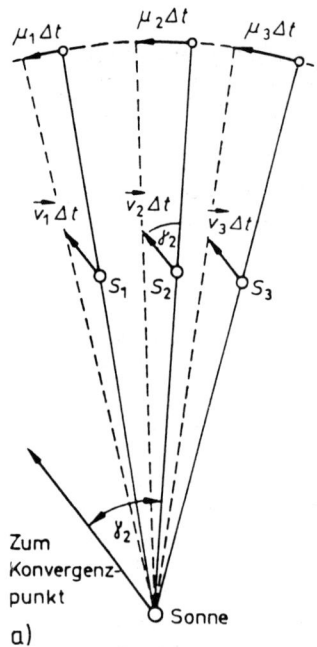

Zum
Konvergenz-
punkt

Sonne

a)

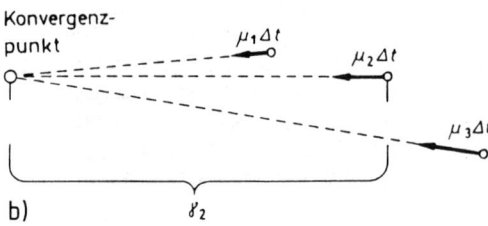

Konvergenz-
punkt

b) γ_2

7.13   Die Wege dreier Hyadensterne S_1, S_2, S_3 im
Raum $\vec{v} \cdot \Delta t$ und ihre Projektionen auf die Sphäre
$\mu \cdot \Delta t$. Der meßbare Winkel γ zwischen den Richtungen
zum Stern und zum Konvergenzpunkt ist gleich dem
Winkel zwischen den Richtungen von Raum- und
Radial-Geschwindigkeit. Abb. 7.13a ist die Projektion in
eine radiale Ebene, Abb. 7.13b ist die Projektion in die
Tangentialebene an die Sphäre.

einen Punkt zu, d. h., die Tangentialgeschwindigkeiten $\vec{v}_t$ dieser Sterne sind alle auf diesen
sogenannten **Konvergenzpunkt** gerichtet, der
etwa 26° östlich vom Zentrum der Hyaden beim
Stern Beteigeuze (α Orionis) liegt. Daß diese
Konvergenz der scheinbaren Bewegungen an
der Sphäre wirklich auf eine parallele Bewegung
der Haufensterne im Raum zurückzuführen ist,
wird durch Messungen der Eigenbewegungen
und der Radialgeschwindigkeiten bewiesen. Die
Eigenbewegungen aller Hyadensterne sind
bekannt; sie sind nahezu gleich und liegen bei
0,1"/a.

Radialgeschwindigkeiten konnten von etwa 150
Sternen des Haufens gemessen werden. Sie
streuen nur wenig um einen Mittelwert bei
+40 km/s. Die Messungen von Radialgeschwindigkeiten und Eigenbewegungen erlauben bei
jedem einzelnen Stern über seine Zugehörigkeit
zum Hyaden-Haufen zu entscheiden.

In der Abb. 7.13a sind außer der Sonne drei
Sterne S_1, S_2, S_3 eingezeichnet. Diese drei
Sterne sind in die Zeichenebene der Figur
projiziert. Sie sollen jedoch im Raum so angeordnet sein, daß sich S_1 vor der Zeichenebene, S_2
in der Zeichenebene und S_3 dahinter befindet.
Die Bewegungen der Sterne im Raum sollen
parallel zur Zeichenebene verlaufen. Da alle
Sterne gleiche Geschwindigkeiten haben, legen
sie alle in der Zeit Δt den gleichen Weg $\vec{v} \cdot \Delta t$
zurück. Diese Wege projizieren sich für den
Beobachter auf die Sphäre als scheinbare Orts-
veränderungen $\mu_1 \cdot \Delta t$, $\mu_2 \cdot \Delta t$, $\mu_3 \cdot \Delta t$.
γ ist der Winkel zwischen den Blickrichtungen
zu einem der Sterne und zum Konvergenzpunkt
(nur γ_2 ist in der Figur eingetragen). Die Bestimmung dieses Winkels ist der wichtigste Schritt in
der Methode der Sternstromparallaxe, denn γ
ist gleichzeitig der Winkel zwischen der Blickrichtung, also der Radialgeschwindigkeit, und der
Raumgeschwindigkeit eines Haufensterns.
Abb. 7.13b zeigt als Beispiel die Messung von γ_2.

Die Entfernung des Haufens wird aus (7-4) mit
(7-3) bzw. (7-3a) und (7-5) bestimmt. Der aus
vielen Messungen erhaltene beste Mittelwert ist
$r_{\text{Hyaden}} = 46$ pc. Der zugehörige Entfernungsmodul hat den Wert $(m - M)_0 = 3{,}3$ mag.

Unter den Sternhaufen, deren Mitglieder gleiche
und parallele Raumgeschwindigkeiten haben,
sind die Hyaden der einzige, bei dem ein zuver-
lässiger Wert der Sternstromparallaxe abgeleitet
werden konnte. Die große Bedeutung der Sternstromparallaxe der Hyaden besteht in der
Möglichkeit, damit die Entfernungen anderer
Offener Sternhaufen zu bestimmen (s. S. 163)
und daraus umfangreiches Material für die
absoluten Helligkeiten der Sterne aller Spektraltypen und Leuchtkraftklassen zu erhalten. Auch
die Werte der absoluten Helligkeiten der RR-
Lyrae-Sterne und der Delta-Cephei-Sterne, die
besonders wichtige Meilensteine im Kosmos
darstellen (s. S. 173 ff.), beruhen über die Farben-
Helligkeits-Diagramme auf der Hyaden-Paral-
laxe.

7.3.3. Grundgedanken zur Ableitung des galaktischen Rotationsgesetzes

Kennt man die Gesetze der galaktischen Rotation, so können Aussagen über die Gesamtmasse und die Massenverteilung im ganzen Milchstraßensystem gemacht werden, also Aussagen über Bereiche des Systems, die wir direkt gar nicht wahrnehmen können. Zur Bestimmung der Massenverteilung im Milchstraßensystem geht man im Prinzip ganz entsprechend vor wie z. B. bei der Berechnung der Sonnenmasse aus der Umlaufbewegung der Planeten. Der grundsätzliche Unterschied besteht darin, daß man die Sonne als Massenpunkt betrachten kann, dessen Masse sich bereits aus der Bahngeschwindigkeit und dem Bahnradius eines einzelnen Planeten herleiten läßt, während beim galaktischen System die Materie über das ganze System verteilt ist, weshalb man hier die Umlaufbewegung möglichst vieler Sterne mit verschiedenen Zentrumsabständen heranziehen muß. Ziel der Untersuchungen der galaktischen Rotation ist demnach die Herleitung eines Rotationsgesetzes, das die Abhängigkeit der Bahngeschwindigkeit vom Bahnradius beschreibt.

Diese Aufgabe wird durch eine Reihe von Problemen erschwert:
1. a) Die Lage der Rotationsachse des Milchstraßensystems ist nicht bekannt; man kann zwar vermuten, daß sie durchs Zentrum des Kugelhaufensystems geht und senkrecht zur Milchstraßenebene steht, aber den Beweis kann erst das Rotationsgesetz liefern.
   b) Da die Lage der Rotationsachse zunächst unbekannt ist, kann man auch die Entfernungen R der Sterne vom Rotationszentrum nicht angeben.
2. a) Alle Sterne – auch die Sonne – beschreiben keine Kreisbahnen, sondern ellipsenähnliche Bahnen um das galaktische Zentrum, die zwar infolge gegenseitiger Gravitationswirkungen meist nur noch kleine Exzentrizitäten haben dürften, doch sind diese in keinem Fall bekannt.
   b) Die Messung der Eigenbewegungen und Radialgeschwindigkeiten führt nur zu Raumgeschwindigkeiten relativ zur Sonne. Um daraus das Rotationsgesetz des Milchstraßensystems ableiten zu können, müßte mindestens bekannt sein, in welcher Weise die Sonne von der Kreisbewegung abweicht.

Der erste Schritt zur Lösung dieser Aufgabe besteht in der Untersuchung der Bewegung unserer Sonne im galaktischen System.

7.3.4. Das lokale Bezugssystem und die lokale Sonnenbewegung

Wenn alle Sterne einschließlich der Sonne auf exakten Kreisbahnen um das Zentrum des Milchstraßensystems liefen, könnte das galaktische Rotationsgesetz verhältnismäßig einfach aus den gemessenen Eigenbewegungen und Radialgeschwindigkeiten der Sterne hergeleitet werden. Dies ist jedoch nicht der Fall. Die Sterne der galaktischen Scheibe bewegen sich – wie bereits erwähnt – in leicht exzentrischen Bahnen. Weil die Abweichungen von der Kreisbewegung so gering sind, kann aus den beobachteten Bewegungen der Sterne in Sonnenumgebung die Abweichung der Sonnenbewegung von der Kreisbewegung abgeleitet werden. Dazu führt man einen fiktiven Bezugspunkt ein, der sich stets am Ort der Sonne befindet, dessen Geschwindigkeit jedoch nach Richtung und Betrag gleich der Kreisbahngeschwindigkeit $\vec{V}_{k0}$ am Ort der Sonne ist. Dieser Bezugspunkt heißt **lokales Bezugssystem**. Die Bewegung der Sonne relativ zu dem lokalen Bezugssystem wird **lokale Sonnenbewegung** genannt.

Die Abweichung der wirklichen Sonnengeschwindigkeit $\vec{V}_\odot$ von $\vec{V}_{k0}$ wird nach Betrag und Richtung aus den beobachteten Raumgeschwindigkeiten der Sterne in der nahen Sonnenumgebung hergeleitet.
Bei der überwiegenden Mehrzahl der Sterne in der galaktischen Scheibe ist die Abweichung der individuellen Geschwindigkeit von der Kreisbahngeschwindigkeit am Ort des betreffenden Sterns gering. Die Differenz zwischen der individuellen Geschwindigkeit und der Kreisbahngeschwindigkeit am Ort eines Sterns heißt **Pekuliargeschwindigkeit** (von lat. peculiaris, eigentümlich).
Zur Herleitung der **Pekuliargeschwindigkeit $\vec{v}_\odot$ der Sonne** aus den auf die Sonne bezogenen Bewegungen einer Gruppe naher Umgebungssterne darf man annehmen, daß die Pekuliargeschwindigkeiten der einzelnen Objekte der Gruppe nach Betrag und Richtung regellos verteilt sind, daß also ihre Vektorsumme verschwindet. Unter dieser Voraussetzung, die von der Erfahrung bestätigt wird, hat der Mittelwert der relativ zur Sonne gemessenen Sternge-

schwindigkeiten den gleichen Betrag wie die Pekuliargeschwindigkeit der Sonne, aber die entgegengesetzte Richtung.

Richtung und Betrag des Ergebnisses für $\vec{v}_\odot$ hängen noch von der speziellen Sterngruppe ab, aus deren Eigenbewegungen und Radialgeschwindigkeiten die verwendeten Raumgeschwindigkeiten gewonnen wurden. Ursache dafür ist in erster Linie die Zugehörigkeit zu jeweils verschiedenen Sternpopulationen. Aus über 800 A-Sternen und K-Riesen der Alten Population I mit Sonnenentfernungen unter 100 pc ergaben sich für die Pekuliargeschwindigkeit der Sonne die Werte:

Betrag: $v_\odot = 15{,}4$ km/s
Zielpunkt (Apex): $\alpha_\odot = 17$ h 40 min; $\delta_\odot = +21°$

Der Apex liegt im Sternbild Herkules. Für diese Daten hat sich die Bezeichnung Basic solar motion eingebürgert. Sie werden dazu verwendet, die auf die Sonne bezogenen Eigenbewegungen und Radialgeschwindigkeiten in das lokale Bezugssystem umzurechnen. Erst dadurch werden die gemessenen Daten zur Bestimmung der galaktischen Rotation verwendbar.

7.3.5. Die Rotationsbewegung der Sterne in der Sonnenumgebung

Zum Nachweis, daß die Objekte des Milchstraßensystems um das Zentrum rotieren, und zur Feststellung, welche Werte die Kreisbahngeschwindigkeit V_k in den verschiedenen Entfernungen R vom Zentrum hat, werden optische Beobachtungen an Sternen und Radiobeobachtungen an Wolken des interstellaren Wasserstoffs verwendet. Die Untersuchung von Radialgeschwindigkeiten und Eigenbewegungen zeigt, daß diese Objekte in der Umgebung der Sonne eine differentielle Rotation ausführen, und sie liefert Werte für die Rotationsfunktion $V_k(R)$ in diesem Bereich.

Oort-Gleichungen und Beobachtungsergebnisse

Unter der Annahme, daß die Sterne des Milchstraßensystems in der galaktischen Ebene konzentrische Kreisbewegungen ausführen, haben B. Lindblad und J.H. Oort in den Jahren 1926 und 1927 die Auswirkungen einer differentiellen Rotation des Milchstraßensystems auf die Beobachtungen von Radialgeschwindigkeiten und Eigenbewegungen von Sternen der Sonnenumgebung theoretisch untersucht. Die Abb. 7.14

bis 7.18 zeigen qualitativ die Ergebnisse dieser Überlegungen.

In Abb. 7.14 ist zunächst das Strömungsfeld der differentiellen Rotation in Sonnenumgebung dargestellt. Für den Ort S der Sonne und für acht Punkte, die in der galaktischen Ebene im Abstand 1 kpc von S liegen und als Sterne angesehen werden können, stellen die einfach ausgezogenen Pfeile die Kreisbahngeschwindigkeit $\vec{V}_k$ dar, bezogen auf ein im Zentrum ruhendes Bezugssystem.

Es wurde angenommen, daß in diesem Entfernungsbereich vom Zentrum V_k mit wachsendem Abstand R abnimmt. Um die Geschwindigkeiten der acht Sterne relativ zum lokalen Bezugssystem zu erhalten, muß man jeweils die Kreisbahngeschwindigkeit $\vec{V}_{k0}$ (gestrichelte Pfeile) am Ort der Sonne subtrahieren. Die doppelten Pfeile stellen das Ergebnis dar, also die vom lokalen Bezugssystem aus gemessenen Raumgeschwindigkeiten der Sterne. Meßbar sind die radialen und – bei bekannter Sternparallaxe – die tangentialen Komponenten dieser Raumgeschwindigkeiten (s. Abb. 7.15 und 7.16).

Die Radialgeschwindigkeiten

Stellt man die Beträge der Radialgeschwindigkeiten aus Abb. 7.15 in Abhängigkeit von der galaktischen Länge l grafisch dar, so ergibt sich die Doppelwelle der Abb. 7.17. Ihre Nullpunkte liegen bei den galaktischen Längen $l_1 = 0°$, $l_3 = 180°$, sowie näherungsweise bei $l_2 = 90°$, $l_4 = 270°$.

Zur Konstruktion dieser Kurve werden die auf das lokale Bezugssystem umgerechneten einzelnen Radialgeschwindigkeiten der Sterne einer bestimmten Entfernung in Gruppen nach galaktischer Länge zu Mittelwerten zusammengefaßt. Die Amplitude der Doppelwelle erweist sich als proportional zur Entfernung der betreffenden Sterngruppe.

Abb. 7.17 zeigt die Doppelwelle für die Entfernungen $r = 500$ pc und $r = 1000$ pc von der Sonne. Beschränkt man sich auf Entfernungen von der Sonne unter 2 kpc, so kann man die Doppelwelle in guter Näherung durch folgende Funktion beschreiben:

$$V_r = A \cdot r \cdot \sin(2l) \qquad (7\text{-}6)$$

Die Beobachtungen liefern $A = +14 \dfrac{\text{km/s}}{\text{kpc}}$.

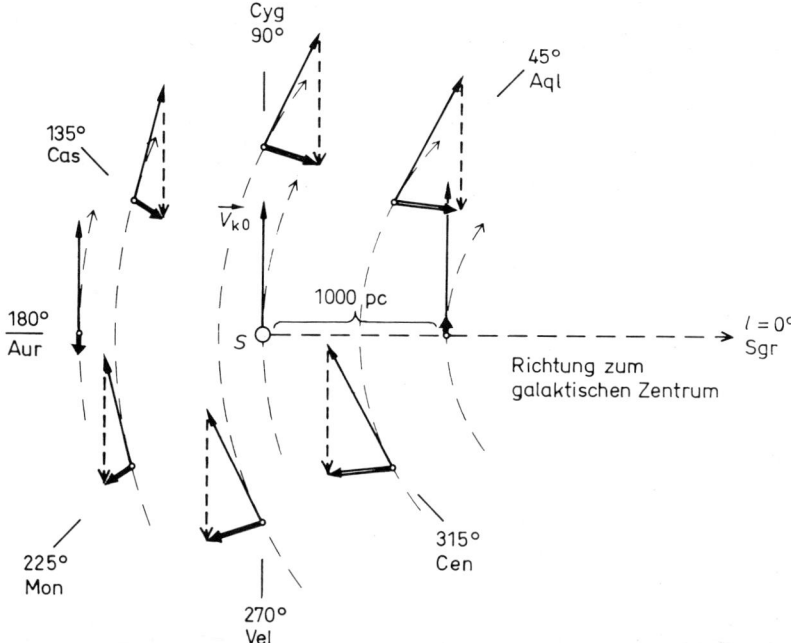

7.14 Galaktische Rotation in der Umgebung der Sonne. ⟶ Kreisbahngeschwindigkeit $\vec{V}_k$ in der galaktischen Ebene, bezogen auf das Rotationszentrum. ⟹ Geschwindigkeiten $\vec{V}_k - \vec{V}_{k0}$, bezogen auf das lokale Bezugssystem, ⇢ $-\vec{V}_{k0}$. Die Gradzahlen bedeuten galaktische Längen; hinzugefügt sind die Abkürzungen der Sternbilder auf dem galaktischen Äquator.

Die Eigenbewegungen

Aus der Abb. 7.16 kann man entnehmen, daß nach der Oortschen Theorie der galaktischen Rotation auch die Tangentialgeschwindigkeiten V_t – und damit die Komponenten μ_l der Eigenbewegungen parallel zur galaktischen Ebene – in Abhängigkeit von der galaktischen Länge eine Doppelwelle ergeben. Sie ist gegenüber der Radialgeschwindigkeitskurve um 45° verschoben, und ihre Nullstellen liegen nicht mehr im Abstand von 90°, jedoch nahezu paarweise in gleichem Abstand, was sich durch eine Verschiebung der Kurve in Ordinatenrichtung erklären läßt (Abb. 7.18).

Diese Doppelwelle in den Eigenbewegungen hat Oort aufgrund seiner theoretischen Untersuchungen vorausgesagt und dann im Material der Eigenbewegungsmessungen aufgefunden. Die Eigenbewegungs-Doppelwelle ist unabhängig von der Sternentfernung. Sie läßt sich für die Sterne im Umkreis bis zu 2 kpc um die Sonne durch die Funktion darstellen

$$\mu_l = A \cdot \cos(2l) + B. \tag{7-7}$$

Aus den Meßergebnissen erhält man $B = -12\ \dfrac{\text{km/s}}{\text{kpc}}$.

Die Bedeutung der Oortschen Konstanten A und B

Berücksichtigt man den Zusammenhang der Eigenbewegungen mit den Tangentialgeschwindigkeiten V_t nach Gleichung (7-3), so kann man (7-7) auch in der Form schreiben:

$$V_t = [A \cdot \cos(2l) + B] \cdot r \tag{7-8}$$

Daraus folgt für $l = 90°$:

$$V_t\,(90°) = (-A + B) \cdot r \tag{7-9}$$

Nun beobachtet man in Richtung $l = 90°$ bei einem Stern in der Entfernung $r = R \cdot \tan\alpha$ die Tangentialgeschwindigkeit $V_t(90°) = V_k \cdot \sin\alpha$ (Abb. 7.19). Setzt man dies in Gleichung (7-9) ein, so ergibt sich

$$V_k \cdot \sin\alpha = -(-A + B) \cdot R \cdot \tan\alpha.$$

(Das Minuszeichen rechts muß eingeführt werden, da $-A + B < 0$ und der Betrag von $V_k > 0$ ist.)

Galaxien 223

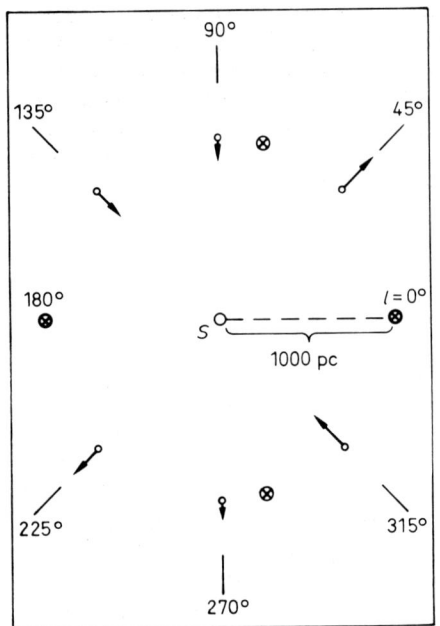

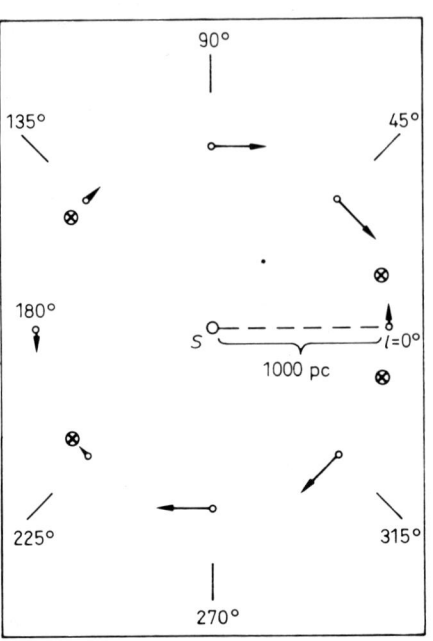

7.15 Die radialen Komponenten $\vec{V_r}$ der auf das lokale Bezugssystem bezogenen Geschwindigkeitsvektoren der Abb. 7.14 ($\otimes$ bedeutet $V_r = 0$)

7.16 Die tangentialen Komponenten $\vec{V_t}$ der auf das lokale Bezugssystem bezogenen Geschwindigkeitsvektoren der Abb. 7.14 ($\otimes$ bedeutet $V_t = 0$)

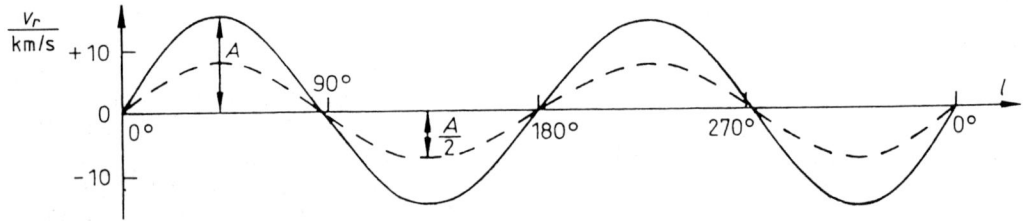

7.17 Galaktische Rotation. Abhängigkeit des Betrages der Radialgeschwindigkeit V_r von der galaktischen Länge l für $r = 1000$ pc (————) und $r = 500$ pc (– – – –)

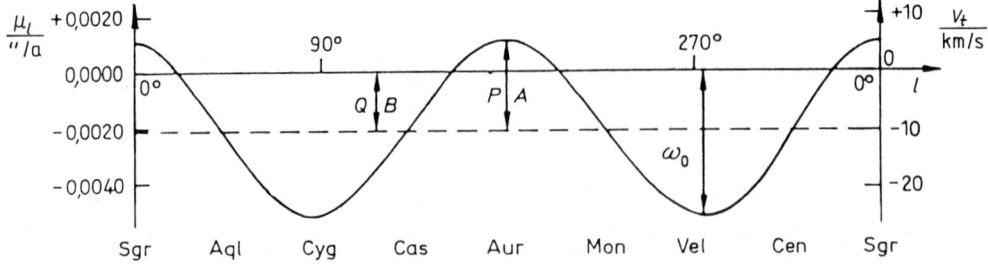

7.18 Galaktische Rotation. Abhängigkeit der Eigenbewegungskomponente μ_l (linke Ordinatenachse) und des Betrages der Tangentialgeschwindigkeit V_t (für $r = 1000$ pc; rechte Ordinatenachse) von der galaktischen Länge l

224 *Galaxien*

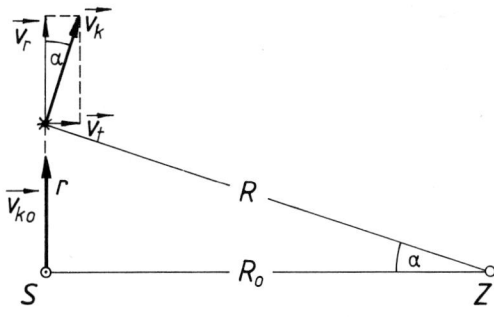

7.19 Zur Bedeutung der Oortschen Konstanten
(Erläuterungen im Text)

Berücksichtigt man, daß in der Umgebung der Sonne $r \ll R$ ist, so kann man näherungsweise $\sin\alpha = \tan\alpha$, $V_k = V_{k0}$, $R = R_0$ setzen und erhält damit:

$$A - B = \frac{V_{k0}}{R_0} \qquad (7\text{-}10\,a)$$

Hier steht rechts die Winkelgeschwindigkeit ω_0 der galaktischen Rotation am Ort der Sonne. Demnach kann man auch schreiben:

$$A - B = \omega_0 \qquad (7\text{-}10\,b)$$

Mit den oben angegebenen Werten für A und B ergibt sich aus Gleichung (7-10 b):

$$\omega_0 = 26 \, \frac{\text{km/s}}{\text{kpc}}$$

Mit 1 kpc = $3{,}1 \cdot 10^{16}$ km und $\omega_0 = 2\pi/T_0$ erhält man für die Umlaufsdauer der galaktischen Rotation am Ort der Sonne

$$T_0 = 7{,}5 \cdot 10^{15} \text{ s} = 2{,}4 \cdot 10^8 \text{ Jahre.}$$

Die von der Oortschen Theorie geforderten Eigenschaften des Rotations-Strömungsfeldes werden durch die beobachteten Radialgeschwindigkeiten und Eigenbewegungen gut dargestellt. Dagegen können die Zahlenwerte der Oortschen Konstanten bisher noch nicht sehr sicher bestimmt werden. Dementsprechend unsicher sind auch die Werte der Rotationsgeschwindigkeiten V_{k0} bzw. ω_0.

Der Wert der Kreisbahngeschwindigkeit V_{k0} am Ort der Sonne könnte nach Gleichung (7-10 a) allein aus A, B und R_0 berechnet werden. Wegen der Unsicherheit dieser Größen (s. auch S. 214) ergänzt man jedoch in der Praxis diese Methode durch andere, davon unabhängige Verfahren.

Man bestimmt V_{k0} aus der Bewegung der Sonne relativ zu Gruppen weit entfernter Objekte: zum System der Kugelhaufen, zu RR-Lyrae- und anderen Feldsternen im galaktischen Halo und zu den Sternsystemen der Lokalen Gruppe (s. S. 242). Aus den Radialgeschwindigkeiten dieser Objekte erhält man den mittleren Betrag $V_{k0} = 220$ km/s.

7.3.6. Die Rotationskurve des Milchstraßensystems

Die Größen A, B, V_{k0}, ω_0 kennzeichnen die galaktische Rotation am Ort der Sonne. Die Auswertung von Radialgeschwindigkeitsmessungen ermöglicht es, die Abhängigkeit der Kreisbahngeschwindigkeit V_k vom Zentrumsabstand R für einen großen Bereich des Milchstraßensystems zu ermitteln, also eine Rotationskurve zu konstruieren. Die Beobachtungen erfolgen teils im optischen, teils im radiofrequenten Bereich.

Bis zu Entfernungen von 2 bis 3 kpc von der Sonne liefern Delta-Cephei-Sterne, deren Entfernungen sehr gut bekannt sind, zuverlässige Radialgeschwindigkeitswerte, die dann in Kreisbahngeschwindigkeiten V_k für den Ort des Objekts umzurechnen sind.

Das Fundament für die V_k-Werte in größeren Sonnenentfernungen bilden Radialgeschwindigkeiten interstellarer Gaswolken (21 cm-Linie des H-Atoms, 2,6 mm-Linie des CO-Moleküls). Für den Innenbereich des Systems mit $R < R_0$ können diese Messungen mit der „Tangentialpunktmethode" ausgewertet werden, die ohne Kenntnis der Wolkenentfernung Werte von V_k und R liefert (s. S. 227 ff.). Sind die Entfernungen der Wolken bekannt, so können solche Radiobeobachtungen des interstellaren Gases auch in den Außenbereichen ($R > R_0$) zur Bestimmung von V_k und R dienen.

Das Resultat dieser Untersuchungen ist eine **Rotationskurve**, die etwa wie Abb. 7.20 a aussieht. Die Bewegungen im innersten Zentralbereich des Systems ($R < 1$ kpc) sind sehr schwer zu beobachten. Hier dürfte eine Rotation wie bei einem starren Körper vorliegen, was sich in dem linearen Anstieg von V_k zeigt. Unsicher ist aber, welchen Radius dieser starr rotierende Bereich hat und welchen Maximalwert die Geschwindigkeit an seinem Rand erreicht. Auch

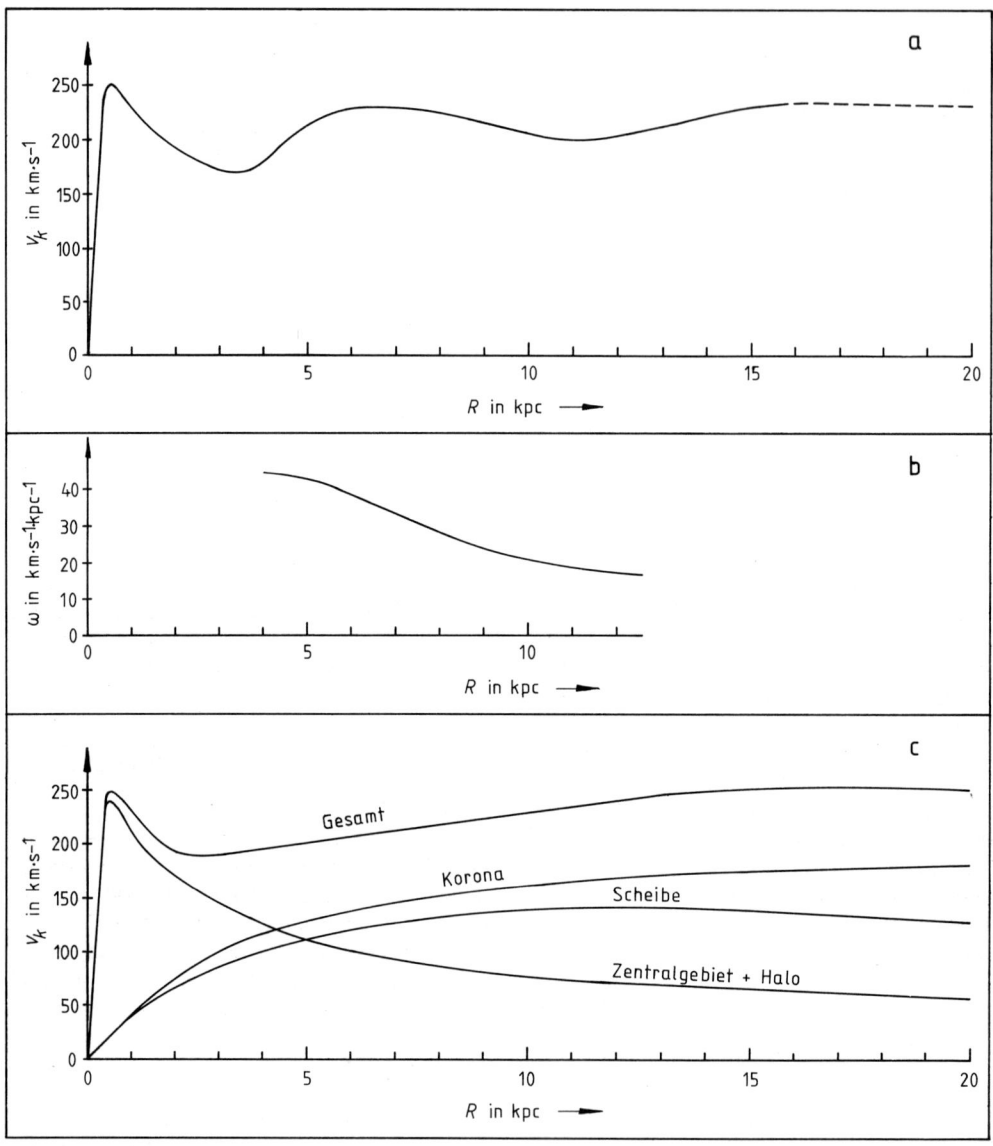

7.20 a) Die mittlere, aus Beobachtungen hergeleitete Rotationskurve der Sterne und des Gases im Milchstraßensystem **b)** Winkelgeschwindigkeit $\omega = V_k/R$ im Bereich 4 kpc bis 12 kpc **c)** Rotationskurve im Massenmodell des Milchstraßensystems von M. Schmidt (1985)

im anschließenden Bereich zwischen 1 kpc und 3 bis 4 kpc Zentrumsentfernung sind keine genauen Angaben über die Werte von V_k möglich, da hier die Rotation der Gaskomponenten H und CO von starken Expansionsbewegungen überlagert wird.

Für 4 kpc $< R <$ 8,5 kpc stehen durch die Tangentialpunktmethode und durch optische Beobachtungen gute Geschwindigkeitswerte zur Verfügung, ebenso für den anschließenden Bereich bis etwa $R \approx$ 12 kpc aus optischen Beobachtungen von Delta-Cephei-Sternen und H II-Regionen. Weiter außen werden die Meßwerte wieder unsicherer. Die Werte von V_k nehmen aber keinesfalls ab – wie früher angenommen wurde.

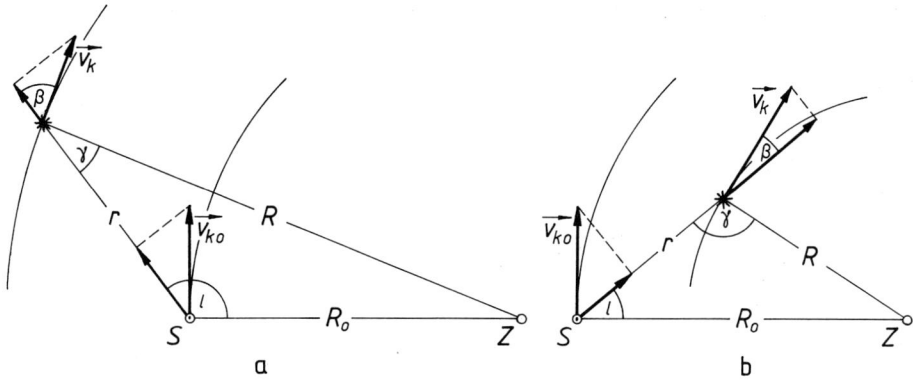

7.21 Zur Bestimmung der Kreisbahngeschwindigkeit von Objekten **a)** außerhalb, **b)** innerhalb der Sonnenkreisbahn im Milchstraßensystem

Objekte und Methoden

a) Sterne in der weiteren Sonnenumgebung: Optisch bestimmte Radialgeschwindigkeiten

Aus den Radialgeschwindigkeiten V_r von Objekten bekannter Entfernung r lassen sich mit Hilfe der Werte von R_0 und V_{k0} die Kreisbahngeschwindigkeiten V_k in den Zentrumsabständen R ermitteln. Die Delta-Cephei-Sterne der weiteren Sonnenumgebung eignen sich sehr gut für diese Aufgabe. Sie haben große absolute Helligkeiten, können also noch in großen Abständen von der Sonne beobachtet werden, und ihre Entfernungen können aus der Perioden-Leuchtkraft-Beziehung mit hoher Genauigkeit ermittelt werden.

Aus den Abb. 7.21a und b liest man für die über den Doppler-Effekt (S. 149) gewonnenen Radialgeschwindigkeiten V_r ab (mit $\cos(-x) = \cos x$):

$$V_r = V_k(R) \cdot \cos\beta - V_{k0} \cdot \cos(90° - l).$$

In Abb. 7.21a ist $\beta = 90° - \gamma$, in Abb. 7.21b dagegen $\beta = \gamma - 90°$. In beiden Fällen gilt also $\cos\beta = \sin\gamma$. Außerdem ist nach dem Sinussatz $\sin\gamma = (R_0/R) \cdot \sin l$. Somit erhält man:

$$V_r = \left[\frac{R_0}{R} V_k(R) - V_{k0}\right] \cdot \sin l$$

Daraus folgt:

$$V_k(R) = \frac{R}{R_0} \cdot \left[\frac{V_r}{\sin l} + V_{k0}\right] \qquad (7\text{-}11)$$

Zur Berechnung der Kreisbahngeschwindigkeiten faßt man räumlich benachbarte Sterne zu Gruppen zusammen, damit die Geschwindigkeitsmittelwerte der Gruppe sich nicht wesentlich von den Kreisbahngeschwindigkeiten in dem betreffenden (l, R)- Bereich unterscheiden.

b) Die Auswertung der radiofrequenten Messungen im Bereich $R < R_0$. Tangentialpunkt-Methode.

Die Radiobeobachtungen, aus denen V_k-Werte abgeleitet werden, sind Radialgeschwindigkeitsmessungen an interstellaren Wolken des atomaren und des molekularen Wasserstoffs. Dazu werden die 21 cm-Linie des neutralen Wasserstoffs benützt und die 2,6 mm-Linie des CO, das den H_2-Molekülwolken beigemischt ist.

Die gesamte interstellare Materie nimmt an der galaktischen Rotation teil. Bei der Herleitung der Rotationskurve wird – wie bei den Sternen – zunächst angenommen, daß die Wolken kreisähnliche Bahnen beschreiben. Es hat sich gezeigt, daß diese Annahme eine sinnvolle erste Näherung darstellt. Die Abweichungen der Wolken von der Kreisbewegung können durch nachträgliche Korrekturen berücksichtigt werden. Unter dieser Voraussetzung kann aus den gemessenen Radialgeschwindigkeiten im Innenbereich des Milchstraßensystems (etwa für 1 kpc $\leq R \leq$ 8 kpc) nicht nur die Kreisbahngeschwindigkeit V_k einer Wolke, sondern auch ihr Zentrumsabstand R bestimmt werden, und zwar – dies ist das wesentliche Kennzeichen des Verfahrens, der **Tangentialpunktmethode** –

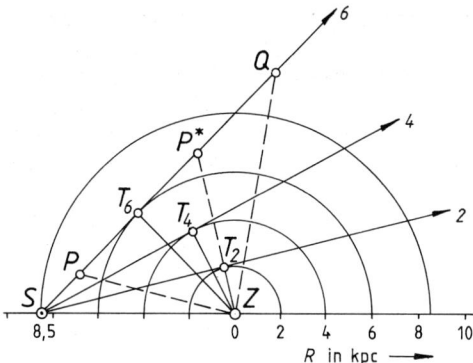

7.22 Zur Bestimmung der Rotationsgeschwindigkeit des interstellaren Wasserstoffs mit der Tangentialpunktmethode

ohne daß die Entfernung r der betreffenden Wolke von uns vorher bekannt sein muß.

Abb. 7.22 zeigt eine Hälfte der galaktischen Ebene. Von der Sonne gehen drei Sehstrahlen aus, die mit 6, 4, 2 bezeichnet sind. Längs dieser Sehstrahlen werden mit einer Radioantenne und einem Hochfrequenzspektrometer Profile der 21 cm-Linie des Wasserstoffs aufgenommen. Ein solches Profil (idealisiert) zeigt Abb. 7.23. Es soll zum Sehstrahl 6 gehören. Die Kurve gibt die spektrale Bestrahlungsstärke des Empfängers in einem willkürlichen Maßstab in Abhängigkeit von der Wellenlänge λ. Jedes der drei Maxima Q, P^*, T_6 der Kurve stammt von einer großen H-Wolke, die – in zunächst unbekannter Entfernung von S – auf dem Sehstrahl 6 liegt. Die exakte Wellenlänge der unverschobenen

Linie ist 21,1050 cm. Die Verschiebungen $\Delta\lambda$ der Maxima Q, P^*, T_6 gegenüber 21,1050 cm sind die Folge von Dopplereffekten. Sie zeigen an, daß die Wasserstoffwolken Geschwindigkeitskomponenten in Richtung des Sehstrahls 6 haben. Die maximale Dopplerverschiebung $\Delta\lambda_{max}$ ist dabei derjenigen Wasserstoffwolke zuzuordnen, die den größten Radialgeschwindigkeitsbetrag von allen auf dem gleichen Sehstrahl liegenden Wolken hat. Nimmt die Winkelgeschwindigkeit mit wachsendem Zentrumsabstand R nicht zu, so muß dies diejenige Wolke sein, die den kleinsten Abstand vom Zentrum hat, deren Bahnkreis also den Sehstrahl berührt. In Abb. 7.22 sind dies Wolken an den Punkten T_2, T_4, T_6. In diesen Punkten trägt die Kreisbahngeschwindigkeit mit ihrem vollen Betrag V_k (also nicht nur mit einer Komponente) zum Dopplereffekt bei.

Im Bereich der galaktischen Längen zwischen $10°$ und $65°$ bzw. $295°$ und $350°$ mißt man auf vielen Sehstrahlen eine gut ausgeprägte Maximalverschiebung $\Delta\lambda_{max}$, hinter der die Profile meist ziemlich steil abbrechen. In Abb. 7.23 ist $\Delta\lambda_{max} = +0,0056$ cm. Aus der Doppler-Formel (7-5) ergibt sich die zugehörige Radialgeschwindigkeit zu $(V_r)_{max} = +80$ km/s.

Aus der Abb. 7.24 entnimmt man, daß ein Sehstrahl mit der galaktischen Länge l den Bahnkreis mit dem Radius $R = R_0 \cdot \sin l$ berührt und daß die maximale Radialgeschwindigkeit auf dem Sehstrahl im Tangentialpunkt T den Betrag hat:

$$(V_r)_{max} = (V_k)_T - V_{k0} \cdot \sin l \qquad (7\text{-}12)$$

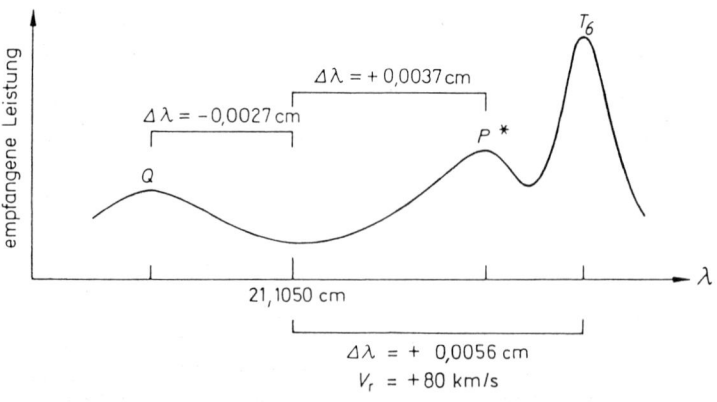

7.23 Idealisiertes Profil der 21 cm-Strahlung in Richtung des Sehstrahls 6 von Abb. 7.22

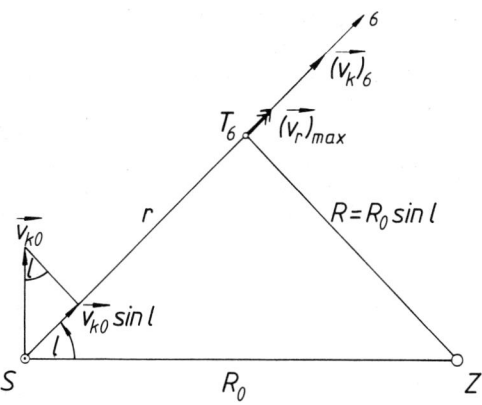

7.24 Zur Tangentialpunktmethode.
Sehstrahl 6 aus Abb. 7.22

Aus Abb. 7.22 folgt für den Sehstrahl 6:

$$\sin l = \frac{6}{8,5} = 0,71$$

Damit ergibt sich mit $V_{k0} = 220$ km/s für die Kreisbahngeschwindigkeit im Abstand $R = 6$ kpc vom galaktischen Zentrum:

$$(V_k)_6 = 0,71 \cdot 220 \text{ km/s} + 80 \text{ km/s} = 236 \text{ km/s}.$$

Das interstellare Gas ist in der galaktischen Scheibe nicht gleichförmig verteilt (s. S. 196 ff.). Es kann also vorkommen, daß sich auf dem in eine bestimmte galaktische Länge l gerichteten Sehstrahl im Tangentialpunkt keine größere Menge Wasserstoff befindet, die ein stärkeres 21 cm-Profil erzeugen könnte.

c) Der Vorstoß in den äußeren Bereich des galaktischen Systems

Die Abb. 7.22 zeigt, daß die Tangentialpunktmethode zur Bestimmung von V_k-Werten nicht mehr angewandt werden kann, wenn $R > R_0$ ist. Für diese äußeren Gebiete des galaktischen Systems mußte daher eine neue Methode entwickelt werden. Man mißt Radialgeschwindigkeiten von Molekülwolken über Dopplereffekte der sehr scharfen Emissionslinie des CO mit der Wellenlänge 2,6 mm und von HII-Gebieten an den intensiven „verbotenen" Linien von O, N und Ne (s. S. 200 ff.). Die Entfernungen dieser Objekte erhält man aus Helligkeiten von O- und B-Sternen, die – als Mitglieder sehr junger Assoziationen und kleiner Sternhaufen – in die betreffenden Wolken eingelagert sind. Die Werte

der Kreisbahngeschwindigkeiten V_k, die man damit aus Gleichung (7-11) erhält, sind jedoch wegen der schwierigen Entfernungsbestimmungen nicht sehr genau. Sie zeigen aber einwandfrei, daß bis zu Zentrumsabständen von 20 kpc und darüber hinaus V_k mit wachsendem R nicht abnimmt (s. Abb. 7.20 a). Diese Feststellung hat sehr wichtige Konsequenzen für unsere Vorstellungen über die Massenverteilung im Milchstraßensystem (s. folgenden Abschnitt).

Daß das galaktische System hierbei keine Sonderstellung einnimmt, beweisen Rotationsgeschwindigkeitsmessungen an nicht zu weit entfernten Spiralgalaxien, bei denen die Balmerlinie $H\alpha$ und die 21 cm-Linie des Wasserstoffs benutzt wurden. Alle untersuchten Systeme zeigen wie Abb. 7.20 a einen horizontalen Verlauf der Rotationskurve bis in Zentrumsabstände, in denen keine leuchtende Materie mehr wahrnehmbar ist.

7.3.7. Die Gesamtmasse des galaktischen Systems und die Massenverteilung

Die aus Beobachtungen hergeleitete Rotationskurve kann dazu dienen, Informationen über die Gesamtmasse des galaktischen Systems und über die Verteilung dieser Masse herzuleiten. Man denkt sich dazu das Milchstraßensystem in Teilkörper zerlegt, deren Formen und Dimensionen den Resultaten unserer Beobachtungen an Sternen, Sternhaufen, Gas und Staub entsprechen; es sind dies

- das **Zentralgebiet,** ein relativ kleines, mäßig abgeplattetes Rotationsellipsoid;
- die **galaktische Scheibe,** der diskusförmige Bereich, der bis zu den Molekülwolken und Sternhaufen in etwa 20 kpc Entfernung vom Zentrum reicht;
- der als **Halo** bezeichnete Bereich der Kugelsternhaufen und der außerhalb der galaktischen Scheibe befindlichen Sterne, ein nahezu kugelförmiges, großes Rotationsellipsoid mit zentraler Massenkonzentration.

Die beobachteten Materieverteilungen in diesen drei Untersystemen dienen als Grundlage für die Konstruktion von Dichtefunktionen $\varrho(R)$, aus denen sich für jede Entfernung R die von der betreffenden Massenverteilung erzeugte Gravitationsfeldstärke berechnen läßt. Durch die Gravitationsfeldstärke ist jedoch auch die

Kreisbahngeschwindigkeit $V_k(R)$ festgelegt (vgl. S. 45). Die drei Dichtefunktionen der Untersysteme müssen demnach so konstruiert werden, daß die aus der Summe ihrer Gravitationsfeldstärken berechnete Modell-Rotationskurve möglichst gut mit der aus Beobachtungen gewonnenen Kurve (Abb. 7.20 a) übereinstimmt und den für die Sonnenumgebung abgeleiteten Größen A, B, R_0 , V_{k0} angepaßt ist.

Die Abb. 7.20 c zeigt das von M. Schmidt (1985) erhaltene Ergebnis eines solchen Versuchs, ein Massenmodell des Milchstraßensystems abzuleiten. Es zeigt die Kreisbahngeschwindigkeiten, die von den Gravitationsfeldern der einzelnen Untersysteme des Modells erzeugt werden (Zentralgebiet und Halo und die aus der Gesamtfeldstärke berechnete Rotationskurve des Gesamtsystems sind hier zusammengefaßt) (s. dazu Aufgabe 2, S. 236).

Der Zentralbereich allein liefert eine nach außen stark abnehmende Kreisbahngeschwindigkeit, denn schon in wenigen kpc Abstand kann man mit einer punktförmigen Zentralmasse wie bei Gleichung (2-22) rechnen. Aber auch mit dem Halo zusammen ist dies noch näherungsweise der Fall. Wegen des starken Dichteabfalls in ihren Außenbereichen liefert auch die Scheibe etwa für $R > 12$ kpc abnehmende Kreisbahngeschwindigkeiten.

Die aus Beobachtungen gewonnenen hohen Werte von V_k für $R > 12$ kpc (Abb. 7.20 a) lassen sich also mit den drei Komponenten Zentralbereich, Scheibe, Halo nicht darstellen. Es ist vielmehr unumgänglich, eine zusätzliche Komponente des Systems anzunehmen: eine sehr ausgedehnte, massereiche **Korona**.
Auch die Bewegungen der fernsten Kugelhaufen und der benachbarten kleinen Sternsysteme im Gravitationsfeld der Milchstraße fordern die Existenz einer Massen-Korona, die über $R = 50$ kpc hinaus ausgedehnt sein kann. Im Schmidt-Modell beträgt die Masse der sichtbaren Materie etwa $1 \cdot 10^{11} m_\odot$. Die Gesamtmasse einschließlich der Korona muß bei 1 bis $2 \cdot 10^{12} m_\odot$ liegen. Die Korona ist also die weitaus massereichste Komponente. Sie allein bewirkt die schnelle Rotation der Außenbezirke der Galaxis.

Woraus die Materie der Korona besteht, ist unbekannt. Da sie bei keiner Wellenlänge meßbare Strahlung aussendet, konnte sie bisher auch nicht beobachtet werden. Das kinematische Verhalten außergalaktischer Sternsysteme beweist jedoch, daß die Existenz großer Mengen dunkler Materie nicht auf das Milchstraßensystem beschränkt ist. Möglicherweise handelt es sich hierbei um eine noch unbekannte, aber im Kosmos dominierende Form der Materie.

7.3.8. Die Frage nach der Spiralstruktur des Milchstraßensystems

Alle außergalaktischen Systeme, die in ihren Formen dem Milchstraßensystem gleichen, zeigen eine Spiralstruktur. Deshalb liegt die Vermutung nahe, daß auch unser System eine solche Struktur habe. Sehen können wir sie jedoch nicht, da wir uns in der Symmetrieebene befinden.
In den außergalaktischen Sternsystemen ist das interstellare Gas – überwiegend H und H_2 – der primäre Träger der Spiralstruktur. In diesem Medium entstehen Sterne; darunter sind auch blauweiße Riesen- und Überriesensterne der Spektralklassen O und B, die mit ihrer starken UV-Strahlung den Wasserstoff in ihrer nahen Umgebung ionisieren. Von diesen HII-Regionen und von den Riesen- und Überriesensternen stammt die große Helligkeit der Spiralarme. Demzufolge benutzt man diese Objekte als optische Indikatoren bei der Suche nach der Spiralstruktur des Milchstraßensystems.

OB-Sterne in Offenen Sternhaufen

Warum gerade O- und B-Sterne die Spiralarme markieren, ist leicht erklärbar. Alle Sterne bilden sich aus der in den Spiralarmen konzentrierten interstellaren Materie. Nun wandern zwar die Sterne auf individuellen Bahnen durch das Sternsystem. Es ist jedoch zu erwarten, daß mindestens die jüngsten, erst vor relativ kurzer Zeit entstandenen Sterne sich noch in der Nähe ihres Geburtsorts befinden. Sehr junge Sterne sind aber nach den Überlegungen auf S. 158 f. sicher gerade die Riesen und Überriesen der Spektralklassen O, B0, B1, B2; sie müssen also die Spiralarme kennzeichnen.
Sterne mit kleineren Massen, besonders die Hauptreihensterne der Spektralklassen A bis M, bilden sich zwar in viel größerer Anzahl aus dem interstellaren Medium. Ihre Verweildauer auf der Hauptreihe ist jedoch groß, und es gibt keine Möglichkeit, die jungen Objekte unter ihnen

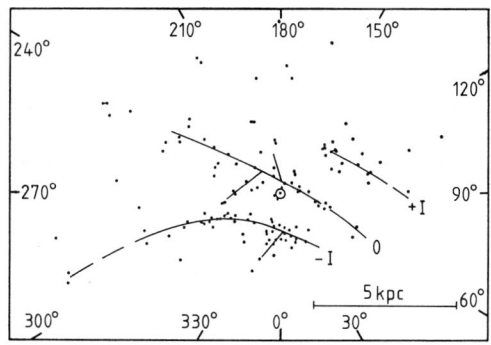

7.25 a) Anordnung von 153 jungen Offenen Sternhaufen, frühester Spektraltyp O bis B2. Bildebene: galaktische Ebene. ⊙ Ort der Sonne. Richtung zum Zentrum: galaktische Länge 0°.

herauszufinden; daher sind diese Sterntypen als Spiralarmindikatoren unbrauchbar.
Unter den Sternen der Spektralklassen O bis B2 eignen sich nur diejenigen zur Spiralarmmarkierung, deren Entfernung gut bekannt ist. Dies sind nahezu ausschließlich Mitglieder von Sternassoziationen oder Offenen Sternhaufen. Die Ortsbestimmung junger Offener Sternhaufen ist demnach der sicherste Weg, um etwas über die Struktur des Milchstraßensystems zu erfahren. Die bisherigen Ergebnisse dieser Untersuchungen liefern nur Andeutungen einer Spiralstruktur. Abb. 7.25 a zeigt die galaktische Verteilung von 153 Offenen Sternhaufen mit O- bis B2-Sternen. Die Anordnung der Punkte weicht zwar deutlich von einer zufälligen Verteilung ab, ergibt aber kein eindeutig klares Bild von Spiralarmen.

HII-Regionen

Daß auch HII-Regionen den Verlauf der Spiralarme kennzeichnen, hat seinen Grund in der Entstehungsursache dieser Gebiete ionisierten Wasserstoffs; sie werden nämlich gerade durch junge, heiße Sterne der Spektraltypen O bis B2 erzeugt (vgl. S. 198 ff.).
Die Entfernungen der Wolken werden entweder als spektroskopische Parallaxen (vgl. S. 159) der anregenden Sterne oder durch Radialgeschwindigkeitsmessungen an den Wolken selbst bestimmt. In vielen Fällen lassen sich an dem gleichen Objekt beide Verfahren anwenden.
Zur Messung der Radialgeschwindigkeit von HII-Wolken eignen sich besonders Emissionslinien von H-Atomen im radiofrequenten Bereich,

die bei der Rekombination von Protonen und Elektronen entstehen (z. B. H 109α mit der Wellenlänge 6,0 cm; vgl. S. 200). Zur Ermittlung der Entfernungen aus den Radialgeschwindigkeiten wendet man die gleiche Methode an, wie sie unten für den neutralen Wasserstoff beschrieben wird.
Abb. 7.25 b zeigt das Ergebnis einer umfassenden Untersuchung der Anordnung von HII-Regionen in der galaktischen Ebene. Die vier eingezeichneten Bögen markieren die vermutete Lage von Spiralarmen, auf denen die HII-Regionen angeordnet sind.

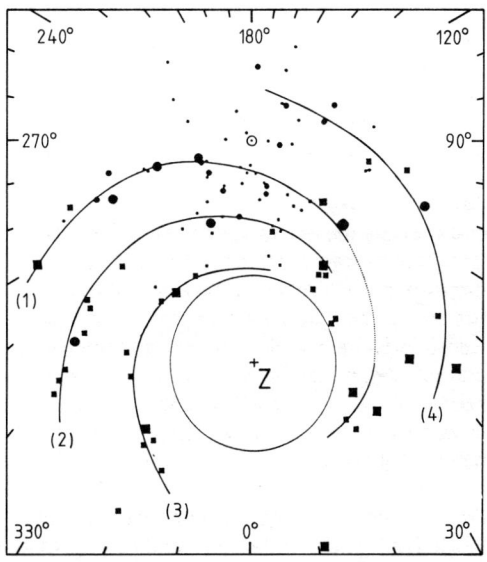

7.25 b) Verteilung der HII-Regionen in der galaktischen Ebene.
● Entfernungen aus Helligkeiten der anregenden Sterne;
■ kinematische Entfernungen aus Radialgeschwindigkeiten der Wolken (radiofrequente Linien).
Die Größe der Symbole ist ein Maß für die Anregungsstärke der HII-Region durch den UV-Photonenfluß des anregenden Sterns. ⊙ Ort der Sonne.

Der neutrale Wasserstoff

Die Wolken des neutralen atomaren und des molekularen Wasserstoffs sind die Hauptträger der Spiralstruktur. Die 21 cm-Strahlung des H-Atoms liefert nicht nur Werte für die Rotationskurve im Bereich 1 kpc $\leq R \leq$ 8 kpc, sondern auch Informationen über die Verteilung des interstellaren Gases und damit über die Existenz und

Lage der Spiralarme. Ist nämlich das Rotationsgesetz bekannt, so kann aus der Radialgeschwindigkeit von Wasserstoffwolken ihre
Entfernung berechnet werden. Zur Demonstration dieser Methode dient das idealisierte Profil
der Abb. 7.23. Es enthält außer dem Maximum
T_6 noch die beiden Maxima P^* und Q. Aus ihren
Dopplerverschiebungen ergibt sich die Radialgeschwindigkeit +53 km/s für P^* und −38 km/s für
Q. Aus Gleichung (7-11) erhält man dann mit
$\omega = V_k/R$, den für die Sonne abgeleiteten
Werten $R_0 = 8{,}5$ kpc, $V_{k0} = 220$ km/s und dem
aus Abb. 7.22 für den Sehstrahl 6 entnommenen
Wert $\sin l = 0{,}71$:

$$\omega(P^*) = 34{,}7\,\frac{\text{km/s}}{\text{kpc}}; \quad \omega(Q) = 19{,}6\,\frac{\text{km/s}}{\text{kpc}}$$

Die Zentrumsabstände entnimmt man aus der
$\omega(R)$-Kurve in Abb. 7.20b:

$$R(P^*) = 6{,}7 \text{ kpc}; \qquad R(Q) = 10{,}3 \text{ kpc}.$$

Damit ist die Lage der Wolken auf dem Sehstrahl
6 – bis auf die Zweideutigkeit P oder P^* – festgelegt. Die Abstände von der Sonne betragen 9 und
14 kpc. P und P^* haben nach Abb. 7.22 den
gleichen Zentrumsabstand, also gleiche Werte für
V_k und deshalb auch die gleichen V_r-Werte. An
welchem der beiden Punkte die beobachtete
Wolke steht, kann jedoch aus ihrer Ausdehnung
in galaktischer Breite erkannt werden, denn
senkrecht zur galaktischen Ebene entsprechen
die wahren Durchmesser der Wolken alle etwa
der Schichtdicke des interstellaren Gases. Der
Winkeldurchmesser einer nahen Wolke am Ort P
ist daher viel größer als der Durchmesser einer
Wolke bei P^*.

Nach der Entdeckung der 21 cm-Strahlung
wurde dieses Verfahren zuerst auf den Bereich
$R < R_0$ angewandt, um mit der Tangentialpunktmethode die Rotationskurve herzuleiten. Aus
sehr vielen Beobachtungen mit mehreren, über
die ganze Erde verteilten Radioteleskopen
wurden dabei brauchbare, aber noch nicht
endgültige Resultate über die Verteilung des
neutralen Wasserstoffs in der galaktischen
Ebene erzielt. Dabei zeigt sich deutlich, daß die
H-Wolken sich bevorzugt zu längeren, gekrümmten Bändern hoher Gasdichte zusammenschlie-
ßen. Diese Bänder sind Anzeichen der Spiralstruktur im galaktischen System; zwischen ihnen
ist die Gasdichte sehr gering.
Inzwischen hat man mit dieser Methode auch
die Wasserstoff-Verteilung für $R > R_0$ erforschen

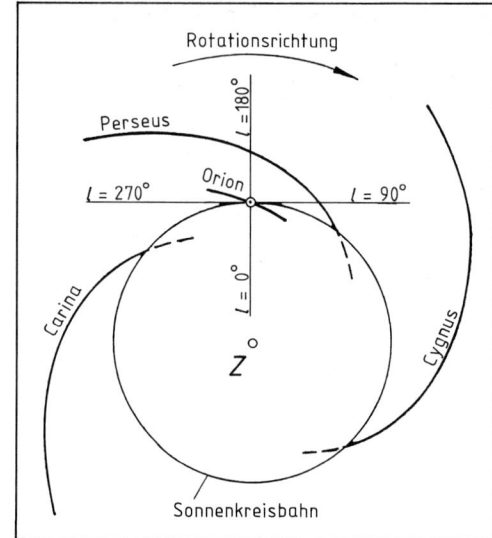

7.25 c) Verteilung des neutralen atomaren Wasserstoffs im Bereich $R \geq R_0$ (schematisch). Entfernungen
aus 21 cm-Radialgeschwindigkeiten und Rotationskurve mit R_0 und V_{k0}. ⊙ Ort der Sonne.

können, nachdem der Verlauf der galaktischen
Rotationskurve in diesen Außenbezirken bekannt geworden war (vgl. S. 229). Die Ergebnisse zeigen dort überraschend deutlich Teilstücke
von Spiralarmen.

Abb. 7.25 c stellt die Resultate schematisch dar:
Vier mit Sternbilder-Namen bezeichnete Spiral-
arm-Stücke. Die drei Arme der näheren und
weiteren Sonnenumgebung, Perseus-, Orion-
und Carina-Arm, finden sich auch in der aus
OB2-Sternen gewonnenen Resultaten der
Abb. 7.25 a, wo sie mit +I, 0, −I bezeichnet
werden.

In der Abb. 7.25 b, die aus der Verteilung von
HII-Regionen erhalten wurde, ist (4) der Perseus-
Arm, (1) der Carina-Arm, während der durch den
Ort der Sonne gehende Orion-Arm nur durch
wenige Punkte angedeutet ist. Zusätzlich treten
hier die Arme (2) (Scutum-Crux) und (3) (Norma)
auf.
Neu hinzu tritt in der Abb. 7.25 c der große, von
der Sonne weit entfernte Cygnus-Arm. Die drei
Figuren der Abb. 7.25 unterscheiden sich in den
Spiralarm-Indikatoren; sie ergänzen sich durch
Übereinstimmungen und Erweiterungen in den
Resultaten.

7.3.9. Der galaktische Zentralbereich

Der Blick zum galaktischen Zentrum

Beobachtungen benachbarter Spiralsysteme zeigen zum Zentrum hin eine starke Zunahme der Helligkeit, die von einer entsprechenden Vergrößerung der Sterndichte stammt. Deshalb kann man auch für den galaktischen Zentralbereich ähnliche Verhältnisse erwarten. Die Abb. 7.26 zeigt jedoch, daß der Blick zum Zentrum Z des Milchstraßensystems im optischen Bereich durch interstellaren Staub verhindert wird. Links von Z liegt die große Sagittarius-Sternwolke. In dieser Richtung gibt es einige kleine Fenster, in denen die lichtschwächende Wirkung des Stau-bes wesentlich geringer ist, so daß der Blick weit ins Innere der Galaxis – sogar über den Zentralbereich hinaus – vordringen kann. Die meisten Informationen über die Sterne im Zentralbereich erhält man jedoch aus Infrarot-Beobachtungen. Messungen im Radiofrequenzbereich liefern Aussagen über Verteilung und Bewegungen des interstellaren Gases im Zentralbereich; sie fördern insbesondere über das galaktische Zentrum selbst ständig neue Ergebnisse zutage, deren Deutung bis jetzt nur in Ansätzen möglich war.

Der Zentralbereich

Der galaktische Zentralbereich hebt sich durch seine Form und durch die Sterndichte deutlich

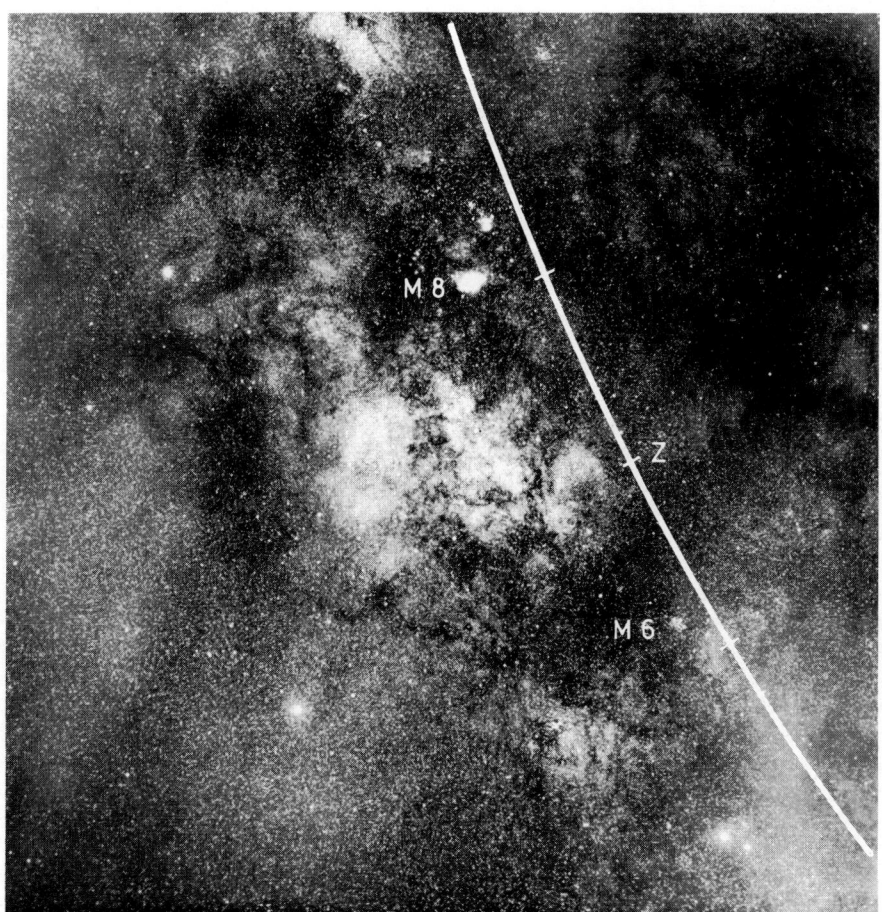

7.26 Milchstraße in den Sternbildern Schütze, Ophiuchus, Skorpion. Die eingezeichnete Linie ist der galaktische Äquator; Z bezeichnet die Richtung zum galaktischen Zentrum. M 8 ist ein Emissionsnebel („Lagunen-Nebel"), M 6 ein heller Offener Sternhaufen.

aus der galaktischen Scheibe heraus. Die Form läßt sich als mäßig abgeplattetes Rotationsellipsoid beschreiben (vgl. Abb. 7.10). Der Radius beträgt in der galaktischen Ebene 3 bis 4 kpc. In dieser Entfernung vom Zentrum geht der Zentralbereich allmählich in die galaktische Scheibe über. In Abb. 7.26 sind die Grenzen des inneren Zentralbereichs (Durchmesser 1,7 kpc) durch zwei Striche auf dem galaktischen Äquator markiert.

Neben Millionen von Sternen, deren Raumdichte zum Zentrum hin wächst, enthält der Zentralbereich Wasserstoff in den vom übrigen Milchstraßensystem her bekannten Zustandsformen. Im galaktischen Zentrum selbst befindet sich ein für unser Sternsystem einmaliges Objekt: die außerordentlich starke Radioquelle Sagittarius A.

Die Sterne

Optische Beobachtungen in den kleinen galaktischen Fenstern und Kontinuums-Messungen im Infrarot zeigen, daß der Zentralbereich mit einem Radius von 3 kpc ein riesiger Sternhaufen mit einer Masse von etwa $5 \cdot 10^{10} \, m_\odot$ ist; dies ist ein beträchtlicher Teil der auf 1 bis $2 \cdot 10^{11} \, m_\odot$ geschätzten Gesamtmasse der sichtbaren Milchstraßenmaterie.

Die optischen Beobachtungen zeigen große Mengen heller Riesensterne der Spektralklassen K III und M III. Sie liefern – wie man dies auch in den Zentren von benachbarten Spiralsystemen beobachtet – den größten Teil des sichtbaren Lichts. Hauptreihensterne der Spektralklassen K V und M V sind wegen ihrer geringen absoluten Helligkeit nicht beobachtbar. Da sie jedoch in Sonnenumgebung und im Zentrum des Andromeda-Nebels am häufigsten von allen Spektraltypen sind, darf man annehmen, daß sie auch im galaktischen Zentralgebiet den Hauptanteil an Sternzahl und Masse stellen.

Im infraroten Licht können Sterne beobachtet werden, die im optisch nicht erreichbaren Zentralgebiet der Galaxis stehen, denn die Schwächung des Sternlichts beim Durchqueren interstellarer Staubwolken nimmt mit wachsender Wellenlänge rasch ab. Sterne der Spektralklassen K und M haben so niedrige Oberflächentemperaturen, daß sie einen großen Teil ihrer Energie im nahen Infrarot abstrahlen. Nun zeigt die Abb. 3.24, daß Infrarotstrahlung aus dem Kosmos am Erdboden nur in schmalen Wellen-

längenfenstern empfangen werden kann. Eines dieser Fenster liegt bei 2,2 μm. Beobachtungen in diesem Spektralbereich zeigen in den Richtungen zum galaktischen Zentrum sehr hohe Strahlungsintensität, die von den (auch optisch beobachtbaren) K- und M-Riesen, besonders aber von den in großer Anzahl vermuteten K V- und M V-Sternen stammt.

Während bei 2,2 μm überwiegend direkte Sternstrahlung gemessen wird, beobachtet man im atmosphärischen Fenster bei 10 μm eine Strahlung von Objekten, deren Temperatur nur bei wenigen 10^2 K liegt. Es handelt sich um Wolken von interstellarem Staub, der durch die Strahlung heißer Sterne aufgeheizt wird. Damit wird das Bild von der Zusammensetzung des riesigen Sternhaufens im galaktischen Zentralbereich durch den indirekten Nachweis blauer Sterne vervollständigt.

Das Gas im Zentralbereich; Radio- und Infrarot-Beobachtungen

Unvergleichlich besser als die Sterne sind die einzelnen Komponenten des interstellaren Gases in ihrer Verteilung und in ihren Bewegungen in den einzelnen Teilen des Zentralgebiets zu erforschen.

Die Dichte des Gases nimmt in ähnlicher Weise wie die Sterndichte zum Zentrum hin zu; im einzelnen finden sich jedoch stark ausgeprägte Wolkenstrukturen. – Gas und Sterne rotieren gemeinsam im Gravitationsfeld des innersten Kernbereichs.

Wie in den weiter außen liegenden Gebieten werden zur Messung von Radialgeschwindigkeiten Emissionslinien des Gases benutzt, und zwar außer der 21 cm-Linie des atomaren, neutralen Wasserstoffs und der 2,6 mm-Linie des CO, die Wasserstoffmolekülwolken kennzeichnet, im innersten Zentralbereich auch die Infrarotlinie des Ne^+ bei 12,8 μm.

Um aus den Radialgeschwindigkeiten Ort und Bewegungszustand der betreffenden Gaswolken zu ermitteln, verwendet man grundsätzlich die Tangentialpunktmethode (vgl. S. 227 ff.). Die Radialgeschwindigkeitsprofile des Zentralbereichs sind jedoch wegen der turbulenten Strömungen des Gases, die sich der Rotationsbewegung überlagern, äußerst kompliziert. Sie können nur analysiert werden, wenn man sehr viele, in sehr kleinen Schritten der galaktischen Länge nebeneinander liegende Radialgeschwindigkeitsprofile zu einem Gesamtbild zusammenfügt und dann dieses bearbeitet. Damit wird es sogar möglich, einzelne Komplexe der Molekülwolken und sogar viele einzelne HII-Regionen örtlich zu fixieren.

Das galaktische Zentrum; Sagittarius A und Umgebung

Die Abbildung 7.27a zeigt den Bereich der Sphäre, der die Richtung zum galaktischen Zentrum enthält. Die eingezeichneten Isophoten (Linien gleicher Strahlungsintensität) stammen von Messungen im kontinuierlichen Spektrum der thermischen Radiostrahlung von HII-Regionen (s. S. 201) bei der Wellenlänge 3,75 cm. Die (mit dem Wert $R_0 = 8,5$ kpc berechneten) Lineardimensionen des Zentralbereichs sind aus Abb. 7.27b ersichtlich.

In der Mitte des Bereiches, wo schon nach optischen Beobachtungen das galaktische Zentrum angenommen wurde, steht die extrem starke Radiostrahlungsquelle Sagittarius A. Längs des galaktischen Äquators erkennt man

in Abb. 7.27a eine Reihe von HII-Regionen. Außerdem befinden sich dort riesige Molekülwolken und vor allem sehr große Mengen von Sternen, die einen zum Zentrum hin immer dichter werdenden Sternhaufen bilden und den Hauptanteil der Masse in diesem Bereich liefern. Aus Infrarot-Beobachtungen läßt sich die Masse der Sterne im Zentralgebiet von 300 pc Durchmesser auf $1 \cdot 10^9\ m_\odot$ schätzen.

Die zentrale Quelle Sagittarius A

Sagittarius A ist ein Objekt von einzigartiger Struktur. In Abb. 7.27a ist die Stelle als Quelle besonders starker Radiobremsstrahlung (s. S. 113) des Wasserstoffplasmas der HII-Regionen zu erkennen. Das ganze Sagittarius-A-System erstreckt sich auf dem galaktischen Äquator über etwa 3′ bzw. 8 pc. Je weiter das Auflösungsvermögen der Radioteleskope (besonders durch Kombination vieler Einzelinstrumente) fortschritt, desto mehr entfaltete sich Sagittarius A als ein Gebilde von sehr differenziertem Aufbau.

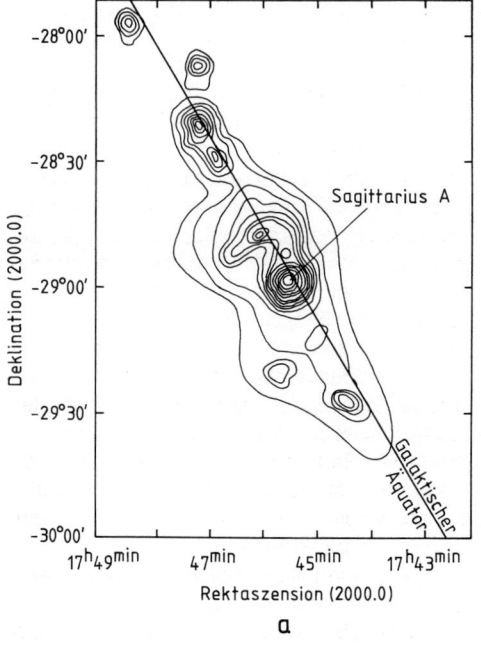

a

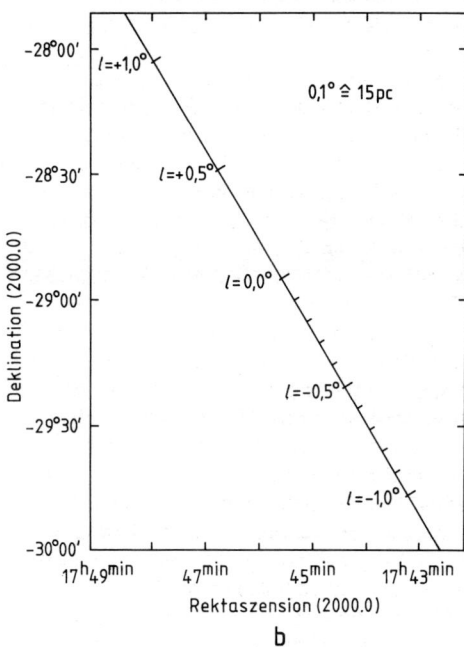

b

7.27 a) Das galaktische Zentralgebiet. Isophoten der Radiokontinuumstrahlung des ionisierten Wasserstoffs bei $\lambda = 3{,}75$ cm. In allen Wolkenbereichen nehmen die Intensitäten konzentrisch von außen nach innen zu. Das Zentrum der stärksten Quelle ist Sagittarius A.
b) Entsprechungen der Winkel an der Sphäre und der linearen Abstände vom galaktischen Zentrum für $R_0 = 8{,}5$ kpc.

Hauptteile sind zwei Objekte: Sagittarius A Ost, ein nichtthermisch strahlender Supernova-Überrest, und Sagittarius A West mit überwiegend thermischer Emission eines HII-Gebietes. Diese Quelle enthält eine nichtthermisch strahlende Punktquelle, deren Durchmesser zu etwa 10 AE gemessen wurde ($\approx$ Saturnbahnradius). Dieses kleine Objekt, das als Sagittarius A* bezeichnet wird, scheint das dynamische Zentrum des Milchstraßensystems zu sein. Es emittiert außer der starken Radiostrahlung auch Röntgen- und Gamma-Strahlung mit kontinuierlichem Spektrum.

Aufschlußreich ist die Struktur der näheren und weiteren Umgebung der Quelle. Im nahen Bereich mit etwa 3 bis 4 pc Durchmesser werden zahlreiche Gasfäden und Filamente beobachtet; sie haben teils spiralige, teils protuberanzenartige Form. Dopplerverschiebungen der Ne^+-Linie bei 12,8 µm zeigen eine schnelle Rotation des die Quelle umgebenden Gases an. Die Untersuchung der weiteren Umgebung bis zu einem Durchmesser von 8 pc zeigt - außer der thermischen Strahlung des Wasserstoffplasmas – eine sehr starke thermische Strahlung im fernen Infrarot bei 100 µm. Sie stammt von Staubwolken, die vom Zentrum her durch eine

intensive UV-Strahlung aufgeheizt werden und die absorbierte Energie im Infrarot wieder abstrahlen. Die Quelle dieser UV-Strahlung muß in unmittelbarer Nähe von Sagittarius A* liegen. Im nahen Infrarot werden Linienemissionen vorwiegend niedriger Ionisationsstufen, z. B. Ne^+ und Ar^{++}, beobachtet. Daraus kann auf eine Temperatur des UV-Strahlungsfeldes von etwa 35 000 K geschlossen werden. Wenn diese Strahlung aus einer einzigen zentralen Quelle kommt, so muß dieses Objekt eine Leuchtkraft von der Größenordnung $10^7 L_\odot$ haben.

Die Masse des Zentralobjektes kann aus der Rotationsgeschwindigkeit des umgebenden Gases abgeschätzt werden. Man erhält Werte zwischen $1 \cdot 10^6 m_\odot$ und $5 \cdot 10^6 m_\odot$. Das kann ein gewaltiger Sternhaufen sein, der viele sehr heiße Sterne enthält, von denen die zur Ionisierung der HII-Region und zur Aufheizung des Staubes notwendige UV-Strahlung emittiert würde. Es könnte aber auch sein, daß sich im innersten Zentrum des Sternhaufens ein Schwarzes Loch befindet (s. S. 188). Von diesem würde dann das Gravitationsfeld erzeugt werden, während die das Schwarze Loch umkreisende Materiescheibe die UV-, Röntgen- und Gamma-Strahlung emittieren könnte.

Aufgaben

1. Einer der helleren Hyadensterne hat den Winkelabstand $\gamma = 26{,}0°$ vom Konvergenzpunkt des Sternstroms, die Eigenbewegung $\mu = 0{,}103''/a$ und die Radialgeschwindigkeit $v_r = 44{,}4$ km/s.
   Welche Entfernung hat der Stern von der Sonne?

2. Die Gravitationsfelder der vier Untersysteme des Milchstraßenmodells von M. Schmidt (Zentralgebiet, galaktische Scheibe, Halo, Korona) addieren sich.
   Welcher Zusammenhang besteht dann zwischen den von den Untersystemen jeweils erzeugten Rotationsgeschwindigkeiten v_1, v_2, v_3 und der Kreisbahngeschwindigkeit V_k der Abb. 7.20c?

3. Prüfen Sie in Abb. 7.20c nach, ob und in welchem Bereich für die Rotationskurve von Zentralbereich und Halo im Milchstraßenmodell von M. Schmidt die für Punktmassen abgeleitete Gleichung (2-22) gilt.

4. Die im Außenbereich des galaktischen Systems ($R > 8{,}5$ kpc) verwendeten Meßverfahren erlauben – wenn überhaupt – eine genauere Lokalisierung von Spiralarmen als im Innenbereich.
   Welcher Nachteil der für $0 \leq R \leq R_0$ verwendeten Methoden ist dafür verantwortlich?

5. a) Dopplereffekte in der infraroten NeII-Emissionslinie bei 12,8 µm zeigen einen starken Anstieg der Rotationsgeschwindigkeit bei Annäherung an Sagittarius A West; sie beträgt im Abstand von 0,5 pc bereits $V_k \approx 200$ km/s.
   Welche Masse befindet sich demnach im zentralen Bereich des Milchstraßensystems mit dem Durchmesser 1 pc?
   b) Welchen Schwarzschildradius hätte ein Schwarzes Loch mit dieser Masse? Vergleichen Sie das Ergebnis mit dem Durchmesser von Sagittarius A*.

7.4. Die außergalaktischen Sternsysteme

Der mit astronomischen Instrumenten erforschbare Raum ist – verglichen mit den Dimensionen des Milchstraßensystems – außerordentlich groß. Die fernsten Objekte, die mit den lichtstärksten Teleskopen wahrgenommen werden können, befinden sich in Entfernungen von etwa $5 \cdot 10^9$ pc. Dieser Beobachtungsraum ist mit Millionen von Sternsystemen erfüllt. Weil diese sich außerhalb des galaktischen Systems befinden, werden sie als außergalaktische Systeme oder Galaxien bezeichnet. Fast alle Sternsysteme sind Mitglieder von Galaxiengruppen oder Galaxienhaufen, die ihrerseits die Tendenz haben, sich zu größeren Strukturen zusammenzuschließen.

Die Möglichkeiten für die Erforschung außergalaktischer Sternsysteme sind in erster Linie durch die Entfernung der Systeme bestimmt. Einzelne Sterne können nur in den uns am nächsten stehenden Galaxien beobachtet werden. Bei den etwas weiter entfernten Systemen sind noch große Einzelgebilde, HII-Regionen und Kugelsternhaufen, zu erkennen. Systeme in großen Entfernungen zeigen nur noch Strukturen und Formen. An solchen Systemen sind dann integrale Eigenschaften beobachtbar: Helligkeit, Farbe, Spektrum des Gesamtsystems.

Bei der großen Menge von Objekten, die sich im Grenzbereich unseres Beobachtungsraumes befinden, kann man nur an dem nicht sternartigen Aussehen photographischer Abbildungen erkennen, daß es sich um Galaxien handelt. Das gleiche gilt für zahllose Sternsysteme, die zwar in mäßiger Entfernung stehen, aber geringe absolute Helligkeit haben.

Das Licht benötigt von der Grenze des beobachtbaren Raums bis zu uns rund $1,6 \cdot 10^{10}$ Jahre. Wir blicken also um so tiefer in die Vergangenheit, je weiter die Systeme von uns entfernt sind. Bei der Beobachtung ferner Sternsysteme muß daher stets berücksichtigt werden, daß hierbei sehr frühe Zustände wahrgenommen werden, die von den gegenwärtigen merklich verschieden sein können.

7.4.1. Der Formenreichtum der Galaxien und das Klassifikationssystem von E. Hubble

Der amerikanische Astronom Edwin Hubble hat in den Jahren 1924 und 1925 die ersten sicheren Entfernungsbestimmungen von Sternsystemen durchgeführt. In Aufnahmen von einigen Sternsystemen aus unserer näheren Umgebung fand er unter zahlreichen Einzelsternen auch Veränderliche vom Typ Delta Cephei (s. S. 173 ff.). Mit Hilfe ihrer Perioden-Leuchtkraft-Beziehung (5-31) berechnete er die Entfernungen der Systeme, in denen er diese Sterne gefunden hatte. Damit konnte er den ersten sicheren Nachweis dafür erbringen, daß diese Objekte außergalaktisch sind.

Hubble entwickelte ein Klassifikationsschema für die außergalaktischen Systeme, das eine vollständige Übersicht über die vielfältigen Form- und Strukturtypen liefert. Umfangreiche Untersuchungen haben seither bewiesen, daß zwischen diesem Schema und dem physikalischen Zustand der Galaxien ein enger Zusammenhang besteht.
Nach Hubble gibt es drei Haupttypen außergalaktischer Systeme:

Elliptische Systeme	Bezeichnung E
Spiralsysteme	Bezeichnung S
Irreguläre Systeme	Bezeichnung Ir

Die Abbildungen 7.1 bis 7.4 zeigen Beispiele dieser Typen. Den vielfältigen Formenreichtum, der in jeder der Hauptgruppen E, S, Ir vorhanden ist, hat Hubble in einem sehr übersichtlichen Klassifizierungssystem dargestellt, das im folgenden erläutert wird.

Die elliptischen Galaxien

Die E-Galaxien haben eine sehr regelmäßige Gestalt. Die Flächenhelligkeit ist im Zentrum groß und nimmt gleichmäßig nach allen Seiten ab. Die Umrandung ist elliptisch. Das Verhältnis ihrer beiden Achsen a und b dient als Klassifizierungsmerkmal. Die an den Buchstaben E angefügte Kenngröße e ist eine der ganzen Zahlen zwischen 0 und 7, die mit dem Achsenverhältnis durch die Beziehung $e \approx 10 \cdot (1 - b/a)$ verknüpft ist.
Eine E3-Galaxie hat demnach einen Umriß mit dem Achsenverhältnis von etwa $b/a = 0,7$ (Abb. 7.28).

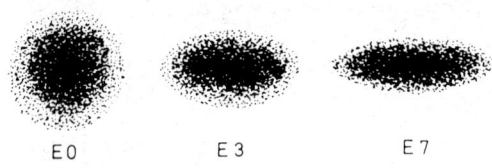

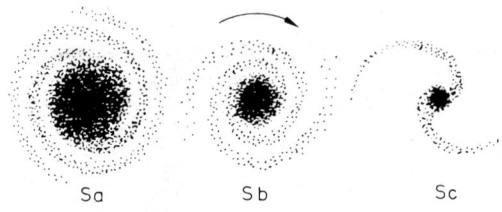

7.28 Typen elliptischer Galaxien mit den Hubble-Bezeichnungen

7.29 Typen der Spiralgalaxien nach dem Klassifikationssystem von Hubble. Der Pfeil über Sb bezeichnet den Rotationssinn der Spiralarme.

Die Regelmäßigkeit in den Erscheinungsbildern von E-Galaxien gestattet zwei Schlußfolgerungen:
– Die elliptischen Galaxien haben die Form von abgeplatteten Rotationsellipsoiden, die von uns unter irgendwelchen Neigungen der Rotationsachse gegenüber der Blickrichtung wahrgenommen werden.
– Die räumliche Dichte der Sterne nimmt in jedem System vom Zentrum nach allen Richtungen gleichmäßig ab.

Das elliptische Sternsystem der Abb. 7.3, das im New General Catalogue of Nebulae von J. L. E. Dreyer (1888) die Nummer NGC 205 trägt, ist ein E5-System. Der andere Begleiter des Andromeda-Nebels hat die Nummer NGC 221 oder im Katalog heller, nicht sternartiger Objekte von Charles Messier (1781) die Bezeichnung M 32; er gehört zur Klasse E3.
Die Abb. 1.4 (S. 7) zeigt beide Systeme: NGC 205 ist die Ellipse oben rechts, M 32 projiziert sich unten auf den äußeren Spiralarm.

Die linearen Durchmesser von E-Galaxien sind sehr verschieden. Die beiden Begleiter des Andromeda-Nebels haben die Durchmesser 5,0 kpc (NGC 205) bzw. 2,4 kpc (NGC 221), während z. B. die E0-Galaxie M 87 im Virgo-Galaxien-Haufen 13,0 kpc Durchmesser hat.

Die elliptischen Galaxien enthalten überwiegend rote Sterne geringer Oberflächentemperatur aus einer alten Sterngeneration. Junge, blaue Sterne der Spektralklassen O und B kommen nicht vor. Interstellare Materie ist in E-Galaxien gar nicht oder kaum vorhanden.

Die Spiralsysteme

Zwei auffällige Erscheinungen prägen das Bild der Spiralsysteme: die diskusförmige Gestalt und die Spiralarme. Auch die stark abgeplatteten Rotationsellipsoide der Spiralsysteme be-

obachten wir unter allen möglichen Neigungswinkeln ihrer Äquatorebene gegenüber der Blickrichtung.

Im Bild von M 51 (Abb. 7.1) erkennt man deutlich die beiden Bestandteile der Spiralsysteme: das Zentralgebiet und die gewundenen Arme. Die große Helligkeit des Zentralgebiets stammt von einer sehr großen Zahl von Sternen. Auf den meisten Aufnahmen erscheint dieses Gebiet infolge Überbelichtung als strukturloser heller Fleck. Die Überbelichtung ist unvermeidlich, wenn man die nach außen immer lichtschwächer werdenden Spiralarme in maximaler Länge abbilden will. Diese Spiralarme beginnen am äußeren Rand des Zentralbereichs. Die meisten Systeme haben zwei Spiralarme, die an gegenüberliegenden Stellen des Zentralbereichs ansetzen.

Die relative Ausdehnung des Zentralbereichs und die Öffnungsweite der Spiralarme sind zwei deutlich miteinander verknüpfte Merkmale der Spiralsysteme. Sie wurden von Hubble zur Kennzeichnung von drei Untergruppen benützt, die in Abb. 7.29 schematisch skizziert sind und in den Beispielen der Abb. 7.30 bis 7.32 gezeigt werden.
Mit Sa werden Systeme bezeichnet, die eng gewundene Spiralen um ein verhältnismäßig großes Zentralgebiet aufweisen.
Bei den Sc-Spiralen sind die Zentralbereiche relativ klein, die Spiralarme weit geöffnet, oft schlecht definiert und vielfach verzweigt.
Der Typ Sb nimmt eine mittlere Stellung ein. In der Natur kommen alle möglichen Übergänge zwischen diesen Untergruppen vor.
Die Balkenspiralen bilden einen Typ, der nicht so häufig wie die normalen Spiralgalaxien ist.
Hubble bezeichnete sie mit SB. Bei ihnen liegen die Ansatzpunkte der Spiralarme an den Enden des zentralen Balkens. Die Abb. 7.33 zeigt NGC 1300 als Beispiel des Typs SBb.

7.30 Spiralsystem NGC 488 im Sternbild Fische. Typ Sa; m_V = 11,1 mag.

7.31 Spiralsystem NGC 3031 = M 81 im Sternbild Großer Bär. Typ Sb; m_V = 7,9 mag.

7.32 Spiralsystem NGC 628 = M 74 im Sternbild Fische. Typ Sc; m_V = 10,2 mag

7.33 Spiralsystem NGC 1300 im Sternbild Eridanus. Typ SBb; m_V = 11,0 mag.

7.34 Spiralsystem NGC 4594 = M 104 im Sternbild Jungfrau. m_V = 8,7 mag.

Die meisten Spiralsysteme sind sehr groß. Viele Durchmesser liegen zwischen 10 kpc und 50 kpc. Es gibt aber auch Zwergspiralen. Sie sind jedoch seltener als die elliptischen Zwergsysteme.

Die Zentralbereiche der Spiralsysteme enthalten sehr viele Sterne auf relativ engem Raum. Es sind überwiegend rote Riesen- und Zwergsterne, ähnlich wie in den elliptischen Galaxien.

Der Grundbestandteil der Spiralarme ist die interstellare Materie. Gas und Staub sind in diesen Teilen viel stärker konzentriert als zwischen den Spiralarmen. Die auffallende Helligkeit der Spiralarme ist durch Sterne der Spektralklassen O und B und durch HII-Regionen bedingt. Wie im Milchstraßensystem markieren diese Objekte die Sternentstehungsgebiete.

Viele Spiralsysteme, bei denen wir auf die Kante blicken, zeigen einen breiten dunklen Mittelstreifen (s. Abb. 7.2 und 7.34). Das in der Mittelebene dieser Systeme konzentrierte Gas ist, wie im Milchstraßensystem, mit Staub vermischt. Da die absorbierenden Staubwolken bis an den Rand der Systeme reichen, versperren sie dem irdischen Beobachter den Blick in die Mittelebene des Systems. Diese dunklen Mittelstreifen finden sich nie in elliptischen Galaxien.

Die starke Abplattung der Spiralsysteme ist ein Hinweis auf ihre Rotation. Wegen der großen Entfernungen dieser Objekte kann die Drehung nicht durch Eigenbewegungsmessungen nachgewiesen werden, doch lassen sich über Dopplereffekte an Spektrallinien Radialgeschwindigkeiten messen, aus denen Rotationsgeschwindigkeiten berechnet werden können. Zur Messung der Dopplereffekte werden die 21 cm-Strahlung des neutralen Wasserstoffs und die Emissionslinien von HII-Regionen (s. S. 201) verwendet.

Die irregulären Systeme

Das auffälligste Kennzeichen der irregulären außergalaktischen Systeme ist das Fehlen jeglicher Regelmäßigkeit in Form und Struktur. Wesentlich für die Klassifizierung ist aber der extreme Reichtum irregulärer Galaxien an Sternen der Spektralklassen O und B und an interstellarer Materie. Aus der sehr großen Anzahl junger Offener Sternhaufen und OB-

Assoziationen kann geschlossen werden, daß in den irregulären Systemen die Sternentstehung noch in starkem Ausmaß im Gang ist.

Die Durchmesser und Leuchtkräfte der irregulären Galaxien erreichen keine so hohen Werte wie bei den anderen Typen. Deshalb kann man irreguläre Systeme nur in der näheren Umgebung des Milchstraßensystems wahrnehmen. Die nächsten irregulären Systeme sind die Große und die Kleine Magellansche Wolke, die am Südhimmel mit bloßem Auge sichtbar sind.

7.4.2. Die Galaxienhaufen

Die Kenntnisse über die Anordnung der Sternsysteme in dem ganzen der Beobachtung erreichbaren Universum werden aus der Auswertung photographischer Himmelsaufnahmen gewonnen. Die Hauptquelle ist der Palomar Sky Atlas (1954). Er enthält Kontaktkopien von Aufnahmen, die mit Schmidt-Teleskopen auf dem Mt. Palomar, in Australien und in Chile im roten und blauen Spektralbereich aufgenommen wurden. Nach diesen Aufnahmen sind fast alle Sternsysteme Mitglieder von Galaxienhaufen.

Die Haufen haben sehr verschiedene Größe und Gestalt. Die Vielfalt reicht von kleineren Gruppen mit 10 bis 100 Mitgliedern bis zu riesigen Haufen, die Tausende von Galaxien enthalten.

Viele der großen Haufen zeigen sphärische Symmetrie und Konzentration zur Haufenmitte. Sie heißen reguläre Haufen. Tab. 7.5 enthält die Daten für einige Galaxienhaufen. Sie werden nach den Sternbildern benannt, in denen sie liegen. Die Entfernungen in der 3. Spalte sind

Haufen	Kennzeichnung	Mittlere Entfernung r in 10^6 pc	$m_V(10)$ in mag	z	v_r in km/s
Lokale Gruppe	kleine Galaxiengruppe, der das Milchstraßensystem angehört				
Virgo	der nächste sehr große Haufen	18	9,4	0,004	+1200
Coma	der nächste große reguläre Haufen	90	13,5	0,022	+6600
Corona borealis	regulär	400	16,3	0,072	+21000
Ursa maior II	regulär	550	18,0	0,134	+38000

Tab. 7.5 Daten einiger Galaxienhaufen

gerundete Orientierungswerte. In der Spalte $m_V(10)$ ist die scheinbare Helligkeit der zehnthellsten Galaxie des Haufens angegeben.

Der Virgo-Haufen (Abb. 7.35) enthält rund 3 000 Galaxien und hat einen Durchmesser von etwa 6 Mpc. Der Coma-Haufen besitzt bei ungefähr dem gleichen Durchmesser etwa 10 000 Mitglieder. Eine Durchmusterung der Palomar-Sky-Aufnahmen bis zur Galaxien-Grenzhelligkeit 21 mag ergibt für die von der Nordhalbkugel aus sichtbaren Galaxienhaufen die erstaunliche Zahl von über 30 000.

Bei der räumlichen Verteilung der Galaxienhaufen ist eine Tendenz zu größeren Einheiten zu beobachten. Diese – schwach gravitativ gebundenen – **Superhaufen** haben Ausdehnungen von der Größenordnung 100 Mpc. Sie sind nach den gegenwärtigen Kenntnissen die größten Materieeinheiten im Kosmos.

Mit der für nahe Galaxien abgeleiteten Masse-Leuchtkraft-Relation ist es möglich, die Gesamtmasse eines Galaxienhaufens abzuschätzen. Dabei ergibt sich für die beobachtbare leuchtende Materie durchweg nur etwa ein Zehntel der Massewerte, die notwendig sind, um für die Einzelobjekte mit ihren großen individuellen Geschwindigkeiten die gravitative Bindung im Haufen zu gewährleisten. Auch das heiße Intergalaxiengas, das von Erdsatelliten aus durch seine thermische Röntgenstrahlung nachgewiesen werden konnte, reicht nicht aus, um das Massendefizit zu decken. Die hier wie bei der Milchstraßen-Korona (s. S. 230) und bei den flachen Rotationskurven der Spiralgalaxien (s. Abb. 7.36) auftretende Frage nach riesigen Mengen nichtleuchtender Materie im Kosmos ist noch ungelöst.

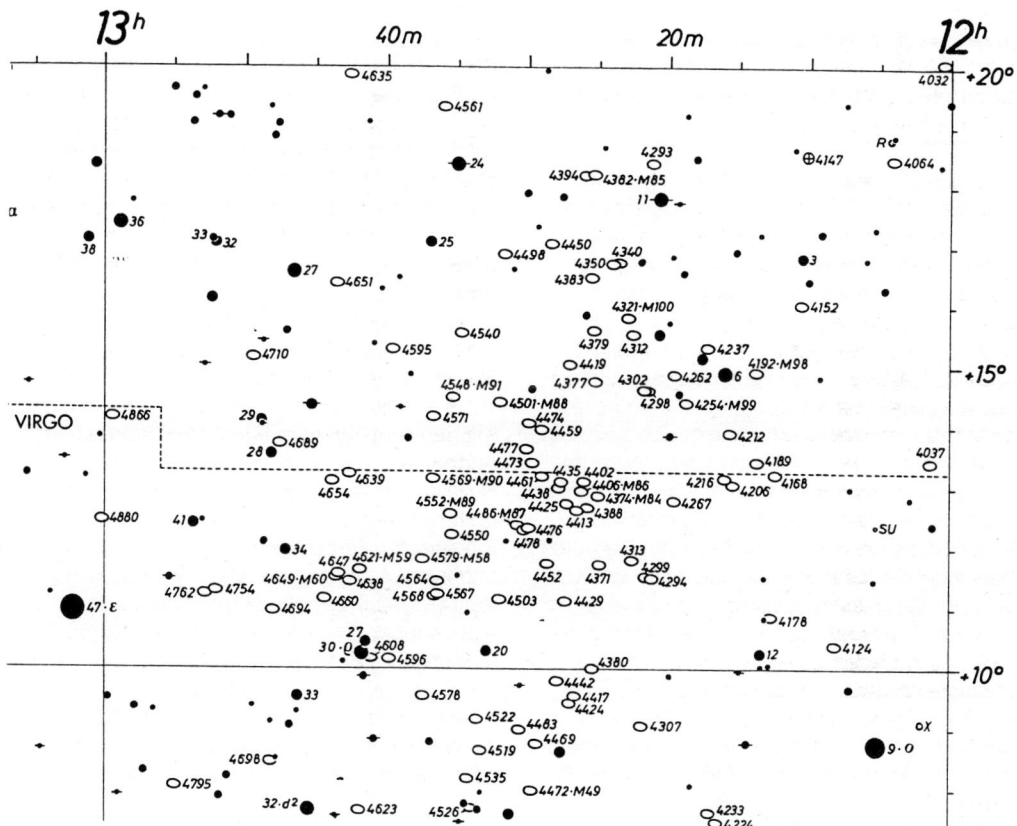

7.35 Die hellsten Objekte des Virgo-Haufens bis zur scheinbaren Helligkeit 13,0 mag. Ausschnitt aus Karte Nr. 14 des Sky-Atlas von W. Tirion (Äquinoktium 2000.0). Kreisrunde Punkte = Sterne, Ellipsen = Galaxien. Die Zahlen neben den Galaxien sind die NGC- und Messier-Nummern.

7.4.3. Die lokale Galaxiengruppe

In unmittelbarer Nachbarschaft des Milchstraßensystems befinden sich die beiden Magellan-Wolken. Sie gehören zu den irregulären Sternsystemen. Die beiden uns am nächsten stehenden Spiralsysteme sind der Andromeda-Nebel M 31 und das kleine System M 33 im Sternbild Dreieck. Beide Spiralsysteme sind rund $7 \cdot 10^5$ pc von uns entfernt. In dem Raum mit diesem Radius befinden sich außer den genannten noch 15 bis 20 kleinere Sternsysteme. Die Gesamtheit dieser Systeme heißt lokale Galaxiengruppe.

Die Magellan-Wolken

Die Große und die Kleine Magellan-Wolke stehen am Südhimmel in den Sternbildern Dorado und Tucana. Sie sind mit bloßem Auge wahrnehmbar. Die Große Magellan-Wolke ist 48 kpc, die Kleine Wolke 56 kpc entfernt. Die Radiobeobachtungen beweisen, daß neutraler Wasserstoff die beiden Wolken als große Hülle umgibt und verbindet. Auch zwischen den Magellan-Wolken und dem galaktischen System besteht eine Brücke von fein verteiltem Wasserstoff.

Die Große Magellan-Wolke (s. Abb. 7.4) ist so nahe, daß man auf den mit großen Teleskopen gewonnenen Aufnahmen sehr viele Sterne, Sternhaufen und Gasnebel als Einzelobjekte erkennen kann (s. auch S. 178). Zwei Ergebnisse dieser Beobachtungen sind bemerkenswert:
Einerseits finden wir hier in einem außergalaktischen Sternsystem die gleichen Objekte und die gleichen physikalischen Vorgänge wie im galaktischen System. Andererseits zeigen sich zwischen der Großen Magellan-Wolke und dem Milchstraßensystem charakteristische, vom Typ bestimmte Unterschiede. Die O- und B-Sterne sind in der Großen Magellan-Wolke sehr zahlreich. Sie treten überwiegend in Gruppen auf, und diese sind von riesigen hellen Gasnebeln umgeben. Die optischen und radiooptischen Beobachtungen dieser Gebiete weisen darauf hin, daß sich in den vergangenen 10^7 Jahren überall in der Großen Magellan-Wolke große Mengen von Sternen gebildet haben, und daß der Prozeß der Sternentstehung wahrscheinlich auch gegenwärtig noch in großem Umfang im Gange ist. Andererseits kann dieses Sternsystem als Ganzes kein junges Gebilde sein, denn in beiden Magellan-Wolken findet man Kugelhaufen mit RR-Lyrae-Sternen, die mehrere 10^9 Jahre alt sind (s. S. 213).

Der Andromeda-Nebel

Der Andromeda-Nebel NGC 224 = M 31 ist das unserer Galaxis am nächsten stehende Spiralsystem (Entfernung 680 kpc, Durchmesser 50 kpc; s. Abb. 1.4). Die Äquatorebene dieses Sb-Systems ist gegenüber unserer Blickrichtung um etwa 13° geneigt. Trotz der dadurch bedingten perspektivischen Verzerrung sind die Spiralarme deutlich zu erkennen. Im Andromeda-Nebel und in dem etwa gleich weit entfernten Triangulum-Nebel M 33 können große Mengen von Sternen, sowie sehr viele Sternhaufen und Gasnebel als Einzelobjekte identifiziert und durch Helligkeits-, Farb- und Spektralbeobachtungen untersucht werden. Deshalb nehmen die Systeme M 31 und M 33 eine Schlüsselstellung in der Erforschung der Spiralsysteme ein. Der Andromeda-Nebel wird außerdem als Leitbild für die Untersuchungen an unserem eigenen Sternsystem benutzt, denn die beiden Systeme sind sich in Form, Größe, Sterninhalt und Sternverteilung ähnlich.

Der Andromeda-Nebel kann unter günstigen Bedingungen mit bloßem Auge als diffuser Lichtfleck wahrgenommen werden. Man findet ihn, wenn man den Stundenkreisbogen vom Polarstern zu α Cassiopeiae etwa um die Hälfte nach Süden verlängert. Beobachtungen mit dem Fernglas oder mit kleinen Fernrohren zeigen deutlich die längliche Gestalt und eine starke Abnahme der Flächenhelligkeit vom Zentrum zum Rand. Darüber hinaus sind jedoch mit kleinen Instrumenten keinerlei Strukturen, insbesondere auch keine Spiralarme zu sehen.

Mit den lichtstärksten Teleskopen können im Andromeda-Nebel Sterne bis zur absoluten Helligkeit $M = +1$ mag als Einzelobjekte wahrgenommen werden. Im Zentralgebiet erkennt man rote Riesen. Farbmessungen des Gesamtlichtes und Infrarotmessungen lassen vermuten, daß im Zentralbereich der Hauptanteil des Lichtes von einer sehr großen Menge normaler Hauptreihensterne geringer Masse stammt, die dort – ähnlich wie im Kern des Milchstraßensystems – wie in einem großen Sternhaufen konzentriert sind. Die Spiralarme sind durch hohe Dichte des neutralen Wasserstoffs (Radiobeobachtungen der 21 cm-Linie) und durch viele Assoziationen heller O- und B-Sterne und durch Staubstreifen gekennzeichnet.
Diese Beobachtungen gaben die Hinweise für die Spiralarmindikatoren im Milchstraßensystem.

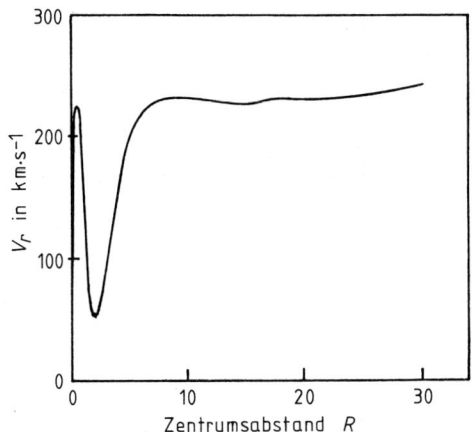

7.36 Rotationskurve des Andromeda-Nebels M 31 nach optischen und radiooptischen Beobachtungen. Flacher Verlauf in den Außenbezirken.

Zur Herleitung einer bis zum Zentrumsabstand von 30 kpc reichenden Rotationskurve des Andromeda-Nebels stehen optisch (HII-Regionen) und radiooptisch (21 cm-Linie des neutralen Wasserstoffs) gemessene Radialgeschwindigkeiten zur Verfügung (Abb. 7.36). Wie bei vielen großen Spiralgalaxien und beim Milchstraßensystem bleibt die Rotationsgeschwindigkeit in größeren Zentrumsabständen nahezu konstant, was auf große Mengen dunkler Materie außerhalb der durch helle Objekte markierten Scheibe hindeutet.

7.4.4. Einzelobjekte als außergalaktische Entfernungsmarken

Die wichtigsten Entfernungsindikatoren im Andromeda-Nebel sind die Delta-Cephei-Sterne. 1986 wurden mit dem 3,6 m-Teleskop auf dem Mauna Kea (Hawaii) zum ersten Mal 30 RR-Lyrae-Sterne in den Außenbereichen des Andromeda-Nebels gefunden und ihr Lichtwechsel beobachtet. Die aus den scheinbaren Helligkeiten dieser Sterne mit der mittleren absoluten Helligkeit +0,6 mag (vgl. S. 174) abgeleitete Entfernung stimmt genau mit den anderen Entfernungsbestimmungen von M 31 überein.

Die Tab. 7.6 zeigt, welche Einzelobjekte großer absoluter Helligkeit überhaupt als außergalaktische Entfernungsmarken verwendet werden können, und wo ihre Anwendung endigt.

Im Spiralsystem M 81 (Abb. 7.31) mit der Entfernung $3,6 \cdot 10^6$ pc können noch Delta-Cephei-Sterne beobachtet werden. Ein Vergleich der Tab. 7.6 mit den Entfernungsangaben in Tab. 7.5 zeigt, daß in den Objekten des Virgo-Haufens noch helle Überriesen und Kugelhaufen, im Coma-Haufen noch Supernovae I identifiziert werden können.

Die Entfernungen der Sternsysteme werden also photometrisch, d. h. aus den scheinbaren und absoluten Helligkeiten von Objekten bestimmt. Die scheinbaren Helligkeiten werden gemessen, die absoluten Helligkeiten dieser Objekte sind aus Beobachtungen im galaktischen System oder in der lokalen Gruppe der außergalaktischen Systeme bekannt. Diese schrittweise Eichung der Skala von Entfernungsmarken knüpft letzten Endes an die Sternstromparallaxe der Hyaden an (S. 218), die damit die Basis der ganzen galaktischen und außergalaktischen Entfernungsskala bildet.

In dem durch die Tab. 7.6 gekennzeichneten Raum werden alle Möglichkeiten ausgenutzt, die Entfernung eines Sternsystems durch verschiedene Typen von Entfernungsmarken zu bestimmen. Auf diese Weise kann geprüft werden, ob die – zunächst probeweise angenommene – physikalische Identität zwischen den galaktischen und außergalaktischen Objekten wirklich vorhanden ist. Tatsächlich scheinen die hellsten Kugelhaufen in der Galaxis, im Andromeda-Nebel und in weiter entfernten Systemen bis auf einige Zehntel einer Größenklasse die gleiche absolute Helligkeit zu haben.
Auch die Perioden-Leuchtkraft-Beziehung der Delta-Cephei-Sterne dürfte nach den Beobachtungen in allen Sternsystemen die gleiche sein. Die Supernovae vom Typ I, die am weitesten reichenden Indikatoren, zeigen ebenfalls nur eine geringe Streuung der absoluten Helligkeiten.

RR-Lyrae-Sterne	bis $7 \cdot 10^5$ pc
Novae.	bis $1 \cdot 10^6$ pc
Delta-Cephei-Sterne	bis $4 \cdot 10^6$ pc
O- und B-Überriesen-Sterne	bis $2 \cdot 10^7$ pc
Kugelhaufen.	bis $2 \cdot 10^7$ pc
Supernovae Typ I	bis $2 \cdot 10^8$ pc

Tab. 7.6 Einzelobjekte als außergalaktische Entfernungsindikatoren

7.4.5. Die Helligkeiten, Farben und Spektren der Galaxien

Die überwiegende Mehrzahl der außergalaktischen Sternsysteme ist so weit entfernt, daß keine einzelnen Objekte, sondern nur integrale Eigenschaften beobachtet werden: Helligkeiten, Farben und Spektren.

Scheinbare Helligkeiten in den Farben B und V (s. S. 135 f.) sind für mehrere tausend Sternsysteme photographisch oder lichtelektrisch gemessen worden. Bei allen Galaxien mit bekannten Entfernungen können damit nach Gleichung (5-5) die absoluten Helligkeiten der Systeme berechnet werden. Die hellsten elliptischen und Spiralsysteme haben visuelle absolute Helligkeiten von −21 mag bis −22 mag.
Beispiele für diese Maximalhelligkeiten sind M 31 (Abb. 1.4), M 81 (Abb. 7.31), M 104 (Abb. 7.34) und die große elliptische Galaxie M 87 im Virgo-Haufen (vgl. S. 238 und S. 245). Bei den hellsten irregulären Galaxien wurde $M_V = -18$ mag gefunden. Die Minimalhelligkeiten der Zwerggalaxien liegen bei −10 mag.

Die **Farbenindizes** der Galaxien charakterisieren die in ihnen vorherrschenden Sterntypen. Dadurch entsteht eine enge Beziehung zwischen Farbe und Typ einer Galaxie. Die Farbenindizes $FI = B - V$ nehmen in der Folge

Ir-Sc-Sb-Sa-E von +0,4 mag bis +1,0 mag zu. Die irregulären Systeme haben wegen ihres hohen Gehalts an jungen, weißblauen Sternen die kleinsten, die E-Galaxien mit ihren überwiegend alten, roten Sternen die größten FI-Werte. (Vgl. dazu die Farbenindizes der Hauptreihensterne in Tab. 5.8, S. 161).

Objektivprismen-**Spektren** können mit den Teleskopen der 4 m-Klasse und elektronischen Detektoren von Galaxien bis zur 21. Größenklasse erhalten werden. Ihr Informationsgehalt hängt stark von der Gesamthelligkeit der Objekte ab. Die Zahl der erkennbaren Absorptionslinien ist auch bei näheren und helleren Systemen nicht sehr groß. Besonders ausgeprägt sind die beiden Fraunhoferlinien H und K des Ca$^+$, da sie in den Spektren vieler Sterne sehr stark sind; sie sind die einzigen dunklen Linien, die auch noch in den Spektren der fernsten und lichtschwächsten Galaxien wahrgenommen und zur Messung von Radialgeschwindigkeiten benutzt werden können.
In den Spektren vieler Galaxien werden Emissionslinien beobachtet, wie sie von HII-Regionen emittiert werden (s. S. 198 ff.). Sie geben Auskunft über das in den Sternsystemen vorkommende interstellare Gas. Bei einer großen Zahl der näheren Galaxien konnten auch Untersuchungen der 21 cm-Linienstrahlung des neutralen Wasserstoffs durchgeführt werden.

Hubble-Typ / Kennzeichnung	E	Sa	Sb	Sc	Ir
Hellste Sterntypen und ihre Verteilung	rote Riesensterne im ganzen System	viele rote Sterne, wenig OB-Sterne auf den engen Spiralwindungen	rote Sterne im mittelgroßen Zentralgebiet; OB-Sterne auf den Spiralarmen	OB-Sterne und HII-Regionen auf den weit geöffneten Spiralarmen	sehr viele OB-Sterne im ganzen System
Interstellare Materie	nur geringe Mengen	wenig	im Zentrum wenig, außen viel	viel	sehr viel
Gegenwärtige Sternentstehung	fast erloschen	auf den Spiralarmen, wahrscheinlich nicht mehr im Zentralgebiet			lebhaft im ganzen System

Tab. 7.7 Der Gehalt der Sternsysteme an Sternen und interstellarer Materie

7.4.6. Die Entwicklung der Sternsysteme

Die Galaxien-Forschung hat eine Fülle von Kenntnissen über den Aufbau und die Zusammensetzung der Sternsysteme (Tab. 7.7) erbracht. Dabei zeigt sich, daß die Hubble-Klassifikation die Unterschiede im physikalischen Aufbau der Galaxien kennzeichnet, daß aber andererseits die Typen E-Sa-Sb-Sc-Ir eine kontinuierliche Folge von ineinander übergehenden Zuständen bilden. Diese Kenntnisse machen es möglich, nach dem Zustandekommen der gegenwärtig beobachteten Zustände zu fragen. Die Beantwortung der Frage nach der Entstehung und Entwicklung der Galaxien steckt allerdings noch in den ersten Anfängen. Deshalb können hier nur wenige Grundgedanken entwickelt werden.

In allen Sternsystem-Typen sind Sterne beobachtet worden, die ein sehr hohes Alter (10^9 bis 10^{10} Jahre) haben. Demnach müssen alle Systeme, die wir kennen, sehr alt sein; die Unterschiede zwischen den verschiedenen Hubble-Typen sind also nicht durch verschiedenes Alter bedingt.

Die Entwicklung eines Sternsystems wird durch den Ablauf von drei fundamentalen Vorgängen bestimmt: die Bildung von Sternen aus interstellarer Materie, die Rückgabe des in den Sternen veränderten Materials an das interstellare Medium und die dynamische Entwicklung des Sternsystems als Ganzes.

Zu Beginn der Entwicklung besteht der Hauptvorgang im Kollabieren einer Wolke aus Gas und Staub, die sich aus einem größeren Gebilde abgelöst hat und damit mechanisch selbständig geworden ist (Protogalaxie, vgl. S. 216). Während des Zusammenfallens setzt die Sternentstehung ein. Die verschiedenen Galaxien-Typen unterscheiden sich im wesentlichen durch die Geschwindigkeit, mit der aus der interstellaren Materie Sterne gebildet werden.
In den elliptischen Systemen wurde frühzeitig fast die gesamte interstellare Materie in Sterne verwandelt. Deshalb beobachtet man gegenwärtig nur alte Sterne, und interstellares Gas ist kaum mehr vorhanden.
Bei den irregulären Systemen verlief die Sternbildung sehr viel langsamer und ist heute noch voll im Gange; deshalb sind dort zwar alte, aber auch sehr viele junge Sterne vorhanden.

Zwischen diesen beiden Extremen liegen die Spiralsysteme. Ihre Zentralgebiete gleichen den E-Galaxien: Sie enthalten rote Sterne und wenig interstellares Gas, und die Sternentstehung ist dort erloschen. Dagegen entstehen in den Spiralarmen aus der dort verdichteten interstellaren Materie noch immer Sterne, die sich durch OB-Assoziationen und HII-Regionen ausweisen. Von Sa über Sb bis Sc nimmt die relative Größe der Zentralbereiche stark ab, während die von Spiralarmen eingenommenen Bereiche – und damit die Anzahlen der jungen Sterne – zunehmen. – Für die großen Unterschiede im zeitlichen Ablauf der Sternentstehung ist wahrscheinlich die Dichte des Gases in der Protogalaxie verantwortlich.

7.4.7. Aktive Galaxien

Aktive Galaxien sind Sternsysteme, die sich durch die Höhe ihrer Strahlungsleistung von normalen Galaxien unterscheiden. Die Energiequelle befindet sich in einem sehr kompakten Zentralbereich des Systems.

Radiogalaxien

Es gibt elliptische Systeme, die zusätzlich zu der von den Sternen herrührenden thermischen Strahlung eine sehr starke, nichtthermische Radiostrahlung mit kontinuierlichem Spektrum aussenden. Diese Systeme heißen Radiogalaxien. Sie wurden zuerst als Quellen intensiver Radiostrahlung entdeckt und später optisch mit Galaxien identifiziert. Bisher sind über 1000 Radiogalaxien bekannt.

Objekt	Entfernung r in pc	Strahlungsleistung P_{St} in W	
		optisch	Radio
Sonne	---	$4 \cdot 10^{26}$	10^{12}
Normale große Galaxie	---	10^{37}	10^{31}
M 82	$3 \cdot 10^6$		10^{33}
Centaurus A	$5 \cdot 10^6$		10^{35}
Virgo A (M 87)	$18 \cdot 10^6$	10^{37}	10^{35}
Cygnus A	$280 \cdot 10^8$	10^{37}	10^{38}

Tab. 7.8 Optische und radiofrequente Strahlungsleistungen

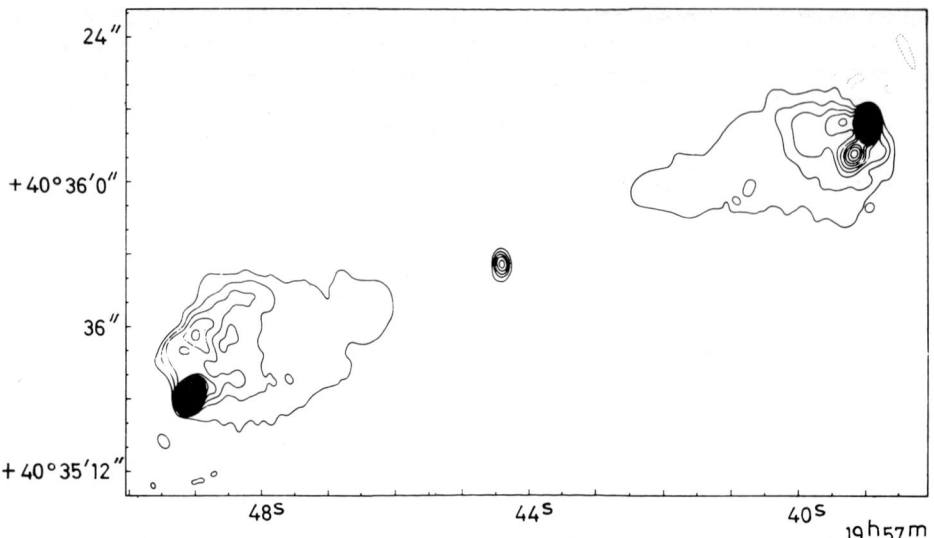

7.37 Die Radiodoppelquelle Cygnus A. Radiostrahlung bei der Wellenlänge 6 cm nach Beobachtungen von Hargrave und Ryle mit dem 5 km-Teleskop des Radioobservatoriums Cambridge, England.

Die Radiostrahlungsleistungen liegen über 10^{35} W und können 10^{38} W erreichen, also die optische Strahlungsleistung einer normalen Galaxie um das Zehnfache oder mehr übertreffen. Die Energie stammt aus einem kleinen Bereich im Zentrum des Systems. Die Strahlung kommt jedoch immer aus Doppelquellen, die symmetrisch zur optischen Galaxie liegen. Ihre Abstände können einige Megaparsec erreichen.

Die Spektren der Radiostrahlung und ihre Polarisation weisen sie als Synchrotronstrahlung aus (vgl. S. 129). Der zentrale Mechanismus, der die dazu nötigen hochenergetischen Elektronen und Magnetfelder erzeugt, ist noch nicht entdeckt worden. Unter den bekannten Energiequellen kann nur die Freisetzung von Gravitationsenergie beim Materieeinsturz auf ein massives Objekt die geforderten Strahlungsleistungen erbringen.

Die beobachtete Radiostrahlung aus den Doppelquellen kann durch explosionsartige Auswürfe von Plasma aus dem Zentralbereich zustandekommen. Die Plasmawolken fegen die intergalaktische Materie zu stark verdichteten Stoßwellen zusammen, aus denen die Radiostrahlung emittiert wird. Die Abb. 7.37 zeigt das Bild einer typischen Radiodoppelquelle.

Daten für einige Radiogalaxien gibt die Tab. 7.8.

Seyfert-Galaxien

Diese Systeme sind Spiralgalaxien, die sich durch sternartige, kompakte Kernregionen auszeichnen, von denen besonders im optischen Bereich nichtthermische Strahlung extrem hoher Strahlungsleistung ausgeht. Die visuelle Leuchtkraft der Kerne liegt zwischen 10^{35} und 10^{38} W. Die Spektren weisen starke und breite Emissionslinien verschiedener Elemente mit teilweise sehr hohem Ionisationsgrad auf. Deutet man die Breite der Linien als Dopplereffekt infolge turbulenter Strömungen, so erhält man Geschwindigkeiten des strahlenden Gases von einigen 10^3 km/s. Die hohen Anregungszustände der strahlenden Atome und Ionen entsprechen Temperaturen von bis zu 10^6 K.

Auch bei den Seyfert-Galaxien wird die Umwandlung von Gravitationsenergie als Quelle der Aktivität vermutet. Der Typ ist sehr häufig. Es handelt sich möglicherweise um ein Durchgangsstadium im Leben normaler Spiralsysteme.

7.4.8. Die Bewegungen der Galaxien und die Hubble-Beziehung. Quasare

Die Radialgeschwindigkeitsmessungen und die Hubble-Beziehung

Die Absorptions- und Emissionslinien in den Spektren der Galaxien zeigen Doppler-Verschiebungen, aus denen man die Radialgeschwindig-keiten der Systeme berechnen kann. Ist die Relativgeschwindigkeit v_r zwischen Beobachter und Strahlungsquelle klein gegenüber der Vakuumlichtgeschwindigkeit c, so kann man aus der relativen Linienverschiebung $z = \Delta\lambda/\lambda$ die Radialgeschwindigkeit nach der Gleichung erhalten:

$$z = \frac{v_r}{c} \qquad (7\text{-}13\,a)$$

Wird jedoch der Betrag von v_r mit der Vakuum-lichtgeschwindigkeit vergleichbar, so muß anstelle von (7-13 a) die aus der speziellen Relativitätstheorie hergeleitete Gleichung für den longitudinalen Dopplereffekt verwendet werden:

$$z = \sqrt{\frac{c + v_r}{c - v_r}} - 1 \qquad (7\text{-}13\,b)$$

Die von der Erde aus gemessenen Radialge-schwindigkeiten der Galaxien müssen auf das galaktische Zentrum umgerechnet werden, indem man sie von den radialen Komponenten der Rotations- und Umlaufbewegung der Erde, der Bewegung der Sonne relativ zum lokalen Bezugssystem (vgl. S. 221) und der Kreisbahnge-schwindigkeit am Ort der Sonne befreit.

Die erste Radialgeschwindigkeit eines außerga-laktischen Sternsystems wurde 1912 von V. M. Slipher am Andromeda-Nebel gemessen. Im folgenden Jahrzehnt gelang es Slipher, die Radialgeschwindigkeiten von etwa 40 weiteren Systemen zu bestimmen. Fast alle diese Radial-geschwindigkeiten hatten sehr große Beträge

und zeigten eine Abstandsvergrößerung an. Die entsprechenden Dopplereffekte führten also zur Verschiebung der Spektrallinien zu größeren Wellenlängen. Man spricht deshalb von einer **Rotverschiebung**.

Die ersten Entfernungen außergalaktischer Systeme konnte E. Hubble 1924 angeben. Bis 1929 hatte er von 24 Systemen mit bekannten Radialgeschwindigkeiten die Entfernungen ermittelt. Mit diesem Datenmaterial konnte Hubble eine schon 1924 von C. Wirtz vermutete Gesetzmäßigkeit bestätigen: Die Radialge-schwindigkeiten v_r der außergalaktischen Stern-systeme mit rotverschobenen Spektrallinien sind zu ihren Entfernungen r proportional:

$$v_r = H_0 \cdot r \qquad (7\text{-}14)$$

Der Proportionalitätsfaktor H_0 heißt **Hubble-Konstante**.

Seit 1929 wurde das Material der Beobachtungs-daten zum Hubble-Gesetz laufend erweitert. Tab. 7.5 enthält Werte von r, z und v_r für vier Galaxienhaufen mittlerer Entfernung. Als Bei-spiel für die Größe der Doppler-Verschiebung von Spektrallinien bei mittleren Radialgeschwin-digkeiten zeigt die Abb. 7.38 schematisch die H- und K-Linie des Ca^+ in den Spektren von Gala-xien des Haufens Ursa maior II und des Hydra-Haufens.

Die Daten der Tab. 7.9 überdecken den Raum bis zu den entferntesten Galaxien, für die neben den Rotverschiebungen $\Delta\lambda$ unabhängige Entfernungen r bestimmt werden konnten. Die größten r-Werte bis zu 10^9 pc konnten dadurch

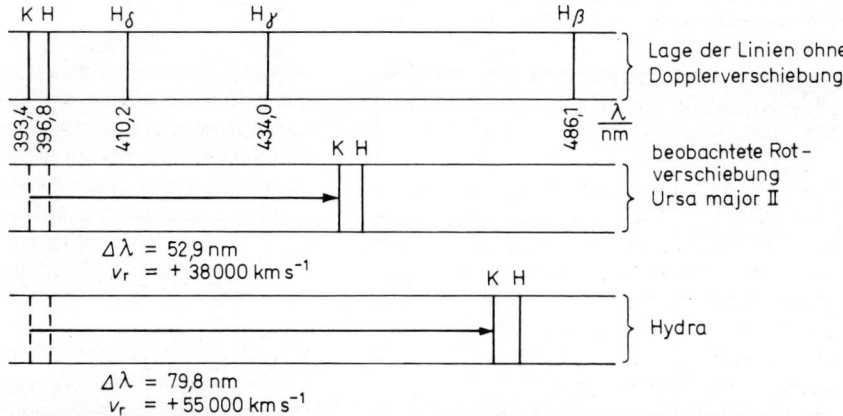

7.38 Rotverschiebungen in den Spektren von Sternsystemen der Galaxienhaufen Ursa maior II und Hydra

Jahr	Objekt	z	v_r in km/s	v_r/c	r in pc
1929	NGC 4649 = M 60, E-Galaxie im Virgo-Haufen	0,004	+1090	0,004	$1,7 \cdot 10^7$
1931	Galaxie im Leo-Haufen	0,06	+19000	0,06	$3,3 \cdot 10^8$
1936	Galaxien im Haufen Ursa maior II	0,13	+38000	0,12	$5,5 \cdot 10^8$
1956	Galaxien im Hydra-Haufen	0,20	+55000	0,18	$1,0 \cdot 10^9$
1960	Radiogalaxie 3C 295	0,46	+109000	0,36	$1,9 \cdot 10^9$
1977	Radiogalaxie 3C 343.1	0,75	+153000	0,51	$2,5 \cdot 10^9$

Tab. 7.9 Zeitliche Folge der Messungen der größten Rotverschiebungen an normalen Galaxien und Radiogalaxien mit bekannten Entfernungen

ermittelt werden, daß ganze Galaxien als neue Entfernungsindikatoren eingeführt wurden. An näheren Haufen wurde nämlich festgestellt, daß die absoluten Helligkeiten der hellsten Sternsysteme in Galaxienhaufen für alle Haufen nahezu gleich sind; ordnet man sie nach ihrer absoluten Helligkeit, so erhält man die hier zusammengestellten Orientierungswerte (das hellste Objekt ist mit $n = 1$ bezeichnet):

n	1	3	5	10
M_V in mag	−22,2	−21,7	−21,3	−20,9

Seit dieser Entdeckung benutzt man die hellsten Sternsysteme in Galaxienhaufen bevorzugt für Untersuchungen zur Hubble-Beziehung. Abb. 7.39 zeigt das aus den Daten für die hellsten Galaxien in 42 Haufen erstellte **Hubble-Diagramm**. Es umfaßt den gleichen Raum wie die Angaben in Tab. 7.9. Die geringe Streuung der Punkte um die vom Hubble-Gesetz geforderte Ursprungsgerade bestätigt nicht nur dieses Gesetz, sondern weist auch darauf hin, daß die hellsten Galaxien als Entfernungsindikatoren geeignet sind.

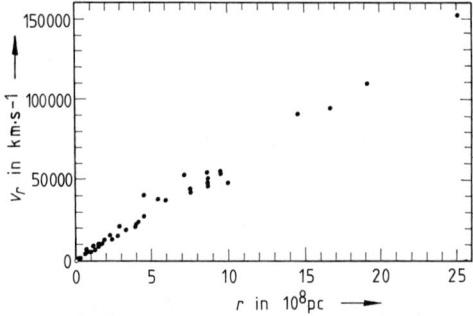

7.39 Das Hubble-Diagramm für 42 hellste Haufen-Galaxien

Die Aussage der Hubble-Beziehung

Als Hubble 1929 seine grundlegende Arbeit über den Zusammenhang zwischen Entfernung und Radialgeschwindigkeit außergalaktischer Sternsysteme veröffentlichte, war das entfernteste seiner Testobjekte die Galaxie M 60 im Virgo-Haufen (Tab. 7.9). Seither wurde der Gültigkeitsbereich der Hubble-Beziehung laufend erweitert und reicht heute mehr als 100mal weiter. Daran ist die universelle Bedeutung der Hubbleschen Entdeckung abzulesen. Selbst wenn die photometrische Entfernungsbestimmung der Galaxien mit einem systematischen Fehler behaftet wäre oder wenn die Deutung der Rotverschiebung als Dopplereffekt sich als falsch erwiese, kommt in der Beziehung zwischen z und r ein fundamentales Naturgesetz zum Ausdruck. – Es gibt jedoch bisher für die beobachteten Rotverschiebungen keine andere physikalisch haltbare Erklärung als den Dopplereffekt.

Unter der Voraussetzung, daß der Dopplereffekt die richtige Erklärung für die beobachteten Rotverschiebungen ist, bedeutet Gleichung (7-14) eine ständige Vergrößerung der gegenseitigen Abstände aller Galaxien. Bei diesem Bewegungsvorgang nimmt das Milchstraßensystem keineswegs eine Sonderstellung ein. Die Abb. 7.40 soll dies zweidimensional verdeutlichen. Die kleinen Kreise stellen Sternsysteme in beliebiger, aber in beiden Bildern gleicher Anordnung dar. Im linken Bild sind die Radialgeschwindigkeiten nach dem Hubble-Gesetz aus der Sicht eines Beobachters im Milchstraßensystem M dargestellt. Subtrahiert man von allen Geschwindigkeiten diejenige des Sternsystems S, so erhält man das rechte Bild; es stellt die von S aus beobachteten Radialgeschwindigkeiten dar. Dabei zeigt sich, daß der Beobachter in S für die Bewegung der Sternsysteme ebenfalls das Hubble-Gesetz (7-14) fände.

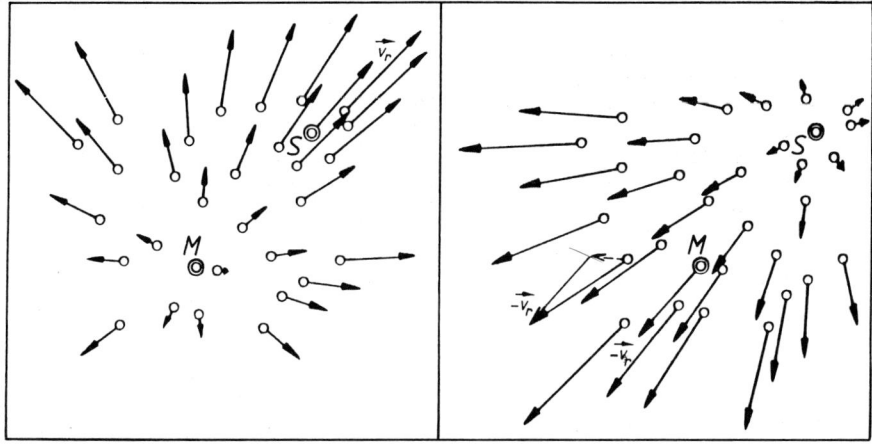

7.40 Zweidimensionale Skizze zur Hubble-Expansion. Links: der Bewegungszustand vom Milchstraßensystem *M* aus wahrgenommen. Rechts: von einem beliebigen anderen System *S* aus wird die gleiche Fluchtbewegung der Galaxien beobachtet

Bedeutung und Betrag der Hubble-Konstante H_0

Der Proportionalitätsfaktor H_0 in der Hubble-Beziehung (7-14) gibt an, um welchen Betrag die Radialgeschwindigkeit v_r zunimmt, wenn die Entfernung r um eine Längeneinheit wächst. Der an H angehängte Index 0 soll den Wert kennzeichnen, den die Hubble-Konstante zum gegenwärtigen Zeitpunkt hat. Es muß nämlich damit gerechnet werden, daß H zeitabhängig ist. Wir wissen allerdings gegenwärtig noch nicht, ob die Bewegung der Galaxien gleichförmig, beschleunigt oder verzögert verläuft.

Die Frage nach der zeitlichen Veränderung der Radialgeschwindigkeiten könnte durch Analyse von Beobachtungen – aber auch nur auf diesem Wege – beantwortet werden. Da wir mit wachsender Entfernung der beobachteten Galaxien immer tiefer in die Vergangenheit blicken, müßte sich eine zeitliche Veränderung von H in der Abb. 7.39 durch eine nach rechts oben zunehmende Abweichung von der Geradlinigkeit bemerkbar machen. Ob solch eine Abweichung vorliegt, konnte jedoch bisher noch nicht entschieden werden, da die Meßungenauigkeit gerade bei den weit entfernten Testobjekten rasch zunimmt.

Auch die Bestimmung des Wertes von H_0 ist mit großen Schwierigkeiten verknüpft. Die Konstante H_0 gibt die Steigung der durch die Punkte der Abb. 7.39 definierten Geraden an. Aus dem Diagramm wird $H_0 \approx 60$ km $\cdot$ s^{-1} $\cdot$ Mpc^{-1} abgelesen. Um H_0 mit genügender Genauigkeit bestimmen zu können, muß man ein möglichst großes Stück der Geraden von Abb. 7.39 mit möglichst großer Genauigkeit definiert haben. In großen Abständen sind die hellsten Systeme in den Galaxienhaufen die sichersten Entfernungsindikatoren. Die absoluten Helligkeiten M_{gal} dieser Systeme können auf verschiedene Weise an den näher gelegenen Objekten geeicht werden. Die Streuung der so erhaltenen M_{gal}-Werte ist der Hauptgrund für die Unterschiede der mit Gleichung (7-14) aus r und v_r erhaltenen Werte von H_0. Die gegenwärtig sichersten Werte liegen im Intervall 40 km $\cdot$ s^{-1} $\cdot$ Mpc^{-1} $\leq H_0 \leq$ 75 km $\cdot$ s^{-1} $\cdot$ Mpc^{-1}. Allen Angaben in diesen und den folgenden Abschnitten liegt der Wert zugrunde:

$$H_0 = 60 \; \frac{\text{km/s}}{\text{Mpc}}$$

Wenn der Betrag von H_0 bekannt ist, kann die Hubble-Beziehung zur Bestimmung der Entfernung von Galaxien mit bekannter Rotverschiebung verwendet werden. Dieses Verfahren wird besonders bei Radiogalaxien angewandt, die nicht Mitglieder von Galaxienhaufen sind. Auf diese Weise wurde für die Radiogalaxie Cygnus A in Tab. 7.8 aus der Radialgeschwindigkeit $v_r = +17\,000$ km/s die angegebene Entfernung $r = 280$ Mpc berechnet.

Objekt	Sternbild	Äquatoriale Koordinaten		m_v in mag	$z = \dfrac{\Delta\lambda}{\lambda_0}$
		α	δ		
3C 273	Jungfrau	12 h 27 min	+ 2°	12,8	0,16
3C 48	Dreieck	1 h 35 min	+33°	16,2	0,37
3C 147	Fuhrmann	5 h 39 min	+50°	17,8	0,54
3C 245	Löwe	10 h 40 min	+12°	17,3	1,03
3C 9	Fische	0 h 18 min	+15°	18,2	2,01
4C 05.34	Kleiner Hund	8 h 05 min	+ 5°	18,0	2,88
OH 471	Fuhrmann	6 h 43 min	+45°	18,5	3,39
–	Sculptor	0 h 51 min	–28°	21	4,43

Tab. 7.10 Daten einiger quasistellarer Objekte (m_V ist die scheinbare visuelle Helligkeit)

Quasare

Als um 1960 die Technik der Radiointerferometrie eine immer genauere Lokalisierung kosmischer Radioquellen gestattete, wurden in einigen Fällen am Ort von Radioquellen Objekte nachgewiesen, die auf Photoplatten wie ein Stern aussahen. Sie wurden deshalb als **quasistellare Radioquellen** bezeichnet. In der Folgezeit hat sich dafür die Kurzform **Quasar** eingebürgert. Daß die identifizierten Objekte keine Fixsterne sein konnten, zeigten bereits die ersten Spektralaufnahmen: Ein schwaches Kontinuum ist überlagert von extrem breiten, sehr hellen Emissionslinien, deren Herkunft zunächst unbekannt war. Die Identifizierung dieser Linien gelang erst, nachdem M. Schmidt 1963 festgestellt hatte, daß alle Quasarspektren sehr starke Rotverschiebungen aufweisen (Tab. 7.10). Deutet man die Rotverschiebungen als Dopplereffekt, so entspricht der Linienverschiebung $z = 4,0$ die Radialgeschwindigkeit $v_r = +277\,000$ km/s. Wenn man die Hubble-Beziehung auch für Quasare anwendet, ergibt sich damit die Entfernung 4600 Mpc oder $15 \cdot 10^9$ LJ. Die entferntesten Quasare beobachten wir also in einem Frühzustand des Universums.

Bisher sind mehrere Tausend Quasare gefunden worden. Dabei erwies sich die Radiostrahlung, die zur Entdeckung der ersten Quasare geführt hatte, nicht als charakteristisches Merkmal; nur ein kleiner Teil der Quasare sind Radiostrahler.

Auch das sternförmige Aussehen der ersten Quasarbilder wurde durch die modernen Aufnahmetechniken modifiziert: Das sternförmige Objekt scheint der Kern eines größeren Gebildes zu sein, das mit seiner geringen Flächenhelligkeit allerdings durch den hellen Kern meist überstrahlt wird. Bei nahen Quasaren wurde die Zugehörigkeit zu einer Galaxie eindeutig nachgewiesen. Danach sind die Quasare extrem gesteigerte Parallelfälle zu den Seyfert-Galaxien.

Gleiche z-Werte bei nahen Quasaren und den zugehörigen Galaxien haben gezeigt, daß die Rotverschiebungen in den Quasar-Spektren ebenso zu deuten sind wie bei den Galaxien und daß daher auch für Quasare das Hubble-Gesetz gilt. Dann kann man über die Entfernungen auch die Leuchtkräfte der Quasare berechnen. Dabei ergeben sich für die optischen Strahlungsleistungen Beträge der Größenordnung 10^{40} W (vgl. Tab. 7.8). Die Spektren zeigen, daß es sich in allen Spektralbereichen um Synchrotronstrahlung handelt.

Viele Quasare zeigen Intensitätsschwankungen, die oft nur Wochen oder wenige Tage dauern. Daraus muß geschlossen werden, daß die Strahlungsquellen Durchmesser von der Größenordnung einiger „Lichttage" haben (1 Lichttag $\approx$ 173 AE). Sie sind also außerordentlich klein. Die enorme Strahlungsleistung aus sehr kleinen Quellen läßt sich nur durch die Umwandlung von Gravitationsenergie erklären: Riesige Massenkonzentrationen in den Aktivitätszentren, möglicherweise auch Schwarze Löcher, saugen große Mengen von Materie an. Die dabei freigesetzte Energie wird in noch unbekannten Vorgängen zur Beschleunigung von Elektronen und Atomkernen verwandt, die ihre Bewegungsenergie in den vorhandenen Magnetfeldern in Synchrotronstrahlung der verschiedensten Wellenlängen verwandeln.

8. Kosmologie

Kosmologie ist die Wissenschaft vom Kosmos. Der Kosmos ist – in astronomischer Definition – die gesamte materielle Welt. Ein Teilbereich des Kosmos ist der astronomischen Forschung unmittelbar zugänglich. Wir haben Kenntnisse von den dort vorhandenen Formen der Materie sowie von der Raumordnung und Bewegung von Sternen, Sternhaufen, interstellarer Materie und Galaxien. Sicher ist die mit Fernrohren, Gamma-, Röntgen- und Radio-Teleskopen überschaubare Welt nur ein Teil des Weltalls; wie groß dieser Teil relativ zum Ganzen ist, wissen wir nicht. Die Fragen, welche die kosmologische Forschung zu beantworten sucht, gehen in Raum und Zeit grundsätzlich über den beobachtbaren Teilbereich hinaus. Es wird nach der Ausdehnung, Struktur und zeitlichen Entwicklung des Weltalls gefragt.

Die Grundlage der Kosmologie bilden einerseits die Beobachtungen, andererseits die Gesetze der Physik. Wege zur Erforschung des Weltganzen können nur gefunden werden, wenn man eine Beziehung zwischen dem beobachtbaren Teilbereich und dem Ganzen herstellt. Man muß mindestens annehmen, daß der Teil der Welt, den wir erforschen können, typisch für das Ganze der Welt ist.

8.1. Die Beobachtungsergebnisse

8.1.1. Gleichförmige Verteilung der Materie. Mittlere Massendichte

Die meisten Sternsysteme sind Mitglieder von Galaxienhaufen. Die Galaxienhaufen scheinen zwar die Tendenz zu haben, sich zu Ketten oder Bändern komplexer Struktur zusammenzuschließen, doch ist die Materie in Räumen von mehr als etwa 100 Mpc Durchmesser bereits im Mittel gleichmäßig verteilt. Deshalb ist es sinnvoll, eine mittlere Massendichte für das Weltall anzugeben. Die mittlere Massendichte ϱ_0 bestimmt das dynamische Verhalten des ganzen Kosmos im Verlauf seiner zeitlichen Entwicklung (s. S. 262). Die Forschung ist jedoch noch weit davon entfernt, den Betrag der mittleren Dichte angeben zu können. Die – an sich schon recht schwierigen – Abschätzungen der mittleren Dichte der beobachtbaren Materie ergeben nur eine untere Schranke.

Da das Verhältnis von Masse und Leuchtkraft der Galaxien in weiten Grenzen variiert, lassen sich daraus nur Orientierungswerte für die Massen von Galaxien und Galaxienhaufen herleiten.

Eine weitere Unsicherheit bei der Berechnung der mittleren Dichte bilden die Rauminhalte der betrachteten Bereiche, die von den Entfernungen und damit von der Hubble-Konstante abhängen. Die Werte der mittleren Dichte, die man mit der Hubble-Konstante $H_0 = 60$ km $\cdot$ s^{-1} $\cdot$ Mpc^{-1} erhält, liegen im Intervall

$2 \cdot 10^{-28}$ kg $\cdot$ m$^{-3} < \varrho_0 < 7 \cdot 10^{-28}$ kg $\cdot$ m^{-3}. (Die Beträge sind proportional zu H_0^2.)

Die wahre mittlere Massendichte des Weltalls liegt jedoch möglicherweise um eine Zehnerpotenz höher, denn die Galaxien und Galaxienhaufen enthalten wahrscheinlich sehr große Mengen dunkler oder sogar unbeobachtbarer Materie (s. S. 230 und 243).

8.1.2. Expansion des Systems der Galaxien. Hubble-Parameter

Die beobachteten Radialgeschwindigkeiten der Sternsysteme zeigen eine Fluchtbewegung der Galaxien an, die durch das Hubble-Gesetz (7-14) beschrieben wird. Für den Betrag des Proportionalitätsfaktors H im gegenwärtigen Zeitpunkt wurde $H_0 = 60$ km $\cdot$ s^{-1} $\cdot$ Mpc^{-1} angegeben. Aus diesem Beobachtungsbefund ergeben sich mehrere Folgerungen, die wichtig sind, wenn eine Vorstellung vom Weltall entwickelt werden soll.

1. Das Weltall ist nicht statisch.
Statisch oder im Gleichgewichtszustand heißt ein thermodynamisches System, dessen Zustandsgrößen sich – ohne äußeren Einfluß – im Laufe der Zeit nicht ändern. Da sich die räumliche Dichte der Sternsysteme infolge des Hubble-Effekts laufend verringert und die Gravitationsenergie aus dem gleichen Grund abnimmt, befindet sich das Weltall nicht im Gleichgewicht.

2. Das Weltall ist homogen und isotrop. Homogen bedeutet gleichartig. In der Kosmologie heißt dies: Jeder Beobachter an einem beliebigen Punkt der Welt, der sich relativ zu seiner Umgebung in Ruhe befindet, bietet die Welt in bezug auf eine bestimmte Eigenschaft den gleichen Anblick wie jedem Beobachter an einem anderen beliebigen Ort zum gleichen Zeitpunkt. Insbesondere ist durch die Fluchtbewegung der Galaxien kein Ort ausgezeichnet (vgl. S. 248 f.); die Hubble-Konstante hat überall den gleichen Betrag.

Isotrop heißt soviel wie richtungsunabhängig. Dies bedeutet, daß bei keiner physikalischen Größe mit Vektorcharakter irgendeine Richtung bevorzugt auftreten darf. Speziell gilt für die Fluchtbewegungen der Galaxien, daß diese für jeden Beobachter an jedem Ort im Kosmos in allen Richtungen der gleichen Abhängigkeit $\vec{v}_r = H_0 \cdot \vec{r}$ gehorchen.

3. Das Problem der Zeitabhängigkeit der Hubble-Konstante.

Wäre die Hubble-Konstante eine zeitabhängige Funktion $H(t)$, so würde dies bedeuten, daß die Expansion des Systems der Galaxien gebremst oder beschleunigt würde. Dies müßte sich im Hubble-Diagramm Abb. 7.39 durch Abweichungen vom geradlinigen Verlauf der Punktreihe nachweisen lassen. Wäre die Hubble-Konstante früher kleiner gewesen und nähme jetzt zu, so müßte die Punktreihe im Hubble-Diagramm nach unten gekrümmt sein. Nähme die Hubble-Konstante dagegen ab, so wäre sie nach oben gekrümmt. Bis jetzt reicht jedoch das Beobachtungsmaterial noch nicht in solche Tiefen des Raumes und damit in so frühe Zeiten der kosmischen Entwicklung, daß dieser Effekt deutlich nachgewiesen werden könnte.

Infolge der gegenseitigen Gravitationsanziehung der Galaxien ist eine Bremsung der Fluchtbewegung zu erwarten. Der Betrag dieser Bremsung hängt von der Materiedichte ab. Eine Krümmung der Punktreihe im Hubble-Diagramm gäbe demnach eine Möglichkeit zur Bestimmung der mittleren Materiedichte ϱ_0 im Kosmos, die für die Struktur des Weltraums von fundamentaler Bedeutung ist.

8.1.3. Das Alter der Welt

Die Beobachtung des Hubble-Effekts an Galaxien, die mehrere Milliarden Lichtjahre von uns entfernt sind, legt die Vermutung nahe, daß die ganze Entwicklungsgeschichte des Weltalls von einer kontinuierlichen Vergrößerung der Abstände zwischen den Galaxien begleitet war. Zu Beginn dieses Vorgangs müßte dann die ganze an dieser Bewegung beteiligte Materie in einem sehr kleinen Volumen vereinigt gewesen sein. Die seit diesem Anfangszustand verstrichene Zeit könnte man berechnen, wenn die zeitliche Änderung der Expansionsgeschwindigkeit bekannt wäre. Nimmt man zunächst als einfachsten Fall eine gleichförmige Expansion an, so hätte jede Galaxie heute noch die gleiche Radialgeschwindigkeit wie im Zeitpunkt des Starts. Die Materie einer Galaxie, die gegenwärtig die Entfernung r von uns hat, beim Start aber in unmittelbarer Nähe der Milchstraßenmaterie angenommen werden kann, hätte demnach zum Durchlaufen der Entfernung r die Zeit benötigt

$$T_0 = \frac{r}{v_r} \quad \text{oder} \quad T_0 = \frac{1}{H_0}. \tag{8-1}$$

Die Expansionsdauer T_0 bei gleichförmiger Fluchtbewegung heißt **Hubble-Zeit.** Mit dem Wert $H_0 = 60 \text{ km} \cdot \text{s}^{-1} \cdot \text{Mpc}^{-1}$ ergibt sich für die Hubble-Zeit der Betrag $T_0 = 16,3 \cdot 10^9$ a.

Wenn die Expansion durch Gravitationskräfte gebremst wird, muß die gegenwärtige Geschwindigkeit kleiner als beim Start sein. H hat demnach bis zum heutigen Wert H_0 laufend abgenommen, war also im Mittel größer als H_0. Dann muß die Expansionszeit kleiner als T_0 sein. Das Alter der ältesten bekannten Objekte des Milchstraßensystems, der Kugelsternhaufen, liefert mit 13 bis 18 Milliarden Jahren eine untere Schranke für das Weltalter (vgl. S. 213). Im Hinblick auf die Unsicherheit der Hubble-Konstante (vgl. S. 249) ist die Übereinstimmung zwischen dem Alter der Kugelsternhaufen und der Hubble-Zeit erstaunlich gut. – Unter dem Begriff „Weltalter" ist stets das Alter der gegenwärtig erforschbaren Welt zu verstehen.

8.1.4. Die Mikrowellen-Hintergrundstrahlung

Bei Versuchen, die Empfindlichkeit von Empfangsanlagen für radiofrequente Strahlung zu steigern, entdeckten im Jahre 1964 die amerikanischen Physiker A. A. Penzias und R.W. Wilson eine schwache Radiostrahlung, die aus allen Richtungen in gleicher Intensität auf die Erde fällt.

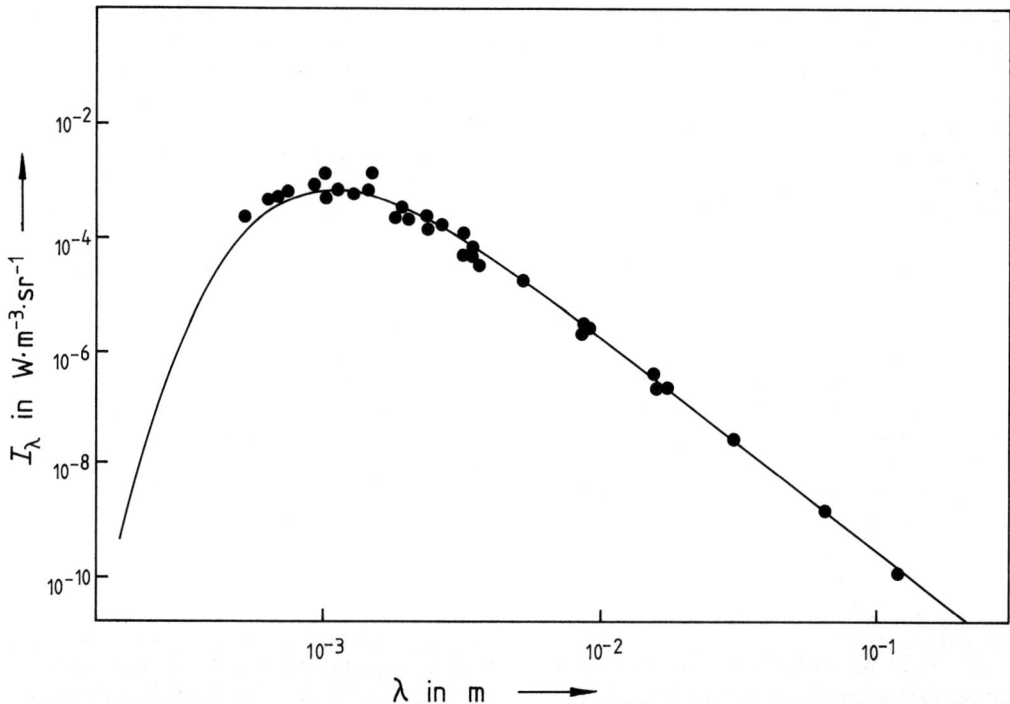

8.1 Spektrum der kosmischen Hintergrundstrahlung. Die Punkte zeigen gemessene Werte der in der Raumwinkeleinheit einfallenden spektralen Strahlungsleistung, bezogen auf die Bandbreite $\Delta\lambda = 1$ m. Die ausgezogene Kurve stellt die Intensitätsverteilung im Spektrum eines schwarzen Strahlers der Temperatur 2,73 K dar.

Diese Strahlung überlagert die Radiostrahlung aller an der Sphäre lokalisierbaren Quellen (Sterne, interstellare Materie, Galaxien) und wird deshalb als Hintergrundstrahlung bezeichnet. Ihre Isotropie (Richtungsunabhängigkeit) ist so ausgeprägt, daß sich das Strahlungsfeld als absolut ruhendes Bezugssystem anbietet, in dem – nach Abzug der Bewegungen von Erde und Sonne – die Bewegung des Milchstraßensystems gemessen werden kann. Man erhält einen Geschwindigkeitsbetrag um 600 km/s und eine Bewegungsrichtung auf einen Punkt mit der galaktischen Länge 265° und der galaktischen Breite +25°.

Der Intensitätsverlauf im Spektrum konnte – teilweise mit Hilfe von Ballons und Raketen – zwischen 0,6 mm und 1 m Wellenlänge gemessen werden und ist in diesem Bereich identisch mit dem Spektrum der Strahlung eines schwarzen Körpers der Temperatur 2,73 K (vgl. S. 264f. und Abb. 8.1).

Alle erdenklichen Quellen und Mechanismen für die Entstehung der Hintergrundstrahlung sind diskutiert worden. Dabei ergab sich, daß sie keiner Art der gegenwärtig beobachtbaren Objekte zugeordnet werden kann. Dies und die ausgeprägte Isotropie machen es wahrscheinlich, daß diese Mikrowellenstrahlung der Rest einer thermischen Strahlung ist, die bei einem in der Entwicklungsgeschichte des Weltalls weit zurückliegenden Ereignis entstanden sein muß.

Die Erforschung der Hintergrundstrahlung hat große Bedeutung für die Kosmologie, denn sie gestattet Schlüsse auf die Strahlungstemperatur in der Frühzeit der kosmischen Entwicklung. Aber auch die Tatsache, daß die – auch heute noch isotrope – Strahlung sich offenbar ungehindert durch die im ganzen Weltall verbreitete Materie über sehr große Bereiche ausgedehnt hat, ist für die Erforschung der Struktur des Kosmos von großer Bedeutung.

8.2. Das kosmologische Prinzip

Wenn man von dem uns umgebenden, beobachtbaren Raum auf das Weltall als Ganzes schließen will, muß man die Annahme machen, daß die Eigenschaften unserer Umgebung für das ganze Weltall typisch sind. Unser Beobachtungsort im Universum darf sich also in keiner Weise von anderen Positionen im Weltall grundsätzlich unterscheiden. Wäre dies nicht so, so könnten wir aus den Beobachtungen in unserer kosmischen Umgebung keine Schlüsse auf das ganze Weltall ziehen; es wären also keine kosmologischen Aussagen möglich.

Die notwendige – aber nicht beweisbare – Annahme, die als Brücke zwischen dem beobachtbaren Teil des Weltalls und dem Weltganzen dient, ist das kosmologische Prinzip. Es sagt aus, daß die für den beobachtbaren Raum nachgewiesenen Eigenschaften Homogenität und Isotropie (s. S. 252) für das ganze Weltall Gültigkeit besitzen:

Das Weltall als Ganzes ist homogen und isotrop.

Die Forderung der Homogenität bedeutet: Die Beschreibung des Weltalls als Ganzes ist unabhängig von der speziellen Wahl des Standpunktes, auf den die Beschreibung bezogen wird, sofern dieser Punkt relativ zu der Materie in seiner Umgebung in Ruhe ist.

Die Forderung der Isotropie bedeutet: Von jedem Bezugspunkt aus, der relativ zur Materie in seiner Umgebung ruht, sind alle Richtungen im Weltall gleichberechtigt.
Es ist also keine Richtung vor den anderen ausgezeichnet.

In diese Forderungen von Homogenität und Isotropie sind alle Eigenschaften des Weltalls einbezogen:
– Die Materie ist überall gleich aufgebaut (Moleküle – Atome – Nukleonen – Elektronen) und begegnet uns überall in den gleichen Strukturen (Sterne, interstellare Materie, Galaxien, Galaxienhaufen, Strukturen höherer Ordnung); die Strahlung hat überall die gleichen Eigenschaften.
– Materie und Strahlung sind gleichförmig verteilt und bewegen sich gleichartig.
– Die Naturgesetze sind universell gültig.

Die Aussage über die Gleichverteilung der Materie ist sinnvoll, trotz der offensichtlichen Ungleichförmigkeiten, die wir als Materiekonzentrationen in den Sternen und Sternsystemen beobachten. Selbst die Galaxienhaufen haben Abmessungen, die gegenüber dem Durchmesser des beobachtbaren Teils des Universums sehr klein sind (vgl. S. 241) und deshalb nur statistische Dichteschwankungen darstellen.

Aufgabe

Überlegungen zum „Horizontproblem".
Die Forderung der Homogenität und Isotropie des Weltraums ist nicht trivial; sie setzt voraus, daß zwischen allen Teilen des Kosmos Wechselbeziehungen möglich waren, die für diesen Zustand sorgten. Da solche Wirkungen sich höchstens mit Lichtgeschwindigkeit ausbreiten können, muß das Licht, das zu einem frühen Zeitpunkt von einem beliebigen Objekt ausgesandt worden war, bis heute die Möglichkeit gehabt haben, jeden beliebigen Punkt des Weltalls zu erreichen. Der Lichtweg s muß also mindestens so groß sein wie der Durchmesser $d = 2r$ des beobachtbaren Raumes.
Beweisen Sie, daß dies nicht der Fall ist. – Nehmen sie dazu an, der von uns überschaubare Teil des Weltraums sei begrenzt von Objekten mit der Rotverschiebung z, die von uns die Entfernung r haben. Das Licht, das wir von ihnen in der Gegenwart (Weltalter T_0, s. S. 252) empfangen, sei beim Weltalter t emittiert worden.
a) Leiten Sie mit Hilfe der Gleichungen (7-13 b) und (7-14) sowie dem Wert
$H_0 = 60$ km $\cdot$ s^{-1} $\cdot$ Mpc^{-1} der Hubble-Konstante eine Gleichung her für $2r$ als Funktion von z. Stellen Sie diese Funktion grafisch dar für $0 \leqq z \leqq 10$ (Maßstab: 1000 Mpc $\triangleq$ 1 cm).
b) Nimmt man für das Weltall eine euklidische Struktur (s. S. 255) an, so gilt für das Verhältnis der beiden Weltalter, zwischen denen das Licht unterwegs war: $T_0/t = (1 + z)^{3/2}$. Leiten Sie damit eine Gleichung her für den Lichtweg s in Abhängigkeit von z. Ihre grafische Darstellung im Diagramm (a) ergibt stets $s < d$.

8.3. Nichtrelativistische Kosmologie

Die Frage nach dem Aufbau des Weltalls ist sicher so alt wie menschliches Denken. Wissenschaftliche Kosmologie setzt jedoch naturwissenschaftliche Kenntnisse voraus, insbesondere aus den Bereichen der Astronomie und Physik. Grundlegend neue Entdeckungen auf diesen Gebieten bildeten oft auch neue Impulse für die Kosmologie. So haben Einsteins Arbeiten zur allgemeinen Relativitätstheorie im ersten Drittel des 20. Jahrhunderts eine Fülle von kosmologischen Anwendungen nach sich gezogen und damit eine vollkommen neue Ära der Kosmologie eingeläutet. Es wird sich jedoch im folgenden zeigen, daß auch schon aus der Newtonschen Mechanik Aussagen über die Dynamik des Kosmos hergeleitet werden können.

8.3.1. Das Olberssche Paradoxon

Die ersten Überlegungen zu einer physikalischen Kosmologie tauchen am Beginn des 18. Jahrhunderts auf. Schon 1720 beschäftigte sich E. Halley mit dem Problem, daß nach den damaligen Vorstellungen über den Aufbau des Weltalls der Nachthimmel – in eklatantem Widerspruch zur Erfahrung – eine ähnliche Flächenhelligkeit wie die Sonnenscheibe haben müßte. 1823 hat W. Olbers dieses Problem wieder aufgegriffen, genauer durchdiskutiert und nach Lösungsmöglichkeiten gesucht. Deshalb bezeichnet man es heute meist als **Olberssches Paradoxon**. Olbers ging von sechs Grundannahmen aus, die bis zum Beginn des 20. Jahrhunderts gültig waren:

1. Der Weltraum ist ein unendlich großer, euklidischer Raum.
   (Ein dreidimensionaler euklidischer Raum ist dadurch gekennzeichnet, daß in ihm die auf dem Axiomensystem des Euklid aufgebaute Geometrie gilt. Zum Beispiel ist die Winkelsumme in einem Dreieck des euklidischen Raumes 180°, die Dreiecksfläche eben. Ein Gegenbeispiel ist die Geometrie auf der gekrümmten Erdoberfläche. Am Beispiel eines Dreiecks, dessen Ecken ein Pol und zwei Punkte des Äquators sind, läßt sich unschwer zeigen, daß in einem sphärischen Dreieck die Winkelsumme größer als 180° ist.)
2. Der Weltraum ist ganz mit gleichförmig verteilter Materie erfüllt.
   (Im 18. und 19. Jahrhundert spielten die Sterne die Rolle der Materiepartikel. Zu Beginn des 20. Jahrhunderts wurden sie durch die Sternsysteme ersetzt.)
3. Die Materie hat eine endliche, von null verschiedene, in genügend großen Bereichen räumlich konstante mittlere Dichte. Die mittlere Leuchtkraft der Sterne (bzw. der Sternsysteme) ist überall gleich.
4. Das Alter des Weltalls ist unendlich.
5. Die Materie führt keine großräumigen systematischen Bewegungen aus.
   (Das Weltall befindet sich demnach in einem stationären Zustand. Die individuellen Bewegungen der Sterne bzw. Galaxien beeinträchtigen die Homogenität im großen nicht.)
6. Im ganzen Kosmos gelten die Gesetze der klassischen Physik, insbesondere also die Newtonsche Mechanik und die Gesetze, die aus der geradlinigen Ausbreitung des Lichts folgen.

Aus diesen sechs Grundannahmen läßt sich nun die paradoxe Folgerung bezüglich der Nachthimmelhelligkeit ziehen. Nimmt man der Einfachheit halber an, die Fixsterne seien alle vom Typ unserer Sonne, so beobachteten wir bei allen die gleiche Flächenhelligkeit wie bei der Sonne. Denkt man sich nämlich einen Stern vom Typ der Sonne in der doppelten Sonnenentfernung, so hätte sein Bild, das z. B. auf der Netzhaut des Auges entworfen wird, etwa den halben Durchmesser, also ein Viertel der Fläche des Sonnenbildes. Nach dem Grundgesetz der Photometrie wäre die von dem Stern ins Auge fallende Strahlungsleistung auch nur ein Viertel der von der Sonne kommenden Strahlungsleistung, so daß die auf die Flächeneinheit der Bilder von Sonne und Stern fallende Strahlungsleistung gleich, d. h., unabhängig von der Entfernung ist. Da aber nach den Voraussetzungen eine endliche Anzahl von Sternen (bzw. Galaxien) genügen sollte, um – für uns – die ganze Sphäre zu bedecken, müßte der Nachthimmel die Flächenhelligkeit der Sonnenscheibe haben.

Olbers zweifelte nicht an der Richtigkeit der sechs Grundannahmen. Deshalb versuchte er das Paradoxon durch zusätzliche Hypothesen zu lösen, die jedoch modernen Beobachtungsergebnissen gegenüber nicht aufrecht erhalten werden konnten. Erst als rund hundert Jahre später der Hubble-Effekt entdeckt worden war, zeigte es sich, daß mindestens die 4. und die 5. Annahme falsch sind.

Die Fluchtbewegung der Sternsysteme hat zwar in doppelter Hinsicht eine Schwächung des Lichts entfernter Galaxien zur Folge (die von der Expansion herrührende Volumenvergrößerung des intergalaktischen Raumes führt zu einer Abnahme der Photonendichte, und die Rotverschiebung bedeutet eine Abnahme der Photonenenergie). Genauere Untersuchungen – die hier zu weit führen würden – beweisen jedoch, daß der Hubble-Effekt die Nachthimmelshelligkeit nur relativ wenig herabsetzen kann. Entscheidend ist vielmehr das endliche Alter der Welt, das unseren Blick in die Tiefe des Weltraums begrenzt:
Wenn die Sternsysteme vor rund 15 Milliarden Jahren entstanden sind, können wir nur diejenigen von ihnen beobachten, deren Licht uns seit ihrer Entstehung erreichen konnte. Die von diesen Systemen ausgesandten Photonen reichen aber nicht aus, den Nachthimmel hell zu machen.

8.3.2. Die Newtonsche Kosmologie

Der Newtonschen Mechanik liegt ein euklidischer Raum zugrunde (vgl. S. 255). Nach dem kosmologischen Prinzip soll dieser Raum im großen homogen mit Materie erfüllt sein. Wir untersuchen in diesem Raum die Wirkung der Gravitation auf die Expansion des Galaxienfeldes, um zu einer Aussage über mögliche zeitliche Änderungen der gegenwärtig beobachteten Expansion zu kommen. Zu diesem Zweck leiten wir den Energiesatz zunächst für eine einzelne Galaxie ab und erweitern die Aussage anschließend für das ganze Galaxienfeld.
Wir betrachten eine Galaxie, die sich in der Entfernung r vom Beobachter befindet. Eine eventuelle Eigenbewegung der Galaxie sei relativ zum Hubble-Effekt vernachlässigbar. In der Kugel mit dem Radius r um den Beobachter befindet sich die Masse $m = {}^4/_3\pi r^3 \cdot \varrho$. Sie übt auf die Galaxie der Masse m' die zum Beobachter gerichtete Gravitationskraft aus

$$m' \cdot \ddot{r} = -G \frac{m' \cdot m}{r^2} \qquad (8\text{-}2\,a)$$

$$\text{oder } m' \cdot \ddot{r} = -\frac{4\pi}{3}\, G \cdot \varrho \cdot m' \cdot r.$$

Die Gravitationswirkungen der Materie außerhalb der Kugel auf die Galaxie heben sich gegenseitig auf. Deshalb erfährt die Galaxie die Verzögerung

$$\ddot{r} = -\frac{4\pi}{3}\, G \cdot \varrho \cdot r. \qquad (8\text{-}2\,b)$$

Die gegenwärtige Geschwindigkeit der Galaxie nach dem Hubble-Effekt sei v, ihre Bewegungsenergie also $^1/_2 m' v^2$. Die potentielle Energie im Gravitationsfeld der Kugel mit Radius r ist (s. Physik-Lehrbuch) $-G \cdot m \cdot m'/r$.
Für die Gesamtenergie der Galaxie gilt demnach:

$$\frac{1}{2} m' v^2 - \frac{4\pi}{3}\, G \cdot \varrho \cdot m' \cdot r^2 = W \qquad (8\text{-}3\,a)$$

Ist die Gesamtenergie $W > 0$, so entfernt sich die Galaxie dauernd vom Beobachter. Ist dagegen $W < 0$, so geht die Expansionsbewegung nach einer bestimmten Zeit in eine Kontraktion über.

Um die Spezialisierung auf eine bestimmte Galaxie zu eliminieren, setzen wir zur Beschreibung der Hubble-Expansion

$$r(t) = R(t) \cdot r(t_0). \qquad (8\text{-}4)$$

Dabei ist R ein von der Entfernung r unabhängiger **Skalenfaktor,** durch den das zeitliche Verhalten des Hubble-Effekts beschrieben wird, während $r(t_0)$ die spezielle Lage der betrachteten Galaxie in einem bestimmten Zeitpunkt t_0 kennzeichnet.
Setzt man Gleichung (8-4) in (8-2 b) und (8-3 a) ein, so ergibt sich nach einigen Umformungen:

$$\frac{\ddot{R}}{R} = -\frac{4\pi}{3}\, G \cdot \varrho(t) \qquad (8\text{-}2\,c)$$

$$\frac{\dot{R}^2}{R^2} = \frac{8\pi}{3} \cdot G \cdot \varrho(t) + \frac{W}{m'\, r^2(t_0)} \cdot \frac{1}{R^2} \qquad (8\text{-}3\,b)$$

Mit Gleichung (8-3 b) können die schon aus (8-3 a) für die Einzelgalaxie gezogenen Schlüsse jetzt auf das zeitliche Verhalten der Expansion verallgemeinert werden. Durch die Gravitationswirkung der Gesamtmasse wird die gegenwärtig vorhandene Expansion in jedem Fall im Laufe der Zeit gebremst. Von der Stärke der Bremsung, und damit nach Gleichung (8-2 c) letztlich von der mittleren Massendichte im Weltall, hängt es ab, welcher der drei folgenden Fälle realisiert ist.

$W < 0$:

Zu irgendeinem Zeitpunkt wird die rechte Seite verschwinden und damit die Ausdehnungsgeschwindigkeit im ganzen Weltall null werden. Anschließend geht die Expansion in eine Kontraktion über, die so weit fortschreitet, bis sie durch den anwachsenden Gas- und Strahlungsdruck gestoppt und wieder in eine Expansion umgelenkt wird. Die Materie im Weltall pulsiert also zwischen zwei Extremwerten des Skalenfaktors $R(t)$. In Analogie zur Keplerbewegung, bei der die Gesamtenergie des Planeten ebenfalls negativ ist, nennt man diesen Fall eine **elliptische Expansion**.

$W = 0$:

Diese **parabolische Expansion** ist ein Grenzfall. Während $R(t)$ unbegrenzt wächst, strebt die Expansionsgeschwindigkeit im ganzen Kosmos asymptotisch gegen null.

$W > 0$:

In diesem Fall, der als **hyperbolische Expansion** bezeichnet wird, ist die rechte Seite der Gleichung (8-3b) stets positiv. Deshalb wächst $R(t)$ unbegrenzt, aber der Betrag der Expansionsgeschwindigkeit bleibt dauernd über einem endlichen, von null verschiedenen Wert.

Mit diesen Ergebnissen läßt sich die Zeitabhängigkeit des Skalenfaktors $R(t)$ qualitativ verstehen, ohne daß die Differentialgleichungen (8-2c) und (8-3b) integriert werden müßten.

Aufgabe

Überlegungen zum Olbersschen Paradoxon:

a) Angenommen, die kosmische Materie träte nur in Sternen vom Typ der Sonne auf, die im Weltall gleichmäßig verteilt seien. Wie groß wäre dann die Sterndichte (bezogen auf 1 kpc³), wenn man mit der oberen Schranke für die mittlere kosmische Massendichte rechnet (s. S. 251)?

b) Die scheinbare Fläche eines Sterns an der Sphäre nimmt mit wachsender Entfernung r vom Beobachter proportional zu r^{-2} ab; deshalb gilt näherungsweise für den Bruchteil A der Sphäre, den der Beobachter von den $N(r)$ sonnenähnlichen Sternen in einer ihn umgebenden Kugel vom Radius r bedeckt sieht:

$$A = (1{,}5 \cdot 10^{-11} \text{ kpc})^2 \cdot N(r) \cdot r^{-2}$$

Bis zu welcher Entfernung müßten wir unter diesen Voraussetzungen sehen können, damit die ganze Sphäre von Sternen bedeckt erscheint, also $A = 1$ ist?

c) Wie alt müßte dieses stationäre Universum mindestens sein, damit der Nachthimmel die Flächenhelligkeit der Sonne hätte?

8.4. Die Kosmologie der allgemeinen Relativitätstheorie

Kernpunkt von Einsteins allgemeiner Relativitätstheorie ist das **Äquivalenzprinzip**:
Trägheit und Schwere sind äquivalente Eigenschaften der Materie.
Die allgemeine Relativitätstheorie ist demnach eine Gravitationstheorie. Da ihre Voraussagen sich bei allen astronomischen und Labor-Prüfungen in ausgezeichneter Übereinstimmung mit den Meßergebnissen erwiesen haben, ist es sinnvoll, sie als Grundlage der physikalischen Kosmologie zu wählen. Einsteins allgemeine Relativitätstheorie erklärt die Wirkungen der Schwerkraft durch Krümmungen des Raumes; die Raumstruktur wird ihrerseits durch den Energieinhalt der im Raum vorhandenen Materie und Strahlung bestimmt.

8.4.1. Gekrümmte Räume

Bis zum Beginn des 19. Jahrhunderts kannte man nur die Geometrie des Euklid. Sie ist auf einem System von Axiomen über Beziehungen zwischen Punkten, Geraden und Ebenen aufgebaut. Eines davon ist das Parallelenaxiom. Es sagt aus, daß es zu einer gegebenen Geraden durch einen nicht auf ihr liegenden Punkt eine und nur eine Gerade gibt, welche die erste nicht schneidet. Eine Folgerung des Parallelenaxioms ist u.a. der Satz: Die Winkelsumme im Dreieck ist 180°. Ein Dreieck, für das dieser Satz gilt, bezeichnen wir als eben.

Im Laufe des 19. Jahrhunderts wurden verschiedene Geometrien entwickelt, die auf anderen Axiomen-Systemen aufgebaut sind als die euklidische Geometrie. Man nennt sie nichteuklidisch. Ein Beispiel dafür ist die aus der Geodäsie bekannte Geometrie auf einer Kugelfläche. Die kürzesten Verbindungen zweier Punkte auf der Kugel sind die Großkreise. Sie entsprechen demnach den Geraden der euklidischen Geometrie. Da sich alle Großkreise schneiden, gibt es auf der Kugel keine Parallelen; dementsprechend ist auch die Winkelsumme in Großkreisdreiecken stets größer als 180° (vgl. S. 255).

Die Kugelfläche stellt ein Beispiel eines zweidimensionalen, gekrümmten Raumes dar; die Krümmung ist dabei an jeder Stelle gleich. Zwei weitere Beispiele für zweidimensionale, gekrümmte Räume gibt die Abb. 8.2. Alle drei Flächen zeichnen sich dadurch aus, daß sie überall konstante Krümmung haben (im Gegensatz zur Kugel hat z. B. eine Eifläche eine von Ort zu Ort sich ändernde Krümmung). Es wird sich zeigen, daß in der Kosmologie nur Räume mit konstanter Krümmung eine Rolle spielen.

Die Art der Krümmung ist jedoch bei den drei Flächen grundsätzlich verschieden: Bewegt man sich auf der Kugelfläche von einem Punkt aus in zwei zueinander senkrechten Richtungen, so sind beide Wege nach innen, zum Kugelmittelpunkt hin, gekrümmt; in diesem Fall bezeichnet man die Krümmung als positiv. Bei der Sattelfläche sind dagegen zwei zueinander senkrechte Wege in entgegengesetzten Richtungen gekrümmt; eine solche Krümmung ist negativ definiert. Die Ebene steht mit der Krümmung 0 dazwischen. Durch das **Krümmungsvorzeichen** k wird der Typ der Krümmung gekennzeichnet (vgl. Tab. 8.1).

Die zweidimensionalen Räume der Abb. 8.2 sind in die dritte Dimension hinein gekrümmt. Sie sind Modelle für die dreidimensionalen Räume der Kosmologie. Soweit diese in die vierte Dimension hinein gekrümmt sind, entziehen sie sich der Anschauung; dies gilt auch für das

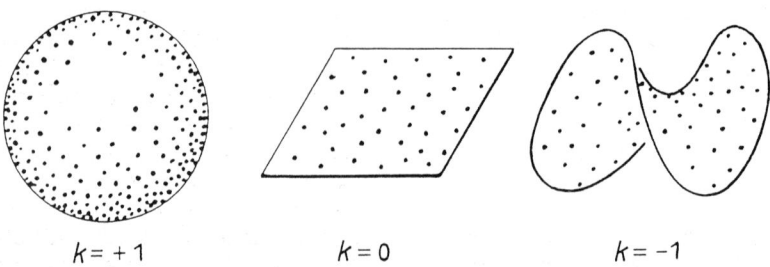

$k = +1$ $\qquad$ $k = 0$ $\qquad$ $k = -1$

8.2 Zweidimensionale Analoga zu den dreidimensionalen gekrümmten Räumen der Kosmologie

Raumkrümmung	k	Geometrie des Raumes	Volumen
positiv	+1	elliptisch oder sphärisch	geschlossener Raum, endliches Volumen
null	0	flach (euklidisch)	offener Raum, kein endliches Volumen
negativ	−1	hyperbolisch	

Tab. 8.1 Kennzeichen der dreidimensionalen Räume der Kosmologie

Krümmungsmaß R, das die Stärke der Krümmung kennzeichnet (beim zweidimensionalen Raum der Kugeloberfläche ist R identisch mit dem Kugelradius). Dagegen ist das Krümmungsvorzeichen k ganz entsprechend definiert wie im zweidimensionalen Fall. Außerdem ist das Volumen des positiv gekrümmten dreidimensionalen Raumes endlich wie die Oberfläche einer Kugel.

8.4.2. Die Metrik gekrümmter Räume und das kosmologische Prinzip

Die Voraussetzung, daß das kosmologische Prinzip im Weltall gültig ist, hat zwei sehr wichtige Konsequenzen für die Metrik des Weltraums, d. h. für die Beziehungen zwischen den Raumkoordinaten benachbarter Punkte:

1. Die Krümmung des Weltraums muß für einen bestimmten Zeitpunkt an jedem Ort des Universums den gleichen Betrag haben. Diese Eigenschaft konstanter Krümmung haben unter allen möglichen dreidimensionalen gekrümmten Räumen gerade die in der Tab. 8.1 zusammengestellten Typen der elliptischen, flachen und hyperbolischen Räume.

2. Der Abstand zweier Galaxien kann – entsprechend der Gleichung (8-4) – in der Form geschrieben werden:

$$\Delta r = R(t) \cdot \Delta l \qquad (8\text{-}5)$$

Dabei ist $R(t)$ das zeitabhängige Krümmungsmaß.
$R(t)$ beschreibt, wie sich die Welt im Laufe der Zeit ausdehnt oder zusammenzieht. Dagegen hängt Δl nur von den Raumkoordinaten der beiden Galaxien ab.

Am zweidimensionalen sphärischen Raum, der Kugeloberfläche, wird dies plausibel: Denkt man sich auf einem kugelförmigen Luftballon ein sphärisches Koordinatensystem wie auf einem Globus angebracht, so ändert sich z. B. beim Aufblasen des Luftballons für zwei Punkte auf dem Äquator die Differenz Δl ihrer geographischen Längen (in Winkeleinheiten) nicht. Ihr Abstand auf der Kugel ändert sich proportional zum Kugelradius $R(t)$. Entsprechend ändern sich im Weltall die Abstände aller Massenpunkte (Galaxien) nach Gleichung (8-5) proportional zum Krümmungsmaß $R(t)$.

Der Hubble-Effekt wird also jetzt nicht mehr als Bewegung der Galaxien im Raum beschrieben, bei der sich die Koordinaten der Galaxien ändern, sondern als eine Ausdehnung des Raumes selbst, bei dem sich nur das Krümmungsmaß $R(t)$ ändert, nicht aber die Koordinaten der Galaxien.

8.4.3. Die Feldgleichungen in Friedmann-Modellen

Das kosmologische Prinzip reduziert die noch frei wählbaren Parameter von relativistischen Weltmodellen auf $R(t)$ und das Krümmungsvorzeichen k. Aufgabe der Gravitationstheorie ist es nun, Gleichungen für diese beiden Parameter zu finden, deren Lösungen jeweils ein bestimmtes Weltmodell darstellen. Aus diesen Weltmodellen muß dann dasjenige herausgesucht werden, das mit den Beobachtungen am besten im Einklang ist. Die Einsteinsche Gravitationstheorie beruht auf der Annahme, daß Trägheit und Schwere äquivalent seien. Man kann demnach grundsätzlich nicht unterscheiden, ob die Bewegung eines

Massenpunktes durch seine Trägheit oder durch ein Gravitationsfeld bestimmt wird.

Zur Erläuterung mag die Bewegung eines Massenpunktes im zweidimensionalen Raum der Erdoberfläche dienen, wenn der Beobachter ein zweidimensionales Wesen ist, das zwar vorn und hinten, links und rechts unterscheiden kann, aber oben und unten nicht kennt. Der materiefreie Raum entspricht dabei einem Teil der Erdoberfläche, der ideal kugelförmig ist. Hier bewegt sich ein angestoßener Massenpunkt mit konstantem Geschwindigkeitsbetrag längs eines Großkreises, also auf der kürzesten Verbindung zweier Punkte auf der Kugel. Der zweidimensionale Beobachter würde also genau das gleiche Trägheitsgesetz formulieren, wie wir es für den dreidimensionalen euklidischen Raum kennen.

Nach Einstein deformiert nun ein schwerer Körper mit seinem Gravitationsfeld den Raum in seiner Umgebung. Im Modell der Erdoberfläche entspricht diese Deformation einer Mulde. Kommt der Massenpunkt bei seiner Bewegung in den Bereich der Mulde, so wird er zu ihrem tiefsten Punkt hin abgelenkt, verläßt aber die Mulde wegen seiner Trägheit wieder, jedoch auf einem anderen Großkreis als dem seiner Ankunft. Die Bewegung verläuft für den Beobachter, der die Mulde als solche nicht erkennen kann, genau so, wie wenn vom Zentrum der Mulde eine Anziehungskraft ausginge. Unter gewissen Voraussetzungen für die Geometrie der Mulde wird er die Bahn des Massenpunktes als Hyperbel beobachten.

Wird der Massenpunkt in der Mulde selbst angestoßen, so beschreibt er unter geeigneten Bedingungen für den zweidimensionalen Beobachter eine Ellipse, die dieser ebenfalls als Wirkung der Anziehungskraft im Muldenzentrum deutet.

Wenn er genügend geometrische Kenntnisse besitzt, kann der zweidimensionale Beobachter die Bewegungen des Massenpunkts statt im zweidimensionalen Raum mit Hilfe von Kraftzentren auch in einem – für ihn anschaulich nicht erfaßbaren – dreidimensionalen Raum mit Mulden anstelle der Kraftzentren deuten. Diese Deutung der Gravitation entspricht der Einsteinschen Gravitationstheorie. In ihr wird die Krümmung des Weltraums durch die räumliche Verteilung von Materie und Energie bestimmt. Die Verknüpfung von Raumstruktur und Materieinhalt wird dabei durch die Einsteinschen Feldgleichungen geliefert.

Um aus den Einsteinschen Feldgleichungen die Funktion $R(t)$ bestimmen zu können, werden in der relativistischen Kosmologie einige vereinfachende – aber nicht verfälschende – Annahmen über die Materie im Weltall gemacht. Nach A. Friedmann kann man annehmen, daß die Galaxien den Raum völlig gleichförmig als Galaxiengas erfüllen, und daß der Druck dieses Gases in guter Näherung gleich null gesetzt werden darf. Dies ist berechtigt, weil in der relativistischen Kosmologie der Hubble-Effekt durch die Ausdehnung des Raumes erklärt wird; die Geschwindigkeiten der Galaxien relativ zu diesem Raum haben nur sehr kleine Beträge und statistisch verteilte Richtungen, so daß ihre kinetische Energie gegenüber der Gravitationsenergie vernachlässigt werden kann.

Mit diesen Voraussetzungen über das Galaxiengas reduziert sich das System der 10 Einsteinschen Feldgleichungen auf zwei Differentialgleichungen für $R(t)$, die nur noch das Krümmungsvorzeichen k und die mittlere Materiedichte ϱ enthalten:

$$\frac{\dot{R}^2}{R^2} = \frac{8\pi}{3} \cdot G \cdot \varrho - \frac{kc^2}{R^2} \tag{8-6}$$

$$\frac{\ddot{R}}{R} = -\frac{4\pi}{3} \cdot G \cdot \varrho \tag{8-7}$$

Formal unterrscheiden sich diese Gleichungen nur in den Konstanten von den entsprechenden Gleichungen (8-3 b) und (8-2 c). Insbesondere gibt es wieder drei Typen von Lösungen. Ihre physikalische Interpretation ist jedoch grundsätzlich verschieden von denen der Lösungen in der Newtonschen Kosmologie, denen stets ein euklidischer Raum zugrunde liegt:

$k = +1$:
(Entspricht der Newtonschen Lösung mit $W < 0$.) Der Raum ist sphärisch, sein Volumen endlich. Expansion und Kontraktion des Raumes wechseln sich periodisch ab.

$k = 0$:
(Entspricht der Newtonschen Lösung mit $W = 0$.) Der Raum ist flach und unendlich ausgedehnt, die Geometrie euklidisch. Die Expansion geht unbegrenzt weiter, wobei $\dot{R} \to 0$ geht für $R \to \infty$.

$k = -1$:
(Entspricht der Newtonschen Lösung mit $W > 0$.) Der Raum ist hyperbolisch gekrümmt und unendlich ausgedehnt. Die Expansion geht unbegrenzt weiter.

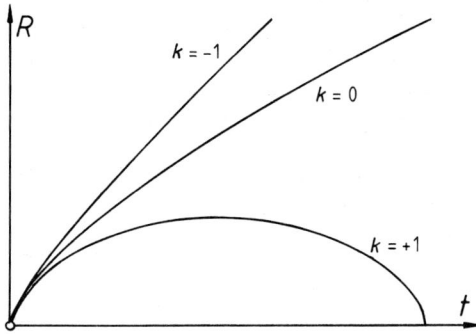

8.3 Abhängigkeit des Krümmungsradius R von der Zeit t in Friedmann-Modellen mit elliptischer, euklidischer und hyperbolischer Raumgeometrie

Man erhält also je nach dem Krümmungsvorzeichen k verschiedene Typen der Funktionen $R(t)$ und $\varrho(t)$. Die drei Typen von $R(t)$ sind in Abb. 8.3 dargestellt.
Alle Kurven zeigen zuerst – bei kleinen Werten des Weltalters t – einen kleinen Krümmungsradius des Weltalls. Materie und Strahlung müssen hier in einem sehr kleinen Volumen, also bei hoher Dichte konzentriert gewesen sein und dehnten sich mit hoher Geschwindigkeit aus. Die kinetische Energie der Materie hatte zu Beginn des Expansionsvorgangs ihren größten Wert. Mit wachsendem Krümmungsradius $R(t)$ muß die Expansionsgeschwindigkeit für alle drei Fälle der Raumgeometrie laufend abgenommen haben; durch die gegenseitige Gravitationsanziehung wurde die Expansion gebremst, am geringsten für Weltmodelle mit positiver Gesamtenergie ($k = -1$), am stärksten für Weltmodelle mit negativer Gesamtenergie ($k = +1$).

8.4.4. Der Vergleich mit den Beobachtungen

Nur einer der drei Lösungstypen der Friedmann-Gleichungen (8-6) und (8-7) kann die Expansion des Universums, die wir gegenwärtig im Hubble-Effekt beobachten, richtig wiedergeben. Die entsprechende Auswahl und Bestimmung der noch unbekannten Größen kann nur durch den Vergleich mit den Beobachtungsergebnissen durchgeführt werden. Dazu müssen die Gleichungen (8-6) und (8-7) so umgeformt werden, daß sie die gegenwärtigen Daten enthalten. Bei diesen Daten handelt es sich um die mittlere Dichte ϱ_0 des Weltalls, um die Hubble-Konstante

H_0, die das Geschwindigkeitsfeld der Expansion beschreibt, und um eine Größe, die das Langsamerwerden der Expansion kennzeichnet und **Bremsungsparameter** q_0 genannt wird.

Aus Gleichung (8-5) ergibt sich, wenn man nach der Zeit ableitet und $\Delta \dot{r} = v$ setzt:

$$v(t) = \frac{\dot{R}(t)}{R(t)} \cdot \Delta r$$

Bezieht man diese Gleichung auf die gegenwärtige Beobachtung einer Galaxie von der Erde aus, so ist v ihre gegenwärtig beobachtete Radialgeschwindigkeit v_r, und Δr ist identisch mit ihrer Entfernung r von uns. Die Gleichung stellt demnach das Hubble-Gesetz (7-14) dar, und deshalb gilt:

$$\left(\frac{\dot{R}}{R}\right)_0 = H_0 \qquad (8\text{-}8)$$

Der Bremsungsparameter $q(t)$ ist als dimensionslose Größe definiert:

$$q(t) = -\frac{\ddot{R} \cdot R}{\dot{R}^2} \qquad (8\text{-}9)$$

Aus den Gleichungen (8-8) und (8-9) findet man für die Gegenwartswerte:

$$\left(\frac{\ddot{R}}{R}\right)_0 = -q_0 \cdot H_0^2 \qquad (8\text{-}10)$$

Mit den Gleichungen (8-8) und (8-10) erhält man aus den Friedmann-Gleichungen (8-6) und (8-7) für den gegenwärtigen Zeitpunkt der kosmischen Entwicklung:

$$H_0^2 = \frac{8\pi}{3} \cdot G \cdot \varrho_0 - \frac{kc^2}{R_0^2} \qquad (8\text{-}11)$$

$$q_0 \cdot H_0^2 = \frac{4\pi}{3} \cdot G \cdot \varrho_0 \qquad (8\text{-}12)$$

Mit dem bisher verwendeten Wert der Hubble-Konstante $H_0 = 60 \text{ km} \cdot \text{s}^{-1} \cdot \text{Mpc}^{-1} = 1{,}9 \cdot 10^{-18} \text{ s}^{-1}$ ergibt sich nach einigen Umrechnungen:

$$\varrho_0 = (1{,}35 \cdot 10^{-26} \text{ kg} \cdot \text{m}^{-3}) \cdot q_0 \qquad (8\text{-}13)$$

$$H_0^2 \cdot (1 - 2q_0) = -\frac{kc^2}{R_0^2} \qquad (8\text{-}14)$$

Aus Gleichung (8-14) folgt, daß das Krümmungsvorzeichen k und damit die Raumgeometrie ermittelt werden kann, wenn man nur den Betrag des Bremsungsparameters q_0 kennt (s. Tab. 8.2).

Bremsungs-parameter	Mittlere Dichte in kg · m^{-3}	Krümmungs-vorzeichen	Raum	$R(t)$ Zeitverhalten
$q_0 > 0,5$	$\varrho_0 > 6,8 \cdot 10^{-27}$	$k = +1$	elliptisch, geschlossen	zykloidisch, oszillierend
$q_0 = 0,5$	$\varrho_0 = 6,8 \cdot 10^{-27}$	$k = 0$	euklidisch, flach, offen	parabolisch, monoton wachsend
$0 \le q_0 < 0,5$	$\varrho_0 < 6,8 \cdot 10^{-27}$	$k = -1$	hyperbolisch, offen	hyperbolisch, monoton wachsend

Tab. 8.2 Zusammenhang zwischen Bremsungsparameter q_0, mittlerer Dichte ϱ_0 (für $H_0 = 60$ km · s^{-1} · Mpc^{-1}), Krümmungsvorzeichen k und Zeitverhalten des Krümmungsradius $R(t)$

Zwar läßt sich q_0 grundsätzlich aus Gleichung (8-13) bestimmen, doch ist die mittlere Dichte des Weltalls viel zu wenig genau bekannt. Mit dem Wert $\varrho_0 \approx 5 \cdot 10^{-28}$ kg/m^3 (s. S. 251) würde sich nach Gleichung (8-13) für den gegenwärtigen Wert des Bremsungsparameters $q_0 \approx 0,04$ ergeben. Die angegebenen Werte für ϱ_0 und q_0 stellen jedoch sicher nur untere Schranken für die beiden Größen dar, da ϱ_0 ausschließlich mit der sichtbaren Materie ermittelt wurde. Sowohl innerhalb vieler Galaxien wie auch im intergalaktischen Raum der Galaxienhaufen muß aber mit großen Mengen unsichtbarer Materie gerechnet werden.

Für $q_0 = 0,5$ folgt aus Gleichung (8-14) $k = 0$, also ein flaches Universum als Grenzfall zwischen einem offenen und einem geschlossenen Weltraum. Aus Gleichung (8-13) ergibt sich für diesen Grenzfall die **kritische Dichte**

$$\varrho_0 = 6,8 \cdot 10^{-27} \text{ kg/m}^3.$$

Eine direkte Möglichkeit zur Bestimmung von q_0 bietet das Hubble-Diagramm. Extrem weit entfernte Galaxien beobachten wir in einem so frühen Zustand des Universums, daß sich Abweichungen von der Linearität der Abb. 7.39 ergeben müßten. Bis jetzt ist der Verlauf des Hubble-Diagramms für extreme Entfernungen jedoch noch zu unsicher, als daß daraus Schlüsse hinsichtlich des Bremsungsparameters gezogen werden könnten.

Sind H_0 und q_0 gemessen worden, so kann aus Gleichung (8-14) das Krümmungsvorzeichen und

der gegenwärtige Krümmungsparameter R_0 bestimmt werden. Damit ist es dann auch möglich, aus den Friedmann-Gleichungen (8-6) und (8-7) das gegenwärtige Weltalter t_F, die sogenannte **Friedmann-Zeit**, zu berechnen.

8.4.5. Die Anfangsphase der kosmischen Entwicklung

Versucht man, die Vorgänge im expandierenden Universum zurückzuverfolgen, so kommt man zu immer höheren Temperaturen und größeren Dichten. Dabei treten stufenweise schwerwiegende Veränderungen des physikalischen Zustands der Materie auf. Die letzte dieser Umwandlungen spielte sich ab, als nach dem Absinken der Temperatur unter etwa 5000 K neutrale Atome des Wasserstoffs und Heliums im Mengenverhältnis von etwa 10:1 entstanden. Vorher war das Universum erfüllt mit einem Photonengas, das mit einem heißen Plasma aus Protonen, Alphateilchen und freien Elektronen vermischt war. Die Photonen waren in dieser Phase sehr viel häufiger als alle anderen Teilchen. Deshalb konnten sie durch Wechselwirkungen besonders mit den Elektronen für eine vollkommene Gleichverteilung der thermischen Energie sorgen.

Durch die Bildung der Atome verschwand die überwiegende Mehrzahl der freien Elektronen und wurde in den Atomen gebunden. Da aber Atome nur Photonen ganz bestimmter Wellenlängen absorbieren bzw. emittieren können, wurde die Wechselwirkung von Strahlung und Materie drastisch reduziert. Seit dieser Entkopplung von Materie und Strahlung können sich die Photonen nahezu ungehindert durch den Raum bewegen. Sie bilden die den ganzen Weltraum gleichmäßig erfüllende Hintergrundstrahlung. Mit der Expansion des Raumes vergrößern sich nach der Relativitätstheorie alle Längen, also auch die Wellenlängen der Hintergrundstrahlung; da aber nach der Lichtquantentheorie die Photonenenergie umgekehrt proportional zur Wellenlänge der Strahlung ist, sank die Photonenenergie und damit die Strahlungstemperatur laufend bis zu dem heute beobachteten Wert von etwa 3 K ab.

Weil nun mit zunehmendem Weltalter nicht nur die Photonendichte, sondern auch die Photonenenergie abnimmt, sinkt die Energiedichte der Strahlung mit wachsendem Krümmungsmaß des Universums rascher als die Dichte der Materie. Deshalb überwiegt seit der Entkoppelung von Materie und Strahlung in zunehmendem Maße der Einfluß der Materie auf die Entwicklung des Weltalls. Dies zeigt sich insbesondere durch die in dieser Phase anlaufende Bildung von Sternen und Sternsystemen.

Vor der Entkoppelung von Materie und Strahlung beherrschte dagegen die Strahlung das Geschehen im Weltall; man spricht deshalb von einem strahlungsdominierten oder kurz von einem **Strahlungskosmos**. Für diesen Strahlungskosmos gelten die Friedmann-Gleichungen sicher nicht mehr; deshalb können die in Abb. 8.3 gezeichneten Lösungen für $R(t)$ nicht

vom Beginn der Expansion an Gültigkeit besitzen. In den Theorien über die Frühstadien des Weltalls wird die aus Materie und Strahlung bestehende, das ganze Universum erfüllende Ursubstanz des Strahlungskosmos auch „Feuerball" genannt (engl. fireball oder primordial fireball). Die gesamte frühe Entwicklung des Weltalls bis zur Bildung der Atome wird in den Modellvorstellungen als „Urknall" bezeichnet (engl. Big Bang).

Verfolgt man die Entwicklung des Strahlungskosmos nach rückwärts, also in die Urknallphase hinein, so stößt man bei Teilchenenergien von der Größenordnung 1 MeV auf eine weitere Umwandlung der Materie; hier entstanden nach dem Unterschreiten einer Temperaturschwelle von der Größenordnung 10^{10} K die ersten zusammengesetzten Atomkerne, insbesondere Helium-Kerne. Vorher können nur unabhängige Elementarteilchen vorhanden gewesen sein: Elektronen und Positronen, Protonen und Neutronen, Neutrinos und Photonen.

Modellvorstellungen über die physikalischen Zustände und ihre Veränderungen in noch früheren Entwicklungsphasen des Weltalls können nur in enger Verbindung mit der modernen Elementarteilchenphysik entwickelt werden. Das Vordringen in diese Bereiche extrem hoher Drücke, Temperaturen und Teilchenenergien, in denen nahezu keine Experimente mehr möglich sind, ist jedoch außerordentlich schwierig und deshalb erst in Ansätzen gelungen.

Aufgabe

Nach Einstein ist $W = m \cdot c^2$ die Energie eines Teilchens der Masse m. Bei genügend hoher Photonenenergie konnten im Feuerball des Urknalls aus Photonen Teilchen-Antiteilchen-Paare entstehen.
a) Stellen Sie eine Gleichung auf für die Gleichgewichtstemperatur T, bei der auf diese Weise Paare von Teilchen und Antiteilchen der Masse m entstehen konnten.
b) Bei welcher Temperatur entstanden aus hochenergetischen Photonen Elektron-Positron-Paare?

c) Die Strahlungstemperatur T sinkt gegenwärtig (bei einem flachen Universum) mit wachsendem Weltalter t so, daß $T^3 \cdot t^2$ konstant bleibt. Im Strahlungskosmos, also vor der Bildung von Atomen bei etwa 5000 K, war jedoch $T^2 \cdot t$ konstant. Bestimmen Sie durch Vergleich mit der heutigen Temperatur der Hintergrundstrahlung das Weltalter, bis zu dem sich aus Photonen Elektron-Positron-Paare bilden konnten. Für das heutige Weltalter kann die Hubble-Zeit (s. S. 252) eingesetzt werden.

Anhang

1. Grundlagen der Strahlungslehre

1.1. Elektromagnetische Strahlung

Jede Geschwindigkeitsänderung eines elektrisch geladenen Körpers führt zur Aussendung elektromagnetischer Strahlung. Die bekannteste technische Anwendung dieser physikalischen Erscheinung ist die Erzeugung von Radiowellen durch elektrische Wechselströme in der Antenne eines Senders. Bei jedem Wechselstrom ändert sich ja periodisch die Geschwindigkeit der Leitungselektronen. Für die auf diese Weise erzeugte Strahlung ist bekannt (z. B. von den Rundfunkempfängern), daß sie durch ihre Wellenlänge λ oder durch ihre Frequenz f unterschieden und gekennzeichnet wird. Da zwischen Wellenlänge, Frequenz und der Lichtgeschwindigkeit c die einfache Beziehung $f \cdot \lambda = c$ besteht, genügt zur Kennzeichnung einer bestimmten Art elektromagnetischer Strahlung jeweils eine der Größen λ oder f. In diesem Buch wird in der Regel die Wellenlänge λ dazu verwendet.

Radiowellen werden im Hinblick auf die Sende- und Empfangstechnik eingeteilt in Langwellen (Wellenlänge einige 1000 m), Mittelwellen (Wellenlänge einige 100 m), Kurzwellen (Wellenlängen zwischen 10 m und 50 m), Ultrakurzwellen (Wellenlängen einige Meter) und die beim Fernsehen verwendeten Dezimeterwellen. Aber auch die Wärmestrahlung, die Infrarotstrahlung, das sichtbare Licht, ultraviolettes Licht, Röntgen- und Gamma-Strahlen sind Typen elektromagnetischer Strahlung, die sich nur durch ihre Wellenlänge bzw. Frequenz unterscheiden; eine Zusammenstellung bietet die Tab. 1.1 auf S. 8.

Seit der Mitte des 20. Jahrhunderts wurden zusätzlich zum sichtbaren Licht immer weitere Wellenlängenbereiche für die astronomische Forschung erschlossen, wobei in denjenigen Bereichen, für welche die Erdatmosphäre undurchlässig ist, mit Empfängern in Raketen und Erdsatelliten gearbeitet wird.

Elektromagnetische Strahlung kann durch eine Vielzahl von verschiedenen Prozessen erzeugt werden. Diese lassen sich in zwei Gruppen einteilen:

a) Thermische Strahlung

Die Strahlungsenergie stammt in diesem Fall aus dem Wärmeenergievorrat eines Strahlers, den man deshalb auch als **Temperaturstrahler** bezeichnet. Beispiele aus der Technik sind alle Glühlichtquellen von der Kerze bis zur Glühlampe. Die Wärmestrahlung von Planeten und von interstellaren Staubwolken gehört hierzu, die Strahlung der Sterne ist im wesentlichen thermischen Ursprungs, aber auch Wolken ionisierter Gase (Plasmawolken) können thermische Strahlung emittieren.

b) Nichtthermische Strahlung

Nichtthermische Strahlung wird in der Technik von den Radiosendern abgestrahlt, ebenso von Leuchtstofflampen und Röntgenröhren, aber auch von radioaktiven Stoffen, die Gammastrahlung aussenden. Im Weltall ist die häufigste nichtthermische Strahlung die **Synchrotronstrahlung**. Sie trägt diesen Namen, weil sie auch auf der Erde in Elektronenbeschleunigern vom Typ Synchrotron beobachtet werden kann. Synchrotronstrahlung entsteht, wenn Elektronen, deren Geschwindigkeit nahe an der Lichtgeschwindigkeit liegt („relativistische Elektronen"), sich auf Spiralbahnen in Magnetfeldern bewegen.

Thermische und nichtthermische Strahlung kann eindeutig durch die Intensitätsverteilung in den Spektren unterschieden werden. Beispiele dafür gibt die Abb. 5.29 (S. 182).

1.2. Grundgesetze der Strahlung schwarzer Körper

Ein besonderer Typ von Temperaturstrahlern ist der schwarze Körper. Ein absolut schwarzer Körper ist dadurch definiert, daß er alle auftreffende Strahlung absorbiert. Er zeichnet sich dadurch vor allen anderen Temperaturstrahlern aus, daß er bei jeder Temperatur pro Flächeneinheit intensiver strahlt als nicht-schwarze Strahler.

Zerlegt man die Strahlung eines schwarzen Körpers mit Hilfe eines Prismas in ein Spektrum, so zeigt ein geeignetes Strahlungsmeßgerät (z. B. ein Thermoelement), das man in Richtung wachsender Wellenlängen (von violett nach rot) durch das Spektrum hindurch bewegt, einen charakteristischen Verlauf der Intensität mit der Wellenlänge. Er ist in der Abbildung (unten) für Temperaturen von Strahlern dargestellt, wie sie in der Astronomie häufig vorkommen. Dabei ist die auf die Flächeneinheit des Photometers auftreffende Strahlungsleistung zuerst auf die Flächeneinheit des Strahlers umgerechnet und dann noch auf eine einheitliche Bandbreite im Spektrum bezogen, denn je nach dem Verhältnis der Spaltbreite des Photometers zur Länge des untersuchten Spektrums registriert der Empfänger im Bereich der gleichen Wellenlänge verschiedene Bestrahlungsstärken. In der Abbildung ist als Einheitsbandbreite 1 m gewählt.

Mit dieser Methode erhält man die von der Oberflächeneinheit des schwarzen Strahlers in der Einheitsbandbreite bei einer bestimmten Temperatur und Wellenlänge in den Halbraum emittierte Strahlungsleistung. Wir bezeichnen sie abgekürzt als das spektrale Emissionsvermögen $K(\lambda, T)$ des schwarzen Strahlers. Diese Funktion hat Max Planck im Jahre 1900 theoretisch hergeleitet:

$$K(\lambda, T) = 2\pi \cdot \frac{c^2 \cdot h}{\lambda^5} \cdot \frac{1}{\exp\left(\dfrac{h\,c}{kT\lambda}\right) - 1}$$

Plancksches Strahlungsgesetz

Dabei ist $h = 6{,}626 \cdot 10^{-34}$ J $\cdot$ s das Plancksche Wirkungsquantum, $c = 3 \cdot 10^8$ m $\cdot$ s^{-1} die Vakuumlichtgeschwindigkeit, $k = 1{,}38 \cdot 10^{-23}$ J $\cdot$ K^{-1} die Boltzmann-Konstante.

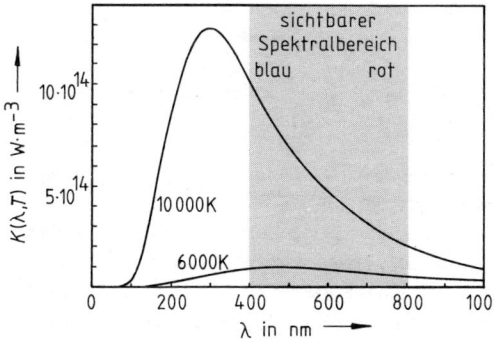

Spektrales Emissionsvermögen eines schwarzen Strahlers in Abhängigkeit von der Wellenlänge für verschiedene Temperaturen

Ist auf dem bei großen Wellenlängen abfallenden Teil der Funktion $(hc/(kT\lambda)) \ll 1$ (s. Abb.), so erhält man näherungsweise, wenn man die für $x \ll 1$ gültige Näherungsgleichung $e^x \approx 1 + x$ berücksichtigt:

$$K(\lambda, T) = 2\pi \cdot \frac{c}{\lambda^4} \cdot kT$$

Strahlungsgesetz von Rayleigh und Jeans

Die Wellenlänge λ_m des Maximums ist ausschließlich durch die Temperatur bestimmt:

$$\lambda_m \cdot T = 2{,}9 \cdot 10^{-3} \text{ m} \cdot \text{K}$$

Wiensches Verschiebungsgesetz

Integriert man die Plancksche Funktion über alle Wellenlängen von 0 bis ∞, so erhält man das gesamte Emissionsvermögen des schwarzen Strahlers bei einer bestimmten Temperatur. Es entspricht in der Abbildung der Fläche zwischen der Kurve und der Abszissenachse. Multipliziert man das Emissionsvermögen mit der strahlenden Fläche A, so ergibt sich die gesamte Strahlungsleistung:

$$P_{str} = A \cdot \sigma \cdot T^4$$

Strahlungsgesetz von Stefan und Boltzmann

Dabei ist $\sigma = 5{,}67 \cdot 10^{-8}$ W $\cdot$ m^{-2} $\cdot$ K^{-4}.

1.3. Das Grundgesetz der Lichtquantentheorie von Einstein

Bei allen Wechselwirkungen zwischen elektromagnetischer Strahlung und Materie, insbesondere also bei der Erzeugung und Absorption von elektromagnetischer Strahlung durch Materie, verhält sich die Strahlung wie ein Schwarm von Mikroobjekten der Energie:

$$W_{ph} = h \cdot f \quad \text{oder} \quad W_{ph} = \frac{h \cdot c}{\lambda}$$

Diese Objekte bezeichnet man als Lichtquanten oder **Photonen.**

Besonders wichtig sind die Prozesse der Emission und der Absorption von Photonen durch Atome oder Moleküle. Da Atome und Moleküle nur ganz bestimmte Anregungsenergieniveaus einnehmen können, können sie auch nur Photonen ganz bestimmter Energien, also Strahlung ganz bestimmter Wellenlänge, absorbieren oder emittieren.

2. Tabellen

Tab. 1 Physikalische Konstanten

Vom International Council of Scientific Unions, Committee on Data for Science and Technology, CODATA von 1986 empfohlene Werte für die fundamentalen physikalischen Konstanten.

Lichtgeschwindigkeit im Vakuum	c	$= 2{,}997\,924\,58 \cdot 10^8\ \mathrm{m \cdot s^{-1}}$
		$(c \approx 3 \cdot 10^8\ \mathrm{m \cdot s^{-1}})$
Gravitationskonstante	G	$= 6{,}673 \cdot 10^{-11}\ \mathrm{m^3 \cdot kg^{-1} \cdot s^{-2}}$
Plancksche Konstante	h	$= 6{,}6261 \cdot 10^{-34}\ \mathrm{J \cdot s}$
molare Gaskonstante	R^*	$= 8{,}315 \cdot 10^3\ \mathrm{J \cdot K^{-1} \cdot kmol^{-1}}$
Boltzmannsche Konstante	k	$= 1{,}3807 \cdot 10^{-23}\ \mathrm{J \cdot K^{-1}}$
Avogadrosche Konstante	N_A	$= 6{,}0221 \cdot 10^{26}\ \mathrm{kmol^{-1}}$
Konstante des Stefan-Boltzmann-Gesetzes	σ	$= 5{,}67 \cdot 10^{-8}\ \mathrm{W \cdot m^{-2} \cdot K^{-4}}$
Wiensches Verschiebungsgesetz	$\lambda_{max} \cdot T =$	$2{,}898 \cdot 10^{-3}\ \mathrm{m \cdot K}$
Masse des Elektrons (Ruhemasse)	m_e	$= 9{,}1094 \cdot 10^{-31}\ \mathrm{kg}$
Masse des Protons (Ruhemasse)	m_p	$= 1{,}6726 \cdot 10^{-27}\ \mathrm{kg}$
elektrische Elementarladung	e	$= 1{,}6022 \cdot 10^{-19}\ \mathrm{As}$
Energieumrechnung	$1\ \mathrm{eV}$	$= 1{,}6022 \cdot 10^{-19}\ \mathrm{J}$

Tab. 2 Astronomische Konstanten

Entfernungseinheiten

Astronomische Einheit	1 AE	$= 1{,}496 \cdot 10^{11}\ \mathrm{m}$
Parsec	1 pc	$= 3{,}086 \cdot 10^{16}\ \mathrm{m} = 3{,}262\ \mathrm{LJ} = 206\,265\ \mathrm{AE}$
Lichtjahr	1 LJ	$= 9{,}4605 \cdot 10^{15}\ \mathrm{m} = 0{,}3066\ \mathrm{pc} = 63\,240\ \mathrm{AE}$

Zeiteinheiten

Der Tag

1 mittlerer Sonnentag	$= 1{,}002\,738$ Sterntage
	$= 24\ \mathrm{h}\ 03\ \mathrm{min}\ 56{,}56\ \mathrm{s}$ in Sternzeitmaß
1 Sterntag	$= 0{,}997\,270$ mittlere Sonnentage
	$= 23\ \mathrm{h}\ 56\ \mathrm{min}\ 04{,}09\ \mathrm{s}$ in mittlerem Sonnenzeitmaß

Das Jahr

Länge des tropischen Jahres (Frühlingspunkt – Frühlingspunkt)
$= 365{,}242\,199$ mittlere Sonnentage $= 366{,}242\,199$ Sterntage

Länge des siderischen Jahres (Fixstern–Fixstern)
$= 365{,}256\,360$ mittlere Sonnentage

Tab. 3. Bahndaten der 9 Großen Planeten (mit dem Erdmond zum Vergleich)

Name und Zeichen	Große Halbachse der Bahn a in AE	in 10^6 km	in Lichtzeit t	Umlaufsdauer T	mittlere Umlaufsgeschwindigkeit in km s^{-1}	numerische Exzentrizität e	Bahnneigung i	kleinste Entfernung von der Erde in AE	größte Entfernung von der Erde in AE
Merkur ☿	0,39	57,9	3,2 min	88 d	47,9	0,206	7,0°	0,53	1,47
Venus ♀	0,72	108,2	6,0 min	225 d	35,0	0,007	3,4°	0,27	1,73
Erde ♁	1,00	149,6	8,3 min	1,00 a	29,8	0,017	0,0°	–	–
Mars ♂	1,52	227,9	12,7 min	1,9 a	24,1	0,093	1,8°	0,38	2,67
Jupiter ♃	5,20	778,3	43,2 min	11,9 a	13,1	0,048	1,3°	3,95	6,45
Saturn ♄	9,54	1427	1,3 h	29,5 a	9,6	0,056	2,5°	8,01	11,07
Uranus ⛢	19,18	2870	2,7 h	84 a	6,8	0,047	0,8°	17,29	21,07
Neptun ♆	30,06	4496	4,2 h	165 a	5,4	0,009	1,8°	28,80	31,33
Pluto ♇	39,46	5900	5,5 h	248 a	4,7	0,25	17,1°	28,7	50,3
Erdmond ☾	0,002 57	0,384	1,3 s	27,32 d	1,02	0,055	5,1°	356 410 km	406 740 km

Tab.4 Eigenschaften der Großen Planeten (zum Vergleich Mond und Sonne)

	Merkur ☿	Venus ♀	Erde ⊕	Mars ♂	Jupiter ♃	Saturn ♄	Uranus ♅	Neptun ♆	Pluto ♇	Mond ☽	Sonne ☉
Äquatordurchmesser in km	4 878	12 102	12 756	6 787	142 796	120 000	50 800	49 500	2 200	3 476	1 392 000
Abplattung $\frac{a-b}{a}$ (a Äquator-, b Poldurchmesser)	0	0	$\frac{1}{298}$ = 0,0034	0,005	0,06	0,1	0,03	0,02	?	$5 \cdot 10^{-4}$	0
Masse in kg	$3,30 \cdot 10^{23}$	$4,87 \cdot 10^{24}$	$5,974 \cdot 10^{24}$	$6,42 \cdot 10^{23}$	$1,900 \cdot 10^{27}$	$5,68 \cdot 10^{26}$	$8,70 \cdot 10^{25}$	$1,03 \cdot 10^{26}$	$\approx 1 \cdot 10^{22}$	$7,35 \cdot 10^{22}$	$1,989 \cdot 10^{30}$
mittlere Dichte in g · cm^{-3}	5,43	5,24	5,515	3,93	1,33	0,70	1,3	1,7	2,0	3,34	1,41
Fallbeschleunigung am Äquator in m · s^{-2}	3,70	8,87	9,780	3,71	23,2	9,3	8,6	11,4	(0,6)	1,62	274,0
Entweichgeschwindigkeit in km · s^{-1}	4,25	10,4	11,17	5,02	57,6	33,4	20,8	23,5	(1,1)	2,38	618
Siderische Rotationsdauer	58,646 d	243,0 d rückläufig	23 h 56 m 4 s	24 h 37 m 23 s	9 h 50 m 30 s (Äquator)	10 h 14 m (Äquator)	17,24 h rückläufig	16,0 h (Planeten-Inneres)	6,39 d rückläufig	27 d 7 h 43 m 12 s	25,380 d (Breite 16°)
Neigung des Äquators gegen die Bahnebene	≈ 2°	177°	23° 27'	23° 59'	3° 04'	26° 44'	98°	29°	94°	6° 41'	7° 15' (gegen d. Ekliptik)
größte scheinbare Helligkeit in mag	–0,2	–4,1	–	–2,0	–2,5	+0,7	+5,7	+7,7	+14,8	Vollmond –12,55 (Mittel)	–26,78

Tab. 5 Satelliten der Großen Planeten

Planet	N		Bezeichnung	Daten einiger ausgewählter Satelliten				
				a in 10^3 km	T in d	e	Radius R in km	Masse m in 10^{20} kg
Erde	1		Mond	384,4	27,322	0,0549	1738	734,9
Mars	2	MI	Phobos	9,4	0,319	0,015	14 x 10	$1,26 \cdot 10^{-4}$
		MII	Deimos	23,5	1,262	0,0005	8 x 6	$1,8 \cdot 10^{-5}$
Jupiter	16	JI	Io	421,6	1,769	0,0000	1815	894
		JII	Europa	670,9	3,551	0,0003	1569	480
		JIII	Ganymed	1070	7,155	0,0015	2631	1482,3
		JIV	Kallisto	1883	16,69	0,0075	2400	1076,6
Saturn	25	SI	Mimas	186	0,942	0,0201	197	0,38
		SII	Enceladus	238	1,370	0,0044	251	0,8
		SIII	Tethys	295	1,888	0,0000	524	7,6
		SIV	Dione	378	2,737	0,0022	559	10,5
		SV	Rhea	527	4,518	0,0010	764	24,9
		SVI	Titan	1222	15,95	0,0289	2575	1345,7
		SVII	Hyperion	1481	21,28	0,1042	200 x 120	0,17
		SVIII	Japetus	3560	79,33	0,0283	718	18,8
Uranus	15	UV	Miranda	130	1,413	0,017	242	0,71
		UI	Ariel	192	2,520	0,0028	580	14,4
		UII	Umbriel	267	4,144	0,0035	595	11,8
		UIII	Titania	438	8,706	0,0024	800	34,3
		UIV	Oberon	586	13,46	0,0007	775	28,7
Neptun	8	NI	Triton	354	5,877	0,00	1350	1300
		NII	Nereide	5510	360,1	0,75	150	0,2
Pluto	1	PI	Charon	19	6,387	0	600	Pluto+Charon 120

N: Gesamtzahl der bis 1989 entdeckten Satelliten
a: Große Halbachse der Satellitenbahn
T: Siderische Umlaufsdauer des Satelliten um den Planeten
e: Numerische Exzentrizität der Satellitenbahn

Tab. 6 Die 53 in Mitteleuropa sichtbaren Sternbilder

Lateinischer Name	Deutscher Name	Zeit der besten Sichtbarkeit am Abendhimmel	Abkürzung	Lateinischer Genitiv
Andromeda	Andromeda	Oktober, November	And	Andromedae
Aquarius	Wassermann	September, Oktober	Aqr	Aquarii
Aquila	Adler	Juli, August	Aql	Aquilae
Aries	Widder	November, Dezember	Ari	Arietis
Auriga	Fuhrmann	Dezember, Januar	Aur	Aurigae
Bootes	Bootes	Mai, Juni	Boo	Bootis
Camelopardalis	Giraffe	immer	Cam	Camelopardalis
Cancer	Krebs	Februar, März	Cnc	Cancri
Canes Venatici	Jagdhunde	April, Mai	CVn	Canum Venaticorum
Canis Maior	Großer Hund	Januar, Februar	CMa	Canis Maioris
Canis Minor	Kleiner Hund	Januar, Februar	CMi	Canis Minoris
Capricornus	Steinbock	Juli, August	Cap	Capricorni
Cassiopeia	Kassiopeia	immer	Cas	Cassiopeiae
Cepheus	Kepheus	immer	Cep	Cephei
Cetus	Walfisch	November, Dezember	Cet	Ceti
Coma Berenices	Haupthaar der Berenike	April, Mai	Com	Comae Berenices
Corona Borealis	(Nördl.) Krone	Mai, Juni	CrB	Coronae Borealis
Corvus	Rabe	April, Mai	Crv	Corvi
Crater	Becher	April, Mai	Crt	Crateris
Cygnus	Schwan	Juli, August	Cyg	Cygni
Delphinus	Delphin	Juli, August	Del	Delphini
Draco	Drache	immer	Dra	Draconis
Equuleus	Füllen	Juli, August	Equ	Equulei
Eridanus	Eridanus	Dezember, Januar	Eri	Eridani
Gemini	Zwillinge	Januar, Februar	Gem	Geminorum
Hercules	Herkules	Juni, Juli	Her	Herculis
Hydra	Wasserschlange	März, April	Hya	Hydrae
Lacerta	Eidechse	September, Oktober	Lac	Lacertae
Leo	Löwe	März, April	Leo	Leonis
Leo Minor	Kleiner Löwe	März, April	LMi	Leonis Minoris
Lepus	Hase	Dezember, Januar	Lep	Leporis
Libra	Waage	Mai, Juni	Lib	Librae
Lynx	Luchs	Dezember, Januar	Lyn	Lyncis
Lyra	Leier	Juli, August	Lyr	Lyrae
Monoceros	Einhorn	Januar, Februar	Mon	Monocerotis
Ophiuchus	Schlangenträger	Juni, Juli	Oph	Ophiuchi
Orion	Orion	Januar, Februar	Ori	Orionis
Pegasus	Pegasus	September, Oktober	Peg	Pegasi
Perseus	Perseus	November, Dezember	Per	Persei
Pisces	Fische	November, Dezember	Psc	Piscium
Piscis Austrinus	Südlicher Fisch	September, Oktober	PsA	Piscis Austrini
Sagitta	Pfeil	Juli, August	Sge	Sagittae
Sagittarius	Schütze	Juli, August	Sgr	Sagittarii
Scorpius	Skorpion	Juni, Juli	Sco	Scorpii
Scutum	Schild	Juli, August	Sct	Scuti
Serpens	Schlange	Juni, Juli	Ser	Serpentis
Sextans	Sextant	März, April	Sex	Sextantis
Taurus	Stier	Dezember, Januar	Tau	Tauri
Triangulum	Dreieck	November, Dezember	Tri	Trianguli
Ursa Maior	Großer Bär	immer	UMa	Ursae Maioris
Ursa Minor	Kleiner Bär	immer	UMi	Ursae Minoris
Virgo	Jungfrau	April, Mai	Vir	Virginis
Vulpecula	Fuchs	Juli, August	Vul	Vulpeculae

Tab. 7   Die hellsten in Mitteleuropa sichtbaren Fixsterne

Name	Eigenname	Koordinaten 2000.0 AR.	Dekl.	m_V in mag	M_V in mag	Spektrum	Entfernung in pc
α Tauri	Aldebaran	4 h 35,9 min	+16°31′	0,9	−0,2	K5 III	17
β Orionis	Rigel	5 h 14,5 min	− 8°12′	0,1	−7,1	B8 Ia	275
α Aurigae	Kapella	5 h 16,7 min	+46°00′	0,1	−0,5	G6 III } G2 III	13
γ Orionis	Bellatrix	5 h 25,1 min	+ 6°21′	1,6	−3,6	B2 III	110
β Tauri	---	5 h 26,3 min	+28°36′	1,6	−1,6	B7 III	45
α Orionis	Beteigeuze	5 h 55,2 min	+ 7°24′	0,4	−5,6	M2 Iab	160
α Canis Maioris	Sirius	6 h 45,1 min	−16°43′	−1,5	+1,4	A1 V	2,7
ε Canis Maioris	---	6 h 58,6 min	−28°58′	1,5	−4,8	B2 II	180
α Geminorum A	} Kastor	7 h 34,6 min	+31°53′	2,0 } 1,5	+1,1	A1 V	} 15
α Geminorum B				2,8	+1,9	A5 V	
α Canis Minoris	Prokyon	7 h 39,3 min	+ 5°13′	0,4	+2,7	F5 IV–V	3,5
β Geminorum	Pollux	7 h 45,3 min	+28°02′	1,2	+0,7	K0 III	13
α Leonis	Regulus	10 h 08,4 min	+11°58′	1,4	−0,7	B7 V	26
α Virginis	Spika	13 h 25,2 min	−11°10′	0,9	−3,6	B1 V	80
α Bootis	Arktur	14 h 15,7 min	+19°11′	−0,1	−0,3	K2 III	11
α Scorpii	Antares	16 h 29,4 min	−26°26′	0,9	−4,6	M1 Ib	130
λ Scorpii	---	17 h 33,6 min	−37°06′	1,6	−3,6	B1 V	110
α Lyrae	Wega	18 h 36,9 min	+38°47′	0,0	+0,5	A0 V	7,5
α Aquilae	Atair	19 h 50,8 min	+ 8°52′	0,8	+2,2	A7 IV–V	5,1
α Cygni	Deneb	20 h 41,4 min	+45°17′	1,3	−7,1	A2 Ia	480
α Piscis Austrini	Fomalhaut	22 h 57,6 min	−29°37′	1,2	+1,5	A3 V	9

Erläuterungen zur Tab. 7.

Die Koordinaten Rektaszension (AR.) und Deklination (Dekl.) sind auf die Lage von Himmelsäquator und Frühlingspunkt zum Beginn des Jahres 2000 bezogen.

m_V ist die scheinbare, M_V die absolute visuelle Helligkeit.
Die Grenzhelligkeit der Tabelle liegt bei $m_V = 1,6$ mag.

α Aurigae ist ein sehr enger Doppelstern.

α Geminorum ist ein sechsfaches System. In der Spalte m_V sind die Helligkeiten der Komponenten A und B gegeben, die im Fernrohr getrennt gesehen werden, außerdem die Gesamthelligkeit. (A und B sind jeweils spektroskopische Doppelsterne. Auch die wesentlich schwächere Komponente C ist ein spektroskopischer Doppelstern.)

Bei α Orionis ist die Helligkeit veränderlich mit der Amplitude 0,7 mag. In der Tabelle ist die mittlere Helligkeit angegeben.

Die Entfernungen der Sterne näher als 30 pc sind trigonometrisch, die der weiter entfernten Sterne sind photometrisch bestimmt. Bei den photometrischen Entfernungsangaben sind einige Werte, wegen der schwierigen Eichung der Leuchtkraftkriterien, unsicher.

Ergänzende und weiterführende Literatur

Lehrbücher

F. Gondolatsch, G. Groschopf, O. Zimmermann: Astronomie I (Die Sonne und ihre Planeten), Astronomie II (Fixsterne und Sternsysteme). Ernst Klett Schulbuchverlag, Stuttgart, 1978/1979

A. Weigert, H. J. Wendker: Astronomie und Astrophysik – ein Grundkurs. 2. Auflage, Physik-Verlag, Weinheim, 1989

A. Unsöld, B. Baschek: Der neue Kosmos. 4. Auflage, Springer-Verlag, Berlin–Heidelberg, 1988

Tabellenwerke

P. Ahnert: Kleine praktische Astronomie. 2. Auflage, Verlag Johann Ambrosius Barth, Leipzig, 1983

E. Hügli, H. Roth, K. Städeli: Der Sternenhimmel. Begleiter zum Jahrbuch. Verlag Sauerländer AG, Aarau, Otto Salle Verlag Frankfurt a. M., 1986

Astronomische Kalender und Jahrbücher

H.-U. Keller: Das Himmelsjahr. Kosmos Franckh'sche Verlagshandlung, Stuttgart (erscheint jährlich)

Ahnerts Kalender für Sternfreunde. Verlag Johann Ambrosius Barth, Leipzig (erscheint jährlich)

E. Hügli, H. Roth, K. Städeli: Der Sternenhimmel. Verlag Sauerländer AG, Aarau, Otto Salle Verlag, Frankfurt a. M. (erscheint jährlich)

Astronomische Zeitschrift

Sterne und Weltraum. Astronomische Monatsschrift. Verlag Sterne und Weltraum Dr. Vehrenberg GmbH, München

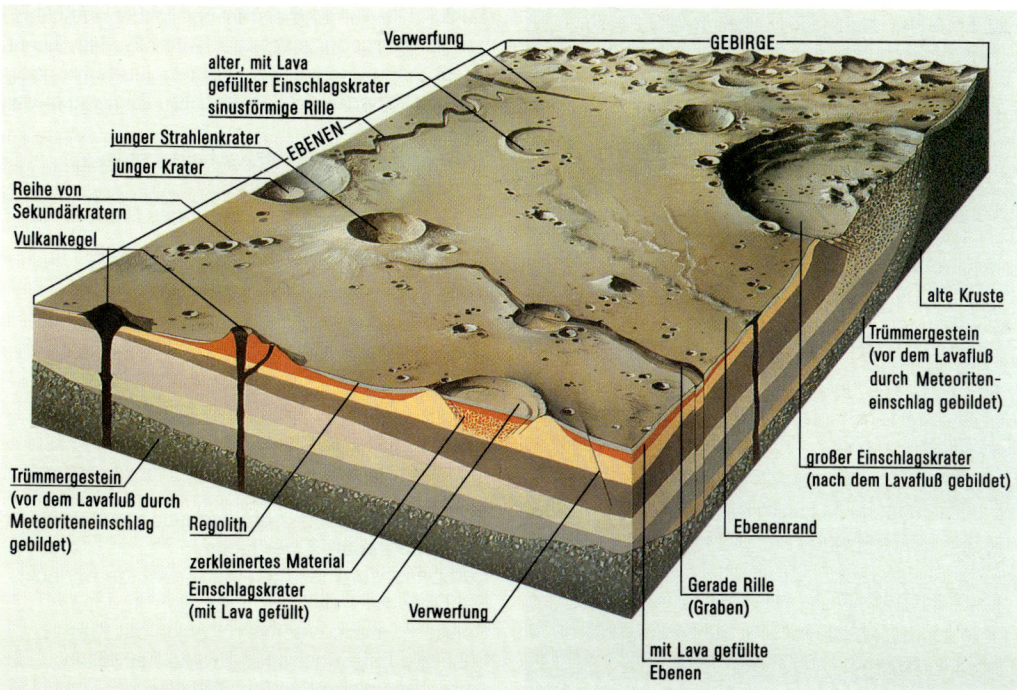

Verwerfung

GEBIRGE

alter, mit Lava
gefüllter Einschlagskrater
sinusförmige Rille

junger Strahlenkrater

EBENEN

junger Krater

Reihe von
Sekundärkratern

Vulkankegel

alte Kruste

Trümmergestein
(vor dem Lavafluß
durch Meteoriten-
einschlag gebildet)

großer Einschlagskrater
(nach dem Lavafluß gebildet)

Trümmergestein
(vor dem Lavafluß durch
Meteoriteneinschlag
gebildet)

Regolith

Ebenenrand

zerkleinertes Material

Einschlagskrater
(mit Lava gefüllt)

Verwerfung

Gerade Rille
(Graben)

mit Lava gefüllte
Ebenen

1   Schematisches Blockdiagramm der Mondkruste mit charakteristischen Oberflächenformationen (Näheres s. S. 56 ff.)

Zu 2: Die blau getönte UV-Aufnahme der amerikanischen Raumsonde Mariner 10, die sie auf ihrem Weg zum Merkur im Vorbeiflug an der Venus lieferte, zeigt die Wolken in der oberen Venusatmosphäre. Diese oberen Wolkenschichten bewegen sich in der Rotationsrichtung des Planeten von Ost nach West (hier von rechts nach links) über die Planetenoberfläche. Sie erreichen Geschwindigkeiten, die am Äquator bei 100 m/s liegen. Die von der Coriolis-Kraft herrührende Ablenkung zu den Polen hin ist deutlich zu erkennen. (Der Südpol ist rechts unten.)

2   Venus aus 5800 km Entfernung
(Aufnahme von Mariner 10, vom 5. 2. 1974)

Zu 3: Die Aufnahme stammt von der amerikanischen Raumsonde Voyager 1 vom 5. Februar 1979. Sie zeigt zwei der größten Jupitermonde: Europa befindet sich am rechten Bildrand in der Mitte.

Io steht vor der Planetenscheibe, etwa auf gleicher Höhe wie Europa.

Links unten am Schattenrand des Planeten liegt der Große Rote Fleck.

3 Jupiter mit Europa und Io
(Aufnahme aus 28 400 000 km Entfernung)

Zu 4: Io zeigt eine schwefelgelbe, mit Vulkankratern übersäte Oberfläche.

Europa ist zum Teil mit einer Eiskruste bedeckt. Bei Ganymed, dem größten aller Monde im Sonnensystem, wechseln dunkle mit Kratern besetzte Teile einer alten Kruste mit hellen, vermutlich eisbedeckten Gebieten ab.

Bei Kallisto fallen die hellen Einschlagskrater auf.

4 Die vier größten Monde des Jupiter
Obere Reihe: Io (links) und Europa (rechts); untere Reihe: Ganymed (links) und Kallisto (rechts).

5 Saturn mit den Monden Tethys, Dione, Rhea (von links nach rechts). Auf dem Planeten sieht man den Schatten von Tethys. (Aufnahme von Voyager 2 vom 4. August 1981, aus 21 000 000 km Entfernung)

6 Uranusmond Miranda. Südpol in der Mitte (Mosaikbild von Voyager 2 aus etwa 40 000 km Entfernung)

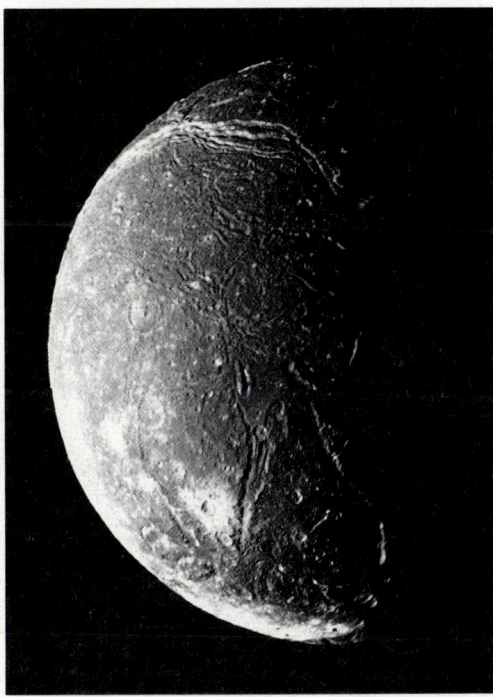

7 Uranusmond Ariel (Mosaikbild von Voyager 2 aus etwa 130 000 km Entfernung)

8 Kern des Kometen Halley, Sonne von links oben (Aufnahmen der Raumsonde Giotto vom 13. 3. 1986)

9 Modell des Kerns von Halley nach Aufnahmen von Giotto. Die Länge des Kerns beträgt etwa 16 km.

10 Totale Sonnenfinsternis vom 26. Februar 1979 (Aufnahme von M. Weithouse). Man erkennt einige Protuberanzen (rot) in der inneren Korona.

11 Crab-Nebel M 1 im Sternbild Stier; Überrest einer Supernova. Norden ist rechts.

12 Der Offene Sternhaufen M 45 (Plejaden) im Sternbild Stier mit Reflexionsnebeln. Norden ist rechts.

13 Trifid-Nebel M 20 im Sternbild Schütze. HII-Region mit Hα-Emission (rot). Sie enthält Staubwolken, erkennbar durch Absorption (Dunkelwolken) und Reflexion des Lichtes (blau, rechts von der Bildmitte). Norden ist rechts.

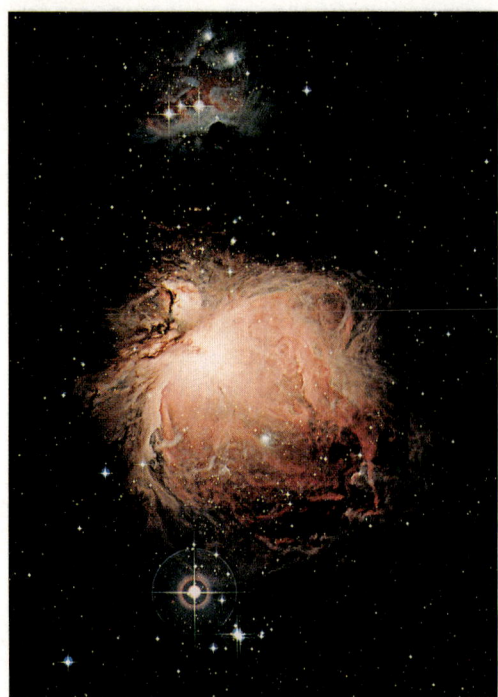

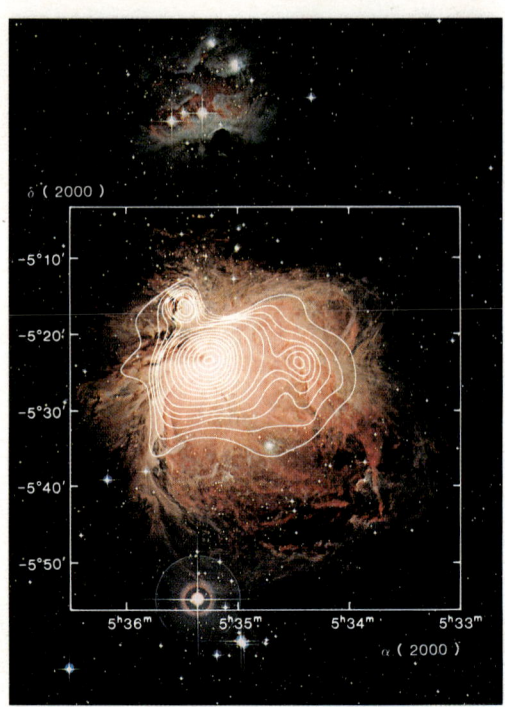

14 Orion-Nebel M 42. HII-Region um die Trapezsterne ϑ^1 Orionis (Näheres s. S. 204 ff.).

15 Isophoten der Radio-Strahlung des Orion-Nebels (λ = 73,5 cm). Maximum bei den Trapezsternen.

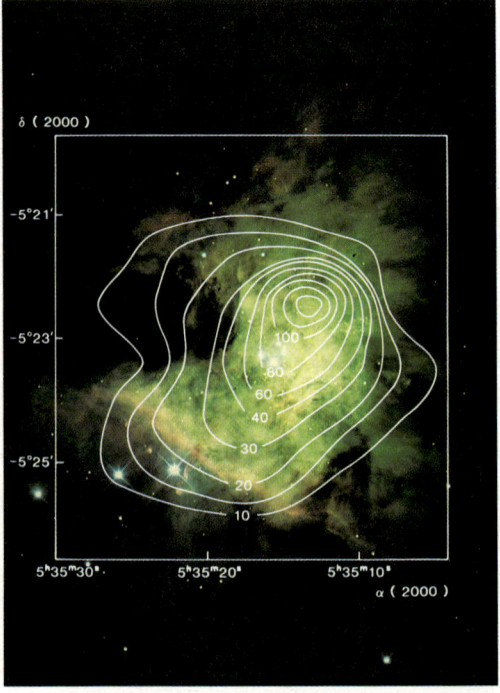

16 Zentrum des Orion-Nebels mit den Trapezsternen im grünen Nebellicht des O^{2+} (λ = 500 nm) (s. S. 200ff.).

17 Isophoten der Infrarot-Strahlung des Orion-Nebels (λ = 21 μm). Maximum nordwestl. d. Trapezsterne.

18 HII-Region um den jungen Offenen Sternhaufen NGC 2264, der etwa 50 Sterne der Spektralklasse O enthält. Der hellste der das Leuchten des Nebels anregenden Sterne ist S Monocerotis (O7, m_V = 4,7 mag). Norden ist links.

19 Offener Sternhaufen M16 in einer ausgedehnten HII-Region, in der dunkle Staubwolken eingeschlossen sind. Norden ist links.

20 Der Rosette-Nebel NGC 2237, eine HII-Region, die den Offenen Sternhaufen NGC 2244 umgibt.

21 Helle und dunkle Gebiete bei Zeta Orionis (Norden ist links). Östlich (hier unterhalb) von Zeta Orionis liegt die HII-Region NGC 2024, ein Sternentstehungsgebiet. Rechts von der Bildmitte der Pferdekopf-Nebel.

Lösungen von Aufgaben

(Berücksichtigt wurden bevorzugt solche Aufgaben, die mathematische Anforderungen stellen.)

Seite 23

2. Für $\varphi > 49°$ gibt es Nächte, in denen die astronomische Dämmerung nicht aufhört. Für $\varphi > 67°$ gibt es Tage ohne Sonnenuntergang.
3. 340 000mal bzw. 1 740mal mehr.
4. 1,86 km auf dem Mond, 1 100 km auf dem Mars
5. $D \geq 65$ mm

Seite 31

3. Ortssternzeit 12 h 00 min 00 s.
   Wahre Sonnenzeit $\approx$ 12 h.
   Mittlere Sonnenzeit $\approx$ 11 h 53 min.
   MEZ 12 h 30 min.
4. Mitte November bis Mitte Februar.

Seite 49

1. 9,5 AE
2. $\alpha = 46°$; bei den Plejaden im Sternbild Stier.
3. $a = 1,46$ AE.
5. $a = 3,49$ AE.
   Apheldistanz $a(1 + e) = 5,98$ AE; der ablenkende Planet war vermutlich Jupiter.

Seite 60

1. 0,562 km/s
2. $h_{max} = 68,6°$; $h_{min} = 11,4°$

Seite 81

1. 7 h 29 min
2. Bei gegebener Dichte nimmt der Schweredruck mit dem Durchmesser der Satelliten zu. Wenn die Materie durch den Schweredruck verformt werden kann, nimmt sie die Gleichgewichtskonfiguration des Schweredrucks, also (ohne Rotation) die Kugelform an.

Seite 89

1. $e > 0,9999$
2. Die Morgenseite der Erde ist in der Umlaufbewegung vorne.

Seite 93

1. a) 1,45 K
   b) 0,07 K ist unmerklich klein.
2. $r = 45,6\ R_{\odot} \cdot (\sin \vartheta)^{1/3}$ (ϑ = Winkel zwischen Rotationsachse und der Richtung zum Aufpunkt).
3. 6,6 %

Seite 101

1. 13,1 Millionen Jahre
2. Die Verkleinerung des scheinbaren Radius um 0,02″ in 3 Jahrhunderten wäre unmerklich.

Seite 114

1. 2,107 eV (589,6 nm); 2,109 eV (589,0 nm)
2. $T_{oben} \approx 4 800$ K
3. a) 10,22 eV (121,6 nm), 12,11 eV (102,6 nm) 40,87 eV (30,4 nm), 48,53 eV (25,6 nm)
   b) 121,6 nm Lyman α, 102,6 nm Lyman β

Seite 130

1. a) Umbra zu Vollmond: 40 000 : 1
   b) Umbra zu Vollmond: 1 : 4
2. $W > 300$ keV; Laufzeit unter 5,5 h
3. a) $W/V \approx 100$ J/m^3
   b) Thermische Energiedichte: 0,021 J/m^3

Seite 153

1. a) $r = 10,1$ pc; $M_V = +2,74$ mag
   b) 3,49 mag; c) $3,1 \cdot m_{\odot}$
2. $8,02 \cdot 10^9$ m = 0,0536 AE

Seite 164

1. a) $A_V = 0,12$ mag (sehr gering)
   b) $M_V = -2,3$ mag; $r = 64$ pc
2. a) $E_{U-B} = +0,32$ mag; $E_{B-V} = +0,33$ mag
   b) 375 pc
3. $r_A = 45,7$ pc; $r_B = 85,5$ pc
4. a) Spektraltyp 05V; $M_V = -5,7$ mag
   b) $r = 1950$ pc; Alter $3 \cdot 10^6$ Jahre

Seite 189

2. Gesamtenergie W = konst./r, nach Drehimpulserhaltungssatz $\omega \cdot r$ = konst., also ω = konst. $\cdot W$.
4. $r \approx 770$ pc

Seite 206

1. b) 8 835 K   2. a) 580 K b) 6 400 $L_{\odot}$

Seite 236

1. 44,4 pc
2. $V_k^2 = v_1^2 + v_2^2 + v_3^2$
3. Für $R > 13$ kpc gilt Gleichung (2-22).
5. a) $m = 4,6 \cdot 10^6\ m_{\odot}$ b) $R_s = 0,09$ AE

Seite 257

a) 6,6 Sterne $\cdot$ kpc^{-3}
b) $r = 1,6 \cdot 10^{20}$ kpc
c) $t > 5 \cdot 10^{23}$ a

Seite 263

a) $T = (8,7 \cdot 10^{39}$ K/kg$) \cdot m$
b) $T_{el} = 7,9 \cdot 10^9$ K
c) $t = 2,6$ s

Stichwortverzeichnis

Bildquellenverzeichnis

Umschlag: USICA (80-HC-616) Bonn; 1.1, 3.29, 3.31, Farbbilder 2 bis 7 NASA-Aufnahmen. – 1.2 MPI für Astronomie, Heidelberg (K. Birkle). – 1.3, 7.26 Ross-Calvert, Atlas of the Northern Milky Way. – 1.4, 3.11, 4.7, 4.11, 4.24, 5.26, 5.27, 7.1, 7.2, 7.3, 7.7, 7.30, 7.31, 7.32, 7.33, 7.34 Mt. Wilson Observatorium, Kalifornien. – 1.5, 2.8 Carl Zeiss, Oberkochen. – 1.6 Archiv MPI für Radioastronomie, Bonn. – 1.8 Nach W. Kaufmann, Universe (2. Auflage), S. 38. – 1.9 Nach Abell-Morrison-Wolff, Exploration of the Universe (5. Auflage), S. 19. – 2.1, 7.4 H. Vehrenberg. – 2.3 McGraw-Hill Encyclopedia of Astronomy, S. 53. – 2.7 Deutsches Museum, München. – 2.12 Nach C. Hoffmeister. – 2.13 A. Baumann, Freiburg. – 2.14 Nach Bayers Uranometria (1603). – 2.18 Nach S. P. Wyatt, Principles of Astronomy, S. 84. – 2.20 Lowell Observatorium, Flagstaff, Arizona. – 2.37 Nach J. Hoppe. – 3.8, 3.10, 3.17, 3.18, 3.25, 3.26, 3.27, 3.28 NASA-Aufnahmen, zur Verfügung gestellt durch das Max-Planck-Institut für Kernphysik, Heidelberg. – 3.9a, 6.4a, Farbbilder 11, 16 Lick Observatorium, Kalifornien. – 3.12 E. Brüche und E. Dick. – 3.14 Nach E. Hantzsche. – 3.19 Scientific American, März 1975. – 3.20 Meyers Lexikon Technik und exakte Naturwissenschaften, S. 198. – 3.22 W. Dieminger, Hohe Atmosphäre der Erde. – 3.24 Nach Henbest-Marten, Die Neue Astronomie, S. 84. – 3.32 J. Rahe in Landolt-Börnstein, Band VI 2c, S. 379. – 3.35 Palomar Observatorium, Kalifornien. – 3.37 Luftbild Albrecht Brügger, Stuttgart; freigegeben vom Reg. Präsidium Nord-Württemberg Nr. 2/27814. – 4.1 Sonnenobservatorium Wendelstein der Universitäts-Sternwarte München. – 4.9, 5.14 Nach G. Abell, Exploration of the Universe. – 4.10 Kiepenheuer-Institut, Freiburg. – 4.12 Nach E. Novotny, Introduction to stellar atmospheres and interiors, S. 101. – 4.14 S. Koutchmy, Institut d'Astrophysique, Paris. – 4.15, 4.20 M. Waldmeier, Eidgenössische Sternwarte, ETH, Zürich. – 4.16 Nach M. A. Ellison, The Sun and its influence, und J. A. Wood, Das Sonnensystem. – 4.17 Nach R. G. Giovanelli, Geheimnisvolle Sonne. – 4.18 Nach U. Becker, Freiburg. – 4.19 M. Schwarzschild und R. E. Danielson, Princeton, USA. – 4.22 Kiepenheuer-Institut, Sonnenobservatorium Anacapri. – 4.23 A. C. D. Crommelin, Archiv Royal Astronomical Society, London. – 4.25 Sacramento Peak Observatorium, New Mexico. – 4.26 A. Bruzek, Kiepenheuer-Institut, Freiburg. – 4.27 Nach J. S. Hey, The Radio Universe (3. Auflage), S. 100. – 5.2 Nach Fachlexikon ABC Physik, S. 1415. – 5.3 Nach H. L. Johnson und R. Mitchell. – 5.4 Department of Astronomy, University of Michigan. – 5.5 Nach H. Scheffler und H. Elsässer. – 5.6 Aufnahmen von W. C. Rufus und R. H. Curtiss. Department of Astronomy, University of Michigan. – 5.8 Nach W. S. Finsen, Johannesburg. – 5.12 Nach J. Stebbins. – 5.16 Nach H. L. Johnson, R. Mitchell, B. Iriarte. – 5.17 U. S. Naval Observatory. – 5.18, 7.8 Nach H. L. Johnson und A. R. Sandage. – 5.19 Nach A. R. Sandage. – 5.20 S. E. Strom in „Frontiers of Astrophysics", S. 99. –5.21 Nach I. Iben. – 5.22 Nach Weigert-Wendker, Astronomie und Astrophysik (2. Auflage), S. 176. – 5.24 Nach E. Meyer-Hofmeister und I. Iben. – 5.25 Russell-Dugan-Stewart, Astronomy II, S. 779. – 5.28 Hoffmeister, Richter, Wenzel, Die Veränderlichen Sterne, S. 162. – 5.30 Nach M. Ryle, B. Elsmore, A. C. Neville. – 5.32 McGraw-Hill Encyclopedia of Astronomy, S. 255. – 5.33 W. Kaufmann, Universe (2. Auflage), S. 452. – 6.1 Ausschnitt aus einer Mosaikaufnahme der Astronomischen Arbeitsgemeinschaft Bochum (Celnik, Riepe). – 6.2 Nach L. H. Aller. – 7.9 Palomar-, McDonald-, Lowell-Observatorien. – 7.12a H. Jungbluth, Karlsruhe. –7.25a Nach N. Vogt und A. F. J. Moffat. – 7.25b Nach Y. M. und Y. P. Georgelin. – 7.25c Nach L. Blitz, M. Fich, Sh. Kulkarni. – 7.27a Nach D. Downes und A. Maxwell. – 7.35 W. Tirion, Sky-Atlas 2000.0. – 7.36 V. C. Rubin und W. K. Ford; A. Bosma. – 7.40 Nach M. Berry, Principles of cosmology and gravitation, S. 19. – 8.1 Nach V. Illingworth, Macmillan Dictionary of Astronomy, S. 234. – 8.2 Nach W. Rindler, Essential relativity, S. 238. –

Farbbilder im Anhang
1 British Geological Survey, London. – 8 MPI für Aeronomie, Katlenburg-Lindau. – 9 Lossen-Photo, (C 8612/3) „ESA", Heidelberg. – 12 Royal Observatory Edinburgh, D. Malin. – 13 Kitt Peak Observatorium, Arizona. – 14, 18, 19, 20, 21 Anglo-Australian Observatory, NSW, D. Malin. – 15 Nach P. A. Shaver, W. M. Goss. – 17 Nach D. Lemke, F. J. Low, C. Thum.
Die NASA-Aufnahmen 1.1, 3.29, 3.31, Farbbilder 10 bis 21 wurden in dankenswerter Weise durch die Firma Baader-Planetarium, München, die Farbbilder 2 bis 7 von der DFVLR/NASA Regional Planetary Image Facility (RPIF), zur Verfügung gestellt.